フェルマー予想

フェルマー予想

斎藤 毅

岩波書店

まえがき

P. Fermat が彼のもっていた本の余白に

「3乗数は3乗数2つの和にならないし，4乗数は4乗数2つの和にならない．一般に2より大きい巾についてはいつもそうである．私はこのことのすばらしい証明を発見した．しかしこの余白はそれを書くには狭すぎる．」

と書き残してから，350 年以上がたった．これが現在 Fermat 予想（英語では Fermat's Last Theorem という）とよばれるものである．3乗と4乗の場合には確かに彼は証明をもっていたが，5乗以上の場合はそうではなかったという説が今では有力である．多くの人々の努力の後，1994 年 A. Wiles と R. Taylor によって，Fermat 予想は最終的に証明された．

この本では，この証明を解説する．この証明は自然な着想に基づくものだが，その構造は複雑であり，一部は技巧的であり，用いられる概念は数多い．そこで，証明や概念の正確な定式化の前に，それぞれの概略についてまえもって説明する部分を設けた．第 0 章と第 5 章 §5.1, 5.5, 5.6 である．これらは論理的には必ずしも必要ではないが，理解の助けとなることを目標としたものである．証明の解説といっても，とりあげるすべての命題，定理に証明を与えることはできなかった．これらについては巻末にあげる参考文献などで補ってほしい．

扱う内容は次のとおりである．はじめに，証明の大まかなみちすじを解説する．Fermat 予想を楕円曲線，保型形式，Galois 表現と結びつけ，ℓ 進表現の保型性についての定理 3.36 と保型的な法 ℓ 表現のレベルについての定理 3.55 に帰着させる．次に，可換環論の定理を 2 つ，変形環と Hecke 環という Galois 表現と保型形式の化身に適用し，定理 3.36 を，これもまた Galois 表現と保型形式の化身である，Selmer 群と Hecke 加群の性質に帰着させる．

それから，$\mathbb{Z}$ 上のモジュラー曲線と保型形式にともなう Galois 表現という基本的な対象を構成する．証明全体の基礎である保型形式にともなう ℓ

進表現も構成し，定理3.55の証明の一部を紹介する．最後に，Hecke加群，Selmer群をそれぞれ定義し，定理3.36，したがってFermat予想の証明を完成する．

　各章ごとの内容は，それぞれのはじめに簡単にまとめてあるが，ここでも手短かに紹介する．第0章では，Fermat予想が，楕円曲線と保型形式の結びつきについての定理0.13と，楕円曲線のℓ分点の分岐とレベルについての定理0.15から導かれることを解説する．この章の正確な内容を理解することが，第4章までの目標となる．定理0.13, 0.15の正確な定式化は第1章から第3章でなされる．第0章で紹介される証明の主役である楕円曲線，保型形式，Galois表現はそれぞれ第1章，第2章，第3章の主題となる．第3章ではℓ進表現の保型性についての定理3.36を定式化する．第4章では，楕円曲線の有理点についての定理4.4をもちいて，定理0.13を定理3.36に帰着させる．§4.2で定理0.1の証明をあらためて復習する．

　第5章から第7章まででは，定理3.36の証明について解説する．この証明の主役は変形環とHecke環である．これらの環のはたす役割は§5.1で説明される．第5章では可換環論の2つの定理を使って，定理3.36をSelmer群とHecke加群の性質である定理5.32, 5.34と命題5.33に帰着させる．この可換環論の定理は，第6章で証明する．第7章では変形環の存在を証明する．

　第8章では，$\mathbb{Z}$上のモジュラー曲線を定義し，その性質を調べる．第2章では，$\mathbb{Q}$上のモジュラー曲線を定義しそれを使って保型形式を定義したが，その数論的性質には，$\mathbb{Z}$上のモジュラー曲線の各素数でのようすから導かれるものが多い．モジュラー曲線が，レベルと素な素数でよい還元をもつということだけでなく，レベルの素因数でも構造が詳しくわかるということが特に重要である．Fermat予想の証明が20世紀中に可能であったのは，$\mathbb{Z}$上のモジュラー曲線が詳しく調べられていたことに因るところが大きい．このことは，本書を読まれれば実感されることと思う．

　第9章では，第8章の結果を使って保型形式にともなうGalois表現を構成し，分岐とレベルの関係についての定理3.55の一部を証明する．定理3.55の$p \equiv 1 \bmod \ell$の場合の証明は，Ribetによる有名なものである．しかし，志

村曲線のp進一意化や保型表現に関する Jacquet–Langlands–清水対応などについての準備が必要となるため，本書では残念ながら解説できなかった．第8章と第9章の内容は，第3章までの内容に直接続くものである．

第10章では，第8章，第9章の結果を使って，Hecke 加群をモジュラー曲線の特異ホモロジーの完備化として構成し，定理 5.32.2, 命題 5.33 を証明する．第11章では，Galois コホモロジーを導入した後，Selmer 群を定義し，その位数に関する定理 5.32.1, 5.34 を証明する．第11章の前半§11.3 までは，Galois コホモロジーと Selmer 群についての概説として，それ以前の章とは独立に読むこともできる．

予備知識としては，全体を通じて，数論と可換環，スキームの一般論を仮定する．これらはそれぞれ岩波講座「現代数学の基礎」から生まれた単行本の各巻，加藤・黒川・斎藤『数論I』，黒川・栗原・斎藤『数論II』，堀田良之『可換環と体』，上野健爾『代数幾何』で扱われている．代数幾何については，必要な予備知識の簡単なまとめを，付録Aとして第7章のあとにおいた．その他の予備知識についてのまとめを，付録B, C, D として巻末においた．付録Bでは，$\mathbb{Z}$ 上のモジュラー曲線を調べるための代数幾何的な準備として，離散付値環上の代数曲線とくに準安定曲線を解説する．付録Cでは p 進体の p 進 Galois 表現を調べる際重要な，$\mathbb{Z}_p$ 上の有限平坦可換群スキームの線型代数的記述を与えた．最後の付録Dは，保型形式にともなう Galois 表現を調べるときに不可欠な，代数曲線のヤコビアンとその Néron モデルについてのまとめである．

第1章，第2章では，紹介する定理や命題に，1つ1つ証明をつけていくと，それだけでそれぞれ1冊の本になってしまうので，特に重要なことや簡単なものにだけ証明をつけることにした．この部分は知られていることのまとめと考えてほしい．『数論 I, II』の楕円曲線，保型形式の各章も参考になると思う．

本文中で証明を紹介しなかった定理，命題などは，巻末にそれぞれについて参考文献をあげておいた．興味をもたれた方はそれで補っていただきたい．Fermat 予想の解決までの歴史的なことについては，全くふれられなかった

ことをおわびしたい．これについても巻末にあげた各参考文献などで補ってほしい．本文中および参考文献では，1つ1つの定理，命題などについて原論文をあげられなかった．原著者の方々にはお許しいただきたい．

一人でも多くの方が，この本を通じて，20世紀の数学の最高の成果の1つにふれていただければ幸いである．この本を書くようすすめてくださった加藤和也氏に感謝したい．適切な助言をいただいた栗原将人，鍬田政人，藤原一宏の各氏にも感謝する．原稿を書くとき，解説書[4]，[5]，[24]には大変に助けられた．特に記して感謝したい．

この本のもととなったのは，1996年前期に東京大学で行った講義と，1996年5月に東北大学，1996年9月に金沢大学，1999年5月に名古屋大学で行った集中講義と，その講義ノートである．一人一人名前をあげることはできないが，これらの講義に出席しノートをとっていただいた方々にも感謝したい．未完成原稿を読んで誤りを多数指摘してくれた元および現東京大学大学院生の新井啓介，服部新，今井直毅の各氏に感謝する．第7章までのうちのかなりの部分は著者のParis北大学，Max-Planck研究所，Essen大学滞在中に書かれた．よい環境を提供してくれた同研究所，および両大学にも感謝したい．

この本は，2000年3月に岩波講座「現代数学の展開」の1分冊『Fermat予想1』として出版された第7章までと，2008年2月に同じく『Fermat予想2』として出版された第8章以降をあわせて一冊としたものである．1994年の証明以来，この分野の進歩はめざましく，予想3.27は証明され，予想3.37もほぼ証明された．また，定理5.22も大きく一般化され，その証明も著しく簡易化された．このような進歩を採りいれて書き直すべきところも多いが，それは別の機会があることを期待したい．

単行本化の機会に，これまでに見つけた誤りを訂正したが，注意深く読まれれば，誤りがまだあちこちにみつかることと思う．お許し願うとともに，著者までお知らせいただければありがたい．

2008年11月

斎藤　毅

目　次

まえがき ・・・・・・・・・・・・・・・・・・・ v

第0章　あらすじ ・・・・・・・・・・・・・・・ 1
　§0.1　簡単ないいかえ ・・・・・・・・・・・・ 2
　§0.2　楕円曲線 ・・・・・・・・・・・・・・・ 3
　§0.3　楕円曲線と保型形式 ・・・・・・・・・・ 5
　§0.4　楕円曲線の導手と保型形式のレベル ・・・ 7
　§0.5　楕円曲線の ℓ 分点と保型形式 ・・・・・ 9

第1章　楕円曲線 ・・・・・・・・・・・・・・・ 13
　§1.1　体上の楕円曲線 ・・・・・・・・・・・・ 13
　§1.2　素数 p での還元 ・・・・・・・・・・・・ 16
　§1.3　準同型と Tate 加群 ・・・・・・・・・・ 23
　§1.4　一般のスキーム上の楕円曲線 ・・・・・・ 26
　§1.5　広義楕円曲線 ・・・・・・・・・・・・・ 30

第2章　保型形式 ・・・・・・・・・・・・・・・ 35
　§2.1　j 不変量 ・・・・・・・・・・・・・・・ 35
　§2.2　モジュライ ・・・・・・・・・・・・・・ 37
　§2.3　モジュラー曲線，保型形式 ・・・・・・・ 40
　§2.4　モジュラー曲線の構成 ・・・・・・・・・ 45
　§2.5　種数公式 ・・・・・・・・・・・・・・・ 53
　§2.6　Hecke 作用素 ・・・・・・・・・・・・・ 56
　§2.7　q 展開 ・・・・・・・・・・・・・・・・ 59
　§2.8　準素形式，素形式 ・・・・・・・・・・・ 63
　§2.9　楕円曲線と保型形式 ・・・・・・・・・・ 66
　§2.10　準素形式，素形式と Hecke 環 ・・・・・ 67
　§2.11　解析的表示 ・・・・・・・・・・・・・・ 71
　§2.12　q 展開と解析的表示 ・・・・・・・・・・ 75
　§2.13　q 展開と Hecke 作用素 ・・・・・・・・ 79

第3章　Galois 表現　　　　83
- §3.1　Frobenius 置換　　　84
- §3.2　Galois 表現と有限群スキーム　　　87
- §3.3　楕円曲線の Tate 加群　　　90
- §3.4　保型的な ℓ 進表現　　　93
- §3.5　分岐条件　　　97
- §3.6　有限平坦群スキーム　　　102
- §3.7　楕円曲線の Tate 加群の分岐　　　105
- §3.8　保型形式のレベルと分岐　　　110

第4章　3分点と5分点　　　　113
- §4.1　定理 2.54 の証明　　　113
- §4.2　定理 0.1 の証明のまとめ　　　118

第5章　$R = T$　　　　121
- §5.1　$R=T$ とは?　　　122
- §5.2　変形環　　　124
- §5.3　Hecke 環　　　128
- §5.4　可換環論　　　133
- §5.5　Hecke 加群　　　138
- §5.6　定理 5.22 の証明の概要　　　140

第6章　可換環論　　　　145
- §6.1　定理 5.25 の証明　　　145
- §6.2　定理 5.27 の証明　　　151

第7章　変形環　　　　161
- §7.1　関手とその表現　　　161
- §7.2　存在定理　　　163
- §7.3　定理 5.8 の証明　　　165
- §7.4　定理 7.7 の証明　　　168

付録A　スキームについての補足　　　　173
- §A.1　いろいろな性質　　　173

目　次―― xi

- §A.2　群スキーム・・・・・・・・・　*177*
- §A.3　有限群による商・・・・・・・　*180*
- §A.4　平坦被覆・・・・・・・・・・　*181*
- §A.5　G 捻子・・・・・・・・・・　*182*
- §A.6　閉条件・・・・・・・・・・・　*186*
- §A.7　Cartier 因子・・・・・・・・　*187*
- §A.8　スムーズ可換群スキーム・・・　*190*

第8章　$\mathbb{Z}$ 上のモジュラー曲線・・・・・・・　*195*

- §8.1　標数 $p>0$ の楕円曲線・・・・・　*195*
- §8.2　巡回群スキーム・・・・・・・　*201*
- §8.3　Drinfeld レベル構造・・・・・　*208*
- §8.4　$\mathbb{Z}$ 上のモジュラー曲線・・・・・　*216*
- §8.5　モジュラー曲線 $Y(r)_{\mathbb{Z}[\frac{1}{r}]}$・・・　*221*
- §8.6　井草曲線・・・・・・・・・・　*229*
- §8.7　モジュラー曲線 $Y_1(N)_{\mathbb{Z}}$・・・・　*234*
- §8.8　モジュラー曲線 $Y_0(N)_{\mathbb{Z}}$・・・・　*238*
- §8.9　コンパクト化・・・・・・・・　*246*

第9章　保型形式と Galois 表現・・・・・・・　*259*

- §9.1　$\mathbb{Z}$ 係数の Hecke 環・・・・・・　*260*
- §9.2　合同関係式・・・・・・・・・　*269*
- §9.3　保型的な法 ℓ 表現と非 Eisenstein イデアル・・　*275*
- §9.4　保型形式のレベルと ℓ 進表現の分岐・・　*280*
- §9.5　旧部分・・・・・・・・・・・　*290*
- §9.6　ヤコビアン $J_0(Mp)$ の Néron モデル・・・・　*296*
- §9.7　保型形式のレベルと法 ℓ 表現の分岐・・　*302*

第10章　Hecke 加群・・・・・・・　*307*

- §10.1　充 Hecke 環・・・・・・・・　*308*
- §10.2　Hecke 加群・・・・・・・・　*314*
- §10.3　命題 10.11 の証明・・・・・・　*318*

xii — 目　次

- §10.4　変形環と群環 ・・・・・・・・・・・・・・・・ *325*
- §10.5　もちあげの族 ・・・・・・・・・・・・・・・・ *330*
- §10.6　命題 10.37 の証明 ・・・・・・・・・・・・・ *337*
- §10.7　定理 5.22 の証明 ・・・・・・・・・・・・・・ *341*

第 11 章　Selmer 群 ・・・・・・・・・・・・・・・・ *345*

- §11.1　群のコホモロジー ・・・・・・・・・・・・・ *345*
- §11.2　Galois コホモロジー ・・・・・・・・・・・・ *352*
- §11.3　Selmer 群 ・・・・・・・・・・・・・・・・・・ *360*
- §11.4　Selmer 群と変形環 ・・・・・・・・・・・・・ *364*
- §11.5　局所条件の計算，命題 11.38 の証明 ・・・・ *369*
- §11.6　定理 11.37 の証明 ・・・・・・・・・・・・・ *372*

付録 B　離散付値環上の曲線 ・・・・・・・・・・・ *383*

- §B.1　代数曲線 ・・・・・・・・・・・・・・・・・・ *383*
- §B.2　離散付値環上の準安定曲線 ・・・・・・・・・ *386*
- §B.3　離散付値環上の曲線の双対鎖複体 ・・・・・・ *391*

付録 C　$\mathbb{Z}_p$ 上の有限平坦可換群スキーム ・・・・ *397*

- §C.1　$\mathbb{F}_p$ 上の有限平坦可換群スキーム ・・・・・・ *397*
- §C.2　$\mathbb{Z}_p$ 上の有限平坦可換群スキーム ・・・・・・ *398*

付録 D　代数曲線のヤコビアンと Néron モデル ・・ *407*

- §D.1　代数曲線の因子類群 ・・・・・・・・・・・・ *407*
- §D.2　代数曲線のヤコビアン ・・・・・・・・・・・ *409*
- §D.3　Abel 多様体の Néron モデル ・・・・・・・・ *413*
- §D.4　曲線のヤコビアンと Néron モデル ・・・・・ *417*

参考文献 ・・・・・・・・・・・・・・・・・・・・・・ *421*

索　　引 ・・・・・・・・・・・・・・・・・・・・・・ *431*

0 あらすじ

　この本では，次の定理の証明を解説する．

定理 0.1　n を 3 以上の整数 $(n\in\mathbb{Z}, n\geqq 3)$ とする．$X, Y, Z \in \mathbb{Z}$ が方程式
$$(0.1) \qquad X^n + Y^n = Z^n$$
の整数解なら X, Y, Z のうち少なくとも 1 つは 0 である．　　　　□

　証明の流れは次の図で表わせる．
$$(0.2) \qquad (\text{方程式 (0.1) の解}) \Rightarrow$$
$$(\text{楕円曲線}) \Rightarrow (\text{保型形式}) \Rightarrow (\text{矛盾}).$$

ひとことで言うと，この図の意味は次のとおりである．

　方程式 (0.1) の自明でない解があったと仮定して矛盾を導きたい．このためにまず，そのような解を使って，楕円曲線を定義する．次にその楕円曲線が保型形式と結びついていることを示す．最後に，このようにして得られるはずの保型形式が，実は存在しないことを示して矛盾を導くのである．

　この章では，もう少しくわしくこの図の内容を説明する．図からも見てとれるように，楕円曲線と保型形式が証明の主役である．証明のみちすじをたどりながら，この 2 つになじんでおきたい．もっとくわしい内容が，本文のどこであつかわれるかも述べておく．見慣れないことばは読みとばしながら，証明の流れをつかんでほしい．

§0.1 簡単ないいかえ

実際には定理0.1よりも強い次の定理を証明する.

定理0.2 ℓ を5以上の素数とし,a を4以上の整数とする. 方程式
$$(0.3) \qquad X^\ell + 2^a Y^\ell = Z^\ell$$
の整数解 $X, Y, Z \in \mathbb{Z}$ で X, Y, Z がすべて奇数であるものは存在しない. □

定理0.1が定理0.2からしたがうことを確かめておこう.

[定理0.2 ⇒ 定理0.1の証明] まず n を素因数分解することにより,定理0.1を証明するには,n が4の場合と n が3以上の素数の場合に示せばよいことがわかる. n が4の場合は『数論I』第1章の命題1.1である. n が3の場合も『数論I』第4章§4.1(b)に証明がある. したがって n が5以上の素数の場合に示せばよい. この議論は,『数論I』第4章§4.4のはじめのところのくりかえしである.

n を5以上の素数 ℓ とし,方程式(0.1)の自明でない解 $(X,Y,Z)=(A,B,C)$ があったとすると定理0.2に矛盾することを示す. 方程式(0.1)の解 (A,B,C) は A,B,C のどれも0でないとき,自明でない解という. あらかじめ A,B,C をそれらの最大公約数でわっておいて,この最大公約数は1と仮定してよい. A,B,C のうち1つだけが偶数で残り2つは奇数である. これは2でわったあまりを考えれば簡単にわかる. 必要なら次のようにおきかえて,B がその1つだけの偶数となるようにする. A が偶数のときには,A と B をいれかえる. C が偶数のときには,解 (A,B,C) のかわりに解 $(A,-C,-B)$ を考える. B が偶数となったので,m を 2^m が B をわりきるような最大の整数として,$B=2^m B'$ とおく. $m \geq 1$ で,B' は奇数である. $(X,Y,Z)=(A,B',C)$ は $a = m\ell$ とおいたときの方程式(0.3)の解であり,a は5以上,A,B',C はすべて奇数である. これは定理0.2の反例だから矛盾である. ∎

$n=3$ のときは,方程式(0.1)が楕円曲線を定義する. この楕円曲線の有理点を調べて,$n=3$ の場合を証明した. $n=4$ のときは,方程式(0.1)の定義する曲線は楕円曲線ではない. しかしこのときも,この曲線と関係の深い楕円曲線の有理点を調べて $n=4$ の場合が証明された. これに対し,$n=\ell\geq$

5のときには，次の節でみていくように，方程式 (0.1) の解を使って楕円曲線を定義する．そしてこの楕円曲線そのものが存在しないことを示すのである．$n=3,4$ のときと違い，$n=\ell \geqq 5$ のときには，楕円曲線の有理点の有無ではなく，楕円曲線そのものの有無が問題なのである．

§0.2 楕円曲線

図 (0.2) の 1 つめの矢印は楕円曲線のことばへのいいかえである．楕円曲線は『数論 I』第 1 章で出てきたが，この本の第 1 章でもあつかう．定理 0.1 だけに興味がある人は，楕円曲線とは x,y についての方程式

(0.4) $$y^2 = x(x-C^\ell)(x-B^\ell)$$

で定義される曲線のことと思っていても，それほど不都合ではない．ここで B, C は 0 でない相異なる整数である．楕円曲線のことばに翻訳すると，定理 0.2 は次の定理 0.3 と同値である．

定理 0.3 ℓ を 5 以上の素数とする．有理数体 $\mathbb{Q}$ 上の楕円曲線 E で，次の条件 (1)–(3) をすべてみたすものは存在しない．

（1） E の 2 分点はすべて $\mathbb{Q}$ 上有理的．
（2） E は準安定．
（3） E の ℓ 分点の群 $E[\ell]$ は 2 以外のすべての素数 p でよい． □

定理 0.3 に出てくることばの意味は，第 1 章と第 3 章で明らかになる．条件 (3) の素数 p でよいということばは，定義 3.31 で定義されるような特別の意味をもつ術語なので，気をつけてほしい．

定理 0.2 と定理 0.3 が同値であること，いいかえれば Fermat 予想と楕円曲線の結びつきは，楕円曲線についての次の命題 0.4 で与えられる．方程式 (0.1) あるいは (0.3) の解があったとすると，それから作られる楕円曲線は，異様によい性質をもってしまうというのがその内容である．命題を述べるために，記号をひとつだけ導入しておく．n, m をどちらも 0 でない相異なる整数とするとき，x, y についての方程式

(0.5) $$y^2 = x(x-n)(x-m)$$

で定義される $\mathbb{Q}$ 上の楕円曲線を $E_{n,m}$ で表わす．

命題 0.4 ℓ を 3 以上の素数とする．$\mathbb{Q}$ 上の楕円曲線 E について次の条件 (1) と (2) は同値である．

(1) E は定理 0.3 の条件 (1)–(3) をすべてみたす．

(2) E は次の条件 (0.6) をみたす整数 n,m で定まる $E_{n,m}$ と同型である．

(0.6) n,m はどちらも 0 でなく，相異なり，たがいに素である．さらに，$n \equiv -1 \bmod 4$ で，$n, n-m$ はともに ℓ 乗数で，m も ℓ 乗数と 2 の 4 乗以上の巾の積である． □

命題 0.4 から，定理 0.2 と定理 0.3 は同値なことがしたがう．ここでは定理 0.3 と命題 0.4 から，定理 0.2 がしたがうことだけ証明しておこう．定理 0.1 の証明に，この逆はいらないからである．

[定理 0.3 + 命題 0.4 ⇒ 定理 0.2 の証明] 定理 0.2 の反例があったと仮定して，定理 0.3 の反例が得られることを示せばよい．命題 0.4 により，条件 (0.6) をみたす整数 n,m があれば，楕円曲線 $E_{n,m}$ は定理 0.3 の反例となる．

ℓ を 5 以上の素数，a を 4 以上の整数とし，方程式 (0.3) の整数解 $(X,Y,Z) = (A,B,C)$ で，A,B,C がすべて奇数のものがあったとする．これから，条件 (0.6) をみたす整数 n,m をみつければよい．A,B,C をそれらの最大公約数でわっておいて，A,B,C の最大公約数は 1 としてよい．$(X,Y,Z) = (-A,-B,-C)$ も方程式 (0.3) の整数解ですべて奇数であり，C と $-C$ のどちらかは 4 を法として -1 である．そこでこのどちらか一方を考えることにして，$C \equiv -1 \bmod 4$ と仮定する．

$n = C^{\ell}$, $m = 2^a B^{\ell}$ とおいて，これが (0.6) をみたすことを示す．n,m はどちらも 0 でなく，相異なり，たがいに素である．$C \equiv -1 \bmod 4$ だから，$n \equiv -1 \bmod 4$ である．さらに $n = C^{\ell}$, $n - m = A^{\ell}$ がともに ℓ 乗数で $m = 2^a B^{\ell}$ も ℓ 乗数と 2 の 4 乗以上の巾の積である．したがって n,m は条件 (0.6) をみたす．これは定理 0.3 の反例を与えるから矛盾である． ■

問 1 定理 0.2 と命題 0.4 から定理 0.3 がしたがうことを確かめよ．

このようにして Fermat 予想 (定理 0.1) は楕円曲線についての定理 0.3 に

帰着される．まとめると次のとおりである．$n=\ell$ を 5 以上の素数とし，方程式 (0.1) の自明でない解 $(X,Y,Z)=(A,B,C)$ があったとする．適当におきかえて，A,B,C はたがいに素で，B は偶数かつ $C\equiv -1 \bmod 4$ としてよい．すると方程式 $y^2=x(x-C^\ell)(x-B^\ell)$ で定義される楕円曲線 E_{C^ℓ,B^ℓ} が定理 0.3 の反例をあたえることになるのである．

定理 0.3 の証明は，楕円曲線と保型形式の結びつきを調べることによってなされる．次の節からこのようすをみていこう．

§0.3　楕円曲線と保型形式

図 (0.2) の 2 つめの矢印は，楕円曲線と保型形式の結びつきである．楕円曲線は保型形式と結びつけられることによってはじめて，そのくわしい数論的性質が調べられるようになることが多い．Fermat 予想の証明もその典型的な場合といってよい．

保型形式は『数論 II』第 9 章でも出てきたが，この本の第 2 章でくわしくあつかう．話をつづけるために，どうしても必要なことばだけ，ここで紹介する．第 2 章では，レベル N の保型形式の空間とよばれる有限次元複素線型空間 $S(N)_\mathrm{C}$ を，各自然数 N に対し定義する．この空間は，形式巾級数全体のなす空間 $\mathbb{C}[[q]]$ の部分空間である．保型形式の空間 $S(N)_\mathrm{C}$ のだいじな性質は，Hecke 作用素とよばれる自己準同型 $T_n:S(N)_\mathrm{C}\to S(N)_\mathrm{C}$ が，各自然数 $n\geq 1$ に対し，定義されていることである．保型形式のなかでも特にだいじなものは，正規化された同時固有カスプ形式とよばれるものである．正規化された同時固有カスプ形式とよぶのはまだるっこいので，この本だけでのよび方だが以下，これを準素形式とよぶことにする．これは Hecke 作用素を使って次のように定義される．

定義 0.5　レベル N の保型形式

$$(0.7) \qquad f=\sum_{m=1}^{\infty} a_m(f)q^m \in S(N)_\mathrm{C}$$

が準素形式であるとは，$f\neq 0$ かつすべての自然数 $n\geq 1$ に対し，

第0章 あらすじ

(0.8) $$T_n f = a_n(f) f$$

がなりたつことをいう. □

保型形式 f は式 (0.7) のように, q 展開の係数 $a_m(f)$, $m = 1, 2, 3, \cdots$ で定まっている. とくに準素形式は, 素数に対する係数 $a_p(f)$, $p = 2, 3, 5, 7, \cdots$ だけで実は定まる. そこで, 楕円曲線と保型形式の結びつきの定式化のために, 楕円曲線についても, このような数列 $a_p(E)$ を定める. 正確な定義は第1章にあるが, だいたい次のとおりである.

E を $\mathbb{Q}$ 上の楕円曲線とする. E を定義する, たとえば (0.4) のような, 整数係数の方程式を考える. 各素数 p に対し, この方程式の係数を p を法としてみて, 有限体 $\mathbb{F}_p$ 係数の方程式が得られる. 有限個の素数 p を除き, この方程式は有限体 $\mathbb{F}_p$ 上の楕円曲線を定義する. こうして得られた有限体 $\mathbb{F}_p$ 上の楕円曲線を $E_{\mathbb{F}_p}$ と書くことにする. $E_{\mathbb{F}_p}$ の $\mathbb{F}_p$ 値点全体は有限集合 $E_{\mathbb{F}_p}(\mathbb{F}_p)$ をなすので, その元の個数を使って,

(0.9) $$a_p(E) = p + 1 - (E_{\mathbb{F}_p}(\mathbb{F}_p) \text{ の元の個数})$$

と定義する.

例 0.6 n, m を条件

(0.10) $$n \equiv -1 \mod 4, \quad m \equiv 0 \mod 16$$

をみたす相異なるどちらも 0 でないたがいに素な整数とし, $E = E_{n,m}$ とする. 命題 0.4 によれば, E は準安定な楕円曲線である.

素数 p に対し, 有限体 $\mathbb{F}_p$ 係数の方程式 $y^2 = x(x-n)(x-m)$ が有限体 $\mathbb{F}_p$ 上の楕円曲線を定義するための必要十分条件は, p が $nm(n-m)$ をわりきらないことである. このような素数 p に対し,

$$E_{\mathbb{F}_p}(\mathbb{F}_p) = \{(x, y) \in \mathbb{F}_p \times \mathbb{F}_p \mid y^2 = x(x-n)(x-m)\} \cup \{\infty\}$$

である. $a_p(E)$ は $\mathbb{F}_p$ の元 $x \neq 0, n, m$ で, $x(x-n)(x-m)$ が $\mathbb{F}_p^\times$ の平方元でないものの個数から, 平方元となるものの個数をひいたものとなる. 平方剰余記号を使って表わせば, $a_p(E) = -\displaystyle\sum_{x \in \mathbb{F}_p, x \neq 0, n, m} \left(\frac{x(x-n)(x-m)}{p} \right)$ である. □

この数列 $a_p(E)$ によって, 楕円曲線と保型形式の結びつきを定式化する.

定義 0.7 有理数体 $\mathbb{Q}$ 上の楕円曲線 E が保型的であるとは, 準素形式 $f =$

$\sum_{m=1}^{\infty} a_m(f)q^m$ で，ほとんどすべての素数 p に対し
$$(0.11) \qquad\qquad a_p(E) = a_p(f)$$
をみたすものが存在することをいう. □

この本の実質的な内容は，次の定理 0.8，あるいはその一部の精密化である定理 0.13 の証明の解説である.

定理 0.8 有理数体 $\mathbb{Q}$ 上の楕円曲線 E は保型的である．つまり準素形式 $f = \sum_{m=1}^{\infty} a_m(f)q^m$ で，ほとんどすべての素数 p に対し $a_p(E) = a_p(f)$ をみたすものが存在する. □

この定理が図 (0.2) の 2 つめの矢印である．この本では，楕円曲線 E が準安定な場合について，定理 0.8 の証明を解説する．一般の場合には，知られている証明はずっと複雑だし，定理 0.3 の証明にはこの場合だけで十分だからである.

定理 0.8 によれば，定理 0.3 を示すには次のようにすすめばよい．$\mathbb{Q}$ 上の楕円曲線 E が定理 0.3 の条件 (1)–(3) をすべてみたしたとする．すると定理 0.8 により，準素形式 f でほとんどすべての素数 p に対し $a_p(E) = a_p(f)$ をみたすものが存在する．あとは，このような準素形式の存在と定理 0.3 の条件 (1)–(3) とが矛盾することを示せばよい．それが図 (0.2) の最後の矢印である.

§0.4 楕円曲線の導手と保型形式のレベル

図 (0.2) の最後の矢印の内容はこみいっているので，その前に，もっと簡単なものでようすをみてみよう．2 次体についての類似を考える.

命題 0.9 すべての素数で不分岐な $\mathbb{Q}$ の 2 次拡大は存在しない. □

命題 0.9 を直接証明することは，2 次拡大を $\mathbb{Q}(\sqrt{a})$ と表わしてみれば，難しいことではない．しかし，ここではこれを定理 0.3 の類似として考えるために，次の命題から導いてみる.

命題 0.10 1. $\mathbb{Q}$ の 2 次拡大はある円分体の部分体である.

2. N を整数とし，p を素数とする．p^e を N をわりきる最大の p の巾とし，$N=p^e M$ とおく．円分体 $\mathbb{Q}(\zeta_N)$ の部分体 K が p で不分岐なら，K は $\mathbb{Q}(\zeta_M)$ の部分体である． □

命題 0.10 は類体論の一部である．命題 0.10.1., 2. はそれぞれ『数論 I』第 5 章の定理 5.10(1), (3) である．命題 0.10 から命題 0.9 は次のようにして示される．

[命題 0.10 ⇒ 命題 0.9 の証明] K をすべての素数で不分岐な 2 次体とする．命題 0.10.1. により，K を部分体として含む円分体 $\mathbb{Q}(\zeta_N)$ が存在する．命題 0.10.2. を N の素因数ごとにくりかえし適用すると，2 次体 K は $\mathbb{Q}=\mathbb{Q}(\zeta_1)$ の部分体である．これは矛盾である． ∎

このような議論によって定理 0.3 を証明したい．2 次体を楕円曲線で，円分体を保型形式でそれぞれ置き換えたいのである．命題 0.10.1. にあたるものが定理 0.8 である．2 次体が円分体に含まれるように，楕円曲線は保型形式と結びついているのである．ところが，ここまでの話では，命題 0.10.2. にあたるものが欠けている．それが楕円曲線の導手と，対応する保型形式のレベルとの関係である．上の証明で，2 次体がどの円分体に含まれるかがだいじだったように，楕円曲線がどのレベルの保型形式と結びついているかが重要なのである．そこで定義 0.7 より精密な次の定義をおく．

定義 0.11 $\mathbb{Q}$ 上の楕円曲線 E がレベル N で保型的であるとは，レベルが N の約数の準素形式 $f=\sum_{m=1}^{\infty} a_m(f)q^m \in S(N)_{\mathbb{C}}$ で，N と素なすべての素数 p に対し $a_p(E)=a_p(f)$ をみたすものが存在することをいう． □

話を簡単にするために，ここからは準安定な楕円曲線だけについて考える．準安定楕円曲線 E について，その導手を E が p でよい還元をもたないような素数 p すべての積と定義する．導手 N は平方因子をもたない．

例 0.12 $E=E_{n,m}$ を例 0.6 の準安定楕円曲線とする．このとき E の導手 N は $\dfrac{1}{16}nm(n-m)$ の素因数すべての積である． □

これは第 1 章の命題 1.12.2. である．

定理 0.8 よりくわしく，導手とレベルの関係について，次の定理がなりたつ．

定理 0.13 E を $\mathbb{Q}$ 上の準安定楕円曲線とし，N を E の導手とすると，E はレベル N で保型的である． □

しかし，この定理でもまだ定理 0.3 の証明には不十分である．例 0.12 の楕円曲線 $E = E_{n,m}$ に対し，レベル N の準素形式は実際に存在するので，これだけではまだ何の矛盾も生じない．矛盾を導くためには，定理 0.3 の条件 (3) を使うのだが，その準備がまだできていないのである．

そのためには，等式 $a_p(E) = a_p(f)$ だけでなく，合同式
$$a_p(E) \equiv a_p(f) \bmod \ell$$
を考える．かっこよくいうとこれは，楕円曲線 E だけをみるのではなく，その ℓ 分点の群 $E[\ell]$ を $\mathbb{Q}$ の絶対 Galois 群 $G_\mathbb{Q} = \mathrm{Gal}(\overline{\mathbb{Q}}/\mathbb{Q})$ の表現として考え，それと保型形式との結びつきを調べるということなのである．

§0.5 楕円曲線の ℓ 分点と保型形式

楕円曲線 E の ℓ 分点の群と，保型形式との結びつきを定式化するために，保型形式についてもう少しくわしく知っておきたい．

§0.3 では，レベル N の保型形式の空間 $S(N)_\mathbb{C}$ が有限次元複素線型空間として定義されると書いた．しかしもっと自然には，$\mathbb{Q}$ 係数のレベル N の保型形式の空間 $S(N)_\mathbb{Q}$ という $\mathbb{Q}$ 上の有限次元線型空間があり，それを複素数体まで係数拡大したものが $S(N)_\mathbb{C}$ なのである．そして Hecke 作用素も自己準同型 $T_n : S(N)_\mathbb{Q} \to S(N)_\mathbb{Q}$ として定義される．$f = \sum_{m=1}^\infty a_m(f) q^m \in S(N)_\mathbb{C}$ を準素形式とすると，各係数 $a_m(f)$ は代数的数であり，しかもすべての係数 $a_m(f), m = 1, 2, 3, \cdots$ によって生成される体 $\mathbb{Q}(f) = \mathbb{Q}(a_m(f), m \in \mathbb{N})$ は有限次代数体となることが，実はこのことからわかる．各係数 $a_m(f)$ は実際には，代数体 $\mathbb{Q}(f)$ の整数である．このあたりのことは第 2 章および第 9 章の内容である．

各係数 $a_m(f)$ が代数体 $\mathbb{Q}(f)$ の整数であることがわかると，楕円曲線 E の ℓ 分点の群と，保型形式との結びつきを，次のように定式化できる．

定義 0.14 E を有理数体 $\mathbb{Q}$ 上の楕円曲線とする．ℓ を素数で，E の ℓ 分

点の群 $E[\ell]$ が $\mathbb{Q}$ の絶対 Galois 群 $G_\mathbb{Q} = \mathrm{Gal}(\overline{\mathbb{Q}}/\mathbb{Q})$ の表現として既約であるようなものとする．このとき，$E[\ell]$ がレベル N で保型的であるとは，レベルが N の約数の準素形式 $f = \sum_{m=1}^{\infty} a_m(f)q^m$ と，代数体 $\mathbb{Q}(f)$ の整数環の ℓ を含む素イデアル λ で，N と素なすべての素数 p に対し，合同式

(0.12) $$a_p(E) \equiv a_p(f) \mod \lambda$$

をみたすものが存在することをいう． □

定義 0.14 にでてくることばの意味は第 3 章で説明される．楕円曲線 E がレベル N で保型的で，その ℓ 分点の群 $E[\ell]$ が $G_\mathbb{Q}$ の表現として既約なら，$E[\ell]$ もレベル N で保型的である．図 (0.2) の最後の矢印の内容は，次の 2 つの定理である．

定理 0.15 E を有理数体 $\mathbb{Q}$ 上の楕円曲線とし，N を自然数，ℓ, p を 3 以上の素数とする．E の ℓ 分点の群 $E[\ell]$ が，次の条件 (1)–(3) をみたすとする．

（1） $E[\ell]$ は $G_\mathbb{Q}$ の表現として既約である．
（2） $E[\ell]$ はレベル N で保型的である．
（3） $E[\ell]$ は p でよい．

このとき p が $N = pM$ を一度だけわりきるならば，$E[\ell]$ はレベル M で保型的である． □

定理 0.15 の条件の内容も第 3 章で説明される．定理 0.15 の証明は第 9 章でその一部を紹介する．次の定理は条件 (1) がみたされるための十分条件を与える．

定理 0.16 E を有理数体 $\mathbb{Q}$ 上の準安定楕円曲線で，その 2 分点はすべて有理的なものとする．ℓ を 5 以上の素数とする．このとき，E の ℓ 分点の群 $E[\ell]$ は $\mathbb{Q}$ の絶対 Galois 群 $G_\mathbb{Q} = \mathrm{Gal}(\overline{\mathbb{Q}}/\mathbb{Q})$ の表現として既約である． □

定理 0.16 は，有理数体 $\mathbb{Q}$ 上の楕円曲線が，定理 0.3 の条件 (1), (2) をみたすならば，定理 0.15 の条件 (1) をみたすということである．残念ながら，この本では定理 0.16 の証明はそのごく一部しか紹介できない．

［定理 0.13, 0.15, 0.16 ⇒ 定理 0.3 の証明］ ℓ を 5 以上の素数とし，E を定理 0.3 の条件 (1)–(3) をすべてみたす $\mathbb{Q}$ 上の楕円曲線とする．E の ℓ 分点の群 $E[\ell]$ が，レベル 2 で保型的であることをまず示して，それから矛盾を

§0.5 楕円曲線の ℓ 分点と保型形式

導く.

N を楕円曲線 E の導手とする. N は平方因子をもたない自然数である. E は3以上のすべての素数 p に対し, 定理0.15の条件(1)–(3)をすべてみたすことを示す. E は定理0.3の条件(1),(2)をみたすから, 定理0.16により定理0.15の条件(1)をみたす. 定理0.13により, E はレベル N で保型的であるから, 定理0.15の条件(2)をみたす. p を3以上の素数とすると, p は定理0.3の条件(3)をみたす. これは定理0.15の条件(3)をみたすということである.

定理0.15 を N の3以上の各素因数 p に対してくりかえし適用する. N は平方因子をもたないから, ℓ 分点の群 $E[\ell]$ がレベル2で保型的であることが示された. ところがこれは次の命題に矛盾する.

命題 0.17 レベル1の保型形式の空間 $S(1)_{\mathbf{C}}$ とレベル2の保型形式の空間 $S(2)_{\mathbf{C}}$ はどちらも0である. □

この命題は第2章で証明する. 定理0.3の証明に戻る. ℓ 分点の群 $E[\ell]$ がレベル2で保型的なのだから, レベルが2の約数の準素形式が存在しなければいけない. ところが, 準素形式は0でない保型形式だから, これは命題0.17に矛盾する. ■

最後に, 図(0.2)をみながら, 証明の流れを復習しておこう. 方程式(0.1) $X^n+Y^n=Z^n$ が自明でない整数解 $(X,Y,Z)=(A,B,C)$ をもったとする. $n=\ell$ は5以上の素数で, A,B,C の最大公約数は1, $C \equiv -1 \bmod 4$, B は偶数の場合を考えればよい. 方程式(0.4) $y^2=x(x-C^\ell)(x-B^\ell)$ で定義される楕円曲線 E_{C^ℓ,B^ℓ} を考える. すると定理0.13により, これは保型的である. さらに定理0.15, 0.16により, 楕円曲線 $E=E_{C^\ell,B^\ell}$ の ℓ 分点の群 $E[\ell]$ はレベル2で保型的である. ところがレベル1または2の保型形式は0しかない. これは矛盾である.

大体の感じをつかんでいただけただろうか. では次の章から内容を順にくわしくみていこう. 最後にこれから証明するべきことを確認しておく. 定理0.3と命題0.4が正しければ, 定理0.2, したがって定理0.1も正しいことは, §0.1, §0.2で証明した. さらに定理0.3は, 定理0.13, 0.15, 0.16と命

題0.17からしたがうことも，§0.4, §0.5で説明した．したがって，実際に示すべきことは，命題0.4, 0.17と定理0.13, 0.15, 0.16である．このうち命題0.4は第1章と第3章で，命題0.17は第2章で証明する．定理0.13は第4章で定理3.36に帰着させる．定理3.36の証明の方針は，第5章であらためて紹介する．定理0.15については第9章で扱う．定理0.16の証明はその一部だけ第4章で紹介する．定理0.1の証明は§4.2でもう一度まとめて復習する．

記号と用語

$\mathbb{N}, \mathbb{Z}, \mathbb{Q}, \mathbb{R}, \mathbb{C}$ はいつものとおり，それぞれ集合{0以上の自然数}，有理整数環，有理数体，実数体，複素数体を表わす．環はいつも単位元1をもち，環の準同型は1を1にうつす．

素数についてのある性質が有限個の素数を除いてなりたつとき，この性質はほとんどすべての素数に対してなりたつという．

楕円曲線 E の N 分点のなす群を，第4章までは E_N で表わし，第8章以降では $E[N]$ で表わす．また，レベル N の保型形式の空間とHecke環を，第5章までは $S(N)$ と $T(N)$ で表わし，第9章以降では $S_0(N)$ と $T_0(N)$ で表わす．記号の不統一をおわびするとともに，混乱なさらぬようお願いする．

楕円曲線 1

　この章の前半では体上の楕円曲線を，後半では一般のスキーム上の楕円曲線をあつかう．

　§1.1では，体上の楕円曲線の定義を復習し，その2分点を調べる．§1.2では，$\mathbb{Q}$上の楕円曲線Eの素数pを法とする還元についてのことばを紹介し，各pに対し整数$a_p(E)$を定義する．§1.1, §1.2で，定理0.3の条件(1)および(2)と同値な条件を与える．§1.3ではTate加群を定義し，これを使って整数$a_p(E)$の性質を調べる．

　後半の§1.4, §1.5は，次の章でのモジュラー曲線の定義の準備となる．前半の，素数pでの還元の代数幾何的意味もここであきらかになる．第3章で命題0.4の証明を完成するための準備もしておく．

§1.1　体上の楕円曲線

　この節では，体上の楕円曲線の定義を復習し，その2分点を調べる．体上の楕円曲線の定義は『数論I』第1章§1.1(b)にあるが，もう一度書いておこう．簡単のため体の標数は2でないものとする．一般の場合の定義は定義1.11で与える．

　定義1.1　Kを標数が2でない体とする．次の方程式で定義されるK上の代数曲線EをK上の**楕円曲線**(elliptic curve)とよぶ．

14 ────── 第 1 章　楕円曲線

(1.1) $$y^2 = ax^3 + bx^2 + cx + d.$$

ここで a, b, c, d は K の元で，a は 0 でなく右辺の 3 次式 ax^3+bx^2+cx+d は重根をもたないものである．　□

$a=4, b=0$ のときは，$c=-g_2, d=-g_3$ とおくと，右辺の 3 次式 $4x^3-g_2x-g_3$ が重根をもたないための条件は，判別式 (discriminant) $\Delta = g_2^3 - 27g_3^2$ が 0 でないことである．方程式 (1.1) で定義される代数曲線とは，正確には，同次方程式 $Y^2Z = aX^3 + bX^2Z + cXZ^2 + dZ^3$ で定義される射影平面 $\mathbb{P}_K^2$ の部分多様体のことである．これは方程式 $y^2 = ax^3 + bx^2 + cx + d$ で定義されるアフィン平面 $\mathbb{A}_K^2$ の部分多様体に，無限遠点 $O = (0:1:0)$ をつけくわえたものである．方程式 $y^2 = ax^3 + bx^2 + cx + d$ で定義される楕円曲線のことを，単に楕円曲線 $y^2 = ax^3 + bx^2 + cx + d$ と書くこともよくある．定義 1.1 の代数幾何的意味は次の節で説明する．

u, v, w を K の元で u, w は 0 でないとする．E が楕円曲線 $y^2 = ax^3 + bx^2 + cx + d$ のとき，これを $x = ux' + v, y = wy'$ と座標変換して得られる楕円曲線 E'

(1.2) $$y'^2 = w^{-2}(a(ux'+v)^3 + b(ux'+v)^2 + c(ux'+v) + d)$$

は E と同型な楕円曲線である．同型 $(x', y') \mapsto (ux'+v, wy')$ により，楕円曲線 E' を，楕円曲線 E と同一視することがよくある．

例 1.2　方程式

(1.3) $$y^2 = 4x^3 - 4x^2 - 40x - 79$$

は，有理数体 $\mathbb{Q}$ 上の楕円曲線を定義する．$x = x' + \dfrac{1}{3}$ と座標変換すると，方程式 (1.3) は

(1.4) $$y^2 = 4x'^3 - \frac{124}{3}x' - \frac{2501}{27}$$

となり，$\left(\dfrac{124}{3}\right)^3 - 27\left(\dfrac{2501}{27}\right)^2 = -11^5 \neq 0$ である．　□

L を K の拡大体とすると，K 上の楕円曲線は，その定義方程式の係数を L の元と考えることにより，L 上の楕円曲線を定義する．

楕円曲線の有理点全体は加法群をなす．この定義は『数論 I』第 1 章 §1.2

にあるが，これも簡単に復習しておこう．E を体 K 上の楕円曲線 $y^2=ax^3+bx^2+cx+d$ とする．E の K 有理点とは，この方程式の解 $(x,y)\in K\times K$ と無限遠点 O をあわせたもののことをいう．E の K 有理点全体の集合を $E(K)$ で表わす．

(1.5) $E(K)=\{(x,y)\in K\times K\,|\,y^2=ax^3+bx^2+cx+d\}\cup\{O\}$

である．$E(K)$ の演算は，$E(K)$ の 3 点 P,Q,R について $P+Q+R=O$ となることと P,Q,R が同一直線上にあることとが同値という条件で特徴づけられるのだった．L が K の拡大体なら，$E(K)$ は $E(L)$ の部分群である．

楕円曲線の位数 2 の点を調べよう．定理 0.3 の条件(1)と同値な条件を与える．

定義 1.3 E を標数が 2 でない体 K 上の楕円曲線とする．E の **2 分点**がすべて K 上有理的であるとは，K の任意の拡大体 L に対し，$E(L)$ の位数 2 の元がすべて $E(K)$ に含まれることをいう． □

命題 1.4 K を標数が 2 でない体とし，E を体 K 上の楕円曲線とする．次の条件は同値である．

（1） E の 2 分点はすべて K 上有理的である．

（2） どちらも 0 でない相異なる K の元 n,m で，E が方程式

(1.6) $$y^2=x(x-n)(x-m)$$

で定まる楕円曲線と同型となるようなものがある．

［証明］ E が方程式 $y^2=f(x)$ で定義されるとする．L を K の拡大体とする．$E(L)$ の点 $P=(s,t)\ne O$ の位数が 2 であることと，$f(s)=t=0$ は同値であることを示そう．演算の定義から，これは P での接線が $O=(0:1:0)$ を通ることと同値である．$\mathbb{P}^2$ 内の直線が点 $(0:1:0)$ を通るとは，y 軸と平行ということだから，この直線は $x=s$ である．したがってこれは，連立方程式 $x=s, y^2=f(x)$ が $(x,y)=(s,t)$ で重根をもつということと同値である．よってこれは $f(s)=t=0$ と同値である．

したがって，E の 2 分点がすべて K 上有理的であるためには，$f(x)$ が K で 1 次式の積に分解することが，必要十分である．$f(x)=a(x-\alpha)(x-\beta)(x-\gamma)$，$\alpha,\beta,\gamma\in K$ と分解したとして，$x'=a(x-\alpha)$，$y'=ay$ と座標変換すれば

よい.

§1.2 素数 p での還元

ここでは，有理数体 $\mathbb{Q}$ 上の楕円曲線 E の素数 p での還元について，基本的なことを定義する．定理 0.3 の条件 (2) について調べる．よい素数 p に対し，楕円曲線を p で還元して得られる楕円曲線も定義し，その有理点の個数をつかって，整数 $a_p(E)$ も定義する．

素数 p に対し，$\mathbb{Z}_{(p)} = \left\{\dfrac{m}{n} \in \mathbb{Q} \mid m, n \in \mathbb{Z},\ n \text{ は } p \text{ と素}\right\}$ を $\mathbb{Z}$ の p での局所化とよぶのだった．局所化 $\mathbb{Z}_{(p)}$ の元 $a = \dfrac{m}{n}$ に対し，その p を法とする還元 $a \bmod p = (m \bmod p)(n \bmod p)^{-1}$ が $\mathbb{F}_p$ の元として定義される．写像 $\mathbb{Z}_{(p)} \to \mathbb{F}_p : a \mapsto a \bmod p$ は環の準同型である．

E を方程式 $y^2 = ax^3 + bx^2 + cx + d$ で定義される $\mathbb{Q}$ 上の楕円曲線とする．座標を変換して，方程式の各係数が $\mathbb{Z}_{(p)}$ にはいるようにできる．この座標変換のしかたはいろいろあるが，その中で，どのくらいよいものがとれるかによって，E の p での還元のようすが決まってくる．

定義 1.5 E を $\mathbb{Q}$ 上の楕円曲線とする．

1. p を 3 以上の素数とする．E が p で**よい還元**(good reduction)をもつとは，E を定義する方程式 $y^2 = ax^3 + bx^2 + cx + d$ を次の条件をみたすようにとれることをいう．

    (1.7) $a \in \mathbb{Z}_{(p)}^{\times},\ b, c, d \in \mathbb{Z}_{(p)}$ で，右辺の 3 次式の各係数を p を法として還元してえられる 3 次式 $ax^3 + bx^2 + cx + d \bmod p \in \mathbb{F}_p[x]$ が重根をもたない．

2. p を 3 以上の素数とする．E が p で**安定な還元**(stable reduction)をもつとは，E を定義する方程式 $y^2 = ax^3 + bx^2 + cx + d$ を次の条件をみたすようにとれることをいう．

    (1.8) $a \in \mathbb{Z}_{(p)}^{\times},\ b, c, d \in \mathbb{Z}_{(p)}$ で，$ax^3 + bx^2 + cx + d \bmod p \in \mathbb{F}_p[x]$ が 3 重根をもたない．

3. E が 2 で安定な還元をもつとは，E を定義する方程式 $y^2 = ax^3 + bx^2 + cx + d$ を次の条件をみたすようにとれることをいう．

(1.9)　$a, b, c, d \in \mathbb{Z}_{(2)}$ で，$\dfrac{a}{4} \in \mathbb{Z}_{(2)}^{\times}$ かつ
$$ax^3 + bx^2 + cx + d \equiv (bx+d)^2 \not\equiv 0 \mod 4.$$

4. E が 2 でよい還元をもつとは，E を定義する方程式 $y^2 = ax^3 + bx^2 + cx + d$ を次の条件をみたすようにとれることをいう．

(1.10)　(1.9) をみたし，さらに $b \equiv 1 \bmod 2$ のときは次をみたす．$x' = bx + d$ とおいて，$\mathbb{Z}_{(2)}$ 係数の x' の 3 次式を

(1.11)　$a'x'^3 + b'x'^2 + c'x' + d' = \dfrac{1}{4}(ax^3 + bx^2 + cx + d - (bx+d)^2)$

と定めると，$c' \not\equiv d' \bmod 2$.

5. E が p で安定な還元をもつが，よい還元をもたないとき，E は p で**乗法的な還元**(multiplicative reduction)をもつという．安定な還元をもたないときは，**加法的な還元**(additive reduction)をもつという． □

E が 3 以上の素数 p で安定な還元をもったとする．条件 (1.8) をみたす E を定義する方程式のひとつが条件 (1.7) をみたすことと，そのようなものすべてが (1.7) をみたすこととは同値である．同様に，E が 2 で安定な還元をもったとすると，条件 (1.9) をみたす E を定義する方程式のひとつが条件 (1.10) をみたすことと，そのようなものすべてが (1.10) をみたすこととは同値である．

$p=2$ の場合の定義は不自然にみえることと思うが，そうでないことをあとで説明する．

命題 1.6　E を有理数体 $\mathbb{Q}$ 上の楕円曲線とすると，ほとんどすべての素数 p について，E は p でよい還元をもつ．

[証明]　E が方程式 $y^2 = ax^3 + bx^2 + cx + d\,(a, b, c, d \in \mathbb{Q},\ a \neq 0)$ で定義されるとする．座標変換して $a = 4$，$b = 0$，$c, d \in \mathbb{Z}$ としてよい．$c = -g_2$，$d = -g_3$ とおくと，3 次式 $4x^3 - g_2 x - g_3$ が重根をもたないから $g_2^3 - 27g_3^2 \neq 0$ である．$g_2^3 - 27g_3^2$ をわらない 3 以上の素数 p は条件 (1.7) をみたし，E は p でよい還元をもつ． ■

定義 1.7　$\mathbb{Q}$ 上の楕円曲線 E がすべての素数 p で安定な還元をもつとき，

E は**準安定**(semi-stable)であるという.

$\mathbb{Q}$ 上の準安定楕円曲線 E に対し, E がよい還元をもたないような素数すべての積 N_E を E の**導手**(conductor)とよぶ. □

命題 1.6 により, 準安定楕円曲線 E がよい還元をもたないような素数は有限個だから, 導手の定義は意味をもつ. 準安定楕円曲線の導手は平方因子をもたない.

例 1.8 例 1.2 の方程式 (1.3) $y^2=4x^3-4x^2-40x-79$ で定義された, 有理数体 $\mathbb{Q}$ 上の楕円曲線 E は, 11 以外のすべての素数 p でよい還元をもち, $p=11$ では乗法的還元をもつ. したがってこれは導手 11 の準安定楕円曲線である.

このことは次のようにして確かめられる. $p=2$ のときは, $\frac{4}{4}=1\in\mathbb{Z}_{(2)}^\times$ かつ $4x^3-4x^2-40x-79\equiv 1\not\equiv 0 \bmod 4$ である. $p=3$ のときは, 多項式 $4x^3-4x^2-40x-79\equiv x^3-x^2-x-1 \bmod 3$ は $\mathbb{F}_3$ で解をもたないから, 重根をもたない. $p=11$ のときは, $4x^3-4x^2-40x-79\equiv 4(x-5)^2(x-2) \bmod 11$ である. $p\neq 2,3,11$ とすると, $4x'^3-\frac{124}{3}x'-\frac{2501}{27}\in\mathbb{Z}_{(p)}[x']$ であり, $\left(\frac{124}{3}\right)^3-27\left(\frac{2501}{27}\right)^2=-11^5\not\equiv 0 \bmod p$ である.

この導手 11 の楕円曲線は, 実は, 導手が最小の準安定楕円曲線である. このことは, 第 2 章定理 2.54 と例 2.17 から従う. □

定理 0.3 の条件 (1) のもとで, 条件 (2) について調べる.

命題 1.9 1. 有理数体 $\mathbb{Q}$ 上の楕円曲線 E について次の条件 (1) と (2) は同値である.

（1） E は準安定で, その 2 分点はすべて有理的である.

（2） E は次の条件 (1.12) をみたす整数 n,m によって, 方程式

(1.6) $$y^2=x(x-n)(x-m)$$

　で定義される.

(1.12) n,m はたがいに素で相異なるどちらも 0 でない整数で, $n\equiv -1 \bmod 4$, $m\equiv 0 \bmod 16$ である.

2. E を条件 (1.12) をみたす整数 n,m によって, 方程式 (1.6) で定義さ

§1.2 素数pでの還元

れる$\mathbb{Q}$上の準安定楕円曲線とする．このときEの導手は$\frac{1}{16}nm(n-m)$のすべての素因数の積である．

[1. の(2)⇒(1)と2. の証明] Eを条件(1.12)をみたす整数n,mによって，方程式(1.6)で定義される$\mathbb{Q}$上の楕円曲線とする．命題1.4により，Eの2分点はすべて有理的である．pを3以上の素数とすると，n,mがたがいに素だから方程式(1.6)は条件(1.8)をみたす．$n=-1+4n', m=16m'$とおいて，$x=4x', y=4y'$と座標変換すると方程式(1.6)は$y'^2=x'(4x'+1-4n')(x'-4m')$となる．右辺の3次の係数は4で，$x'(4x'+1-4n')(x'-4m') \equiv x'^2 \bmod 4$だから，これは条件(1.9)をみたす．したがって$E$はすべての素数$p$で安定な還元をもち，準安定である．

$p \geqq 3$とすると，方程式(1.6)が条件(1.7)をみたすためには，$nm(n-m)$がpでわれないことが必要十分である．

$p=2$とする．$\frac{1}{4}(x'(4x'+1-4n')(x'-4m')-x'^2) \equiv x'(x'^2-n'x'-m') \bmod 2$である．したがって，これが条件(1.10)をみたすためには，$m'=\frac{1}{16}m$が2でわれないことが必要十分である． ∎

[1. の(1)⇒(2)の証明] これは定理0.1の証明には要らないので，方針だけ簡単に書く．細部をうめることは演習問題とする．

(1)をみたすEは，次の条件をみたす整数a,n,mによって，方程式$y^2=ax(x-n)(x-m)$で定義される．aは平方因子をもたない正の整数で，n,mはたがいに素で相異なるどちらも0でない整数で，nは奇数，mは偶数である．これは命題1.4の証明と同様にすればよい．

$a=1$か2であることを示す．次のようにすればよい．pを3以上の素数とする．$x=ux'-v, y=wy'$と座標変換すると，方程式は
$$y'^2 = (au^3/w^2)(x'-v/u)(x'-(v+n)/u)(x'-(v+m)/u)$$
となる．これが条件(1.8)をみたすとすると，$v/u, (v+n)/u, (v+m)/u$はすべてpで整数で，これらをpで還元したものはすべて等しいわけではない．これより$v=0$としてよく，さらにuはpで単数とわかる．au^3/w^2も単数だからaもpで単数．

$p=2$ とする．$p \geq 3$ の場合と同様に考えると，$v/u, (v+n)/u, (v+m)/u$ のうち2つが2で整数で，残りはその4倍が2で単数とわかる．これより，$v=0$ としてよく，$u/4$ は2で単数で，m は8でわりきれることがわかる．$au^3/4w^2$ が2で単数だから，$a=1$ で $u=w=4$ としてよく，式は $y'^2 = x'(4x'-n)(x'-m/4)$ となる．右辺は4を法として x'^2 と合同でなくてはいけないから，$n \equiv -1 \bmod 4, m \equiv 0 \bmod 16$ である． ∎

定義 1.1 の代数幾何的意味を明らかにし，定義 1.5 の $p=2$ の場合も自然な定義であることを説明する．この辺のことが気にならない人は，定義 1.13 の前までとばしてもとりあえずは構わない．

次の補題により，定義 1.1 は下のように言いかえることができる．

補題 1.10 K を標数が2でない体とする．

1. $a \in K^\times, b, c, d \in K$ とする．同次方程式 $Y^2Z = aX^3 + bX^2Z + cXZ^2 + dZ^3$ で定義される $\mathbb{P}_K^2$ の部分多様体が，K 上スムーズであるためには，3次式 $ax^3 + bx^2 + cx + d$ が重根をもたないことが必要十分である．

2. 体 K 上の楕円曲線の種数は1である．

3. E を体 K 上の固有スムーズな種数1の連結代数曲線とし，O をその K 有理点とする．このとき E の $\mathbb{P}_K^2$ への閉埋め込みで，その像は方程式 $Y^2Z = aX^3 + bX^2Z + cXZ^2 + dZ^3$ $(a \in K^\times, b, c, d \in K)$ で定義され，O の像は点 $(0:1:0)$ であるようなものが存在する． ∎

この補題の証明は省略する．

定義 1.11 E が体 K 上の**楕円曲線**であるとは，E が体 K 上の固有スムーズな種数1の連結代数曲線で，その K 有理点 O が与えられていることである． ∎

これは K の標数が2のときも正しい定義である．定義 1.5.4. が自然な定義である理由は，次の補題である．楕円曲線の方程式 $y^2 = ax^3 + bx^2 + cx + d$ を，$y = 2y' + bx + d$ と座標変換すると，これは

$$(1.13) \quad y'^2 + bxy' + dy' = \frac{1}{4}((ax^3 + bx^2 + cx + d) - (bx + d)^2)$$

となる．

補題 1.12 1. K を標数 2 の体とすると，K 上の固有代数曲線 E に対し，次は同値である．

（1） E が K 上の楕円曲線である．

（2） E は方程式

(1.14)　　　$y^2+(bx+d)y=x^3+b_1x^2+c_1x+d_1 \quad (b,d,b_1,c_1,d_1 \in K)$

　で定義される平面曲線と同型であり，スムーズである．

2. $K=\mathbb{F}_2$ とすると，次の条件は同値である．

（1） 方程式 (1.14) で定義される $\mathbb{F}_2$ 上の代数曲線がスムーズである．

（2） 次のどちらかがなりたつ．

（i） $b=0, d=1$．

（ii） $b=1$ で，$x'=x+d$ とおいて $x'^3+b'x'^2+c'x'+d'=x^3+b_1x^2+c_1x+d_1$
　　と定めると，$c' \neq d'$ である． □

この補題の証明も省略する．

定義 1.5 に出てきた方程式をつかって，楕円曲線の素数 p での還元を定義する．

定義 1.13 E を $\mathbb{Q}$ 上の楕円曲線とする．

1. p を 3 以上の素数とする．E が p でよい還元をもつとし，E を定義する方程式 $y^2=ax^3+bx^2+cx+d$ を条件 (1.7) をみたすようにとる．この方程式の各係数を p を法として還元してえられる $\mathbb{F}_p$ 係数の方程式 $y^2=ax^3+bx^2+cx+d$ によって定義される $\mathbb{F}_p$ 上の楕円曲線を E の p での**還元**(reduction at p)といい，$E_{\mathbb{F}_p}$ で表わす．$E_{\mathbb{F}_p}$ の $\mathbb{F}_p$ 有理点の集合

$$E_{\mathbb{F}_p}(\mathbb{F}_p) = \{(x,y) \in \mathbb{F}_p \times \mathbb{F}_p \mid y^2=ax^3+bx^2+cx+d\} \cup \{O\}$$

の元の個数を使って

(1.15)　　　　　$a_p(E) = p+1-(E_{\mathbb{F}_p}(\mathbb{F}_p)$ の元の個数$)$

と定める．

2. p を 3 以上の素数とする．E が p で乗法的な還元をもつとする．E を定義する方程式 $y^2=ax^3+bx^2+cx+d$ を条件 (1.8) をみたすようにとる．この右辺は p で還元すると，$a(x-\alpha)^2(x-\beta)$ $(\alpha \neq \beta \in \mathbb{F}_p)$ となる．$a(\alpha-\beta) \in \mathbb{F}_p^\times$ が平方元のとき $a_p(E)=1$，そうでないとき $a_p(E)=-1$ と定める．

3. E が 2 でよい還元をもつとし，E を定義する方程式 $y^2 = ax^3 + bx^2 + cx + d$ を条件 (1.10) をみたすようにとる．このとき，$\mathbb{F}_2$ 係数の方程式 (1.13) $y^2 + bxy + dy = \dfrac{1}{4}((ax^3 + bx^2 + cx + d) - (bx + d)^2)$ で定義される $\mathbb{F}_2$ 上の代数曲線は $\mathbb{F}_2$ 上の楕円曲線である．ここで右辺は $\mathbb{Z}$ 係数の多項式を $\mathbb{F}_2$ 係数の多項式とみたものである．この $\mathbb{F}_2$ 上の楕円曲線を E の 2 での還元といい，$E_{\mathbb{F}_2}$ で表わす．$E_{\mathbb{F}_2}$ の $\mathbb{F}_2$ 有理点の集合

$$E_{\mathbb{F}_2}(\mathbb{F}_2) = \{(x, y) \in \mathbb{F}_2 \times \mathbb{F}_2 \mid \text{方程式 (1.13) の解}\} \cup \{O\}$$

の元の個数を使って，

(1.16) $\qquad a_2(E) = 2 + 1 - (E_{\mathbb{F}_2}(\mathbb{F}_2) \text{の元の個数})$

と定める．

4. E が 2 で乗法的な還元をもつとする．E を定義する方程式 $y^2 = ax^3 + bx^2 + cx + d$ を条件 (1.9) をみたすようにとる．これは条件 (1.10) はみたさない．(1.10) の記号のもとで，$b' \equiv 0 \bmod 2$ のとき $a_2(E) = 1$，$b' \equiv 1 \bmod 2$ のとき $a_2(E) = -1$ と定める．

5. E が素数 p で加法的な還元をもつときは，$a_p(E) = 0$ と定める．□

E が p でよい還元をもつとき，E の p での還元は同型を除き条件 (1.7) あるいは (1.10) をみたすような方程式のとりかたによらない．また，乗法的な還元をもつときも $a_p(E)$ の値は条件 (1.8) あるいは (1.9) をみたすような方程式のとりかたによらない．

例 1.14 例 1.8 の導手 11 の準安定楕円曲線 E について，$E_{\mathbb{F}_p}(\mathbb{F}_p)$ の元の個数 N_p と $a_p(E)$ は次の表のようになる．

p	2	3	5	7	11	13	17	19	23	29	31	37	$\cdots$
N_p	5	5	5	10	–	10	20	20	25	30	25	35	$\cdots$
$a_p(E)$	-2	-1	1	-2	1	4	-2	0	-1	0	7	3	$\cdots$

□

無限積

(1.17) $\qquad \displaystyle\prod_{\text{よい } p} (1 - a_p(E) p^{-s} + p^{1-2s})^{-1} \times \prod_{\text{よくない } p} (1 - a_p(E) p^{-s})^{-1}$

として定義される．複素数 s の正則関数を楕円曲線 E の L 関数(L-function)とよび，$L(E,s)$ で表わす．楕円曲線 E の L 関数 $L(E,s)$ は，次の定理により，$\Re s > \frac{3}{2}$ で絶対収束する．

定理 1.15 p を素数とし，E を有限体 $\mathbb{F}_p$ 上の楕円曲線とすると，不等式
$$|p+1-(E(\mathbb{F}_p) \text{ の元の個数})| < 2\sqrt{p}$$
がなりたつ． □

この定理は，Weil 予想の特別の場合である．証明は次節の最後で与える．

§1.3　準同型と Tate 加群

ここから先では，有限，エタールなど代数幾何の用語がどんどん出てくる．簡単なまとめが付録 §A.1 にある．

K を体とし，E, E' を K 上の楕円曲線とする．代数曲線としての射 $f: E \to E'$ が楕円曲線の**準同型**であるとは，f が E の原点を E' の原点にうつすことをいう．$f: E \to E'$ が K 上の楕円曲線の準同型で，L が K の拡大体なら，f が定める写像 $f: E(L) \to E'(L)$ は群の準同型である．

$f, g: E \to E'$ が楕円曲線の準同型であるとき，その和 $f+g: E \to E'$ を合成写像
$$E \xrightarrow{\text{対角写像}} E \times E \xrightarrow{(f,g)} E' \times E' \xrightarrow{+} E'$$
として定める．E から E' への準同型全体の集合 $\mathrm{Hom}_K(E, E')$ はこの演算により加法群をなす．

$E=E'$ のときは準同型 $f: E \to E$ を E の自己準同型という．E の自己準同型全体の集合 $\mathrm{End}_K(E)$ は合成を乗法として，恒等写像を単位元としてもつ環をなす．整数 N に対し，N **倍写像**(multiplication by N) $[N]: E \to E$ が定義される．L を K の拡大体とすると，N 倍写像が定める，Abel 群 $E(L)$ の自己準同型は N 倍写像である．

K が有限体 $\mathbb{F}_p$ のときは，有限体 $\mathbb{F}_p$ 上の楕円曲線 E は幾何的 Frobenius とよばれる自己準同型をもつ．E が有限体 $\mathbb{F}_p$ 上の楕円曲線のとき，E の座

標環の元をすべて p 乗することによって定まる E の自己準同型 Fr_p を, E の**幾何的 Frobenius** (geometric Frobenius) とよぶ. たとえば, E が方程式 $y^2 = ax^3+bx^2+cx+d$ で定義されていれば, $(x,y) \mapsto (x^p, y^p)$ で定義される代数多様体の写像が Fr_p である.

$f: E \to E'$ が 0 でない楕円曲線の準同型なら, f は有限平坦である. f の代数曲線の射としての次数を, 準同型 f の**次数** (degree) とよび, $\deg f$ で表わす. f が 0 のときは $\deg f = 0$ とおく. 有限体 $\mathbb{F}_p$ 上の楕円曲線 E の幾何的 Frobenius Fr_p の次数は p である. f の次数が体 K の標数でわれなければ, f は有限エタールである. したがってこのときは, f の次数は有限 Abel 群 $\mathrm{Ker}(f: E(\overline{K}) \to E'(\overline{K}))$ の位数に等しい. $\overline{K}$ は K の分離閉包を表わす.

命題 1.16 E を体 K 上の楕円曲線とし, N を自然数とする. N 倍写像 $[N]: E \to E$ の次数は N^2 である. □

この命題は, 準同型の双対と次数との関係から導くことができるが, この本では証明しない.

系 1.17 E を体 K 上の楕円曲線とし, N を K の標数でわれない自然数とする. N 倍写像 $[N]: E \to E$ は有限エタールである. N 倍写像の核 $E_N(\overline{K}) = \mathrm{Ker}(N: E(\overline{K}) \to E(\overline{K}))$ は $(\mathbb{Z}/N\mathbb{Z})^2$ と同型な有限 Abel 群である.

$E_N(\overline{K})$ を E の N 分点の群という. $K = \mathbb{Q}$ で $N = \ell$ のときの $E_\ell(\overline{\mathbb{Q}})$ を第 0 章では $E[\ell]$ と書いた.

[系の証明] N 倍写像 $[N]$ の次数 N^2 は K の標数でわれないから, $[N]: E \to E$ は有限エタールである. 有限 Abel 群 $E_N(\overline{K})$ の位数は N^2 である. 有限 Abel 群の構造定理により, $E_N(\overline{K}) \simeq \bigoplus_{i=1}^{r} \mathbb{Z}/N_i\mathbb{Z}$ となる自然数で $1 \neq N_r | \cdots | N_1 | N, N^2 = \prod_{i=1}^{r} N_i$ をみたすものがある. $E_{N_r}(\overline{K}) \simeq (\mathbb{Z}/N_r\mathbb{Z})^r$ となる. N_r も K の標数でわれないから, $r = 2$ で $N_1 = N_2 = N$ である. ■

f を楕円曲線 E の自己準同型とすると, f は N 分点の群 $E_N(\overline{K}) \simeq (\mathbb{Z}/N\mathbb{Z})^2$ の自己準同型をひきおこす. f の次数と, この N 分点への作用については次がなりたつ. $E_N(\overline{K})$ の $\mathbb{Z}/N\mathbb{Z}$ 加群としての基底をとって, f の $E_N(\overline{K})$ への作用を $\mathbb{Z}/N\mathbb{Z}$ 係数の 2 次の正方行列で行列表示する. この行列の行列式は,

§1.3 準同型と Tate 加群 —— 25

基底のとりかたによらないから，これを $\det(f\colon E_N(\overline{K}))$ で表わす．$\det(f\colon E_N(\overline{K}))$ は $\mathbb{Z}/N\mathbb{Z}$ の元として定まる．

命題 1.18 E を体 K 上の楕円曲線とし，f を E の自己準同型，N を K の標数でわれない自然数とする．f の $E_N(\overline{K}) \simeq (\mathbb{Z}/N\mathbb{Z})^2$ への作用の行列式 $\det(f\colon E_N(\overline{K}))$ は f の次数と N を法として合同である：

(1.18) $$\deg f \equiv \det(f\colon E_N(\overline{K})) \mod N. \qquad \square$$

証明は e_N ペアリングを使ってなされるが，この本ではしない．

有限 Abel 群 $E_N(\overline{K})$ よりも，その極限として得られる自由 $\mathbb{Z}_\ell$ 加群を考えるほうが便利である．これがこの節の題の Tate 加群である．

ℓ を K の標数とは異なる素数とする．自然数 $n \geqq m$ に対し，$\varphi_{m,n}\colon E_{\ell^n}(\overline{K}) \to E_{\ell^m}(\overline{K})$ を ℓ^{n-m} 倍写像と定める．$(E_{\ell^n}(\overline{K}), \varphi_{m,n})$ は有限 Abel 群の逆系をなす．この逆極限 $\varprojlim_n E_{\ell^n}(\overline{K})$ を $T_\ell E$ と表わし，E の **Tate 加群**(Tate module) とよぶ．Tate 加群 $T_\ell E$ は，自然に $\mathbb{Z}_\ell$ 加群の構造をもつ．

命題 1.19 E を体 K 上の楕円曲線とし，ℓ を K の標数とは違う素数とする．Tate 加群 $T_\ell E$ は，$\mathbb{Z}_\ell^2$ と同型である．

[証明] 一般に $M_1 \subset \cdots \subset M_n \subset M_{n+1} \subset \cdots$ を，有限 Abel 群の包含列で，$M_n \simeq (\mathbb{Z}/\ell^n\mathbb{Z})^2$ であるものとする．$\varphi_{m,n}\colon M_n \to M_m$ を ℓ^{n-m} 倍写像と定めると，$M = \varprojlim_n M_n$ が $\mathbb{Z}_\ell^2$ と同型であることをいえばよい．M_1 の $\mathbb{F}_\ell$ 上の基底 a_1, b_1 をとる．$\varphi_{n-1,n}\colon M_n \to M_{n-1}$ は全射だから，帰納的に M_n の元 a_n, b_n を $\varphi_{n-1,n} a_n = a_{n-1}$, $\varphi_{n-1,n} b_n = b_{n-1}$ をみたすようにとる．e_1, e_2 を $(\mathbb{Z}/\ell^n\mathbb{Z})^2$ の標準基底とし，$g_n\colon (\mathbb{Z}/\ell^n\mathbb{Z})^2 \to M_n$ を $e_1 \mapsto a_n$, $e_2 \mapsto b_n$ と定めると，$(g_n)_n$ は逆系の同型を定める．したがって，これは逆極限の同型 $\mathbb{Z}_\ell^2 \to M$ をひきおこす． ∎

f を楕円曲線 E の自己準同型とすると，f は逆系 $(E_{\ell^n}(\overline{K}))_n$ の自己準同型を定めるから，極限 $T_\ell E$ の自己準同型をひきおこす．$T_\ell E$ の $\mathbb{Z}_\ell$ 上の基底をとることによって，上と同様に f の行列式 $\det(f\colon T_\ell E) \in \mathbb{Z}_\ell$ が定義される．

系 1.20 E を体 K 上の楕円曲線とし，f を E の自己準同型，ℓ を K の標数とは違う素数とする．f の $T_\ell E \simeq \mathbb{Z}_\ell^2$ への作用の行列式 $\det(f\colon T_\ell E)$ は f の次数と等しい：

(1.19) $$\deg f = \det(f : T_\ell E).$$

［証明］ 式 (1.18) で $N=\ell^n$ とおいたものの極限をとればよい. ∎

定理 1.15 を証明する. まず次の命題を示す. E を有限体 $\mathbb{F}_p$ 上の楕円曲線とし, ℓ を p ではない素数とする. 幾何的 Frobenius Fr_p の Tate 加群 $T_\ell E$ への作用の行列表示を使って, 多項式 $\det(X-Fr_p \cdot Y : T_\ell E) \in \mathbb{Z}_\ell[X,Y]$ を定義する.

命題 1.21 E を有限体 $\mathbb{F}_p$ 上の楕円曲線とし, ℓ を p ではない素数とする. $a = p+1-(E(\mathbb{F}_p)$ の元の個数$)$ とすると
(1.20) $$\det(X - Fr_p \cdot Y : T_\ell E) = X^2 - aXY + pY^2$$
である.

［証明］ $(X,Y) = (1,0), (0,1), (1,1)$ を代入したときに両辺が等しいことを示せばよい. 系 1.20 により, $\det(n-mFr_p : T_\ell E) = \deg(n-mFr_p)$ だから,
(1.21) $\deg 1 = 1$, $\deg Fr_p = p$, $\deg(1-Fr_p) = (E(\mathbb{F}_p)$ の元の個数$)$
を示せばよい. はじめの 2 つはよいから, 最後の等式を示す. 自己準同型 $1-Fr_p$ が接空間にひきおこす写像は恒等写像だから, $1-Fr_p$ は有限エタールである. したがって, その次数は核 $\operatorname{Ker}(1-Fr_p : E(\overline{\mathbb{F}_p}) \to E(\overline{\mathbb{F}_p}))$ の元の個数に等しい. この核は $E(\mathbb{F}_p)$ と等しいから $\deg(1-Fr_p) = (E(\mathbb{F}_p)$ の元の個数$)$ が示された. ∎

［定理 1.15 の証明］ 命題 1.21 により, 任意の整数 n, m に対し $n^2 - anm + pm^2 = \deg(n-mFr_p)$ である. 右辺はいつも 0 以上だから, 2 次式 $X^2 - aX + p$ の判別式 $a^2 - 4p$ は 0 以下である. ∎

§1.4 一般のスキーム上の楕円曲線

この節と次の節でも, ひきつづき代数幾何の用語をどんどん使う. 必要に応じ, 付録を参照してほしい.

定義 1.22 スキーム S 上の**楕円曲線**とは, S 上のスムーズな固有スキーム $f: E \to S$ で, 切断 $0: S \to E$ が与えられていて, 次の条件 (1.22) をみたしているもののことをいう.

§1.4 一般のスキーム上の楕円曲線

(1.22)　$f\colon E\to S$ のすべての幾何的ファイバー $E_{\bar{s}}$ は，代数閉体 $\kappa(\bar{s})$ 上の種数 1 の連結代数曲線である． □

　S 上の楕円曲線とは，正しくは S 上のスキーム $f\colon E\to S$ とその切断 O との対 $(f\colon E\to S, O)$ のことであるが，単に E で表わすことが多い．

　E を S 上の楕円曲線とすると，次の節の命題 1.30 により，E は S 上の可換群スキームの構造で，O を単位元とするものをただ 1 つもつ．したがって，E に S 上の可換群スキームの構造を与えることと，E の O 切断を与えることとは同じことである．群スキームについては，付録 §A.2 に簡単にまとめてある．

　具体的には，楕円曲線は次のようにして与えられる．$\mathbb{Z}$ 係数の 5 変数多項式 $\Delta\in\mathbb{Z}[a_1,a_2,a_3,a_4,a_6]$ を次のように定義する．まず多項式 $b_2,b_4,b_6,b_8\in\mathbb{Z}[a_1,a_2,a_3,a_4,a_6]$ を
$$b_2=a_1^2+4a_2,\quad b_4=2a_4+a_1a_3,\quad b_6=a_3^2+4a_6,$$
$$b_8=a_1^2a_6+4a_2a_6-a_1a_3a_4+a_2a_3^2-a_4^2$$
とさだめる．そして

(1.23)　　　　　　$\Delta=9b_2b_4b_6-b_2^2b_8-8b_4^3-27b_6^2$

と定義する．この Δ を**判別式**とよぶ．

補題 1.23　S をアファイン・スキーム $S=\mathrm{Spec}\,A$ とし，$a_1,a_2,a_3,a_4,a_6\in A$ とする．同次方程式
$$Y^2Z+a_1XYZ+a_3YZ^2=X^3+a_2X^2Z+a_4XZ^2+a_6Z^3$$
で定義される $\mathbb{P}_A^2$ の閉部分スキーム E が S 上スムーズであるための必要十分条件は，$\Delta(a_1,a_2,a_3,a_4,a_6)$ が A の可逆元であることである．

　このとき，S 上の固有スムーズ・スキーム E は条件 (1.22) をみたす．さらに $X=Z=0$ で定義される E の閉部分スキーム O は，E の S 上の切断である．したがって，対 (E,O) は S 上の楕円曲線である． □

　この補題の証明は省略する．

　逆に E を任意のスキーム S 上の楕円曲線とする．このとき S のアファイン開被覆 $S=\bigcup_{\lambda\in\Lambda}U_\lambda$ で，E の各 U_λ への制限が，補題 1.23 のようにして定義されるものと同型となるものが存在する．楕円曲線の抽象的な定義を定義

1.22 で与えたが，それは S 上局所的には，補題 1.23 のように具体的に与えられるものと考えてよいということである．とくに K が体で $S = \operatorname{Spec} K$ のときは，定義 1.22 は定義 1.11 と一致する．K の標数が 2 でなければ，これはさらに定義 1.1 と一致する．

E を S 上の楕円曲線とし，$S' \to S$ をスキームの射とすると，底の変更 $E_{S'} \to S'$ は S' 上の楕円曲線である．§1.1 で，E が体 K 上の楕円曲線で，L が K の拡大体のときに，E は L 上の楕円曲線を定義すると書いた．これは底の変更の特別な場合である．

一般の楕円曲線のことばを使えば，定義 1.5, 定義 1.13 は次のような意味である．

命題 1.24 E を $\mathbb{Q}$ 上の楕円曲線とし，p を素数とする．

1. 次は同値である．
 （1） E が p でよい還元をもつ．
 （2） 環 $\mathbb{Z}_{(p)}$ 上の楕円曲線 $E_{\mathbb{Z}_{(p)}}$ で，$E_{\mathbb{Z}_{(p)}} \otimes_{\mathbb{Z}_{(p)}} \mathbb{Q}$ が E であるようなものが存在する．

 この $\mathbb{Z}_{(p)}$ 上の楕円曲線 $E_{\mathbb{Z}_{(p)}}$ を，E の $\mathbb{Z}_{(p)}$ 上のよいモデル(smooth model) という．

2. E の $\mathbb{Z}_{(p)}$ 上のよいモデルは，存在すれば標準同型を除きただ 1 つである．

3. $E_{\mathbb{Z}_{(p)}}$ を E の $\mathbb{Z}_{(p)}$ 上のよいモデルとすると，E の p での還元 $E_{\mathbb{F}_p}$ は，$\mathbb{F}_p$ 上の楕円曲線 $E_{\mathbb{Z}_{(p)}} \otimes_{\mathbb{Z}_{(p)}} \mathbb{F}_p$ と等しい． □

この命題の証明は省略する．

命題 1.6 は，次のような意味である．E を $\mathbb{Q}$ 上の楕円曲線とすると，自然数 N と環 $\mathbb{Z}[1/N]$ 上の楕円曲線 $E_{\mathbb{Z}[1/N]}$ で，$E_{\mathbb{Z}[1/N]} \otimes_{\mathbb{Z}[1/N]} \mathbb{Q}$ が E であるようなものが存在する．このような $E_{\mathbb{Z}[1/N]}$ を，E の $\mathbb{Z}[1/N]$ 上のよいモデルという．$\mathbb{Z}[1/N]$ 上のよいモデルは，存在すれば標準同型を除いて一意的である．$E_{\mathbb{Z}[1/N]}$ を E の $\mathbb{Z}[1/N]$ 上のよいモデルとし，p を N をわらない素数とすると，$E_{\mathbb{Z}[1/N]} \otimes_{\mathbb{Z}[1/N]} \mathbb{Z}_{(p)}$ は，E の $\mathbb{Z}_{(p)}$ 上のよいモデルであり，E は p でよい還元をもつ．

§1.4 一般のスキーム上の楕円曲線

例 1.25 例 1.8 の楕円曲線の $\mathbb{Z}[\frac{1}{11}]$ 上のよいモデルは方程式 $y^2+y=x^3-x^2-10x-20$ で定義される。$\Delta=-11^5$ である。

例 1.8 の最後で書いたように，導手が 1 の準安定楕円曲線は存在しない．これは $\mathbb{Z}$ 上の楕円曲線は存在しないということである． □

E をスキーム S 上の楕円曲線とし，N を自然数とする．E は S 上の可換群スキームだから，体上の場合と同様に，N **倍写像** $[N]:E\to E$ が定義される．これは任意の S 上のスキーム T に対し，それがひきおこす写像 $[N]:E(T)\to E(T)$ が可換群 $E(T)$ の N 倍写像であるという条件で特徴づけられる．N 倍写像は次のような性質をもつ．

命題 1.26 E をスキーム S 上の楕円曲線とし，N を自然数とする．N 倍写像 $[N]:E\to E$ は，有限かつ平坦で，その次数は N^2 である．N が S で可逆なら，$[N]:E\to E$ はさらにエタールである．

［証明］ E は S 上固有平坦だから，付録の命題 A.5，系 A.6，系 A.12 により，各幾何的ファイバーごとに示せばよい．体上の楕円曲線については，これは命題 1.16 と系 1.17 である． ■

E をスキーム S 上の楕円曲線とし，N を自然数とする．N 倍写像 $[N]:E\to E$ の核 $E_N=[N]^{-1}0$ は $[N]:E\to E$ と 0 切断 $0:S\to E$ の E 上のファイバー積である．したがって命題 1.26 から次の系が従う．

系 1.27 E をスキーム S 上の楕円曲線とし，N を自然数とする．N 倍写像 $[N]:E\to E$ の核 E_N は S 上の有限平坦可換群スキームで，その次数は N^2 である．N が S で可逆なら，E_N は S 上の有限エタール可換群スキームである． □

系 1.28 E を $\mathbb{Q}$ 上の楕円曲線とする．E は素数 p でよい還元をもつとし，$E_{\mathbb{Z}_{(p)}}$ をそのよいモデルとする．N を自然数とすると，N 倍写像 $[N]:E_{\mathbb{Z}_{(p)}}\to E_{\mathbb{Z}_{(p)}}$ の核 $E_{\mathbb{Z}_{(p)},N}$ は $\mathbb{Z}_{(p)}$ 上の有限平坦可換群スキームである．N が p と素なら，$E_{\mathbb{Z}_{(p)},N}$ は $\mathbb{Z}_{(p)}$ 上の有限エタール可換群スキームである． □

§1.5 広義楕円曲線

安定な還元をもつ楕円曲線をあつかうには，楕円曲線の定義を拡張しておくと便利である．これは次の章でモジュラー曲線のコンパクト化を定義するときにも役に立つ．まず付けくわえるべきものを定義する．

K を体とし，$n \geq 1$ を自然数とする．$n \geq 2$ のときは，体 K 上の Néron n 角形(Néron n-gon) $P_{n,K} = \bigcup_{i \in \mathbb{Z}/n\mathbb{Z}} U_i$ を，n 個のスキーム $U_i = \mathrm{Spec}\, K[X_i, Y_i]/(X_i Y_i)$, $i \in \mathbb{Z}/n\mathbb{Z}$ を次のようにはりあわせることによって定義する．各 $i \in \mathbb{Z}/n\mathbb{Z}$ に対し，U_i の開部分スキーム $V_i = U_i[X_i^{-1}] = \mathrm{Spec}\, K[X_i, X_i^{-1}]$ を $X_i \mapsto Y_{i-1}^{-1}$ により，U_{i-1} の開部分スキーム $U_{i-1}[Y_{i-1}^{-1}] = \mathrm{Spec}\, K[Y_{i-1}, Y_{i-1}^{-1}]$ と同一視する．$n=1$ のときは，$P_{1,K}$ を多項式 $Y(Y+X)Z - X^3$ で定義される $\mathbb{P}^2$ の部分スキームとする．Néron n 角形 $P_{n,K}$ は K 上の固有平坦スキームである．

$n \geq 2$ のときは $P_{n,K}^{\mathrm{sm}} = \coprod_{i \in \mathbb{Z}/n\mathbb{Z}} V_i$ を，$n=1$ のときは $P_{1,K}^{\mathrm{sm}} = P_{1,K} \setminus \{(0,0,1)\}$ を Néron n 角形 $P_{n,K}$ のスムーズ部分という．$P_{n,K}^{\mathrm{sm}}$ は K 上スムーズな $P_{n,K}$ の最大開部分スキームである．スムーズ部分 $P_{n,K}^{\mathrm{sm}}$ に次のように可換群スキームの構造 $P_{n,K}^{\mathrm{sm}} \times_K P_{n,K}^{\mathrm{sm}} \to P_{n,K}^{\mathrm{sm}}$ を定義する．$n \geq 2$ のときは各 V_i を $X_i \mapsto X$ により，乗法群 $\mathbb{G}_{m,K} = \mathrm{Spec}\, K[X, X^{-1}]$ と同一視し，これによって $P_{n,K}^{\mathrm{sm}} = \coprod_{i \in \mathbb{Z}/n\mathbb{Z}} V_i$ を積群スキーム $\mathbb{G}_{m,K} \times (\mathbb{Z}/n\mathbb{Z})$ と同一視する．$n=1$ のときは $(X, Y, Z) \mapsto (Y+X, Y)$ で定まる同型により，$P_{1,K}^{\mathrm{sm}}$ と $\mathbb{G}_m = \mathbb{P}^1 \setminus \{(0,1), (1,0)\}$ を同一視する．

群スキーム $P_{n,K}^{\mathrm{sm}}$ の $P_{n,K}$ への作用 $+: P_{n,K}^{\mathrm{sm}} \times_K P_{n,K} \to P_{n,K}$ を，$n \geq 2$ のときは
$$V_i \times U_j \to U_{i+j}, \quad (x_i, (x_j, y_j)) \mapsto (x_i x_j, x_i^{-1} y_j)$$
とおいて定義する．$n=1$ のときは，
$$\mathbb{G}_m \times P_{1,K} : (t, (x,y)) \mapsto \left(\frac{t(x+y)y}{(tx+(t-1)y)^2}, \frac{t(x+y)y^2}{(tx+(t-1)y)^3} \right)$$
で定義する．以下，Néron n 角形 $P_{n,K}$ は，この射と対 $(P_{n,K}, +)$ にして考える．作用 $+$ の $P_{n,K}^{\mathrm{sm}} \times_K P_{n,K}^{\mathrm{sm}}$ への制限は $P_{n,K}^{\mathrm{sm}}$ の群演算と同じである．

定義 1.29 スキーム S 上の**広義楕円曲線**(generalized elliptic curve) とは，S 上の平坦な固有スキーム $f:E\to S$ で，射 $+:E^{\mathrm{sm}}\times_S E\to E$ が与えられていて，次の条件 (1.24), (1.25) をみたすもののことをいう．ここで，スムーズ部分 E^{sm} は，$f|_U:U\to S$ がスムーズであるような E の最大の開部分スキーム U である．

(1.24) 射 $+$ の E^{sm} への制限は，E^{sm} の可換群スキームの構造 $+:E^{\mathrm{sm}}\times_S E^{\mathrm{sm}}\to E^{\mathrm{sm}}$ を定める．さらに $+:E^{\mathrm{sm}}\times_S E\to E$ は群スキーム E^{sm} のスキーム E への作用である．

(1.25) 対 $(f:E\to S,+)$ のすべての幾何的ファイバー $(E_{\bar s},+_{\bar s})$ は，代数閉体 $\kappa(\bar s)$ 上の楕円曲線であるかまたは，ある自然数 n に対し，Néron n 角形 $P_{n,\kappa(\bar s)}$ と同型である． □

S 上の広義楕円曲線とは，S 上のスキーム $f:E\to S$ と射 $+:E^{\mathrm{sm}}\times_S E\to E$ との対 $(f:E\to S,+)$ のことであるが，単に E で表わすことが多い．

命題 1.30 S を任意のスキームとし，$f:E\to S$ を S 上の固有平坦スキームで，各幾何的ファイバーはスキームとして，楕円曲線または Néron 1 角形に同型であるものとする．E^{sm} で，f がスムーズな E の最大開部分スキームを表わす．$0:S\to E^{\mathrm{sm}}$ を切断とすると，射 $+:E^{\mathrm{sm}}\times_S E\to E$ で，対 $(f:E\to S,+)$ が広義楕円曲線であり，0 が可換群スキーム E^{sm} の 0 切断であるようなものがただ 1 つ存在する． □

したがって，命題 1.30 のようなスキーム $f:E\to S$ に対しては，その切断 $S\to E^{\mathrm{sm}}$ を与えることと，E を広義楕円曲線と考えることは同じことである．この命題の証明は省略する．

定義 1.5 は次のような意味である．

命題 1.31 E を $\mathbb{Q}$ 上の楕円曲線とし，p を素数とする．
1. 次は同値である．
（1） E が p で安定な還元をもつ．
（2） 環 $\mathbb{Z}_{(p)}$ 上の広義楕円曲線 $E_{\mathbb{Z}_{(p)}}$ で，$E_{\mathbb{Z}_{(p)}}\otimes_{\mathbb{Z}_{(p)}}\mathbb{Q}$ が E であるようなものが存在する．
（3） 環 $\mathbb{Z}_{(p)}$ 上の正則な広義楕円曲線 $E_{\mathbb{Z}_{(p)}}$ で，$E_{\mathbb{Z}_{(p)}}\otimes_{\mathbb{Z}_{(p)}}\mathbb{Q}$ が E であるよ

うなものが存在する.

2.1.の(3)の条件をみたす環 $\mathbb{Z}_{(p)}$ 上の正則な広義楕円曲線は,存在すれば標準同型を除きただ1つである. □

この命題の証明も省略する. 1.の(3)の条件をみたす $\mathbb{Z}_{(p)}$ 上の正則な広義楕円曲線 $E_{\mathbb{Z}_{(p)}}$ を,E の $\mathbb{Z}_{(p)}$ 上の**準安定モデル**(semi-stable model)という.

E が p で乗法的な還元をもつとする. $E_{\mathbb{Z}_{(p)}}$ を E の $\mathbb{Z}_{(p)}$ 上の準安定モデルとすると,E のスムーズ部分 E^{sm} の幾何的閉ファイバー $E^{\mathrm{sm}}_{\mathbb{Z}_{(p)}} \otimes_{\mathbb{Z}_{(p)}} \overline{\mathbb{F}}_p$ の単位元の連結成分は乗法群 $\mathbb{G}_m$ と同型である. これが乗法的な還元という言葉のわけである.

$\mathbb{Q}$ 上の楕円曲線 E が準安定であるとは,$\mathbb{Z}$ 上の正則広義楕円曲線 $E_{\mathbb{Z}}$ で,$E_{\mathbb{Z}} \otimes_{\mathbb{Z}} \mathbb{Q}$ が E であるようなものが,存在するということである. この $E_{\mathbb{Z}}$ を,E の $\mathbb{Z}$ 上の準安定モデルという.

定理0.3の条件(3)については第3章で調べるが,そのための準備をしておく. 準安定モデルの幾何的閉ファイバーの既約成分の個数が重要なので,これについて調べておく.

命題1.32 p を2でない素数とし,a, b, c を $a^2+ba+c \not\equiv 0 \bmod p$, $0 \neq b^2-4c \equiv 0 \bmod p$ をみたす $\mathbb{Z}_{(p)}$ の元とする. E を方程式
$$y^2 = (x-a)(x^2+bx+c)$$
によって定義される $\mathbb{Q}$ 上の楕円曲線 E とし,d を判別式 b^2-4c の p 進付値とする.

このとき E は p で乗法的還元をもつ. $E_{\mathbb{Z}_{(p)}}$ をその準安定モデルとすると,幾何的閉ファイバー $E_{\mathbb{Z}_{(p)}} \otimes_{\mathbb{Z}_{(p)}} \overline{\mathbb{F}}_p$ の既約成分の個数は d である. □

この証明は省略する. 準安定モデルは次のようにしてえられる. 座標変換して,$b=0$ とする. 特異点 $(x,y)=(0,0)$ を $\left[\dfrac{d}{2}\right]$ 回ブローアップしたものが,準安定モデル $E_{\mathbb{Z}_{(p)}}$ である.

命題1.33 ℓ を3以上の素数とする. $\mathbb{Q}$ 上の楕円曲線 E について次の条件(1)と(2)は同値である.

(1) E は定理0.3の条件(1), (2)と次の条件(3')をすべてみたす.

(3') 2以外の各素数 p に対し,次の(a), (b)のどちらかがなりたつ.

（a） E が素数 p でよい還元をもつ.

（b） E が p で乗法的な還元をもちかつ E の $\mathbb{Z}_{(p)}$ 上の準安定モデルの幾何的閉ファイバーの既約成分の個数は ℓ でわりきれる.

（2） E は命題 0.4 の条件(2)をみたす.

［証明］ 命題 1.9.1. により，次のことを示せばよい. n, m を条件 (1.12) をみたす整数とし，E を方程式 (1.6) で定義される楕円曲線とする. このとき E が上の条件(3')をみたすことと，n, m が次の条件 (1.26) をみたすことは同値である.

（1.26） $n, m, n-m$ はすべて ℓ 乗数と 2 の巾の積である.

条件 (1.26) は 3 以上のすべての素数 p に対し，$n, m, n-m$ の p 進付値がどれも ℓ でわりきれるということである.

p を 3 以上の素数とする. $n, m, n-m$ の p 進付値のうちどれか 1 つは 0 で，残りの 2 つは等しいからそれを e_p とおく. $e_p = 0$ なら E は p でよい還元をもつ. 命題 1.32 により，$e_p > 0$ なら E は p で乗法的還元をもち，E の $\mathbb{Z}_{(p)}$ 上の準安定モデルの幾何的閉ファイバーの既約成分の個数は $2e_p$ である. $\ell \neq 2$ だから，条件(3')は 3 以上のすべての素数 p に対し，e_p が ℓ でわりきれるということと同値である. ∎

命題 0.4 を示すには，命題 1.33(1) の条件(3')と定理 0.3 の条件(3)が同値であることを示せばよい. これは第 3 章命題 3.48 で証明する. そこで使うことになる，幾何的閉ファイバーの既約成分の個数と，定理 0.3 の条件(3)との結びつきは下の系 1.36 で与えられる. 系をのべるための準備をする.

スキーム S 上の広義楕円曲線 $f: E \to S$ の，開部分スキーム $E^{(1)}$ を，
$$E^{(1)} = \{x \in E^{\mathrm{sm}} \mid x \text{ はファイバー } E^{\mathrm{sm}}_{f(x)} \text{ の単位元の連結成分にはいる}\}$$
と定義する. これは E^{sm} の開部分群スキームである. N を自然数とし，E を S 上の広義楕円曲線で，各幾何的ファイバーは楕円曲線であるか，または N のある倍数 n に対し，Néron n 角形 $P_{n, \kappa(\bar{s})}$ と同型であるものとする. $E^{(N)}$ を N 倍写像 $[N]: E^{\mathrm{sm}} \to E^{\mathrm{sm}}$ による $E^{(1)}$ の逆像と定義する. $E^{(N)}$ は E^{sm} の開部分群スキームである. その各幾何的ファイバーは楕円曲線であるか，または積 $\mathbb{G}_m \times (\mathbb{Z}/N\mathbb{Z})$ と同型である. N 倍写像の $E^{(N)}$ への制限は，次のよう

な性質をもつ.

命題 1.34 E をスキーム S 上の広義楕円曲線とする．N を自然数とし，E の各幾何的ファイバーは楕円曲線であるか，または N のある倍数 n に対し，Néron n 角形 $P_{n,\kappa(\bar{s})}$ と同型であると仮定する．$E^{(N)}$ を N 倍写像 $[N]\colon E^{\mathrm{sm}} \to E^{\mathrm{sm}}$ による $E^{(1)}$ の逆像とすると，N 倍写像の $E^{(N)}$ への制限 $[N]\colon E^{(N)} \to E^{(1)}$ は，有限かつ平坦で，その次数は N^2 である．N が S で可逆なら，$[N]\colon E^{(N)} \to E^{(1)}$ はさらにエタールである．

[証明] $[N]\colon E^{(N)} \to E^{(1)}$ の各幾何的ファイバー $E^{(N)}_{\bar{s}} \to E^{(1)}_{\bar{s}}$ は有限かつ平坦で次数は N^2 である．また N が可逆ならばエタールである．$E^{(N)}, E^{(1)}$ は S 上平坦だから，付録の命題 A.5 により $[N]\colon E^{(N)} \to E^{(1)}$ も平坦である．さらに系 A.6 により，N が可逆ならエタールである．$[N]\colon E^{(N)} \to E^{(1)}$ は準有限で，各ファイバーの次数は N^2 である．したがって系 A.10 により $[N]\colon E^{(N)} \to E^{(1)}$ は有限平坦で，次数は N^2 である． ∎

系 1.35 $E, S, N, E^{(N)}$ を命題のとおりとする．N 倍写像の制限 $[N]\colon E^{(N)} \to E^{(1)}$ の核 $E^{(N)}_N$ は，S 上の有限平坦可換群スキームで，その次数は N^2 である．N が S で可逆なら，$E^{(N)}_N$ は，S 上の有限エタール可換群スキームである． □

系 1.36 E を $\mathbb{Q}$ 上の楕円曲線とする．E は素数 p で乗法的還元をもつとし，$E_{\mathbb{Z}_{(p)}}$ をその準安定モデルとする．N を $E_{\mathbb{Z}_{(p)}}$ の幾何的閉ファイバーの既約成分の個数の約数とする．N 倍写像 $[N]\colon E^{(N)}_{\mathbb{Z}_{(p)}} \to E^{(1)}_{\mathbb{Z}_{(p)}}$ の核 $E^{(N)}_{\mathbb{Z}_{(p)}, N}$ は $\mathbb{Z}_{(p)}$ 上の有限平坦可換群スキームである．N が p と素なら，$E^{(N)}_{\mathbb{Z}_{(p)}, N}$ は $\mathbb{Z}_{(p)}$ 上の有限エタール可換群スキームである． □

2 保型形式

この章では保型形式を定義し，その基本的性質を紹介する．

まず，保型形式をモジュラー曲線上の正則微分形式として定義する．モジュラー曲線をレベル構造つきの楕円曲線のモジュライとして定義し，それが有理数体上の代数曲線であることを示すことが§2.4までの目標である．

保型形式がもつ重要な性質は，Hecke作用素の作用(§2.6)と，q展開(§2.7)である．それにより，楕円曲線と保型形式の結びつき(定理2.54)が定式化される．保型形式の空間を，Hecke環上の加群とみることが，この結びつきの証明の基礎である．

保型形式を実際にあつかうときは，複素関数と考えて，解析的に調べる方法が強力である．この章の最後§2.11からでは，解析的表示をつかって，q展開の意味付けやHecke作用素の記述を与える．

この章の内容は $\mathbb{Z}$ 上で，話を進めることができるし，そのほうがむしろ自然であるが，いろいろ複雑になることも多いので，ここでは $\mathbb{Q}$ 上で考えることにする．$\mathbb{Z}$ 上の話は第9章であつかわれる．

§2.1 j 不変量

第1章では，1つ1つの楕円曲線の性質を調べた．では，楕円曲線は全体としてはどのくらい種類があるものだろうか．こういう問を幾何的に考える

のがモジュライの問題である．そして，その答がこれから紹介するモジュラー曲線である．

数論的に考えると，同じ問の答は，楕円曲線と保型形式の結びつきということになる．双方でモジュラー曲線という同じ対象が出てくるのは偶然である（と思う）．

モジュラー曲線の最初の例として，ここでは j 直線を紹介する．

定義 2.1 S を $\mathbb{Q}$ 上のスキームとする．E をスキーム S 上の楕円曲線とする．E の j **不変量**(j-invariant) $j_E \in \Gamma(S, O)$ とは，次の条件をみたす S 上の正則関数である．

S のアフィン開集合 $U = \operatorname{Spec} A$ 上で，E が方程式
$$(2.1) \qquad y^2 = 4x^3 - g_2 x - g_3 \qquad (g_2, g_3 \in A)$$
で定義されているならば，
$$(2.2) \qquad j_E|_U = 12^3 \frac{g_2^3}{g_2^3 - 27 g_3^2}$$
である． □

命題 2.2 S を $\mathbb{Q}$ 上の任意のスキームとする．

1. S 上の任意の楕円曲線 E に対し，(2.2)をみたす正則関数 $j \in \Gamma(S, O)$ がただ 1 つ存在する．

2. S 上の楕円曲線 E と E' が同型なら，$j_E = j_{E'}$ である．

［証明］ 式の右辺が座標をとりかえても変わらないことを示せばよい．これは計算問題なので省略する． ∎

楕円曲線が与えられれば，その j 不変量が定まる．逆に，$j \in \Gamma(S, O)$ が与えられれば，$j = j_E$ となる楕円曲線 E がただ 1 つ定まるだろうか．そうではないのだが，そうなることもあるというのが答である．まずこの問に答えるには，命題 2.2.2. により，楕円曲線そのものを考えるのではなく，楕円曲線の同型類について考えなくてはいけない．それでもなお次のようなことがおこる．K を標数が 2 でない体とし，E を方程式 $y^2 = ax^3 + bx^2 + cx + d$ で定義される K 上の楕円曲線とする．$e \in K^\times$ とし，E' を方程式 $y^2 = aex^3 + bex^2 + cex + de$ で定義される楕円曲線とする．すると，$j_E = j_{E'}$ であるが，e

が $K^\times$ の平方元でなければ，E と E' は同型でない．一方 K が代数閉体ならば，あとで示すように楕円曲線 E, E' について，$E \simeq E'$ と $j_E = j_{E'}$ は同値である．

以上のことを幾何的に考える．$\mathbb{A}^1_\mathbb{Q} = \operatorname{Spec} \mathbb{Q}[j]$ を $\mathbb{Q}$ 上のアファイン直線とする．E を任意のスキーム S 上の任意の楕円曲線とする．スキームの射 $f: S \to \mathbb{A}^1_\mathbb{Q}$ に対し，$f^*j \in \Gamma(S, O)$ を対応させる写像 $\{$スキームの射 $S \to \mathbb{A}^1_\mathbb{Q}\} \to \Gamma(S, O)$ は全単射である．したがって，S 上の楕円曲線 E の j 不変量 j_E は，スキームの射 $j_E : S \to \mathbb{A}^1_\mathbb{Q}$ を定める．さらに，$S = \operatorname{Spec} K$ が代数閉体 K のスペクトルのときは，K 上の楕円曲線 E に対し，その j 不変量 j_E が定める射 $j_E : \operatorname{Spec} K \to \mathbb{A}^1_\mathbb{Q}$ を対応させる写像

(2.3)
$$\begin{array}{ccc} \{K \text{上の楕円曲線の同型類}\} & \ni & E \text{ の類} \\ \downarrow & & \downarrow \\ \{\text{スキームの射 } \operatorname{Spec} K \to \mathbb{A}^1_\mathbb{Q}\} & \ni & j_E \end{array}$$

は全単射である．これは，$\mathbb{A}^1_\mathbb{Q}$ の幾何的点は楕円曲線の同型類と 1 対 1 に対応しているということである．したがって $\mathbb{A}^1_\mathbb{Q}$ は，楕円曲線の同型類の集合にうまく代数幾何的な構造をいれたものとなっている．

このように，ある対象の同型類の集合に幾何的構造をいれたものを**モジュライ**とよぶ．アファイン直線 $\mathbb{A}^1_\mathbb{Q}$ を，このように楕円曲線のモジュライとしてみるとき，これを j **直線**(j-line)とよぶ．これから，保型形式を定義するために，モジュラー曲線とよばれる，j 直線のなかまをモジュライとして定義する．次の節では，その準備として，モジュライについて基本的な定義をする．

§2.2 モジュライ

同型類の集合に幾何的構造をいれるには，関手の考えを使うのがわかりやすい．

定義 2.3 S をスキームとする．
1. $\mathcal{M}$ が S 上の**関手**(functor over S)であるとは，

（1） S 上の任意のスキーム T に対し，集合 $\mathcal{M}(T)$ が定まり，

（2） S 上の任意のスキームの射 $f:T\to T'$ に対し，写像 $f^*:\mathcal{M}(T')\to \mathcal{M}(T)$ が定まっていて，次の条件(i)，(ii)がみたされていることをいう．

（i） S 上の任意のスキーム T に対し，$\mathrm{id}_T^* = \mathrm{id}_{\mathcal{M}(T)}$ である．

（ii） S 上の任意のスキームの射 $f:T\to T'$, $g:T'\to T''$ に対し，$(g\circ f)^* = f^*\circ g^*$ である．

2. $\mathcal{M}, \mathcal{M}'$ を S 上の関手とする．$a:\mathcal{M}\to\mathcal{M}'$ が**関手の射**であるとは，

（1） S 上の任意のスキーム T に対し，写像 $a_T:\mathcal{M}(T)\to\mathcal{M}'(T)$ が定まっていて，次の条件(i)がみたされていることをいう．

（i） S 上の任意のスキームの射 $f:T\to T'$ に対し，図式

$$\begin{array}{ccc} \mathcal{M}(T') & \xrightarrow{a_{T'}} & \mathcal{M}'(T') \\ {\scriptstyle f^*}\downarrow & & \downarrow{\scriptstyle f^*} \\ \mathcal{M}(T) & \xrightarrow{a_T} & \mathcal{M}'(T) \end{array}$$

は可換である．

3. 関手の射 $a:\mathcal{M}\to\mathcal{M}'$ が**同型**であるとは，S 上の任意のスキーム T に対し，写像 $a_T:\mathcal{M}(T)\to\mathcal{M}'(T)$ が全単射であることをいう． □

$S=\mathrm{Spec}\,A$ がアファイン・スキームのときは，S 上の関手のことを A 上の関手とよぶ．上の定義で S 上の関手とよんだものは，普通は S 上のスキームの圏から集合の圏への反変関手とよばれる．関手 $\mathcal{M}$ を表わすときに，スキーム T に対して定まる集合 $\mathcal{M}(T)$ を与えるだけですますことが多い．f^* の定義は，$\mathcal{M}(T)$ の定義から明らかなことが多いからである．

例 2.4 1. $\mathbb{Q}$ 上の関手 $\mathcal{M}$ を次のように定める．

（1） $\mathbb{Q}$ 上の任意のスキーム T に対し，

(2.4) $\qquad \mathcal{M}(T) = \{\,T \text{ 上の楕円曲線の同型類}\,\}$

とおく．

（2） $\mathbb{Q}$ 上の任意のスキームの射 $f:T\to T'$ に対し，$f^*:\mathcal{M}(T')\to\mathcal{M}(T)$ を

§2.2 モジュライ —— 39

$$f^*(E \text{ の同型類}) = (E \times_{T'} T \text{ の同型類})$$

とおく.

2. M を S 上のスキームとする. S 上の任意のスキーム T に対し, $M(T) = \{S \text{ 上のスキームの射 } T \to M\}$ とおき, S 上の任意のスキームの射 $f: T \to T'$ に対し, 写像 $f^*: M(T') \to M(T)$ を $f^*(g) = f \circ g$ で定める. これは S 上の関手である. これを M が表現する関手とよび, 記号を流用してこれも M で表わす. □

$\mathcal{M}$ を S 上の関手とし, M を S 上のスキームとする. 関手 $\mathcal{M}$ から M が表現する関手 M への射のことを, 関手 $\mathcal{M}$ からスキーム M への射とよぶ. 逆に M が表現する関手 M から関手 $\mathcal{M}$ への射のことを, スキーム M から関手 $\mathcal{M}$ への射とよぶ.

命題 2.5 $\mathcal{M}$ を S 上の関手とし, M を S 上のスキームとする.

$$\{\text{スキーム } M \text{ から関手 } \mathcal{M} \text{ への射}\} \to \mathcal{M}(M): f \mapsto f_M(\mathrm{id}_M)$$

は全単射である.

[証明] 逆写像は次のように与えられる. $a \in \mathcal{M}(M)$ とする. 関手の射 $a: M \to \mathcal{M}$ を, S 上の任意のスキーム T に対し, $a_T: M(T) \to \mathcal{M}(T)$ を $f \mapsto f^*a$ とおくことで定める. ■

例 2.6 例 2.4.1. の関手 $\mathcal{M}$ から, $\mathbb{Q}$ 上のアファイン直線 $\mathbb{A}^1_{\mathbb{Q}} = \mathrm{Spec}\,\mathbb{Q}[j]$ への射 j が次のように定まる. T を $\mathbb{Q}$ 上の任意のスキームとする. 写像

$$j_T: \{T \text{ 上の楕円曲線の同型類}\} \to \mathbb{A}^1_{\mathbb{Q}}(T) = \Gamma(T, O)$$

を, T 上の楕円曲線 E に対し,

(2.5) $\qquad j_T(E \text{ の同型類}) = (E \text{ の } j \text{ 不変量 } j_E) \in \Gamma(T, O)$

と定義する. □

定義 2.7 1. $\mathcal{M}$ を S 上の関手とする. S 上のスキーム M が関手 $\mathcal{M}$ の**精モジュライ**(fine moduli)であるとは, 関手の同型 $a: M \to \mathcal{M}$ が与えられていることをいう. $a_M(\mathrm{id}_M) \in \mathcal{M}(M)$ を関手 $\mathcal{M}$ の**普遍元**(universal element)という.

2. $\mathcal{M}$ を S 上の関手とする. S 上のスキーム M が関手 $\mathcal{M}$ の**粗モジュライ** (coarse moduli)であるとは, 次の条件 (1), (2) をみたす射 $a: \mathcal{M} \to M$ が与え

られていることをいう.
(1) S上の任意のスキームM'に対し,スキームの射$g:M\to M'$に対し,関手$\mathcal{M}$からスキームM'への射$g\circ a:\mathcal{M}\to M'$を対応させる写像
$$\{S\text{上のスキームの射}M\to M'\}$$
$$\to\{S\text{上の関手}\mathcal{M}\text{からスキーム}M'\text{への射}\}$$
は全単射である.
(2) Sの任意の幾何的点$\bar{s}$に対し,写像$a_{\bar{s}}:\mathcal{M}(\bar{s})\to M(\bar{s})$は全単射である. □

付録の定義A.2で定義したように,スキームSの幾何的点とは,代数閉体Kのスペクトル$\bar{s}=\operatorname{Spec}K$から$S$への射のことである.

S上のスキームMが関手$\mathcal{M}$の精モジュライであるとき,$\mathcal{M}$はMによって表現されるという.命題2.5により,$u\in\mathcal{M}(M)$を関手$\mathcal{M}$の普遍元とすると,S上の任意のスキームTに対し,全単射$a_T:M(T)\to\mathcal{M}(T)$は$g\mapsto g^*u$で与えられる.関手$\mathcal{M}$の精モジュライ$M$は,$\mathcal{M}$の粗モジュライである.$f:\mathcal{M}\to\mathcal{M}'$を$S$上の関手の射で,$a:\mathcal{M}\to M$, $a':\mathcal{M}'\to M'$をそれぞれ,$\mathcal{M},\mathcal{M}'$の粗モジュライとする.このとき,S上のスキームの射$g:M\to M'$で,図式

$$\begin{array}{ccc}\mathcal{M} & \xrightarrow{f} & \mathcal{M}' \\ a\downarrow & & \downarrow a' \\ M & \xrightarrow{g} & M'\end{array}$$

を可換にするものがただ1つ存在する.とくに,関手$\mathcal{M}$の粗モジュライは標準同型を除きただ1つに定まる.

命題2.15.1.で,アフィン直線$\mathbb{A}^1_\mathbb{Q}$は,射jにより例2.4.1.の関手$\mathcal{M}$の粗モジュライであることを示す.これがモジュラー曲線の最初の例である.

§2.3 モジュラー曲線,保型形式

この節では,楕円曲線とそのレベル構造が定める関手のモジュライとして,

モジュラー曲線を定義する．さらにモジュラー曲線上の正則微分形式として，保型形式を定義する．

定義 A.19.2. で定義したように，スキーム S 上の有限エタール可換群スキーム C が位数 N の巡回群スキームであるとは，S の任意の幾何的点 $\bar{s}$ に対し，有限可換群 $C(\bar{s})$ が，位数 N の巡回群 $\mathbb{Z}/N\mathbb{Z}$ と同型であることをいう．

定義 2.8 N を自然数とする．

1. $\mathbb{Q}$ 上の関手 $\mathcal{M}_0(N)$ を，

（1） $\mathbb{Q}$ 上の任意のスキーム T に対し，

(2.6) $\quad \mathcal{M}_0(N)(T) = \left\{ \begin{array}{c} T \text{ 上の楕円曲線 } E \text{ と，その位数 } N \text{ の} \\ \text{巡回部分群スキーム } C \text{ の対 } (E,C) \text{ の同型類} \end{array} \right\}$,

（2） $\mathbb{Q}$ 上の任意のスキームの射 $f: T \to T'$ に対し，$f^*: \mathcal{M}_0(N)(T') \to \mathcal{M}_0(N)(T)$ を

$$f^*((E,C) \text{ の同型類}) = ((E \times_{T'} T, C \times_{T'} T) \text{ の同型類})$$

とおいて定める．

2. E をスキーム S 上の広義楕円曲線とする．E の $\Gamma_0(N)$ **構造**($\Gamma_0(N)$-structure)とは，E のスムーズ部分 E^{sm} の位数 N の巡回部分群スキーム C で，S の任意の幾何的点 $\bar{s}$ に対し，$C_{\bar{s}} = C \times_S \bar{s}$ が幾何的ファイバー $E_{\bar{s}}$ のすべての既約成分と交わるもののことをいう．

3. $\mathbb{Q}$ 上の関手 $\overline{\mathcal{M}}_0(N)$ を，

（1） $\mathbb{Q}$ 上の任意のスキーム T に対し，

(2.7) $\quad \overline{\mathcal{M}}_0(N)(T)$
$= \{T \text{ 上の } \Gamma_0(N) \text{ 構造つきの広義楕円曲線 } (E,C) \text{ の同型類}\}$,

（2） $\mathbb{Q}$ 上の任意のスキームの射 $f: T \to T'$ に対し，$f^*: \overline{\mathcal{M}}_0(N)(T') \to \overline{\mathcal{M}}_0(N)(T)$ を

$$f^*((E,C) \text{ の同型類}) = ((E \times_{T'} T, C \times_{T'} T) \text{ の同型類})$$

とおいて定める． □

E がスキーム S 上の楕円曲線のときは，E の $\Gamma_0(N)$ 構造とは，単に E の

位数 N の巡回部分群スキーム C のことである.

例 2.9 1. N が 1 のときは,関手 $\mathcal{M}_0(1)$ は例 2.4.1. の関手 $\mathcal{M}$ と同じである.

2. P_1 を Néron 1 角形とする. 巡回部分群 $\mu_N \subset \mathbb{G}_m = P_1^{\mathrm{sm}}$ は, P_1 の $\Gamma_0(N)$ 構造である. □

定理 2.10 N を自然数とする.

1. $\mathbb{Q}$ 上の関手 $\overline{\mathcal{M}}_0(N), \mathcal{M}_0(N)$ の粗モジュライが存在する.

$X_0(N), Y_0(N)$ を,それぞれ関手 $\overline{\mathcal{M}}_0(N), \mathcal{M}_0(N)$ の粗モジュライとする.

2. $X_0(N)$ は $\mathbb{Q}$ 上の固有スムーズ代数曲線である. $Y_0(N)$ は $X_0(N)$ の密なアファイン開部分スキームである.

3. $X_0(N)$ は連結で,その定数体は $\mathbb{Q}$ である. □

1. と 2. は次の節で証明する. 3. は §2.11 で,モジュラー曲線の解析的な表示 (系 2.66) から導く.

系 2.11 $X_0(N)$ 上の正則微分形式の空間 $S(N) = \Gamma(X_0(N), \Omega^1_{X_0(N)/\mathbb{Q}})$ は有限次元 $\mathbb{Q}$ 線型空間である. □

定義 2.12 N を自然数とする.

1. 代数曲線 $X_0(N)$ をレベル N の**モジュラー曲線** (modular curve) とよぶ.

2. $X_0(N)$ 上の正則微分形式を, $\mathbb{Q}$ 係数のレベル N の**保型形式** (modular form) とよぶ. $X_0(N)$ 上の正則微分形式の空間 $S(N)$ を, $\mathbb{Q}$ 係数のレベル N の保型形式の空間とよぶ.

3. E をスキーム S 上の広義楕円曲線, C を E の $\Gamma_0(N)$ 構造とする. 写像 $\overline{\mathcal{M}}_0(N)(S) \to X_0(N)(S)$ による, (E, C) の同型類の像は,スキームの射 $S \to X_0(N)$ である. この射を (E, C) が定める射という.

4. 補集合 $X_0(N) - Y_0(N)$ の点を**カスプ** (cusp) とよぶ. 例 2.9.2. の (P_1, μ_N) が決める $X_0(N)$ のカスプを **∞ カスプ**という. □

普通は $X_0(N)$ を, $\mathbb{Q}$ 上のレベル $\Gamma_0(N)$ のモジュラー曲線とよび, $S(N)$ の元を,レベル N,重さ 2 で,自明な指標の $\mathbb{Q}$ 係数のカスプ形式とよぶ. 第 5 章まではこれ以外のモジュラー曲線や保型形式はあまり出てこないので,簡単のため上のようによぶことにした. ほかの本を読むときは気をつけてほ

しい。この $S(N)$ が第 0 章で $S(N)_\mathbb{Q}$ と書いたものである。

M を N の約数とすると，自然な関手の射 $\mathcal{M}_0(N) \to \mathcal{M}_0(M)$ は粗モジュライの射 $Y_0(N) \to Y_0(M), X_0(N) \to X_0(M)$ をひきおこす。この射によるひきもどしとして，$\mathbb{Q}$ 線型空間の単射

(2.8) $$S(M) \to S(N)$$

が定義される。

保型形式の空間 $S(N)$ の次元は次のように求められる。

定義 2.13 自然数 N の関数 $\psi, \varphi_\infty, \varphi_4, \varphi_6 : \mathbb{N} \to \mathbb{N}$ を，それぞれ次のように定める。

1. $\psi(N)$ は
$$\mathbb{P}^1(\mathbb{Z}/N\mathbb{Z}) = \{(\mathbb{Z}/N\mathbb{Z})^2 \text{ の位数 } N \text{ の巡回部分群}\}$$
の元の個数である。

2. $\varphi_\infty(N)$ は $\sum_{d|N} \varphi\left(d \text{ と } \dfrac{N}{d} \text{ の最大公約数}\right)$ である。

3. $\varphi_6(N), \varphi_4(N)$ は，それぞれ $\{a \in \mathbb{Z}/N\mathbb{Z} \mid a^2+a+1=0\}$, $\{a \in \mathbb{Z}/N\mathbb{Z} \mid a^2+1=0\}$ の元の個数である。 □

$\mathbb{P}^1(\mathbb{Z}/N\mathbb{Z}) = \{(a,b) \in (\mathbb{Z}/N\mathbb{Z})^2 \mid \mathbb{Z}/N\mathbb{Z} \text{ は } a,b \text{ で生成される}\}/(\mathbb{Z}/N\mathbb{Z})^\times$ であり，N が素数でなければ $\mathbb{P}^1(\mathbb{Z}/N\mathbb{Z}) = \mathbb{Z}/N\mathbb{Z} \amalg \{\infty\}$ ではないことに注意しよう。$\varphi(N)$ は有限群 $(\mathbb{Z}/N\mathbb{Z})^\times$ の元の個数を表わすこともおもいだしておこう。$\psi(N), \varphi_\infty(N), \varphi_6(N), \varphi_4(N)$ は次のように求められる。

補題 2.14 ? は $\infty, 6, 4$ のどれかを表わすものとする。

1. $\psi(1) = \varphi_?(1) = 1$ である。

2. N と M がたがいに素な自然数なら，$\psi(NM) = \psi(N)\psi(M), \varphi_?(NM) = \varphi_?(N)\varphi_?(M)$ である。

3. N が素数 p の巾 $N = p^e, e \geqq 1$ なら，

(2.9) $$\psi(N) = (p+1)p^{e-1}$$

(2.10) $$\varphi_\infty(N) = \begin{cases} 2p^{(e-1)/2} & e \text{ が奇数のとき} \\ (p+1)p^{e/2-1} & e \text{ が偶数のとき} \end{cases}$$

である。

4. $9|N$ かまたは，N が $p \equiv -1 \bmod 3$ をみたす素因数 p をもてば，$\varphi_6(N) = 0$ である．そうでないときは，$p \equiv 1 \bmod 3$ をみたす，N の素因数 p の個数を n とすると，$\varphi_6(N) = 2^n$ である．

5. $4|N$ かまたは，N が $p \equiv -1 \bmod 4$ をみたす素因数 p をもてば，$\varphi_4(N) = 0$ である．そうでないときは，$p \equiv 1 \bmod 4$ をみたす，N の素因数 p の個数を n とすると，$\varphi_4(N) = 2^n$ である． □

命題 2.15 1. 射 $j: \mathcal{M}_0(1) \to \mathbb{A}^1_{\mathbb{Q}}$ は同型 $Y_0(1) \to \mathbb{A}^1_{\mathbb{Q}}$ をひきおこす．これは同型 $X_0(1) \to \mathbb{P}^1_{\mathbb{Q}}$ に延長される．

2. $X_0(N)$ の種数 $g_0(N)$ は次の式で与えられる．

$$(2.11) \quad g_0(N) = 1 + \frac{1}{12}\psi(N) - \frac{1}{2}\varphi_\infty(N) - \frac{1}{3}\varphi_6(N) - \frac{1}{4}\varphi_4(N).$$
□

系 2.16 $\mathbb{Q}$ 線型空間
$$S(N) = \Gamma(X_0(N), \Omega^1_{X_0(N)/\mathbb{Q}})$$
の次元は $g_0(N)$ である． □

例 2.17

N	1	2	3	4	5	6	7	8	9	10	11	12	13	14
$\psi(N)$	1	3	4	6	6	12	8	12	12	18	12	24	14	24
$\varphi_\infty(N)$	1	2	2	3	2	4	2	4	4	4	2	6	2	4
$\varphi_6(N)$	1	0	1	0	0	0	2	0	0	0	0	0	2	0
$\varphi_4(N)$	1	1	0	0	2	0	0	0	0	2	0	0	2	0
$g_0(N)$	0	0	0	0	0	0	0	0	0	0	1	0	0	1

N	15	16	17	18	19	20	21	22	23	24	25	26	…
$g_0(N)$	1	0	1	0	1	1	1	2	2	1	0	2	…

□

これで命題 0.17 が証明される．

系 2.18 レベル 1, 2 の保型形式の空間 $S(1), S(2)$ は 0 である． □

例 2.19 1. $g_0(N) = 0$ ならば，$X_0(N)$ は $\mathbb{Q}$ 上の種数 0 の固有スムーズ連

結代数曲線で，∞ カスプを有理点としてもつから，$\mathbb{P}_{\mathbb{Q}}^1$ と同型である．このときは，保型形式の空間 $S(N)$ は 0 である．$g_0(N)=0$ となる N は $N=1\sim 10, 12, 13, 16, 18, 25$ の 15 個である．

2. $g_0(N)=1$ ならば，$X_0(N)$ は $\mathbb{Q}$ 上の種数 1 の固有スムーズ連結代数曲線で，∞ カスプを有理点としてもつから，$\mathbb{Q}$ 上の楕円曲線である．このときは，保型形式の空間 $S(N)$ は 1 次元である．$g_0(N)=1$ となる N は $N=11, 14, 15, 17, 19, 20, 21, 24, 27, 32, 36, 49$ の 12 個である．

3. $\mathbb{Q}$ 上の楕円曲線 $X_0(11)$ は，例 1.2 の楕円曲線 $y^2=4x^3-4x^2-40x-79$ と同型である．レベル 11 の保型形式の空間 $S(11)$ は 1 次元であり，微分形式 $f_{11}=\dfrac{dx}{y}$ を基底としてもつ． □

§2.4 モジュラー曲線の構成

定理 2.10 を示すには，次の定理 2.21 と命題 2.23 を示せばよい．モジュラー曲線のなかまを定義する．これから定義する $X(N)$ のほうが，群の作用をもつし，$N\geq 3$ なら精モジュライなので扱いやすい．しかし，楕円曲線や Galois 表現と直接結びつくのは，$X_0(N)$ のほうである．

定義 2.20 1. $\mathbb{Q}$ 上の関手 $\mathcal{M}(N)$ を，
(1) $\mathbb{Q}$ 上の任意のスキーム T に対し，

$$(2.12) \quad \mathcal{M}(N)(T) = \left\{ \begin{array}{l} T\text{ 上の楕円曲線 } E\text{ と，群スキームの同型} \\ \alpha:(\mathbb{Z}/N\mathbb{Z})^2 \to E_N \text{ の対 }(E, \alpha)\text{ の同型類} \end{array} \right\},$$

(2) $\mathbb{Q}$ 上の任意のスキームの射 $f: T\to T'$ に対し，$f^*:\mathcal{M}(N)(T')\to \mathcal{M}(N)(T)$ を
$$f^*((E,\alpha)\text{ の同型類})=((E\times_{T'}T, \alpha_T)\text{ の同型類})$$
とおいて定める．

2. E をスキーム S 上の広義楕円曲線とする．E の $\Gamma(N)$ **構造**とは，群スキームの閉埋め込み $\alpha:(\mathbb{Z}/N\mathbb{Z})^2\to E^{\mathrm{sm}}$ で，S の任意の幾何的点 $\bar{s}$ に対し，$\alpha_{\bar{s}}$ の像が幾何的ファイバー $E_{\bar{s}}$ のすべての既約成分と交わるものをいう．

3. $\mathbb{Q}$ 上の関手 $\overline{\mathcal{M}}(N)$ を,

（1） $\mathbb{Q}$ 上の任意のスキーム T に対し,

(2.13) $\qquad \overline{\mathcal{M}}(N)(T) = \left\{ \begin{array}{l} T \text{上の広義楕円曲線と，その} \\ \Gamma(N) \text{構造の対} (E, \alpha) \text{の同型類} \end{array} \right\},$

（2） $\mathbb{Q}$ 上の任意のスキームの射 $f: T \to T'$ に対し, $f^*: \overline{\mathcal{M}}(N)(T') \to \overline{\mathcal{M}}(N)(T)$ を
$$f^*((E, \alpha) \text{の同型類}) = ((E \times_{T'} T, \alpha_T) \text{の同型類})$$
とおいて定める. $\qquad \square$

定理 2.21 N を自然数とする.

1. $\mathbb{Q}$ 上の関手 $\overline{\mathcal{M}}(N)$, $\mathcal{M}(N)$ の粗モジュライが存在する. $N \geqq 3$ なら, これは精モジュライである.

$X(N), Y(N)$ を関手 $\overline{\mathcal{M}}(N)$, $\mathcal{M}(N)$ の粗モジュライとする.

2. $X(N)$ は $\mathbb{Q}$ 上の固有スムーズ代数曲線である. $Y(N)$ は $X(N)$ の密なアファイン開部分スキームである. $\qquad \square$

命題 2.22 1. $X(N)$ は連結で，その定数体は円分体 $\mathbb{Q}(\zeta_N)$ である.

2. $X(N)$ の $\mathbb{Q}(\zeta_N)$ 上の代数曲線としての種数を $g(N)$ とすると

(2.14)
$$g(N) = \begin{cases} \dfrac{1}{24} N\varphi(N)\psi(N) - \dfrac{1}{4}\varphi(N)\psi(N) + 1 & N \geqq 3 \text{ のとき} \\ 0 & N = 1, 2 \text{ のとき} \end{cases}$$

である. $\qquad \square$

この命題の証明は省略する. 1. は e_N ペアリングと解析的表示を使って証明できる. 2. は命題 2.15.2. と同様に証明できる.

群 $GL_2(\mathbb{Z}/N\mathbb{Z})$ の，関手 $\overline{\mathcal{M}}(N)$, $\mathcal{M}(N)$ への自然な右作用を次のように定義する. $\sigma \in GL_2(\mathbb{Z}/N\mathbb{Z})$ と, $\mathbb{Q}$ 上の任意のスキーム T に対し, $\sigma^*: \overline{\mathcal{M}}(N)(T) \to \overline{\mathcal{M}}(N)(T)$ を
$$\sigma^*((E, \alpha) \text{の同型類}) = ((E, \alpha \circ \sigma) \text{の同型類})$$

と定める．$\mathcal{M}(N)$ についても同様である．この作用は，粗モジュライ $X(N), Y(N)$ への $GL_2(\mathbb{Z}/N\mathbb{Z})$ の作用をひきおこす．群 $GL_2(\mathbb{Z}/N\mathbb{Z})$ の，部分群 $B(\mathbb{Z}/N\mathbb{Z})$ を

(2.15) $$B(\mathbb{Z}/N\mathbb{Z}) = \left\{ \begin{pmatrix} a & b \\ 0 & d \end{pmatrix} \in GL_2(\mathbb{Z}/N\mathbb{Z}) \right\}$$

と定める．

命題 2.23 N を自然数とする．$X(N)$ の $B(\mathbb{Z}/N\mathbb{Z})$ による商は，関手 $\overline{\mathcal{M}}_0(N)$ の粗モジュライであり，$Y(N)$ の $B(\mathbb{Z}/N\mathbb{Z})$ による商は，関手 $\mathcal{M}_0(N)$ の粗モジュライである． □

スキームの有限群による商については，付録§A.3 に簡単なまとめがある．

[定理 2.21 + 命題 2.23 ⇒ 定理 2.10.1., 2. の証明] 1. は命題 2.23 に含まれている．2. を示す．定理 2.21.2. と命題 2.23 により，$X_0(N)$ は，$\mathbb{Q}$ 上の固有スムーズ代数曲線 $X(N)$ の，群 $B(\mathbb{Z}/N\mathbb{Z})$ の作用による商である．したがって $X_0(N)$ も $\mathbb{Q}$ 上の固有スムーズ代数曲線である．$Y_0(N)$ は，$X(N)$ の密なアファイン開部分スキーム $Y(N)$ の，群 $B(\mathbb{Z}/N\mathbb{Z})$ の作用による商だから，$Y_0(N)$ も $X_0(N)$ の密なアファイン開部分スキームである． ■

定理 2.21 と命題 2.23 を全部証明していると大変なので，その方針と要点だけ紹介する．

まず $N=3$ の場合に定理 2.21 を証明する．

[定理 2.21 の $N=3$ の場合の証明] $X(3) = \mathbb{P}^1_{\mathbb{Q}(\zeta_3)}$ とおき，μ をその非同次座標とする．$\omega = \zeta_3$ と書く．$X(3)$ 上の広義楕円曲線 $E_{X(3)}$ とその $\Gamma(3)$ 構造 $\alpha_{X(3)}$ を定義する．$X(3)$ 上の平面曲線 $E_{X(3)}$ を同次方程式

(2.16) $$X^3 + Y^3 + Z^3 - 3\mu XYZ = 0$$

で定義する．$E_{X(3)}$ の切断 O を $X=0, Y+Z=0$ で定義する．$Y(3) = X(3) - \{1, \omega, \omega^2, \infty\}$ とおく．$E_{X(3)}$ は $Y(3)$ 上では，O 切断が定まったスムーズ平面 3 次曲線だから，楕円曲線である．$x \in \{1, \omega, \omega^2, \infty\}$ なら，$E_{X(3)}$ の x でのファイバー E_x は Néron 3 角形である．E_∞ は方程式 $XYZ = 0$ で定義され，E_1 は方程式

(2.17) $\quad X^3+Y^3+Z^3-3XYZ$
$\quad\quad\quad = (X+Y+Z)(X+\omega Y+\omega^2 Z)(X+\omega^2 Y+\omega Z)$
$\quad\quad\quad = 0$

で定義される. $x=\omega, \omega^2$ のときも同様である. $E_{X(3)}$ は $X(3)$ 上の広義楕円曲線の構造をもつ. $E_{X(3)}$ のスムーズ部分 $E_{X(3)}^{\mathrm{sm}}$ の切断 P, Q をそれぞれ, $(X=0, Y+\omega Z=0)$, $(Y=0, X+Z=0)$ で定義する. e_1, e_2 を $(\mathbb{Z}/3\mathbb{Z})^2$ の標準基底とし, 群スキームの準同型 $\alpha_{X(3)}: (\mathbb{Z}/3\mathbb{Z})^2 \to E_{X(3)}^{\mathrm{sm}}$ を $\alpha_{X(3)}(e_1) = P$, $\alpha_{X(3)}(e_2) = Q$ で定める. これは $E_{X(3)}$ の $\Gamma(3)$ 構造である.

$X(3)$ 上の広義楕円曲線とその $\Gamma(3)$ 構造の対 $(E_{X(3)}, \alpha)$ が定義されたから, スキーム $X(3)$ から関手 $\overline{\mathcal{M}}(3)$ への射が定まった. これが同型であることを示す. $\mathbb{Q}$ 上の任意のスキーム S と S 上の広義楕円曲線とその $\Gamma(3)$ 構造の対 (E, α) に対し, 次の条件をみたす射 $f: S \to X(3)$ がただ 1 つ存在することを示せばよい.

(2.18) 対 (E, α) は f による $(E_{X(3)}, \alpha)$ のひきもどしと同型である.

記号を簡単にするために, $S = \operatorname{Spec} K$ が体 K のスペクトルの場合に示す. 一般の場合もまったく同様である. さらに簡単のため, E が Néron 3 角形の場合は $P = \alpha(e_1)$ は O とは違う既約成分の点と仮定する. そうでないときは P のかわりに, $Q = \alpha(e_2)$ を考えればよい. 次のことを示せばよい.

補題 2.24 E を標数が 3 でない体 K 上の広義楕円曲線とし, α を E の $\Gamma(3)$ 構造とする. E が Néron 3 角形の場合は $P = \alpha(e_1)$ は, 原点 O とは違う既約成分の点と仮定する. このとき, $\mu \in K$ と 1 の原始 3 乗根 $\omega \in K$ で次の条件をみたすものがただ 1 つ存在する.

(2.19) $\quad E$ が方程式 $X^3+Y^3+Z^3-3\mu XYZ$ で定義され, P と $Q = \alpha(e_2)$ はそれぞれ, $(X=0, Y+\omega Z=0)$, $(Y=0, X+Z=0)$ で定まる. $\quad\square$

証明の方針は次のとおりである. E を平面 3 次曲線とする. 3 点 $(O, P, 2P), (Q, P+Q, 2P+Q), (2Q, P+2Q, 2P+2Q)$ をとおる直線がそれぞれ $(X=0), (Y=0), (Z=0)$ となるように座標を定める. 必要なら座標を定数倍して, 3 点 $(O, Q, 2Q), (P, P+Q, P+2Q), (2P, 2P+Q, 2P+2Q)$ をとおる直線がそれぞれ $(X+Y+Z=0), (X+\omega^2 Y+\omega Z=0), (X+\omega Y+\omega^2 Z=0)$ とな

るようにできる．すると，
$$X^3+Y^3+Z^3-3XYZ = (X+Y+Z)(X+\omega^2 Y+\omega Z)(X+\omega Y+\omega^2 Z)$$
は，9点 $\langle P,Q\rangle$ で 0 だから，XYZ の定数倍である．この定数を $3(\mu-1)$ とおけばよい．

[証明] P によって生成される E^{sm} の部分群 $\langle P\rangle$ は E の強アンプルな因子である．$\mathcal{L}=O(\langle P\rangle)$, $V=\Gamma(E,\mathcal{L})$ とおく．V は 3 次元 K 線型空間である．閉埋め込み $E\to\mathbb{P}_K(V)\simeq\mathbb{P}_K^2$ が定まる．次のように V の基底を定める．K 有理点 $R\in E(K)$ に対し，$+R:E\to E$ で R をたすという E の自己同型を表わす．

(2.20) $\quad L_0 = \Gamma(E,O), \quad L_1 = \Gamma(E,O(\langle P\rangle-(+Q)^*\langle P\rangle))$,
$\qquad L_2 = \Gamma(E,O(\langle P\rangle-(+2Q)^*\langle P\rangle))$

とおくと，V は 1 次元部分空間の直和 $L_0\oplus L_1\oplus L_2$ に分解する．位数 3 の巡回群 $\langle P\rangle$ の V への自然な作用はこの直和分解を保つ．P の L_1 への作用は 1 の原始 3 乗根による乗法なので，この 3 乗根を ω とおく．P は L_2 には ω^2 倍で作用する．L を $V\to\mathcal{L}|_{\langle Q\rangle}$ の核とすると，合成写像 $L\to V\to L_i$, $i=0,1,2$ はすべて同型である．L_0 の基底 $X=1$ をこの同型で L_1, L_2 へうつしたものをそれぞれ Y,Z とする．$X^3+Y^3+Z^3-3XYZ\in\Gamma(E,\mathcal{L}^{\otimes 3})$ は，XYZ の定数倍であることを示す．$\Gamma(E,\mathcal{L}^{\otimes 3})\to\mathcal{L}^{\otimes 3}|_{E_3}$ の核 L' は 1 次元 K 線型空間でその基底は，XYZ である．$X+Y+Z$ は $\langle Q\rangle$ で 0 である．したがって，$X+\omega Y+\omega^2 Z=(+P)^*(X+Y+Z)$, $X+\omega^2 Y+\omega Z=(+2P)^*(X+Y+Z)$ は，それぞれ $(-P)\langle Q\rangle$, $(-2P)\langle Q\rangle$ で 0 である．よって，$(X+Y+Z)(X+\omega Y+\omega^2 Z)(X+\omega^2 Y+\omega Z)=X^3+Y^3+Z^3-3XYZ$ は L' の元である．したがって XYZ のスカラー倍である．$X^3+Y^3+Z^3-3XYZ=3(\mu-1)XYZ$ となるように $\mu\in K$ を定めると，E は方程式 $X^3+Y^3+Z^3-3\mu XYZ=0$ で定義される．P は $X=0$, $X+\omega Y+\omega^2 Z$, Q は $Y=0$, $X+Y+Z=0$ をそれぞれみたす．よって条件をみたす $\omega,\mu\in K$ がえられた．一意性は，上の証明をたどってみればわかるので省略する． ■

定理 2.21 と命題 2.23 の証明はまだまだつづく．ここからは，抽象的な構成となるので，それが苦手な人はこの節の続きはいったんとばして，あと

で読むことにしたほうがよいかもしれない．

N が一般の場合には，下の補題 2.26 によって，$N=3$ の場合に帰着する．

補題 2.25 N を自然数とし，S を N が可逆なスキームとする．E を S 上の楕円曲線とする．S 上の関手 $\Gamma_{N,E}: T \mapsto \{$同型 $(\mathbb{Z}/N\mathbb{Z})^2 \to E_{T,N}\}$ は，$E_N\times_S E_N$ の開かつ閉部分スキームで表現される．$\Gamma_{N,E}$ は S 上有限かつエタールである．

[証明] T を S 上のスキームとする．e_1, e_2 を $(\mathbb{Z}/N\mathbb{Z})^2$ の標準基底とする．同型 $\alpha: (\mathbb{Z}/N\mathbb{Z})^2 \to E_{T,N}$ は，$\alpha(e_1), \alpha(e_2) \in E_N(T)$ で定まるから，関手の単射 $\Gamma_{N,E} \to E_N\times_S E_N$ が得られる．$P, Q \in E_N(T)$ とし，T 上の群スキームの準同型 $\alpha_{P,Q}: (\mathbb{Z}/N\mathbb{Z})^2 \to E_{T,N}$ を $\alpha(e_1)=P$, $\alpha(e_2)=Q$ で定めると，$\alpha_{P,Q}$ が同型であるような T の点全体は T の開かつ閉部分スキームを定める．$T=E_N\times_S E_N$ として，$P, Q = \mathrm{pr}_1, \mathrm{pr}_2 \in E_N(E_N\times_S E_N)$ とする．このとき，$\alpha_{P,Q}$ が同型であるような $E_N\times_S E_N$ の点全体のなす開かつ閉部分スキームが $\Gamma_{N,E}$ を表現する．$\Gamma_{N,E}$ は S 上の有限エタール・スキームの $E_N\times_S E_N$ の開かつ閉部分スキームだから，S 上有限エタールである． ∎

補題 2.26 N を自然数とし，$\mathbb{Q}$ 上の関手 $\overline{\mathcal{M}}(N)$ の精モジュライ $X(N)$ が存在すると仮定し，$E=E_{X(N)}$ を $X(N)$ 上の普遍広義楕円曲線とする．

1. $Y(N)$ を E がスムーズな点全体からなる $X(N)$ の開部分スキームとすると，$Y(N)$ は関手 $\mathcal{M}(N)$ の精モジュライである．

2. M を N の倍数とする．$\Gamma_{N,E_{Y(N)}}, \Gamma_{M,E_{Y(N)}}$ をそれぞれ，$Y(N)$ 上の関手 $T \mapsto \{$同型 $(\mathbb{Z}/N\mathbb{Z})^2_T \to E_{T,N}\}$, $\{$同型 $(\mathbb{Z}/M\mathbb{Z})^2_T \to E_{T,M}\}$ を表現する $Y(N)$ 上の有限エタール・スキームとする．切断 $Y(N) \to \Gamma_{N,E_{Y(N)}}$ を普遍同型 $(\mathbb{Z}/N\mathbb{Z})^2 \to E_N$ が定めるものとし，$\Gamma_{M,E_{Y(N)}} \to \Gamma_{N,E_{Y(N)}}$ を自然な射とする．すると，関手 $\mathcal{M}(M)$ は，ファイバー積 $\Gamma_{M,E_{Y(N)}} \times_{\Gamma_{N,E_{Y(N)}}} Y(N)$ で表現される．$Y(M)$ 内の $X(N)$ の整閉包 $X(M)$ は関手 $\overline{\mathcal{M}}(M)$ の精モジュライである．

3. M を N の約数とし，G を自然な準同型 $GL_2(\mathbb{Z}/N\mathbb{Z}) \to GL_2(\mathbb{Z}/M\mathbb{Z})$ の核とする．このとき，商 $X(N)/G, Y(N)/G$ はそれぞれ関手 $\overline{\mathcal{M}}(M), \mathcal{M}(M)$ の粗モジュライである．$M \geq 3$ ならこれらは精モジュライである． ∎

[補題2.26 ⇒ 定理2.21の証明] 補題2.26.2.により, 3の倍数については定理がなりたつ. さらに, 補題2.26.3.により $3N$ の約数 N についても定理がなりたつ. ∎

補題2.26.1., 2. は 2. の最後の主張以外は定義から容易にわかる. 3. の証明はこれからする命題2.23 の証明と同様なので省略する.

[命題2.23の証明] 簡単のため, $Y_0(N)$ の方だけ示す. $Y(N)$ が $\mathcal{M}(N)$ の精モジュライである, $N \geq 3$ の場合に示す. $N \leq 2$ の場合も N の倍数をとって同様に示すことができる. $Y_0(N)$ を $Y(N)$ の商 $Y(N)/B(\mathbb{Z}/N\mathbb{Z})$ として, これが $\mathcal{M}_0(N)$ の粗モジュライであることを示す. 商の定義A.25 と, $Y(N)$ が関手 $\mathcal{M}(N)$ の精モジュライであるという仮定により, 次の補題を示せばよい.

補題 2.27 N を自然数とし, $e_1 = (1,0) \in (\mathbb{Z}/N\mathbb{Z})^2$ とする. $\varphi : \mathcal{M}(N) \to \mathcal{M}_0(N)$ を, (E, α) の同型類に対し, $(E, \langle \alpha(e_1) \rangle)$ の同型類を対応させることにより定まる関手の射とする.

1. T を $\mathbb{Q}$ 上の任意のスキームとする. 関手 $\mathcal{M}_0(N)$ からスキーム T への射 g に対し, 関手 $\mathcal{M}(N)$ からスキーム T への $B(\mathbb{Z}/N\mathbb{Z})$ 不変な射 $g \circ \varphi$ を対応させる写像

$$\{\text{関手 } \mathcal{M}_0(N) \text{ からスキーム } T \text{ への射}\}$$
$$\to \{\text{関手 } \mathcal{M}(N) \text{ からスキーム } T \text{ への } B(\mathbb{Z}/N\mathbb{Z}) \text{ 不変な射}\}$$

は全単射である.

2. 標数 0 の任意の代数閉体 K に対し, φ が定める写像

$$\mathcal{M}(N)(K)/B(\mathbb{Z}/N\mathbb{Z}) \to \mathcal{M}_0(N)(K)$$

は全単射である.

[証明] 1. 逆写像を定義する. $f : \mathcal{M}(N) \to T$ を, 関手 $\mathcal{M}(N)$ からスキーム T への $B(\mathbb{Z}/N\mathbb{Z})$ 不変な射とする. $f = g \circ \varphi$ をみたす関手 $\mathcal{M}_0(N)$ からスキーム T への射 g を次のように構成する. $\mathbb{Q}$ 上の任意のスキーム U に対し, $g_U : \mathcal{M}_0(N)(U) \to T(U)$ を定義する. E を U 上の楕円曲線とし, C をその位数 N の巡回部分群とする. $x = ((E, C)$ の同型類$) \in \mathcal{M}_0(N)(U)$ とおく. $g_U(x) \in T(U)$ を次のように定める.

U 上の関手 $W \mapsto \{$同型 $\alpha:(\mathbb{Z}/N\mathbb{Z})^2 \to E_{W,N}$ で, $\langle \alpha(e_1)\rangle = C_W\}$ を考える. これは U 上有限エタールなスキーム V によって表現される. 証明は補題 2.25 と同様なので省略する. 群 $B(\mathbb{Z}/N\mathbb{Z})$ は自然に V に作用し, $V/B(\mathbb{Z}/N\mathbb{Z}) = U$ である. V 上の普遍同型 $\alpha_V: (\mathbb{Z}/N\mathbb{Z})^2 \to E_{V,N}$ とひきもどし E_V の対 (E_V, α_V) の同型類は $\mathcal{M}(N)(V)$ の元 y を定める. y は $B(\mathbb{Z}/N\mathbb{Z})$ の V および $\mathcal{M}(N)$ の作用と可換である.

次の図式を考える.

(2.21)
$$\begin{array}{ccccc} x \in \mathcal{M}_0(N)(U) & \longrightarrow & \mathcal{M}_0(N)(V) & \longleftarrow & \mathcal{M}(N)(V) \ni y \\ {\scriptstyle g_U}\downarrow & & {\scriptstyle g_V}\downarrow & & \downarrow{\scriptstyle f_V} \\ T(U) & \xrightarrow{h} & T(V) & = & T(V) \end{array}$$

ここで g_U, g_V はまだ定義されていない. 図式(2.21)を可換にするように定義したいのである. U は V の $B(\mathbb{Z}/N\mathbb{Z})$ による商だから, h は $T(U)$ から $T(V)$ の $B(\mathbb{Z}/N\mathbb{Z})$ 不変部分への全単射である. 射 $\mathcal{M}(N) \to T$ は $B(\mathbb{Z}/N\mathbb{Z})$ 不変だから, $f_V(y) \in T(V)$ は $B(\mathbb{Z}/N\mathbb{Z})$ 不変部分にはいる. したがって $z \in T(U)$ で $h(z) = f_V(y) \in T(V)$ をみたすものがただ 1 つ存在する. 図式(2.21)を可換にするためには, $g_U(x) = z$ とおくしかない. $z = g_U(x)$ とおいて, $g_U: \mathcal{M}_0(N)(U) \to T(U)$ を定義する. これが射 $g: \mathcal{M}_0(N) \to T$ を定め $f = g \circ \varphi$ をみたすことの確認は省略する. g の一意性は上の定義から明らかである.

2. $\pi: \mathcal{M}(N) \to \mathcal{M}$, $\pi_0: \mathcal{M}_0(N) \to \mathcal{M}$ を, それぞれ $(E,\alpha), (E,C)$ の同型類に対し E の同型類を対応させる, 関手の自然な射とする. E を代数閉体 K 上の楕円曲線とすると, $[E] = (E$ の同型類$) \in \mathcal{M}(K)$ の $\mathcal{M}(N)(K)$ での逆像 $\pi^*([E])$ は, $\{E$ と同型 $\alpha: (\mathbb{Z}/N\mathbb{Z})^2 \to E_N(K)$ の対 (E,α) の同型類$\}$ である. 同様に, $\mathcal{M}_0(N)(K)$ での逆像 $\pi_0^*([E])$ は, $\{E$ と $E_N(K)$ の位数 N の巡回部分群 C の対 (E,C) の同型類$\}$ である.

同型 $\alpha_0: (\mathbb{Z}/N\mathbb{Z})^2 \to E_N(K)$ を任意に 1 つとると, 集合 $\{$同型 $\alpha: (\mathbb{Z}/N\mathbb{Z})^2 \to E_N(K)\}$ は, 1 対 1 対応 $g \mapsto \alpha_0 \circ g$ により, $GL_2(\mathbb{Z}/N\mathbb{Z})$ と同一視できる. この同一視のもとで,

(2.22) $\qquad \pi^*([E]) = (\mathrm{Aut}(E)$ の像$)\backslash GL_2(\mathbb{Z}/N\mathbb{Z})$

である．同様に，集合 $\{E_N(K)$ の位数 N の巡回部分群$\}$ は，1対1対応 $\bar{g} \mapsto \langle \alpha_0(ge_1) \rangle$ により，商集合 $GL_2(\mathbb{Z}/N\mathbb{Z})/B(\mathbb{Z}/N\mathbb{Z})$ と同一視される．この同一視のもとで，

(2.23) $\quad \pi_0^*([E]) = (\mathrm{Aut}(E) \text{ の像}) \backslash GL_2(\mathbb{Z}/N\mathbb{Z})/B(\mathbb{Z}/N\mathbb{Z})$

である．したがって，$\pi^*([E])/B(\mathbb{Z}/N\mathbb{Z}) \to \pi_0^*([E])$ は全単射である． ∎

§2.5 種数公式

[命題 2.15.1. の証明] 粗モジュライの定義により，例 2.6 の関手の射 $j: \mathcal{M} \to \mathbb{A}_\mathbb{Q}^1$ は，スキームの射 $j: Y_0(1) \to \mathbb{A}_\mathbb{Q}^1$ を定める．定理 2.10.2. により，スムーズ・アフィン代数曲線の射 $j: Y_0(1) \to \mathbb{A}_\mathbb{Q}^1$ が，同型であることを示せば十分である．j が双有理的であることを示す．$U = \mathbb{A}_\mathbb{Q}^1 - \{0, 12^3\} = \mathrm{Spec}\, \mathbb{Q}[j, \dfrac{1}{j(j-12^3)}]$ とおいて，逆写像 $i: U \to Y_0(1)$ を定義する．U 上の楕円曲線 E を，方程式

(2.24) $\quad y^2 = 4x^3 - \dfrac{12^3 j}{j - 12^3} x - \dfrac{24^3 j}{j - 12^3}$

で定める．判別式

(2.25) $\quad \Delta = \left(\dfrac{12^3 j}{j-12^3}\right)^3 - 27\left(\dfrac{24^3 j}{j-12^3}\right)^2 = \dfrac{12^{12} j^2}{(j-12^3)^3}$

は U 上で可逆だから，たしかに E は U 上の楕円曲線である．$i: U \to Y_0(1)$ を，$(E$ の同型類$) \in \mathcal{M}(U)$ の $Y_0(1)(U)$ への像として定義する．楕円曲線 E の j 不変量は $12^3 \left(\dfrac{12^3 j}{j-12^3}\right)^3 \dfrac{1}{\Delta} = j$ である．したがって，合成写像 $j \circ i$ は U の恒等写像であり，j が双有理的なことが示された．

j が全射であることを示す．楕円曲線 $y^2 = x^3 - 1$, $y^2 = x^3 - x$ の j 不変量はそれぞれ $0, 12^3$ だから，上のこととあわせて j は全射である． ∎

命題 2.15.2. を示すには，代数曲線の有限射 $\pi_0: X_0(N) \to X_0(1) = \mathbb{P}_\mathbb{Q}^1$ に Riemann–Hurwitz の公式を適用する．各点の逆像の点の個数を求める．

補題 2.28 $j \in X_0(1)(\overline{\mathbb{Q}}) = \mathbb{P}^1(\overline{\mathbb{Q}})$ とすると，$\pi_0^{-1}(j)$ の点の個数は次のよ

うになる．

1. $j \neq 0, 12^3, \infty$ のときは，$\psi(N)$ である．
2. $j = 0$ のときは，$\dfrac{1}{3}\psi(N) + \dfrac{2}{3}\varphi_6(N)$ である．
3. $j = 12^3$ のときは，$\dfrac{1}{2}\psi(N) + \dfrac{1}{2}\varphi_4(N)$ である．
4. $j = \infty$ のときは，$\varphi_\infty(N)$ である． □

[命題 2.15.2. の証明] 補題 2.28.1. により，$\pi_0 : X_0(N) \to X_0(1)$ の次数は，$\psi(N)$ である．$\pi_0 : X_0(N) \to X_0(1) = \mathbb{P}_\mathbb{Q}^1$ に Riemann–Hurwitz の公式を適用して，

$$(2.26) \quad 2g_0(N) - 2 + (\pi_0^{-1}(\infty) \text{ の点の個数})$$
$$+ (\pi_0^{-1}(0) \text{ の点の個数}) + (\pi_0^{-1}(12^3) \text{ の点の個数})$$
$$= \psi(N)(2 \cdot 0 - 2 + 3)$$

である．あとは，補題 2.28 を代入すればよい． ■

[補題 2.28 の証明] $j \neq \infty$ のときは，$E = E_j$ を j 不変量が j の $\overline{\mathbb{Q}}$ 上の楕円曲線とし，$j = \infty$ のときは，$E = E_\infty = P_N$ を Néron N 角形とする．$\mathrm{Aut}(E)$ を広義楕円曲線 E の自己同型群とする．補題 2.27.2. の証明で示したように，点 $j \in X_0(1)(\overline{\mathbb{Q}})$ の逆像 $\pi_0^{-1}(j)$ は，

$$(2.27) \quad (\mathrm{Aut}(E) \text{ の像}) \backslash GL_2(\mathbb{Z}/N\mathbb{Z}) / B(\mathbb{Z}/N\mathbb{Z})$$
$$= (\mathrm{Aut}(E) \text{ の像}) \backslash \mathbb{P}^1(\mathbb{Z}/N\mathbb{Z})$$

と 1 対 1 に対応する．右辺の商集合の元の個数を求める．

まず $\mathrm{Aut}(E)$ を求める．$j \neq 0, 12^3, \infty$ なら $\mathrm{Aut}(E)$ は $\sigma_2 : (x, y) \mapsto (x, -y)$ で生成される位数 2 の巡回群である．$j = 0$ のときは，E は方程式 $y^2 = x^3 - 1$ で定義される．ω を 1 の原始 3 乗根とすると，$\mathrm{Aut}(E)$ は $\sigma_6 : (x, y) \mapsto (\omega x, -y)$ で生成される位数 6 の巡回群である．$j = 12^3$ のときは，E は方程式 $y^2 = x^3 - x$ で定義される．i を 1 の原始 4 乗根とすると，$\mathrm{Aut}(E)$ は $\sigma_4 : (x, y) \mapsto (-x, iy)$ で生成される位数 4 の巡回群である．$j = \infty$ のときは，Néron N 角形 P_N の自己同型群 $\mathrm{Aut}(P_N)$ は半直積 $\{\pm 1\} \ltimes \mu_N$ である．

$j \neq 0, 12^3, \infty$ なら，$\mathrm{Aut}(E)$ の生成元 σ_2 の $\mathbb{P}^1(\mathbb{Z}/N\mathbb{Z})$ への作用は自明だから，$\pi_0^{-1}(j)$ の点の個数は $\psi(N)$ である．

$j=0$ とする．$\mathrm{Aut}(E)$ の生成元 σ_6 の $\mathbb{P}^1(\mathbb{Z}/N\mathbb{Z})$ への作用は3乗すると自明である．したがって，$\mathrm{Fix}_6 \subset \mathbb{P}^1(\mathbb{Z}/N\mathbb{Z})$ を σ_6 の固定点全体のなす集合とすると，

(2.28) $\quad (\mathrm{Aut}(E)\backslash \mathbb{P}^1(\mathbb{Z}/N\mathbb{Z})$ の元の個数$)$
$$= \frac{1}{3}(\mathbb{P}^1(\mathbb{Z}/N\mathbb{Z}) - \mathrm{Fix}_6 \text{ の元の個数}) + (\mathrm{Fix}_6 \text{ の元の個数})$$
$$= \frac{1}{3}\psi(N) + \frac{2}{3}(\mathrm{Fix}_6 \text{ の元の個数})$$

となる．$\mathrm{Fix}_6 = \{a \in \mathbb{Z}/N\mathbb{Z} \mid a^2+a+1=0\} \subset \mathbb{P}^1(\mathbb{Z}/N\mathbb{Z})$ なので，この集合の元の個数は $\varphi_6(N)$ である．

同様に，$j=12^3$ とする．$\mathrm{Aut}(E)$ の生成元 σ_4 の $\mathbb{P}^1(\mathbb{Z}/N\mathbb{Z})$ への作用は2乗すると自明である．したがって，$\mathrm{Fix}_4 \subset \mathbb{P}^1(\mathbb{Z}/N\mathbb{Z})$ を σ_4 の固定点全体のなす集合とすると，

(2.29) $\quad (\mathrm{Aut}(E)\backslash \mathbb{P}^1(\mathbb{Z}/N\mathbb{Z})$ の元の個数$)$
$$= \frac{1}{2}(\mathbb{P}^1(\mathbb{Z}/N\mathbb{Z}) - \mathrm{Fix}_4 \text{ の元の個数}) + (\mathrm{Fix}_4 \text{ の元の個数})$$
$$= \frac{1}{2}\psi(N) + \frac{1}{2}(\mathrm{Fix}_4 \text{ の元の個数})$$

となる．$\mathrm{Fix}_4 = \{a \in \mathbb{Z}/N\mathbb{Z} \mid a^2+1=0\} \subset \mathbb{P}^1(\mathbb{Z}/N\mathbb{Z})$ なので，この集合の元の個数は $\varphi_4(N)$ である．

最後に $j=\infty$ とする．N の約数 d に対し，$P_d = \{(a:b) \in \mathbb{P}^1(\mathbb{Z}/N\mathbb{Z}) \mid (a,N) = d\}$ とおく．部分集合 P_d は群 $I_N = (\mathrm{Aut}(P_N) \text{ の像}) = \left\{ \begin{pmatrix} 1 & b \\ 0 & 1 \end{pmatrix} \mid b \in \mathbb{Z}/N\mathbb{Z} \right\}$ の作用で安定である．商集合 $I_N \backslash P_d$ は，写像 $\overline{(a:b)} \mapsto \overline{\left(\frac{a}{d}, b\right)}$ により，
$$\left((\mathbb{Z}/\frac{N}{d}\mathbb{Z})^\times \times (\mathbb{Z}/d\mathbb{Z})^\times\right) / (\mathbb{Z}/N\mathbb{Z})^\times \simeq \left(\mathbb{Z}/(d, \frac{N}{d})\mathbb{Z}\right)^\times$$

と同一視される．したがって $I_N\backslash\mathbb{P}^1(\mathbb{Z}/N\mathbb{Z})$ の元の個数は $\varphi_\infty(N)$ である．∎

§2.6 Hecke 作用素

Hecke 作用素を定義するため，モジュラー曲線のなかまをもっと定義する．

定義 2.29 N, n を自然数とする．

1. $\mathbb{Q}$ 上の関手 $\mathcal{M}_0(N, n)$ を，

（1） $\mathbb{Q}$ 上の任意のスキーム T に対し，

$\mathcal{M}_0(N, n)(T)$
$$= \left\{ \begin{array}{c} T \text{ 上の楕円曲線 } E, E' \text{ と，それぞれの位数 } N \text{ の巡回部分群} \\ \text{スキーム } C, C' \text{ と，次数 } n \text{ の準同型 } f : E \to E' \text{ で，} \\ C \text{ を } C' \text{ に同型にうつすものの組 } (E, C, E', C', f) \text{ の同型類} \end{array} \right\},$$

（2） $\mathbb{Q}$ 上の任意のスキームの射 $f : T \to T'$ に対し，$f^* : \mathcal{M}_0(N, n)(T') \to \mathcal{M}_0(N, n)(T)$ を
$$f^*((E, C, E', C', f) \text{ の同型類}) = ((E_T, C_T, E'_T, C'_T, f_T) \text{ の同型類})$$
とおいて定める．

2. $\mathbb{Q}$ 上の関手の射 $s, t : \mathcal{M}_0(N, n) \to \mathcal{M}_0(N)$ を，それぞれ，$\mathbb{Q}$ 上の任意のスキーム T に対し，$s_T, t_T : \mathcal{M}_0(N, n)(T) \to \mathcal{M}_0(N)(T)$ を
$$s_T((E, C, E', C', f) \text{ の同型類}) = ((E, C) \text{ の同型類}),$$
$$t_T((E, C, E', C', f) \text{ の同型類}) = ((E', C') \text{ の同型類})$$
とおいて定める． □

N, n を自然数とし，有限集合 $S_{N,n}$ を
$$S_{N,n} = \left\{ (C, H) \;\middle|\; \begin{array}{l} C \text{ は } (\mathbb{Z}/Nn\mathbb{Z})^2 \text{ の位数 } N \text{ の巡回部分群，} \\ H \text{ は } (\mathbb{Z}/Nn\mathbb{Z})^2 \text{ の位数 } n \text{ の部分群で } C \cap H = 0 \end{array} \right\}$$
と定める．群 $GL_2(\mathbb{Z}/Nn\mathbb{Z})$ の $S_{N,n}$ への右作用を逆元の自然な左作用として定める．

命題 2.30 N, n を自然数とする．

1. $Y(Nn) \times S_{N,n}$ の $GL_2(\mathbb{Z}/Nn\mathbb{Z})$ による商
$$Y_0(N, n) = (Y(Nn) \times S_{N,n})/GL_2(\mathbb{Z}/Nn\mathbb{Z})$$
は，$\mathbb{Q}$ 上の関手 $\mathcal{M}_0(N, n)$ の粗モジュライである．

2. $Y_0(N, n)$ は，$\mathbb{Q}$ 上のスムーズ・アファイン代数曲線である．

3. 関手の射 s, t はそれぞれ，有限平坦射 $s, t: Y_0(N, n) \to Y_0(N)$ をひきおこす． □

命題 2.30 の証明は定理 2.10, 2.21, 命題 2.23 と同様なので省略する．$\mathbb{Q}$ 上の任意のスキーム T に対し，$\mathcal{M}_0(N, n)(T)$ が

$$\left\{\begin{array}{l} T \text{ 上の楕円曲線 } E \text{ と，その位数 } N \text{ の巡回部分群} \\ \text{スキーム } C \text{ と，位数 } n \text{ の部分群スキーム } C_n \text{ で,} \\ C \cap C_n = 0 \text{ であるものの組} (E, C, C_n) \text{ の同型類} \end{array}\right\}$$

と同一視されることを使って証明できる．n が N と素で，平方因子をもたなければ，$Y_0(N, n) = Y_0(Nn)$ である．

$X_0(N, n)$ を，$Y_0(N, n)$ を密な開部分スキームとして含む $\mathbb{Q}$ 上のスムーズ射影代数曲線と定義する．$X_0(N, n)$ は標準同型をのぞいて一意的に定まる．$X_0(N, n), Y_0(N, n)$ は連結とは限らない．射 $s, t: Y_0(N, n) \to Y_0(N)$ はそれぞれ有限平坦射 $s, t: X_0(N, n) \to X_0(N)$ に一意的に延長される．Hecke 作用素はこの有限平坦射 $s, t: X_0(N, n) \to X_0(N)$ を使って定義される．

Hecke 作用素の定義のため，微分形式の跡写像を定義する．一般に X, Y を体 K 上の射影スムーズ代数曲線とし，$f: X \to Y$ を有限平坦射とすると，K 線型写像 $f^*: \Gamma(Y, \Omega) \to \Gamma(X, \Omega)$, $f_*: \Gamma(X, \Omega) \to \Gamma(Y, \Omega)$ が定義される．このうち f^* はただのひきもどし写像である．跡写像 f_* は次のように定義される．簡単のため，Y の密な開集合 V で，$f|_U : U = f^{-1}(V) \to V$ がエタールなものが存在すると仮定する．Y の密なアファイン開集合 $V = \operatorname{Spec} A$ を次の条件がみたされるように十分小さくとる：$f|_U : U = f^{-1}(V) = \operatorname{Spec} B \to V$ はエタールで，A 加群 $\Gamma(V, \Omega)$ は基底 ω をもつ．すると，$f^*\omega$ は B 加群 $\Gamma(U, \Omega)$ の基底である．B は有限生成射影 A 加群だから，跡写像 $\operatorname{Tr}_{B/A} : B \to A$ が定まっている．これを使って，跡写像 $(f|_U)_* : \Gamma(U, \Omega) \to \Gamma(V, \Omega)$ を $(f|_U)_*(b \cdot f^*\omega) = \operatorname{Tr}_{B/A} b \cdot \omega$ と定める．これは基底 ω のとりかたによらない．この跡写像は部分空間 $\Gamma(X, \Omega) \subset \Gamma(U, \Omega)$ を 部分空間 $\Gamma(Y, \Omega) \subset \Gamma(V, \Omega)$ の中にうつす．こうしてひきおこされる写像が $f_* : \Gamma(X, \Omega) \to \Gamma(Y, \Omega)$ である．

定義 2.31 N, n を自然数とし，$s, t : X_0(N, n) \to X_0(N)$ を上のように定める．**Hecke 作用素**(Hecke operator) $T_n : S(N) \to S(N)$ を合成写像
$$S(N) = \Gamma(X_0(N), \Omega) \xrightarrow{t^*} \Gamma(X_0(N, n), \Omega) \xrightarrow{s_*} \Gamma(X_0(N), \Omega) = S(N)$$
と定義する． □

命題 2.32 N を自然数とする．

1. Hecke 作用素 T_1 は $S(N)$ の恒等写像である．n, m を自然数とすると，Hecke 作用素 T_n, T_m は，たがいに可換である：$T_n T_m = T_m T_n$．

2. M を N の約数とする．n が N とたがいに素なら，Hecke 作用素 T_n の作用は (2.8) の単射 $S(M) \to S(N)$ と可換である． □

この命題の証明も省略する．直接証明することも難しくはないが，q 展開を使った表示，命題 2.41 から導くこともできる．n と N がたがいに素でなければ，T_n と $S(M) \to S(N)$ は一般には可換でないので，気をつけないといけない．

定義 2.33 すべての Hecke 作用素 T_n，$n \in \mathbb{N}$ によって生成される自己準同型環 $\mathrm{End}_\mathbb{Q}(S(N))$ の部分環，
$$T(N) = \mathbb{Q}[T_n, n \in \mathbb{N}] \subset \mathrm{End}_\mathbb{Q}(S(N))$$
を**レベル** N の **Hecke 環**(Hecke algebra)という． □

命題 2.32 より，$T(N)$ は T_1 を単位元とする可換環であり，$\mathbb{Q}$ 線型空間として有限次元である．あとの命題 2.55 で $T(N)$ の次元は $S(N)$ の次元に等しいことを示す．次の命題により，Hecke 環 $T(N)$ は，とくに素数 p に対する Hecke 作用素 T_p で生成される．

命題 2.34 N を自然数とする．

1. 自然数 n, m がたがいに素なら，$T_{nm} = T_n T_m$ である．

2. p を素数とする．自然数 $e \geqq 0$ に対し，$p \nmid N$ なら

(2.30) $\qquad T_{p^{e+2}} = T_p T_{p^{e+1}} - p T_{p^e}$

であり，$p | N$ なら $T_{p^e} = T_p^e$ である． □

これも証明は省略する．命題 2.34 は，形式的に無限積展開

(2.31) $\quad \sum_{n=1}^{\infty} T_n n^{-s} = \prod_{p : \text{素数}, \, p \nmid N} (1 - T_p p^{-s} + p p^{-2s})^{-1} \times \prod_{p : \text{素数}, \, p | N} (1 - T_p p^{-s})^{-1}$

の形に表わすことができる．式(2.31)の意味は次のとおりである．移項すると

$$(2.32) \quad \prod_{p:\text{素数}\nmid N}(1-T_p p^{-s}+pp^{-2s}) \times \prod_{p:\text{素数}|N}(1-T_p p^{-s}) \times \sum_{n=1}^{\infty} T_n n^{-s} = 1$$

である．これを展開し，等式 $m^{-s}n^{-s}=(mn)^{-s}$ を使って，$\sum_{n=1}^{\infty} f_n n^{-s}$, $f_n \in T(N)$ の形にまとめる．(2.31)の意味は，このとき $f_1 = \text{id}$, $f_n = 0$, $n > 1$ がなりたつということである．

式(2.31)は s を複素数と考えれば，両辺が収束する範囲で s の関数の等式と考えることができる．あとの定理2.47を使って，この収束の範囲は $\Re s > \frac{3}{2}$ であることが示せる．

Hecke作用素は，次の節で紹介される q 展開をつかうと，具体的なとりあつかいができるようになる．

§2.7 q 展開

§2.3で，保型形式をモジュラー曲線上の微分形式として定義した．これを巾級数として表わして調べることができる．それがこの節の主題の q 展開である．

N を自然数とする．これから，射 $e: \text{Spec}\,\mathbb{Q}[[q]] \to X_0(N)$ を定義し，それによって，単射 $e^*: S(N) \to \mathbb{Q}[[q]]$ を定義する．$X_0(N)$ の定義により，射 e を定義するには，巾級数環 $\mathbb{Q}[[q]]$ 上の広義楕円曲線 E と，その $\Gamma_0(N)$ 構造を定めればよい．この広義楕円曲線 E の定義から始める．

『数論I』第3章系3.19で示したように，k を正の偶数とすると，Riemann ζ 関数の負の奇数での値 $\zeta(1-k)=2\dfrac{(k-1)!}{(2\pi\sqrt{-1})^k}\zeta(k)$ は有理数である：

$$(2.33) \quad \zeta(-1)=-\frac{1}{12}, \quad \zeta(-3)=\frac{1}{120}, \quad \zeta(-5)=-\frac{1}{252}, \quad \cdots$$

(『数論I』第7章演習問題7.7も参照)．『数論II』第9章§9.2(b)のように，自然数 $k, n \geq 1$ に対し，$\sigma_{k-1}(n) = \sum_{d|n} d^{k-1}$ とおく．偶数 $k \geq 2$ に対し，巾級数 $E_k(q) \in \mathbb{Q}[[q]]$ を

で定める。

(2.34) $$E_k(q) = 1 + \frac{2}{\zeta(1-k)} \sum_{n=1}^{\infty} \sigma_{k-1}(n) q^n$$

命題 2.35 方程式

(2.35) $$y^2 = 4x^3 - \frac{1}{12} E_4(q) x + \frac{1}{216} E_6(q)$$

は巾級数環 $\mathbb{Q}[[q]]$ 上の広義楕円曲線 E を定義する．E は巾級数体 $\mathbb{Q}((q))$ 上では楕円曲線である．

[証明] 『数論 II』第 9 章定理 9.5 により，式 (2.35) の右辺の 3 次式の判別式は

(2.36) $$\Delta(q) = \left(\frac{1}{12} E_4(q)\right)^3 - 27 \left(\frac{1}{216} E_6(q)\right)^2 = q \prod_{n=1}^{\infty} (1-q^n)^{24} \neq 0$$

である．よって，方程式 (2.35) は，体 $\mathbb{Q}((q))$ 上での楕円曲線を定める．$q=0$ を代入すると，式 (2.35) の右辺は

(2.37) $$4x^3 - \frac{1}{12} x + \frac{1}{216} = \left(x + \frac{1}{6}\right)\left(2x - \frac{1}{6}\right)^2$$

であり，3 重根をもたない．よって $q=0$ では Néron 1 角形である．無限遠点はスムーズ部分 E^{sm} の切断だから，命題 1.30 により E は広義楕円曲線である． ∎

自然数 N に対し，広義楕円曲線 E の $\Gamma_0(N)$ 構造を定義する．巾級数 $x(q,t), y(q,t) \in \mathbb{Q}[t, \frac{1}{t(1-t)}][[q]]$ を次の式で定義する．

(2.38) $$\begin{aligned} x(q,t) &= \frac{t}{(1-t)^2} + \sum_{n=1}^{\infty} \left(\sum_{d|n} d(t^d + t^{-d})\right) q^n + \frac{1}{12} E_2(q), \\ y(q,t) &= t \frac{\partial}{\partial t} x(q,t) = \frac{t(1+t)}{(1-t)^3} + \sum_{n=1}^{\infty} \left(\sum_{d|n} d^2(t^d - t^{-d})\right) q^n. \end{aligned}$$

第 1 項はそれぞれ『数論 I』第 3 章定義 3.2 の $h_2(t), h_3(t)$ である．この巾級数は，等式

(2.39) $$y(q,t)^2 = 4x(q,t)^3 - \frac{1}{12} E_4(q) x(q,t) + \frac{1}{216} E_6(q)$$

をみたす．等式 (2.39) は §2.12 で解析的表示を使って証明する．(2.39) によ

り，環の準同型

(2.40) $\quad \alpha^*: \quad \mathbb{Q}[[q]][x,y]/(y^2-(4x^3-\frac{1}{12}E_4(q)x+\frac{1}{216}E_6(q)))$
$$\to \mathbb{Q}[t,\frac{1}{t(t-1)}][[q]]$$

が，$x \mapsto x(q,t)$, $y \mapsto y(q,t)$ とおくことにより定義される．

環の準同型 α^* を使って，閉埋め込み $\alpha: \mathrm{Spec}\, \mathbb{Q}[[q]][t]/(t^N-1) \to E$ を次のように定める．$\mathbb{Q}[[q]][t]/(t^N-1) = \mathbb{Q}[[q]] \times \mathbb{Q}[[q]][t]/(\sum_{i=0}^{N-1} t^i)$ だから，i を定めるには，閉埋め込み $\alpha_0: \mathrm{Spec}\, \mathbb{Q}[[q]] \to E$, $\alpha_1: \mathrm{Spec}\, \mathbb{Q}[[q]][t]/(\sum_{i=0}^{N-1} t^i) \to E$ をそれぞれ定めればよい．α_0 は広義楕円曲線 E の 0 切断とする．α_1 は環の準同型

(2.41) $\quad \mathbb{Q}[[q]][x,y]/(y^2-(4x^3-\frac{1}{12}E_4(q)x+\frac{1}{216}E_6(q)))$
$$\stackrel{\alpha^*}{\to} \mathbb{Q}[t,\frac{1}{t(t-1)}][[q]] \to \mathbb{Q}[t]/(\sum_{i=0}^{N-1} t^i)[[q]] = \mathbb{Q}[[q]][t]/(\sum_{i=0}^{N-1} t^i)$$

によって定める．

命題 2.36 $\alpha: \mathrm{Spec}\, \mathbb{Q}[[q]][t]/(t^N-1) = \mu_{N,\mathbb{Q}[[q]]} \to E$ は閉埋め込みであり，広義楕円曲線 E の $\Gamma_0(N)$ 構造を定める． $\square$

命題 2.36 も解析的表示を使って，命題 2.69.2. から導けるが，証明は省略する．

$\mathbb{Q}[[q]]$ 上の広義楕円曲線 E とその $\Gamma_0(N)$ 構造 $\alpha: \mu_N \to E$ の対 $(E, \alpha: \mu_N \to E) \in \overline{\mathcal{M}}_0(N)(\mathbb{Q}[[q]])$ が定める射 $\mathrm{Spec}\, \mathbb{Q}[[q]] \to X_0(N)$ を以下 e で表わす．N をはっきりさせたいときは e_N で表わす．M が N の約数のときは，$e_N: \mathrm{Spec}\, \mathbb{Q}[[q]] \to X_0(N)$ と標準射 $X_0(N) \to X_0(M)$ の合成は，$e_M: \mathrm{Spec}\, \mathbb{Q}[[q]] \to X_0(M)$ である．広義楕円曲線 E は $q=0$ では Néron 1 角形だから，$\mathrm{Spec}\, \mathbb{Q}[[q]]$ の閉点 $q=0$ の像は，$X_0(N)$ の ∞ カスプである．

例 2.37 $N=1$ のときは，射 $e_1: \mathrm{Spec}\, \mathbb{Q}[[q]] \to X_0(1) = \mathbb{A}^1_\mathbb{Q}$ は

(2.42) $\quad j(q) = \dfrac{E_4(q)^3}{\Delta(q)} = \dfrac{1}{q} + 744 + 196884q + 21493760q^2 + \cdots$

で定まる.

射 e をつかって，線型写像 $e^*: S(N) \to \mathbb{Q}[[q]]$ を定義する．その準備として，写像 $\Omega_{\mathbb{Q}[[q]]/\mathbb{Q}} \to \mathbb{Q}[[q]]$ を定義する．各自然数 n に対し，$\mathbb{Q}[[q]]/q^n\mathbb{Q}[[q]]$ 線型写像 $\Omega_{(\mathbb{Q}[[q]]/q^n\mathbb{Q}[[q]])/\mathbb{Q}} \to \mathbb{Q}[[q]]/q^n\mathbb{Q}[[q]]$ を $dq \mapsto q$ により定める．合成写像 $\Omega_{\mathbb{Q}[[q]]/\mathbb{Q}} \to \Omega_{(\mathbb{Q}[[q]]/q^n\mathbb{Q}[[q]])/\mathbb{Q}} \to \mathbb{Q}[[q]]/q^n\mathbb{Q}[[q]]$ の極限として，写像 $\Omega_{\mathbb{Q}[[q]]/\mathbb{Q}} \to \varprojlim_n \mathbb{Q}[[q]]/q^n\mathbb{Q}[[q]] = \mathbb{Q}[[q]]$ を定義する．

定義 2.38 q 展開の写像 $e^*: S(N) \to \mathbb{Q}[[q]]$ を，射 $e: \operatorname{Spec} \mathbb{Q}[[q]] \to X_0(N)$ によるひきもどし $e^*: S(N) = \Gamma(X_0(N), \Omega) \to \Omega_{\mathbb{Q}[[q]]/\mathbb{Q}}$ と，上で定義した写像 $\Omega_{\mathbb{Q}[[q]]/\mathbb{Q}} \to \mathbb{Q}[[q]]$ の合成写像として定義する．保型形式 $f \in S(N)$ に対し，$e^*f = \sum_{n=1}^{\infty} a_n(f)q^n \in \mathbb{Q}[[q]]$ をその q 展開 (q-expansion) とよぶ． □

写像 $\Omega_{\mathbb{Q}[[q]]/\mathbb{Q}} \to \mathbb{Q}[[q]]$ の定義により，保型形式の q 展開の定数項は必ず 0 である．

例 2.39 $N = 11$ とする．例 2.19.3. のように，$X_0(11)$ を楕円曲線 $y^2 = 4x^3 - 4x^2 - 40x - 79$ と同一視する．$f_{11} = \dfrac{dx}{y} \in S(11)$ の q 展開は，

$$(2.43) \quad q\prod_{n=1}^{\infty}(1-q^n)^2(1-q^{11n})^2$$
$$= q - 2q^2 - q^3 + 2q^4 + q^5 + 2q^6 - 2q^7 - 2q^9 - 2q^{10} + q^{11} + \cdots$$

の ± 1 倍である．以下では，必要なら y を $-y$ でおきかえて，$+1$ 倍になるものとする． □

定義 2.38 が自然な定義である理由は，§2.12 で説明する解析的な意味づけによってわかる．M が N の約数のときは，$e_N: \operatorname{Spec} \mathbb{Q}[[q]] \to X_0(N)$ と標準射 $X_0(N) \to X_0(M)$ の合成は $e_M: \operatorname{Spec} \mathbb{Q}[[q]] \to X_0(M)$ なので，自然な写像と q 展開の合成写像 $S(M) \to S(N) \xrightarrow{e_N^*} \mathbb{Q}[[q]]$ は q 展開 $e_M^*: S(M) \to \mathbb{Q}[[q]]$ である．次の命題は，保型形式はその q 展開で決まるということであり，**q 展開原理**とよばれている．

命題 2.40 q 展開の写像 $e^*: S(N) \to \mathbb{Q}[[q]]$ は単射である． □

単射 $e^*: S(N) \to \mathbb{Q}[[q]]$ により，線型空間 $S(N)$ を $\mathbb{Q}[[q]]$ の部分空間と同一視し，保型形式 f をその q 展開 $e^*f = \sum_{n=1}^{\infty} a_n(f)q^n \in \mathbb{Q}[[q]]$ と同一視することが多い．命題 2.40 の証明は解析的表示を使って，§2.12 で与える．

q 展開を使うと，Hecke 作用素は次のように具体的に表わされる．

命題 2.41 $f \in S(N)$ とし，その q 展開を $\sum_{m=1}^{\infty} a_m q^m \in \mathbb{Q}[[q]]$ とする．n を自然数とすると，$T_n f$ の q 展開は，

$$\tag{2.44} \sum_{m=1}^{\infty} \sum_{a|(m,n),(a,N)=1} a a_{mn/a^2} q^m$$

で与えられる．とくに $a_1(T_n f) = a_n(f)$ である． □

命題 2.41 は，§2.13 で，解析的表示を使って証明する．

§2.8 準素形式，素形式

第 0 章で書いたように，保型形式のなかでもすべての Hecke 作用素の固有ベクトルになっているものが特に重要である．

定義 2.42 N を自然数とし，K を標数 0 の体とする．

1. $S(N)_K = S(N) \otimes_\mathbb{Q} K$ とおき，$S(N)_K$ の元を，レベル N の K 係数の**保型形式**とよぶ．

2. q 展開の写像 $e^*: S(N) \to \mathbb{Q}[[q]]$ がひきおこす写像 $e_K^*: S(N)_K \to K[[q]]$ も q 展開の写像とよぶ．これによる $f \in S(N)_K$ の像を f の **q 展開**とよぶ．

3. 保型形式 $f \in S(N)_K$ が**準素形式**(primary form)であるとは，f の q 展開を $\sum_{m=1}^{\infty} a_m(f) q^m$ とすると，任意の $n \in \mathbb{N}$ に対し，

$$\tag{2.45} T_n f = a_n(f) f$$

で，かつ $f \neq 0$ であることをいう． □

準素形式というのはこの本だけでのよび方であり，ふつうは正規化された同時固有カスプ形式とよばれている．$K = \mathbb{C}$ のときの $S(N)_\mathbb{C}$ が §0.3 ででてきたものである．

命題 2.43 K を標数 0 の体，N を自然数とする．$f \in S(N)_K$ を K 係数のレベル N の保型形式とし，その q 展開を $\sum_{m=1}^{\infty} a_m(f) q^m$ とする．次の条件 (1)–(3) は同値である．

（1）f は準素形式である．

（2） $a_1(f)=1$ であり，任意の $n \in \mathbb{N}$ に対し，f は T_n の固有ベクトルである．

（3） $\mathbb{Q}$ 線型写像 $\varphi_f : T(N) \to K$ を $T \mapsto a_1(Tf)$ で定めると，φ_f は環の準同型である．

[証明]　(1)⇒(2)．f が準素形式なら，任意の $n \in \mathbb{N}$ に対し，f は T_n の固有ベクトルである．$T_1 = \mathrm{id}$ だから，$f = T_1 f = a_1(f)f$ である．$f \neq 0$ だから，$a_1(f) = 1$ である．

(2)⇒(3)．f が(2)の条件をみたすとする．$T(N)$ は T_n, $n \in \mathbb{N}$ で生成されるから，任意の $T \in T(N)$ に対し，f は T の固有ベクトルである．$Tf = \lambda_T f$ とおくと，$\varphi_f(T) = a_1(Tf) = a_1(\lambda_T f) = \lambda_T a_1(f) = \lambda_T$ である．したがって，任意の $T, T' \in T(N)$ に対し，$\varphi_f(TT') = \lambda_{TT'} = \lambda_T \lambda_{T'} = \varphi_f(T)\varphi_f(T')$ であり，$\varphi_f(1) = a_1(f) = 1$ である．

(3)⇒(1)．f が(3)の条件をみたすとする．$a_1(f) = \varphi_f(1) = 1$ だから $f \neq 0$ である．任意の $n \in \mathbb{N}$ に対し，$T_n f = a_n(f) f$ を示す．命題2.40により，q 展開は単射だから，任意の m について $a_m(T_n f) = a_n(f) a_m(f)$ を示せばよい．命題2.41により，
$$a_m(T_n f) = a_1(T_m T_n f) = \varphi_f(T_m T_n),$$
$$a_n(f) a_m(f) = a_1(T_n f) a_1(T_m f) = \varphi_f(T_n) \varphi_f(T_m)$$
である．仮定より $\varphi_f(T_m T_n) = \varphi_f(T_n) \varphi_f(T_m)$ だから示された．■

系2.44　K 係数でレベル N の準素形式は有限個である．

[証明]　Hecke 環 $T(N)$ は $\mathbb{Q}$ 線型空間として有限次元だから，環の準同型 $\varphi : T(N) \to K$ は有限個である．したがって K 係数でレベル N の準素形式は有限個である．■

あとの系2.56.3.で，この個数は $g_0(N) = \dim_{\mathbb{Q}} S(N)$ 以下であることを示す．

f が準素形式なら，係数 $a_n(f)$ は次の関係をみたす．

命題2.45　K を標数0の体，N を自然数，f を K 係数でレベル N の準素形式とし，f の q 展開を $\sum_{n=1}^{\infty} a_n(f) q^n$ とする．

1. n と m がたがいに素なら，$a_{nm}(f) = a_n(f) a_m(f)$ である．

2. p を素数とする. $p \nmid N$ なら, 自然数 $e \geqq 0$ に対し,
$$(2.46) \qquad a_{p^{e+2}}(f) = a_p(f) a_{p^{e+1}}(f) - p \cdot a_{p^e}(f)$$
である. $p \mid N$ なら, 自然数 $e \geqq 0$ に対し, $a_{p^e}(f) = a_p(f)^e$ である.

[証明] 命題 2.34 より明らか. ∎

命題 2.45 により, 準素形式 f に対しては, 素数次の係数 $a_p(f)$ によって, 一般の係数 $a_n(f)$ が定まることがわかる. したがって素数次の係数 $a_p(f)$ が特に重要なのである.

複素関数 $\sum_{n=1}^{\infty} a_n(f) n^{-s}$ を, 保型形式 f の L 関数とよび, $L(f, s)$ で表わす. f がレベル N の準素形式なら, 命題 2.45 により, $L(f, s)$ は次のように無限積として表わされる.

$$(2.47) \quad L(f, s) = \prod_{p \nmid N} (1 - a_p(f) p^{-s} + p^{1-2s})^{-1} \times \prod_{p \mid N} (1 - a_p(f) p^{-s})^{-1}.$$

準素形式 f の L 関数 $L(f, s)$ は, 下の定理 2.47 により, $\Re s > \dfrac{3}{2}$ で絶対収束する.

次の命題と定理はそれぞれ, 系 9.3 と定理 9.21 で証明する.

命題 2.46 K を標数 0 の体, N を自然数とし, f を K 係数でレベル N の準素形式とする. f の q 展開を $\sum_{n=1}^{\infty} a_n(f) q^n$ とすると, 任意の $n \geqq 1$ に対し, $a_n(f)$ は代数的整数である. □

定理 2.47 K を標数 0 の体, N を自然数, f を K 係数でレベル N の準素形式とし, f の q 展開を $\sum_{n=1}^{\infty} a_n(f) q^n$ とする. p をレベル N をわらない素数とすると, 代数的整数 $a_p(f)$ の任意の共役は実数であり, その絶対値は不等式

$$(2.48) \qquad |a_p(f)| \leqq 2\sqrt{p}$$

をみたす. □

準素形式よりも, 次に定義する素形式のほうが基本的である.

定義 2.48 K を標数 0 の体とする. K 係数のレベル N の保型形式 $f \in S(N)_K$ が, 素形式(primitive form)であるとは, f は準素形式でありかつ, 次の条件をみたすことをいう.

g がレベル N の保型形式で, $a_1(g) = 1$ かつほとんどすべての素数 p につ

いて $T_p g = a_p(f)g$ がなりたつならば, $g = f$ である. □

素形式というのもこの本だけのよび方で,ふつうは正規化された同時固有新カスプ形式とよばれている.

次の**強重複度 1 定理**とよばれる定理は重要だが,その証明はこの本では与えられない.

定理 2.49 K を標数 0 の体, N を自然数とする.

1. f を K 係数でレベル N の準素形式とする.このとき, N の約数 M と, K 係数でレベル M の素形式 g で,ほとんどすべての素数 p について,$a_p(f) = a_p(g)$ をみたすものの対 (g, M) がただ 1 つ存在する.さらにこのとき,等式 $a_n(f) = a_n(g)$ が, N と素なすべての自然数 n に対してなりたつ.

2. f を K 係数でレベル N の素形式とする.保型形式 $g \in S(N)_K$ が,ほとんどすべての素数 p に対し $T_p g = a_p(f)g$ をみたすならば, g は f の定数倍である. □

例 2.50 $N = 11$ とする.例 2.19.3., 2.39 の $f_{11} \in S(11)$ はレベル 11 のただ 1 つの準素形式であり,素形式である. f_{11} の q 展開を $\sum_{n=1}^{\infty} a_n(f_{11})q^n$ とすると,Hecke 作用素 T_n の $S(11)$ への作用は $a_n(f_{11})$ 倍である.素数 p に対し, $a_p(f_{11})$ の値は次の表のようになる.

p	2	3	5	7	11	13	17	19	23	29	31	37	⋯
$a_p(f_{11})$	−2	−1	1	−2	1	4	−2	0	−1	0	7	3	⋯

§2.9 楕円曲線と保型形式

以上で楕円曲線が保型的であるということの定義をする準備ができた.

定義 2.51 $\mathbb{Q}$ 上の楕円曲線 E が**保型的**(modular)であるとは, $\mathbb{Q}$ 係数の準素形式 f で,ほとんどすべての素数 p に対し,

$$(2.49) \qquad a_p(E) = a_p(f)$$

をみたすものが存在することをいう.

N を自然数とする. E がレベル N で保型的であるとは,上の f としてレベルが N の約数のものがとれ,さらに等式(2.49)が N と素なすべての素数

p に対してなりたつことをいう. この f としてレベル N の素形式がとれるとき, E はちょうどレベル N で保型的であるという. □

定理 2.49 により, この定義の準素形式を素形式でおきかえても同じことである. 定義 2.51 の条件は L 関数 $L(E, s)$, $L(f, s)$ の無限積展開 (1.17), (2.47) の各項が有限個をのぞき一致するということである. 実はこの条件は等式 $L(E, s) = L(f, s)$ と同値でもある.

例 2.52 $E = X_0(11)$ とすると, レベル 11 のただ 1 つの素形式 $f_{11} \in S(11)$ は, すべての素数 p に対し, $a_p(E) = a_p(f_{11})$ をみたす. このことは定理 9.13 で証明される (例 9.15 も参照). したがって $X_0(11)$ はちょうどレベル 11 で保型的な楕円曲線である. 例 1.14 と例 2.50 の表をみくらべてほしい. □

定理 2.53 $\mathbb{Q}$ 上の任意の楕円曲線 E は保型的である. つまり, $\mathbb{Q}$ 係数の素形式 f で, ほとんどすべての素数 p に対し, $a_p(E) = a_p(f)$ をみたすものが存在する. □

これは第 0 章定理 0.8 である. 定理 2.53 の証明はこの本では述べられない. しかし, 準安定な楕円曲線に限った, 次の定理を証明する.

定理 2.54 E を $\mathbb{Q}$ 上の準安定楕円曲線とする. N を E の導手とすると E はちょうどレベル N で保型的である. つまり $\mathbb{Q}$ 係数のレベル N の素形式 f で, N と素なすべての素数 p に対し, $a_p(E) = a_p(f)$ をみたすものが存在する. □

これは定理 0.13 を少しくわしくしたものである. 定理 2.54 は第 4 章で定理 3.36 から導く.

§2.10 準素形式, 素形式と Hecke 環

定理 2.54 の証明の重要な段階は, それを可換環を使っていいかえていくことである. ここではまず, 保型形式に関する部分をいいかえておく. レベル N の保型形式の空間 $S(N)$ は, 自然に $T(N)$ 加群である. 下の系 2.56.2. により, 準素形式を環論的にとらえることができる.

$T(N)^*$ を, $T(N)$ の $\mathbb{Q}$ 線型空間としての双対 $T(N)^* = \text{Hom}_{\mathbb{Q}}(T(N), \mathbb{Q})$ と

する. $T(N)^*$ に次のように $T(N)$ 加群の構造を定める: $T \in T(N)$, $\varphi \in T(N)^*$ に対し, $T\varphi \in T(N)^*$ を $(T\varphi)(T') = \varphi(TT')$ とおく.

命題 2.55 $f \in S(N)$ に対し, $\varphi_f \in T(N)^*$ を $\varphi_f(T) = a_1(Tf)$ で定める. $f \in S(N)$ に対し, $\varphi_f \in T(N)^*$ を対応させる写像

(2.50) $$a : S(N) \to T(N)^*$$

は $T(N)$ 加群の同型である. したがって, とくに $\dim_{\mathbb{Q}} S(N) = \dim_{\mathbb{Q}} T(N)$ である. □

系 9.8 で, Eichler–志村同型を使って $S(N)$ が $T(N)$ 加群として $T(N)$ と同型であることを示す.

[証明] 写像 a が $T(N)$ 加群の準同型であることは簡単に確かめられる. a が全単射であることを示すには, 双 1 次形式

(2.51) $$S(N) \times T(N) \to \mathbb{Q} : (f, T) \mapsto a_1(Tf)$$

が非退化なことを示せばよい. これは次のようにして, 命題 2.40(q 展開原理)から導かれる. まず $a : S(N) \to T(N)^*$ が単射であることを示す. 命題 2.40 より, 保型形式 $f \in S(N)$ が, すべての n に対し $a_1(T_n f) = a_n(f) = 0$ をみたせば, $f = 0$ である. よって, a は単射であることが示された.

次に a の双対 $a^* : T(N) \to S(N)^*$ が単射であることを示す. $T \in T(N)$ がすべての f に対し $a_1(Tf) = 0$ をみたすと仮定して, $T = 0$ を示す. $g \in S(N)$ を任意にとると, すべての n に対し $a_n(Tg) = a_1(T_n Tg) = a_1(TT_n g) = 0$ だから $Tg = 0$ である. よって $T = 0$ であり, a^* も単射であることが示された. ■

標数 0 の体 K に対し, $T(N)_K = T(N) \otimes_{\mathbb{Q}} K$ をレベル N の K 係数の Hecke 環とよぶ. $T(N)_K^* = \mathrm{Hom}_{\mathbb{Q}}(T(N), K)$ とおく.

系 2.56 K を標数 0 の体とする. $f \in S(N)_K$ に対し, $\mathbb{Q}$ 線型写像 $\varphi_f : T(N) \to K$ を, $\varphi_f(T) = a_1(Tf)$ で定める.

1. $f \in S(N)_K$ に対し, $\varphi_f \in T(N)_K^*$ を対応させる写像

(2.52) $$a_K : S(N)_K \to T(N)_K^*$$

は $T(N)_K$ 加群の同型である.

2. 写像 a_K は全単射

§2.10 準素形式,素形式と Hecke 環 —— 69

(2.53) $\{K$ 係数のレベル N の準素形式$\} \to \{$環の準同型 $T(N) \to K\}$
$$\cup \qquad\qquad\qquad\qquad \cup$$
$$f \qquad\qquad \mapsto \qquad\qquad \varphi_f$$

をひきおこす.

3. K 係数のレベル N の準素形式の個数は $g_0(N) = \dim_\mathbb{Q} S(N)$ 以下である.

[証明] 1. 命題 2.55 の同型 a を K まで係数拡大すればよい.

2. 1. により, K 係数の保型形式 f に対し, f が準素形式であることと, $\varphi_f : T(N) \to K$ が環の準同型であることが同値であることをいえばよい. これは命題 2.43 の (1) ⇔ (3) である.

3. $\dim_K T(N)_K = \dim_\mathbb{Q} S(N)$ だから, 2. から従う. ∎

準素形式 f の q 展開を $\sum_{n=1}^{\infty} a_n(f) q^n$ とすると, 対応する環の準同型 $\varphi_f : T(N) \to K$ は, $\varphi_f(T_n) = a_n(f)$ で定まる.

素形式についても, 準素形式と同じような環論的いいかえができる.

定義 2.57 レベルと素な Hecke 作用素 T_n, $(n, N) = 1$ によって生成される $\mathrm{End}_\mathbb{Q}(S(N))$ の部分環,

(2.54) $\qquad T'(N) = \mathbb{Q}[T_n, (n, N) = 1] \subset \mathrm{End}_\mathbb{Q}(S(N))$

をレベル N の**被約 Hecke 環**(reduced Hecke algebra)という.

標数 0 の体 K に対し, レベル N の K 係数の被約 Hecke 環を $T'(N)_K = T'(N) \otimes_\mathbb{Q} K$ と定義する. □

被約 Hecke 環 $T'(N)$ は Hecke 環 $T(N)$ の部分環である. 被約 Hecke 環が, その名のとおり被約であることを示す次の命題は, 系 9.11 で証明する.

命題 2.58 被約 Hecke 環 $T'(N)$ は被約である. □

M を N の約数とすると, 命題 2.32.2. により, (2.8) の単射 $S(M) \to S(N)$ は N と素な Hecke 作用素 T_n, $(n, N) = 1$ の作用と可換である. したがって, この単射は, 環の準同型 $T'(N) \to T'(M) : T_n \mapsto T_n$ をひきおこす. あとで系 2.60 で示すように, この環の準同型は全射である. ただの Hecke 環には, 自然な準同型 $T(N) \to T(M) : T_n \mapsto T_n$ は, 一般に存在しないことに注意しておこう.

系 2.56.2. の類似として, 次の命題がなりたつ.

命題 2.59 K を標数 0 の体とし，N を自然数とする．K 係数でレベルが N の約数 M の素形式 f に対し，環の準同型 $\varphi'_f : T'(N) \to K$ を，合成写像 $T'(N) \to T'(M) \subset T(M) \xrightarrow{\varphi_f} K$ と定義する．このとき写像

(2.55)
$$\coprod_{M \mid N} \{K \text{ 係数のレベル } M \text{ の素形式}\} \to \{\text{環の準同型 } T'(N) \to K\}$$
$$f \mapsto \varphi'_f$$

は全単射である．

[証明] 命題の実質的な内容は定理 2.49 である．環の準同型 $\varphi : T'(N) \to K$ に対し，N の約数 M と，K 係数でレベル M の素形式 g で $\varphi = \varphi'_g$ をみたすものの対 (M, g) がただ 1 つ存在することをいえばよい．

$T'(N) \subset T(N)$ だから，φ を延長する，K の有限次 Galois 拡大 L への K 上の環の準同型 $T(N) \to L$ が存在する．これに対応する L 係数でレベル N の準素形式を f とする．定理 2.49 により，N の約数 M と，L 係数でレベル M の素形式 g で，N と素な自然数 n に対し $a_n(f) = a_n(g)$ をみたすものの対 (M, g) がただ 1 つ存在する．N と素な自然数 n に対し $\varphi(T_n) = a_n(f) = a_n(g) = \varphi'_g(T_n)$ である．あとは，g が K 係数であることをいえばよい．

g の K 上の共役 g' も N と素な自然数 n に対し $a_n(f) = a_n(g')$ をみたす L 係数でレベル M の素形式だから，一意性より g' は g と等しい．したがって g は K 係数である． ∎

系 2.60 M を N の倍数とする．環の準同型 $T'(M) \to T'(N) : T_n \mapsto T_n$, $((n, M) = 1)$ は全射である．

[証明] $T'(M), T'(N)$ は被約だから，準同型 $T'(M) \to T'(N)$ がひきおこす写像 $\{\text{環の準同型 } T'(N) \to \overline{\mathbb{Q}}\} \to \{\text{環の準同型 } T'(M) \to \overline{\mathbb{Q}}\}$ が単射であることをいえばよい．全単射 (2.55) によってこれに対応する写像は，包含写像である． ∎

系 2.61 K を標数 0 の体とし，f を K 係数でレベル N の素形式とする．$a_n(f), (n, N) = 1$ で $\mathbb{Q}$ 上生成される K の部分体 $\mathbb{Q}(f)$ は有限次代数体であり，f は $\mathbb{Q}(f)$ 係数の素形式である．M を N の倍数とすると，$\mathbb{Q}(f)$ は

$a_n(f), (n, M) = 1$ で生成される.

f が定める環の準同型 $T(N) \otimes_{T'(N)} K \to K$ は同型である.

[証明] $\mathbb{Q}(f)$ は f に対応する環の準同型 $\varphi'_f : T'(N) \to K$ の像である. $T'(N)$ は $\mathbb{Q}$ 上有限次元だから, $\mathbb{Q}(f)$ は有限次代数体である. $\varphi'_f : T'(N) \to \mathbb{Q}(f)$ に対応する素形式は $\mathbb{Q}(f)$ 係数である. これを K 係数と思ったものが, もとの f である. $T'(M) \to T'(N)$ が全射だから $\mathbb{Q}(f) = \mathbb{Q}(a_n(f), (n, M) = 1)$ である.

$T(N) \otimes_{T'(N)} K \to K$ が同型であることは, 定理 2.49.2. と系 2.56.1. から従う. ∎

素形式 f の q 展開を $\sum_{n=1}^{\infty} a_n(f) q^n$ とすると, 対応する環の準同型 $\varphi'_f : T'(N) \to K$ は, $\varphi'_f(T_n) = a_n(f), (n, N) = 1$ で定まる.

定義 2.62 $\Phi(N)_K = \operatorname{Spec} T'(N)_K$ の元を, K 上の**素形式**という. ∎

$f \in \Phi(N)_K$ を K 上の素形式とすると, その剰余体 K_f は K の有限次拡大である. K 上の素形式と K 係数の素形式とはまぎらわしいが, K 上の素形式 f のうちで, $K_f = K$ であるものが K 係数の素形式である. 環 $T'(N)_K$ は被約だから,

$$(2.56) \qquad T'(N)_K = \prod_{f \in \Phi(N)_K} K_f$$

である. $f \in \Phi(N)_K$ のとき, 標準全射 $T'(N)_K \to K_f$ に対応する K_f 係数の素形式も f で表わす. f の q 展開を $\sum_{n=1}^{\infty} a_n(f) q^n$ とすると, K_f は K 上 $a_n(f), (n, N) = 1$ で生成される.

§2.11 解析的表示

この章のこの節以降は, 第8章までは使わないので, 先を急ぎたい方はとばして下さっても結構です.

保型形式とは, 上半平面上のある性質をみたす正則関数として定義するのが, よく見る定義である. この本での定義と, その定義との関係を, この節で説明する.

複素数体 $\mathbb{C}$ 上の楕円曲線は，解析的には 1 次元 $\mathbb{C}$ 線型空間の格子による商と考えることができる．1 次元 $\mathbb{C}$ 線型空間 L の格子とは，L の $\mathbb{R}$ 線型空間としての基底によって生成される部分 $\mathbb{Z}$ 加群 T のことをいう．T が L の格子なら，商 L/T はコンパクト Riemann 面の構造をもつ．

定理 2.63 E を $\mathbb{C}$ 上の楕円曲線とする．$\mathrm{Lie}(E)$ を 1 次元 $\mathbb{C}$ 線型空間 $\Gamma(E, \Omega)$ の双対空間とし，$T(E)$ を階数 2 の自由 $\mathbb{Z}$ 加群 $H_1(E(\mathbb{C}), \mathbb{Z})$ とする．

1. $\gamma \in T(E)$ に対し，$\Gamma(E, \Omega)$ の線型形式 $\omega \mapsto \int_\gamma \omega$ を対応させる線型写像 $T(E) \to \mathrm{Lie}(E)$ は単射で，その像は格子である．

2. 1. の単射により，$T(E)$ を $\mathrm{Lie}(E)$ の格子と同一視する．点 $P \in E(\mathbb{C})$ に対し，原点 $O \in E(\mathbb{C})$ と P を結ぶ道にそった積分は $\Gamma(E, \Omega)$ の線型形式を定める．この線型形式は $T(E)$ の像をのぞいて一意的に定まり，写像

$$(2.57) \quad E(\mathbb{C}) \to \mathrm{Lie}(E)/T(E) : P \mapsto \left(\omega \to \int_O^P \omega\right) \bmod T(E)$$

はコンパクト Riemann 面の同型である． □

楕円曲線はコンパクト Riemann 面としては $\mathrm{Lie}(E)/T(E)$ と標準的に同一視される．これを楕円曲線の**解析的表示**という．

定理 2.64 L を 1 次元 $\mathbb{C}$ 線型空間，T をその格子とし，z を L の座標とする．

1. $G_k = \sum_{\omega \in T, \neq 0} \dfrac{1}{z(\omega)^k}$ とおくと，$(60G_4)^3 - 27(140G_6)^2 \neq 0$ で，方程式

$$(2.58) \qquad y^2 = 4x^3 - 60G_4 \cdot x - 140G_6$$

は，$\mathbb{C}$ 上の楕円曲線 E を定める．

2. L 上の有理形関数 $\wp$ を

$$(2.59) \qquad \wp = \frac{1}{z^2} + \sum_{\omega \in T, \neq 0} \left(\frac{1}{(z+z(\omega))^2} - \frac{1}{z(\omega)^2} \right)$$

と定義し，$\wp' = \dfrac{d\wp}{dz}$ とおくと，$(\wp, \wp') : L - T \to \mathbb{A}^2(\mathbb{C})$ はコンパクト Riemann 面の同型 $L/T \to E(\mathbb{C})$ をひきおこす． □

この 2 つの定理の証明は省略する．

系 2.65 M を，$\mathbb{C}$ 上の楕円曲線 E と $\mathbb{Z}$ 加群の同型 $\alpha : \mathbb{Z}^2 \to T(E)$ の対

§2.11 解析的表示 —— 73

(E,α) の同型類全体のなす集合とする．虚数 $\tau \in (\mathbb{C}-\mathbb{R})$ に対し，E_τ を $\mathbb{C}$ の格子 $\mathbb{Z}+\mathbb{Z}\tau$ に対応する楕円曲線とし，同型 $\alpha_\tau : \mathbb{Z}^2 \to T(E_\tau) = \mathbb{Z}+\mathbb{Z}\tau$ を標準基底 e_1, e_2 をそれぞれ $1, \tau$ にうつすものとする．$\tau \in (\mathbb{C}-\mathbb{R})$ に対し，対 (E_τ, α_τ) の同型類を対応させる写像 $a : (\mathbb{C}-\mathbb{R}) \to M$ は全単射である．

[証明] a の逆写像を定義する．E を楕円曲線とし，$\alpha : \mathbb{Z}^2 \to T(E)$ を $\mathbb{Z}$ 加群の同型とする．定理 2.63.1. のように $T(E) = H_1(E(\mathbb{C}), \mathbb{Z})$ を $\mathrm{Lie}(E)$ の格子と考える．(E,α) に対し τ を $\alpha(e_2) = \tau \alpha(e_1)$ をみたすただ1つの複素数とする．(E,α) の同型類に対し，この τ を対応させることにより，写像 $b : M \to (\mathbb{C}-\mathbb{R})$ を定義する．

$\mathbb{C}$ 線型同型 $\mathbb{C} \to \mathrm{Lie}(E) : 1 \mapsto \alpha(e_1)$ は $\mathbb{C}$ の格子 $\mathbb{Z}+\mathbb{Z}\tau$ を $\mathrm{Lie}(E)$ の格子 $T(E)$ にうつす．したがって $(E,\alpha) \simeq (E_\tau, \alpha_\tau)$ であり，b は逆写像を定めている． ∎

この全単射を使って，Riemann 面 $Y_0(N)(\mathbb{C})$ を上半平面 $H = \{\tau \in \mathbb{C} \mid \Im \tau > 0\}$ の，$SL_2(\mathbb{Z})$ の部分群による商として表わすことができる．群 $SL_2(\mathbb{Z})$ の上半平面 H への左作用を $\begin{pmatrix} a & b \\ c & d \end{pmatrix} \cdot \tau = \dfrac{a\tau+b}{c\tau+d}$ により定義する．$\tau \in H$ とすると，$\dfrac{1}{N}$ の類は，楕円曲線 E_τ の位数 N の点であり，それによって生成される部分群 $C_{N,\tau} = \langle \dfrac{1}{N} \rangle$ は E_τ の位数 N の巡回部分群である．したがって，対 $(E_\tau, C_{N,\tau})$ の同型類は，モジュラー曲線 $Y_0(N)$ の $\mathbb{C}$ 値点を定める．

系 2.66 $SL_2(\mathbb{Z})$ の部分群 $\Gamma_0(N)$ を

(2.60) $\qquad \Gamma_0(N) = \left\{ \begin{pmatrix} a & b \\ c & d \end{pmatrix} \in SL_2(\mathbb{Z}) \,\middle|\, c \equiv 0 \mod N \right\}$

で定める．全単射 a は，Riemann 面の同型

(2.61) $\qquad \Gamma_0(N) \backslash H \to Y_0(N)(\mathbb{C}) : \tau \mapsto (E_\tau, C_{N,\tau})$

をひきおこす． □

モジュラー曲線 $Y_0(N)_\mathbb{C}$ は Riemann 面としては，$\Gamma_0(N)\backslash H$ と標準的に同一視される．これをモジュラー曲線 $Y_0(N)$ の**解析的表示**という．

[証明] 群 $GL_2(\mathbb{Z})$ は，集合 M に $\gamma((E,\alpha)$ の同型類$) = ((E, \alpha \circ \gamma)$ の同型類$)$ により，右から自然に作用する．群 $GL_2(\mathbb{Z})$ の反自己同型 ι を $\iota \begin{pmatrix} a & b \\ c & d \end{pmatrix} =$

$\begin{pmatrix} d & b \\ c & a \end{pmatrix}$ と定めると,全単射 a は $a(\gamma\tau) = a(\tau)\iota(\gamma)$ をみたす. $GL_2(\mathbb{Z})$ の部分群 $G\Gamma_0(N)$ を

(2.62) $\quad G\Gamma_0(N) = \left\{ \begin{pmatrix} a & b \\ c & d \end{pmatrix} \in GL_2(\mathbb{Z}) \,\middle|\, c \equiv 0 \mod N \right\}$

で定めると,系 2.65 により a は Riemann 面の同型 $\Gamma_0(N)\backslash H \to M/G\Gamma_0(N)$ をひきおこす.

群 $GL_2(\mathbb{Z})$ は自然に $(\mathbb{Z}/N\mathbb{Z})^2$ に作用する. $GL_2(\mathbb{Z})$ の集合 $S_N = \{(\mathbb{Z}/N\mathbb{Z})^2$ の位数 N の巡回部分群$\}$ への右作用を,逆元の $(\mathbb{Z}/N\mathbb{Z})^2$ への作用がひきおこすものとする. 積 $M \times S_N$ の群 $GL_2(\mathbb{Z})$ の右作用による商 $M \times S_N/GL_2(\mathbb{Z})$ を $M \times_{GL_2(\mathbb{Z})} S_N$ で表わす. $GL_2(\mathbb{Z})$ は S_N へ可移に作用し, $G\Gamma_0(N)$ は,この作用に関し, $e_1 = (1, 0)$ によって生成される巡回部分群の固定部分群である. したがって, $M/G\Gamma_0(N) = M \times_{GL_2(\mathbb{Z})} S_N$ である.

E を $\mathbb{C}$ 上の楕円曲線とすると,同型 $\mathbb{Z}^2 \to T(E)$ は同型 $(\mathbb{Z}/N\mathbb{Z})^2 \to E_N(\mathbb{C})$ をひきおこす. $GL_2(\mathbb{Z})$ は集合 $\{$同型 $\mathbb{Z}^2 \to T(E)\}$ に,可移かつ自由に作用する. したがって, $M \times_{GL_2(\mathbb{Z})} S_N \to \mathcal{M}_0(N)(\mathbb{C}) = Y_0(N)(\mathbb{C})$ は全単射であり, Riemann 面の同型を与える. ∎

[定理 2.10.3. の証明] $Y_0(N) \otimes_\mathbb{Q} \mathbb{C}$ が連結をいえば十分である. 解析的表示により, Riemann 面 $Y_0(N)(\mathbb{C})$ は連結だから, $\mathbb{C}$ 上の代数曲線 $Y_0(N) \otimes_\mathbb{Q} \mathbb{C}$ も連結である. ∎

この解析的表示により,この本の保型形式の定義 2.12.2. は,ふつうのものと同じであることが,次のようにしてわかる.

上半平面 H 上の正則関数 f と $\gamma = \begin{pmatrix} a & b \\ c & d \end{pmatrix} \in SL_2(\mathbb{Z})$ に対し,正則関数 $\gamma^* f$ を $\gamma^* f(\tau) = \dfrac{1}{(c\tau+d)^2} f\left(\dfrac{a\tau+b}{c\tau+d}\right)$ と定義する.

系 2.67 $a: H \to X_0(N)(\mathbb{C})$ によるひきもどし,

(2.63) $\quad S(N)_\mathbb{C} = \Gamma(X_0(N)(\mathbb{C}), \Omega) \to \Gamma(H, \Omega) = \Gamma(H, O)d\tau$

$\qquad\qquad\qquad\qquad\quad \cup \qquad\qquad\quad \cup$

$\qquad\qquad\qquad\qquad\quad \omega \quad\mapsto\quad f(\tau)d\tau$

は単射で，その像は次の条件(1),(2)をみたす正則関数 f からなる空間と一致する．

（1） $\gamma \in \Gamma_0(N)$ なら $\gamma^* f = f$ である．
（2） 任意の $\gamma \in SL_2(\mathbb{Z})$ に対し $\lim_{\tau \to \sqrt{-1}\infty} \gamma^* f(\tau) = 0$ である． □

保型形式を，このように上半平面 H 上の正則関数として表わすことを，保型形式の**解析的表示**という．系の証明は省略し，条件の意味だけ説明する．$\gamma^*(f d\tau) = (\gamma^* f) d\tau$ だから，条件 (1) は，H 上の微分形式 $f d\tau$ が $\Gamma_0(N)$ の作用で不変ということである．条件 (1) で特に $\gamma = \begin{pmatrix} 1 & 1 \\ 0 & 1 \end{pmatrix}$ とおくと，$f(\tau+1) = f(\tau)$ である．したがって $q = \exp(2\pi\sqrt{-1}\tau)$ とおくと，f は q の関数である．$dq = 2\pi\sqrt{-1} q d\tau$ だから，条件 (2) は，$\dfrac{\gamma^*(f d\tau)}{dq}$ が $q = 0$ で正則ということである．

§2.12　q 展開と解析的表示

モジュラー曲線の解析的表示を使って，q 展開の解析的意味を説明する．Δ を単位円板 $\{q \in \mathbb{C} \mid |q| < 1\}$ とする．$\Delta^* = \{q \in \mathbb{C} \mid 0 < |q| < 1\}$ とおく．$\mathbb{Z}$ を $SL_2(\mathbb{Z})$ の部分群 $\left\{ \begin{pmatrix} 1 & b \\ 0 & 1 \end{pmatrix} \middle| b \in \mathbb{Z} \right\}$ と同一視し，群 $\mathbb{Z}$ の上半平面 H への作用を $n(\tau) = \tau + n$ で定める．同型 $\mathbb{Z} \backslash H \to \Delta^* : \tau \mapsto q = \exp(2\pi\sqrt{-1}\tau)$ により，商 $\mathbb{Z} \backslash H$ を Δ^* と同一視する．

命題 2.68　N を自然数とする．

1. 合成写像

(2.64)　$\Delta^* \xrightarrow{\sim} \mathbb{Z} \backslash H \to \Gamma_0(N) \backslash H \xrightarrow{\sim} Y_0(N)(\mathbb{C}) \subset X_0(N)(\mathbb{C})$

は，0 の像を ∞ カスプとおくことにより，Riemann 面の正則写像 $e : \Delta \to X_0(N)(\mathbb{C})$ に延長される．

2. 正則写像 $e : \Delta \to X_0(N)(\mathbb{C})$ の $\{q \in \Delta \mid |q| < e^{-2\pi}\}$ への制限は，開うめこみである．

3. q 展開の写像 $e^* : S(N)_{\mathbb{C}} \to \mathbb{C}[[q]]$ は正則写像 e によるひきもどしと単射

$\Gamma(\Delta, \Omega) \to \mathbb{C}[[q]] : \omega \mapsto q\dfrac{\omega}{dq}$ の合成

(2.65) $\qquad S(N)_\mathbb{C} = \Gamma(X_0(N)(\mathbb{C}), \Omega) \xrightarrow{e^*} \Gamma(\Delta, \Omega) \to \mathbb{C}[[q]]$

である。 □

[命題 2.68 ⇒ 命題 2.40 の証明] 命題 2.68.3. により，$\Gamma(X_0(N)(\mathbb{C}), \Omega) \xrightarrow{e^*} \Gamma(\Delta, \Omega)$ が単射であることをいえばよい．$X_0(N)(\mathbb{C})$ は連結なので，これは命題 2.68.2. からしたがう． ■

命題 2.68 は写像 e のモジュライ解釈からしたがう．§2.7 では $E_k(q), x(q,t), y(q,t)$ を，形式巾級数と考えたが，ここではそれらをそれぞれ，同じ式で定義された $q \in \Delta, (q,t) \in \Delta \times \mathbb{C}^\times$ の正則関数と考える．

命題 2.69 $q \in \Delta$ とする．

1. $q \neq 0$ なら，方程式

(2.66) $\qquad y^2 = 4x^3 - \dfrac{1}{12}E_4(q)x + \dfrac{1}{216}E_6(q)$

は $\mathbb{C}$ 上の楕円曲線 $E(q)$ を定義する．$q = 0$ ならこれは Néron 1 角形である．以下，$q \in \Delta^*$ とする．

2. q によって生成される $\mathbb{C}^\times$ の巡回部分群を $q^\mathbb{Z}$ で表わす．$t \in \mathbb{C}^\times - q^\mathbb{Z}$ ならば

(2.67) $\qquad (x(q,t), y(q,t)) \in E(q)(\mathbb{C}) - \{O\}$

である．写像 $\mathbb{C}^\times - q^\mathbb{Z} \to E(q)(\mathbb{C}) : t \mapsto (x(q,t), y(q,t))$ は，$t \in q^\mathbb{Z}$ の像を $O \in E(q)(\mathbb{C})$ とおくことにより，正則写像 $\mathbb{C}^\times \to E(q)(\mathbb{C})$ に延長される．これは群の全射準同型で，その核は $q^\mathbb{Z}$ である．自然数 N に対し

(2.68) $\qquad C_N(q) = \{(x(q,t), y(q,t)) \in E(q)(\mathbb{C}) \mid t^N = 1, t \neq 1\} \amalg \{O\}$

は $E(q)$ の位数 N の巡回部分群である．

3. N を自然数とする．$q \in \Delta^*$ の e による像 $e(q) \in X_0(N)(\mathbb{C})$ は，$(E(q), C_N(q))$ の同型類が定める点である． □

くわしいことは省略するが，命題 2.68 は次のようにして命題 2.69 から導かれる．

1. 命題 2.69.3. により，q が 0 に近づくとき，$(E(q), C_N(q))$ の同型類が，

Néron 1 角形 P_1 とその $\Gamma_0(N)$ 構造 μ_N の対, (P_1, μ_N) に収束することを示せばよい. これは命題 2.69.1. で, $E(q)$ が $q=0$ のときまで含めて, 同じ式で定義されていることからしたがう.

2. 正則写像 $\{q \in \Delta \mid 0 < |q| < e^{-2\pi}\} \to \Gamma_0(N) \backslash H$ が単射であることをいえばよい. $\tau \in H$, $\gamma \in SL_2(\mathbb{Z})$ とし, $\Im\tau, \Im\gamma\tau > 1$ ならば, $\gamma = \pm \begin{pmatrix} 1 & b \\ 0 & 1 \end{pmatrix}$ となる $b \in \mathbb{Z}$ があることを示せばよい. $\Im\gamma\tau = \dfrac{\Im\tau}{|c\tau+d|^2}$ だから, $c \neq 0$ ならば $\Im\gamma\tau \leq \dfrac{\Im\tau}{c^2|\Im\tau|^2} < 1$ となる. したがって, $c=0$ であり, $a=d=\pm 1$ がえられる.

3. これは次の3つのことからしたがうが, 詳細は省略する.
(1) q 展開の定義にでてきた命題 2.35, 2.36 の楕円曲線 E とその巡回部分群 $\alpha: \mu_N \to E$ が, 命題 2.69.1. の楕円曲線 $E(q)$ とその巡回部分群 $C_N(q)$ と同じ式で定義される.
(2) $e: \mathrm{Spec}\,\mathbb{Q}[[q]] \to X_0(N)$ は同型類 (E, C_N) で定義されている.
(3) $e: \Delta \to X_0(N)(\mathbb{C})$ が命題 2.69.3. により, q に対して $(E(q), C_N(q))$ の同型類を対応させることで定まっている.

[等式(2.39)の証明] (2.67)は, 式(2.39)が (q,t) の複素関数の等式としてなりたつということである. したがって, (2.39)は巾級数の等式としてなりたつ. ∎

命題 2.69 を証明する. $H = \{\tau \in \mathbb{C} \mid \Im\tau > 0\}$ を上半平面とし, $\tau \in H$ とする. $T = \mathbb{Z} + \mathbb{Z}\tau$ を $L = \mathbb{C}$ の格子とすると, 定理 2.64 は, 次のようになる. 偶数 $k \geq 4$ に対し, 上半平面 H 上の正則関数 G_k を

$$(2.69) \qquad G_k(\tau) = \sum_{(m,n) \in \mathbb{Z}^2, \neq (0,0)} \frac{1}{(m+n\tau)^k}$$

と定義する. $H \times \mathbb{C}$ 上の正則関数 $\wp$ を

$$(2.70) \quad \wp(\tau, z) = \frac{1}{z^2} + \sum_{(m,n) \in \mathbb{Z}^2, \neq (0,0)} \left(\frac{1}{(z+m+n\tau)^2} - \frac{1}{(m+n\tau)^2} \right)$$

と定義する. $\mathbb{C}$ の格子 $\mathbb{Z} + \mathbb{Z}\tau$ に対応する楕円曲線 E_τ は, 方程式

(2.71) $$y^2 = 4x^3 - 60G_4(\tau)x - 140G_6(\tau)$$
で定義され，同型 $\mathbb{C}/\mathbb{Z}+\mathbb{Z}\tau \to E_\tau(\mathbb{C})$ は，$z \mapsto \left(\wp(\tau,z), \dfrac{\partial}{\partial z}\wp(\tau,z)\right)$ で与えられる．

ここで次の公式を用いる．

補題 2.70 $\tau \in H$, $z \in \mathbb{C}$ とする．$q = \exp(2\pi\sqrt{-1}\,\tau)$, $t = \exp(2\pi\sqrt{-1}\,z)$ とおく．偶数 $k \geqq 4$ に対し，次の公式がなりたつ

(2.72) $$G_k(\tau) = \frac{(2\pi\sqrt{-1})^k}{(k-1)!}\zeta(1-k)E_k(q),$$

(2.73) $$\wp(\tau,z) = (2\pi\sqrt{-1})^2 x(q,t),$$

(2.74) $$\frac{\partial}{\partial z}\wp(\tau,z) = (2\pi\sqrt{-1})^3 y(q,t).$$

[命題 2.69 の証明] 1. 補題 2.70 により，楕円曲線 E_τ の方程式 (2.71) を $x' = (2\pi\sqrt{-1})^2 x$, $y' = (2\pi\sqrt{-1})^3 y$ と座標変換すれば，$E(q)$ の方程式 (2.66) が得られる．

2. 位相群の同型

$$\mathbb{C}^\times/q^{\mathbb{Z}} \leftarrow \mathbb{C}/\mathbb{Z}+\mathbb{Z}\tau : \exp(2\pi\sqrt{-1}\,z) \leftarrow\!\shortmid z,$$

$$\mathbb{C}/\mathbb{Z}+\mathbb{Z}\tau \to E_\tau(\mathbb{C}) : z \mapsto \left(\wp(\tau,z), \frac{\partial}{\partial z}\wp(\tau,z)\right),$$

$$E_\tau(\mathbb{C}) \to E(q)(\mathbb{C}) : (x,y) \mapsto \left(\frac{x}{(2\pi\sqrt{-1})^2}, \frac{y}{(2\pi\sqrt{-1})^3}\right)$$

の合成写像 $\mathbb{C}^\times/q^{\mathbb{Z}} \to E(q)(\mathbb{C})$ は位相群の同型である．この同型は，補題 2.70 により $t \mapsto (x(q,t), y(q,t))$ で与えられる．

3. $e(q)$ は $(E_\tau, C_{N,\tau})$ の同型類である．これは 2. により $(E(q), C_N(q))$ と同型である．

[補題 2.70 の証明] (2.72) は『数論 II』第 9 章 §9.2(b) で，そこの等式 (9.14) を使って示されている．(2.73), (2.74) も同じようにして，さらに『数論 I』第 3 章命題 3.3(2) を使って証明される．

§2.13 q 展開と Hecke 作用素

この節では，命題 2.41 を解析的表示をつかって証明する．

まず跡写像の解析的な記述を与える．$f:X\to Y$ をコンパクト Riemann 面の有限射とする．Y のすべての連結成分と交わる開部分集合 V を，$f|_U:U=f^{-1}(V)\to V$ がエタールかつ，$\Gamma(V,O)$ 加群 $\Gamma(V,\Omega)$ が基底 ω をもつように，十分小さくとる．U 上の正則関数 $g\in \Gamma(U,O)$ に対し，V 上の正則関数 $f_*g\in \Gamma(V,O)$ を，$f_*g(y)=\sum_{x\in f^{-1}(y)}g(x)$ と定義する．$f_{U/V,*}:\Gamma(U,\Omega)\to \Gamma(V,\Omega)$ は，$g\cdot\omega\mapsto f_*g\cdot\omega$ と定義される．この写像は部分空間 $\Gamma(X,\Omega)\subset \Gamma(U,\Omega)$ を部分空間 $\Gamma(Y,\Omega)\subset \Gamma(V,\Omega)$ の中にうつす．こうしてひきおこされる写像が，§2.6 で定義した $f_*:\Gamma(X,\Omega)\to \Gamma(Y,\Omega)$ と一致する．

写像 $e:\Delta^*\to X_0(N)(\mathbb{C})$ を，命題 2.68.1. の写像とする．命題 2.68.2. により，e の $V=\{q\in \Delta\,|\,0<|q|<e^{-2\pi}\}$ への制限は開うめこみである．上の解析的記述を開うめこみ $e:V\to X_0(N)(\mathbb{C})$ に適用して，Hecke 作用素 $T_n=s_*\circ t^*$ を計算する．このために，$q\in V$ の $X_0(N)(\mathbb{C})$ での像の逆像 $s^{-1}(e(q))$ を求める．$q\in \Delta^*$ に対し，$E(q)\simeq \mathbb{C}^\times/q^{\mathbb{Z}}$ を，命題 2.69.1. の楕円曲線とする．$q\in \Delta^*$ の像 $e(q)\in X_0(N)(\mathbb{C})$ は，$(E(q),C_N(q))$ の同型類である．

自然数 a,b に対し，a 乗写像 $\mathbb{C}^\times\to \mathbb{C}^\times$ がひきおこす準同型 $\mathbb{C}^\times/q^{\mathbb{Z}}\to \mathbb{C}^\times/q^{a\mathbb{Z}}$ に対応する準同型 $E(q)\to E(q^a)$ を a で表わす．また，恒等写像 $\mathbb{C}^\times\to \mathbb{C}^\times$ がひきおこす準同型 $\mathbb{C}^\times/q^{b\mathbb{Z}}\to \mathbb{C}^\times/q^{\mathbb{Z}}$ に対応する準同型 $E(q^b)\to E(q)$ を b^* で表わす．

補題 2.71 $q\in \Delta^*$ とし，$E(q)$ を $\mathbb{C}^\times/q^{\mathbb{Z}}$ に対応する楕円曲線とする．n を自然数とする．

1. $f:E(q)\to E'$ を次数が n の準同型とすると，n の約数 $a=\dfrac{n}{b}$ と方程式 $q^a=q'^b$ の根 q' の対 (a,q') で次の条件をみたすものがただ 1 つ存在する．

楕円曲線の同型 $E(q')\to E'$ で，f が合成

(2.75) $\qquad E(q)\xrightarrow{a} E(q^a)=E(q'^b)\xrightarrow{b^*} E(q')\to E'$

であるようなものが存在する．

2. a, b を自然数とし，q' を方程式 $q^a = q'^b$ の根とする．自然数 N に対し，$C_N(q') = \mu_N$ を $E(q)$ の位数 N の巡回部分群とする．合成写像 $E(q) \xrightarrow{a} E(q^a) = E(q'^b) \xrightarrow{b^*} E(q')$ が $C_N(q')$ をその像へ同型にうつすためには，a と N がたがいに素であることが必要十分である．さらにこのとき $C_N(q)$ の像は $C_N(q')$ である． □

系 2.72 $q \in V = \{q \in \Delta^* \mid |q| < e^{-2\pi}\}$ とすると，

$$(2.76) \qquad s^{-1}(e(q)) = \coprod_{ab=n, (a,N)=1} \{q' \in \Delta^* \mid q^a = q'^b\}.$$
□

補題 2.71 の証明は $E(q) = \mathbb{C}^\times / q^{\mathbb{Z}}$，$C_N(q) = \mu_N \subset E(q)$ と思ってすなおにやればいいので省略する．

[命題 2.41 の証明] N, n を自然数とする．N と素な n の約数 a に対し，$U_a = \{(q, q') \in V \times \Delta^* \mid q^a = q'^b\}$ とおき，$s: U_a \to V$，$t: U_a \to \Delta^*$ をそれぞれ $s(q, q') = q$，$t(q, q') = q'$ と定める．$\tilde{e}: U_a \to X_0(N, n)(\mathbb{C})$ を，

$$(q, q') \mapsto ((E(q), C_N(q), E(q'), C_N(q'), b^* \circ a) \text{ の同型類})$$

と定める．図式

$$(2.77) \quad \begin{array}{ccccc} V & \xleftarrow{s} & \coprod_{ab=n, (a,N)=1} U_a & \xrightarrow{t} & \Delta^* \\ {\scriptstyle e|_V} \downarrow & & {\scriptstyle \tilde{e}} \downarrow & & \downarrow {\scriptstyle e} \\ X_0(N)(\mathbb{C}) & \xleftarrow{s} & X_0(N, n)(\mathbb{C}) & \xrightarrow{t} & X_0(N)(\mathbb{C}) \end{array}$$

は可換である．系 2.72 により，図式 (2.77) の左の 4 角で，$\coprod_{ab=n, (a,N)=1} U_a$ は $X_0(N, n)(\mathbb{C}) \xrightarrow{s} X_0(N)(\mathbb{C})$ による，$e(V)$ の逆像と同型である．よって，この節のはじめに与えた跡写像の解析的記述により，可換図式

$$(2.78) \quad \begin{array}{ccccc} \Gamma(V, \Omega) & \xleftarrow{s_*} & \coprod_{ab=n, (a,N)=1} \Gamma(U_a, \Omega) & \xleftarrow{t^*} & \Gamma(\Delta^*, \Omega) \\ {\scriptstyle e|_V^*} \uparrow & & {\scriptstyle \tilde{e}^*} \uparrow & & \uparrow {\scriptstyle e^*} \\ S(N) & \xleftarrow{s_*} & \Gamma(X_0(N, n), \Omega) & \xleftarrow{t^*} & S(N) \end{array}$$

がえられる．

図式 (2.78) を使って $T_n = s_* \circ t^*$ をもとめる．$f \in S(N)$ とし，f の q 展開

を $\sum_{n=1}^{\infty} a_n q^n$ とする. $e^*f = \sum_{n=1}^{\infty} a_n q^n d\log q$ だから,

(2.79) $\qquad e|_V^* \circ T_n f = s_* \circ t^* \circ e^* f = \sum_{ab=n, (a,N)=1} \sum_{q'^b = q^a} \sum_{m=1}^{\infty} a_m q'^m d\log q'$

である. $q'^b = q^a$ だから, $bd\log q' = ad\log q$ である.

(2.80) $\qquad \sum_{q'^b = q^a} q'^m = \begin{cases} bq^{am/b} & b|m \text{ のとき} \\ 0 & b \nmid m \text{ のとき} \end{cases}$

を代入すると式(2.79)の右辺は,

$$\sum_{ab=n, (a,N)=1} \sum_{m=1, b|m}^{\infty} a_m a q^{am/b} d\log q$$

となる. am/b をあらためて m とおけばよい. ∎

3 Galois 表現

定理 0.13 の証明は，楕円曲線の Tate 加群と，保型形式にともなう Galois 表現とをくらべることによってなされる．$\mathbb{Q}$ 上の楕円曲線や保型形式は，それぞれ $\mathbb{Q}$ 上の代数幾何的あるいは表現論的対象である．これに対し，$\mathbb{Q}$ の絶対 Galois 群 $G_\mathbb{Q}$ の表現は，$\mathbb{Q}$ 上の線型代数的対象である．線型代数が，代数幾何や表現論と比べて簡単なように，Galois 表現は，楕円曲線や保型形式よりもあつかいやすいのである．最大の利点は，ℓ 進表現に対し，それを還元して法 ℓ 表現を考えることができることである．

前半の §3.4 までで，これらの Galois 表現を導入する．その準備として，§3.1 で Frobenius 置換についてまとめておく．$\mathbb{Q}$ 上の楕円曲線 E や保型形式 f に対して，それぞれ $a_p(E)$, $a_p(f)$ が定まったように，Galois 表現に対しては，各素数ごとに Frobenius 置換の跡が定まるのである．§3.4 で楕円曲線の保型性を Galois 表現を使っていいかえる(命題 3.23)．法 ℓ 表現の保型性についても，ここで定義する．定理 0.15 の条件 (1)–(3) の意味はそれぞれ §3.3–3.5 で説明される．

後半の §3.5 からは，Galois 表現の素数 p ごとの分岐について調べる．これは楕円曲線のわるい還元や，保型形式のレベルに対応するものである．§3.5 で，Galois 表現の保型性に関する定理 3.36 を定式化する．この定理がこの本で証明する主定理である．第 4 章で，この定理 3.36 を仮定して，定理 0.13 を証明する．第 5 章以降は定理 3.36 の証明にあてられる．

最後の§3.7, §3.8 では，楕円曲線の Tate 加群と，保型形式にともなう Galois 表現の分岐のようすについてまとめておく．楕円曲線の導手と保型形式のレベルが，対応する Galois 表現の分岐のようすに反映するのである．このレベルと分岐の関係が，第5章からの定理 3.36 の証明で，非常に重要である．

§3.1 Frobenius 置換

Frobenius 置換についての定義は『数論I』第6章の§6.3(a) にあるが，重要なので復習しておこう．p を素数とし，L を $\mathbb{Q}$ の有限次 Galois 拡大で，p で不分岐なものとする．q を p の上にある O_L の素イデアルとする．$D_q = \{\sigma \in \mathrm{Gal}(L/\mathbb{Q}) \mid \sigma q = q\}$ を q の分解群とする．$\mathbb{F}_q$ を q の剰余体とすると，標準写像 $D_q \to \mathrm{Gal}(\mathbb{F}_q/\mathbb{F}_p)$ は同型である．$\mathrm{Gal}(\mathbb{F}_q/\mathbb{F}_p)$ は，p 乗写像 $\varphi_q : \mathbb{F}_q \to \mathbb{F}_q$ によって生成される巡回群である．p 乗写像 $\varphi_q \in \mathrm{Gal}(\mathbb{F}_q/\mathbb{F}_p)$ の $D_q \subset \mathrm{Gal}(L/\mathbb{Q})$ での逆像を q での **Frobenius 置換**(Frobenius substitution) という．p の上にある O_L の素イデアルはすべて q と共役であるから，φ_q の共役類は p だけで定まる．これを p での **Frobenius 共役類**(Frobenius conjugacy class) とよび，φ_p と書く．

Frobenius 置換が Galois 表現でとくに重要な理由は次の定理である．これは『数論I』第8章の定理 8.7 である．

定理 3.1 L を $\mathbb{Q}$ の有限次 Galois 拡大とする．Galois 群 $\mathrm{Gal}(L/\mathbb{Q})$ の任意の共役類 c に対し，L で不分岐かつ $c = \varphi_p$ をみたす素数 p が無限に存在する． □

$\mathbb{Q}$ の無限次 Galois 拡大 L が p で不分岐であるとは，L が p で不分岐な有限次 Galois 拡大 $L_\lambda (\lambda \in \Lambda)$ の合成体であることをいう．このとき，$\mathrm{Gal}(L/\mathbb{Q}) = \varprojlim_\lambda \mathrm{Gal}(L_\lambda/\mathbb{Q})$ である．$\mathrm{Gal}(L_\lambda/\mathbb{Q})$ の Frobenius 共役類 φ_p の極限も φ_p と書き，p での Frobenius 共役類とよぶ．以下では $G_\mathbb{Q}$ で $\mathbb{Q}$ の**絶対 Galois 群** $\mathrm{Gal}(\overline{\mathbb{Q}}/\mathbb{Q})$ を表わす．

定義 3.2 R を完備 Noether 局所環とし，n を自然数とする．$\rho : G_\mathbb{Q} \to$

$GL_n(R)$ を連続準同型とし，p を素数とする．

1. $\rho: G_\mathbb{Q} \to GL_n(R)$ が素数 p で**不分岐**(unramified)であるとは，ρ の核に対応する体 L_ρ が p で不分岐なことをいう．

2. ρ が素数 p で不分岐とする．Frobenius 共役類 $\varphi_p \subset \mathrm{Gal}(L_\rho/\mathbb{Q})$ の元 σ の像の固有多項式 $\det(T-\rho(\sigma)) \in R[T]$ は，σ のとりかたによらず に p だけで定まる．これを Frobenius 共役類 φ_p の固有多項式とよび，$\det(T-\rho(\varphi_p))$ と表わす．跡 $\mathrm{Tr}\,\rho(\varphi_p)$，行列式 $\det\rho(\varphi_p)$ についても同様に定義する．

3. ℓ を素数とする．R として $\mathbb{Q}_\ell$ の有限次拡大の整数環 O をとる．連続準同型 $\rho: G_\mathbb{Q} \to GL_n(O)$ が，有限個の素数をのぞき不分岐なとき，ρ を $G_\mathbb{Q}$ の ℓ **進表現**(ℓ-adic representation) という．R として $\mathbb{F}_\ell$ の有限次拡大 $\mathbb{F}$ をとったとき，連続準同型 $\bar\rho: G_\mathbb{Q} \to GL_n(\mathbb{F})$ を $G_\mathbb{Q}$ の**法 ℓ 表現**(mod ℓ representation) という． □

完備 Noether 局所環のかわりに，局所体を考えても同様である．K を $\mathbb{Q}_\ell$ の有限次拡大とし，n を自然数とする．連続準同型 $\rho: G_\mathbb{Q} \to GL_n(K)$ が素数 p で不分岐であるとは，ρ の核に対応する体 L_ρ が p で不分岐なことをいう．ρ が p で不分岐ならば，上と同様に固有多項式 $\det(T-\rho(\varphi_p))$，跡 $\mathrm{Tr}\,\rho(\varphi_p)$，行列式 $\det\rho(\varphi_p)$ が定義される．

Galois 表現の重要な例として，1 の巾根への作用を調べておこう．N を自然数とし，$\mu_N(\overline{\mathbb{Q}}) = \{\zeta \in \overline{\mathbb{Q}}^\times \mid \zeta^N = 1\}$ を $\overline{\mathbb{Q}}$ 内の 1 の N 乗根が乗法に関してなす群とする．$\mu_N(\overline{\mathbb{Q}})$ は Abel 群としては，$\mathbb{Z}/N\mathbb{Z}$ と同型である．$\mathbb{Q}$ の絶対 Galois 群 $G_\mathbb{Q} = \mathrm{Gal}(\overline{\mathbb{Q}}/\mathbb{Q})$ は，自然に $\mu_N(\overline{\mathbb{Q}})$ に作用する．

定義 3.3 1. N を自然数とする．絶対 Galois 群 $G_\mathbb{Q}$ の，自然な $\mu_N(\overline{\mathbb{Q}})$ への作用が定める指標

$$\bar\chi_N: G_\mathbb{Q} \to (\mathbb{Z}/N\mathbb{Z})^\times$$

を**法 N 円分指標**(cyclotomic character)という．

2. ℓ を素数とする．$\bar\chi_{\ell^n}$ の逆極限が定める指標 $\chi_\ell: G_\mathbb{Q} \to \mathbb{Z}_\ell^\times$ を ℓ 進円分指標という． □

『数論 I』第 5 章の定理 5.4，命題 5.12 により，法 N 円分指標 $\bar\chi_N$ は全射で，次の条件をみたす．

(3.1) N と素なすべての素数 p で不分岐で, $\bar{\chi}_N(\varphi_p) = p \bmod N$ である.
したがって, ℓ 進円分指標 χ_ℓ も全射で, 次の条件をみたす.

(3.2) ℓ と異なるすべての素数 p で不分岐で, $\chi_\ell(\varphi_p) = p$ である.

定理 3.1 により, 法 N 円分指標, ℓ 進円分指標はそれぞれ次の少し弱い条件 (3.3), (3.4) で特徴づけられる.

(3.3) ほとんどすべての素数 p で不分岐で, $\bar{\chi}_N(\varphi_p) = p \bmod N$ である.

(3.4) ほとんどすべての素数 p で不分岐で, $\chi_\ell(\varphi_p) = p$ である.

一般の次数の既約表現も, Frobenius 置換によって, 特徴づけられる. R を剰余体が有限な完備 Noether 局所環かまたは, $\mathbb{Q}_\ell$ の有限次拡大とする. 一般に位相群 G の連続表現 $\rho, \rho': G \to GL_n(R)$ が同型であるとは, 正則行列 $P \in GL_n(R)$ で, $\rho' = P\rho P^{-1}$ をみたすものが存在することをいう. R が局所体 K かまたは有限体 $\mathbb{F}$ のとき, $\rho: G \to GL_n(R)$ が**既約**(irreducible) であるとは, R^n の部分空間で, G の作用で安定なものは R^n と 0 のちょうど 2 つだけであることをいう. 既約でないときは**可約**(reducible) という.

命題 3.4 ℓ を素数とする.

1. K を $\mathbb{Q}_\ell$ の有限次拡大とする. $\rho, \rho': G_\mathbb{Q} \to GL_n(K)$ を連続準同型で, 有限個の素数をのぞき不分岐なものとする. ρ が既約で, 有限個の素数をのぞき $\operatorname{Tr} \rho(\varphi_p) = \operatorname{Tr} \rho'(\varphi_p)$ ならば, ρ と ρ' は同型である.

2. O を $\mathbb{Q}_\ell$ の有限次拡大 K の整数環とし, $\mathbb{F}$ をその剰余体とする. $\rho, \rho': G_\mathbb{Q} \to GL_n(O)$ を連続準同型で, 有限個の素数をのぞき不分岐なものとする. 合成写像 $\bar\rho: G_\mathbb{Q} \to GL_n(O) \to GL_n(\mathbb{F})$ が既約で, 有限個の素数をのぞき $\operatorname{Tr} \rho(\varphi_p) = \operatorname{Tr} \rho'(\varphi_p)$ ならば, ρ と ρ' は同型である.

3. $\mathbb{F}$ を $\mathbb{F}_\ell$ の有限次拡大とする. $\bar\rho, \bar\rho': G_\mathbb{Q} \to GL_n(\mathbb{F})$ を連続準同型とする. $\bar\rho$ が既約で, 有限個の素数をのぞき $\operatorname{Tr} \bar\rho(\varphi_p) = \operatorname{Tr} \bar\rho'(\varphi_p)$ ならば, $\bar\rho$ と $\bar\rho'$ は同型である.

[証明] 簡単に方針だけ説明する.

1. ρ は既約だから, ρ' の半単純化が ρ と同型なことを示せばよい. したがって, ρ' は半単純と仮定してよい. A を $(\rho \times \rho')(G_\mathbb{Q})$ によって K 上生成される $M_n(K) \times M_n(K)$ の部分環とすると, A は半単純環である. 表現 ρ, ρ' に対

応する A 加群 M, M' が A 加群として同型なことをいえばよい．仮定と定理 3.1 により，任意の $a \in A$ に対し $\mathrm{Tr}(a:M) = \mathrm{Tr}(a:M')$ である．A は半単純環だから，$M \simeq M'$ である．3. も有限斜体は可換なことを使って，同じようにして証明できる．

2. $\bar{\rho}$ は既約だから $\rho_K : G_{\mathbb{Q}} \to GL_n(O) \subset GL_n(K)$ も既約である．1. より，$\rho_K \simeq \rho_{K'}$ である．したがって $P \in GL_n(K)$ で，$\rho'_K = P \rho_K P^{-1}$ となるものが存在する．$\bar{\rho}$ は既約だから，K^n の 0 でない有限生成部分 O 加群で，$\rho(G_{\mathbb{Q}})$ の作用で安定なものは，O^n の定数倍しかない．PO^n は $\rho(G_{\mathbb{Q}})$ の作用で安定だから，O^n の定数倍である．したがって P の適当な定数倍 P' は $GL_n(O)$ にはいる．$\rho'_K = P' \rho_K P'^{-1}$ だから，$\rho \simeq \rho'$ である． ∎

あとで，局所体や有限体の拡大をあつかうため，既約より強い条件である絶対既約という条件を定義する．R を局所体かまたは有限体とし，$\rho : G \to GL_n(R)$ を位相群 G の連続表現とする．ρ が**絶対既約**(absolutely irreducible) であるとは，R の任意の有限次拡大 R' に対し，合成表現 $\rho_{R'} : G \xrightarrow{\rho} GL_n(R) \to GL_n(R')$ が既約であることをいう．ρ が絶対既約であるためには，行列環 $M_n(R)$ が像 $\rho(G)$ によって R 上生成されることが必要十分である．これからよくでてくる，行列式が円分指標であるような 2 次の表現に対しては，既約であることと絶対既約であることとは同じことである．

命題 3.5 R を $\mathbb{Q}_\ell$ の有限次拡大かまたは $\mathbb{F}_\ell (\ell \neq 2)$ の有限次拡大とする．既約連続表現 $\rho : G_{\mathbb{Q}} \to GL_2(R)$ は $\det \rho : G_{\mathbb{Q}} \to R^\times$ が円分指標ならば絶対既約である．

[証明] $\sigma \in G_{\mathbb{Q}}$ を複素共役とすると，$\rho(\sigma)^2 = 1$, $\det \rho(\sigma) = -1 \neq 1$ である．R'^2 が $\rho(G_{\mathbb{Q}})$ の作用で安定な 1 次元部分空間をもったとすると，これは，$\rho(\sigma)$ の固有空間でなければいけない．この部分空間は R 上定義されるから，ρ が既約という仮定に反する． ∎

§3.2 Galois 表現と有限群スキーム

標数 0 の体の絶対 Galois 群の表現と，その体上の有限群スキームとは同

じものである．このことはこれからくりかえし使うだいじなことなので，ここでまとめておく．群スキームについては付録 A に簡単なまとめがある．

K を体とし，$\overline{K}$ をその分離閉包，$G_K = \mathrm{Gal}(\overline{K}/K)$ を絶対 Galois 群とする．有限 Abel 群 M に対し，$\mathrm{Aut}(M)$ でその自己同型群を表わす．

定義 3.6 有限 Abel 群 M が，**有限 G_K 加群**(finite G_K-module)であるとは，位相群の連続準同型 $\rho: G_K \to \mathrm{Aut}(M)$ が与えられていることをいう．このとき ρ を G_K の M への表現という． □

A が体 K 上の有限エタール可換群スキームならば，A の $\overline{K}$ 値点のなす群 $A(\overline{K})$ は G_K の自然な作用により，有限 G_K 加群となる．

命題 3.7 K を体とする．体 K 上の有限エタール可換群スキーム A に対し，有限 G_K 加群 $A(\overline{K})$ を対応させる関手

(3.5) （体 K 上の有限エタール可換群スキーム）$\to$（有限 G_K 加群）

は圏の同値である． □

例 3.8 N を体 K の標数でわれない素数とする．$\mu_N(\overline{K}) = \{x \in \overline{K}^\times \mid x^N = 1\}$ は $\mathbb{Z}/N\mathbb{Z}$ と同型な有限 Abel 群であり，絶対 Galois 群 G_K の自然な作用をもつ．この作用により $\mu_N(\overline{K})$ を有限 G_K 加群と考える．G_K の $\mu_N(\overline{K})$ への作用が定める指標 $G_K \to (\mathbb{Z}/N\mathbb{Z})^\times$ を G_K の法 N 円分指標という．$K = \mathbb{Q}$ のときは，これは定義 3.3.1. と一致する．有限 G_K 加群 $\mu_N(\overline{K})$ に対応する，K 上の有限エタール群スキームは $\mu_N = \mathrm{Spec}\, K[X]/(X^N - 1)$ である． □

命題 3.7 は絶対 Galois 群 G_K を特徴づける次の命題の帰結である．有限集合 X が有限 G_K 集合であるとは，位相群の連続準同型 $\rho: G_K \to \{X$ から X への全単射$\}$ が与えられていることをいう．Z が体 K 上の有限エタール・スキームならば，Z の $\overline{K}$ 値点の集合 $Z(\overline{K})$ は G_K の自然な作用により，有限 G_K 集合である．

命題 3.9 K を体とする．体 K 上の有限エタール・スキーム Z に対し，有限 G_K 集合 $Z(\overline{K})$ を対応させる関手

(3.6) （体 K 上の有限エタール・スキーム）$\to$（有限 G_K 集合）

は圏の同値である．

［証明］ 体 K 上の有限エタール・スキーム Z に対し，体 K 上の有限エタ

ール環 $\Gamma(Z,O)$ を対応させる関手

(3.7) （体 K 上の有限エタール・スキーム）
$\to$ （体 K 上の有限エタール環）

は圏の反同値である．したがって，体 K 上の有限エタール環 R に対し，有限 G_K 集合 $\mathcal{X}(R)=\{K$ 上の環の準同型 $R\to \overline{K}\}$ を対応させる関手

(3.8)　　$\mathcal{X}:$（体 K 上の有限エタール環）$\to$（有限 G_K 集合）

が圏の反同値であることを示せばよい．

関手 $\mathcal{X}$ の逆関手を与える．有限 G_K 集合 X に対し，
$$\mathcal{R}(X)=\{G_K\text{ の作用を保つ写像 }X\to \overline{K}\}$$
とおく．これは自然に K 上の環の構造をもつ．$\mathcal{R}(X)\otimes_K \overline{K}=\overline{K}^X$ だから，$\mathcal{R}(X)$ は K 上有限エタールである．関手

(3.9)　　$\mathcal{R}:$（有限 G_K 集合）$\to$（体 K 上の有限エタール環）

が，$\mathcal{X}$ の逆関手であることの確認は省略する．これは次の事実を使えば Galois 理論そのものである．体 K 上の有限エタール環は，K の有限個の有限次分離拡大体の積と同型である．　■

$K=\mathbb{Q}$ の場合には，命題 3.7 の圏の同値について，素数ごとの分岐に関する条件を考えることができる．

定義 3.10　有限 $G_\mathbb{Q}$ 加群 M が，素数 p で不分岐であるとは，$\rho:G_\mathbb{Q}\to \mathrm{Aut}(M)$ の核に対応する拡大体が，p で不分岐なことをいう．　□

A を $\mathbb{Q}$ 上の有限エタール可換群スキームとする．p を素数とし，$\mathbb{Z}_{(p)}$ 上の有限エタール可換群スキーム $A_{\mathbb{Z}_{(p)}}$ で，$A_{\mathbb{Z}_{(p)}}\otimes_{\mathbb{Z}_{(p)}}\mathbb{Q}\simeq A$ をみたすものについて考える．整閉な環上のエタール・スキームは正規だから，$A_{\mathbb{Z}_{(p)}}$ は A の中での $\mathbb{Z}_{(p)}$ の整閉包である．$A_{\mathbb{Z}_{(p)}}$ の群演算は A の群演算を定義する写像 $O_A\to O_A\otimes_\mathbb{Q} O_A$ の $O_{A_{\mathbb{Z}_{(p)}}}$ への制限により定義される．したがって，このようなものは存在すれば一意的である．存在するための条件は，次の命題により，対応する Galois 表現が不分岐なことである．

命題 3.11　p を素数とする．$\mathbb{Q}$ 上の有限エタール可換群スキーム A に対し，次は同値である．

（1）$\mathbb{Z}_{(p)}$ 上の有限エタール可換群スキーム $A_{\mathbb{Z}_{(p)}}$ で，$A_{\mathbb{Z}_{(p)}}\otimes_{\mathbb{Z}_{(p)}}\mathbb{Q}\simeq A$ を

みたすものが存在する.

(2) A に対応する有限 $G_\mathbb{Q}$ 加群 $A(\overline{\mathbb{Q}})$ は, p で不分岐である. □

例3.12 N を自然数とし, p を2でない素数とすると, 次はすべて同値である.

(1) $\mu_{N,\mathbb{Z}_{(p)}} = \mathrm{Spec}\ \mathbb{Z}_{(p)}[X]/(X^N-1)$ は $\mathbb{Z}_{(p)}$ 上の有限エタール可換群スキームである.

(2) 有限 $G_\mathbb{Q}$ 加群 $\mu_N(\overline{\mathbb{Q}})$ が p で不分岐である.

(3) $p \nmid N$. □

命題 3.11 は次の命題からしたがう.

命題 3.13 p を素数とする. $\mathbb{Q}$ 上の有限エタール・スキーム X について次は同値である.

(1) X 内での $\mathbb{Z}_{(p)}$ の整閉包は $\mathbb{Z}_{(p)}$ 上有限エタールである.

(2) $X(\overline{\mathbb{Q}})$ への $G_\mathbb{Q}$ の作用の核に対応する拡大体は, p で不分岐である.

[証明] $X = \mathrm{Spec}\ K$ が $\mathbb{Q}$ の有限次分離拡大のスペクトルの場合に示せばよい. (1) は K が p で不分岐ということであり, (2) は K の Galois 閉包 L が p で不分岐ということである. $K \subset L$ だから, (1) $\Rightarrow$ (2) は明らかである. L は K の共役の合成体で, 不分岐拡大の合成拡大は不分岐だから (2) $\Rightarrow$ (1) も示された. ∎

§3.3 楕円曲線の Tate 加群

体 K 上の楕円曲線 E に対し, その N 分点や Tate 加群への Galois 群の表現を考える.

E を体 K 上の楕円曲線とする. N を K の標数でわれない自然数とする. 系 1.17 により, 有限 Abel 群 $E_N(\overline{K}) = \mathrm{Ker}([N]: E(\overline{K}) \to E(\overline{K}))$ は, $(\mathbb{Z}/N\mathbb{Z})^2$ と同型である. 有限 Abel 群 $E_N(\overline{K})$ は自然な G_K の作用により, 有限 G_K 加群となる. $K = \mathbb{Q}$ で, N が素数 ℓ のとき, 有限 $G_\mathbb{Q}$ 加群 $E_\ell(\overline{\mathbb{Q}})$ が, 第 0 章で $E[\ell]$ と書いたものである.

ℓ を K の標数ではない素数とする. 命題 1.19 により, E の Tate 加群

§3.3 楕円曲線の Tate 加群 ―― 91

$T_\ell E = \varprojlim_n E_{\ell^n}(\overline{K})$ は, $\mathbb{Z}_\ell$ 加群として $\mathbb{Z}_\ell^2$ と同型である. Tate 加群 $T_\ell E$ も, 上と同様に自然な G_K の作用をもつ.

定義 3.14 E を体 K 上の楕円曲線とする.

1. N を K の標数でわれない自然数とする. $E_N(\overline{K})$ の $\mathbb{Z}/N\mathbb{Z}$ 上の基底をとって行列表示してえられる連続準同型
$$\bar{\rho}_{E,N} \colon G_K \to GL_{\mathbb{Z}/N\mathbb{Z}}(E_N(\overline{K})) \simeq GL_2(\mathbb{Z}/N\mathbb{Z})$$
を, E の N 分点が定める Galois 表現という.

2. ℓ を K の標数ではない素数とする. $T_\ell E$ の $\mathbb{Z}_\ell$ 上の基底をとって行列表示してえられる連続準同型
$$\rho_{E,\ell} \colon G_K \to GL_{\mathbb{Z}_\ell}(T_\ell E) \simeq GL_2(\mathbb{Z}_\ell)$$
を, E の ℓ 進 Tate 加群への Galois 群の表現とか, E が定める Galois 群の ℓ 進表現という. □

定理 0.15 の条件 (1) は, ℓ 分点が定める Galois 表現 $\bar{\rho}_{E,\ell} \colon G_\mathbb{Q} \to GL_2(\mathbb{F}_\ell)$ が既約ということである.

命題 3.7 の対応で, 有限 G_K 加群 $E_N(\overline{K})$ に対応する K 上の次数 N^2 の有限エタール群スキームは, N 倍写像 $[N] \colon E \to E$ の核 E_N である.

$K = \mathbb{Q}$ のとき, Frobenius 置換の固有多項式は次のように $a_p(E)$ で定まる.

命題 3.15 E を $\mathbb{Q}$ 上の楕円曲線とし, E は素数 p でよい還元をもつとする.

1. N を p と素な自然数とし, $\bar{\rho}_{E,N}$ を E の N 分点への Galois 表現とする. $\bar{\rho}_{E,N}$ は p で不分岐で
$$(3.10) \qquad \det(1 - \bar{\rho}_{E,N}(\varphi_p)t) \equiv 1 - a_p(E)t + pt^2 \bmod N$$
である.

2. ℓ を p でない素数とし, $\rho_{E,\ell}$ を E の ℓ 進 Tate 加群への Galois 表現とする. $\rho_{E,\ell}$ は p で不分岐で
$$(3.11) \qquad \det(1 - \rho_{E,\ell}(\varphi_p)t) = 1 - a_p(E)t + pt^2$$
である.

[証明] 1. を示せば, 2. はその極限として得られる. E は p でよい還元をもつから, E の $\mathbb{Z}_{(p)}$ 上のよいモデル $E_{\mathbb{Z}_{(p)}}$ は $E_{\mathbb{Z}_{(p)}} \otimes_{\mathbb{Z}_{(p)}} \mathbb{Q} \simeq E$ をみたす $\mathbb{Z}_{(p)}$

上の楕円曲線である．$E_{\mathbb{F}_p}$ で $\mathbb{F}_p$ 上の楕円曲線 $E_{\mathbb{Z}_{(p)}} \otimes_{\mathbb{Z}_{(p)}} \mathbb{F}_p$ を表わす．N は p と素だから，系 1.28 により，N 倍写像 $[N]: E_{\mathbb{Z}_{(p)}} \to E_{\mathbb{Z}_{(p)}}$ の核 $E_{\mathbb{Z}_{(p)},N}$ は $\mathbb{Z}_{(p)}$ 上の有限エタール可換群スキームである．したがって，命題 3.11 により，$\bar{\rho}_{E,N}$ は p で不分岐である．

$\bar{\rho}_{E,N}$ の核に対応する Galois 拡大 L の，p の上にある素点 q をとる．$E_{\mathbb{Z}_{(p)},N}$ は $\mathbb{Z}_{(p)}$ 上有限エタールだから，
$$E_N(\overline{\mathbb{Q}}) = E_{\mathbb{Z}_{(p)},N}(L) \simeq E_{\mathbb{Z}_{(p)},N}(\mathbb{F}_q) = E_{\mathbb{F}_p,N}(\overline{\mathbb{F}}_p)$$
と同一視する．Frobenius 置換の定義により，φ_p の，$E_N(\overline{\mathbb{Q}})$ への作用は，$E_{\mathbb{F}_p,N}(\overline{\mathbb{F}}_p)$ の点の座標を p 乗するという作用である．これは幾何的 Frobenius $Fr_p: E_{\mathbb{F}_p} \to E_{\mathbb{F}_p}$ が $E_{\mathbb{F}_p,N}(\overline{\mathbb{F}}_p)$ にひきおこす作用と同じである．したがって
$$\det(1-\bar{\rho}_{E,N}(\varphi_p)t) = \det(1-Fr_p \cdot t : E_{\mathbb{F}_p,N}(\overline{\mathbb{F}}_p))$$
が示された．命題 1.21 とまったく同様に
$$\det(1-Fr_p \cdot t : E_{\mathbb{F}_p,N}(\overline{\mathbb{F}}_p)) = 1 - a_p(E)t + pt^2 \bmod N$$
が示される．したがって等式 (3.10) も示された． ∎

系 3.16 E を $\mathbb{Q}$ 上の楕円曲線とする．N が自然数ならば，絶対 Galois 群 $G_\mathbb{Q}$ の指標 $\det \bar{\rho}_{E,N}: G_\mathbb{Q} \to (\mathbb{Z}/N\mathbb{Z})^\times$ は，法 N 円分指標である．ℓ が素数ならば，$\det \rho_{E,\ell}: G_\mathbb{Q} \to \mathbb{Z}_\ell^\times$ は，ℓ 進円分指標である．

[証明] 命題 1.6 により E は有限個の素数をのぞきよい還元をもつ．素数 p で E がよい還元をもちかつ $p \nmid N$ なら，$\det \bar{\rho}_{E,N}(\varphi_p) = p \bmod N$ である．法 N 円分指標は条件 (3.3) で特徴づけられ，$\det \bar{\rho}_{E,N}$ もこの条件をみたすから，$\det \bar{\rho}_{E,N}$ は法 N 円分指標である．$\det \rho_{E,\ell}$ についても同様である． ∎

有理数体上の楕円曲線が定める ℓ 進表現，法 ℓ 表現の既約性については，次のことが知られている．この定理の証明は紹介できない．合成写像 $\rho_{E,\mathbb{Q}_\ell}: G_\mathbb{Q} \xrightarrow{\rho_{E,\ell}} GL_2(\mathbb{Z}_\ell) \to GL_2(\mathbb{Q}_\ell)$ も E が定める ℓ 進表現とよぶことにする．

定理 3.17 E を $\mathbb{Q}$ 上の楕円曲線とする．

1. すべての素数 ℓ に対し，E が定める ℓ 進表現 $\rho_{E,\mathbb{Q}_\ell}: G_\mathbb{Q} \to GL_2(\mathbb{Q}_\ell)$ は既約である．

2. 12 個の素数 2, 3, 5, 7, 11, 13, 17, 19, 37, 43, 67, 163 以外の素数 ℓ については，E の ℓ 分点が定める法 ℓ 表現 $\bar{\rho}_{E,\ell}: G_\mathbb{Q} \to GL_2(\mathbb{F}_\ell)$ はいつも既約で

ある. □

系 3.16, 命題 3.5 により, $\rho_{E,\mathbb{Q}_\ell}$ はいつも絶対既約である. 同様に, $\ell \neq 2$ で $\bar{\rho}_{E,\ell}$ が既約なら, これも絶対既約である.

§3.4 保型的な ℓ 進表現

楕円曲線に対し ℓ 進表現が定まったように, 準素形式に対しても ℓ 進表現が定まる.

定理 3.18 ℓ を素数とし, O を $\mathbb{Q}_\ell$ の有限次拡大 K の整数環とする. f を K 係数のレベル N の準素形式とする.

1. 連続準同型 $\rho \colon G_\mathbb{Q} \to GL_2(O)$ で, 次の条件をみたすものが存在する.

(3.12) $N\ell$ と素なすべての素数 p に対し, ρ は素数 p で不分岐であり,
$$\det(1-\rho(\varphi_p)t) = 1-a_p(f)t+pt^2$$
がなりたつ.

2. $\rho \colon G_\mathbb{Q} \to GL_2(O)$ を条件 (3.12) をみたす連続準同型とする. 合成表現 $\rho_K \colon G_\mathbb{Q} \to GL_2(O) \subset GL_2(K)$ は既約である. □

定理 9.13 で, モジュラー曲線のヤコビアンの Tate 加群を使って, 1. を証明する. 2. はこの本では証明しない.

系 3.19 記号は定理のとおりとする.

1. 表現 $\rho_K \colon G_\mathbb{Q} \to GL_2(K)$ は同型をのぞき, 次の条件で一意的に定まる.

(3.13) ほとんどすべての素数 p に対し, ρ は素数 p で不分岐であり,
$$\mathrm{Tr}\,\rho(\varphi_p) = a_p(f)$$
がなりたつ.

2. $\mathbb{F}$ を O の剰余体とする. 合成 $\bar{\rho} \colon G_\mathbb{Q} \xrightarrow{\rho} GL_2(O) \to GL_2(\mathbb{F})$ が既約ならば, ρ も同型をのぞき, 条件 (3.13) で一意的に定まる.

[証明] 1. は定理 3.18.2. と命題 3.4.1. からしたがう. 2. も命題 3.4.2. からしたがう. ■

定義 3.20 ℓ を素数とし, O を $\mathbb{Q}_\ell$ の有限次拡大 K の整数環とする. $\rho \colon G_\mathbb{Q} \to GL_2(O)$ を ℓ 進表現とする.

1. f を K 係数の準素形式とする．ℓ 進表現 ρ が f にともなう ℓ 進表現であるとは，条件 (3.12) がみたされることをいう．

2. ρ が**保型的**であるとは，K 係数の素形式 f で，ρ が f にともなう表現であるようなものが存在することをいう．

3. N を自然数とする．ρ がレベル N で保型的であるとは，K 係数でレベルが N の約数の素形式 f で，ρ が f にともなう表現であるようなものが存在することをいう． □

ℓ 進円分指標 $G_\mathbb{Q} \to \mathbb{Z}_\ell^\times$ と $\mathbb{Z}_\ell^\times \to O^\times$ の合成指標も ℓ 進円分指標ということにする．

補題 3.21 $\rho: G_\mathbb{Q} \to GL_2(O)$ を保型的な ℓ 進表現とする．

1. $\det \rho: G_\mathbb{Q} \to O^\times$ は ℓ 進円分指標である．
2. $\rho_K: G_\mathbb{Q} \to GL_2(K)$ は絶対既約である．

［証明］ 1. は条件 (3.12) と ℓ 進円分指標の特徴づけ (3.4) から従う．2. は 1. と定理 3.18.2.，命題 3.5 から従う． ■

定義 3.20.3. の素形式 f は ρ で一意的に定まる．

命題 3.22 O を $\mathbb{Q}_\ell$ の有限次拡大 K の整数環とし，$\rho: G_\mathbb{Q} \to GL_2(O)$ を保型的な ℓ 進表現とする．K 係数の素形式 f で，ρ が f にともなう表現であるようなものは一意的である．

［証明］ f, g がともに条件 (3.12) をみたす素形式とすると，有限個の素数をのぞき $a_p(f) = a_p(g)$ である．したがって，定理 2.49.1 と命題 2.59 により，$f = g$ である． ■

$\mathbb{Q}$ 上の楕円曲線 E が保型的であることと，E の ℓ 進 Tate 加群への Galois 表現 $\rho_{E,\ell}$ が保型的であることとは同じことである．もう少し詳しくいうと次のことがなりたつ．

命題 3.23 $\mathbb{Q}$ 上の楕円曲線 E に対し，次は同値である．

（1） E は保型的である．

（1'） $\mathbb{Q}$ 係数の素形式 f で，E がよい還元をもつすべての素数 p に対し，$a_p(E) = a_p(f)$ をみたすものが存在する．

（2） E の Tate 加群 $T_\ell E$ への Galois 表現 $\rho_{E,\ell}$ が保型的であるような素

数 ℓ が存在する.

(2') すべての素数 ℓ に対し,E の Tate 加群 $T_\ell E$ への Galois 表現 $\rho_{E,\ell}$ が保型的である.

[証明] 命題 3.15.2. と系 3.19.1. により (1) $\Rightarrow$ (2') である.(2') $\Rightarrow$ (2) は明らかである.(2) $\Rightarrow$ (1) を示す.仮定より $\mathbb{Q}_\ell$ 係数の素形式 f で,ほとんどすべての素数 p に対し,$a_p(E) = a_p(f)$ をみたすものが存在する.ほとんどすべての素数 p に対し,$a_p(f) \in \mathbb{Q}$ だから,系 2.61 により,f は $\mathbb{Q}$ 係数の素形式である.よって (1) が示された.

命題 1.6 により (1') $\Rightarrow$ (1) である.(1) $\Rightarrow$ (1') は §3.8 で証明する. ∎

命題 3.23 によれば,E が保型的であることを示すには,1 つの素数 ℓ について,$\rho_{E,\ell}$ が保型的であることを示せば十分である.このことは,次の章で定理 0.13 を定理 3.36 から導くときに使う.

定理 0.13 の証明では,法 ℓ 表現の保型性を考えることが重要である.ℓ 進表現の保型性と同様に,法 ℓ 表現の保型性も定義する.この本では,話を簡単にするため,素数 ℓ は 3 以上の場合だけ考えることにする.

定義 3.24 ℓ を 3 以上の素数とし,$\mathbb{F}$ を $\mathbb{F}_\ell$ の有限次拡大とする.

1. N を自然数とする.Galois 群の既約連続表現 $\bar{\rho}: G_\mathbb{Q} \to GL_2(\mathbb{F})$ がレベル N で**保型的**であるとは,次の条件 (3.14) をみたす,$\mathbb{Q}_\ell$ の有限次拡大 K,K 係数でレベルが N の約数の素形式 f と K の剰余体 $\mathbb{F}_K$ への体の準同型 $i: \mathbb{F} \to \mathbb{F}_K$ が存在することをいう.

(3.14) $N\ell$ と素なすべての素数 p に対し,$\bar{\rho}$ は p で不分岐かつ $\mathbb{F}_K[t]$ での等式
$$i(\det(1 - \bar{\rho}(\varphi_p)t)) = 1 - a_p(f)t + pt^2 \bmod m_K$$
がなりたつ.

2. $\bar{\rho}$ がある自然数 N に対してレベル N で保型的であるとき,$\bar{\rho}$ は保型的であるという. □

条件 (3.14) の等式は,$\mathbb{F}_K$ 係数の 2 次式としての等式である.左辺は $\mathbb{F}$ 係数の 2 次式の準同型 $i: \mathbb{F} \to \mathbb{F}_K$ による像である.右辺は K の整数環 O 係数の 2 次式の準同型 $O \to \mathbb{F}_K$ による像である.

命題 3.15.1. により，定理 0.15 の条件 (2) は，法 ℓ Galois 表現 $\bar{\rho}_{E,\ell}:G_\mathbb{Q}\to GL_2(\mathbb{F}_\ell)$ が保型的ということである．

法 ℓ 円分指標 $G_\mathbb{Q}\to\mathbb{F}_\ell^\times$ と $\mathbb{F}_\ell^\times\to\mathbb{F}^\times$ の合成指標も法 ℓ 円分指標ということにする．補題 3.21 と同様に次がなりたつ．

補題 3.25 ℓ を 3 以上の素数とし，$\mathbb{F}$ を $\mathbb{F}_\ell$ の有限次拡大とする．$\bar{\rho}:G_\mathbb{Q}\to GL_2(\mathbb{F})$ を保型的な既約連続表現とする．

1. $\det\bar{\rho}$ は法 ℓ 円分指標である．
2. $\bar{\rho}:G_\mathbb{Q}\to GL_2(\mathbb{F})$ は絶対既約である． □

系 3.19 と同じような次の補題がなりたつ．

補題 3.26 記号は定義 3.24 のとおりとする．

1. 既約連続表現 $\bar{\rho}:G_\mathbb{Q}\to GL_2(\mathbb{F})$ に対し，条件 (3.14) は次の条件と同値である．

(3.15) ほとんどすべての素数 p に対し，$\bar{\rho}$ は p で不分岐かつ，
$$i(\mathrm{Tr}\,\bar{\rho}(\varphi_p))=a_p(f)\mod m_K$$
がなりたつ．

2. 条件 (3.15) をみたす既約連続表現 $\bar{\rho}:G_\mathbb{Q}\to GL_2(\mathbb{F})$ は，存在すれば同型をのぞき一意的である．

［証明］ 1. $\rho_f:G_\mathbb{Q}\to GL_2(O_K)$ を f にともなう ℓ 進表現とする．合成表現 $\bar{\rho}_f:G_\mathbb{Q}\xrightarrow{\rho_f}GL_2(O_K)\to GL_2(\mathbb{F}_K)$ は，条件 (3.14) において等式の左辺を $\det(1-\bar{\rho}_f(\varphi_p)t)$ でおきかえたものをみたす．$\bar{\rho}:G_\mathbb{Q}\to GL_2(\mathbb{F})$ を条件 (3.15) をみたす既約連続表現とする．合成表現 $i\circ\bar{\rho}$ が既約ならば，命題 3.4.3. により，$i\circ\bar{\rho}$ と $\bar{\rho}_f$ は同型である．したがって，$\bar{\rho}$ は条件 (3.14) をみたす．

$i\circ\bar{\rho}$ が可約だったとすると，次のようにして矛盾が導かれる．定理 3.1 と仮定 $\ell\neq2$ を使って，命題 3.4.3. と同様にして $i\circ\bar{\rho}$ と $\bar{\rho}_f$ の半単純化が同型であることが示される．このことの証明は省略する．$\frac{1}{2}(\mathrm{Tr}\rho(\sigma^2)-(\mathrm{Tr}\rho(\sigma))^2)=\det\rho(\sigma)$ より，$\det\bar{\rho}=\det\bar{\rho}_f$ は円分指標である．命題 3.5 により $\bar{\rho}$ は絶対既約であり，$i\circ\bar{\rho}$ は既約である．

2. は命題 3.4.3. から直ちに従う． ■

一般に，補題 3.25.1. は $\bar{\rho}$ が保型的であるための十分条件であると考えら

れている.

予想3.27[*1]　ℓ を 3 以上の素数とし，$\mathbb{F}$ を $\mathbb{F}_\ell$ の有限次拡大とする．既約連続表現 $\bar\rho: G_\mathbb{Q} \to GL_2(\mathbb{F})$ は，$\det \bar\rho$ が法 ℓ 円分指標ならば，保型的である．　□

$\mathbb{F} = \mathbb{F}_3$ のときは，この予想は正しいことが知られている．

定理 3.28　Galois 群の既約連続表現 $\bar\rho: G_\mathbb{Q} \to GL_2(\mathbb{F}_3)$ は，$\det \bar\rho$ が法 3 円分指標ならば保型的である．　□

この定理は，定理 2.54 したがって定理 0.13 の証明で，決定的に重要な役割をはたす．残念ながらこの本ではその証明を紹介することはできない．

1999 年，$\mathbb{F} = \mathbb{F}_5$ のときに予想 3.27 を証明することにより，定理 0.8 の証明が完成された.

定理 3.29　Galois 群の既約連続表現 $\bar\rho: G_\mathbb{Q} \to GL_2(\mathbb{F}_5)$ は，$\det \bar\rho$ が法 5 円分指標ならば保型的である．　□

次の補題は明らかである．

補題 3.30　ℓ を 3 以上の素数とし，O を $\mathbb{Q}_\ell$ の有限次拡大 K の整数環とする．$\rho: G_\mathbb{Q} \to GL_2(O)$ を連続表現とする．$\mathbb{F}$ を O の剰余体とし，$\bar\rho$ を合成写像 $G_\mathbb{Q} \xrightarrow{\rho} GL_2(O) \to GL_2(\mathbb{F})$ とする．

ρ がレベル N で保型的で $\bar\rho$ が既約ならば，$\bar\rho$ もレベル N で保型的である．

§3.5　分岐条件

この節では，$G_\mathbb{Q}$ の表現が，素数 p でよいとか，準安定であるとはどういうことかを定義し，ℓ 進表現の保型性に関する主結果，定理 3.36 を定式化する．第 1 章では $\mathbb{Q}$ 上の楕円曲線 E に対し，E が素数 p でよい還元をもつとか，準安定であるとはどういうことかを定義した．E が p でよい還元をもつとし，N を自然数とする．$E_{\mathbb{Z}_{(p)}}$ を E の $\mathbb{Z}_{(p)}$ 上のよいモデルとすると，N 倍写像 $[N]: E_{\mathbb{Z}_{(p)}} \to E_{\mathbb{Z}_{(p)}}$ の核 $E_{\mathbb{Z}_{(p)}, N}$ は系 1.28 により，$\mathbb{Z}_{(p)}$ 上の有限平坦可換群スキームである．そこで次のように定義する．

[*1]　予想 3.27 は 2007 年に証明された．

定義 3.31 M を有限 $G_{\mathbb{Q}}$ 加群とし，p を素数とする．有限 $G_{\mathbb{Q}}$ 加群 M が p でよい(good)とは，$\mathbb{Z}_{(p)}$ 上の有限平坦可換群スキーム A で，$A(\overline{\mathbb{Q}})$ が有限 $G_{\mathbb{Q}}$ 加群として，M と同型であるようなものが存在することをいう． □

定理 0.3 の条件(3)は，有限 $G_{\mathbb{Q}}$ 加群 $E_\ell(\overline{\mathbb{Q}}) = E[\ell]$ が，2 以外のすべての素数 p で定義 3.31 の条件をみたすということである．定理 0.15 の条件(3)についても同様である．

命題 3.32 M を有限 $G_{\mathbb{Q}}$ 加群とし，p を素数とする．次の条件(1), (2)について，いつも $(2) \Rightarrow (1)$ がなりたち，M の位数が p と素なら，$(1) \Rightarrow (2)$ がなりたつ．

 (1) M が p でよい．

 (2) M は p で不分岐である． □

[証明] 命題 3.11 により，条件(2)は次と同値である．

「$\mathbb{Z}_{(p)}$ 上の有限エタール可換群スキーム A で，$A(\overline{\mathbb{Q}})$ が有限 $G_{\mathbb{Q}}$ 加群として，M と同型なものが存在する．」

M の位数は p と素だから，これは付録の命題 A.21 により，条件(1)と同値である． ∎

1 の巾根の群 $\mu_N(\overline{\mathbb{Q}})$ はすべての素数 p でよい有限 $G_{\mathbb{Q}}$ 加群である．第 4 章で使う次の命題は，この本では証明しない．

命題 3.33 ℓ を素数とし，$\chi: G_{\mathbb{Q}} \to \mathbb{F}_\ell^\times$ を法 ℓ 円分指標 $\bar{\chi}_\ell$ の巾 $\bar{\chi}_\ell^i$, $i \in \mathbb{Z}$ とする．次の(1), (2)は同値である．

 (1) 指標 $\chi: G_{\mathbb{Q}} \to \mathbb{F}_\ell^\times$ が定める位数 ℓ の有限 $G_{\mathbb{Q}}$ 加群は素数 ℓ でよい．

 (2) χ は自明な指標か，または法 ℓ 円分指標 $\bar{\chi}_\ell$ である． □

Galois 表現が準安定であるということの定義をするために，惰性群についてまとめておく．L を $\mathbb{Q}$ の有限次 Galois 拡大とし，q を p の上にある L の素点とする．分解群 $D_q = \{\sigma \in \mathrm{Gal}(L/\mathbb{Q}) \mid \sigma(q) = q\}$ から，剰余体の Galois 群 $\mathrm{Gal}(\mathbb{F}_q/\mathbb{F}_p)$ への標準写像の核を q の**惰性群**(inertia group)とよぶ．p の上にある L の素点はたがいに共役だから，惰性群 I_q は共役を除き p だけで定まる．記号を流用して，この共役を除いて定まっている $\mathrm{Gal}(L/\mathbb{Q})$ の部分群を I_p で表わし，p の惰性群とよぶ．

§3.5 分岐条件 —— 99

$\mathbb{Q}$ の代数閉包を $\overline{\mathbb{Q}} = \bigcup_{\lambda \in \Lambda} L_\lambda$ のように, 有限次 Galois 拡大の合併として表わし, p の上にある L_λ の素点 q_λ を逆系をなすようにとる. このとき逆極限 $\varprojlim_\lambda I_{q_\lambda} \subset \varprojlim_\lambda \mathrm{Gal}(L_\lambda/\mathbb{Q}) = G_\mathbb{Q}$ も共役を除いて定まる. これも I_p で表わし, p の惰性群とよぶ.

命題 3.34 有限 $G_\mathbb{Q}$ 加群 M について次は同値である.
(1) M は p で不分岐である.
(2) 惰性群 I_p の M への作用は自明である.

[証明] M への $G_\mathbb{Q}$ の作用の核に対応する有限次 Galois 拡大を L とする. (1) も (2) もどちらも L が p で不分岐ということである. ∎

位数有限の環 R が, 自然数 N に対し, $N \cdot 1_R = 0$ をみたすとき, 法 N 円分指標 $G_\mathbb{Q} \to (\mathbb{Z}/N\mathbb{Z})^\times$ と自然な写像 $(\mathbb{Z}/N\mathbb{Z})^\times \to R^\times$ の合成 $G_\mathbb{Q} \to R^\times$ も円分指標という. 完備局所 Noether 環 R の剰余体 $\mathbb{F}$ が $\mathbb{F}_\ell$ の有限次拡大ならば, R の極大イデアル $\mathfrak{m}$ の巾による商 $R/\mathfrak{m}^n$ は, 位数が ℓ 巾の有限環である. ℓ 進円分指標 $G_\mathbb{Q} \to \mathbb{Z}_\ell^\times$ と自然な写像 $\mathbb{Z}_\ell^\times \to R^\times$ の合成 $G_\mathbb{Q} \to R^\times$ も円分指標という.

定義 3.35 R を位数有限の環かまたは, 剰余体が有限体であるような完備局所 Noether 環 R とする. $\rho: G_\mathbb{Q} \to GL_2(R)$ を位相群の連続準同型とする. p を素数とする.

1. R が位数有限の環のときは, ρ が素数 p でよいとは, $G_\mathbb{Q}$ 加群 R^2 が p でよいことをいう.

R を剰余体が有限体であるような完備局所 Noether 環とする. ρ が素数 p でよいとは, 任意の自然数 n に対し, 合成写像 $G_\mathbb{Q} \xrightarrow{\rho} GL_2(R) \to GL_2(R/\mathfrak{m}^n)$ が p でよいことをいう.

2. ρ が素数 p で **通常** (ordinary) であるとは, $P \in GL_2(R)$ と関数 $b: I_p \to R$ で, ρ の P による共役の惰性群 I_p への制限が, 次の条件をみたすものが存在することをいう.

(3.16) $\chi: I_p \to R^\times$ を円分指標の惰性群への制限とすると, $\sigma \in I_p$ に対し, 次がなりたつ

$$P\rho(\sigma)P^{-1} = \begin{pmatrix} \chi(\sigma) & b(\sigma) \\ 0 & 1 \end{pmatrix}.$$

3. ρ が素数 p で**準安定**であるとは，ρ が p でよいかまたは p で通常であることをいう．

4. ρ が準安定であるとは，ρ がほとんどすべての素数 p で不分岐で，かつすべての素数 p で準安定であることをいう．

5. ρ が準安定なとき，ρ がよくない素数すべての積を ρ の**導手**という． □

定理 0.3 の条件 (3) は，法 ℓ Galois 表現 $\bar{\rho}_{E,\ell}: G_{\mathbb{Q}} \to GL_2(\mathbb{F}_\ell)$ が 2 以外のすべての素数 p でよいということである．定理 0.15 の条件 (3) も同様である．

他の文献では，この本とは違う定義をしていることがあるので，他のものを読むときには気をつけてほしい．

準安定な表現 ρ の導手は平方因子をもたない自然数である．条件 (3.16) は次のようにいいかえることができる．

(3.17) R^2 の I_p の作用で安定かつ R と同型な直和因子 L で，L には I_p は円分指標の制限で作用し，商 R^2/L には自明に作用するようなものが存在する．

次の定理は，ρ が準安定なら補題 3.30 の逆がなりたつという非常に強い主張である．

定理 3.36 ℓ を 3 以上の素数とし，O を $\mathbb{Q}_\ell$ の有限次拡大体 K の整数環，$\mathbb{F}$ を O の剰余体とする．準安定な ℓ 進表現 $\rho: G_{\mathbb{Q}} \to GL_2(O)$ が，次の条件 (1), (2) をみたすとする．

(1) $\det \rho : G_{\mathbb{Q}} \to O^\times$ は円分指標．

(2) 合成 $\bar{\rho}: G_{\mathbb{Q}} \xrightarrow{\rho} GL_2(O) \to GL_2(\mathbb{F})$ は既約で保型的．

このとき，ρ はレベル N_ρ で保型的である．すなわち，K 係数でレベルが N_ρ の約数の素形式 f で，すべての素数 $p \nmid N_\rho \ell$ に対し，
$$\det(1 - \rho(\varphi_p)t) = 1 - a_p(f)t + pt^2$$
となるものが存在する． □

§3.8 の系 3.53 により，素形式 f のレベルはちょうど N_ρ であることがわ

かる．次の第4章で定理3.36から定理0.13がしたがうことを示す．第5章以降は定理3.36の証明にあてられる．保型性の定義から条件(1)は必要条件である．条件(2)は次のように弱めても，ρ は保型的であると予想されている．

予想 3.37[*2]　ℓ を3以上の素数とし，O を $\mathbb{Q}_\ell$ の有限次拡大体 K の整数環とする．準安定な連続表現 $\rho: G_\mathbb{Q} \to GL_2(O)$ は，定理3.36の条件(1)をみたし，ρ_K が既約ならば，レベル N_ρ で保型的である． □

この節の残りと次の節で定義3.35の内容を説明する．まず N や ℓ が p と素な場合から始める．

命題 3.38　p を素数とし，N を p と素な自然数，ℓ を p でない素数とする．R を $N \cdot 1_R = 0$ をみたす位数有限の環かまたは，剰余体が $\mathbb{F}_\ell$ の有限次拡大であるような完備局所 Noether 環とする．$\rho: G_\mathbb{Q} \to GL_2(R)$ を連続準同型とする．次の(1), (2)はそれぞれ同値である．

1. (1) ρ が p でよい．

 (2) ρ の惰性群 I_p への制限は自明である．

2. (1) ρ が p で通常である．

 (2) $P \in GL_2(R)$ と，連続準同型 $b: I_p \to R$ で，ρ の P による共役の惰性群 I_p への制限が，次の条件をみたすものが存在する．

(3.18) 　$\sigma \in I_p$ ならば次がなりたつ

$$P\rho(\sigma)P^{-1} = \begin{pmatrix} 1 & b(\sigma) \\ 0 & 1 \end{pmatrix}.$$

[証明]　1. R が有限の場合に示せばよい．このときは，命題3.32と命題3.34からしたがう．

2. R についての仮定のもとでは，円分指標は p で不分岐である．よって定義から明らか． ■

Galois 表現 ρ がよいとか通常であるとかいうことは，ρ の惰性群 I_p への制限だけで決まる性質である．$p \nmid N$, $p \neq \ell$ の場合は，このことは命題3.38か

[*2]　予想3.37も2008年現在，かなり一般の場合に証明されている．

らわかる．通常であるということについては，定義自体がそうである．$p|N$ や $p=\ell$ のときも，よいということがそうであることを次の節の命題 3.40 で示す．

$p\nmid N$ や $p\neq\ell$ の場合には，ρ が p でよければ，命題 3.38 により，ρ は p で通常である．しかし $p|N$ や $p=\ell$ の場合には，ρ が p でよくても，ρ は p で通常とは限らない．しかし，ある条件のもとでは，これがなりたつことがある．このことについては第 7 章命題 7.11 であつかう．

§3.6 有限平坦群スキーム

$\overline{\mathbb{Q}}_p$ を $\mathbb{Q}_p$ の代数閉包とし，$\mathbb{Q}_p^{\mathrm{nr}}$ をその中での $\mathbb{Q}_p$ の最大不分岐拡大とする．惰性群 I_p は，次のようにして $\mathbb{Q}_p^{\mathrm{nr}}$ の絶対 Galois 群 $G_{\mathbb{Q}_p^{\mathrm{nr}}}$ と同一視される．

命題 3.39 $i\colon \overline{\mathbb{Q}} \to \overline{\mathbb{Q}}_p$ を体の準同型とする．i で定まる写像 $G_{\mathbb{Q}_p} \to G_{\mathbb{Q}}$ はそれぞれの部分群の間の同型 $G_{\mathbb{Q}_p^{\mathrm{nr}}} \to I_p$ をひきおこす．

[証明] L を $\mathbb{Q}$ の有限次拡大体とすると，i により，p の上にある L の素点 q が定まる．L が $\mathbb{Q}$ の Galois 拡大ならば，L の q での完備化 L_q は $\mathbb{Q}_p$ の有限次 Galois 拡大である．自然な単射 $\mathrm{Gal}(L_q/\mathbb{Q}_p) \to \mathrm{Gal}(L/\mathbb{Q})$ の像が分解群 D_q である．M_q を L_q 内の $\mathbb{Q}_p$ の最大不分岐拡大とする．この単射はさらに同型 $\mathrm{Gal}(L_q/M_q) \to I_q$ をひきおこす．$\overline{\mathbb{Q}}_p$ は $\mathbb{Q}_p$ と $i(\overline{\mathbb{Q}})$ の合成体だから，L を大きくしていった極限として，同型 $G_{\mathbb{Q}_p^{\mathrm{nr}}} \to I_p$ がえられる． ∎

命題 3.40 M を有限 $G_{\mathbb{Q}}$ 加群とし，p を素数とする．$M|_{I_p}$ で M への $G_{\mathbb{Q}}$ の作用を惰性群 $I_p=G_{\mathbb{Q}_p^{\mathrm{nr}}}$ に制限してえられる，有限 I_p 加群を表わす．次の条件は同値である．

（1） M は p でよい．

（2） $\mathbb{Q}_p$ の最大不分岐拡大 $\mathbb{Q}_p^{\mathrm{nr}}$ の整数環 $\mathbb{Z}_p^{\mathrm{nr}}$ 上の有限平坦可換群スキーム A で，$A(\overline{\mathbb{Q}}_p)$ が，有限 I_p 加群として，$M|_{I_p}$ と同型なものが存在する． ∎

したがって，M が p でよいかどうかは，$M|_{I_p}$ だけで定まっている．

[証明] (1)⇒(2)は明らかである．(2)⇒(1)の概略だけを示す．一般に有限次元 $\mathbb{Q}$ 線型空間 E に対し，自然な 1 対 1 対応

$\{E$ の基底によって生成される $\mathbb{Z}_{(p)}$ 加群 $\}$
$\to \{E\otimes_\mathbb{Q}\mathbb{Q}_p^{\mathrm{nr}}$ の基底によって生成される $\mathbb{Z}_p^{\mathrm{nr}}$ 加群で $G_{\mathbb{Q}_p}$ の作用で安定なもの $\}$

があることを使う．対応は，上から下へは $L\mapsto L\otimes_{\mathbb{Z}_{(p)}}\mathbb{Z}_p^{\mathrm{nr}}$ であり，下から上へは $R\mapsto R\cap E$ である．

$A_{0,\mathbb{Q}}$ を M に対応する $\mathbb{Q}$ 上の有限エタール可換群スキームとし，A を (2) の条件をみたす $\mathbb{Z}_p^{\mathrm{nr}}$ 上の有限平坦可換群スキームとする．上の1対1対応を $E=\Gamma(A_{0,\mathbb{Q}},O)$, $R=\Gamma(A,O)$ に適用したい．このためには，必要なら A を置き換えて，R が $G_{\mathbb{Q}_p}$ の作用で安定となるようにできることをいえばよい．R の $G_{\mathbb{Q}_p}$ の作用による共役は有限個なので，それを $R_1,\cdots,R_n$ とする．するとこれらによって生成される $E\otimes_\mathbb{Q}\mathbb{Q}^{\mathrm{nr}}$ の部分環 R' は条件をみたしている．

あとは次のようにして示していく．まず，$A'=\mathrm{Spec}\,R'$ が $A'\otimes_{\mathbb{Z}_p^{\mathrm{nr}}}\mathbb{Q}_p^{\mathrm{nr}}=A_{0,\mathbb{Q}}\otimes_\mathbb{Q}\mathbb{Q}_p^{\mathrm{nr}}$ をみたす有限平坦群スキームになっていることを確かめる．そして $R_0=R'\cap E$ とおき，$A_0=\mathrm{Spec}\,R_0$ とおくと，これが $\mathbb{Z}_{(p)}$ 上の有限平坦可換群スキームで，$A_0\otimes_{\mathbb{Z}_{(p)}}\mathbb{Q}=A_{0,\mathbb{Q}}$ をみたすものになっている．詳細は省略する．∎

第5章，第7章で使うことになる有限平坦可換群スキームの性質をまとめておく．

命題 3.41 O_K を離散付値環とし，K をその分数体とする．A を O_K 上の有限平坦可換群スキームで $A_K=A\otimes_{O_K}K$ がエタールであるものとし，M を有限 G_K 加群 $A(\overline{K})$ とする．

N を M の部分 G_K 加群とすると，A の有限平坦可換閉部分群スキーム A' で，$N=A'(\overline{K})$ であるものが存在する．商加群についても同様である． □

系 3.42 p を素数とする．

1. M を p でよい有限 $G_\mathbb{Q}$ 加群とする．M の部分 $G_\mathbb{Q}$ 加群，商 $G_\mathbb{Q}$ 加群は p でよい有限 $G_\mathbb{Q}$ 加群である．

2. M_1, M_2 が p でよい有限 $G_\mathbb{Q}$ 加群なら，積 $M_1\times M_2$ も p でよい有限 $G_\mathbb{Q}$ 加群である．

［系 3.42 の証明］ 1. は命題 3.41 を $O_K=\mathbb{Z}_{(p)}$ に適用すればよい．2. は明

らかである.

[命題 3.41 の証明] 商加群については Cartier 双対性, 命題 A.22 により, 部分加群に帰着できる. そっちは省略する.

部分 G_K 加群について示す. A を O_K 上の有限平坦可換群スキームとする. A'_K を $A'_K(\overline{K})=N$ となる A_K の閉部分群スキームとする. $O_{A'}$ を環の準同型 $O_A=\Gamma(A,O)\to O_{A'_K}=\Gamma(A'_K,O)$ の像とし, $A'=\operatorname{Spec} O_{A'}$ とおく.

A' が条件をみたすことを示す. A' に群スキームの構造が次のように定義される. 群スキームの演算を定義する環の準同型 $+_A, +_{A'_K}$ は次の図式を可換にする.

$$\begin{array}{ccc} O_A & \longrightarrow & O_{A'_K} \\ {\scriptstyle +_A}\downarrow & & \downarrow{\scriptstyle +_{A'_K}} \\ O_A\otimes_{O_K} O_A & \longrightarrow & O_{A'_K}\otimes_{O_K} O_{A'_K}. \end{array}$$

よって, 群スキームの演算を定義する環の準同型 $+_{A'}: O_{A'}\to O_{A'}\otimes_{O_K} O_{A'}$ がひきおこされる. これにより, A' は O_K 上の可換群スキームとなる. $O_{A'}$ はねじれのない有限生成 O_K 加群だから, O_K 上有限平坦である. $O_{A_K}\to O_{A'_K}$ は全射だから, $O_{A'}\otimes_{O_K} K=O_{A'_K}$ である. よって $A'_K=A'\otimes_{O_K} K$ である. ∎

定理 3.43 O_K を離散付値環とし, K をその分数体とする. 3 以上の素数 p が O_K の素元であると仮定する. A, A' を O_K 上の有限平坦可換群スキームとする. $f_K: A_K\to A'_K$ が K 上の群スキームの同型なら, O_K 上の有限平坦可換群スキームの同型 $f: A\to A'$ で f_K をひきおこすものがただ 1 つ存在する. ∎

系 3.44 O_K, K, p, A, A' を定理のとおりとする. 自然な写像

$$\{O_K \text{上の有限平坦可換群スキームの準同型} A\to A'\} \ni f$$
$$\downarrow \qquad\qquad\qquad \updownarrow$$
$$\{\text{有限 } G_K \text{加群の準同型} f_K: A(\overline{K})\to A'(\overline{K})\} \ni f_K$$

は全単射である. ∎

定理 3.43 と系 3.44 により, その仮定のもとで O_K 上の有限平坦可換群ス

キーム A は，それが定める有限 G_K 加群 $A(\overline{K})$ と同一視することができる．

命題 3.45 O_K を Hensel 離散付値環とし，A を O_K 上の有限平坦可換群スキームとする．

1. 0 を A の閉ファイバーの原点とし，$A^0 = \mathrm{Spec}\, O_{A,0}$ を A の 0 を含む連結成分とする．A^0 は A の有限平坦閉部分群スキームである．

2. O_A^{et} を $O_A = \Gamma(A, O)$ の O_K 上の最大エタール部分環とする．A の群構造は $A^{\mathrm{et}} = \mathrm{Spec}\, O_A^{\mathrm{et}}$ の群構造をひきおこす．A^{et} は O_K 上の有限エタール可換群スキームである．

3. 次の系列
$$0 \to A^0(\overline{K}) \to A(\overline{K}) \to A^{\mathrm{et}}(\overline{K}) \to 0$$
は有限 G_K 加群の完全系列である．$A \to A^{\mathrm{et}}$ は忠実平坦であり，その核が A^0 と等しい． □

A^0 を A の**連結成分** (connected component) とよび，A^{et} を A の最大エタール商とよぶ．

定理 3.43，系 3.44，命題 3.45 はこの本では証明しない．

§3.7 楕円曲線の Tate 加群の分岐

楕円曲線の Tate 加群の分岐について，次がなりたつ．

命題 3.46 E を $\mathbb{Q}$ 上の楕円曲線とし，ℓ を素数とする．$\rho_{E,\ell} : G_{\mathbb{Q}} \to GL_2(\mathbb{Z}_\ell)$ を，E の Tate 加群 $T_\ell E$ が定める ℓ 進表現とする．このとき次の 1., 2. において条件 (1), (2) はそれぞれ同値である．

1. (1) E が素数 p でよい還元をもつ．
   (2) Galois 表現 $\rho_{E,\ell}$ は p でよい．

2. (1) E が p で安定な還元をもつ．
   (2) Galois 表現 $\rho_{E,\ell}$ は p で準安定である． □

E が p でよい還元 $E_{\mathbb{F}_p}$ をもつときには，$\rho_{E,p}$ が p で通常であるためには，$E_{\mathbb{F}_p}(\overline{\mathbb{F}}_p)$ が位数 p の元をもつことが必要十分である．このことはあとでは使わない．

系 3.47 E を $\mathbb{Q}$ 上の楕円曲線とし, ℓ を素数とする. E が準安定であることと, ℓ 進表現 $\rho_{E,\ell}$ が準安定であることとは同値である. さらにこのとき, E の導手と $\rho_{E,\ell}$ の導手は等しい. □

法 N 表現 $\bar{\rho}_{E,N}$ については次の命題がなりたつ. この命題により, 命題 0.4 の証明が完成する.

命題 3.48 E を $\mathbb{Q}$ 上の楕円曲線とし, p を素数, N を自然数とする. $\bar{\rho}_{E,N}$ を E の N 分点が定める表現とする.

1. 次の条件を考える.
   (1) E が素数 p でよい還元をもつ.
   (1') E が p で乗法的な還元をもちかつ E の $\mathbb{Z}_{(p)}$ 上の準安定モデルの幾何的閉ファイバーの既約成分の個数は N でわりきれる.
   (2) Galois 表現 $\bar{\rho}_{E,N}$ は p でよい.

(1) または (1') がなりたてば (2) がなりたつ. さらに次の条件 (i), (ii) のどちらかがみたされれば, 逆に (2) がなりたてば (1) か (1') のどちらかがなりたつ.
   (i) $N \geq 3$ かつ $p \nmid N$.
   (ii) E は p で安定な還元をもつ.

2. 次の条件を考える.
   (1) E が p で安定な還元をもつ.
   (2) Galois 表現 $\bar{\rho}_{E,N}$ は p で準安定である.

(1) ならば (2) がなりたつ. さらに次の条件 (i) がみたされれば, 逆に (2) ならば (1) がなりたつ.
   (i) $N \geq 5$ かつ $p \nmid N$. □

[命題 0.4 の証明] 命題 1.33 により, 命題 1.33 の条件 (3') と, 定理 0.3 の条件 (3) が同値なことをいえばよい. 命題 1.33 の条件 (3') は, 2 以外のすべての素数 p に対し, 命題 3.48.1. の条件 (1) か (1') で $N = \ell$ とおいたもののどちらかがなりたつということである. 一方, 定理 0.3 の条件 (3) は, 2 以外のすべての素数 p に対し, 命題 3.48.1. の条件 (2) で $N = \ell$ とおいたものがなりたつということである. E が準安定だから, 命題 3.48.1. を適用すればよい. ■

§3.7 楕円曲線の Tate 加群の分岐 —— 107

例 3.49 1. E を準安定楕円曲線 $X_0(11)$ とし，N を自然数とする．E の N 分点が定める法 N 表現 $\bar{\rho}_{E,N}$ は 11 以外のすべての素数でよい．E の $p=11$ での準安定モデルの幾何的ファイバーの既約成分の個数は 5 である．命題 3.48.1. により，$\bar{\rho}_{E,N}$ が $p=11$ でもよいためには，$N=5$ または 1 であることが必要十分である．

2. E を楕円曲線 $y^2=x^3-5x$ とすると，$\bar{\rho}_{E,5}$ は $p=5$ でよいが，E は $p=5$ で加法的還元をもつ．したがって命題 3.48 の (2) ⇒ (1) または (1') で，そこの条件 (i) あるいは (ii) をおとすことはできない． □

[命題 3.46, 3.48 の (1), (1') ⇒ (2) の証明] 命題 3.48.1. の (1) ⇒ (2) は，命題 3.15.1. に含まれている．命題 3.46.1. の (1) ⇒ (2) も，命題 3.15.2. に含まれている．命題 3.48.1. の (1') ⇒ (2) は，系 1.36 からしたがう．したがって E が乗法的還元をもつと仮定して，命題 3.48.2., 3.46.2. の (1) ⇒ (2) だけ示せばよい． ∎

[命題 3.48.2. の (1) ⇒ (2) の証明] $E_{\mathbb{Z}_{(p)}}$ を E の $\mathbb{Z}_{(p)}$ 上の準安定モデルとし，$E_{\mathbb{Z}_{(p)}}^{(1)}$ を命題 1.34 のように単位元の連結成分を使って定義する．$\mathcal{E} = E_{\mathbb{Z}_{(p)}}^{(1)} \otimes_{\mathbb{Z}_{(p)}} \mathbb{Z}_p^{\mathrm{nr}}$ とおく．幾何的ファイバー $\mathcal{E} \otimes_{\mathbb{Z}_p^{\mathrm{nr}}} \overline{\mathbb{F}}_p$ は，$\overline{\mathbb{F}}_p$ 上の乗法群 $\mathbb{G}_{m,\overline{\mathbb{F}}_p}$ と同型である．$\mathcal{E}$ の N 倍写像 $[N]: \mathcal{E} \to \mathcal{E}$ は準有限かつ平坦だから，その核 $\mathcal{E}_N$ は $\mathbb{Z}_p^{\mathrm{nr}}$ 上の準有限平坦可換群スキームである．付録の系 A.11 により，$\mathcal{E}_N$ は $\mathbb{Z}_p^{\mathrm{nr}}$ 上有限な開部分群スキーム $\mathcal{E}_N^f$ で，$\mathcal{E}_N^f \otimes_{\mathbb{Z}_p^{\mathrm{nr}}} \overline{\mathbb{F}}_p = \mathcal{E}_N \otimes_{\mathbb{Z}_p^{\mathrm{nr}}} \overline{\mathbb{F}}_p$ をみたすものをただ 1 つもつ．

いいかえ (3.17) により，次のことを示せばよい．

「有限 I_p 加群 $\mathcal{E}_N^f(\overline{\mathbb{Q}}_p)$ は $\mu_N(\overline{\mathbb{Q}}_p)$ と同型で，商 I_p 加群 $E_N(\overline{\mathbb{Q}}_p)/\mathcal{E}_N^f(\overline{\mathbb{Q}}_p)$ は $\mathbb{Z}/N\mathbb{Z}$ と同型である．」

N 分点 $E_N(\overline{\mathbb{Q}}_p)$ への I_p の作用の行列式は円分指標なので，この前半 $\mathcal{E}_N^f(\overline{\mathbb{Q}}_p) \simeq \mu_N(\overline{\mathbb{Q}}_p)$ だけを示せばよい．群スキーム $\mathcal{E}_N^f$ が μ_N と同型なことを示す．$\mathcal{E} \otimes_{\mathbb{Z}_p^{\mathrm{nr}}} \overline{\mathbb{F}}_p \simeq \mathbb{G}_{m,\overline{\mathbb{F}}_p}$ だから，$\mathcal{E}_N^f \otimes_{\mathbb{Z}_p^{\mathrm{nr}}} \overline{\mathbb{F}}_p = \mathcal{E}_N \otimes_{\mathbb{Z}_p^{\mathrm{nr}}} \overline{\mathbb{F}}_p \simeq \mu_{N,\overline{\mathbb{F}}_p}$ である．よって，系 A.24 により，$\mathcal{E}_N^f \simeq \mu_N$ である． ∎

[命題 3.46.2. の (1) ⇒ (2) の証明] $\varprojlim_n \mathcal{E}_{\ell^n}^f(\overline{\mathbb{Q}}_p)$ は $T_\ell(E)$ の階数 1 の直和因子で，惰性群 I_p は $\varprojlim_n \mathcal{E}_{\ell^n}^f(\overline{\mathbb{Q}}_p)$ に ℓ 進円分指標で作用する．よって，上と

同様である.

[命題 3.46, 3.48(2)⇒(1)(または(1'))の証明] ここでは命題 3.46 では $p \neq \ell$ の場合, 命題 3.48.1. では $p \nmid N$ の場合についてだけ証明する. 命題 3.48.1. の $p|N$ の場合は, Tate 楕円曲線の理論と次の命題を使って証明できるが, ここではしない. 定理 0.3 から定理 0.1 を導くには, この $(2) \Rightarrow (1)$ は使わないことに注意しておく.

命題 3.50 K を完備離散付値体とし, N を K の標数と素な自然数とする. $q \in K^\times, \notin O^\times$ に対し, 位数 N^2 の有限 G_K 加群 M_q を $\mathrm{Ker}(N: \overline{K}^\times/q^\mathbb{Z} \to \overline{K}^\times/q^\mathbb{Z})$ と定義する. このとき, 次の条件 (1), (2) は同値である.

(1) 付値環 O_K 上の有限平坦可換群スキーム A で, G_K 加群 M_q が $A(\overline{K})$ と同型であるようなものが存在する.

(2) q の付値は N の倍数である.   □

以下 $p \neq \ell, p \nmid N$ とする. まず命題 3.48.1. の $(2) \Rightarrow ((1)$ または $(1'))$ から命題 3.46.1. の $(2) \Rightarrow (1)$ を導く. $\bar{\rho}_{E,\ell}$ が p でよいとすると任意の n に対して $\bar{\rho}_{E,\ell^n}$ は p でよい. $\ell^n \geq 3$ とする. 命題 3.48.1. の $(2) \Rightarrow ((1)$ または $(1'))$ により, E が p でよい還元をもたなかったとすると, E は p で乗法的還元をもち, しかもその幾何的閉ファイバーの既約成分の個数は ℓ^n でわりきれる. n はいくらでも大きくとれるから, E は p でよい還元をもたないといけない. 同様に命題 3.48.2. の $(2) \Rightarrow (1)$ から命題 3.46.2. の $(2) \Rightarrow (1)$ が導かれる.

命題 3.48 の $(2) \Rightarrow (1)$ (または $(1')$) を示す. 次の定理を使って証明する.

定理 3.51 E を離散付値体 K 上の楕円曲線とする.

1. 付値環 O_K 上の分離スムーズ可換群スキーム E_{O_K} で $E = E_{O_K} \otimes_{O_K} K$ かつ, 次の条件をみたすものが同型をのぞき, ただ 1 つ存在する.

O_K 上の任意のスムーズ・スキーム X に対し, 標準写像
$$\{X \text{ から } E_{O_K} \text{ への } O_K \text{ 上の射}\} \to \{X \otimes_{O_K} K \text{ から } E \text{ への } K \text{ 上の射}\}$$
は全単射である.

この E_{O_K} を E の **Néron** モデルという. $\overline{F}$ を O_K の剰余体の代数閉包とする.

2. E がよい還元をもつなら, E の Néron モデルは E のよいモデルである.

幾何的閉ファイバー $E_{\overline{F}} = E_{O_K} \otimes_{O_K} \overline{F}$ は $\overline{F}$ 上の楕円曲線である.

3. E が乗法的還元をもつなら, E の Néron モデルは E の準安定モデルのスムーズ部分である. 幾何的閉ファイバー $E_{\overline{F}}$ は, その連結成分の個数を N とすると, $\mathbb{G}_{m,\overline{F}} \times (\mathbb{Z}/N\mathbb{Z})$ と同型である.

4. E が加法的還元をもつとする. 幾何的閉ファイバー $E_{\overline{F}}$ の連結成分 $E_{\overline{F}}^0$ は加法群 $\mathbb{G}_{a,\overline{F}}$ と同型である. $E_{\overline{F}}$ の連結成分がなす有限 Abel 群 C の位数は 4 以下である.

5. K' を離散付値をもつ K の拡大体で, K の素元が K' の素元であるとする. 係数拡大 $E \otimes_K K'$ の Néron モデル $E_{O_{K'}}$ は, Néron モデル E_{O_K} の係数拡大 $E \otimes_{O_K} O_{K'}$ である. □

この定理は証明しない.

[命題 3.48.1.(2) $\Rightarrow$ ((1)または(1'))の証明] N を 3 以上の自然数とする. A を $\mathbb{Z}_{(p)}$ 上の有限エタール可換群スキームで, $A(\overline{\mathbb{Q}})$ が $G_{\mathbb{Q}}$ 加群として $E_N(\overline{\mathbb{Q}})$ と同型なものとする. これは $A \otimes_{\mathbb{Z}_{(p)}} \mathbb{Q}$ が E_N と $\mathbb{Q}$ 上の群スキームとして同型ということである. $E_{\mathbb{Z}_{(p)}}$ を E の $\mathbb{Z}_{(p)}$ 上の Néron モデルとすると, その定義から, 同型 $A \otimes_{\mathbb{Z}_{(p)}} \mathbb{Q} \to E_N$ を延長する, 群スキームの準同型 $f: A \to E_{\mathbb{Z}_{(p)}}$ が存在する. A' を $A \to E_{\mathbb{Z}_{(p)}}$ の像に被約スキーム構造を与えたものとする. A' は次数が A の次数 N^2 と等しい有限平坦可換群スキームとなる. 仮定より $p \nmid N$ だから, 命題 A.21 より A' もエタールである. したがって $A \to A'$ は同型である. これは $f: A \to E_{\mathbb{Z}_{(p)}}$ が閉埋め込みであるということである.

$\mathbb{Z}_{(p)}$ 上の可換群スキームの閉埋め込み $f: A \to E_{\mathbb{Z}_{(p)}}$ は, Abel 群の単射準同型 $A(\overline{\mathbb{F}}_p) \to E_{\mathbb{Z}_{(p)}}(\overline{\mathbb{F}}_p)$ をひきおこす. これも f で表わす. $E_{\mathbb{Z}_{(p)}}(\overline{\mathbb{F}}_p)$ から $E_{\overline{\mathbb{F}}_p} = E_{\mathbb{Z}_{(p)}} \otimes_{\mathbb{Z}_{(p)}} \overline{\mathbb{F}}_p$ の連結成分がなす有限 Abel 群 C への自然な写像と f の合成を $\bar{f}$ とする. A は有限エタールだから, $A(\overline{\mathbb{F}}_p)$ は $A(\overline{\mathbb{Q}}) \simeq (\mathbb{Z}/N\mathbb{Z})^2$ と同型で, その位数 N^2 は 9 以上で p と素である.

E が加法的還元をもったとして矛盾を導く. $E_{\overline{\mathbb{F}}_p}$ の連結成分 $E_{\overline{\mathbb{F}}_p}^0$ は加法群 $\mathbb{G}_{a,\overline{\mathbb{F}}_p}$ と同型である. $\mathbb{G}_a(\overline{\mathbb{F}}_p) = \overline{\mathbb{F}}_p$ の 0 でない元の位数は p で, $A(\overline{\mathbb{F}}_p)$ の位数

は p と素だから，$E_{\overline{\mathbb{F}}_p}^0(\overline{\mathbb{F}}_p) \cap A(\overline{\mathbb{F}}_p) = 0$ である．したがって $\bar{f}: A(\overline{\mathbb{F}}_p) \to C$ は単射である．C の位数は 4 以下で，$A(\overline{\mathbb{F}}_p)$ の位数は 9 以上だから矛盾がえられた．

E が乗法的還元をもったとして，C の位数は N でわりきれることを示す．$E_{\overline{\mathbb{F}}_p}$ の連結成分 $E_{\overline{\mathbb{F}}_p}^0$ は乗法群 $\mathbb{G}_{m,\overline{\mathbb{F}}_p}$ と同型である．$\mathbb{G}_m(\overline{\mathbb{F}}_p) = \overline{\mathbb{F}}_p^\times$ の有限部分群は巡回群で，$A(\overline{\mathbb{F}}_p) \simeq (\mathbb{Z}/N\mathbb{Z})^2$ だから，$E_{\overline{\mathbb{F}}_p}^0(\overline{\mathbb{F}}_p) \cap A(\overline{\mathbb{F}}_p)$ の位数 d は N の約数である．したがって $\bar{f}: A(\overline{\mathbb{F}}_p) \to C$ の像の位数 N^2/d は N の倍数である．よって C の位数は N でわりきれる． ∎

[命題 3.48.2.(2) ⇒ (1) の証明] 命題 3.48.1. はすでに示したから，$\bar{\rho}_{E,N}$ が通常の場合に示せばよい．$K = \mathbb{Q}_p^{nr}$, $O_K = \mathbb{Z}_p^{nr}$ とする．仮定により $E_N(\overline{\mathbb{Q}}_p)$ は I_p 加群として $\mu_N(\overline{\mathbb{Q}}_p)$ と同型な部分加群を含む．これは，閉埋め込み $\mu_{N,K} \to E_K$ が定まるということである．E_{O_K} を E_K の Néron モデルとする．N が p と素という仮定より，μ_{N,O_K} は O_K 上の有限エタール可換群スキームである．よって，上と同様にして，これは閉埋め込み $\mu_{N,O_K} \to E_{O_K}$ に延長される．仮定より，$\mu_{N,O_K}(\overline{\mathbb{F}}_p)$ の位数 N は 5 以上で p と素である．E が加法的還元をもったとすると，このことから上と同様にして矛盾が導かれる． ∎

§3.8 保型形式のレベルと分岐

保型形式にともなう ℓ 進表現の分岐とレベルについて次の定理がなりたつ．

定理 3.52 O を $\mathbb{Q}_\ell$ の有限次拡大 K の整数環とし，f を K 係数のレベル N の素形式とする．$\rho_f: G_\mathbb{Q} \to GL_2(O)$ を f にともなう ℓ 進表現とする．素数 p に対し，次の 1., 2. において条件 (1), (2) はそれぞれ同値である．

1. (1) $p \nmid N$.
   (2) ρ_f が p でよい．
2. (1) $p^2 \nmid N$.
   (2) ρ_f が p で準安定． □

定理 3.52 は，§9.4 で証明する．

系 3.53 f をレベル N の素形式とし，ρ を f にともなう ℓ 進表現とする．

§3.8 保型形式のレベルと分岐 —— 111

N が平方因子をもたないことと, ρ が準安定であることとは同値である. このとき ρ の導手は f のレベル N に等しい.

[証明] 同値であることは 2. からしたがう. さらに 1. により, N の素因数と ρ がよくない素数は一致する. ∎

[命題 3.23 (1) $\Rightarrow$ (1') の証明] f をほとんどすべての素数 p に対し $a_p(E) = a_p(f)$ をみたす $\mathbb{Q}$ 係数でレベル N の素形式とする. ℓ を素数とし, $\rho_{f,\mathbb{Q}_\ell}: G_{\mathbb{Q}} \to GL_2(\mathbb{Q}_\ell)$ を f にともなう ℓ 進表現とする. 命題 3.15.2. により, ほとんどすべての素数 p に対し, $\rho_{E,\mathbb{Q}_\ell}, \rho_{f,\mathbb{Q}_\ell}$ は p で不分岐で,
$$\operatorname{Tr}\rho_{E,\mathbb{Q}_\ell}(\varphi_p) = a_p(E) = a_p(f) = \operatorname{Tr}\rho_{f,\mathbb{Q}_\ell}(\varphi_p)$$
である. したがって, 命題 3.4.1. と定理 3.17.1., 3.18.2. により, $\rho_{E,\mathbb{Q}_\ell}$ と $\rho_{f,\mathbb{Q}_\ell}$ は同型である.

p を E がよい還元をもつような素数とし, p と違う素数 ℓ をとる. 命題 3.15.2. により $\rho_{E,\mathbb{Q}_\ell}$ は p で不分岐だから, $\rho_{f,\mathbb{Q}_\ell}$ も p で不分岐である. よって定理 3.52.1.(2) $\Rightarrow$ (1) により, $p \nmid N$ である. したがって
$$a_p(E) = \operatorname{Tr}\rho_{E,\mathbb{Q}_\ell}(\varphi_p) = \operatorname{Tr}\rho_{f,\mathbb{Q}_\ell}(\varphi_p) = a_p(f)$$
がなりたつ. ∎

命題 3.23, 系 3.47, 3.53 により, 定理 2.54 したがって定理 0.13 を示すには, 1 つの素数 ℓ に対し, $\rho_{E,\ell}$ が保型的であることを示せば十分なことがわかる.

系 3.54 E を準安定楕円曲線とし, N をその導手とする. E が保型的なら, E はちょうどレベル N で保型的である.

[証明] f をほとんどすべての素数 p に対し, $a_p(E) = a_p(f)$ をみたす $\mathbb{Q}$ 係数の素形式とする. 系 3.47 により準安定 ℓ 進表現 $\rho_{E,\mathbb{Q}_\ell} \simeq \rho_{f,\mathbb{Q}_\ell}$ の導手は N である. したがって, 系 3.53 により f のレベルも N である. 命題 3.23 (1) $\Rightarrow$ (1') により, 等式 $a_p(E) = a_p(f)$ は N と素なすべての素数 p に対してなりたつ. ∎

保型的な法 ℓ 表現の分岐についても次がなりたつ. 自然数 N と素数 p に対し, p と素な N の約数のうち最大のものを, N の p と素な部分という.

定理 3.55 ℓ を 3 以上の素数とし, $\mathbb{F}$ を $\mathbb{F}_\ell$ の有限次拡大とする. $\bar{\rho}: G_{\mathbb{Q}} \to$

$GL_2(\mathbb{F})$ をレベル N で保型的な既約連続表現とする．M を N の p と素な部分とすると，次の 1., 2. においてそれぞれ (1) と (2) は同値である．

1. (1) $\bar{\rho}$ はレベル M で保型的．
   (2) $\bar{\rho}$ が p でよい．
2. (1) $\bar{\rho}$ はレベル pM で保型的．
   (2) $\bar{\rho}$ が p で準安定． □

第 0 章の定理 0.15 は定理 3.55.1.(2) $\Rightarrow$ (1) を $\bar{\rho} = \bar{\rho}_{E,\ell}$ に適用したものである．定理 3.55 は，(1) $\Rightarrow$ (2) と 1. の (2) $\Rightarrow$ (1) の一部だけを §9.7 で証明する．

系 3.56 ℓ を 3 以上の素数とし，$\mathbb{F}$ を $\mathbb{F}_\ell$ の有限次拡大とする．$\bar{\rho}: G_\mathbb{Q} \to GL_2(\mathbb{F})$ を保型的な既約準安定連続表現とする．

このとき $N_{\bar{\rho}}$ を $\bar{\rho}$ の導手とすると，$\bar{\rho}$ はレベル $N_{\bar{\rho}}$ で保型的である．

[証明] N を $\bar{\rho}$ がレベル N で保型的であるような最小の自然数とする．定理 3.55.2.(2) $\Rightarrow$ (1) を N の素因数ごとにくりかえし適用することにより，N は平方因子をもたない．さらに定理 3.55.1.(2) $\Rightarrow$ (1) をくりかえし適用すると，N は $N_{\bar{\rho}}$ の約数である． ∎

3分点と5分点

§4.1 では，定理 3.36 から定理 2.54 したがって定理 0.13 をみちびく．準安定楕円曲線 E の 3 分点が既約なときは，定理 3.36 を直接 3 進表現に適用して証明する．可約なときは 5 分点を使う．ここでは，楕円曲線の有理点についての深い結果(定理 4.4)が必要となる．

§4.2 では，Fermat 予想(定理 0.1)の証明についてまとめる．

§4.1 定理 2.54 の証明

定理 3.36 を仮定して，まず次の補題を示す．

補題 4.1 E を $\mathbb{Q}$ 上の準安定楕円曲線とし，ℓ を 3 以上の素数とする．N を E の導手とする．E の ℓ 分点が定める法 ℓ 表現 $\bar{\rho}_{E,\ell}: G_\mathbb{Q} \to GL_2(\mathbb{F}_\ell)$ が既約で保型的と仮定する．このとき E はちょうどレベル N で保型的である．すなわち，レベル N の $\mathbb{Q}$ 係数の素形式 f で，N と素なすべての素数 p に対し，$a_p(E) = a_p(f)$ をみたすものが存在する．

［証明］　まず ℓ 進表現 $\rho_{E,\ell}: G_\mathbb{Q} \to GL_2(\mathbb{Z}_\ell)$ が保型的なことを示す．$\rho_{E,\ell}$ が定理 3.36 の仮定をみたすことを確かめればよい．系 3.47 により $\rho_{E,\ell}$ は準安定でその導手は E の導手 N と等しい．系 3.16 により，$\det \rho_{E,\ell}$ は円分指標であり，定理 3.36 の仮定(1)はみたされている．$\bar{\rho}_{E,\ell}$ は仮定より既約で保型的である．したがって仮定(2)もみたされている．$\rho_{E,\ell}$ に定理を適用すると，

$\rho_{E,\ell}$ はレベル N で保型的である.よって命題3.23(2) $\Rightarrow$ (1') と系3.54を適用すればよい. □

[定理3.36 $\Rightarrow$ 定理2.54の証明] E を $\mathbb{Q}$ 上の準安定楕円曲線とする.補題4.1により,$\ell=3,5$ の少なくとも一方について,法 ℓ 表現 $\bar\rho_{E,\ell}$ が既約で保型的なことを示せばよい.

E の3分点が定める表現 $\bar\rho_{E,3}$ が既約と仮定する.このとき,$\det\bar\rho_{E,3}$ は円分指標だから,定理3.28により,$\bar\rho_{E,3}$ は保型的である.したがってこのときは補題4.1を $\ell=3$ に適用すればよい.

法3表現 $\bar\rho_{E,3}$ が可約と仮定する.この場合は $\ell=5$ に補題4.1を適用したい.それは,次の命題によって可能になる.

命題4.2 E を準安定楕円曲線とする.

1. E の3分点が定める法3表現 $\bar\rho_{E,3}$ が可約なら,法5表現 $\bar\rho_{E,5}$ は既約である.

2. 法5表現 $\bar\rho_{E,5}$ が既約ならば,準安定楕円曲線 E' で,法3表現 $\bar\rho_{E',3}$ が既約かつ,$\bar\rho_{E,5}\simeq\bar\rho_{E',5}$ であるようなものが存在する. □

命題を認めて定理の証明を続ける.E を法3表現 $\bar\rho_{E,3}$ が可約な準安定楕円曲線とする.命題4.2.1.により,法5表現 $\bar\rho_{E,5}$ は既約である.そこで,E' を命題4.2.2.の条件をみたす準安定楕円曲線とする.すると法3表現 $\bar\rho_{E',3}$ は既約だから,上で示したことにより,E' は保型的である.E' の5分点が定める表現は既約だから,命題3.23(1) $\Rightarrow$ (2) と補題3.30により $\bar\rho_{E',5}$ は保型的である.したがって $\bar\rho_{E,5}$ も保型的である.このときは補題4.1を $\ell=5$ に適用すればよい. □

上の証明で $\bar\rho_{E,5}$ が既約なら定理3.29を適用すればよいと思う人もいるかもしれない.しかし定理3.29の証明は,上の議論と,この本のここからあとの内容をさらに精密にしたものなので,それでは循環論法になってしまう.

この節の残りの部分では,命題4.2を証明する.命題4.2.1.は次の命題4.3の(1)で $\ell=5$, $\ell'=3$ の場合である.

命題4.3 E を準安定楕円曲線とし,ℓ を3以上の素数とする.次の条件(1)–(3)のどれかがみたされれば,E の ℓ 分点が定める表現 $\bar\rho_{E,\ell}$ は既約であ

§4.1 定理 2.54 の証明 —— 115

る.
 (1) ℓ と異なる 3 以上の素数 ℓ' で, $\bar{\rho}_{E,\ell'}$ が可約なものが存在する.
 (2) ℓ は 5 以上であり, E の 2 分点はすべて有理的である.
 (3) ℓ は 11 以上である. □

第 0 章の定理 0.16 は命題 4.3 の (2) の場合である. ここでは命題 4.3 を次の定理 4.4 から導く. 定理 4.4 の証明は, モジュラー曲線の深い数論的性質に基づくもので, この本では紹介できない.

定理 4.4 $\mathbb{Q}$ 上の楕円曲線 E の有理点の群 $E(\mathbb{Q})$ の有限部分は次の 15 個のどれかと同型である.

$\mathbb{Z}/N\mathbb{Z}$ ($1 \leqq N \leqq 10$, $N=12$), $\mathbb{Z}/2N\mathbb{Z} \times \mathbb{Z}/2\mathbb{Z}$ ($1 \leqq N \leqq 4$). □

命題 4.3 の証明のため, まず次の補題を示す.

補題 4.5 ℓ を素数, $\mathbb{F}$ を $\mathbb{F}_\ell$ の有限次拡大とし, $\bar{\rho}: G_{\mathbb{Q}} \to GL_2(\mathbb{F})$ を可約準安定法 ℓ 表現とする. C を $\bar{\rho}$ の 1 次元部分表現とすると, C が定める指標 $\chi: G_{\mathbb{Q}} \to \mathbb{F}^\times$ は自明な指標かまたは法 ℓ 円分指標 $\bar{\chi}_\ell$ である.

[証明] 仮定より $\bar{\rho}$ が準安定だから, 指標 χ は ℓ 以外のすべての素数 p で不分岐である. 類体論の定理, 『数論 I』定理 5.10(1) により, 自然数 n で指標 χ の核に対応する $\mathbb{Q}$ の Abel 拡大が, 円分体 $\mathbb{Q}(\zeta_{\ell^n})$ に含まれるようなものが存在する. χ の位数は ℓ と素だから, $n=1$ としてよい. したがって, χ は法 ℓ 円分指標のある巾 $\bar{\chi}_\ell^i$ である.

$\bar{\rho}$ が $p=\ell$ でよければ, 系 3.42 により, $G_{\mathbb{Q}}$ 加群 C も $p=\ell$ でよい. したがってこのときは命題 3.33 を適用できる. $\bar{\rho}$ が $p=\ell$ で通常とすると, χ の惰性群 I_ℓ への制限は, 自明な指標かまたは法 ℓ 円分指標 $\bar{\chi}_\ell$ である. $I_\ell \to \mathrm{Gal}(\mathbb{Q}(\zeta_\ell)/\mathbb{Q})$ は全射だから, この場合も示された. ■

[命題 4.3 の証明] どれも同様だから (1) の場合だけ証明する. $C_{\ell'}$ を位数 ℓ' の $E_{\ell'}(\overline{\mathbb{Q}})$ の部分 $G_{\mathbb{Q}}$ 加群とする. 位数 ℓ の $E_\ell(\overline{\mathbb{Q}})$ の部分 $G_{\mathbb{Q}}$ 加群 C_ℓ が存在したと仮定して矛盾を導く. $\chi: G_{\mathbb{Q}} \to \mathbb{F}_\ell^\times$, $\chi': G_{\mathbb{Q}} \to \mathbb{F}_{\ell'}^\times$ をそれぞれ C_ℓ, $C_{\ell'}$ が定める指標とする. 命題 3.48.2.(1) ⇒ (2) により, $\bar{\rho}_{E,\ell}$ は準安定である. 補題 4.5 により, これらは自明な指標かまたは法 $\ell(\ell')$ 円分指標である. χ, χ' がどちらも自明な指標なら, $E(\mathbb{Q})$ は位数 $\ell\ell'$ の部分群をもつことになり, 定

理4.4に反する.

χ, χ' のどちらかが自明でないときには,次のように E の商 E' を定める.$\chi \neq 1$ かつ $\chi' = 1$ のときは $E' = E/C_\ell$ とする.$\det \bar{\rho}_{E,\ell}$ は法 ℓ 円分指標だから,$E'(\mathbb{Q})$ は位数 ℓ の群 $E_\ell/C_\ell \simeq \mathbb{Z}/\ell\mathbb{Z}$ を部分群としてもつ.$E'(\mathbb{Q})$ は $C_{\ell'}$ の像も位数 ℓ' の部分群としてもつから,上と同様に定理4.4に反する.

同様に,$\chi \neq 1$ かつ $\chi' = 1$ のときは $E' = E/C_{\ell'}$,$\chi \neq 1$ かつ $\chi' \neq 1$ のときは $E' = E/(C_\ell \times C_{\ell'})$ を考えれば矛盾が得られる. ∎

[命題4.2.2.の証明] まず次の補題を示す.

補題4.6 $\mathcal{M}(E_5)$ を $\mathbb{Q}$ 上のスキーム T に対し,集合 $\{T$ 上の楕円曲線 E' と群スキームの同型 $\alpha: E_{5,T} \to E'_5$ の対 (E', α) の同型類$\}$ を対応させる $\mathbb{Q}$ 上の関手とする.

関手 $\mathcal{M}(E_5)$ は,$\mathbb{Q}$ 上のアファイン・スムーズ代数曲線によって表現される.Y を精モジュライとすると,$Y \otimes_\mathbb{Q} \overline{\mathbb{Q}} = Y_{\overline{\mathbb{Q}}}$ は $Y(5)_{\overline{\mathbb{Q}}}$ と同型である.

[証明] 定理2.10, 2.21, 命題2.23の証明と同様なので,精モジュライ・スキーム Y の構成法だけ説明する.$\mathbb{Q}$ 上のスキーム T に対し,集合 $\{$群スキームの同型 $(\mathbb{Z}/5\mathbb{Z})^2_T \to E_{5,T}\}$ を対応させる関手は,$E_5 \times E_5$ の開かつ閉な部分スキームによって表現される.この $\mathbb{Q}$ 上有限エタールなスキームを $\mathcal{I}som((\mathbb{Z}/5\mathbb{Z})^2, E_5)$ で表わす.これは群 $GL_2(\mathbb{Z}/5\mathbb{Z})$ の自然な作用をもつ.積 $Y(5) \times_\mathbb{Q} \mathcal{I}som((\mathbb{Z}/5\mathbb{Z})^2, E_5)$ の $GL_2(\mathbb{Z}/5\mathbb{Z})$ による商 Y が,関手 $\mathcal{M}(E_5)$ の精モジュライである. ∎

Y の有理点は $\mathbb{Q}$ 上の楕円曲線 E' と $G_\mathbb{Q}$ の表現の同型 $\alpha: \bar{\rho}_{E,5} \to \bar{\rho}_{E',5}$ の対 (E', α) の同型類と1対1に対応する.P_0 を対 (E, id) に対応する Y の有理点とする.Y_0 を点 P_0 を含む Y の連結成分とする.Y_0 は定数体が $\mathbb{Q}$ の連結スムーズ・アファイン代数曲線である.命題2.22により,$Y(5)$ の種数は 0 である.したがって補題4.6により,Y_0 も種数 0 である.Y_0 は有理点 P_0 をもつから $\mathbb{P}^1_\mathbb{Q}$ の開部分スキームと同型である.Y_0 を $\mathbb{P}^1_\mathbb{Q}$ の開部分スキームと同一視し,t を $\mathbb{P}^1_\mathbb{Q}$ の非同次座標とすると,有限個を除く有理数 t に対し,座標が t の点は Y_0 の有理点を定める.

Y_0 の有理点に対応する楕円曲線 E' が命題4.2.2.の条件

§4.1 定理2.54の証明 —— 117

（1）E' は準安定．
（2）E' の3分点が定める表現 $\bar{\rho}_{E',3}$ は既約．
（3）E' の5分点が定める表現 $\bar{\rho}_{E',5}$ は E の5分点が定める表現 $\bar{\rho}_{E,5}$ と同型．

をみたすための条件を調べる．Y の定義から，条件(3)は必ずみたされている．

条件(2)について調べる．補題4.6と同様に次の補題がなりたつ．証明は省略する．

補題 4.7 $\mathcal{M}(E_5, 3)$ を $\mathbb{Q}$ 上のスキーム T に対し，集合
$$\left\{ \begin{array}{l} T \text{ 上の楕円曲線}E' \text{ と群スキームの同型}\alpha: E_{5,T} \to E'_5 \text{ と } E' \text{ の} \\ \text{位数 3 の巡回部分群スキーム}C \text{ の 3 つ組 }(E', \alpha, C) \text{ の同型類} \end{array} \right\}$$
を対応させる $\mathbb{Q}$ 上の関手とする．$Y(5,3)$ をモジュラー曲線 $Y(15)$ の $B(\mathbb{Z}/3\mathbb{Z}) \subset GL_2(\mathbb{Z}/15\mathbb{Z})$ による商とする．

関手 $\mathcal{M}(E_5, 3)$ は，$\mathbb{Q}$ 上のアファイン・スムーズ代数曲線によって表現される．Y' を精モジュライとすると，$Y' \otimes_{\mathbb{Q}} \overline{\mathbb{Q}} = Y'_{\overline{\mathbb{Q}}}$ は $Y(5,3)_{\overline{\mathbb{Q}}}$ と同型である．□

Y' の有理点は $\mathbb{Q}$ 上の楕円曲線 E'，$G_{\mathbb{Q}}$ の表現の同型 $\alpha: \bar{\rho}_{E,5} \to \bar{\rho}_{E',5}$ と $\bar{\rho}_{E',3}$ の1次元部分表現 χ の3つ組 (E', α, χ) の同型類と1対1に対応する．したがって Y の有理点 P に対応する楕円曲線 E' の3分点が既約であるためには，P が Y' の有理点の像でないことが必要十分である．

$Y'(\mathbb{Q})$ は有限集合であることを示す．X' を Y' を密な開部分スキームとして含む，$\mathbb{Q}$ 上の (連結でない) 固有スムーズ代数曲線とする．C を X' の連結成分で，その定数体が $\mathbb{Q}$ のものとする．次の定理により，C の種数が2以上であることを示せばよい．

定理 4.8 X が $\mathbb{Q}$ 上の種数が2以上の代数曲線ならば，X の有理点の集合 $X(\mathbb{Q})$ は有限集合である． □

$X(5,3)$ をモジュラー曲線 $X(15)$ の $B(\mathbb{Z}/3\mathbb{Z}) \subset GL_2(\mathbb{Z}/15\mathbb{Z})$ による商とする．$X(5,3)$ はその定数体 $\mathbb{Q}(\zeta_5)$ 上の固有スムーズ連結代数曲線である．$C \otimes_{\mathbb{Q}} \overline{\mathbb{Q}}$ は $X(5,3) \otimes_{\mathbb{Q}(\zeta_5)} \overline{\mathbb{Q}}$ と同型である．$\mathbb{Q}(\zeta_5)$ 上の連結代数曲線 $X(5,3)$ の

種数 g が 9 であることを示せばよい．命題 2.15 の証明と同様に，有限写像 $X(5,3) \to X(5)$ に Riemann–Hurwitz の公式を適用する．この写像は次数 4 で $Y(5)$ 上ではエタールである．$X(5)$ のカスプは $\mathbb{Q}(\zeta_5)$ 上 $|GL_2(\mathbb{Z}/5\mathbb{Z})|/(2 \cdot 5 \cdot [\mathbb{Q}(\zeta_5):\mathbb{Q}]) = 12$ 点あり，各カスプ上 $X(5,3)$ の点は 2 点ずつある．$X(5) \simeq \mathbb{P}^1_{\mathbb{Q}(\zeta_5)}$ だから，
$$2g - 2 + 2\cdot 12 = 4(2\cdot 0 - 2 + 12) = 40$$
で $g = 9$ が示された．

最後に，E' が準安定であるための条件を調べる．$\bar{\rho}_{E,5} \simeq \bar{\rho}_{E',5}$ で，これは準安定だから，命題 3.48.2.(2) $\Rightarrow$ (1) より，E' も 5 以外の素数では準安定である．Y の点 P が P_0 に 5 進位相で十分近ければ，対応する楕円曲線 E' は $p=5$ でも準安定なことを示す．Y_0 を $\mathbb{P}^1_{\mathbb{Q}}$ の開部分スキームと同一視し，$\mathbb{P}^1_{\mathbb{Q}}$ の非同次座標 t を P_0 の座標が $t=0$ となるようにとる．Y_0 上の普遍楕円曲線 E_{Y_0} が方程式 $y^2 = 4x^3 - c(t)x - d(t)$ で定義されるような t の有理式 $c(t), d(t)$ をとる．E は 5 で準安定だから，必要なら E_{Y_0} の座標 x, y を変換して，$c(0), d(0) \in \mathbb{Z}_{(5)}$ かつ $c(0) \not\equiv 0$ または $d(0) \not\equiv 0 \bmod 5$ となるようにしておく．すると t が 5 進位相で 0 に十分近ければ $c(t), d(t) \in \mathbb{Z}_{(5)}$ かつ $c(t) \not\equiv 0$ または $d(t) \not\equiv 0 \bmod 5$ となる．このような t に対応する楕円曲線 E' も 5 で準安定である．

以上まとめると，有理数 t が 5 進位相で 0 に十分近く，しかも座標が t の Y_0 の有理点 P が有限集合 $Y'(\mathbb{Q})$ の像にはいらなければ，対応する楕円曲線 E' は条件 $(1), (2), (3)$ をすべてみたすことが示された．このような有理数はいくらでもあるので命題が示された. ∎

§4.2 定理 0.1 の証明のまとめ

定理 0.1 の証明は，だいぶこみいっているので，ここで図 (0.2) にそって復習しよう．定理 3.36, 3.55 はまだ証明していないが，それらは仮定する．n を 3 以上の整数とし，方程式

(0.1) $\qquad\qquad X^n + Y^n = Z^n$

§4.2 定理0.1の証明のまとめ —— 119

の自明でない整数解 $(X,Y,Z)=(A,B,C)$ があったとする. §0.1, §0.2で示したように, ℓ は5以上の素数, A,B,C はたがいに素, B は偶数かつ $C \equiv -1 \bmod 4$ と仮定してよい. E を方程式

(0.4) $$y^2 = x(x-C^\ell)(x-B^\ell)$$

で定義される楕円曲線とする. 命題1.9.1.(2) ⇒ (1) により, E は準安定であり, その2分点はすべて有理的である. N を E の導手とする. 命題1.9.2. により, これは $\frac{1}{16}A^\ell B^\ell C^\ell$ の素因数すべての積である. $\ell \geqq 5$ だから, N は ABC の素因数すべての積と等しく偶数である. ここまでが, 図(0.2)の1つめの矢印の正確な内容である.

E がレベル N で保型的であることは, 次のようにして証明される. 一般に準安定楕円曲線 E' に対して, ℓ 進表現 $\rho_{E',\ell}$, 法 ℓ 表現 $\bar{\rho}_{E',\ell}$ は, それぞれ命題3.46.2.(1) ⇒ (2), 命題3.48.2.(1) ⇒ (2) により準安定である. それらの行列式は, 系3.16により円分指標である. 命題4.3(2)により E の5分点が定める法5表現 $\bar{\rho}_{E,5}: G_\mathbb{Q} \to GL_2(\mathbb{F}_5)$ は既約である. 命題4.2.2.により準安定楕円曲線 E' で, 法3表現 $\bar{\rho}_{E',3}$ が既約かつ, $\bar{\rho}_{E,5} \simeq \bar{\rho}_{E',5}$ であるようなものが存在する. 定理3.28により法3表現 $\bar{\rho}_{E',3}$ は保型的である. 定理3.36を適用して, 準安定3進表現 $\rho_{E',3}$ は保型的である. 命題3.23(2) ⇒ (2') により, 5進表現 $\rho_{E',5}$ も保型的である. 法5表現 $\bar{\rho}_{E,5} \simeq \bar{\rho}_{E',5}$ は既約だから, これも保型的である. 今度は定理3.36を準安定5進表現 $\rho_{E,5}$ に適用して, これも保型的である. 命題3.23(2) ⇒ (1) により E は保型的であり, ほとんどすべての素数 p に対し, $a_p(E) = a_p(f)$ をみたす $\mathbb{Q}$ 係数の素形式 f が存在する. 系3.54により素形式 f のレベルは N である. ここまでが, 図(0.2)の2つめの矢印の正確な内容である.

このような f の存在から, 次のようにして矛盾が導かれる. $\ell \geqq 5$ で, E の2分点はすべて有理的だから, 命題4.3(2)により E の ℓ 分点が定める法 ℓ 表現 $\bar{\rho}_{E,\ell}: G_\mathbb{Q} \to GL_2(\mathbb{F}_\ell)$ は既約である. E がレベル N で保型的だから, $\bar{\rho}_{E,\ell}$ もレベル N で保型的である. $\bar{\rho}_{E,\ell}$ がレベル2で保型的なことを示す. p を3以上の N の素因数とする. 命題1.33(2) ⇒ (1) により, E は p で乗法的還元をもち, その準安定モデル $E_{\mathbb{Z}_{(p)}}$ の幾何的閉ファイバー $E_{\mathbb{Z}_{(p)}} \otimes_{\mathbb{Z}_{(p)}} \overline{\mathbb{F}}_{(p)}$ の既約

成分の個数は ℓ の倍数である．命題 3.48.1.(1') ⇒ (2) により，法 ℓ 表現 $\bar{\rho}_{E,\ell}$ は p でよい．これが N の 3 以上のすべての素因数 p についてなりたつから，定理 3.55.1.(2) ⇒ (1) をくりかえし適用して $\bar{\rho}_{E,\ell}$ はレベル 2 で保型的である．ここでは，定理 3.55.1. は N が p で 1 回しかわれない場合だけを使っていることに注意しておこう．定理 3.55 は §9.7 で証明するが，そこでは，この場合のさらに一部だけを証明する予定である．

証明に戻る．$\bar{\rho}_{E,\ell}$ はレベル 2 で保型的だから，レベル 1 または 2 の素形式 g で，すべての $p\nmid 2\ell$ に対し，$a_p(g) \equiv \mathrm{Tr}\,\bar{\rho}_{E,\ell}(\varphi_p) = a_p(f)$ をみたすものが存在する．ところが系 2.18 により，レベル 1, 2 の保型形式の空間 $S(1), S(2)$ はともに 0 である．素形式 g は定義により 0 でない $S(1)$ または $S(2)$ の元だから，これは矛盾である．これが図 (0.2) の最後の矢印の正確な内容である．

以上が定理 0.1 の証明である．次の第 5 章からは，上の証明で使った定理 3.36 の証明の解説にはいる．

5

$$R = T$$

　この章では定理 3.36 の証明の方針を解説する．定理 3.36 は ℓ 進表現 ρ に関するものとして書かれている．同じ定理を法 ℓ 表現 $\bar\rho$ についてのものとして，次のように書くことができる．この視点の転換は結構だいじである．

　ℓ を 3 以上の素数とし，$\mathbb{F}$ を $\mathbb{F}_\ell$ の有限次拡大とする．$\bar\rho: G_\mathbb{Q} \to GL_2(\mathbb{F})$ を法 ℓ 表現とする．O を $\mathbb{F}$ が剰余体であるような $\mathbb{Q}_\ell$ の有限次拡大の整数環とする．ℓ 進表現 $\rho: G_\mathbb{Q} \to GL_2(O)$ が $\bar\rho$ の O へのもちあげであるとは，合成写像 $G_\mathbb{Q} \xrightarrow{\rho} GL_2(O) \to GL_2(\mathbb{F})$ が $\bar\rho$ と等しいことをいう．

　定理 5.1　ℓ を 3 以上の素数とし，O を $\mathbb{Q}_\ell$ の有限次拡大 K の整数環とする．$\mathbb{F}$ を O の剰余体とし，$\bar\rho: G_\mathbb{Q} \to GL_2(\mathbb{F})$ を準安定で既約で保型的な連続表現とする．$\bar\rho$ の O への準安定なもちあげ $\rho: G_\mathbb{Q} \to GL_2(O)$ は，その行列式 $\det \rho: G_\mathbb{Q} \to O^\times$ が円分指標ならば，レベル N_ρ で保型的である． □

　§5.2 から，変形環と Hecke 環を使ってこの定理を証明していく．その前に §5.1 で，なぜそのようなものを使うのか，という考え方について解説したい．

　この章の内容は $\ell = 2$ のときも，同じようになりたつことが多い．しかし，話を簡単にするため，この章では，以下 ℓ はいつも 3 以上の素数を表わすものとする．

§5.1 $R=T$ とは?

この節では話の流れをよくするため,正確さにこだわらなかった.正確な定式化は§5.2, 5.3で与える.論理的にいえば,この節はまったく必要ない.

定理5.1は保型形式とGalois表現についての定理である.第0章で主役だった楕円曲線はもう退場しているのである.今度の証明の主役は,Galois表現の化身である変形環と保型形式の化身であるHecke環である.

定理5.1は次のようにいい直すことができる.

$$\mathcal{R} = \left\{ \rho: G_{\mathbb{Q}} \to GL_2(O) \,\middle|\, \begin{array}{l} \rho \text{ は } \bar{\rho} \text{ の } O \text{ への準安定なもちあげで,} \\ \text{その行列式 } \det \rho \text{ は円分指標である} \end{array} \right\},$$

$$\mathcal{T} = \left\{ K \text{係数の素形式} f \,\middle|\, \begin{array}{l} \text{有限個をのぞく素数}p\text{に対し} \\ a_p(f) \equiv \operatorname{Tr} \bar{\rho}(\varphi_p) \end{array} \right\}$$

とおく.素形式fに対し,fにともなうℓ進表現ρ_fを対応させることにより,単射$\varphi: \mathcal{T} \to \mathcal{R}$が定義される.定理の主張はこの写像が全単射ということである.このままでは$\mathcal{T}$も$\mathcal{R}$も無限集合なので扱いにくい.そこで次のようにそれぞれの部分集合を考える.

Σを素数の有限集合とし,

$\mathcal{R}_\Sigma = \{\rho \in \mathcal{R} \mid \rho \text{ の分岐は } \Sigma \text{ 以外の素数では } \bar{\rho} \text{ の分岐と同じ程度である}\}$,

$\mathcal{T}_\Sigma = \{f \in \mathcal{T} \mid \rho_f \text{ の分岐は } \Sigma \text{ 以外の素数では } \bar{\rho} \text{ の分岐と同じ程度である}\}$

とおく.これらに対しても同様に単射$\varphi_\Sigma: \mathcal{T}_\Sigma \to \mathcal{R}_\Sigma$が定義される.$\mathcal{R} = \bigcup_\Sigma \mathcal{R}_\Sigma$だから,$\Sigma$ごとに$\varphi_\Sigma$が全単射であることを示せば,$\varphi$が全単射であることが示せる.

写像$\varphi_\Sigma: \mathcal{T}_\Sigma \to \mathcal{R}_\Sigma$が全単射であることを示すための重要な一歩は,これを可換環論で解釈することである.O上の環R_Σ, T_ΣとO上の環の準同型$f_\Sigma: R_\Sigma \to T_\Sigma$で次の性質(5.1)–(5.3)をもつものを定義する.

(5.1) $\qquad \mathcal{R}_\Sigma = \{O \text{ 上の環の準同型} R_\Sigma \to O\}$,

(5.2) $\qquad \mathcal{T}_\Sigma = \{O \text{ 上の環の準同型} T_\Sigma \to O\}$.

§5.1 $R=T$ とは? —— 123

(5.3) 写像 $\varphi_\Sigma:\mathcal{T}_\Sigma\to\mathcal{R}_\Sigma$ は，次の写像と等しい

$$\{O\text{ 上の環の準同型 }T_\Sigma\to O\}\to\{O\text{ 上の環の準同型 }R_\Sigma\to O\}$$
$$\begin{matrix}\cup\\ g\end{matrix}\quad\mapsto\quad\begin{matrix}\cup\\ g\circ f_\Sigma.\end{matrix}$$

写像 $\varphi_\Sigma:\mathcal{T}_\Sigma\to\mathcal{R}_\Sigma$ が全単射であることを示すことは，環の準同型 $f_\Sigma: R_\Sigma\to T_\Sigma$ が同型であることを示すことに帰着される．$R_\Sigma, T_\Sigma, f_\Sigma:R_\Sigma\to T_\Sigma$ は §5.2, 5.3 で定義する．同型であることの証明の方針は，§5.4, 5.5 での準備のあと，§5.6 で説明する．ここでは，上の性質をみたす環 R_Σ と T_Σ および準同型 $f_\Sigma:R_\Sigma\to T_\Sigma$ の定義の方法について解説する．

環 R_Σ がみたすべき性質を書き直すと

$\{O\text{ 上の環の準同型 }R_\Sigma\to O\}$

$$=\left\{\rho\,\middle|\,\begin{array}{l}\rho\text{ は }\bar\rho\text{ の }O\text{ へのもちあげで，}\det\rho\text{ は円分指標であり，}\rho\text{ の}\\ \text{分岐は }\Sigma\text{ 以外の素数では }\bar\rho\text{ の分岐と同じ程度である}\end{array}\right\}$$

となる．この性質を O への準同型だけでなく，O 上の任意の環への準同型について課すことによって，R_Σ を定義する．

(5.4) O 上の任意の環 A について

$\{O\text{ 上の環の準同型 }R_\Sigma\to A\}$

$$=\left\{\rho\,\middle|\,\begin{array}{l}\rho\text{ は }\bar\rho\text{ の }A\text{ へのもちあげで，}\det\rho\text{ は円分指標であり，}\rho\text{ の}\\ \text{分岐は }\Sigma\text{ 以外の素数では }\bar\rho\text{ の分岐と同じ程度である}\end{array}\right\}$$

がなりたつ．

という性質によって環 R_Σ がただ 1 つ定まるのである．代数幾何の変形理論との類似により，この環 R_Σ のことを変形環という．

環 T_Σ は被約 Hecke 環の部分環として定義される．$\bar\rho$ の導手 $N_{\bar\rho}$ の倍数 N_Σ をうまく定めて，

$$\mathcal{T}_\Sigma=\{f\in\mathcal{T}\mid f\text{ のレベルは }N_\Sigma\text{ の約数}\}$$

となるようにとる．$\Phi(N_\Sigma)_{K,\bar\rho}$ を K 上のレベルが N_Σ の約数の素形式 f で，有限個をのぞく素数 p に対し $a_p(f)\equiv\operatorname{Tr}\bar\rho(\varphi_p)$ をみたすものからなる有限集合とする．各素形式 $f=\sum_{n=1}^\infty a_n(f)q^n\in\Phi(N_\Sigma)_{K,\bar\rho}$ に対し，K_f を K 上 $a_n(f), n\in\mathbf{N}$ で生成される体とし，O_f をその整数環とする．O 上の環の準同型 $R\to O_f$

を定める．f にともなう ℓ 進表現 $\rho_f: G_{\mathbb{Q}} \to GL_2(O_f)$ は，$\bar{\rho}$ の O_f へのもちあげで，$\det \rho_f$ は円分指標であり，ρ_f の分岐は Σ 以外の素数では $\bar{\rho}$ の分岐と同じ程度である．したがって R_Σ の定義により，環の準同型 $\psi_f: R_\Sigma \to O_f$ が定まる．これの積 $\Psi_\Sigma: R_\Sigma \to \prod_{f \in \Phi(N_\Sigma)_{K,\bar{\rho}}} O_f$ の像が T_Σ である．§5.3 ではもっと直接に T_Σ を定義する．環 T_Σ は被約 Hecke 環を使って定義されるので，これ自体も被約 Hecke 環，または単に Hecke 環とよぶ．

環の準同型 $f_\Sigma: R_\Sigma \to T_\Sigma$ は，$\Psi_\Sigma: R_\Sigma \to \prod_{f \in \Phi(N_\Sigma)_{K,\bar{\rho}}} O_f$ によってひきおこされる全射準同型とする．これが R_Σ, T_Σ, f_Σ の定義の方法である．それでは次の節から，正確な定義をみていこう．

§5.2 変形環

この節では変形環を正確に定義する．変形環がちゃんと存在するという定理(定理 5.8)の証明は第 7 章で与える．まず表現のもちあげについて定義する．

O を完備離散付値環とし，F をその剰余体とする．

定義 5.2 環 A が O 上の**射影有限生成な完備局所環**(pro-finitely generated complete local algebra)であるとは，A が完備局所 Noether 環であり，局所準同型 $O \to A$ があたえられていて，A の剰余体 A/m_A が O の剰余体 F の有限次拡大であることをいう． □

O 上の射影有限生成な完備局所環 A に対し，$p_A: A \to F_A$ を A の剰余体 F_A への標準全射，$i_A: F \to F_A$ を環の局所準同型 $O \to A$ が剰余体にひきおこす準同型とする．O 上の射影有限生成な完備局所環の局所準同型 $f: A \to A'$ は位相群の連続準同型 $GL_n(f): GL_n(A) \to GL_n(A')$ をひきおこす．射影有限群 G の連続表現 $\rho: G \to GL_n(A)$ に対し，合成表現 $G \xrightarrow{\rho} GL_n(A) \xrightarrow{GL_n(f)} GL_n(A')$ を $f_*(\rho)$ で表わす．$\rho: G \to GL_n(A)$ の $P \in GL_n(A)$ による共役 $\mathrm{ad}(P)(\rho): G \to GL_n(A)$ を $\mathrm{ad}(P)(\rho)(\sigma) = P\rho(\sigma)P^{-1}$ で定める．
$$U^1 GL_n(A) = \mathrm{Ker}(GL_n(A) \to GL_n(F_A))$$

$$= \{M \in GL_n(A) \mid M \equiv 1 \bmod m_A\}$$

とおく.

定義 5.3 G を射影有限群とし,$\bar{\rho}: G \to GL_n(F)$ を連続表現とする.

1. A を O 上の射影有限生成な完備局所環とする.位相群の連続準同型 $\rho: G \to GL_n(A)$ が $\bar{\rho}$ の A への**もちあげ**(lifting)であるとは,次の図式が可換であることをいう.

(5.5)
$$\begin{array}{ccc} G & \xrightarrow{\bar{\rho}} & GL_n(F) \\ {\scriptstyle \rho}\downarrow & & \downarrow{\scriptstyle GL_n(i_A)} \\ GL_n(A) & \xrightarrow[GL_n(p_A)]{} & GL_n(F_A) \end{array}$$

2. A を O 上の射影有限生成な完備局所環とし,$\rho, \rho': G \to GL_n(A)$ を $\bar{\rho}$ の A へのもちあげとする.ρ と ρ' が**同値**であるとは,$\rho' = \mathrm{ad}(P)(\rho)$ をみたす行列 $P \in U^1 GL_n(A)$ が存在することをいう.

ρ と ρ' が同値であることを $\rho \sim \rho'$ と表わす. □

図式 (5.5) が可換とは,$p_{A*}(\rho) = i_{A*}(\bar{\rho})$ ということである.$\rho: G \to GL_n(A)$ が $\bar{\rho}$ のもちあげで,$P \in U^1 GL_n(A)$ なら,共役 $\mathrm{ad}(P)(\rho)$ も $\bar{\rho}$ のもちあげである.$f: A \to B$ を O 上の射影有限生成な完備局所環 A, B の局所準同型とすると,f_* はもちあげの同値関係を保つ.

$\rho, \rho': G \to GL_n(A)$ を $\bar{\rho}$ の A へのもちあげとする.ρ と ρ' が同型であるとは,$\rho' = \mathrm{ad}(P)(\rho)$ をみたす行列 $P \in GL_n(A)$ が存在するということだった.ρ と ρ' が同型であることは,$\rho \simeq \rho'$ と表わす.

命題 5.4 G を射影有限群とし,$\bar{\rho}: G \to GL_n(F)$ を連続表現とする.A を O 上の射影有限生成な完備局所環 A とし,$\rho, \rho': G \to GL_n(A)$ を $\bar{\rho}$ の A へのもちあげとする.$\bar{\rho}$ が絶対既約で,ρ と ρ' が同型なら,ρ と ρ' は同値である.

[証明] $\rho' = \mathrm{ad}(P)(\rho)$ となる $P \in GL_n(A)$ があると仮定して $\rho' = \mathrm{ad}(P_1)(\rho)$ となる $P_1 \in U^1 GL_n(A)$ があることを示せばよい.F_A を A の剰余体とし,$\overline{P}$ で P の $GL_n(F_A)$ への像を表わす.$\bar{\rho}$ が絶対既約だから,$\overline{P}$ はスカラー行列である.$a \in A^\times$ で $\overline{P} = \bar{a}$ となるものをとり,$P_1 = a^{-1}P$ とおけばよい. ∎

以下,$G = G_\mathbb{Q}$,ℓ は 3 以上の素数,$\mathbb{F}$ は $\mathbb{F}_\ell$ の有限次拡大体とし,$\bar{\rho}: G_\mathbb{Q} \to$

$GL_2(\mathbb{F})$ を準安定な既約法 ℓ 表現とする．$\det\bar\rho$ が法 ℓ 円分指標なら，とくに $\bar\rho$ が保型的なら，命題3.5により $\bar\rho$ は絶対既約である．

$\bar\rho$ のもちあげ ρ の分岐が，Σ の外では $\bar\rho$ の分岐と同じ程度であるということを正確に定式化する．

定義5.5 ℓ を 3 以上の素数とする．O を $\mathbb{Q}_\ell$ の有限次拡大の整数環とし，$\mathbb{F}$ をその剰余体とする．$\bar\rho: G_\mathbb{Q} \to GL_2(\mathbb{F})$ を準安定な既約法 ℓ 表現で，$\det\bar\rho: G_\mathbb{Q} \to \mathbb{F}^\times$ が円分指標であるものとする．素数の有限集合 $S_{\bar\rho}$ を次のように定める．

(5.6) $\qquad S_{\bar\rho} = \{p \text{ は素数} \mid \bar\rho \text{ は } p \text{ でよくない}\}.$

Σ を素数の有限集合で，次の条件をみたすものとする．

(5.7) $\Sigma \cap S_{\bar\rho} = \emptyset$ である．$\ell \in \Sigma$ ならば，$\bar\rho$ は ℓ でよくかつ通常である．

$\rho: G_\mathbb{Q} \to GL_2(A)$ を O 上の射影有限生成な完備局所環 A への $\bar\rho$ のもちあげとする．ρ が $\mathcal{D}_\Sigma$ 級の $\bar\rho$ のもちあげであるとは，次の条件(1)–(3)がみたされることをいう．

（1）$p \notin S_{\bar\rho} \cup \Sigma$ なら ρ は p でよい．
（2）$p \in S_{\bar\rho}$ または $p = \ell$ なら ρ は p で準安定である．
（3）$\det\rho$ は円分指標である． □

$\bar\rho$ の導手 $N_{\bar\rho}$ は $\prod_{p \in S_{\bar\rho}} p$ である．次の命題 5.6 は定義から明らかである．

命題5.6 記号は定義5.5のとおりとする．$\rho: G_\mathbb{Q} \to GL_2(O)$ を $\bar\rho$ の準安定なもちあげで，$\det\rho: G_\mathbb{Q} \to O^\times$ が円分指標であるものとする．

$$\Sigma(\rho) = \{p \mid \bar\rho \text{ は } p \text{ でよいが } \rho \text{ は } p \text{ でよくない}\}$$

とおくと，$\Sigma(\rho)$ は条件 (5.7) をみたし，ρ は $\bar\rho$ の $\mathcal{D}_{\Sigma(\rho)}$ 級のもちあげである． □

命題5.7 $\bar\rho: G_\mathbb{Q} \to GL_2(\mathbb{F})$ を準安定な既約法 ℓ 表現で，$\det\bar\rho$ が円分指標であるものとする．A を O 上射影有限生成な完備局所環とし，ρ を $\bar\rho$ の A へのもちあげとする．

1. B を O 上射影有限生成な完備局所環とし，$f: A \to B$ を O 上の局所準同型とする．ρ が $\mathcal{D}_\Sigma$ 級のもちあげなら，$f_*(\rho)$ も $\mathcal{D}_\Sigma$ 級のもちあげである．

2. $P \in U^1 GL_n(A)$ とする. ρ が $\mathcal{D}_\Sigma$ 級のもちあげなら, ρ の P による共役 $\mathrm{ad}(P)(\rho)$ も $\mathcal{D}_\Sigma$ 級のもちあげである.

[証明] 証明が必要なのは, ρ が $p=\ell$ でよければ, $f_*(\rho)$ も $p=\ell$ でよいことを示すことだけである. A, B をそれぞれ極大イデアルの巾でわって, A, B の位数は有限としてよい. B は A 加群として有限生成だから, 有限 $G_\mathbb{Q}$ 加群 B^2 は有限 $G_\mathbb{Q}$ 加群 A^2 の有限個の直和の商である. よって, これは系 3.4.1. から従う. ∎

命題 5.7.2. により, ρ が $\bar{\rho}$ の $\mathcal{D}_\Sigma$ 級の A へのもちあげなら, ρ の $U^1 GL_n(A)$ による共役も $\mathcal{D}_\Sigma$ 級である. $\bar{\rho}$ の $\mathcal{D}_\Sigma$ 級のもちあげの $U^1 GL_n(A)$ による共役類を, $\bar{\rho}$ の $\mathcal{D}_\Sigma$ 級の**変形**(deformation)という. $\bar{\rho}$ の A への $\mathcal{D}_\Sigma$ 級の変形全体の集合を, $\mathrm{Def}_{\bar{\rho}, \mathcal{D}_\Sigma}(A)$ で表わす. 命題 5.7.1. により, 写像 $f_* : \mathrm{Def}_{\bar{\rho}, \mathcal{D}_\Sigma}(A) \to \mathrm{Def}_{\bar{\rho}, \mathcal{D}_\Sigma}(B)$ が定義される.

定理 5.8 ℓ を3以上の素数とし, O を $\mathbb{Q}_\ell$ の有限次拡大の整数環とし, $\mathbb{F}$ を O の剰余体とする. $\bar{\rho} : G_\mathbb{Q} \to GL_2(\mathbb{F})$ を準安定な既約法 ℓ 表現で, $\det \bar{\rho}$ が円分指標であるものとする. Σ を条件(5.7)をみたす素数の有限集合とする.

1. O 上射影有限生成な完備局所環 R_Σ と, R_Σ への $\bar{\rho}$ の $\mathcal{D}_\Sigma$ 級のもちあげ ρ_Σ で, 次の条件をみたすものが存在する.

O 上射影有限生成な任意の完備局所環 A に対し, 写像

(5.8) $\{O \text{上の局所準同型 } R_\Sigma \to A\} \to \mathrm{Def}_{\bar{\rho}, \mathcal{D}_\Sigma}(A)$
$\quad\quad\quad\quad f \quad\quad\quad\quad \mapsto f_*(\rho_\Sigma) \text{ の類}$

は全単射である.

2. R_Σ の部分集合
$$\{\mathrm{Tr}\, \rho_\Sigma(\varphi_p) \in R_\Sigma \mid p \text{ は素数で } p \notin S_{\bar{\rho}} \cup \Sigma \cup \{\ell\}\}$$
によって O 上生成される部分環は R_Σ 内で稠密である.

3. 局所環 R_Σ の剰余体は O の剰余体 $\mathbb{F}$ と等しい. □

この環 R_Σ を $\bar{\rho}$ の $\mathcal{D}_\Sigma$ 級の O 上の**変形環**(deformation ring)という. R_Σ は性質(5.1)をみたす.

系 5.9 ρ を $\bar{\rho}$ の O へのもちあげとすると次は同値である.

(1) ρ は $\mathcal{D}_\Sigma$ 級である.

(2) O 上の局所準同型 $\pi: R_\Sigma \to O$ で ρ と $\pi_*(\rho_\Sigma)$ が同値であるようなものが存在する. □

系 5.10 O' を O の分数体 K の有限次拡大の整数環とし, $\mathbb{F}'$ を O' の剰余体とする. $R_{\Sigma,O'}$ を合成 $G_\mathbb{Q} \xrightarrow{\bar\rho} GL_2(\mathbb{F}) \to GL_2(\mathbb{F}')$ の $\mathcal{D}_\Sigma$ 級の O' 上の変形環とすると, 標準同型 $R_{\Sigma,O} \otimes_O O' \simeq R_{\Sigma,O'}$ がある.

[証明] O' 上射影有限生成な完備局所環 A は O 上射影有限生成な完備局所環でもあるから,

$\{O \text{上の局所準同型} R_{\Sigma,O} \to A\} \to \mathrm{Def}_{\bar\rho, \mathcal{D}_\Sigma}(A),$

$\{O' \text{上の局所準同型} R_{\Sigma,O'} \to A\} \to \mathrm{Def}_{\bar\rho, \mathcal{D}_\Sigma}(A)$

はどちらも全単射である. 定理 5.8.3. により, $R_{\Sigma,O} \otimes_O O'$ も局所環である.

$\{O \text{上の局所準同型} R_{\Sigma,O} \to A\} = \{O' \text{上の局所準同型} R_{\Sigma,O} \otimes_O O' \to A\}$

だから, 標準同型 $R_{\Sigma,O} \otimes_O O' \simeq R_{\Sigma,O'}$ がえられた. ∎

§5.3 Hecke 環

この節では Hecke 環 T_Σ と標準全射準同型 $f_\Sigma: R_\Sigma \to T_\Sigma$ を定義し, $f_\Sigma: R_\Sigma \to T_\Sigma$ が同型という定理を定式化する. この節でもひきつづき ℓ は 3 以上の素数, $\mathbb{F}$ は $\mathbb{F}_\ell$ の有限次拡大とする. この節では以下, $\bar\rho: G_\mathbb{Q} \to GL_2(\mathbb{F})$ は準安定で既約で保型的な法 ℓ 表現を表わすものとする. 補題 3.25.2. により, $\bar\rho$ は絶対既約である.

定義 5.11 ℓ を 3 以上の素数とし, $\bar\rho: G_\mathbb{Q} \to GL_2(\mathbb{F})$ を準安定で既約で保型的な法 ℓ 表現とする. Σ を素数の有限集合で, 条件 (5.7) をみたすものとする.

自然数 N_Σ を次の式で定義する. $N_{\bar\rho} = \prod_{p \in S_{\bar\rho}} p$ を $\bar\rho$ の導手とする.

(5.9) $\qquad N_\Sigma = N_{\bar\rho} \times \prod_{p \in \Sigma, p \neq \ell} p^2 \times \begin{cases} 1 & \ell \notin \Sigma \text{ のとき} \\ \ell & \ell \in \Sigma \text{ のとき.} \end{cases}$ □

N_Σ の定義の理由は次の命題である.

命題 5.12 ℓ を 3 以上の素数とし, O を $\mathbb{Q}_\ell$ の有限次拡大の整数環とし, その剰余体を $\mathbb{F}$ とする. $\bar{\rho}: G_\mathbb{Q} \to GL_2(\mathbb{F})$ を準安定で既約で保型的な法 ℓ 表現とする. $\bar{\rho}$ の O への保型的なもちあげ ρ に対し, 次は同値である.

(1) ρ は $\mathcal{D}_\Sigma$ 級である.

(2) ρ はレベル N_Σ で保型的である. □

(1)から(2)は, N_Σ の定義の理由を説明するだけのためであり, 定理 5.1 の証明には使わない. これは局所 Langlands 対応との両立性の帰結であり, この本では証明できない. (2)から(1)だけ示す.

[(2)⇒(1)の証明] f を K 係数の素形式で, ρ が f にともなう ℓ 進表現であるようなものとし, N をそのレベルとする. N は N_Σ の約数である.

$p \notin S_{\bar{\rho}} \cup \Sigma$ とする. p は N_Σ をわらないから N もわらない. 定理 3.52.1. (1)⇒(2)により, ρ は p でよい.

$p \in S_{\bar{\rho}}$ または $p = \ell \in \Sigma$ とする. p^2 は N_Σ をわらず N もわらない. 定理 3.52.2.(1)⇒(2)により, ρ は p で準安定である.

$p \ne \ell, \notin \Sigma$ については, 示すべきことは何もない.

$\det \rho$ は円分指標だから, ρ は $\mathcal{D}_\Sigma$ 級のもちあげである. ■

O を $\mathbb{F}$ が剰余体であるような $\mathbb{Q}_\ell$ の有限次拡大 K の整数環とする. 定義 2.62 で $\Phi(N_\Sigma)_K = \operatorname{Spec} T'(N_\Sigma)_K$ を定義した. これは集合としては, レベルが N_Σ の約数の K 上の素形式全体のなす集合であり, 有限集合である. $f \in \Phi(N_\Sigma)_K$ に対し, その剰余体を K_f とすると, $T'(N_\Sigma)_K = \prod_{f \in \Phi(N_\Sigma)_K} K_f$ であり, この環は被約である. $f \in \Phi(N_\Sigma)_K$ に対し, O_f を K_f の整数環とし, $\mathbb{F}_f = O_f / \lambda_f$ をその剰余体とする. $\mathbb{F}_f$ は O の剰余体 $\mathbb{F}$ の有限次拡大である.

定義 5.13 $\Phi(N_\Sigma)_K$ の部分集合 $\Phi(N_\Sigma)_{K, \bar{\rho}}$ を

(5.10) $\{f \in \Phi(N_\Sigma)_K \mid p \nmid N_\Sigma \ell$ ならば, $\operatorname{Tr} \bar{\rho}(\varphi_p) \equiv a_p(f) \bmod \lambda_f\}$

と定義する. □

(5.10)の合同式 $\operatorname{Tr} \bar{\rho}(\varphi_p) \equiv a_p(f) \bmod \lambda_f$ は, $\mathbb{F}_f$ の元としての等式である. 左辺は部分体 $\mathbb{F}$ の元で, 右辺は O_f の元の剰余体 $\mathbb{F}_f$ への像である.

命題 5.14 Σ を条件(5.7)をみたす素数の有限集合とする.

1. K 上の素形式 $f \in \Phi(N_\Sigma)_K$ に対し, 次は同値である.

(1) $f \in \Phi(N_\Sigma)_{K,\bar{\rho}}$ である.

(2) f にともなう ℓ 進表現の O_f 上の基底をうまくとれば, $\rho_f: G_\mathbb{Q} \to GL_2(O_f)$ は $\bar{\rho}$ のもちあげである.

2. $\Phi(N_\Sigma)_{K,\bar{\rho}}$ は空でない.

[証明] 1. 条件(2)は $\bar{\rho}: G_\mathbb{Q} \to GL_2(\mathbb{F}_f)$ と合成表現 $\bar{\rho}_f: G_\mathbb{Q} \xrightarrow{\rho_f} GL_2(O_f) \to GL_2(\mathbb{F}_f)$ が同型ということである. $\bar{\rho}$ は絶対既約なので, 命題 3.4.3. により, これはすべての素数 $p \nmid N_\Sigma \ell$ に対し, $\mathrm{Tr}\,\bar{\rho}(\varphi_p) = \mathrm{Tr}\,\bar{\rho}_f(\varphi_p)$ ということと同値である. これは条件(1)そのものである.

2. 系 3.56 により, $\bar{\rho}$ はレベル $N_{\bar{\rho}}$ で保型的である. N_Σ は $N_{\bar{\rho}}$ の倍数だから示された. ■

次の命題は定理 5.1 の証明には使わないので証明は省略する. あとの系 5.18 とあわせると T_Σ が性質(5.2)をみたすことがわかる.

命題 5.15 1. $\rho: G_\mathbb{Q} \to GL_2(O)$ を $\bar{\rho}$ の保型的なもちあげとし, $f = f_\rho$ を $\rho \simeq \rho_f$ をみたす K 係数の素形式とする. このとき次は同値である.

(1) ρ は $\bar{\rho}$ の $\mathcal{D}_\Sigma$ 級のもちあげである.

(2) $f \in \Phi(N_\Sigma)_{K,\bar{\rho}}(K)$.

2. 上の記号のもとで, ρ の同値類に対し f_ρ を対応させる写像

$$\{\bar{\rho} \text{ の } O \text{ への } \mathcal{D}_\Sigma \text{ 級の保型的なもちあげの同値類}\} \to \Phi(N_\Sigma)_{K,\bar{\rho}}(K)$$

は全単射である. □

N_Σ と素な自然数 n に対し, 標準全射 $T'(N_\Sigma)_K \to \prod_{f \in \Phi(N_\Sigma)_{K,\bar{\rho}}} K_f$ による Hecke 作用素 T_n の像もやはり T_n で書くことにする. 命題 2.46 により, それぞれ $f \in \Phi(N_\Sigma)_K$ に対し, T_n の K_f への像 $a_n(f)$ は代数的整数である. したがって, これは K_f の整数環 O_f に含まれる. $T_n \in \prod_{f \in \Phi(N_\Sigma)_{K,\bar{\rho}}} K_f$ も $\prod_{f \in \Phi(N_\Sigma)_{K,\bar{\rho}}} O_f$ に含まれる.

定義 5.16 $N_\Sigma \ell$ と素なすべての素数 p に対する T_p によって, O 上生成される $\prod_{f \in \Phi(N_\Sigma)_{K,\bar{\rho}}} O_f$ の部分環

$$O[T_p\,(p \nmid N_\Sigma \ell)] \subset \prod_{f \in \Phi(N_\Sigma)_{K,\bar{\rho}}} O_f$$

§5.3 Hecke 環 — 131

を，レベル N_Σ の O 上の**被約 Hecke 環**とよび，T_Σ で表わす．O をはっきりさせたいときは，$T_{\Sigma,O}$ と書く． □

T_Σ を単に **Hecke 環**とよぶことも多い．Hecke 環 T_Σ は O 加群として有限生成自由である．命題 5.14.2. により，T_Σ は零環ではない．T_Σ はその名のとおり被約である．

$T_{\Sigma,K} = T_\Sigma \otimes_O K$ は次のように簡単に表わせる．

命題 5.17 $T_\Sigma \otimes_O K = \prod_{f \in \Phi(N_\Sigma)_{K,\bar{p}}} K_f$ である．

[証明] 左辺は，K 上 $N_\Sigma \ell$ と素な素数 p についての T_p で生成される右辺の部分環である．したがって，これは合成写像 $T'(N_\Sigma \ell)_K \to T'(N_\Sigma)_K = \prod_{f \in \Phi(N_\Sigma)_K} K_f \to \prod_{f \in \Phi(N_\Sigma)_{K,\bar{p}}} K_f$ の像である．系 2.60 により，$T'(N_\Sigma \ell) \to T'(N_\Sigma)$ は全射だから示された． ■

K 上の素形式 $f \in \Phi(N_\Sigma)_{K,\bar{p}}$ で K 係数であるもの $f \in \Phi(N_\Sigma)_{K,\bar{p}}(K)$ に対し，O 上の環の準同型 $\pi_f: T_\Sigma \to O$ を，包含写像 $T_\Sigma \to \prod_g O_g$ と f 成分への射影 $\prod_g O_g \to O_f = O$ の合成として定義する．素数 $p \nmid N_\Sigma \ell$ に対し，$\pi_f(T_p) = a_p(f)$ である．

系 5.18 $f \in \Phi(N_\Sigma)_{K,\bar{p}}(K)$ に対し $\pi_f: T_\Sigma \to O$ を対応させる写像

$$\Phi(N_\Sigma)_{K,\bar{p}}(K) \to \{O \text{ 上の環の準同型 } T_\Sigma \to O\}$$
$$f \mapsto \pi_f$$

は全単射である．

[証明] T_Σ は O 加群として有限生成だから，O 上の環の準同型 $T_\Sigma \to O$ と K 上の環の準同型 $T_{\Sigma,K} \to K$ とは 1 対 1 に対応する．命題 5.17 により，K 上の環の準同型 $T_{\Sigma,K} \to K$ は，K 上の素形式 $f \in \Phi(N_\Sigma)_{K,\bar{p}}(K)$ で $K_f = K$，すなわち K 係数であるものと 1 対 1 に対応する．f に対応する準同型は，その成分への射影である． ■

系 5.19 O' を K の有限次拡大の整数環とする．$T_{\Sigma,O'}$ をレベル N_Σ の O' 上の被約 Hecke 環とすると，標準写像 $T_{\Sigma,O} \otimes_O O' \to T_{\Sigma,O'}$ は同型である．

[証明] それぞれ $\prod_{f \in \Phi(N_\Sigma)_{K,\bar{p}}} K_f \otimes_K K'$，$\prod_{f \in \Phi(N_\Sigma)_{K',\bar{p}}} K'_f$ の T_p，$p \nmid N_\Sigma \ell$ によっ

て O' 上生成される部分環である. 定義 5.13 より $\Phi(N_\Sigma)_{K,\bar\rho}\otimes_K K'=\Phi(N_\Sigma)_{K',\bar\rho}$ が従うから示された. ∎

全射 $f_\Sigma: R_\Sigma \to T_\Sigma$ を定義する. $f\in\Phi(N_\Sigma)_{K,\bar\rho}$ とする. 命題 5.14.1. により, f にともなう表現の基底をうまくとれば, $\rho_f: G_\mathbb{Q} \to GL_2(O_f)$ は $\bar\rho$ のもちあげである. さらに命題 5.12(2) ⇒ (1) により, これは $\mathcal{D}_\Sigma$ 級のもちあげである. $\bar\rho$ は絶対既約だから, 命題 5.4 により, $\bar\rho$ のもちあげ ρ_f の同値類は基底のとりかたによらない. したがって変形環 R_Σ の定義により, $\rho_f \sim \psi_{f*}(\rho_\Sigma)$ をみたす O 上の局所準同型 $\psi_f: R_\Sigma \to O_f$ がただ 1 つ定まる.

命題 5.20 局所準同型 $\psi_f: R_\Sigma \to O_f$ の積 $\Psi_\Sigma: R_\Sigma \to \prod_{f\in\Phi(N_\Sigma)_{K,\bar\rho}} O_f$ の像は T_Σ である.

[証明] 定理 5.8.2. により, 環 R_Σ 内で Frobenius 置換の跡 $\{\mathrm{Tr}(\rho_\Sigma(\varphi_p))\mid p\notin S_{\bar\rho}\cup\Sigma\cup\{\ell\}\}$ によって O 上生成される部分環は稠密である. 自然数 N_Σ の定義により, 素数 p に対し, $p\notin S_{\bar\rho}\cup\Sigma\cup\{\ell\}$ と $p\nmid N_\Sigma\ell$ は同値である. 素数 $p\nmid N_\Sigma\ell$ と素形式 $f\in\Phi(N_\Sigma)_{K,\bar\rho}$ に対し, $\mathrm{Tr}(\rho_f(\varphi_p))=a_p(f)$ だから, Ψ_Σ による $\mathrm{Tr}(\rho_\Sigma(\varphi_p))$ の像は T_p である. よって R_Σ の像は T_Σ である. ∎

$\Psi_\Sigma: R_\Sigma \to \prod_{f\in\Phi(N_\Sigma)_{K,\bar\rho}} O_f$ がひきおこす, 環の全射準同型を $f_\Sigma: R_\Sigma \to T_\Sigma$ で表わす. R_Σ は $\mathbb{F}$ を剰余体とする局所環で, 命題 5.14.2. により T_Σ は零環でないから, T_Σ も $\mathbb{F}$ を剰余体とする局所環である.

$\bar\rho$ の $\mathcal{D}_\Sigma$ 級のもちあげ $\rho_\Sigma^{\mathrm{mod}}: G_\mathbb{Q} \to GL_2(T_\Sigma)$ を, $f_{\Sigma*}(\rho_\Sigma)$ として定義する. f を K 上の素形式 $f\in\Phi(N_\Sigma)_{K,\bar\rho}$ とし, $\pi_f: T_\Sigma \to O_f$ を f 成分への射影が定める準同型とすると, $\pi_{f*}(\rho_\Sigma^{\mathrm{mod}})=\psi_{f*}(\rho_\Sigma)$ は f にともなう ℓ 進表現 $\rho_f: G_\mathbb{Q} \to GL_2(O_f)$ と同値である.

命題 5.21 ρ を $\bar\rho$ の O への $\mathcal{D}_\Sigma$ 級のもちあげとすると次の (1), (1'), (2) はすべて同値である.

(1) ρ はレベル N_Σ で保型的である.

(1') ρ は保型的である.

(2) O 上の環の準同型 $\pi: T_\Sigma \to O$ で ρ と $\pi_*(\rho_\Sigma^{\mathrm{mod}})$ が同値であるようなものが存在する. □

命題 5.12 により，(1)と(1')は同値である．(1')⇒(1)は，定理 5.1 の証明には使わない．

[証明] (1)⇒(2)．ρ を $\bar\rho$ の O へのもちあげで，レベル N_Σ で保型的なものとする．f を K 係数の素形式で $\rho \simeq \rho_f$ となるものとすると，命題 5.14.1. (2)⇒(1)により，$f \in \Phi(N_\Sigma)_{K,\bar\rho}(K)$ である．$\pi : T_\Sigma \to O$ を O 上の環の準同型 π_f とすれば，ρ と $\pi_*(\rho_\Sigma^{\mathrm{mod}}) \sim \rho_f$ は同値である．

(2)⇒(1)．$\pi : T_\Sigma \to O$ を O 上の環の準同型とする．系 5.18 により，K 係数の素形式 $f \in \Phi(N_\Sigma)_{K,\bar\rho}$ で $\pi = \pi_f$ となるものが存在する．$\pi_{f*}(\rho_\Sigma^{\mathrm{mod}}) = \psi_{f*}(\rho_\Sigma) \sim \rho_f$ は f にともなう ℓ 進表現だから，ρ はレベル N_Σ で保型的である． ∎

定理 5.22 ℓ を 3 以上の素数とし，O を $\mathbb{Q}_\ell$ の有限次拡大 K の整数環とする．$\mathbb{F}$ を O の剰余体とし，$\bar\rho : G_\mathbb{Q} \to GL_2(\mathbb{F})$ を準安定で既約で保型的な法 ℓ 表現とする．Σ を条件 (5.7) をみたす素数の有限集合とすると，標準全射
$$f_\Sigma : R_\Sigma \to T_\Sigma$$
は同型である． □

定理の証明の方針は §5.4, 5.5 での準備のあと，§5.6 で説明する．ここでは定理 5.22 から定理 5.1 を導く．

[定理 5.22 ⇒ 定理 5.1 の証明] $\rho : G_\mathbb{Q} \to GL_2(O)$ を $\bar\rho$ の O への準安定なもちあげで，行列式 $\det \rho$ が円分指標のものとする．命題 5.6 のように
$$\Sigma = \Sigma(\rho) = \{p \mid \bar\rho \text{ は } p \text{ でよいが } \rho \text{ は } p \text{ でよくない}\}$$
とおくと，ρ は $D_{\Sigma(\rho)}$ 級の $\bar\rho$ のもちあげである．系 5.9 により，O 上の環の局所準同型 $\pi : R_\Sigma \to O$ で ρ が $\pi_*(\rho_\Sigma)$ と同値なものが定まる．定理 5.22 により $f_\Sigma : R_\Sigma \to T_\Sigma$ は同型だから，ρ は $(\pi \circ f_\Sigma^{-1})_*(\rho_\Sigma^{\mathrm{mod}})$ と同値である．命題 5.21(2)⇒(1) により，ρ はレベル N_Σ で保型的である．さらに系 3.53 により，ρ はレベル N_ρ で保型的である． ∎

§5.4 可換環論

定理 5.22 は，可換環論の定理を適用することによって証明される．この

節では，その可換環論の定理を2つ述べる．これらは第6章で証明する．まずいくつか必要な定義をする．

定義 5.23 O を完備離散付値環とし，T を O 上の局所環とする．T は O 加群としては有限生成自由加群であり，T の剰余体は O の剰余体と等しいとする．

T が**完全交叉**(complete intersection)であるとは，T が O 上の環として商環 $O[[T_1, \cdots, T_n]]/(f_1, \cdots, f_n)$ と同型となるような，自然数 n と $f_1, \cdots, f_n \in O[[T_1, \cdots, T_n]]$ が存在することをいう． □

この定義でだいじなのは，変数の個数とイデアルの生成元の個数が等しいことである．

定義 5.24 O を完備離散付値環とする．R を O 上射影有限生成な完備局所環で，R の剰余体は O の剰余体と等しいものとする．M を R 加群とする．

O' を O 上射影有限生成な完備局所環で，O 上の局所準同型 $o': O' \to O$ が与えられているものとする．

対 (R, M) の (O', o') にそった**もちあげ**(lifting)とは，次の(1)-(4)のものからなる5つ組 $\mathcal{R}' = (R', M', a': O' \to R', r': R' \to R, m': M' \to M)$ のことをいう．

(1) R' は O 上射影有限生成な完備局所環である．
(2) M' は R' 加群である．
(3) $a': O' \to R'$, $r': R' \to R$ は次の条件(5.11)をみたす O 上の局所環の局所準同型である．

(5.11) 図式

$$\begin{array}{ccc} O' & \xrightarrow{a'} & R' \\ {\scriptstyle o'}\downarrow & & \downarrow{\scriptstyle r'} \\ O & \longrightarrow & R \end{array}$$

は可換で，写像 $R' \otimes_{O'} O \to R$ は同型である．

(4) $m': M' \to M$ は次の条件(5.12)をみたす加群の準同型写像である．
(5.12) $a \in R'$, $x \in M'$ に対し $m'(ax) = r'(a)m'(x)$ であり，$M' \otimes_{R'} R \to$

M は同型である． □

有限群 G に対し，$O[G]$ で G の O 上の群環を表わす．O 上の環の準同型 $O[G] \to O : \sigma \mapsto 1 \, (\sigma \in G)$ を**付加写像**(augmentation)という．O が剰余体の標数が ℓ の完備離散付値環で，G が位数が ℓ の巾の有限 Abel 群ならば，群環 $O[G]$ は O 上の局所環であり，付加写像 $O[G] \to O$ は局所準同型である．

定理 5.25 ℓ を素数とし，O を $\mathbb{Q}_\ell$ の有限次拡大の整数環とする．R を O 上射影有限生成な完備局所環で，R の剰余体は O の剰余体 $\mathbb{F}$ と等しいものとし，M を 0 でない R 加群とする．このときに次の条件 (1), (2) は同値である．

(1) R は O 加群として有限生成自由加群である．環 R は完全交叉である．そして R 加群 M は有限生成自由である．

(2) m_R を R の極大イデアルとし，r を有限次元 $\mathbb{F}$ 線型空間 $m_R/(m_O R + m_R^2)$ の次元とする．任意の自然数 n に対して，群環 $O_n = O[(\mathbb{Z}/\ell^n\mathbb{Z})^r]$ と付加写像 o_n の対 (O_n, o_n) にそった，対 (R, M) のもちあげ $\mathcal{R}_n = (R_n, M_n, a_n, r_n, m_n)$ で，次の条件 (5.13), (5.14) をみたすものが存在する．

(5.13) m_{R_n} を R_n の極大イデアルとすると，次の等式がなりたつ
$$\dim_\mathbb{F} m_{R_n}/(m_O R_n + m_{R_n}^2) = r = \dim_\mathbb{F} m_R/(m_O R + m_R^2).$$

(5.14) M_n は O_n 加群として有限生成自由加群である． □

定理の条件でだいじなことは，$m_R/(m_O R + m_R^2)$ の次元 r が，群環 O_n の定義にでてくる r と等しいことである．これは定義 5.23 で，変数の個数とイデアルの生成元の個数が等しいことと対応している．

定義 5.26 O を完備離散付値環とし，n を自然数とする．

1. O 上の階数 n の**加群つき対**(pair with module)とは，次の (1)-(5) のものからなる 5 つ組 (R, T, M, f, π) のことをいう．

(1) R は O 上の射影有限生成な完備局所環である．

(2) T は O 上の局所環で，O 加群として有限生成自由加群である．

(3) M は T 加群で，O 加群として有限生成自由加群である．$M_K = M \otimes_O K$ は階数 n の自由 $T_K = T \otimes_O K$ 加群である．

（4） $f:R\to T$ は O 上の局所環の全射局所準同型である．

（5） $\pi:T\to O$ は O 上の局所環の全射局所準同型である．$p_T=\mathrm{Ker}\,\pi$ とおくと，O 加群 $p_T/p_T^2=p_T\otimes_T O$ は長さ有限である．

2. O 上の階数 n の加群つき対 (R,T,M,f,π) が**完全**(complete)であるとは，次の条件(1)–(3)がすべてみたされることをいう．

（1） $f:R\to T$ は同型である．

（2） $R\simeq T$ は完全交叉である．

（3） M は(階数 n の)自由 T 加群である．

3. $\mathcal{R}=(R,T,M,f,\pi)$, $\mathcal{R}'=(R',T',M',f',\pi')$ を O 上の階数 n の加群つき対とする．加群つき対の**全射**(surjection)$\mathcal{F}:\mathcal{R}\to\mathcal{R}'$ とは，次の(1)–(3)のものからなる4つ組 $\mathcal{F}=(r:R\to R',t:T\to T',m:M\to M',m^*:M'\to M)$ のことをいう．

（1） $r:R\to R'$ は O 上の局所環の全射局所準同型である．

（2） $t:T\to T'$ は O 上の局所環の全射局所準同型で，次の図式を可換にするものである．

(5.15)
$$\begin{array}{ccccc} R & \xrightarrow{f} & T & \xrightarrow{\pi} & O \\ {\scriptstyle r}\downarrow & & {\scriptstyle t}\downarrow & & \| \\ R' & \xrightarrow{f'} & T' & \xrightarrow{\pi'} & O. \end{array}$$

（3） $m:M\to M'$, $m^*:M'\to M$ は加群の準同型で，次の条件をみたすものである．

(5.16) M' を t により T 加群とみると m,m^* は T 線型である．m は全射である．m^* は単射で，その余核は O 加群として有限生成自由である．

4. $\mathcal{F}=(r,t,m,m^*)$ を $\mathcal{R}=(R,T,M,f,\pi)$ から $\mathcal{R}'=(R',T',M',f',\pi')$ への加群つき対の全射とする．T' の元 $\Delta\in T'$ が $\mathcal{F}$ の**倍率**(multiplier)であるとは，合成写像 $m\circ m^*:M'\to M\to M'$ が Δ 倍写像であることをいう． □

定理 5.27 O を完備離散付値環とし，$n>0$ を自然数とする．
$$\mathcal{R}=(R,T,M,f,\pi),\quad \mathcal{R}'=(R',T',M',f',\pi')$$
を O 上の階数 n の加群つき対とする．$\mathcal{F}=(r,t,m,m^*):\mathcal{R}\to\mathcal{R}'$ を加群つき

対の全射とし，$\Delta \in T'$ をその倍率とする．$p_R = \mathrm{Ker}\,\pi \circ f$, $p_{R'} = \mathrm{Ker}\,\pi' \circ f'$ とおく．

$\mathcal{R}'$ が完全で，$\pi'(\Delta) \neq 0$ かつ，不等式

(5.17) $\quad \mathrm{length}_O(p_R/p_R^2) - \mathrm{length}_O(p_{R'}/p_{R'}^2) \leqq \mathrm{ord}_O \pi'(\Delta)$

がなりたつならば，$\mathcal{R}$ も完全である． □

定理 5.22 の証明でつかわれる命題を 2 つ示しておく．

命題 5.28 O を完備離散付値環とし，$\mathcal{R} = (R, T, M, f, \pi)$ を階数 $n > 0$ の加群つき対とする．R が完全交叉で，M が R 加群として自由ならば，$\mathcal{R}$ は完全である．

[証明] $f : R \to T$ が単射であることを示せばよい．M は 0 でなく，R 加群として自由だから，合成写像 $R \xrightarrow{f} T \to \mathrm{End}_O(M)$ は単射である．したがって $f : R \to T$ も単射である． ∎

次の命題は，§10.1 定義 10.2 で定義される充 Hecke 環が被約 Hecke 環と同型であることを示すときに使われる．これも定理 5.22 の証明の重要な段階である．

命題 5.29 O を完備離散付値環とし，$\mathcal{R} = (R, T, M, f, \pi)$ を階数 $n > 0$ の完全な加群つき対とする．T' を O 上の局所環で，O 加群として有限生成自由なものとする．O 上の局所環の局所準同型 $i : T \to T'$ が次の条件をみたすなら同型である．

(5.18) i がひきおこす写像 $i_K : T_K = T \otimes_O K \to T_K' = T' \otimes_O K$ は同型である．M は T' 加群で，$x \in M$, $t \in T$ なら $tx = i(t)x$ である．

[証明] 仮定より，M は階数 n の自由 T 加群で，T は有限生成自由 O 加群だから，$\mathrm{End}_T(M) \simeq M_n(T)$ も有限生成自由 O 加群である．j を環の準同型 $T' \to \mathrm{End}_T(M) : t' \mapsto (m \mapsto t'm)$ とする．M_K は有限生成自由 T_K 加群で，$i_K : T_K \to T_K'$ は同型だから，$j_K : T_K' \to \mathrm{End}_{T_K}(M_K)$ は，$\mathrm{End}_{T_K}(M_K)$ の部分環 T_K への同型である．T' も自由 O 加群だから，$j : T' \to \mathrm{End}_T(M)$ は単射で，その像は $T_K \cap \mathrm{End}_T(M) = T$ にはいる．よって $i : T \to T'$ は同型である． ∎

§5.5 Hecke 加群

この章の残りでは，定理 5.22 をどのように定理 5.25, 5.27 から導くかを解説する．くわしい内容は第 10 章であつかわれる．この節と次の節の内容は，論理的には第 10 章に含まれるべきものである．これらはこのあと第 9 章までは使わないので，循環論法の心配はない．

$\Sigma = \emptyset$ のときは，定理 5.25 を適用して示す．$\bar{\rho}$ のもちあげ ρ が $\mathcal{D}_\emptyset$ 級であるとは，ρ の分岐が $\bar{\rho}$ の分岐と同じくらいということである．これは，ρ の分岐がこれ以上よくなれないぐらいよいという意味なので，この場合を極小の場合とよぶ．一般の Σ については，定理 5.27 を適用して Σ の元の個数に関する帰納法で証明する．

いずれにしても最初にすることは，各 Σ について階数 2 の加群つき対 $\mathcal{R}_\Sigma = (R_\Sigma, T_\Sigma, M_\Sigma, f_\Sigma, \pi_\Sigma)$ を構成し，各 $\Sigma = \Sigma' \amalg \{p\}$ に対し，加群つき対の全射 $\mathcal{F}_{\Sigma',\Sigma} : \mathcal{R}_\Sigma \to \mathcal{R}_{\Sigma'}$ を定義することである．このうち，$R_\Sigma, T_\Sigma, f_\Sigma$ は §5.2, 5.3 で定義した．証明すべきことは f_Σ が同型ということだが，T_Σ 加群 M_Σ を導入して，次の節で紹介するもっと強い定理 5.31 を示すことにより，帰納法がうまくすすむのである．

環の準同型 $\pi_\Sigma : T_\Sigma \to O$ の定義から始める．命題 5.14.2. で示したように部分集合 $\Phi(N_\emptyset)_{K,\bar{\rho}} \subset \Phi(N_\Sigma)_{K,\bar{\rho}}$ は空でないから，K 上の素形式 $f \in \Phi(N_\emptyset)_{K,\bar{\rho}}$ をとる．係数を拡大して，f が K 係数となるようにし，π_Σ を系 5.18 により f に対応する環の準同型 $\pi_f : T_\Sigma \to O$ と定義する．系 5.10, 5.19 により，f_Σ が同型であることを示すには，K をその有限次拡大でおきかえてよいのである．

T_Σ 加群 M_Σ は複素数体上のモジュラー曲線 $X_0(N_\Sigma)(\mathbb{C})$ の特異コホモロジー群 $H^1(X_0(N_\Sigma)(\mathbb{C}), \mathbb{Z})$ をつかって，次のように定義する．レベル N_Σ の Hecke 環 $T(N_\Sigma)_\mathbb{Q}$ の $\mathbb{Z}$ 構造 $T(N_\Sigma)_\mathbb{Z}$ を定義する．法 ℓ 表現 $\bar{\rho}$ に対応して，テンソル積 $T(N_\Sigma)_\mathbb{Z} \otimes_\mathbb{Z} O$ の極大イデアル $m = m_{\bar{\rho}}$ が定まる．この極大イデアルでの完備化を $T(N_\Sigma)_m$ と書き，**充 Hecke 環**(full Hecke algebra)とよぶ．$T(N_\Sigma)_m$ は O 加群として有限生成自由である．新形式の理論を使って，O 上

§5.5 Hecke 加群 —— 139

の局所環の局所準同型 $i_\Sigma : T_\Sigma \to T(N_\Sigma)_m$ を定義する．これを K まで係数拡大したもの $i_{\Sigma,K} : T_\Sigma \otimes_O K \to T(N_\Sigma)_m \otimes_O K$ は同型である．定理 5.22 が示されるのと同時に，命題 5.29 から $i_\Sigma : T_\Sigma \to T(N_\Sigma)_m$ が同型であることが示される．

モジュラー曲線 $X_0(N_\Sigma)(\mathbb{C})$ の特異ホモロジー $H_1(X_0(N_\Sigma)(\mathbb{C}), \mathbb{Z})$ は，自然に $T(N_\Sigma)_\mathbb{Z}$ 加群である．したがってテンソル積 $H_1(X_0(N_\Sigma)(\mathbb{C}), \mathbb{Z}) \otimes_\mathbb{Z} O$ の，極大イデアル m での完備化は充 Hecke 環 $T(N_\Sigma)_m$ 上の加群となる．これを M_Σ と定義する．環の準同型 $i_\Sigma : T_\Sigma \to T(N_\Sigma)_m$ により，M_Σ を T_Σ 加群とみる．M_Σ を **Hecke 加群**(Hecke module)とよぶ．$M_{\Sigma,K} = M_\Sigma \otimes_O K$ が，階数 2 の自由 $T_{\Sigma,K} = T_\Sigma \otimes_O K$ 加群であることは，Eichler–志村同型と，同型 $i_{\Sigma,K} : T_\Sigma \otimes_O K \to T(N_\Sigma)_m \otimes_O K$ から従う．このようにして階数 2 の加群つき対 $\mathcal{R}_\Sigma$ が構成される．

$\Sigma \supset \Sigma'$ とする．加群つき対の全射
$$\mathcal{F}_{\Sigma',\Sigma} = (r_{\Sigma',\Sigma}, t_{\Sigma',\Sigma}, m_{\Sigma',\Sigma}, m^*_{\Sigma',\Sigma}) : \mathcal{R}_\Sigma \to \mathcal{R}_{\Sigma'}$$
は次のようにして定義される．

$r_{\Sigma',\Sigma} : R_\Sigma \to R_{\Sigma'}$ を定義する．$\rho_{\Sigma'}$ は $\bar\rho$ の $\mathcal{D}_{\Sigma'}$ 級のもちあげである．$\mathcal{D}_{\Sigma'}$ 級のもちあげは，$\mathcal{D}_\Sigma$ 級のもちあげだから，R_Σ の定義により $\rho_{\Sigma'} \sim r_{\Sigma',\Sigma*}(\rho_\Sigma)$ となるような O 上の局所準同型 $r_{\Sigma',\Sigma} : R_\Sigma \to R_{\Sigma'}$ が定まる．

$t_{\Sigma',\Sigma} : T_\Sigma \to T_{\Sigma'}$ は次のとおりである．$\Phi(N_\Sigma)_{K,\bar\rho} \supset \Phi(N_{\Sigma'})_{K,\bar\rho}$ である．自然な全射 $\prod_{f \in \Phi(N_\Sigma)_{K,\bar\rho}} O_f \to \prod_{f \in \Phi(N_{\Sigma'})_{K,\bar\rho}} O_f$ が，$t_{\Sigma',\Sigma} : T_\Sigma \to T_{\Sigma'}$ をひきおこす．

$m_{\Sigma',\Sigma} : M_\Sigma \to M_{\Sigma'}$ はモジュラー曲線の自然ないくつかの写像 $X_0(N_\Sigma) \to X_0(N_{\Sigma'})$ がホモロジーに誘導する写像を，$t_{\Sigma',\Sigma}$ 線型になるようにうまく組み合わせて定める．

$m^*_{\Sigma',\Sigma} : M_{\Sigma'} \to M_\Sigma$ は $m_{\Sigma',\Sigma} : M_\Sigma \to M_{\Sigma'}$ の双対として定める．Poincaré 双対性により，$H_1(X_0(N_\Sigma)(\mathbb{C}), \mathbb{Z})$ は自分自身と双対である．これにより，M_Σ も自分自身と双対である．

$r_{\Sigma',\Sigma}$, $t_{\Sigma',\Sigma}$ の全射性および，図式(5.15)の可換性は，$r_{\Sigma',\Sigma}$, $t_{\Sigma',\Sigma}$ の定義と命題 5.20 から簡単に示される．$m_{\Sigma',\Sigma}$, $m^*_{\Sigma',\Sigma}$ の T_Σ 線型性は定義からしたがう．

$m^*_{\Sigma',\Sigma}$ は $m_{\Sigma',\Sigma}$ の双対だから,$m^*_{\Sigma',\Sigma}$ が単射かつその余核が有限生成 O 加群であることは,$m_{\Sigma',\Sigma}$ が全射であることと同値である.したがって,$\mathcal{F}_{\Sigma',\Sigma}$ が加群つき対の全射であることは,次の命題の帰結である.

命題 5.30 $m_{\Sigma',\Sigma}\colon M_\Sigma \to M_{\Sigma'}$ は全射である. □

この命題は §10.3 で証明する.特異ホモロジー $H_1(X_0(N_\Sigma)(\mathbb{C}),\mathbb{Z})$ を合同部分群 $\Gamma(N_\Sigma) \subset SL_2(\mathbb{Z})$ の Abel 化と結びつけて証明する.

§5.6 定理 5.22 の証明の概要

以上の準備のもとに,定理 5.22 をどのように証明するかをみていこう.実際に証明するのは次の定理である.

定理 5.31 記号と仮定は定理 5.22 のとおりとし,さらに K 係数の素形式 $f \in \Phi(N_\varnothing)_{K,\bar\rho}(K)$ があると仮定する.Σ を条件 (5.7) をみたす素数の有限集合とし,加群つき対 $\mathcal{R}_\Sigma = (R_\Sigma, T_\Sigma, M_\Sigma, f_\Sigma, \pi_\Sigma)$ を前節のように定義する.すると加群つき対 $\mathcal{R}_\Sigma$ は完全である. □

加群つき対 $\mathcal{R}_\Sigma = (R_\Sigma, T_\Sigma, M_\Sigma, f_\Sigma, \pi_\Sigma)$ が完全ならば,$f_\Sigma\colon R_\Sigma \to T_\Sigma$ は同型である.前節で注意したように K をその有限次拡大でおきかえてよいので,定理 5.31 から定理 5.22 が従う.命題 5.29 により,定理 5.31 から,充 Hecke 環が被約 Hecke 環と一致することも従う.定理 5.31 は §10.7 で証明する.

極小の場合は,定理 5.25(2) ⇒ (1) を,対 $(R_\varnothing, M_\varnothing)$ に適用することによって,定理 5.31 を証明する.T_Σ は被約だから,命題 5.28 により,定理 5.25 の条件 (1) を対 $(R_\varnothing, M_\varnothing)$ がみたせば,加群つき対 $\mathcal{R}_\varnothing$ は完全である.

定理 5.25 を適用するために,各自然数 $n \geqq 1$ に対し,対 $(R_\varnothing, M_\varnothing)$ の (O_n, o_n) にそったもちあげを次のように構成する.$Q = \{q_1, \cdots, q_r\}$ を r 個の素数からなる集合とする.n_i を $q_i - 1$ の ℓ 進付値とし,$\Delta_Q = \prod_{i=1}^{r} \mathbb{Z}/\ell^{n_i}\mathbb{Z}$ とおく.$O_Q = O[\Delta_Q]$ を群環とし,$o_Q\colon O_Q \to O$ を付加写像とする.Q の各元 $q_i \in Q$ が次の条件 (5.19) をみたすとする.

(5.19) $q_i \notin S_{\bar\rho},\ q_i \equiv 1 \bmod \ell$ かつ $\operatorname{Tr} \bar\rho(\varphi_{q_i}) \neq \pm 2$.

§5.6 定理 5.22 の証明の概要 —— 141

O を 2 次の不分岐拡大でおきかえて, $(\operatorname{Tr}\bar\rho(\varphi_{q_i}))^2-4\in(\mathbb{F}^\times)^2$ としてよい. 条件(5.19)より, $(S_{\bar p}\cup\{\ell\})\cap Q=\varnothing$ である. 各 q_i での分岐を調べることにより, O 上の環の局所準同型 $a_Q:O_Q\to R_Q$ で図式

$$\begin{array}{ccc} O_Q & \xrightarrow{a_Q} & R_Q \\ {\scriptstyle o_Q}\downarrow & & \downarrow{\scriptstyle r_{\varnothing,Q}} \\ O & \longrightarrow & R_\varnothing \end{array}$$

が条件(5.11)をみたすものを構成する. 条件(5.12)は命題 5.30, 条件(5.16) と下の定理 5.32.2. から従うので, 5 つ組 $\mathcal{R}_Q=(R_Q,M_Q,a_Q,r_Q,m_Q)$ は, $(R_\varnothing,M_\varnothing)$ の (O_Q,o_Q) にそったもちあげである.

$n\geqq 1$ を自然数とし, Q の各元 q_i が条件

(5.19)$_n$ $q_i\notin S_{\bar p}$, $q_i\equiv 1\bmod \ell^n$ かつ $\operatorname{Tr}\bar\rho(\varphi_{q_i})\neq\pm 2$

をみたすとする. $O_Q\to O_n$ を標準全射 $\Delta_Q=\prod_{i=1}^{r}\mathbb{Z}/\ell^{n_i}\mathbb{Z}\to(\mathbb{Z}/\ell^n\mathbb{Z})^r$ がひきおこす写像とする. $\mathcal{R}_{Q,n}=(R_{Q,n},M_{Q,n},a_{Q,n},r_{Q,n},m_{Q,n})$ を $\mathcal{R}\otimes_{O_Q}O_n$ と定める. $R_{Q,n}=R_Q\otimes_{O_Q}O_n$, $M_{Q,n}=M_Q\otimes_{O_Q}O_n$ とおき, $a_{Q,n}:O_n\to R_{Q,n}$, $r_{Q,n}:R_{Q,n}\to R$, $m_{Q,n}:M_{Q,n}\to M$ をそれぞれ a_Q,r_Q,m_Q が誘導する写像とするということである. 5 つ組 $\mathcal{R}_{Q,n}$ は, (O_n,o_n) にそった $(R_\varnothing,M_\varnothing)$ のもちあげである.

定理 5.25 を適用するには, 各自然数 $n\geqq 1$ に対し, (5.19)$_n$ をみたす r 個の素数からなる集合 Q_n で, もちあげ $\mathcal{R}_{Q_n,n}$ が定理 5.25 の条件(5.13), (5.14)をみたすものをみつければよい. このような Q_n の存在は次の定理から従う. この定理 5.32 の証明が, 極小の場合の定理 5.31 の証明の核心である. 定理 5.32 は §11.6 と §10.6 で証明する.

定理 5.32   1. n を自然数とする. (5.19)$_n$ をみたす r 個の素数からなる集合 Q_n で, 次の条件をみたすものが存在する.

(5.20) $\mathbb{F}$ 線型空間 $m_{R_{Q_n}}/(m_O R_{Q_n}+m_{R_{Q_n}}^2)$ の次元は r である.

2. Q を条件(5.19)をみたす r 個の素数からなる集合とする. R_Q 加群 M_Q を, 環の準同型 a_Q により O_Q 加群と考える. このとき, M_Q は O_Q 加群として自由加群である.   □

各自然数 $n\geqq 1$ に対し, 定理 5.32.1. のような Q_n をとると, 完備局所環

$R_{Q_n,n}$ は定理 5.25 の条件 (5.13) をみたす. さらに, 定理 5.32.2. により, $O_{Q_n,n}$ 加群 $M_{Q_n,n}$ は (5.14) をみたす. よって, 定理 5.25 の条件 (2) がみたされる. 定理 5.25 を適用して $\mathcal{R}_\emptyset$ が完全であることが示される. こうして極小の場合が証明される.

定理 5.32 の証明の方針について簡単にのべる. これは第 10 章と第 11 章の内容となる. 変形環の定義により, $\mathbb{F}$ 線型空間 $m_{R_{Q_n}}/(m_O R_{Q_n}+m_{R_{Q_n}}^2)$ は, $\mathrm{ad}^0 \bar{\rho}$ の **Selmer 群** (Selmer group) とよばれる, $\mathbb{Q}$ の Galois コホモロジーによって定義される群の双対と同一視される. 定理 5.32.1. は, 類体論や定理 3.1 から導かれる $\mathbb{Q}$ の Galois コホモロジーの性質, および有限平坦可換群スキームに関する p 進 Hodge 理論の一部を使って証明される.

定理 5.32.2. は, モジュラー曲線のホモロジーを調べることにより証明する. 実際の証明では, 前節で説明したのとは違うモジュラー曲線を使って定義される Hecke 加群 $M_{\mathbb{Q}}^{\natural}$ を使う. これについては, §10.5 であらためて定義する. Galois 群のホモロジーへの作用を, ダイアモンド作用素とよばれる Hecke 作用素のようなモジュラー曲線の幾何的な作用素で表わすことにより証明する. Galois 群の作用という数論的な問題を, 位相幾何の問題に帰着させて証明するのである.

一般の Σ に対しては, 定理 5.27 を適用して Σ の元の個数に関する帰納法で示す. Σ' については定理 5.31 が示されていると仮定して, $\Sigma = \Sigma' \amalg \{p\}$ の場合に示せばよい. 証明の考え方をひとことでいうと次のとおりである. $R_{\Sigma'} \simeq T_{\Sigma'}$ を仮定する. R_Σ, T_Σ はそれぞれ $R_{\Sigma'}, T_{\Sigma'}$ をふくらましたものである. このふくらましぐあいが同じぐらいであることを示すことによって $R_\Sigma \simeq T_\Sigma$ を証明するのである.

実際には次のようにして証明する. 帰納法の仮定により, 加群つき対 $\mathcal{R}_{\Sigma'}$ が完全と仮定する. 定理 5.27 により, 加群つき対の全射 $\mathcal{F}_{\Sigma',\Sigma}: \mathcal{R}_\Sigma \to \mathcal{R}_{\Sigma'}$ が, 定理 5.27 の仮定をみたすことを示せばよい. 命題 5.29 により $T(N_{\Sigma'})_{m'} = T_{\Sigma'}$ である. $\ell \notin S_{\bar{\rho}} \cup \Sigma'$ ならば, $T_\ell \in T_{\Sigma'}$ である.

命題 5.33 $p \notin S_{\bar{\rho}} \cup \Sigma'$ とする. $\Sigma = \Sigma' \cup \{p\}$,

(5.21) $$\Delta = (p-1)(T_p^2 - (p+1)^2) \in T_{\Sigma'}$$

とおくと，合成写像 $m_{\Sigma',\Sigma} \circ m^*_{\Sigma',\Sigma} : M_{\Sigma'} \to M_\Sigma \to M_{\Sigma'}$ が $u \cdot \Delta$ 倍写像となる可逆元 $u \in T^\times_{\Sigma'}$ が存在する． □

この命題は§10.2 命題 10.14 で証明する．これは写像を直接計算して確かめる．命題は(5.21)の Δ が $\mathcal{F}_{\Sigma',\Sigma}$ の倍率であるという意味である．定理 5.27 の仮定がみたされていることは次のようにして示される．$\pi_{\Sigma'}: T_{\Sigma'} \to O$ は K 係数の素形式 f で定まっているので，$\pi_{\Sigma'}(\Delta) = (p-1)(a_p(f)^2 - (p+1)^2)$ である．これは定理 2.47 により 0 でない．したがって，あと確かめるべきことは不等式(5.17)である．標準写像 $p_{R_\Sigma}/p^2_{R_\Sigma} \to p_{R_{\Sigma'}}/p^2_{R_{\Sigma'}}$ は全射だから，次の定理に帰着された．

定理 5.34 不等式

(5.22) $\text{length}_O \text{Ker}(p_{R_\Sigma}/p^2_{R_\Sigma} \to p_{R_{\Sigma'}}/p^2_{R_{\Sigma'}}) \leq \text{ord}_O \pi_{\Sigma'}(\Delta)$

がなりたつ． □

定理 5.34 は§11.5 で証明する．定理 5.32.1. の証明と同様に，加群 $p_{R_\Sigma}/p^2_{R_\Sigma}$，$p_{R_{\Sigma'}}/p^2_{R_{\Sigma'}}$ は $\text{ad}^0\rho$ の Selmer 群とよばれる，$\mathbb{Q}$ の Galois コホモロジーによって定義される群の双対と同一視される．そして(5.22)の左辺の群は，$\mathbb{Q}_p$ の Galois コホモロジーで表わされる．不等式(5.22)の証明は，$p \neq \ell$ の場合は比較的簡単だが，$p = \ell$ の場合は定理 5.32.1. の証明と同じく p 進 Hodge 理論の一部を使ってなされる．以上が定理 5.22 の証明の概略である．

定理 5.1 の証明をまとめてみよう．Galois 表現と保型形式の関係(定理 5.1)を示すことは，変形環から Hecke 環への標準準同型 $f_\Sigma: R_\Sigma \to T_\Sigma$ が同型 (定理 5.22)であることを示すことに帰着された．Hecke 加群 M_Σ を導入し，可換環論の定理(定理 5.25, 5.27)を適用することにより，これはさらに，次のものの性質に帰着される．

(5.23)　$\mathbb{F}$ 線型空間 $m_{R_\Sigma}/(m_O R_\Sigma + m^2_{R_\Sigma})$，$O$ 加群 $\text{Ker}(p_{R_\Sigma}/p^2_{R_\Sigma} \to p_{R_{\Sigma'}}/p^2_{R_{\Sigma'}})$ など．

(5.24)　$O[\Delta_Q]$ 加群 $M^\natural_Q$，合成写像 $m_{\Sigma',\Sigma} \circ m^*_{\Sigma',\Sigma}: M_{\Sigma'} \to M_\Sigma \to M_{\Sigma'}$ など．

(5.23)は変形環から定まるものであり，Galois 表現の化身である．これらは Selmer 群とよばれるもので表わされ，Galois コホモロジーとして捉えられる．そして証明の鍵となるのは，極小の場合は，類体論などの大域的な整

数論および p 進 Hodge 理論の一部である．帰納法の部分は，局所的な整数論だけで十分である．

(5.24)はモジュラー曲線の特異ホモロジーから定まるものであり，保型形式の化身である．こちらは Hecke 作用素やダイアモンド作用素など，モジュラー曲線の幾何的な作用素のホモロジーへの作用を使って調べられる．結局は位相幾何の問題に帰着させることによって証明がなされる．

最後に，定理 5.22 の極小の場合につかう定理 5.25 の証明の，岩澤理論との類似および相違についてひとことのべておく．この証明は次章でする．あきらかな類似点は，群環の極限をとることにより，形式巾級数環があらわれること．そして，形式巾級数環がもつ可換環としてのよい性質により，うまくものごとがすすむということである．

一方，対照的なのは，岩澤理論の場合は，群環ははじめから自然に逆系をなしているのに，こちらの場合はそうでないということである．岩澤理論では，はじめから $\mathbb{Z}_p$ 拡大が与えられているから，群 $\mathbb{Z}/p^n\mathbb{Z}$ は自然に逆系をなしている．これに反し，定理 5.32.1. から得られる素数の集合 Q_n には，群環 O_{Q_n} が逆系をなす理由はない．実際この群環の列を，このまま逆極限をとってもうまくはいかない．にもかかわらず，うまく逆極限をとって形式巾級数環をつくることによって，定理 5.25 が証明されるのである．

6 可換環論

この章では，定理 5.25, 5.27 を証明する．n を自然数とする．O を完備離散付値環とし，F をその剰余体とする．

§6.1 定理 5.25 の証明

命題 6.1 O を完備離散付値環とし，F をその剰余体とする．R を O 上の射影有限生成な局所環とし，R の剰余体 R/m_R は F と等しいとする．

1. $r = \dim_F m_R/(m_O R + m_R^2)$ とおくと，O 上の全射準同型 $O[[X_1, \cdots, X_r]] \to R$ が存在する．
2. R は O 加群として有限生成自由で，完全交叉と仮定する．$O[[X_1, \cdots, X_n]] \to R$ が O 上の全射準同型ならば，その核は n 個の元で生成される． □

1. は中山の補題から従う．2. は定理 5.25 の(1)⇒(2)の証明にしか使わないので証明は省略する．

命題 6.1 を使って定理 5.25 の(1)⇒(2)を示す．(1)⇒(2)は，一般の完備離散付値環についてなりたつ．

［定理 5.25(1)⇒(2)の証明］ R を O 上の射影有限生成な局所環で，R の剰余体は F と等しく，O 加群として有限生成自由で，完全交叉なものとする．$r = \dim_F m_R/(m_O R + m_R^2)$ とすると，命題 6.1.1. により，O 上の全射準同型 $\tilde{r}: O[[X_1, \cdots, X_r]] \to R$ が存在する．さらに 2. により，これの核

は r 個の元 $f_1, \cdots, f_r \in O[[X_1, \cdots, X_r]]$ で生成される. $\widetilde{O} = O[[S_1, \cdots, S_r]]$, $\widetilde{R} = O[[X_1, \cdots, X_r]]$ とおき, $\widetilde{O} \to \widetilde{R}$ を $S_i \mapsto f_i$ で定める. $O = \widetilde{O}/(S_1, \cdots, S_r)$ だから $\widetilde{R} \otimes_{\widetilde{O}} O = O[[X_1, \cdots, X_r]]/(f_1, \cdots, f_r) \simeq R$ である. M を階数 N の自由 O 加群とする. $M = R^N$ と同一視する. $\widetilde{M} = \widetilde{R}^N$ とおき, $\widetilde{m}: \widetilde{M} = \widetilde{R}^N \to M = R^N$ を $\widetilde{r}^N$ と定義する. 各自然数 n に対し, 全射準同型 $\widetilde{O} \to O_n = O[(\mathbb{Z}/\ell^n\mathbb{Z})^r]$ を, $(\mathbb{Z}/\ell^n\mathbb{Z})^r$ の基底 σ_i, $i = 1, \cdots, r$ によって $S_i \mapsto \sigma_i - 1$ と定義する. $R_n = \widetilde{R} \otimes_{\widetilde{O}} O_n$, $M_n = \widetilde{M} \otimes_{\widetilde{O}} O_n$ とおき, $a_n: O_n \to R_n$ を標準写像, r_n, m_n を $\widetilde{r}$ によってひきおこされる全射とする. このとき $(\mathcal{R}_n) = (R_n, M_n, a_n, r_n, m_n)$ は条件 (5.13), (5.14) をみたす (O_n, o_n) にそったもちあげである. ∎

定理 5.25 (2) ⇒ (1) は, 可換環論の定理 (定理 6.7) と, うまい逆極限のとりかたをくみあわせて示す.

証明にはいる前に, 群 $\mathbb{Z}_\ell^r$ の完備群環についてまとめておく. 完備群環については『数論 II』§10.1 (d) でもあつかわれている. O を $\mathbb{Q}_\ell$ の有限次拡大の整数環とし, r を自然数とする. 群環 $O[(\mathbb{Z}/\ell^n\mathbb{Z})^r]$ の逆極限 $\varprojlim_n O[(\mathbb{Z}/\ell^n\mathbb{Z})^r]$ を $\mathbb{Z}_\ell^r$ の**完備群環** (completed group algebra) といい, $O[[\mathbb{Z}_\ell^r]]$ で表わす. 付加写像 $O[(\mathbb{Z}/\ell^n\mathbb{Z})^r] \to O$ の逆極限は, 付加写像 $O[[\mathbb{Z}_\ell^r]] \to O$ を定める. $O[[\mathbb{Z}_\ell^r]] = \varprojlim_n (O/\ell^n O)[(\mathbb{Z}/\ell^n\mathbb{Z})^r]$ でもある.

命題 6.2 $\sigma_i \in \mathbb{Z}_\ell^r \subset O[[\mathbb{Z}_\ell^r]]$ $(i = 1, \cdots, r)$ を $\mathbb{Z}_\ell^r$ の基底とすると,
$$O[[S_1, \cdots, S_r]] \to O[[\mathbb{Z}_\ell^r]] : S_i \mapsto \sigma_i - 1$$
は, O 上の完備局所環の同型である.

[証明] $O[[S_1, \cdots, S_r]] \to O[(\mathbb{Z}/\ell^n\mathbb{Z})^r] : S_i \mapsto \sigma_i - 1$ は全射だから, その逆極限 $O[[S_1, \cdots, S_r]] \to O[[\mathbb{Z}_\ell^r]] : S_i \mapsto \sigma_i - 1$ も全射である.

単射を示す. 次の補題を示せばよい.

補題 6.3 $O[[S_1, \cdots, S_r]] \to (O/\ell^n O)[(\mathbb{Z}/\ell^n\mathbb{Z})^r] : S_i \mapsto \sigma_i - 1$ の核 I は, $O[[S_1, \cdots, S_r]]$ の極大イデアル $\mathfrak{m}$ の n 乗 $\mathfrak{m}^n$ に含まれる.

[証明] 核 I は ℓ^n と $\sigma_i^{\ell^n} - 1$ $(i = 1, \cdots, r)$ で生成される. $\ell^n \in \mathfrak{m}^n$ は明らかだから, $\sigma \in \mathbb{Z}_\ell^r$ に対し, $\sigma^{\ell^n} - 1 \in (\ell, \sigma - 1)^n \subset \mathfrak{m}^n$ を n に関する帰納法で示せばよい. $n = 1$ なら明らか. $\sigma^{\ell^{n+1}} - 1 = (\sigma^{\ell^n} - 1)(\sum_{i=0}^{\ell-1} \sigma^{\ell^n \cdot i})$ で $\sum_{i=0}^{\ell-1} \sigma^{\ell^n \cdot i} \equiv \ell \bmod$

§6.1 定理5.25の証明

$(\sigma-1)$ だから示された. ∎

[定理5.25(2)⇒(1)の証明] O を $\mathbb{Q}_\ell$ の有限次拡大の整数環とする. 各自然数 n に対し, $\mathcal{R}$ の (O_n, o_n) にそったもちあげ, $\mathcal{R}_n = (R_n, M_n, a_n, r_n, m_n)$ で条件(5.13), (5.14)をみたすものをとる. 証明のみちすじは次のとおりである.

(ⅰ) $\mathcal{R}_n$ を修正して, 逆極限 $\widetilde{R}, \widetilde{M}$ をつくる.
(ⅱ) 可換環論の定理を適用して, 逆極限 $\widetilde{R}, \widetilde{M}$ がよい性質をもつことを示す.
(ⅲ) $\widetilde{R}, \widetilde{M}$ と R, M を結びつける.
(ⅳ) $\widetilde{R}, \widetilde{M}$ のよい性質から, R, M のよい性質を導く.

条件(5.12), (5.14)により, M は有限生成自由 O 加群で, その階数は各 M_n の O_n 加群としての階数と等しい. その階数を $N>0$ とする. 各自然数 n に対し, $\overline{O}_n = O_n/\ell^n O_n$, $\overline{M}_n = M_n \otimes \overline{O}_n = M_n/\ell^n M_n$ とおく. $\overline{M}_n$ は階数 N の自由 $\overline{O}_n$ 加群である. $\overline{R}_n$ を環の準同型 $R_n \to \mathrm{End}_{\overline{O}_n}(\overline{M}_n)$ の像とする. $\overline{M}_n$ は $\overline{R}_n$ 加群である. $\overline{R}_n$ は $\overline{O}_n$ を含む $\mathrm{End}_{\overline{O}_n}(\overline{M}_n)$ の部分環である. $\mathcal{R}_n$ の逆極限をとるかわりに, $(\overline{R}_n, \overline{M}_n)$ の逆極限をとることを考える.

$\overline{O}_n$ 加群 $\overline{M}_n$ については次のようにして, 逆系にすることができる. 階数 N の自由 O 加群 M の基底 $x_1, \cdots, x_N$ をとる. 階数 N の自由 $\overline{O}_n$ 加群 $\overline{M}_n$ の基底 $x_{1n}, \cdots, x_{Nn}$ を, その $M/\ell^n M = \overline{M}_n \otimes_{\overline{O}_n} (O/\ell^n O)$ での像が, $x_1, \cdots, x_N$ の像と一致するようにとる. $m \geq n$ に対し, $m_{n,m}: \overline{M}_m \to \overline{M}_n$ を $x_{im} \mapsto x_{in}$, $i=1, \cdots, N$ と定めると, $\overline{M}_n$ は加群の逆系をなす. $\widetilde{M} = \varprojlim_n \overline{M}_n$ とおくと, これは階数 N の自由 $\widetilde{O} = \varprojlim_n \overline{O}_n$ 加群である.

しかし, このままでは, $\mathrm{End}_{\overline{O}_n}(\overline{M}_n)$ の部分環 $\overline{R}_n$ は逆系をなさない. そこで次のように修正する. 条件(5.13)と命題6.1.1.により, 各自然数 n に対し, 完備局所環の全射準同型 $O[[X_1, \cdots, X_r]] \to R_n$ が存在する. 各 n ごとに, 全射準同型 $\widetilde{f}_n: O[[X_1, \cdots, X_r]] \to R_n$ を, 任意に1つとる. $\overline{R}_n$ は合成写像 $f_n: O[[X_1, \cdots, X_r]] \to R_n \to \mathrm{End}_{\overline{O}_n}(\overline{M}_n)$ の像である. したがって, 部分環 $\overline{R}_n$ が逆系をなすためには, 環の準同型 $f_n: O[[X_1, \cdots, X_r]] \to \mathrm{End}_{\overline{O}_n}(\overline{M}_n)$ が逆系をなしていれば十分である. ここで次の補題を適用する.

補題 6.4 $(F_n, \varphi_{n,m})$ を有限集合の逆系とし, $(f_n)_n \in \prod_n F_n$ とする. このとき, 各 n について $m_n \geq n$ をみたす数列 $(m_n)_n$ で, $(\varphi_{n,m_n}(f_{m_n}))_n \in \varprojlim_n F_n$ となるものが存在する.

[証明] $F_n' = \{\varphi_{n,m}(f_m) \mid m \geq n\} \subset F_n$ とおくと, これは空でない有限集合の逆系である. 逆極限 $\varprojlim_n F_n'$ は空でないから, その元 $(f_n')_n$ をとる. F_n' の定義より, $f_n' = \varphi_{n,m}(f_m)$ となる $m \geq n$ が各 n について存在するから, それを任意に1つとって m_n を定めればよい. ∎

有限集合 $F_n = \{O$ 上の環の連続準同型 $O[[X_1, \cdots, X_r]] \to \mathrm{End}_{\bar{O}_n}(\overline{M_n})\}$ の逆系を考える. $(f_n)_n \in \prod_n F_n$ に補題 6.4 を適用して得られる数列を $(m_n)_n$ とする. 各 n に対し, 条件 (5.13), (5.14) をみたす $\mathcal{R}$ の (O_n, o_n) にそったもちあげ $\mathcal{R}_n'$ を, $\mathcal{R}_{m_n} \otimes_{O_{m_n}} O_n = (R_{m_n} \otimes_{O_{m_n}} O_n, M_{m_n} \otimes_{O_{m_n}} O_n, \cdots)$ と定める. 数列 $(m_n)_n$ の選び方から, 環の準同型 $f_n' : O[[X_1, \cdots, X_r]] \to \mathrm{End}_{\bar{O}_n}(\overline{M_n'})$ は逆系をなす. そこでこれからは $(\mathcal{R}_n)_n$ のかわりに, $(\mathcal{R}_n')_n$ を考えることにして, 環の準同型 $f_n : O[[X_1, \cdots, X_r]] \to \mathrm{End}_{\bar{O}_n}(\overline{M_n})$ は逆系をなすものとする.

$m_{n,m} : \overline{M}_m \to \overline{M}_n$ がひきおこす環の準同型 $\mathrm{End}_{\bar{O}_m}(\overline{M}_m) \to \mathrm{End}_{\bar{O}_n}(\overline{M}_n)$ は $f_m : O[[X_1, \cdots, X_r]] \to \mathrm{End}_{\bar{O}_m}(\overline{M}_m)$ の像 $\overline{R}_m$ を $\overline{R}_n$ にうつす. $\widetilde{R} = \varprojlim_n \overline{R}_n$ をこの環の逆系の逆極限とする. $\widetilde{R}$ は $\widetilde{O}$ を含む $\mathrm{End}_{\widetilde{O}}(\widetilde{M})$ の部分環であり, $O[[X_1, \cdots, X_r]]$ の商環でもある. ここで注意すべきことは, $\widetilde{O}$ と $O[[X_1, \cdots, X_r]]$ はともに O 上の r 変数の形式巾級数環であることである.

次に $\widetilde{R}, \widetilde{M}$ がよい性質をもつことを示す.

補題 6.5
1. $\widetilde{R}$ は $\widetilde{O}$ 加群として有限生成自由加群である.
2. $O[[X_1, \cdots, X_r]] \to \widetilde{R}$ は環の同型である.
3. $\widetilde{M}$ は有限生成自由 $\widetilde{R}$ 加群である. ∎

次の可換環論の事実を使って証明する.

命題 6.6 A を次元 $\dim A$ が定義される環とする. $f : A \to B$ を環の準同型とし, B が A 加群として有限生成と仮定する.

1. $\dim B$ も定義され, $\dim A \geq \dim B$ がなりたつ. さらに f が単射ならば, $\dim A = \dim B$ がなりたつ.

2. A を整域とする．等式 $\dim A = \dim B$ がなりたつならば，$f: A \to B$ は単射である． □

定理 6.7 A, B を正則局所 Noether 環，$f: A \to B$ を単射局所準同型とする．M を有限生成 B 加群とする．B は A 加群として有限生成と仮定する．

1. M が A 加群として自由加群ならば，B 加群としても自由加群である．
2. B も A 加群として自由加群である． □

これらの証明は省略する．

[補題 6.5 の証明] $\widetilde{R} \subset \mathrm{End}_{\widetilde{O}}(\widetilde{M})$ だから，$\widetilde{R}$ は $\widetilde{O}$ 加群として有限生成である．命題 6.6.1. を包含写像 $\widetilde{O} \to \widetilde{R}$ に適用して，$\dim \widetilde{O} = \dim \widetilde{R} = r+1$ である．命題 6.6.2. を全射 $O[[X_1, \cdots, X_r]] \to \widetilde{R}$ に適用する．$\dim O[[X_1, \cdots, X_r]] = \dim \widetilde{R} = r+1$ だから全射 $O[[X_1, \cdots, X_r]] \to \widetilde{R}$ は同型である．

定理 6.7 を包含写像 $\widetilde{O} \to \widetilde{R}$ と $\widetilde{R}$ 加群 $\widetilde{M}$ に適用する．$\widetilde{M}$ は 0 でない有限生成自由 $\widetilde{O}$ 加群だから，$\widetilde{M}$ は有限生成自由 $\widetilde{R}$ 加群であり，$\widetilde{R}$ は有限生成自由 $\widetilde{O}$ 加群である． ■

こんどは逆極限 $(\widetilde{R}, \widetilde{M})$ ともとの (R, M) とをむすびつける．環の準同型 $\widetilde{R} \to R$ を定義する．合成写像 $\widetilde{R} \simeq O[[X_1, \cdots, X_r]] \to R_n \to R$ は n によるので，気をつけないといけない．局所環 A に対し，$A/\mathfrak{m}^n$ で極大イデアルの n 乗による商環を表わす．

補題 6.8 合成写像 $\widetilde{R} \to R_n \to R \to R/\mathfrak{m}^n$ は逆系をなす．

[証明] 環の準同型 $R \to \mathrm{End}_{O/\ell^n O}(M/\ell^n M)$ の像を T_n とおく．図式

$$(6.1) \quad \begin{array}{ccccccc} \widetilde{R} & \longrightarrow & R_n & \stackrel{a}{\longrightarrow} & \overline{R}_n & \stackrel{c}{\longrightarrow} & \mathrm{End}_{\overline{O}_n}(\overline{M}_n) \\ & & \downarrow & & \downarrow & & \downarrow \\ & & R & \stackrel{b}{\longrightarrow} & T_n & \stackrel{c}{\longrightarrow} & \mathrm{End}_{O/\ell^n O}(M/\ell^n M) \end{array}$$

は可換である．$R_n \to R$ は全射だから，$\overline{R}_n \to T_n$ も全射である．$\widetilde{R}$ の定義により，$\widetilde{R} \to \overline{R}_n$ は全射逆系だから，$\widetilde{R} \to T_n$ も全射逆系をなす．$\widetilde{M} \to \overline{M}_n \to M/\ell^n M$ は同型 $\widetilde{M} \otimes_{\widetilde{O}} (O/\ell^n O) = \overline{M}_n \otimes_{\overline{O}_n} (O/\ell^n O) \to M/\ell^n M$ をひきおこす．したがって T_n は合成写像 $\widetilde{R} \to \mathrm{End}_{O/\ell^n O}(\widetilde{M} \otimes_{\widetilde{O}} (O/\ell^n O))$ の像と同一視される．このように同一視したとき，T_n は部分環 $\widetilde{R} \otimes_{\widetilde{O}} (O/\ell^n O) \subset \mathrm{End}_{O/\ell^n O}(\widetilde{M} \otimes_{\widetilde{O}}$

$O/\ell^n O$) と一致することを示す.

そのために, 次の補題を示す.

補題 6.9 $\pi: \widetilde{O} \to O'$ を全射準同型とする. π がひきおこす環の準同型 $\widetilde{R} \otimes_{\widetilde{O}} O' \to \mathrm{End}_{O'}(\widetilde{M} \otimes_{\widetilde{O}} O')$ は単射であり, その像は環の準同型 $\widetilde{R} \to \mathrm{End}_{O'}(\widetilde{M} \otimes_{\widetilde{O}} O')$ の像と等しい.

[証明] $\widetilde{M}$ は自由 $\widetilde{R}$ 加群だから, $\widetilde{M} \otimes_{\widetilde{O}} O'$ は有限生成自由 $\widetilde{R} \otimes_{\widetilde{O}} O'$ 加群である. したがって $\widetilde{R} \otimes_{\widetilde{O}} O' \to \mathrm{End}_{O'}(\widetilde{M} \otimes_{\widetilde{O}} O')$ は単射である. $\widetilde{R} \to \widetilde{R} \otimes_{\widetilde{O}} O'$ は全射だから, その像は準同型 $\widetilde{R} \to \mathrm{End}_{O'}(\widetilde{M} \otimes_{\widetilde{O}} O')$ の像と等しい. ∎

補題 6.9 を $O' = O/\ell^n O$ に適用して, $T_n = \widetilde{R} \otimes_{\widetilde{O}} (O/\ell^n O)$ と同一視する. 同様に $O' = \overline{O}_n = O_n/\ell^n O_n$ に適用して, $\overline{R}_n = \widetilde{R} \otimes_{\widetilde{O}} \overline{O}_n$ と同一視する.

補題 6.8 を示す. $\widetilde{R} \to T_n$ は逆系をなすから, $\overline{b}: R/\mathfrak{m}^n \to T_n/\mathfrak{m}^n$ が同型を示せばよい. 先に $\overline{a}: R_n/\mathfrak{m}^n \to \overline{R}_n/\mathfrak{m}^n$ が同型であることを示す. 補題 6.3 により, $\widetilde{O} \to \overline{O}_n$ の核は $\widetilde{O}$ の極大イデアルの n 乗 $\mathfrak{m}_{\widetilde{O}}^n$ に含まれる. したがって $\widetilde{R}/\mathfrak{m}^n \to \overline{R}_n/\mathfrak{m}^n = (\widetilde{R} \otimes_{\widetilde{O}} \overline{O}_n)/\mathfrak{m}^n$ は同型である. この同型は, 図式(6.1)の上の行の準同型により誘導されるものの合成 $\widetilde{R}/\mathfrak{m}^n \to R_n/\mathfrak{m}^n \xrightarrow{\overline{a}} \overline{R}_n/\mathfrak{m}^n$ である. これらはどちらも全射だから, $\overline{a}: R_n/\mathfrak{m}^n \to \overline{R}_n/\mathfrak{m}^n$ も同型である.

図式(6.1)で, 上の行の $a: R_n \to \overline{R}_n$ に O_n 上 O をテンソルしたもの $a \otimes \mathrm{id}_O$ が, 下の行 $b: R \to T_n$ であることを示す. 定義 5.24 の条件(3)より, $R_n \otimes_{O_n} O \to R$ は同型である. $\overline{R}_n = \widetilde{R} \otimes_{\widetilde{O}} \overline{O}_n, T_n = \widetilde{R} \otimes_{\widetilde{O}} (O/\ell^n O)$ だから, $\overline{R}_n \otimes_{O_n} O \to T_n$ も同型である. よって $b = a \otimes \mathrm{id}_O$ が示された. $\overline{a}: R_n/\mathfrak{m}^n \to \overline{R}_n/\mathfrak{m}^n$ は同型だから $\overline{b}: R/\mathfrak{m}^n \to T_n/\mathfrak{m}^n$ は同型である. よって, 合成写像 $\widetilde{R} \to T_n \to T_n/\mathfrak{m}^n \xleftarrow{\sim} R_n/\mathfrak{m}^n$ は逆系をなす. 可換図式(6.1)により, これは補題 6.8 の合成写像と等しい. ∎

補題 6.8 が示されたので合成写像 $\widetilde{R} \to R_n \to R \to R/\mathfrak{m}^n$ の逆極限をとって $\widetilde{R} \to R$ を定義する. $\widetilde{R} \otimes_{\widetilde{O}} O \to R$ が同型であることを示す. 補題 6.8 の証明のなかで示したように, $\widetilde{R}/\mathfrak{m}^n \to \overline{R}_n/\mathfrak{m}^n, R/\mathfrak{m}^n \to T_n/\mathfrak{m}^n, \overline{R}_n \otimes_{\overline{O}_n} (O/\ell^n O) \to T_n$ は同型である. したがって, $\widetilde{R}/\mathfrak{m}^n \otimes_{\widetilde{O}} O \to R/\mathfrak{m}^n$ は同型だから, その逆極限 $\widetilde{R} \otimes_{\widetilde{O}} O \to R$ も同型である.

線型写像 $\widetilde{M} \to M$ を, $m_n: M_n \to M$ がひきおこす $\overline{M}_n \to M/\ell^n M$ の極限

として定義する．この写像 $\widetilde{M} \to M$ がいま定義した環の準同型 $\widetilde{R} \to R$ と両立することを示す．$\overline{M}_n/\mathfrak{m}^n \overline{M}_n \to M/(\ell^n M + \mathfrak{m}^n M)$ は，環の準同型 $\widetilde{R}/\mathfrak{m}^n \to R/\mathfrak{m}^n = T_n/\mathfrak{m}^n$ と両立する．$M/\mathfrak{m}^n M = M/(\ell^n M + \mathfrak{m}^n M)$ だから，これの逆極限 $\widetilde{M} \to M$ は $\widetilde{R} \to R$ と両立する．

線型写像 $\widetilde{M} \to M$ は，同型 $\widetilde{M} \otimes_{\widetilde{R}} R \to M$ をひきおこすことを示す．上の線型写像 $\overline{M}_n/\mathfrak{m}^n \overline{M}_n \to M/\mathfrak{m}^n M$ は，同型 $\overline{M}_n/\mathfrak{m}^n \overline{M}_n \otimes_{\overline{O}_n} O \to M/\mathfrak{m}^n M$ をひきおこす．その逆極限 $\widetilde{M} \otimes_{\widetilde{R}} R = \widetilde{M} \otimes_{\widetilde{O}} O \to M$ は同型である．

R, M が定理 5.25 の条件 (1) をみたすことを示す．$\widetilde{R}$ は $\widetilde{O}$ 加群として有限生成自由加群で，R は $\widetilde{R} \otimes_{\widetilde{O}} O$ と同型だから，R は O 加群として有限生成自由加群である．$\sigma_i - 1 \in \widetilde{O}$, $i = 1, \cdots, r$ の $\widetilde{R} = O[[X_1, \cdots, X_r]]$ への像を f_i とすると，環 R は $\widetilde{R} \otimes_{\widetilde{O}} O = O[[X_1, \cdots, X_r]]/(f_1, \cdots, f_r)$ と同型だから，完全交叉である．$\widetilde{M}$ は有限生成自由 $\widetilde{R}$ 加群で，M は $\widetilde{M} \otimes_{\widetilde{R}} R$ と同型だから M は有限生成自由 R 加群である．

§6.2 定理 5.27 の証明

次の命題と定理を示して，定理 5.27 を証明する．n を自然数とし，$\mathcal{O}$ で階数 n の加群つき対 $(O, O, O^n, \mathrm{id}, \mathrm{id})$ を表わす．

命題 6.10 O を完備離散付値環とし，$n > 0$ を自然数とする．$\mathcal{O}$ を階数 n の加群つき対 $(O, O, O^n, \mathrm{id}, \mathrm{id})$ とする．$\mathcal{R} = (R, T, M, f, \pi)$ を O 上の階数 n の完全な加群つき対とすると，倍率 $\Delta \in O$ の加群つき対の全射 $\mathcal{F} = (\pi \circ f, \pi, m, m^*) \colon \mathcal{R} \to \mathcal{O}$ で，

(6.2) $\qquad \mathrm{length}_O(p_R/p_R^2) = \mathrm{ord}_O \Delta$

をみたすものが存在する． □

定理 6.11 O を完備離散付値環とし，$n > 0$ を自然数とする．$\mathcal{O}$ を階数 n の加群つき対 $(O, O, O^n, \mathrm{id}, \mathrm{id})$ とする．$\mathcal{R} = (R, T, M, f, \pi)$ を O 上の階数 n の加群つき対とし，$\mathcal{F} = (\pi \circ f, \pi, m, m^*) \colon \mathcal{R} \to \mathcal{O}$ を倍率 $\Delta \in O$ の加群つき対の全射とする．

1. $\Delta \neq 0$ であり，次の不等式がなりたつ

(6.3) $\qquad\qquad\mathrm{length}_O(p_R/p_R^2) \geqq \mathrm{ord}_O \Delta$.

2. 次は同値である.

(1) $\mathcal{R}$ は完全である.

(2) 次の等式がなりたつ

(6.4) $\qquad\qquad\mathrm{length}_O(p_R/p_R^2) = \mathrm{ord}_O \Delta$. □

[命題 6.10 + 定理 6.11 ⇒ 定理 5.27 の証明] $\mathcal{R} = (R, T, M, f, \pi)$, $\mathcal{R}' = (R', T', M', f', \pi')$ を O 上の階数 $n > 0$ の加群つき対とする. $\mathcal{F} = (r, t, m, m^*)$: $\mathcal{R} \to \mathcal{R}'$ を倍率 $\Delta \in T'$ の加群つき対の全射で, 不等式

(6.5) $\quad \mathrm{length}_O(p_R/p_R^2) - \mathrm{length}_O(p_{R'}/p_{R'}^2) \leqq \mathrm{ord}_O \pi'(\Delta)$

をみたすものとする. $\mathcal{R}'$ が完全と仮定する. 命題 6.10 により, 倍率 $\Delta_1 \in O$ の加群つき対の全射 $\mathcal{F}_1 = (\pi' \circ f', \pi', m_1, m_1^*): \mathcal{R}' \to \mathcal{O}$ で,

(6.6) $\qquad\qquad\mathrm{length}_O(p_{R'}/p_{R'}^2) = \mathrm{ord}_O \Delta_1$

をみたすものが存在する.

$m_0 = m_1 \circ m$, $m_0^* = m^* \circ m_1^*$ とおくと, $\mathcal{F}_0 = (\pi \circ f, \pi, m_0, m_0^*)$ は加群つき対の全射 $\mathcal{R} \to \mathcal{O}$ であることを示す. 定義 5.26.3. の条件がみたされることを確かめる. (1), (2) については明らかである. (3) を確かめる. 写像 m, m_1 は全射だから, m_0 も全射である. 仮定より $m^*: M' \to M$, $m_1^*: M' \otimes_{T'} O \to M'$ はどちらも単射で, その余核はどちらも有限生成自由 O 加群である. したがって, 合成写像 m_0^* も単射で, その余核は有限生成自由 O 加群である. よって $\mathcal{F}_0$ は加群つき対の全射である.

$\Delta_0 = \pi'(\Delta) \Delta_1 \in O$ は $\mathcal{F}_0$ の倍率である. (6.5), (6.6) により, 不等式

$$\mathrm{length}_O(p_R/p_R^2) \leqq \mathrm{ord}_O \Delta_0$$

がなりたつ. 定理 6.11.1. により, これは等式である. さらに定理 6.11.2. (2) ⇒ (1) により, $\mathcal{R}$ は完全である. ∎

命題 6.10 を, 次の命題から導く. 記号を導入する. T を O 上の環で, O 加群として有限生成自由加群であるものとする. $T^* = \mathrm{Hom}_O(T, O)$ とおく. T^* は, $a \in T, \varphi \in T^*$ に対し, $a\varphi \in T^*$ を $a\varphi(b) = \varphi(ab)$ と定めることで, T 加群の構造をもつ.

$T = O[[X_1, \cdots, X_r]]/(f_1, \cdots, f_r)$ とする. $x_i \in T$ を X_i の像とする. 環の準同

型 $O[[X_1,\cdots,X_r]] \to T[[X_1,\cdots,X_r]]: X_i \to X_i$ による f_i の像も f_i で表わす. 環の準同型 $T[[X_1,\cdots,X_r]] \to T: X_i \mapsto x_i$ の核は $(X_1-x_1,\cdots,X_r-x_r)$ である. この準同型による f_i の像は 0 だから, $f_i \in (X_1-x_1,\cdots,X_r-x_r)$ である. そこで $f_i = \sum_j g_{ij} \cdot (X_j - x_j)$ をみたす $g_{ij} \in T[[X_1,\cdots,X_r]]$ をとる. O 線型写像 $\varphi: T \to O$ に対し, $O[[X_1,\cdots,X_r]]$ 線型写像 $T[[X_1,\cdots,X_r]] \to O[[X_1,\cdots,X_r]]$: $\sum_i a_i X^i \mapsto \sum_i \varphi(a_i) X^i$ を $\widetilde{\varphi}$ で表わす.

命題 6.12 O を完備離散付値環, $r \geqq 0$ とし, $f_1,\cdots,f_r \in O[[X_1,\cdots,X_r]]$ とする. 商環 $T = O[[X_1,\cdots,X_r]]/(f_1,\cdots,f_r)$ が O 加群として有限生成自由加群であると仮定する. $g_{ij} \in T[[X_1,\cdots,X_r]]$ を上のようにとり, $G = (g_{ij}) \in M_r(T[[X_1,\cdots,X_r]])$ とおく. 写像 $a: T^* \to T$ を, $\varphi: T \to O$ の像を

(6.7) $\qquad a(\varphi) \equiv \widetilde{\varphi}(\det G) \mod (f_1,\cdots,f_r) \in T$

とおくことにより定めると, これは T 加群の同型である. □

この命題の証明は, Koszul 複体を使ってなされるが, ここでは紹介しない.

[命題 6.10 の証明] $\mathcal{R} = (R,T,M,f,\pi)$ が完全と仮定し, $T = O[[X_1,\cdots,X_r]]/(f_1,\cdots,f_r)$ と同一視する. $a: T^* \to T$ を命題 6.12 の同型として, $\Delta = \pi \circ a(\pi) \in O$ とおく. 倍率 Δ の加群つき対の全射 $\mathcal{F}: \mathcal{R} \to \mathcal{O}$ を構成する. $R = T$, $M = T^n$, $f = \mathrm{id}$ と仮定してよい. 直和を考えることにより, $M = T$ としてよい.

$\pi^*: O \to T$ を, $\pi: T \to O$ の O 線形写像としての双対 $O = O^* \to T^*$ と同型 $a: T^* \to T$ の合成とする. $\mathcal{F} = (\pi,\pi,\pi,\pi^*)$ が加群つき対の全射であることを示す. $\pi: T \to O$ は有限生成自由 O 加群の全射である. したがって, その双対 $O = O^* \to T^*$ は単射で, その余核も有限生成自由 O 加群である. よって, $\mathcal{F}$ は加群つき対の全射である. $\pi^*(1) = a(\pi) \in T$ だから, $\Delta = \pi \circ \pi^*(1) \in O$ は $\mathcal{F}$ の倍率である.

$\mathrm{ord}_O \Delta = \mathrm{length}_O(p_T/p_T^2)$ を示す. 合成写像 $O[[X_1,\cdots,X_r]] \to T \xrightarrow{\pi} O$ による X_i の像を a_i とする. X_i を $X_i - a_i$ でおきかえて, $a_i = 0$ と仮定してよい. このとき, 合成写像 $O[[X_1,\cdots,X_r]] \to O$ の核 p はイデアル $(X_1,\cdots,X_r)$ である. $J = \left(\dfrac{\partial f_i}{\partial X_j}(0)\right) \in M_r(O)$ とおく. 次の(1), (2)を示す.

(1) p_T/p_T^2 は $J: O^r \to O^r$ の余核と同型.

 (2) $\Delta = \det J$.

(1)を示す. p_T/p_T^2 は $I = (f_1, \cdots, f_r) \to p/p^2$ の余核である. p/p^2 は X_j, $j = 1, \cdots, r$ の像を基底とする自由 O 加群で, f_i の像は $\sum_j \dfrac{\partial f_i}{\partial X_j}(0) X_j$ である. よって(1)が示された.

(2)を示す. a の定義により, $\Delta = \pi \circ a(\pi)$ は環の準同型 $T[[X_1, \cdots, X_r]] \xrightarrow{\pi} O[[X_1, \cdots, X_r]] \to T \xrightarrow{\pi} O$ による $\det G$ の像である. この環の準同型は X_i, x_i をどちらも 0 にうつすものだから, g_{ij} はこの準同型によって, $\dfrac{\partial f_i}{\partial X_j}(0) \in O$ にうつされる. よって $\Delta = \det J$ である. これで(2)も示された.

単因子論により, $\mathrm{ord}_O \Delta = \mathrm{length}_O(p_T/p_T^2)$ である. ∎

定理6.11 を示す. O のイデアル η_T を定義して, 次の定理と命題に分割する. η_T を定義する. 一般に O 上射影有限生成な完備局所環 R と O 上の局所準同型 $\pi_R: R \to O$ に対し,

$$p_R = \mathrm{Ker}(\pi_R: R \to O),$$

(6.8) $I_R = \mathrm{Ann}_R p_R = \{a \in R \mid a p_R = 0\} = \mathrm{Hom}_R(O, R),$

$$\eta_R = \pi_R(I_R)$$

とおく. 2つめの式で, O は準同型 $\pi_R: R \to O$ により, R 加群とみたものである. p_R, I_R は R のイデアルである. π_R は全射だから, η_R は O のイデアルである. $p_R/p_R^2 = p_R \otimes_R O$ である.

定理6.13 O を完備離散付値環, R, T を O 上射影有限生成な完備局所環とし, $R \xrightarrow{f} T \xrightarrow{\pi} O$ を O 上の環の全射局所準同型とする.

1. 次の不等式がなりたつ

(6.9) $\mathrm{length}_O(p_R/p_R^2) \geq \mathrm{length}_O(p_T/p_T^2) \geq \mathrm{length}_O(O/\eta_T).$

2. T が有限生成自由 O 加群で p_T/p_T^2 が長さ有限 O 加群と仮定する. このとき次の条件は同値である.

 (1) $f: R \to T$ は同型で, T は完全交叉である.

 (2) 次の等式がなりたつ

(6.10) $\mathrm{length}_O(p_R/p_R^2) = \mathrm{length}_O(O/\eta_T).$ □

§6.2 定理5.27の証明 —— 155

定理6.13は1.と2.(1)⇒(2)だけ，この章の最後で証明する．

命題 6.14 $\mathcal{T} = (T, T, M, \mathrm{id}, \pi)$ を階数 n の加群つき対とし，$\mathcal{F}: \mathcal{T} \to \mathcal{O}$ を倍率 $\Delta \in \mathcal{O}$ の加群つき対の全射とする．

1. 次の包含関係がなりたつ

(6.11) $$\Delta \mathcal{O} \supset \eta_T \neq 0.$$

2. T は完全交叉と仮定する．このとき次の条件は同値である．

（1） $\mathcal{T}$ が完全である．

（2） 次の等式がなりたつ

(6.12) $$\Delta \mathcal{O} = \eta_T.$$ □

2.で(1)の条件は M が自由 T 加群であるということである．命題6.14はこのあとすぐ証明する．

定理6.13と命題6.14を認めて，定理6.11を示す．

［定理6.11の証明］ 1. $\mathcal{F}: \mathcal{R} \to \mathcal{O}$ を倍率 $\Delta \in \mathcal{O}$ の加群つき対の全射とする．定理6.13.1.の不等式(6.9)と，命題6.14.1.の包含関係(6.11)をあわせれば，$\Delta \neq 0$ と不等式

(6.13) $$\mathrm{length}_{\mathcal{O}}(p_R/p_R^2) \geqq \mathrm{length}_{\mathcal{O}}(\mathcal{O}/\eta_T) \geqq \mathrm{ord}_{\mathcal{O}} \Delta$$

が得られる．

2. (1)⇒(2)．$\mathcal{R}$ が完全とする．すると，定理6.13.2.の条件(1)と，命題6.14.2.の条件(1)がどちらもみたされるから，それぞれ(1)⇒(2)を適用して，等式(6.10), (6.12)が得られる．これをあわせれば(6.4)が得られる．

(2)⇒(1)．等式(6.4)がなりたつとする．(6.13)の不等号はすべて等号となる．まず定理6.13.2.(2)⇒(1)により，$f: R \to T$ は同型で，T は完全交叉である．これで命題6.14.2.の仮定もみたされたので，その(2)⇒(1)により，$\mathcal{R}$ は完全である． ∎

これから命題6.14を証明する．

［命題6.14.1.の証明］ $\mathcal{F} = (\pi, \pi, m, m^*): \mathcal{T} \to \mathcal{O}$ を加群つき対の全射とし，$\Delta \in \mathcal{O}$ をその倍率とする．$L = \mathcal{O}^n$ とおく．L は環の準同型 $\pi: T \to \mathcal{O}$ により，T 加群とみる．

まず，次の補題を示す．

補題 6.15 $M[p_T] = \{x \in M \mid p_T x = 0\}$ とおくと，$m^*L = M[p_T]$ である．

[証明] 同型 $\pi \otimes \mathrm{id}: T_K/p_T T_K \to K$ により，$T_K/p_T T_K = K$ と同一視する．はじめに $T_K = T \otimes_O K$ が

(6.14) $$T_K = K \times A$$

と環の直積に分解することを示す．T_K は K 上有限次元だから，局所環の直積である．$\mathrm{Spec}\, T_K = \{p_0, p_1, \cdots, p_k\}$, $p_0 = p_T T_K$ とすると，$T_K = T_{K, p_0} \times \prod_{i=1}^{k} T_{K, p_i}$ と分解する．$T_{K, p_0} = K$ を示す．仮定より p_T/p_T^2 は長さ有限だから，$p_0/p_0^2 = (p_T/p_T^2) \otimes_O K = 0$ である．したがって中山の補題により，局所環 T_{K, p_0} の極大イデアル $p_0 T_{K, p_0}$ は 0 である．したがって，$T_{K, p_0} = K$ であり，$T_K = K \times A$ と分解することが示された．

$m^*L = M[p_T]$ を示す．$p_T L = 0$ だから，$m^*L \subset M[p_T]$ である．まず $m^*L \otimes_O K = M_K[p_T T_K]$ を示す．直積分解 (6.14) により，$M_K = M \otimes_O K$, $L_K = L \otimes_O K$ は $M_K = M \otimes_T K \times M \otimes_T A$, $L_K = L \otimes_T K \times L \otimes_T A$ と分解する．L はもともと O 加群を T 加群とみたものだから $L_K = L \otimes_T K$ である．M_K の直積分解より，$M_K[p_T T_K] \to M \otimes_T K$ は同型である．条件 (5.16) より，$m: M \to L$ は全射である．したがって m がひきおこす K 線型写像 $M \otimes_T K \to L_K$ も全射である．どちらも n 次元だから，これは同型である．条件 (5.16) より，$m^*: L \to M$ は単射だから，その素イデアル p_T での局所化 $L_K \to M \otimes_T K$ も単射である．よって，合成写像

(6.15) $$L_K \xrightarrow{m^*} M_K[p_T T_K] \xrightarrow{\sim} M \otimes_T K \xrightarrow{\sim} L_K$$

は有限次元 K 線型空間 L_K の単射自己準同型で，同型である．したがって，$L \otimes_O K \xrightarrow{m^*} M_K[p_T T_K]$ は同型である．これで $m^*L \otimes_O K = M_K[p_T T_K]$ が示された．

条件 (5.16) より，M/m^*L は自由 O 加群だから，$m^*L = M \cap (m^*L \otimes_O K)$ である．よって逆の包含関係 $m^*L = M \cap (m^*L \otimes_O K) = M \cap M_K[p_T T_K] \supset M[p_T]$ が示された． ∎

命題 6.14.1. を証明する．$I_T M \subset M[p_T] = m^*L$ である．これの全射 $m: M \to L$ による像をとれば，$\eta_T L \subset \Delta L$ となる．L は 0 でない自由 O 加群だから $\eta_T \subset \Delta O$ である．

(6.14) より，$p_T T_K \to A$ は全射だから，I_T は $T \to A$ の核である．したがって $I_T T_K \to K$ は全射である．これは，$I_T \to O$ の像 η_T が 0 でないということである． ∎

[命題 6.14.2.(1) ⇒ (2) の証明]　命題 6.10 により，倍率 Δ の加群つき対の全射 $\mathcal{T} \to \mathcal{O}$ で，等式 $\text{length}_O(p_T/p_T^2) = \text{ord}_O \Delta$ をみたすものが存在する．M は自由 T 加群だから，$M[p_T] = I_T M$ である．したがって，1. の証明と同様にして，$\eta_T L = \Delta L$ が示される．L は 0 でない自由 O 加群だから $\eta_T = \Delta O$ である． ∎

[命題 6.14.2.(2) ⇒ (1) の証明]
$$\mathcal{F} = (\pi, \pi, m, m^*) \colon \mathcal{R} = (T, T, M, \text{id}, \pi) \to \mathcal{O} = (O, O, O^n, \text{id}, \text{id})$$
を倍率 Δ の加群つき対の全射で，$\Delta O = \eta_T$ をみたすものとする．M が自由 T 加群であることを示せばよい．$\mathcal{R}_1 = (T, T, T^n, \text{id}, \pi)$ を完全な階数 n の加群つき対とする．以下 $O^n = L$，$T^n = N$ と書くことにする．T は完全交叉だから，命題 6.10 により，倍率 Δ_1 の加群つき対の全射 $\mathcal{F}_1 = (\pi, \pi, \pi^n, \pi^{*n}) \colon \mathcal{R}_1 \to \mathcal{O}$ で，$\Delta_1 O = \eta_T$ をみたすものが存在する．これと $\mathcal{F}$ を比べることにより，M が自由 T 加群であることを示す．

はじめに，可換図式

(6.16)
$$\begin{array}{ccccc} L & \xrightarrow{\pi^{*n}} & N & \xrightarrow{\pi^n} & L \\ {\scriptstyle a}\downarrow & & {\scriptstyle b}\downarrow & & \| \\ L & \xrightarrow{m^*} & M & \xrightarrow{m} & L \end{array}$$

を構成する．N は自由 T 加群だから，右の四角を可換にするような T 線型写像 $b \colon N \to M$ を任意にとる．a を定義する．$p_T L = 0$ だから，補題 6.15 により $b \circ \pi^{*n}(L) \subset M[p_T] = m^*(L)$ である．$\mathcal{F}$ の倍率 Δ は 0 でないから，m^* は単射である．よって図式を可換にする $a \colon L \to L$ がただ 1 つ存在する．

$a \colon L \to L$，$b \colon N \to M$ が，どちらも同型であることを示す．まず a について示す．合成写像 $m \circ m^* \colon L \to L$，$\pi^n \circ \pi^{*n} \colon L \to L$ はそれぞれ Δ 倍写像，Δ_1 倍写像である．したがって，どちらも $\eta_T L$ への同型である．図式は可換だから，$a \colon L \to L$ は同型である．

$b: N \to M$ が同型であることを示す．N, M はどちらも階数が $n \times \mathrm{rank}_O T$ の自由 O 加群だから，双対 $b^*: M^* = \mathrm{Hom}_O(M, O) \to N^* = \mathrm{Hom}_O(N, O)$ が全射であることを示せばよい．図式 (6.16) の左の四角の双対を考える．$m^*: L \to M$ は単射で，仮定により，その余核 $\mathrm{Coker}(m^*: L \to M)$ は自由 O 加群である．したがって，その双対 $(m^*)^*: M^* \to L^*$ は全射である．図式は可換で a は同型だから，合成写像 $(\pi^{*n})^* \circ b^*: M^* \to N^* \to L^*$ も全射である．一方，$\pi^{*n}: L \to N$ の定義により，これの双対 $(\pi^{*n})^*: N^* \to L^*$ がひきおこす射 $N^* \otimes_T O \to L^*$ は同型である．したがって中山の補題より，$b^*: M^* \to N^*$ は全射である．よって $b: N \to M$ は T 加群の同型である．したがって M は自由 T 加群であり，加群つき対 $\mathcal{T}$ は完全である． ∎

[定理 6.13.1. の証明]　$f: R \to T$ は全射だから，$p_R \to p_T$ も全射である．したがって $p_R/p_R^2 \to p_T/p_T^2$ も全射である．よって $\mathrm{length}_O(p_R/p_R^2) \geq \mathrm{length}_O(p_T/p_T^2)$ である．

2 つめの不等式を示すには，**Fitting イデアル**(Fitting ideal)の性質を使う．

定義 6.16　A を環とし，M を有限生成 A 加群とする．M の Fitting イデアル $F_A(M)$ を

$$\bigcup_{n=0}^{\infty} \left\{ \det P \in A \,\middle|\, \begin{array}{l} P \in M_n(A) \text{ で，} P: A^n \to A^n \text{ の} \\ \text{余核から } M \text{ への全射が存在する} \end{array} \right\}$$

によって生成される A のイデアルと定義する． ∎

命題 6.17　A を環とし，M を有限生成 A 加群とする．

1. Fitting イデアル $F_A(M)$ は M の零化域 $\mathrm{Ann}_A(M)$ に含まれる．

2. $P \in M_{n,m}(A)$ とする．余核 $M = \mathrm{Coker}(P: A^m \to A^n)$ の Fitting イデアル $F_A(M)$ は P の n 次のすべての小行列式によって生成される．

3. M が有限表示をもつなら，環の準同型 $A \to B$ に対し，$F_B(M \otimes_A B) = F_A(M)B$ である．

4. A が離散付値環で，M が長さ有限の A 加群ならば，Fitting イデアル $F_A(M)$ は A の極大イデアルの $\mathrm{length}_A M$ 乗である．

[証明]　1. 余因子行列を考えれば，$\det P \cdot A^n \subset \mathrm{Im}(P: A^n \to A^n)$ である．

よって $\det P$ は $P: A^n \to A^n$ の余核を零化する.したがって,$P: A^n \to A^n$ の余核から M への全射が存在するならば,$\det P$ は M を零化する.

2. これは行列式の演習問題なので省略する.

3. $M = \mathrm{Coker}(P: A^m \to A^n)$ なら,$M \otimes_A B = \mathrm{Coker}(P: B^m \to B^n)$ だから,2. からしたがう.

4. $M = \mathrm{Coker}(P: A^n \to A^n)$ としてよい.するとこれは 2. と単因子論からしたがう. ∎

定理 6.13.1. の 2 つめの不等式を示す.$F_T(p_T)$ を p_T の Fitting イデアルとする.命題 6.17.1. により,$F_T(p_T) \subset I_T$ である.命題 6.17.3. と $p_T/p_T^2 = p_T \otimes_T O$ により,
$$F_O(p_T/p_T^2) = \pi_T(F_T(p_T)) \subset \pi_T(I_T) = \eta_T$$
である.命題 6.17.4. により,
$$\mathrm{length}_O(p_T/p_T^2) = \mathrm{length}_O O/F_O(p_T/p_T^2) \geqq \mathrm{length}_O(O/\eta_T)$$
である. ∎

[定理 6.13.2.(1) $\Rightarrow$ (2) の証明] $f: R \to T$ が同型で,T が完全交叉とする.加群つき対 $\mathcal{R} = (R, T, T, f, \pi)$ は完全だから,命題 6.10 により,倍率 $\Delta \in O$ が $\mathrm{ord}_O \Delta = \mathrm{length}_O(p_R/p_R^2)$ をみたす加群つき対の全射 $\mathcal{R} \to \mathcal{O}$ がある.命題 6.14.2. により $\Delta O = \eta_T$ だから,等式 (6.10) が示された. ∎

7

変 形 環

この章では，定理 5.8 を証明する．まず変形環を公理的に扱い，存在定理（定理 7.7）を定式化する．§7.3 で定理 7.7 から定理 5.8 を導く．§7.4 で定理 7.7 を証明する．

O を完備離散付値環とし，その剰余体を F とする．

§7.1 関手とその表現

定義 7.1 1. $\mathcal{F}$ が O 上の関手(functor)であるとは，
（1） O 上の任意の射影有限生成な完備局所環 A に対し，集合 $\mathcal{F}(A)$ が定まり，
（2） O 上の任意の局所準同型 $f: A \to A'$ に対し，写像 $f_*: \mathcal{F}(A) \to \mathcal{F}(A')$ が定まっていて，
次の条件(i), (ii)がみたされていることをいう．
　（i） O 上の任意の射影有限生成な完備局所環 A に対し，$\mathrm{id}_{A*} = \mathrm{id}_{\mathcal{F}(A)}$ である．
　（ii） O 上の任意の局所準同型 $f: A \to A'$, $g: A' \to A''$ に対し，$(f \circ g)_* = f_* \circ g_*$ である．
2. $\mathcal{F}, \mathcal{G}$ を O 上の関手とする． $a: \mathcal{F} \to \mathcal{G}$ が関手の射であるとは，O 上の任意の射影有限生成な完備局所環 A に対し，写像 $a_A: \mathcal{F}(A) \to \mathcal{G}(A)$ が定ま

り，次の条件がみたされることをいう．

O 上の任意の局所準同型 $f: A \to A'$ に対し，次の図式は可換である．

$$\begin{CD} \mathcal{F}(A) @>{a_A}>> \mathcal{G}(A) \\ @V{f_*}VV @VV{f_*}V \\ \mathcal{F}(A') @>{a_{A'}}>> \mathcal{G}(A') \end{CD}$$

O 上の任意の射影有限生成な完備局所環 A に対し，$\mathcal{F}(A)$ が $\mathcal{G}(A)$ の部分集合で，写像 $a_A: \mathcal{F}(A) \to \mathcal{G}(A)$ が包含写像であるとき，$\mathcal{F}$ は $\mathcal{G}$ の**部分関手**であるという．

3. $\mathcal{F}$ を O 上の関手とする．$\mathcal{F}$ が O 上の射影有限生成な完備局所環 R によって表現されるとは，次の条件をみたす $r \in \mathcal{F}(R)$ が存在することをいう．

O 上の任意の射影有限生成な完備局所環 A に対し，写像
$$\{O \text{ 上の局所準同型 } R \to A\} \to \mathcal{F}_A: f \mapsto f_*(r)$$
は全単射である．

このとき $r \in \mathcal{F}(R)$ を関手 $\mathcal{F}$ の**普遍元**という． □

例7.2 1. n を自然数とする．O 上の任意の射影有限生成な完備局所環 A に対し，m_A をその極大イデアルとして，$\mathcal{F}_n(A)$ を直積集合 $(m_A)^n$ とおく．O 上の任意の局所準同型 $f: A \to A'$ に対し，写像 $f_*: \mathcal{F}_n(A) \to \mathcal{F}_n(A')$ を $f^n: (m_A)^n \to (m_{A'})^n$ と定めると，これは O 上の関手である．

関手 $\mathcal{F}_n$ は形式巾級数環 $R = O[[X_1, \cdots, X_n]]$ によって表現される．普遍元 $r \in \mathcal{F}_n(R) = (m_R)^n$ は $r = (X_1, \cdots, X_n)$ である．

2. G を射影有限群とし $\bar{\rho}: G \to GL_n(F)$ を連続準同型とする．O 上の関手 $\mathrm{Lift}_{\bar{\rho}}$ を次のように定める．

 (1) O 上の射影有限生成な完備局所環 A に対し，$\mathrm{Lift}_{\bar{\rho}}(A)$ を $\bar{\rho}$ の A へのもちあげ全体の集合

$$\mathrm{Lift}_{\bar{\rho}}(A) = \{\rho: G \to GL_n(A) \mid \rho \text{ は連続，} p_{A*}(\rho) = i_{A*}(\bar{\rho}) \text{ をみたす}\}$$

とする．ここで $p_A: A \to F_A$ は A の剰余体への標準全射で，$i_A: F \to F_A$ は自然な単射である．

 (2) O 上の局所準同型 $f: A \to A'$ に対し，写像 $f_*: \mathrm{Lift}_{\bar{\rho}}(A) \to \mathrm{Lift}_{\bar{\rho}}(A')$

を，$\rho: G \to GL_n(A)$ に対し，f がひきおこす準同型 $GL_n(A) \to GL_n(A')$ との合成 $f_*(\rho): G \to GL_n(A')$ を対応させる写像とする． □

§7.2 存在定理

定義 7.3 環 A が O 上の長さ有限な局所環であるとは，A が局所環で，局所準同型 $O \to A$ があたえられていて，A が O 加群として長さが有限であることをいう． □

A が O 上射影有限生成な完備局所環で，m_A がその極大イデアルなら，A/m_A^n は O 上長さ有限な局所環である．

定義 7.4 $\bar{\rho}: G \to GL_n(F)$ を射影有限群 G の連続表現とする．$\mathcal{D}$ が $\bar{\rho}$ のもちあげの級(type)であるとは，O 上の長さ有限な任意の局所環 A に対し，次の公理(1)-(5)をすべてみたす $\mathrm{Lift}_{\bar{\rho}}(A)$ の部分集合 $\mathrm{Lift}_{\bar{\rho},\mathcal{D}}(A)$ が定まっていることをいう．

(1) $\bar{\rho} \in \mathrm{Lift}_{\bar{\rho},\mathcal{D}}(F)$．

(2) $f: A \to A'$ が O 上の局所準同型ならば，$f_*: \mathrm{Lift}_{\bar{\rho}}(A) \to \mathrm{Lift}_{\bar{\rho}}(A')$ は $\mathrm{Lift}_{\bar{\rho},\mathcal{D}}(A)$ を $\mathrm{Lift}_{\bar{\rho},\mathcal{D}}(A')$ にうつす．

(3) I_1, I_2 を A のイデアルで，$I_1 \cap I_2 = 0$ をみたすものとし，$\pi_i: A \to A/I_i$ を標準全射とする．もちあげ $\rho \in \mathrm{Lift}_{\bar{\rho}}(A)$ が，$i = 1, 2$ に対し $\pi_{i,*}(\rho) \in \mathrm{Lift}_{\bar{\rho},\mathcal{D}}(A/I_i)$ をみたすならば，$\rho \in \mathrm{Lift}_{\bar{\rho},\mathcal{D}}(A)$ である．

(4) $f: A \to A'$ が O 上の単射局所準同型ならば，$f_*: \mathrm{Lift}_{\bar{\rho}}(A) \to \mathrm{Lift}_{\bar{\rho}}(A')$ による $\mathrm{Lift}_{\bar{\rho},\mathcal{D}}(A')$ の逆像は $\mathrm{Lift}_{\bar{\rho},\mathcal{D}}(A)$ に含まれる．

(5) $\rho \in \mathrm{Lift}_{\bar{\rho},\mathcal{D}}(A)$ で，ρ' が ρ と同値ならば，$\rho' \in \mathrm{Lift}_{\bar{\rho},\mathcal{D}}(A)$ である． □

命題 7.5 O を完備離散付値環とし，F をその剰余体とする．G を射影有限群，$\bar{\rho}: G \to GL_n(F)$ を連続準同型とし，$\mathcal{D}$ を $\bar{\rho}$ のもちあげの級とする．

1. O 上射影有限生成な完備局所環 A に対し，
$$\mathrm{Lift}_{\bar{\rho},\mathcal{D}}(A) = \varprojlim_n \mathrm{Lift}_{\bar{\rho},\mathcal{D}}(A/m_A^n)$$
とおくと，$\mathrm{Lift}_{\bar{\rho},\mathcal{D}}$ は関手 $\mathrm{Lift}_{\bar{\rho}}$ の部分関手となる．

2. O 上射影有限生成な任意の完備局所環とその局所準同型に対し，定義

7.4の公理(1), (2), (4), (5)と次の(3')がみたされる.

(3') I_λ $(\lambda \in \Lambda)$ を A のイデアルの族で,$\bigcap_{\lambda \in \Lambda} I_\lambda = 0$ をみたすものとし,$\pi_\lambda: A \to A/I_\lambda$ を標準全射とする.もちあげ $\rho \in \mathrm{Lift}_{\bar{\rho}}(A)$ が,任意の $\lambda \in \Lambda$ に対し,$\pi_{\lambda,*}(\rho) \in \mathrm{Lift}_{\bar{\rho},\mathcal{D}}(A/I_\lambda)$ をみたすならば,$\rho \in \mathrm{Lift}_{\bar{\rho},\mathcal{D}}(A)$ である. □

命題の証明は省略する.

定義 7.6 $\mathcal{D}$ を $\bar{\rho}$ のもちあげの級とする.

1. O 上の射影有限生成な完備局所環 A 上への,$\bar{\rho}$ のもちあげ ρ が $\mathrm{Lift}_{\bar{\rho},\mathcal{D}}(A)$ の元であるとき,ρ は $\mathcal{D}$ 級のもちあげであるという.

2. O 上の関手 $\mathrm{Def}_{\bar{\rho},\mathcal{D}}$ を次のように定める.

(1) O 上の射影有限生成な完備局所環 A に対し,$\mathrm{Def}_{\bar{\rho},\mathcal{D}}(A)$ を $\mathrm{Lift}_{\bar{\rho},\mathcal{D}}(A)$ の同値類の集合とする.

(2) O 上の局所準同型 $f: A \to A'$ に対し,$f_*: \mathrm{Def}_{\bar{\rho},\mathcal{D}}(A) \to \mathrm{Def}_{\bar{\rho},\mathcal{D}}(A')$ を
$$f_*: \mathrm{Lift}_{\bar{\rho},\mathcal{D}}(A) \to \mathrm{Lift}_{\bar{\rho},\mathcal{D}}(A')$$
がひきおこす写像とする. □

定理 7.7 O を完備離散付値環とし,F を O の剰余体とする.$\bar{\rho}: G \to GL_n(F)$ を射影有限群 G の絶対既約連続表現とし,$\mathcal{D}$ を $\bar{\rho}$ のもちあげの級とする.G の商群 $\bar{G}$ で,次の条件(1), (2)をみたすものが存在すると仮定する.

(1) O 上射影有限生成な任意の完備局所環 A に対し,$\bar{\rho}$ の A への $\mathcal{D}$ 級の任意のもちあげ ρ は商群 $\bar{G}$ を経由する.

(2) $\bar{G}$ の稠密な有限生成部分群が存在する.

このとき,次の 1.–3. がなりたつ.

1. O 上の関手 $\mathrm{Def}_{\bar{\rho},\mathcal{D}}$ を表現する,O 上射影有限生成な完備局所環 R が存在する.

2. $\rho_R \in \mathrm{Def}_{\bar{\rho},\mathcal{D}}(R)$ を普遍元とすると,R の部分集合 $\{\mathrm{Tr}\,\rho_R(\sigma) \in R \mid \sigma \in G\}$ によって O 上生成される部分環は R 内で稠密である.

3. R の剰余体は O の剰余体と等しい. □

定理 7.7 は §7.4 で証明する.

§7.3 定理 5.8 の証明

記号を定理 5.8 のとおりとする. ℓ を 3 以上の素数とし, O を $\mathbb{Q}_\ell$ の有限次拡大の整数環とし, $\mathbb{F}$ を O の剰余体とする. $\bar\rho: G_\mathbb{Q} \to GL_2(\mathbb{F})$ を準安定な既約法 ℓ 表現で, $\det\rho$ が円分指標であるものとする. Σ を条件 (5.7) をみたす素数の有限集合とする. O 上射影有限生成な任意の完備局所環 A に対し, $\bar\rho$ の $\mathcal{D}_\Sigma$ 級のもちあげ全体の集合を $\mathrm{Lift}_{\bar\rho,\mathcal{D}_\Sigma}(A)$ で表わす.

定理 7.7 を $G=G_\mathbb{Q}$, $\bar\rho=\bar\rho$, $\mathcal{D}=\mathcal{D}_\Sigma$ に適用することにより, 定理 5.8 を示す. まず結論どうしを見くらべる. 定理 5.8.1., 3. はそれぞれ定理 7.7.1., 3. そのものである. 定理 5.8.2. を定理 7.7.2. から導く. $\{\mathrm{Tr}\,\rho_R(\sigma) \in R \mid \sigma \in G\}$ の中で, $\{\mathrm{Tr}\,\rho_R(\varphi_p) \in R \mid p \nmid N_\Sigma\ell\}$ が稠密なことを示せばよい. これは定理 3.1 から従う.

したがって, 定理 5.8 を証明するには, 定理 7.7 の仮定がみたされていることを確かめればよい. 命題 3.5 により $\bar\rho$ は絶対既約である. 示すべきことは次の 2 つの命題である

命題 7.8 記号と仮定は定理 5.8 のとおりとする.
1. O 上の長さ有限な局所環 A に対し, $\mathrm{Lift}_{\bar\rho}(A)$ の部分集合 $\mathrm{Lift}_{\bar\rho,\mathcal{D}_\Sigma}(A)$ は, 定義 7.4 の公理 (1)–(5) をすべてみたす.
2. O 上射影有限生成な完備局所環 A に対し, 命題 7.5 の式 $\mathrm{Lift}_{\bar\rho,\mathcal{D}_\Sigma}(A) = \varprojlim_n \mathrm{Lift}_{\bar\rho,\mathcal{D}_\Sigma}(A/m_A^n)$ がなりたつ. □

命題 7.9 記号と仮定は定理 5.8 のとおりとする. $G_\mathbb{Q}$ の商群 $\bar G$ で定理 7.7 の条件 (1), (2) をみたすものが存在する. □

命題 7.8 は局所的な性質であり, 命題 7.9 は大域的な性質である.

[命題 7.8 の証明] 定義 5.5 の条件 (1)–(3) が, それぞれの場合に命題 7.8 の 1. と 2. の条件をみたすことを確かめればよい. 定義 5.5 の (3)「$\det\rho$ は円分指標である」については簡単に確かめられる. 定義 5.5 の (1), (2) をそれぞれの場合に確かめる. 定義 7.4 の公理 (1) と (5) については, 定義から明らかである. 公理 (2) については, 命題 5.7.1. である. 公理 (3), (4) と 2. については, 場合ごとに確かめていく.

$p \notin S_{\bar{\rho}} \cup \Sigma$ のとき．このとき p での条件は p でよいということである．したがって 2. は定義である．系 3.42 により，公理 (3), (4) はそれぞれ A が $A/I_1 \times A/I_2$, A' の部分環であることから従う．

$p \in S_{\bar{\rho}}$ のとき．このとき $\bar{\rho}$ は p でよくないから，p での条件は通常ということである．命題 7.8 の各条件は次の補題を使えば，簡単に確かめられる．

補題 7.10 $\bar{\rho}$ は p で通常とする．さらに $p \neq \ell$ のときは，$\bar{\rho}$ は p で分岐すると仮定する．$\bar{\rho}$ の O 上射影有限生成な完備局所環 A へのもちあげ ρ について，次は同値である．

(1) ρ は p で通常である．

(2) $\chi : I_p \to A^\times$ を円分指標の p での惰性群への制限とすると，任意の $\sigma, \tau \in I_p$ に対し $(\rho(\sigma) - \chi(\sigma))(\rho(\tau) - 1) = 0$ である．

[証明] (1)⇒(2) は明らかである．(2)⇒(1) を示す．$p \neq \ell$ のときは，$\tau \in I_p$ を $\bar{\rho}(\tau) \neq 1$ となるようにとる．$p = \ell$ のときは，$\tau \in I_p$ を $\bar{\chi}(\tau) \neq 1$ となるようにとる．$N \subset M = A^2$ を $N = (\rho(\tau) - 1)M$ と定める．N は M の直和因子であり，I_p は N に χ で作用する．$N = \mathrm{Ker}(\rho(\tau) - \chi(\tau) : M \to M)$ でもあるから，I_p は M/N に自明に作用する．N の基底を延長する M の基底をとって ρ を行列表示すればよい． ∎

$p \in \Sigma, \neq \ell$ のときは示すべきことは何もない．

$p = \ell \in \Sigma$ のとき．このときは次の命題と補題 7.10 から従う．

命題 7.11 $\bar{\rho}$ は $p = \ell \geq 3$ で通常とする．$\bar{\rho}$ の O 上の長さ有限な局所環 A への p でよいもちあげ ρ は p で通常である．

[証明] $K = \mathbb{Q}_p^{\mathrm{nr}}$ とする．ρ を $\bar{\rho}$ の p でよいもちあげとする．定理 3.43 により，整数環 O_K 上の有限平坦可換群スキームを，対応する I_p 加群と同一視する．M を ρ に対応する I_p 加群 A^2 とする．N を M の有限平坦可換群スキームとしての連結成分が定める部分 I_p 加群とする．M/N はエタールだから，N が M の階数 1 の直和因子で，N への I_p の作用が円分指標の I_p への制限であることを示せばよい．次の補題を使って示す．

補題 7.12 A を長さ有限な局所環とし，M を有限生成自由 A 加群とする．I を A の極大イデアル m の零化域 $I = \{a \in A \mid am = 0\}$ とする．M の部

§7.3 定理5.8の証明 —— 167

分 A 加群 N が M の直和因子であるためには，$IM\cap N=IN$ であることが必要十分である．

［証明］ 十分であることを示せばよい．N の $\overline{M}=M/mM$ への像の基底の N へのひきもどしによって生成される自由部分加群 L が N と等しいことを示せばよい．L による商を考えて，$N\subset mM$ の場合に帰着する．このとき，$\{x\in N\mid mx=0\}=IM\cap N=IN=0$ となるから，$N=0$ である． ∎

命題7.11の証明を続ける．仮定より $\overline{N}$ を $\overline{M}=M/mM$ の連結成分とする．$IM=\overline{M}\otimes_A I$ だから，これの連結成分 $IM\cap N$ は $IN=\overline{N}\otimes_A I$ と等しい．したがって補題7.12より，N は M の直和因子である．$\overline{N}$ は1次元 $F=A/m$ 線型空間だから N の階数も1である．

N への I_p の作用は円分指標の I_p への制限であることを示す．$\overline{N}$ への I_p の作用は円分指標の I_p への制限である．したがって $\overline{N}$ の Cartier 双対はエタールである．よって N の Cartier 双対もエタールである．したがって N への I_p の作用は円分指標の I_p への制限である． ∎

［命題7.9の証明］ L を $\bar{\rho}$ の核に対応する代数体とし，M を次の条件(i)，(ii)をみたす L の有限次 Galois 拡大 $L'\subset\overline{\mathbb{Q}}$ すべての合成体とする．

（ⅰ） T を $S_{\bar{\rho}}\cup\Sigma\cup\{\ell\}$ の上にある O_L の素イデアル全体のなす有限集合とする．L' は T 以外の O_L のすべての素イデアルで不分岐である．

（ⅱ） $\mathrm{Gal}(L'/L)$ の位数は ℓ の巾である．

M は $\mathbb{Q}$ の Galois 拡大である．$\overline{G}=\mathrm{Gal}(M/\mathbb{Q})$ が定理7.7の条件(1),(2)をみたすことを示す．

(1)を示す．A を O 上の長さ有限な局所環，$\rho:G_{\mathbb{Q}}\to GL_2(A)$ を $\bar{\rho}$ の $\mathcal{D}_\Sigma$ 級のもちあげとする．ρ の核に対応する体 L' が条件(i),(ii)をみたすことをいえばよい．ρ は $S_{\bar{\rho}}\cup\Sigma\cup\{\ell\}$ の外では不分岐だから，(i)はみたされる．ρ により $\mathrm{Gal}(L'/L)$ は $U^1GL_2(A)$ の部分群と同型だから，位数は ℓ の巾である．

(2)を示す．$G_1=\mathrm{Gal}(M/L)$ の稠密な有限生成部分群が存在することを示せば十分である．この群は有限 ℓ 群の逆極限である．次の群論の命題を適用して示す．

補題7.13 ℓ を素数とし，G を有限 ℓ 群とする．$G'=G^{\mathrm{ab}}/(G^{\mathrm{ab}})^\ell$ とおく．

G の部分集合 S の像が G' を生成するなら,G は S で生成される. □

補題 7.13 により,$\overline{G}_1 = G_1^{\mathrm{ab}}/(G_1^{\mathrm{ab}})^\ell$ が有限群であることを示せばよい.M_1 を上の M の定義で,(ii) を

(ii') $\mathrm{Gal}(L'/L)$ は $\mathbb{Z}/\ell\mathbb{Z}$ の有限直和と同型である.

とおきかえてえられる体とする.$\overline{G}_1 = \mathrm{Gal}(M_1/L)$ だから,M_1 が L の有限次拡大であることを示せばよい.a を O_L のイデアル $\prod_{q \in T} q$ とおく.『数論I』第 5 章§5.3 の記号をつかう.L' を条件 (i),(ii') をみたす L の有限次 Abel 拡大とすると,『数論I』第 5 章定理 5.21 により,$L' \subset L(a^n)$ をみたす自然数 n が存在する.n_0 をすべての $q \in T$ に対し $1+q^{n_0}O_q \subset (O_q^\times)^\ell$ となるように十分大きくとれば,$L' \subset L(a^{n_0})$ であることを示す.$\mathrm{Gal}(L(a^n)/L) \simeq Cl(L,a^n)$ であり,$\mathrm{Gal}(L'/L)^\ell = 1$ である.よって $n \geq n_0$ ならば,標準全射 $\alpha: Cl(L,a^n) \to Cl(L,a^{n_0})$ は同型 $\overline{\alpha}: Cl(L,a^n)/\ell \to Cl(L,a^{n_0})/\ell$ をひきおこすことを示せばよい.全射 $Cl(L,a^n) \to Cl(L,a^{n_0})$ の核は $\prod_{q \in T} 1+q^{n_0}O_q$ の像によって生成される.n_0 のとりかたより,$\overline{\alpha}$ は同型である.したがって M_1 は $L(a^{n_0})$ に含まれる.$\mathrm{Gal}(L(a^{n_0})/L) \simeq Cl(L,a^{n_0})$ は有限群だから,$\mathrm{Gal}(M_1/L)$ もそうである. ∎

§7.4 定理 7.7 の証明

G の稠密な有限生成部分群が存在するとき,G は位相的に有限生成であるということにする.定理を証明するには,はじめから G を $\overline{G}$ でおきかえて,G は位相的に有限生成と仮定してよい.

まず次の命題を示す.

命題 7.14 G を位相的に有限生成な射影有限群とし,O を完備離散付値環,F をその剰余体とする.$\bar{\rho}: G \to GL_n(F)$ を連続表現とし,$\mathcal{D}$ を $\bar{\rho}$ のもちあげの級とする.このとき,O 上射影有限生成な完備局所環 R' で,O 上の関手 $\mathrm{Lift}_{\bar{\rho},\mathcal{D}}$ を表現するものが存在する. □

命題 7.15 G を射影有限群とし,O を完備離散付値環とする.F を O の剰余体とする.$\bar{\rho}: G \to GL_n(F)$ を絶対既約連続表現とする.A を剰余体が

§7.4 定理7.7の証明 —— 169

F の O 上射影有限生成な完備局所環とし，$\rho: G \to GL_n(A)$ を $\bar\rho$ の A へのもちあげとする.

A_0 を $O[\mathrm{Tr}(\rho(\sigma))\,|\,\sigma\in G]$ を含む A の部分環で，O 上射影有限生成な完備局所環であるものとする. $i: A_0 \to A$ を包含写像とする. このとき，$\bar\rho$ の A_0 へのもちあげ $\rho_0: G \to GL_n(A_0)$ で，$i_*(\rho_0)$ が ρ と同値であるようなものが存在する. □

[命題7.14の証明] 部分集合 $S=\{\sigma_1,\cdots,\sigma_m\}\subset G$ によって生成される部分群が G で稠密とする. O 上の関手 $\mathrm{Lift}_{\bar\rho(S)}$ を
$$\mathrm{Lift}_{\bar\rho(S)}(A) = \{(P_k)_k \in GL_n(A)^m \,|\, p_A(P_k) = i_A(\bar\rho(\sigma_k)),\ k=1,\cdots,m\}$$
で定める. この関手が，$N=n^2m$ 変数の巾級数環 $R_0 = O[[X_{ijk}, 1\leq i \leq n, 1\leq j\leq n, 1\leq k \leq m]]$ で表現されることを示す. 関手 $F_N: A \mapsto (m_A)^N$ を例7.2.1.の関手とする. 関手 $F_N: A \mapsto (m_A)^N$ は環 R_0 で表現される. 各 $1\leq k \leq m$ に対し，$\bar\rho(\sigma_k) \in GL_n(F)$ の $GL_n(O)$ へのもちあげ $Q_k \in GL_n(O)$ をひとつとる. 写像
$$\mathrm{Lift}_{\bar\rho(S)}(A) \to F_N(A) = (m_A)^N : (P_k)_k \mapsto (P_k - Q_k \text{の各成分})_k$$
は，関手の同型 $\mathrm{Lift}_{\bar\rho(S)} \to F_N$ を定める. したがって関手 $\mathrm{Lift}_{\bar\rho(S)}$ も同じ環 R_0 で表現される. $P_0 = (Q_k + (X_{ijk})_{ij})_k \in GL_n(R_0)^m$ が普遍元である.

関手の射 $\mathrm{Lift}_{\bar\rho,\mathcal{D}} \to \mathrm{Lift}_{\bar\rho(S)}$ を，各 A に対し
$$\mathrm{Lift}_{\bar\rho,\mathcal{D}}(A) \to \mathrm{Lift}_{\bar\rho(S)}(A): \rho \mapsto (\rho(\sigma_k))_k$$
とおくことにより定める. S によって生成される部分群は G で稠密だから，この射は単射である. そこで，この単射により，$\mathrm{Lift}_{\bar\rho,\mathcal{D}}$ を $\mathrm{Lift}_{\bar\rho(S)}$ の部分関手と同一視する. 部分関手 $\mathrm{Lift}_{\bar\rho,\mathcal{D}}$ が R_0 の商環 R' で表現されることを示す.

$\mathcal{I}$ を次の条件をみたす R_0 の開イデアル I 全体からなる集合とする.

$\pi_I: R_0 \to R_0/I$ を標準全射とすると，$\pi_{I*}(P_0) \in \mathrm{Lift}_{\bar\rho(S)}(R_0/I)$ は $\mathrm{Lift}_{\bar\rho,\mathcal{D}}(R_0/I)$ に含まれる.

定義7.4の公理(1)–(3)に対応して，$\mathcal{I}$ は次の各条件をみたす.
（1） $m_{R_0} \in \mathcal{I} \neq \emptyset$.
（2） $I \in \mathcal{I}, J \supset I$ ならば，$J \in \mathcal{I}$.
（3） $I_1, I_2 \in \mathcal{I}$ ならば，$I_1 \cap I_2 \in \mathcal{I}$.

$R' = R_0 / \bigcap_{I \in \mathcal{I}} I = \varprojlim_{I \in \mathcal{I}} R_0/I$ とおく．R' は関手 $\mathrm{Lift}_{\bar{\rho}, \mathcal{D}}$ を表現することを示す．A を O 上射影有限生成な完備局所環とする．全単射

$$\{O \text{ 上の局所準同型 } R_0 \to A\} \to \mathrm{Lift}_{\bar{\rho}(S)}(A)$$

が，部分集合の間の全単射

(7.1) $\qquad \{O \text{ 上の局所準同型 } R' \to A\} \to \mathrm{Lift}_{\bar{\rho}, \mathcal{D}}(A)$

をひきおこすことをいえばよい．

$$\{O \text{ 上の局所準同型 } R' \to A\} \to \varprojlim_n \{O \text{ 上の局所準同型 } R' \to A/m^n\},$$
$$\mathrm{Lift}_{\bar{\rho}, \mathcal{D}}(A) \to \varprojlim_n \mathrm{Lift}_{\bar{\rho}, \mathcal{D}}(A/m^n)$$

はそれぞれ全単射だから，A が O 上長さ有限な局所環の場合に示せばよい．

$f: R' \to A$ を O 上の局所準同型とする．合成写像 $R_0 \to R' \to A$ の核に含まれるイデアル $I \in \mathcal{I}$ をとる．$\pi_{I*}(P_0) \in \mathrm{Lift}_{\bar{\rho}, \mathcal{D}}(R_0/I)$ だから，公理(2)より $(f \circ \pi_I)_*(P_0) \in \mathrm{Lift}_{\bar{\rho}, \mathcal{D}}(A)$ である．

$\rho \in \mathrm{Lift}_{\bar{\rho}, \mathcal{D}}(A)$ とする．I を対応する準同型 $R_0 \to A$ の核とする．環の準同型 $i: R_0/I \to A$ は単射だから，$\rho = i_*(\rho_I)$ をみたす連続準同型 $\rho_I: G \to GL_n(R_0/I)$ が定まる．公理(4)により，ρ_I は $\mathcal{D}$ 級の $\bar{\rho}$ のもちあげである．したがって，$I \in \mathcal{I}$ であり，合成準同型 $R_0 \to R_0/I \to A$ は，R_0 の商環 R' をとおる．よって(7.1)の写像 $\{O \text{ 上の局所準同型 } R' \to A\} \to \mathrm{Lift}_{\bar{\rho}, \mathcal{D}}(A)$ が全単射であることが示された． ∎

［命題7.15 の証明］ まず，$M_n(A)$ は A 上 $\rho(G)$ によって生成されることを示す．仮定より $\bar{\rho}$ は絶対既約だから，$F[\bar{\rho}(G)] = M_n(F)$ である．中山の補題により，$M_n(A) = A[\rho(G)]$ である．

$E_0 = A_0[\rho(G)] \subset M_n(A)$ を，A_0 上 $\rho(G)$ によって生成される部分環とする．E_0 は，A_0 加群として有限生成自由加群であり，標準写像 $E_0 \otimes_{A_0} A \to M_n(A)$ は同型であることを示す．仮定より $x \in E_0$ なら，$\mathrm{Tr}\, x \in A_0$ である．$E_0 \to M_n(F)$ は全射だから，$M_n(F)$ の標準基底 $\{e_{ij} \mid 1 \leqq i, j \leqq n\}$ の E_0 へのもちあげ $X = \{x_{ij} \mid 1 \leqq i, j \leqq n\}$ をとる．X は $M_n(A)$ の A 上の基底だから，X によって生成される $M_n(A)$ の部分 A_0 加群 E_0' は自由 A_0 加群で $E_0' \otimes_{A_0} A \to M_n(A)$ は同型である．

§7.4 定理7.7の証明 —— 171

$E_0 = E_0'$ を示す.$x \in E_0$ とすると,$x' \in E_0'$ で,すべての $y \in E_0'$ に対し,$\text{Tr}(x-x')y = 0$ をみたすものが存在することを示す.$E_0' \to E_0'^* = \text{Hom}_{A_0}(E_0', A_0) : x \mapsto (y \mapsto \text{Tr}\, xy)$ は $\otimes_{A_0} A$ して同型だからもともと同型である.したがって,上のような $x' \in E_0'$ が存在する.任意の $y \in M_n(A) = E_0' \otimes_{A_0} A$ に対し,$\text{Tr}(x-x')y = 0$ だから,$x = x' \in E_0'$ である.よって $E_0 = E_0'$ は有限生成自由 A_0 加群であり,標準写像 $E_0 \otimes_{A_0} A \to M_n(A)$ は同型であることが示された.

A_0 線型環の同型 $f : E_0 \to M_n(A_0)$ で,恒等写像 $M_n(F) \to M_n(F)$ をひきおこすものがあることを示す.Hensel の補題により,$e_1 \in E_0$ で,$e_1 \equiv e_{11} \mod m_{A_0}$ かつ $e_1^2 = e_1$ をみたすものがある.M_0 を E_0 の左イデアル $M_0 = E_0 e_1$ とする.M_0 は射影子の像だから E_0 の A_0 加群としての直和因子である.準同型 $E_0 \to \text{End}_{A_0}(M_0) : x \mapsto (y \mapsto xy)$ は中山の補題により同型である.M_0 の A_0 加群としての基底で $M_0 \otimes_{A_0} F$ の基底 $\{e_{11}, \cdots, e_{n1}\}$ のもちあげになっているものをとって,$\text{End}_{A_0}(M_0) = M_n(A_0)$ と同一視すればよい.

$\rho_0 : G \to GL_n(A_0)$ を $f \circ \rho$ と定める.これは $\bar{\rho}$ のもちあげで,$i_*(\rho_0)$ は ρ と同値である. ∎

[定理7.7の証明] R' を命題7.14で構成された,関手 $\text{Lift}_{\bar{\rho},\mathcal{D}}$ を表現する環とし,$\rho' : G \to GL_n(R')$ をその普遍元とする.R を,O 上 $\{\text{Tr}\,\rho'(\sigma) \in R' \mid \sigma \in G\}$ で生成される R' の部分環の閉包とする.R が O 上射影有限生成な完備局所環であることを示す.

自然数 n に対し,$R_n' = R'/m_{R'}^n$ とし,ρ_n' を ρ' の像とする.R_n を $\text{Tr}\,\rho_n'(\sigma)$,$\sigma \in G$ で生成される R_n' の部分環とする.R_n は O 上の長さ有限な局所環である.R_n は包含写像 $i : R \to R'$ と標準全射 $R' \to R'/m_{R'}^n$ の合成の像であり,$R = \varprojlim_n R_n$ である.R_n の剰余体は R' の剰余体に含まれるから,O の剰余体と等しい.R が完備局所 Noether 環であることを示す.中山の補題により,$n \geq n_0$ ならば,全射 $m_{R_n}/m_{R_n}^2 \to m_{R_{n_0}}/m_{R_{n_0}}^2$ が同型となるような n_0 が存在することをいえばよい.$\dim m_{R_n}/m_{R_n}^2 \leq \dim m_{R'}/m_{R'}^2$ を示せば十分である.

命題7.15 を $i_n : R_n \subset R_n'$ に適用する.もちあげ $\rho_n \in \text{Lift}_{\bar{\rho},\mathcal{D}}(R_n)$ で,$i_{n*}(\rho_n)$ が ρ_n' と同値なものが存在する.$g_n : R' \to R_n$ を ρ_n に対応する環の準同型とする.$\sigma \in G$ とすると,$\text{Tr}\,\rho_n(\sigma) = g_n(\text{Tr}\,\rho'(\sigma))$ だから,g_n は全射である.

したがって，$\dim m_{R_n}/m_{R_n}^2 \leq \dim m_{R'}/m_{R'}^2$ が示された．よって R は O 上射影有限生成な完備局所環であり，R の剰余体は O の剰余体と等しい．

命題 7.15 を包含写像 $i: R \to R'$ に適用すると，$\bar{\rho}$ の R へのもちあげ ρ_R で，$i_*(\rho_R)$ が ρ' と同値なものが存在する．ρ_R は公理 (4), (5) により，$\bar{\rho}$ の $\mathcal{D}$ 級のもちあげである．R が関手 $\mathrm{Def}_{\bar{\rho}, \mathcal{D}}$ を表現することを示す．A を O 上射影有限生成な任意の完備局所環とし，次の図式を考える．

(7.2)
$$\begin{array}{ccc} \{O \text{上の局所準同型} R' \to A\} & \xrightarrow{a'} & \mathrm{Lift}_{\bar{\rho}, \mathcal{D}}(A) \\ {\scriptstyle b}\downarrow & & \downarrow{\scriptstyle c} \\ \{O \text{上の局所準同型} R \to A\} & \xrightarrow{a} & \mathrm{Def}_{\bar{\rho}, \mathcal{D}}(A) \\ & & \downarrow{\scriptstyle d} \\ & & \{\text{連続写像} G \to A\} \end{array}$$

ここで，a', a はそれぞれ，$a'(f) = f_*(\rho')$, $a(g) = (g_*(\rho)$ の類$)$ である．b は $b(f) = f \circ i$ であり，c は標準写像，d は $d(\rho) = (\sigma \mapsto \mathrm{Tr}(\rho(\sigma)))$ である．示すべきことは a が全単射ということである．図式 (7.2) の可換性を示す．$f: R' \to A$ を O 上の局所準同型とすると，$i_*(\rho)$ が ρ' と同値だから，$a \circ b(f) = ((f \circ i)_*(\rho)$ の類$)$ は $(c \circ a'(f) = f_*(\rho')$ の類$)$ と等しい．よって図式 (7.2) は可換である．

a が全単射を示す．a' は全単射で，c は全射だから，a も全射である．R の中で $\mathrm{Tr}(\rho_R(\sigma))$ $(\sigma \in G)$ によって O 上生成される部分環は稠密だから，$d \circ a$ は単射である．よって a が全単射であることが示された．したがって，定理 7.7.1. が示された．ρ_R が普遍元だから，7.7.2. もみたされている．3. はすでに示されている． ∎

付録 A
スキームについての補足

§A.1 いろいろな性質

ここでは本文中でつかう,スキームの性質をまとめておく.

定義 A.1 $f:X\to Y$ をスキームの射とする.

1. $d\geqq 0$ を自然数とする. f がスムーズ(smooth)で相対次元が d であるとは,任意の $x\in X$ に対し,x のアファイン開近傍 $U\simeq \mathrm{Spec}\, B$ と,$f(U)$ を含む Y のアファイン開集合 $V\simeq \mathrm{Spec}\, A$ で,次の条件をみたすものが存在することをいう.

B は A 上有限生成な環であり,$A[X_1,\cdots,X_n]\to B$ を A 上の環の全射準同型とすると,核 I は $A[X_1,\cdots,X_n]$ の有限生成イデアルである. p を x に対応する $A[X_1,\cdots,X_n]$ の素イデアルとすると,局所化 I_p は $A[X_1,\cdots,X_n]_p$ のイデアルとして $n-d$ 個の元 $f_1,\cdots,f_{n-d}$ で生成される. さらに $\kappa(x)$ 係数の $(n-d,n)$ 行列 $\left(\dfrac{\partial f_i}{\partial X_j}\right) \bmod p$ の階数は $n-d$ である.

2. f がエタール(etale)であるとは,f がスムーズで相対次元が 0 であることをいう. □

定義 A.2 スキーム S の幾何的点(geometric point)とは,代数閉体のスペクトル $\bar{s}$ から S への射 $\bar{s}\to S$ のことをいう.

スキームの射 $f:X\to S$ の幾何的ファイバー(geometric fiber)とは,S の幾何的点 $\bar{s}\to S$ に関するファイバー積 $X_{\bar{s}}=X\times_S \bar{s}$ のことをいう. □

$X_{\bar{s}}$ を幾何的ファイバーとよぶのは, $\kappa(\bar{s})$ の体論的性質によらない, $X_{\bar{s}}$ の幾何的性質だけをみることができるからである.

命題 A.3 1. スキームの射 $f:X \to S$ に対し, 次は同値である.

（1）f はエタールである.

（2）f は局所有限表示かつ平坦で, f の任意の幾何的ファイバー $X_{\bar{s}} \to \bar{s}$ はエタールである.

2. S が代数閉体 K のスペクトルなら, スキームの射 $f:X \to S$ に対し, 次は同値である.

（1）f はエタールである.

（2）X は位相空間としては離散で, X の各点での局所環は K である. □

スムーズ射についても同様である.

命題 A.4 1. スキームの射 $f:X \to S$ に対し, 次は同値である.

（1）f はスムーズである.

（2）f は局所有限表示かつ平坦で, f の任意の幾何的ファイバー $X_{\bar{s}} \to \bar{s}$ はスムーズである.

2. S が代数閉体のスペクトルなら, スキームの射 $f:X \to S$ に対し, 次は同値である.

（1）f はスムーズである.

（2）X は S 上局所有限型で正則である. □

平坦スキームの間の射の性質は, 幾何的ファイバーを調べるだけで確かめられることがある.

命題 A.5 X, Y を S 上の局所有限表示平坦スキームとする. S 上のスキームの射 $f:X \to Y$ について, 次は同値である.

（1）f は平坦である.

（2）S の任意の幾何的点 $\bar{s}$ に対し $f_{\bar{s}}:X_{\bar{s}} \to Y_{\bar{s}}$ は平坦である. □

系 A.6 X, Y を S 上の局所有限表示平坦スキームとする. S 上のスキームの射 $f:X \to Y$ について, 次は同値である.

（1）f はエタールである.

（2）S の任意の幾何的点 $\bar{s}$ に対し $f_{\bar{s}}:X_{\bar{s}} \to Y_{\bar{s}}$ はエタールである. □

[系A.6の証明] (2)⇒(1)を示せばよい．命題A.5により $f:X\to Y$ は平坦である．X,Y は局所有限表示だから，f もそうである．f の幾何的ファイバーは，S のある幾何的点 $\bar{s}$ についての $f_{\bar{s}}$ の幾何的ファイバーだから，命題A.3を適用すればよい． ∎

定義A.7 $f:X\to Y$ をスキームの射とする．

1. f が**有限**(finite)であるとは，Y の任意のアファイン開集合 $V\simeq \operatorname{Spec} A$ に対し，$X_V=X\times_Y V$ はアファインで，$\Gamma(X_V,O)$ は A 加群として有限生成であることをいう．

2. f が**準有限**(quasi-finite)であるとは，f が有限型で，f の任意の幾何的ファイバーは位相空間として離散であることをいう． □

定理A.8 アファイン・スキーム Y 上のスキーム X について，次は同値である．

（1） X は Y 上有限なスキーム $\overline{X}$ の開部分スキームと Y 上同型である．

（2） X は Y 上準有限かつ分離である． □

系A.9 スキームの射 $f:X\to Y$ について，次は同値である．

（1） f は有限である．

（2） f は準有限かつ固有である． □

系A.10 スキームの有限表示かつ準有限な平坦射 $f:X\to Y$ について，次は同値である．

（1） f は有限である．

（2） 各ファイバーの次数が一定である．

[系A.10の証明] (2)⇒(1)を示す．系A.9により，f が固有なことを示せばよい．付値的判定法により，Y は離散付値環のスペクトルと仮定してよい．定理A.8により，X は Y 上有限なスキーム $\overline{X}$ の開部分スキームである．$\overline{X}$ は Y 上平坦かつ X は $\overline{X}$ で稠密と仮定してよい．y,η をそれぞれ Y の閉点，生成点とすると，$\deg \overline{X}_y - \deg X_y = \deg \overline{X}_\eta - \deg X_\eta = 0$ だから，$X_y = \overline{X}_y$ となる．よって $X=\overline{X}$ は有限である． ∎

系A.11 A を Hensel 離散付値環とする．A 上のスキーム X に対し，次は同値である．

（1） X は A 上準有限である.

（2） $X = X_1 \amalg X_2$ は，A 上の有限スキーム X_1 と A の分数体 K 上の有限スキーム X_2 の無縁和である.

[証明] （1）$\Rightarrow$（2）を示す. 定理 A.8 により，A 上有限なスキーム $\overline{X}$ で X を開部分スキームとして含むものが存在する. A は Hensel だから $\overline{X}$ は局所スキーム有限個の無縁和である. したがって $\overline{X}$ は局所スキームと仮定してよい. $\overline{X}$ の閉ファイバーは 1 点 x だけからなる. $x \in X$ なら $X = \overline{X}$ で，X は A 上有限である. $x \notin X$ なら $X \subset \overline{X}_K$ で，X は K 上有限である. ∎

固有スキームの間の射が有限かどうかも幾何的ファイバーで判定できる.

系 A.12 X, Y を S 上の固有スキームとする. S 上のスキームの射 $f: X \to Y$ について，次は同値である.

（1） f は有限である.

（2） S の任意の幾何的点 $\bar{s}$ に対し $f_{\bar{s}}: X_{\bar{s}} \to Y_{\bar{s}}$ は準有限である.

[証明] （2）$\Rightarrow$（1）を示せばよい. f の幾何的ファイバーは，S のある幾何的点 $\bar{s}$ についての $f_{\bar{s}}$ の幾何的ファイバーだから，f が（2）をみたせば，f は準有限である. $f: X \to Y$ は固有だから，定理 A.8 を適用すればよい. ∎

命題 A.13 $f: X \to S$ を Noether スキームの射とする.

1. $f: X \to S$ が忠実平坦かつ X が正則なら，S も正則である.

2. X が正規，S が正則で，X, S はどちらも連結であり，$f: X \to S$ は有限全射とする. S が 2 次元であるかまたは X も正則ならば，f は忠実平坦である.

3. $f: X \to S$ がスムーズかつ S が正則なら，X も正則である. □

系 A.14 $Y \to S$ をスキームの局所有限表示射とし，$X \to Y$ をスキームの忠実平坦局所有限表示射とする. 合成 $X \to S$ がスムーズならば，$Y \to S$ もスムーズである.

[証明] $X \to S$ が平坦かつ $X \to Y$ が忠実平坦だから，$Y \to S$ も平坦である. S の任意の幾何的点 $\bar{s}$ に対し，命題 A.4 より，ファイバー $X_{\bar{s}}$ は正則である. さらに，命題 A.5 と A.13.1. より，ファイバー $Y_{\bar{s}}$ は正則である. よ

って，命題 A.4 より $Y \to S$ はスムーズである．　　　　　　　　　　　■

定理 A.15　$X \to S$ を連結正規 Noether スキームの有限射で，生成点 $\eta \in S$ でのファイバー $X \times_S \eta \to \eta$ がエタールなものとする．S の各幾何的点 $\bar{s} \to S$ に対し，幾何的ファイバー $X \times_S \bar{s}$ の点の個数が一定ならば，$X \to S$ はエタールである．　　　　　　　　　　　　　　　　　　　　　　　　　□

定理 A.16　S を Noether スキームとし，$f: X \to S$ を固有射とする．$O_S \to f_* O_X$ が同型ならば，S の任意の幾何的点 $\bar{s} \to S$ に対し，$X \times_S \bar{s}$ は連結である．　　　　　　　　　　　　　　　　　　　　　　　　　□

§A.2　群スキーム

定義 A.17　スキーム S 上のスキーム A が**可換群スキーム**(commutative group scheme)であるとは，次の条件をみたす射 $+: A \times_S A \to A$ が与えられていることをいう．

S 上の任意のスキーム T に対し，$+$ がひきおこす写像 $+: A(T) \times A(T) \to A(T)$ は，$A(T) = \mathrm{Hom}_S(T, A)$ に可換群の構造を定義する．　　□

$S = \mathrm{Spec}\, R$ が環 R のスペクトルで，A が S 上の可換群スキームであるとき，A を R 上の可換群スキームであるという．スキームの射 $T \to S$ に対し，S 上の群スキーム A の底の変更 $A_T = A \times_S T$ が自然に定義される．

例 A.18　1. 加法群．$\mathbb{G}_a = \mathrm{Spec}\, \mathbb{Z}[X]$ とおく．$+: \mathbb{G}_a \times_\mathbb{Z} \mathbb{G}_a \to \mathbb{G}_a$ を環の準同型 $\mathbb{Z}[X] \to \mathbb{Z}[X] \otimes_\mathbb{Z} \mathbb{Z}[X]: X \mapsto X \otimes 1 + 1 \otimes X$ で定まる写像とする．任意のスキーム T に対し，$\mathbb{G}_a(T) = \Gamma(T, O)$ であり，$+: \Gamma(T, O) \times \Gamma(T, O) \to \Gamma(T, O)$ は加法である．よって，$\mathbb{G}_a$ は $\mathbb{Z}$ 上の可換群スキームである．これを**加法群**(additive group)とよぶ．

任意のスキーム S に対し，底の変更 $\mathbb{G}_a \times_\mathbb{Z} S$ を $\mathbb{G}_{a,S}$ で表わし，S 上の加法群とよぶ．

2. 乗法群．$\mathbb{G}_m = \mathrm{Spec}\, \mathbb{Z}[X, X^{-1}]$ とおく．$\times: \mathbb{G}_m \times_\mathbb{Z} \mathbb{G}_m \to \mathbb{G}_m$ を環の準同型 $\mathbb{Z}[X, X^{-1}] \to \mathbb{Z}[X, X^{-1}] \otimes_\mathbb{Z} \mathbb{Z}[X, X^{-1}]: X \mapsto X \otimes X$ で定まる写像とする．任意のスキーム T に対し，$\mathbb{G}_m(T) = \Gamma(T, O)^\times$ であり，$\times: \Gamma(T, O)^\times \times$

$\Gamma(T,O)^\times \to \Gamma(T,O)^\times$ は乗法である．よって，$\mathbb{G}_m$ は $\mathbb{Z}$ 上の可換群スキームである．これを**乗法群**(multiplicative group)とよぶ．任意のスキーム S に対し，S 上の乗法群が底の変更として同様に定義される．

3. 定数群スキーム．C を有限 Abel 群とする．R_C を直積環 $\prod_{c\in C}\mathbb{Z}$ とし，$G_C = \mathrm{Spec}\, R_C$ とおく．環の準同型 $R_C \to R_C \otimes_\mathbb{Z} R_C$ を $e_c \mapsto \sum_{c_1+c_2=c} e_{c_1}\otimes e_{c_2}$ と定める．これがひきおこす射 $G_C \times_\mathbb{Z} G_C \to G_C$ は G_C に $\mathbb{Z}$ 上の可換群スキームの構造を定める．これを C が定める**定数群スキーム**(constant group scheme) とよぶ．普通は G_C を単に C で表わす．S が連結スキームならば，$G_C(S) = C$ であり，$G_C(S)\times G_C(S) \to G_C(S)$ は C のもとの演算である．任意のスキーム S に対し，S 上の定数群スキームが底の変更として同様に定義される．

4. 1 の巾根．N を自然数とする．$\mu_N = \mathrm{Spec}\,\mathbb{Z}[X]/(X^N-1)$ とおく．$\times : \mu_N \times_\mathbb{Z} \mu_N \to \mu_N$ を環の準同型

$$\mathbb{Z}[X]/(X^N-1) \to \mathbb{Z}[X]/(X^N-1) \otimes_\mathbb{Z} \mathbb{Z}[X]/(X^N-1) : X \mapsto X\otimes X$$

で定まる写像とする．任意のスキーム T に対し，$\mu_N(T) = \{x\in \Gamma(T,O)^\times \mid x^N = 1\}$ であり，$\times : \mu_N(T)\times \mu_N(T) \to \mu_N(T)$ は乗法である．よって，μ_N は $\mathbb{Z}$ 上の可換群スキームである．これを **1 の N 乗根の群スキーム**(group scheme of N-th roots of 1)とよぶ．任意のスキーム S に対し，$\mu_{N,S}$ が底の変更として同様に定義される．

底の変更 $\mu_{N, \mathbb{Z}[\frac{1}{N},\zeta_N]}$ は，位数 N の巡回群 $\mu_N(\mathbb{Z}[\frac{1}{N},\zeta_N]) \simeq \mathbb{Z}/N\mathbb{Z}$ が定める定数群スキームと標準的に同型である． □

定義 A.19 S をスキームとし，A を S 上の可換群スキームとする．

1. A が S 上のスキームとして有限平坦なとき，A は**有限平坦可換群スキーム**(finite flat commutative group scheme)であるという．同様に A が S 上のスキームとして有限エタールなとき，A は**有限エタール可換群スキーム**(finite etale commutative group scheme)であるという．

2. N を自然数とする．A が S 上の有限エタール可換群スキームで，S

のすべての幾何的点 $\bar{s}$ に対し，有限 Abel 群 $A(\bar{s})$ が位数 N の巡回群であるとき，A は位数 N の**巡回群スキーム** (cyclic group scheme) であるという． □

例 A.20 1. C を有限 Abel 群とすると，定数群スキーム C は有限エタールである．S が空でなければ，有限 Abel 群 C が位数 N の巡回群であることと，定数群スキーム C が位数 N の巡回群スキームであることとは同値である．

2. N を自然数とすると，μ_N は有限平坦である．N が S で可逆なら，μ_N は S 上有限エタールであり，位数 N の巡回群スキームである． □

命題 A.21 S をスキームとし，G を S 上の有限平坦可換群スキームとする．S で可逆な自然数 N で，N 倍写像 $[N]: G \to G$ が 0 写像 $G \to G$ と等しいものがあれば，G は S 上エタールである．

命題 A.21 と命題 8.14 より，S 上の有限平坦可換群スキーム G は，G 上の次数 N が S 上可逆ならば，S 上エタールである．

［証明］ 命題 A.3 により，S が代数閉体 K のスペクトルの場合に示せばよい．m を局所環 $O_{G,0}$ の極大イデアルとする．中山の補題により，K 線型空間 m/m^2 が 0 であることを示せばよい．N 倍写像 $[N]: G \to G$ が m/m^2 にひきおこす写像は，N 倍写像でかつ 0 である．N が可逆という仮定により，0 が同型写像となるので $m/m^2 = 0$ である． ■

命題 A.22 R を可換環とし，A を R 上の有限平坦可換群スキームとする．$a: O_A \to O_A \otimes_R O_A$ を A の演算を定義する環の準同型とする．O_{A^*} を R 加群 $\{R$ 線型写像 $O_A \to R\}$ とする．

O_{A^*} の乗法を，a の双対として定義すると，O_{A^*} は R 上の有限平坦可換環である．$a': O_{A^*} \to O_{A^*} \otimes_R O_{A^*}$ を O_A の乗法の双対とすると，$A^* = \mathrm{Spec}\, O_{A^*}$ は a' により R 上の有限平坦可換群スキームとなる． □

有限平坦可換群スキーム A^* を A の **Cartier 双対** (Cartier dual) という．$A \mapsto A^*$ は R 上の有限平坦可換群スキームの圏からそれ自身への圏の反同値である．

例 A.23 定数群スキーム $\mathbb{Z}/N\mathbb{Z}$ の Cartier 双対は μ_N であり，μ_N の Cartier 双対は $\mathbb{Z}/N\mathbb{Z}$ である. □

系 A.24 O_K を Hensel 離散付値環とし, G を O_K 上の有限平坦可換群スキームとする. $G\otimes_{O_K}F\simeq \mu_N$ ならば, $G\simeq \mu_N$ である.

[証明] 命題 A.22 と例 A.23 により, $G\otimes_{O_K}F\simeq \mathbb{Z}/N\mathbb{Z}$ ならば $G\simeq \mathbb{Z}/N\mathbb{Z}$ であることに帰着される. ■

§A.3 有限群による商

定義 A.25 X を S 上のスキームとし, G を有限群とする. G が X に右から S 上の自己同型として作用するものとする. S 上のスキーム Y が X の G による商(quotient)であるとは, 次の条件(1),(2)をみたす, S 上の G 不変な射 $\pi\colon X\to Y$ が与えられていることをいう.

(1) S 上の任意のスキーム T に対し, 写像

$$\{S\text{上の射}\,Y\to T\}\to \{S\text{上の}G\text{不変な射}\,X\to T\}\colon g\mapsto g\circ \pi$$

は全単射である.

(2) S の任意の幾何的点 $\bar{s}$ に対し, π がひきおこす写像 $X(\bar{s})/G\to Y(\bar{s})$ は全単射である. □

商の存在について, 次のことが知られている.

命題 A.26 X を S 上のスキームとし, G を有限群とする. G が X に右から S 上の自己同型として作用するものとする. X が G の作用で安定なアファイン開集合による被覆をもつとする.

$Y=X/G$ を商位相空間とし, $\pi\colon X\to Y$ を標準全射とする. Y 上の環の層 O_Y を順像 π_*O_X の G 不変部分 $O_Y=(\pi_*O_X)^G$ とする.

このとき, 環つき空間 (Y,O_Y) は S 上のスキームであり, $\pi\colon X\to Y$ はスキームの有限射である. Y は X の G による商である. □

命題の仮定は X が S 上準射影的ならばみたされる.

§A.4 平坦被覆

スキーム T に対し，局所有限表示平坦射の族 $(U_i \to T)_{i \in I}$ で $T = \bigcup_{i \in I} \mathrm{Im}(U_i \to T)$ をみたすものを，T の**平坦被覆**(flat covering)とよぶ．同様にエタール射の族 $(U_i \to T)_{i \in I}$ で $T = \bigcup_{i \in I} \mathrm{Im}(U_i \to T)$ をみたすものを，T の**エタール被覆**(etale covering)とよぶ．$\mathcal{U} = (U_i \to T)_{i \in I}$ と $\mathcal{V} = (V_j \to T)_{j \in J}$ が T の平坦被覆であるとき，写像 $\varphi \colon J \to I$ と T 上の射の族 $V_j \to U_{\varphi(j)}$ $(j \in J)$ の対を $\mathcal{V}$ から $\mathcal{U}$ への射という．

S をスキームとする．F を S 上の関手とする．S 上のスキーム T の平坦被覆 $\mathcal{U} = (U_i \to T)_{i \in I}$ に対し，

(A.1)
$$F(\mathcal{U}) = \left\{ (f_i)_i \in \prod_{i \in I} F(U_i) \;\middle|\; \begin{array}{c} \text{任意の } i,j \in I \text{ に対し,} \\ F(U_i \times_T U_j) \text{ で } pr_1^*(f_i) = pr_2^*(f_j) \text{ がなりたつ} \end{array} \right\}$$

とおく．平坦被覆の射 $\mathcal{V} \to \mathcal{U}$ は射 $F(\mathcal{U}) \to F(\mathcal{V})$ を定める．この射は，$\mathcal{U}, \mathcal{V}$ にしかよらない．S 上の任意のスキーム T の任意の平坦被覆 $\mathcal{U} = (U_i \to T)_{i \in I}$ に対し，標準写像 $F(T) \to F(\mathcal{U})$ が全単射であるとき，F は S 上の**平坦層**(flat sheaf)であるという．

S 上の関手 F に対し，S 上の関手 F' を

(A.2)
$$F'(T) = \varinjlim_{\mathcal{U}} F(\mathcal{U})$$

とおいて定める．ここで，$\mathcal{U}$ は T の平坦被覆を走り，極限は有向順極限となる．S 上の関手 F に対し，$F^a = F''$ は S 上の平坦層となる．これを F の**平坦層化**(flat sheafification)とよぶ．S の任意の幾何的点 $\bar{s}$ に対し，標準写像 $F(\bar{s}) \to F^a(\bar{s})$ は同型である．S 上の関手 F が表現可能ならば，F は平坦層である．

平坦被覆のかわりに，エタール被覆を考えることにより，**エタール層**(etale sheaf)，**エタール層化**(etale sheafification)が定義される．

定義 A.27 S をスキームとする. $\mathcal{P}$ を S 上の局所有限表示平坦スキームに関する条件で, S 上の有限表示平坦スキームの平坦射 $T \to T'$ に対し, $\mathcal{P}(T')$ なら $\mathcal{P}(T)$ がなりたつものとする.

1. S 上の任意の局所有限表示平坦スキーム T の任意の平坦被覆 $(U_i \to T)_{i \in I}$ に対し, すべての $i \in I$ に対し $\mathcal{P}(U_i)$ がなりたつならば $\mathcal{P}(T)$ がなりたつとき, 条件 $\mathcal{P}$ は S 上**平坦局所的**(flat local)であるという.

2. T を S 上の有限表示平坦スキームとする. T の平坦被覆 $(U_i \to T)_{i \in I}$ ですべての $i \in I$ に対し $\mathcal{P}(U_i)$ がなりたつものが存在するとき, 条件 $\mathcal{P}$ は T 上平坦局所的になりたつという. □

エタール局所的(etale local)についても同様に定義する. たとえば, スキームの射 $X \to S$ がスムーズであるという条件は S 上平坦局所的であり, X 上エタール局所的である. つまり, $X \times_S T \to T$ がスムーズという条件を $\mathcal{P}(T)$ とすれば, 条件 $\mathcal{P}$ は S 上平坦局所的である. 合成 $U \to X \to S$ がスムーズという条件を $\mathcal{Q}(U)$ とすれば, 条件 $\mathcal{Q}$ は X 上エタール局所的である.

定義 A.28 $\mathcal{P}$ を S の開部分スキームに関する条件で, $U \subset U'$ かつ $\mathcal{P}(U')$ なら, $\mathcal{P}(U)$ がなりたつようなものとする.

$$F_\mathcal{P}(U) = \begin{cases} 1 \text{ 元集合 } \{*\} & \mathcal{P}(U) \text{ がなりたつとき,} \\ \emptyset & \mathcal{P}(U) \text{ がなりたたないとき} \end{cases}$$

で定義される位相空間 S 上の前層 $F_\mathcal{P}$ が, Zariski 位相に関して層であるとき, 条件 $\mathcal{P}$ は S 上**局所的**(local)であるという.

$\mathcal{P}$ が S 上局所的であるとき, $F_\mathcal{P}(U) = \{*\}$ をみたす S の最大開部分スキーム U を条件 $\mathcal{P}$ が定める**開部分スキーム**(open subscheme defined by $\mathcal{P}$)という. □

§A.5　G 捻子

定義 A.29 S をスキームとし, G を S 上の群スキーム, X を S 上のスキームとし, G の X への S 上の作用 $G \times_S X \to X$ が与えられているとす

る．

X が S 上の G 捻子(G-torsor)であるとは，S 上平坦局所的に X は G と同型であること，つまり，S の平坦被覆 $\mathcal{U}=(U_i\to S)_{i\in I}$ と各 U_i 上の同型 $G\times_S U_i \to X\times_S U_i$ で，G の作用と両立するものが存在することをいう．

S 上の G 捻子の同型類の集合を $H^1(S,G)$ で表わす．　　　　□

G が有限群のときは，G が定める定数群スキーム捻子のことを G 捻子とよぶ．有限群 G の作用をもつスキームが G 捻子となるための条件を与える．

定義 A.30 X をスキームとし，有限群 G の X への作用 $G\times X\to X$ が与えられているとする．

1. $x\in X$ とする．G の部分群

$$I_x=\{g\in G\mid g(x)=x \text{ かつ } g \text{ の剰余体 } \kappa(x) \text{ への作用は自明である}\}$$

を x での**惰性群**(inertia group)という．

2. すべての $x\in X$ に対し，惰性群 I_x が自明であるとき，G の X への作用は**自由**(free)であるという．　　　　□

補題 A.31 X をスキームとし，有限群 G の X への作用 $G\times X\to X$ が与えられているとする．

1. X がスキーム Y 上の G 捻子ならば，X は Y 上有限エタールであり，Y は X の G による商である．

2. S をスキームとし，X が S 上の有限かつ有限表示スキームであり，G の X への作用は S 上の作用であるとする．このとき，商 $Y=X/G$ が存在し，Y は S 上の有限かつ有限表示スキームであり，標準射 $X\to Y$ は有限かつ有限表示である．

さらにこのとき，次の条件 (1), (2), (3) はすべて同値である．

(1) X は Y 上の G 捻子である．

(2) Y の任意の幾何的点 $\bar{y}$ に対し，$X_{\bar{y}}$ は $\bar{y}$ 上の G 捻子である．

(3) G の X への作用は自由である．

[証明] 1. X は Y 上平坦局所的に有限エタールだから，Y 上有限エタ

ールである．よって，商 X/G が存在し，標準射 $X/G \to Y$ は，Y 上エタール局所的に同型だから同型である．

2. $S = \operatorname{Spec} R$ かつ R は Noether 環であるとしてよい．X は S 上有限だから，$X = \operatorname{Spec} B$ としてよく，B は R 加群として有限生成である．$A = B^G$ を G 不変部分とすると，$X/G = \operatorname{Spec} A$ であり，A も R 加群として有限生成であり，B は A 加群として有限生成である．

(1) $\Rightarrow$ (2) $\Rightarrow$ (3) は明らかである．(3) $\Rightarrow$ (1) を示す．まず $X \to Y$ がエタールなことを示す．$S = Y$ とし，Y の各点での局所環の完備化を考えることにより，A は完備 Noether 局所環であるとしてよい．y を Y の閉点とする．$x \in X \times_Y y$ に対し，$B_x = O_{X,x}$ とおくと，B_x は A 上有限な完備局所環であり，$X = \coprod_{x \in X \times_Y y} \operatorname{Spec} B_x$ である．さらに A を不分岐拡大でおきかえることにより，$X \times_Y y$ の各点 x での剰余体は $\kappa(y)$ の純非分離拡大であるとしてよい．各点での惰性群 I_x が自明だから，有限 G 集合 $X \times_Y y$ は G 捻子である．A は G 不変部分 $(\prod_{x \in X \times_Y y} B_x)^G$ だから，任意の $x \in X \times_Y y$ に対し $A \to B_x$ は同型である．よって $X \to Y$ はエタールである．

$X \to Y$ は Y のエタール被覆で，射 $G \times X \to X \times_Y X : (g,x) \mapsto (gx, x)$ は同型だから，X は Y 上の G 捻子である． ∎

X が Y 上の G 捻子であるとき，商 $Y = X/G$ は次のような関手的記述をもつ．

定義 A.32 S をスキームとし，$\mathcal{M}$ を S 上の関手とする．G を有限群とし，G の $\mathcal{M}$ への作用が与えられているとする．S 上の関手 $[\mathcal{M}/G]$ を，S 上のスキーム T に対し，集合

$$[\mathcal{M}/G](T) = \left\{ \begin{array}{l} T \text{ 上の } G \text{ 捻子 } P \text{ と，} G \text{ 不変な元} \\ \alpha \in \mathcal{M}(P) \text{ の対 } (P, \alpha) \text{ の同型類} \end{array} \right\}$$

を対応させる関手と定義する．

§A.5 G 捻子 —— 185

関手 $\mathcal{M}$ が S 上のスキーム X で定まっているときは，同様に関手 $[X/G]$ を

$$[X/G](T) = \left\{\begin{array}{l} T \text{ 上の } G \text{ 捻子 } P \text{ と } G \text{ の作用と両立する } S \text{ 上} \\ \text{の射 } f: P \to X \text{ の対 } (P, f: P \to X) \text{ の同型類} \end{array}\right\}$$

で定義する． □

補題 A.33 S をスキームとし，G を有限群とする．Y を S 上のスキームとし，X を Y 上の G 捻子とする．このとき，Y は関手 $[X/G]$ を表現する．

[証明] S 上の関手の射 $[X/G] \to Y$ を定義する．T を S 上のスキームとし，$(P, f: P \to X) \in [X/G](T)$ とすると，$f: P \to X$ は $T = P/G \to Y = X/G$ をひきおこす．よって，射 $[X/G] \to Y$ が定義される．逆射 $Y \to [X/G]$ を定義する．T を S 上のスキームとし，$g: T \to Y$ を S 上の射とすると，$X \times_Y T$ は T 上の G 捻子で，射影 $X \times_Y T \to X$ は G の作用と両立する S 上の射である．よって，射 $Y \to [X/G]$ が定義される．これらがたがいに逆であることは，G 捻子の射は同型であることから従う． ∎

補題 A.34 S を正規 Noether スキームとし，G を有限群，X を S 上の正規有限スキームで G の S 上の作用が与えられているとする．$X \to S$ の各幾何的ファイバーが G 捻子であり，S の各既約成分の生成点で $X \to S$ がエタールならば，X は S 上の G 捻子である．

[証明] S は連結としてよい．S の生成点 η の逆像の点を含む X の連結成分の合併を X' とする．X' の像は η を含む閉集合だから，$X' \to S$ は全射である．X の各幾何的ファイバーは G 捻子だから，$X = X'$ である．よって，定理 A.15 より，X は S 上有限エタールである．X 上の有限エタールスキームの射 $G \times X \to X \times_S X: (g, x) \mapsto (gx, x)$ は，各幾何的ファイバーで全単射だから同型である． ∎

§A.6 閉条件

定義 A.35 S をスキームとする．$\mathcal{P}$ を S 上のスキームに関する条件で, 性質

(A.3)

S 上のスキームの射 $T \to T'$ に対し, $\mathcal{P}(T')$ なら $\mathcal{P}(T)$ がなりたつ.

をみたすものとする．S 上の関手 $F_{\mathcal{P}}$ を S 上のスキーム T に対し,

(A.4) $\quad F_{\mathcal{P}}(T) = \begin{cases} 1\text{元集合} \{*\} & \mathcal{P}(T) \text{ がなりたつとき}, \\ \varnothing & \mathcal{P}(T) \text{ がなりたたないとき} \end{cases}$

で定める．関手 $F_{\mathcal{P}}$ が S の閉部分スキーム P で表現可能であるとき, 条件 $\mathcal{P}$ は S 上の**閉条件**(closed condition)であるという．この P を**条件 $\mathcal{P}$ が定める閉部分スキーム**(closed subscheme defined by $\mathcal{P}$)という． □

補題 A.36 S をスキームとし, $\mathcal{E}$ を局所有限生成自由 O_S 加群, $\mathcal{F}$ を準連接 O_S 加群, $f\colon \mathcal{E} \to \mathcal{F}$ を O_S 加群の全射とする．このとき, S 上のスキーム T に対し, $f_T\colon \mathcal{E}_T \to \mathcal{F}_T$ が同型であるという条件 $\mathcal{P}$ は, 閉条件である.

[証明] 主張は S 上局所的だから, $S = \operatorname{Spec} A$ かつ, $\mathcal{E}$ は A 加群 A^n が, $\mathcal{F}$ は A 加群 A^n/N が定める準連接層としてよい．このとき関手 $F_{\mathcal{P}}$ は, イデアル $I = (x_i; x = (x_1, \cdots, x_n) \in N, i = 1, \cdots, n) \subset A$ が定める S の閉部分スキームで表現される． ∎

系 A.37 S をスキームとし, X を S 上のスキームとする．D, D' を X の閉部分スキームとし, D は S 上有限平坦有限表示であると仮定する．このとき,

1. S 上のスキーム T に対し, D_T が D'_T の閉部分スキームであるという条件は, 閉条件である.

2. D' も S 上有限平坦有限表示なら, S 上のスキーム T に対し, 条件 $D_T = D'_T$ は, 閉条件である.

［証明］ 1. 補題A.36を，O_S加群の全射$O_D \to O_{D \times_X D'}$に適用すればよい．

2. 1.より明らか． ∎

系A.38 Sをスキームとし，XをS上の有限スキームとする．$n \geq 1$を自然数とし，Sの各幾何的点$\bar{s} \to S$に対し，幾何的ファイバー$X_{\bar{s}}$の次数がn以下と仮定する．このとき，S上のスキームTに対し，X_TがT上有限平坦有限表示で次数がnであるという条件は，閉条件である．

［証明］ 主張はS上局所的である．仮定と中山の補題より，O_S加群の全射$O_S^n \to O_X$があるとしてよい．よって補題A.36より明らか． ∎

§A.7 Cartier因子

定義A.39 Xをスキームとする．

1. X上の**可逆層**(invertible sheaf)とは，O_X加群の層で，X上局所的にO_Xと同型なもののことである．

2. Xの閉部分スキームDがXの **Cartier因子**(Cartier divisor)であるとは，Dの定義イデアル層I_DがX上の可逆層であることをいう． □

D_1, D_2がCartier因子なら，イデアル層の積$I_{D_1} I_{D_2}$も可逆層であり，Cartier因子としての和$D_1 + D_2$を定義する．

補題A.40 $X \to S$をスキームの平坦射とする．DをXの閉部分スキームで局所的には単項イデアルで定義されるものとし，TをSのCartier因子とする．

がスキームの可換図式ならば，DもXのCartier因子である．

［証明］ 主張は局所的だから，$S = \operatorname{Spec} A$, $T = \operatorname{Spec} A/fA$, $X = \operatorname{Spec} B$,

$D = \operatorname{Spec} B/gB$ としてよい. 仮定より f の B での像は非零因子で, $f \in gB$ だから, g も B の非零因子である. ∎

補題 A.41 A を Noether 環, $f \in A$ とする. $A\left[\dfrac{1}{f}\right]$ は正規であり, A/fA は被約であるとする. さらに, A の $A\left[\dfrac{1}{f}\right]$ での整閉包 $\overline{A}$ は, A 加群として有限生成であり, A/fA の任意の極小素イデアルに対し, その A での逆像 p での A の局所化 A_p は離散付値環であると仮定する. このとき, f は A の非零因子であり, A も正規である.

[証明] まず, $A/fA \to \overline{A}/f\overline{A}$ が単射であることを示す. 仮定より, A/fA の各極小素イデアルに対し, $A_p \to \overline{A}_p$ は同型であり, $(A/fA)_p \to (\overline{A}/f\overline{A})_p$ は同型である. A/fA は被約だから, $A/fA \to \prod_p (A/fA)_p = \prod_p (\overline{A}/f\overline{A})_p$ は単射であり, $A/fA \to \overline{A}/f\overline{A}$ は単射である.

$A \to \overline{A}$ が単射であることを示す. $I = \operatorname{Ker}(A \to \overline{A})$ とおく. $A/fA \to \overline{A}/f\overline{A}$ が単射だから, $A/fA \to A/(I+fA)$ も単射である. f の $A/I \subset \overline{A} \subset A\left[\dfrac{1}{f}\right]$ での像は非零因子だから, 蛇の図式より $I/fI = 0$ である. A 加群 I の台は $V(f) \subset \operatorname{Spec} A$ に含まれるから, 中山の補題より $I = 0$ である. よって $A \to \overline{A}$ は単射である.

$A = \overline{A}$ を示す. $N = \operatorname{Coker}(A \to \overline{A})$ とおく. $\operatorname{Ass}(N) \subset \operatorname{Supp}(N) \subset V(f)$ である. $A/fA \to \overline{A}/f\overline{A}$ は単射だから, 蛇の図式より, f 倍写像 $N \to N$ は単射である. したがって, $\operatorname{Ass}(N) = \varnothing$ である. よって $N = 0$ であり, A は正規である. ∎

系 A.42 X を Noether スキームとし, $F \subset D$ を X の閉部分スキームとする. D は局所的には単項イデアルで定義され, $D \setminus F$ は D で密であるとする. $X \setminus F$ と D はどちらも正則で, $X \setminus F$ での X の整閉包 $\overline{X}$ は X 上有限とする. $D \setminus F$ が $X \setminus F$ の Cartier 因子ならば, D は X の Cartier 因子であり, X は正則である.

[証明] $X = \operatorname{Spec} A$ としてよい. D が $f \in A$ で定義されるとすると, 補

題 A.41 の仮定がみたされる．したがって D は X の Cartier 因子であり，X は正則である． ∎

補題 A.43 S をスキーム，D を S の Cartier 因子，$U=S\setminus D$ を補開部分スキームとする．X を S 上の有限スキームとし，X_U は U 上平坦有限表示で次数が N であるとする．D の各幾何的点 $\bar{s}\to D$ に対し，幾何的ファイバー $X_{\bar{s}}$ の次数が N 以下ならば，X は S 上平坦有限表示で次数が N である．

[証明] 系 A.38 より，X が有限平坦有限表示で次数 N という条件は S の閉部分スキーム T を定める．T は U を部分スキームとして含むから，$S=T$ である． ∎

系 A.44 S をスキーム，D を S の Cartier 因子，$U=S\setminus D$ を補開部分スキームとする．X を S 上のスキームとし，A, B を X の閉部分スキームとする．B が S 上有限平坦有限表示ならば，次がなりたつ．

1. A も S 上有限かつ，S の各幾何的点 $\bar{s}$ に対し $\deg A_{\bar{s}} \leqq \deg B_{\bar{s}}$ とすると，$A_U=B_U$ ならば，$A=B$ である．

2. A_U が B_U を閉部分スキームとして含むならば，A は B を閉部分スキームとして含む．

[証明] 1. 補題 A.43 より，A も S 上有限平坦有限表示である．したがって，仮定 $A_U=B_U$ と系 A.37 より従う．

2. S 上の有限スキーム $A'=A\times_X B$ に 1. を適用すればよい． ∎

補題 A.45 S をスキーム，D を S の Cartier 因子とし，$U=S\setminus D$ を補開部分スキームとする．$h: X\to S$ を S 上の忠実平坦スキーム，Y を S 上のスキームとし，$f: X\to Y$ を S 上の射とする．$g_U: U\to Y\times_S U$ を，$f|_{X\times_S U}=g_U\circ h|_{X\times_S U}$ をみたす U 上の切断とする．このとき，g_U を延長する切断 $g: S\to Y$ で，$f=g\circ h$ をみたすものがただ 1 つ存在する．

[証明] 主張は S 上局所的だから，$S=\operatorname{Spec} R$, $X=\operatorname{Spec} A$, $Y=\operatorname{Spec} B$ かつ，D が R の非零因子 a で定まるとしてよい．A は R 上忠実平坦だから $A\cap R\left[\dfrac{1}{a}\right]=R$ である．よって，$f: X\to Y$ に対応する環の準同型 $B\to A$ の

像は，$A \cap R\left[\dfrac{1}{a}\right] = R$ に含まれる． □

§A.8 スムーズ可換群スキーム

定義 A.46 S をスキームとする．

1. S 上の固有スムーズ可換群スキームで，各幾何的ファイバーが連結なものを，S 上の **Abel スキーム**(abelian scheme)という．k が体で $S = \mathrm{Spec}\, k$ のときは，k 上の **Abel 多様体**(abelian variety)という．

2. S 上のスムーズ可換群スキームで，S 上エタール局所的に $\mathbb{G}_m$ 有限個の直積と同型なものを，S 上の**トーラス**(torus)という．

3. S 上のスムーズ可換群スキーム G が，加法群 $\mathbb{G}_a$ 有限個の積み重ねであるとき，G は**巾単**(unipotent)であるという．

4. 有限平坦可換群スキーム G が**乗法的**(multiplicative)であるとは，Cartier 双対 G^* がエタールであることをいう． □

楕円曲線とは 1 次元の Abel スキームのことである．

補題 A.47 S をスキームとし，$N \geqq 1$ を自然数とする．

1. A を S 上の相対次元が g の Abel スキームとする．N 倍写像 $[N]: A \to A$ は有限平坦有限表示で次数は N^{2g} である．核 $A[N] = \mathrm{Ker}([N]: A \to A)$ は S 上の有限平坦有限表示可換群スキームである．

2. G を S 上の相対次元が g のトーラスとする．S 上のエタール層 $X = \mathrm{Hom}(G, \mathbb{G}_m)$ はエタール局所的に $\mathbb{Z}^g$ と同型である．N 倍写像 $[N]: G \to G$ は有限平坦有限表示で次数は N^g である．核 $G[N] = \mathrm{Ker}([N]: G \to G)$ は S 上の乗法的な有限平坦有限表示可換群スキームであり，$\mathrm{Hom}(X, \mu_N)$ と同型である． □

補題 A.47.1. は証明しない．2. は定義より明らかである．S 上のトーラス G に対し，S 上のエタール層 $X = \mathrm{Hom}(G, \mathbb{G}_m)$ を G の**指標群**(character group)という．

体 k 上のスムーズ連結分離有限型可換群スキーム G と, k の標数と異なる素数 ℓ に対し, $\varprojlim_n G[\ell^n]$ を G の ℓ 進 **Tate 加群**(Tate module)とよび, $T_\ell G$ で表わす. Tate 加群 $T_\ell G$ は, k の絶対 Galois 群 $G_k = \mathrm{Gal}(\overline{k}/k)$ の ℓ 進表現である. ℓ 進表現 $T_\ell \mathbb{G}_m = \varprojlim_n \mu_{\ell^n}$ を $\mathbb{Z}_\ell(1)$ で表わし, $\mathbb{Q}_\ell \otimes_{\mathbb{Z}_\ell} \mathbb{Z}_\ell(1)$ を $\mathbb{Q}_\ell(1)$ で表わす. G_k は, $\mathbb{Z}_\ell(1), \mathbb{Q}_\ell(1)$ に ℓ 進円分指標で作用する.

$k = \mathbb{C}$ とすると, 指数写像 $\mathrm{Lie}\, G \to G^\mathrm{an}$ は, G^an の普遍被覆であり, 複素多様体の同型 $\mathrm{Lie}\, G/H_1(G^\mathrm{an}, \mathbb{Z}) \to G^\mathrm{an}$ を定める. これより, 標準同型 $\mathbb{Z}_\ell \otimes_\mathbb{Z} H_1(G^\mathrm{an}, \mathbb{Z}) \to T_\ell G$ が得られる.

系 A.48 k を体とし, $N \geqq 1$ を k で可逆な自然数, ℓ を k の標数とは異なる素数とする.

1. A を k 上の g 次元の Abel 多様体とする. $A[N](\overline{k})$ は階数 $2g$ の自由 $\mathbb{Z}/N\mathbb{Z}$ 加群である. Tate 加群 $T_\ell A = \varprojlim_n A[\ell^n](\overline{k})$ は階数 $2g$ の自由 $\mathbb{Z}_\ell$ 加群であり, $\mathbb{Q}_\ell$ 線型空間 $V_\ell A = \mathbb{Q}_\ell \otimes_{\mathbb{Z}_\ell} T_\ell A$ は $2g$ 次元である.

2. G を k 上の g 次元のトーラスとする. 指標群 $X = \mathrm{Hom}(G, \mathbb{G}_m)$ は, 絶対 Galois 群 $G_k = \mathrm{Gal}(\overline{k}/k)$ の連続な作用をもつ階数 g の自由 $\mathbb{Z}$ 加群である. 有限 G_k 加群 $G[N](\overline{k})$ は $\mathrm{Hom}(X, \mu_N(\overline{k}))$ と同型であり, 有限 Abel 群としては階数 g の自由 $\mathbb{Z}/N\mathbb{Z}$ 加群である. Tate 加群 $T_\ell G = \varprojlim_n G[\ell^n](\overline{k})$ は, G_k の ℓ 進表現としては $\mathrm{Hom}(X, \mathbb{Z}_\ell(1))$ と同型であり, $\mathbb{Z}_\ell$ 加群としては階数 g の自由加群である. $\mathbb{Q}_\ell$ 線型空間 $V_\ell G = \mathbb{Q}_\ell \otimes_{\mathbb{Z}_\ell} T_\ell G$ は g 次元であり, G_k の ℓ 進表現として $\mathrm{Hom}(X, \mathbb{Q}_\ell(1))$ と同型である. □

一般に完全体上のスムーズ連結可換群スキームに対し, 次がなりたつ.

定理 A.49 F を完全体とし, G を F 上のスムーズ連結分離有限型可換群スキームとする.

1. F 上の Abel 多様体 A と F 上の全射準同型 $G \to A$ で, その核 H が F 上のスムーズ連結アファイン可換群スキームであるようなものが同型をのぞきただ 1 つ存在する. B を F 上の Abel 多様体とすると, G から B への可換群スキームの射は, H 上 0 であり, Abel 多様体の射 $A \to B$ をひきおこす.

2. F 上のスムーズ連結アファイン有限型可換群スキームは, F 上のトー

ラス T と F 上の巾単スムーズ連結アファイン可換群スキーム U の直積に一意的に分解する. □

完全体 F 上のスムーズ連結分離有限型可換群スキーム G に対し，定理 A. 49. 1. で定まる Abel 多様体 A を G の **Abel 多様体部分**(abelian part)とよぶ．さらに，定理 A. 49. 1. で定まるスムーズ連結アファイン可換群スキーム H に対し，定理 A. 49. 2. で定まるトーラス T を G の**トーラス部分**(torus part), U を巾単部分とよぶ.

系 A. 50 F を完全体とし，ℓ を F の標数とは異なる素数とする. G を F 上のスムーズ連結分離有限型可換群スキームとし，A を G の Abel 多様体部分，T を G のトーラス部分とする.

1. このとき，Tate 加群の完全系列

(A.5) $$0 \longrightarrow T_\ell T \longrightarrow T_\ell G \longrightarrow T_\ell A \longrightarrow 0$$

が定まる. $a = \dim A,\ t = \dim T$ とすると, $T_\ell G$ は階数 $2a+t$ の自由 $\mathbb{Z}_\ell$ 加群である.

2. $G \to H$ を F 上のスムーズ連結分離有限型可換群スキームの射とし，B を H の Abel 多様体部分とする. $T_\ell G \to T_\ell H$ が単射ならば，$T_\ell A \to T_\ell B$ も単射である.

［証明］ 1. G をその巾単部分による商でおきかえて，G が A の T による拡大であるとしてよい. $[\ell^m]: T \to T$ は全射だから，完全系列(A.5)が得られる. $\operatorname{rank} T_\ell G = 2a+t$ は，(A.5)と系 A. 48 より明らかである.

2. S を H のトーラス部分とする. 1. の証明と同様に, G は A の T による拡大であり，H が B の S による拡大であるとしてよい. $T_\ell G \to T_\ell H$ が単射だから, $\operatorname{Ker}(G \to H)$ は有限である. $\operatorname{Ker}(A \to B)$ は固有で, $\operatorname{Coker}(T \to S)$ はアファインだから，連結準同型 $\operatorname{Ker}(A \to B) \to \operatorname{Coker}(T \to S)$ の像は有限である. よって，蛇の図式より，$\operatorname{Ker}(A \to B)$ は有限であり，$T_\ell A \to T_\ell B$ は単射である. ∎

命題 A. 51 A を体 k 上の Abel 多様体とする.

1. A の自己準同型環 $\operatorname{End} A$ は $\mathbb{Z}$ 加群として有限生成自由加群である.

2. ℓ が k の標数と異なる素数なら, $\mathbb{Z}_\ell \otimes_\mathbb{Z} \mathrm{End}\, A \to \mathrm{End}\, T_\ell A$ は単射である.

3. $k = \mathbb{C}$ なら, $\mathrm{End}\, A \to \mathrm{End}\, H_1(A^{\mathrm{an}}, \mathbb{Z})$ は単射である.

4. k の標数が 0 なら, 自然な準同型 $\mathrm{End}\, A \to \mathrm{End}\, \Gamma(A, \Omega)$ は単射である. □

8

$\mathbb{Z}$ 上のモジュラー曲線

　第2章では，$\mathbb{Q}$ 上のモジュラー曲線を使って，$\mathbb{Q}$ 係数の保型形式を定義した．$\mathbb{Q}$ 上のモジュラー曲線は，$\mathbb{Z}$ 上のモジュラー曲線の生成点上のファイバーである．この章では，$\mathbb{Z}$ 上のモジュラー曲線を定義し，その基本的性質を証明する．次章では，本章で調べる $\mathbb{Z}$ 上のモジュラー曲線の各素数での様子から，保型形式にともなう Galois 表現のさまざまな性質を導く．

　まず §8.1 で，正標数の楕円曲線を通常楕円曲線と超特異楕円曲線に分類する．§8.2 で準備し §8.3 で導入する Drinfeld レベル構造を使って，§8.4 で $\mathbb{Z}$ 上のモジュラー曲線を定義する．Drinfeld レベル構造は，レベルをわる素数でのモジュラー曲線の構造を調べるとき，重要な役割をはたす．§8.5 で補助となるモジュラー曲線を定義し，§8.6 でこのモジュラー曲線の法 p 還元を調べる．§8.6 の結果を使って §8.7, 8.8 で，$\mathbb{Z}$ 上のモジュラー曲線の基本的性質，定理 8.34, 8.32 をそれぞれ証明する．§8.4 で定義したモジュラー曲線はアファイン曲線なので，§8.9 でコンパクト化を構成し，その基本的性質，定理 8.63, 8.66 を証明する．

§8.1　標数 $p>0$ の楕円曲線

　p を素数，S を $\mathbb{F}_p$ 上のスキームとし，X を S 上のスキームとする．$F_S\colon S\to S$ を座標環の p 乗写像により定まる**絶対 Frobenius 写像**(absolute Frobenius)とし，$F_S: S \to S$ によるファイバー積 $X \times_S S$ を $X^{(p)}$ で表わす．絶対 Frobenius 写像がなす可換図式

$$\begin{array}{ccc} X & \xrightarrow{F_X} & X \\ \downarrow & & \downarrow \\ S & \xrightarrow{F_S} & S \end{array}$$

で定まる射 $X \to X^{(p)}$ を F で表わし，**相対 Frobenius 写像**(relative Frobenius)とよぶ．

$X = E$ が S 上の楕円曲線であるとき，射 $F: E \to E^{(p)}$ は S 上の楕円曲線の次数 p の準同型である．$V: E^{(p)} \to E$ を $F: E \to E^{(p)}$ の双対準同型とする．V も次数 p の準同型で，合成 $V \circ F$，$F \circ V$ はそれぞれ p 倍写像 $[p]: E \to E$，$[p]: E^{(p)} \to E^{(p)}$ である．たとえば，$S = \operatorname{Spec} A$ で，E が方程式 $y^2 + a_1 xy + a_3 y = x^3 + a_2 x^2 + a_4 x + a_6$ で定義される楕円曲線であるとき，$E^{(p)}$ は方程式 $y^2 + a_1^p xy + a_3^p y = x^3 + a_2^p x^2 + a_4^p x + a_6^p$ で定義され，$F: E \to E^{(p)}$ は $x \mapsto x^p$, $y \mapsto y^p$ で定義される．

第4章までは，N 倍写像 $[N]: E \to E$ の核 $\operatorname{Ker}[N]$ を E_N で表わしたが，記号を修正し，この章以降では，$E[N]$ で表わすことにする．自然数 $e \geqq 0$ に対し，$F^e: E \to E^{(p^e)}$ で $F: E^{(p^i)} \to E^{(p^{i+1})}$, $i = 0, \cdots, e-1$ の合成を表わし，$V^e: E^{(p^e)} \to E$ をその双対とする．

定義 8.1 p を素数，S を $\mathbb{F}_p$ 上のスキームとし，E を S 上の楕円曲線とする．

1. $V: E^{(p)} \to E$ がエタールであるとき，E は**通常**(ordinary)であるという．

2. $E[p] = \operatorname{Ker} F^2$ であるとき，E は**超特異**(supersingular)であるという．

□

体上の超特異楕円曲線は，スムーズだから非特異である．「超特異」という用語は，とても変わっているという意味であり，局所環が正則でないという意味の「特異」とはとりあえず関係ない．ただし，定理 8.32.4. で，超特異楕円曲線に対応するモジュラー曲線 $Y_0(Mp)_{\mathbb{F}_p}$ $(p \nmid M)$ の点は，この曲線の特

異点と一致することを示す．補題 8.44 より，各素数 p に対し，通常楕円曲線が存在することが従う．系 8.64 で，超特異楕円曲線が存在することを示す．標数 $p>0$ の代数閉体上の，超特異楕円曲線の同型類の個数も求める．

p を素数，S を $\mathbb{F}_p$ 上のスキームとし，E を S 上の楕円曲線とする．$V\colon E^{(p)} \to E$ がエタールという条件は S 上の開条件だから，E が通常という条件は S 上の開条件である．制限 $E|_U$ が通常であるような S の最大開部分スキーム U を S^{ord} で表わす．一方，系 A.37.2. を，$\operatorname{Ker} F^2$ と $E[p]$ に適用すれば，S 上のスキーム T に対し $E_T = E \times_S T$ が超特異であるという条件 $\mathcal{P}$ は，S 上の閉条件である．S^{ss} で，閉条件 $\mathcal{P}$ で定まる S の閉部分スキームを表わす．S^{ord} は S^{ss} の補開部分スキームであることを示す．より詳しく，次の命題がなりたつ．

命題 8.2 k を標数 $p>0$ の体とし，E を k 上の楕円曲線とする．$\bar{k}$ を k の代数閉包とする．このとき，次がなりたつ．

1. Abel 群 $E[p](\bar{k})$ の位数は p か 1 のどちらかである．
2. 次の条件 (1), (2), (3), (4) はすべて同値である．
(1) Abel 群 $E[p](\bar{k})$ の位数は p である．
(2) E は通常である．
(3) すべての自然数 $e \geqq 1$ に対し，$\operatorname{Ker} V^e$ はエタールであり，Abel 群 $\operatorname{Ker} V^e(\bar{k})$ は $\mathbb{Z}/p^e\mathbb{Z}$ と同型である．
(4) すべての自然数 $e \geqq 1$ に対し，群スキーム $E[p^e]_{\bar{k}}$ は $\mathbb{Z}/p^e\mathbb{Z} \times \mu_{p^e}$ と同型である．
3. 次の条件 (1), (2), (3) はすべて同値である．
(1) Abel 群 $E[p](\bar{k})$ の位数は 1 である．
(2) E は超特異である．
(3) すべての自然数 $e \geqq 1$ に対し，E の次数 p^e の閉部分群スキームは $\operatorname{Ker} F^e$ だけである． □

[証明] k を代数閉包でおきかえて，$k = \bar{k}$ として示せばよい．

1. 命題 3.45 と同様に，$E[p]^0$ を $E[p]$ の連結成分，$E[p]^{\mathrm{et}}$ を最大エタール商とし，完全系列

(8.1) $$0 \longrightarrow E[p]^0 \longrightarrow E[p] \longrightarrow E[p]^{\mathrm{et}} \longrightarrow 0$$

を考える．k は代数閉体としたから，完全系列(8.1)は，有限群の同型 $E[p](k) \to E[p]^{\mathrm{et}}(k)$ を与える．完全系列(8.1)の Cartier 双対を考える．Weil ペアリングにより，$E[p]$ の Cartier 双対 $E[p]^*$ は $E[p]$ 自身であり，$E[p]^{\mathrm{et}}$ の Cartier 双対 $(E[p]^{\mathrm{et}})^*$ は連結だから，$(E[p]^{\mathrm{et}})^*$ は $E[p]^0$ の閉部分群スキームである．よって，$(\mathrm{Card}\, E[p](k))^2 = (\deg E[p]^{\mathrm{et}})(\deg(E[p]^{\mathrm{et}})^*)$ は $(\deg E[p]^{\mathrm{et}})(\deg E[p]^0) = \deg E[p] = p^2$ の約数である．

2. (1)$\Rightarrow$(2)．$[p] = V \circ F$ より，完全系列

(8.2) $$0 \longrightarrow \mathrm{Ker}(F \colon E \to E^{(p)}) \longrightarrow E[p] \xrightarrow{F} \mathrm{Ker}(V \colon E^{(p)} \to E) \longrightarrow 0$$

が得られる．$\mathrm{Ker}\, F(k) = 0$ だから，$E[p](k) \to \mathrm{Ker}\, V(k)$ は有限群の同型である．(1)より $\mathrm{Ker}\, V(k)$ は位数 p であり，次数 p の同種 $V \colon E^{(p)} \to E$ はエタールである．

(2)$\Rightarrow$(3)．$V^e = V \circ V^{(p)} \circ \cdots \circ V^{(p^{e-1})}$ だから，V がエタールなら，V^e もエタールで次数 p^e である．よって $\mathrm{Ker}\, V^e(k)$ は位数 p^e の有限 Abel 群である．さらに $\mathrm{Ker}\, V^e(k) \subset E^{(p^e)}(k)$ の p 分点の位数は p 以下だから，$\mathrm{Ker}\, V^e(k)$ は $\mathbb{Z}/p^e\mathbb{Z}$ と同型である．

(3)$\Rightarrow$(4)．完全系列

(8.3) $$0 \longrightarrow \mathrm{Ker}(F^e \colon E \to E^{(p^e)}) \longrightarrow E[p^e] \xrightarrow{F^e} \mathrm{Ker}(V^e \colon E^{(p^e)} \to E) \longrightarrow 0$$

において，$\mathrm{Ker}\, F^e$ は連結で $\mathrm{Ker}\, V^e$ はエタールである．k が代数閉体だから，$E[p^e]$ の被約化を $E[p^e]_{\mathrm{red}}$ とすると，合成 $E[p^e]_{\mathrm{red}} \to E[p^e] \to \mathrm{Ker}\, V^e$ は同型であり，(8.3)の分裂を与える．したがって，$E[p^e]$ は $\mathrm{Ker}\, V^e \times \mathrm{Ker}\, F^e$ と同型である．$\mathrm{Ker}\, V^e$ は $\mathbb{Z}/p^e\mathbb{Z}$ と同型だから，$\mathrm{Ker}\, F^e$ はその Cartier 双対 μ_{p^e} と同型である．

(4)$\Rightarrow$(1)．$\mu_p(k) = \{1\}$ より明らか．

3. (1)$\Rightarrow$(3)．G を次数 p^e の閉部分群スキームとすると G は連結である．

したがって，m_0 を局所環 $O_{E,0}$ の極大イデアルとすると，$G=\operatorname{Spec} O_{E,0}/m_0^{p^e}$ $=\operatorname{Ker} F^e$ である．

(3)⇒(2)．$E[p]$ は次数 p^2 の閉部分群スキームだから，$E[p]=\operatorname{Ker} F^2$ である．

(2)⇒(1)．$E[p](\bar{k})=\operatorname{Ker} F^2(\bar{k})=0$ である． ∎

系 8.3 p を素数，S を $\mathbb{F}_p$ 上のスキームとし，E を S 上の楕円曲線とする．このとき，

(8.4) $$S^{\mathrm{ord}} = S \setminus S^{\mathrm{ss}}$$

がなりたつ．

［証明］ 命題 8.2 より明らか． ∎

補題 8.4 p を素数，S を $\mathbb{F}_p$ 上のスキームとし，E を S 上の楕円曲線とする．$e \geq 1$ を自然数とする．

1. E が通常なら，$V^e: E^{(p^e)} \to E$ はエタールであり，$\operatorname{Ker} V^e$ はエタール局所的に $\mathbb{Z}/p^e\mathbb{Z}$ と同型である．

2. $f: E \to E'$ が次数 p^e のエタール同種写像なら，E, E' は通常であり，同型 $g: E \to E'^{(p^e)}$ で，$f = V^e \circ g$ をみたすものがただ 1 つ定まる．

［証明］ 1. 命題 8.2.2. (2)⇒(3) の証明と同様である．

2. ${}^t f: E' \to E$ を f の双対とする．$f \circ {}^t f = [p^e]$ だから，$\operatorname{Ker} {}^t f$ は，$E'[p^e]$ の次数 p^e の開かつ閉な部分群スキームである．$\operatorname{Ker} F^e$ も $E'[p^e]$ の次数 p^e の閉部分群スキームであり，集合としては E' の 0 切断と等しいから，$\operatorname{Ker} {}^t f$ の閉部分群スキームである．よって，$\operatorname{Ker} {}^t f = \operatorname{Ker} F^e$ であり，$F^e = g \circ {}^t f$ をみたす同型 $g: E \to E'^{(p^e)}$ がひきおこされる．これが条件をみたすことと，一意性は明らかである．

$V^e: E'^{(p^e)} \to E'$ がエタールだから E' は通常である．さらに E は $E'^{(p^e)}$ と同型だから E も通常である． ∎

有限集合 X に対し，$\sharp X = \operatorname{Card} X$ で X の元の個数を表わす．

命題 8.5 p を素数とし，E を $\mathbb{F}_p$ 上の楕円曲線とする．$a = 1+p-\sharp E(\mathbb{F}_p)$ とおくと，次の条件 (1), (2), (3) はすべて同値である．

(1) E は通常である．

(2) $p \nmid a$ である.

(3) $p=2$ なら, $a=\pm 1$ である. $p=3$ なら, $a=\pm 1, \pm 2$ である. $p\geq 5$ なら, $a\neq 0$ である.

[証明] 命題 1.21 と同様に, 定理 C.1.4. より, $1-at+pt^2 = \det(1-Ft\colon D(E))$ である. 命題 8.2.2.(4)⇔(2)と定理 C.1.2. より, E が通常であるためには, F の $D(E)$ への作用の固有値の一方が p 進単数であることが, 必要十分である. これは条件(2)と同値である.

条件(2)と(3)が同値であることは, $|a|<2\sqrt{p}$, 定理 1.15, から従う. ∎

例 8.6 p を 3 以上の素数とし, E を $\mathbb{F}_p$ 上の楕円曲線 $y^2=x^3-x$ とする. $p\equiv 1 \bmod 4$ なら E は通常であり, $p\equiv -1 \bmod 4$ なら E は超特異である.

実際, $E(\mathbb{F}_p) \supset E[2] = \{\infty,(0,0),(\pm 1,0)\}$ だから, $\sharp E(\mathbb{F}_p) = p+1-a \equiv 0 \bmod 4$ である. したがって, $p\equiv 1 \bmod 4$ なら, $a\equiv 2 \bmod 4$ であり, $a\neq 0$ である. $p\equiv -1 \bmod 4$ とすると, -1 は $\bmod p$ で平方剰余でない. よって, $x\neq 0,\pm 1$ とすると, x^3-x と $(-x)^3-(-x) = -(x^3-x)$ のうち一方だけが平方剰余である. したがって, $\sharp E(\mathbb{F}_p)=p+1$ であり, $a=0$ である.

同様に, p を 5 以上の素数とし, E を $\mathbb{F}_p$ 上の楕円曲線 $y^2=x^3-1$ とすると, $p\equiv 1 \bmod 3$ なら E は通常であり, $p\equiv -1 \bmod 3$ なら E は超特異である. □

系 8.7 $p\geq 3$ を素数とし, E を $\mathbb{Q}_p$ 上の楕円曲線とする. 次の条件(1)と(2)は同値である.

(1) $G_{\mathbb{Q}_p}$ の p 進表現 $V_p E$ は通常である.

(2) E はよい還元をもち, $E_{\mathbb{F}_p}$ は通常である. または, E は乗法的還元をもつ.

[証明] まず, E がよい還元をもつと仮定して, $V_p E$ が通常であることと, $E_{\mathbb{F}_p}$ が通常であることが同値であることを示す. 定理 C.6.3. より, 部分空間 $D'(E)\subset D(E)$ は 1 次元である. したがって, 系 C.8 より, $V_p E$ が通常であるためには, p 進単数 α, β で, $1-at+pt^2=\det(1-Ft\colon D(E))$ が $(1-\alpha t)\cdot(1-p\beta t)$ と分解するようなものがあることが必要十分である. したがってこれは, 命題 8.5 より, $E_{\mathbb{F}_p}$ が通常であることと同値である. 命題 3.46.2. より, $V_p E$ が通常ならば E は安定な還元をもつ. よって, (1)⇒(2)が示された.

E が乗法的還元をもつときは，命題 3.46.2. の $(1) \Rightarrow (2)$ の証明で，$V_p E$ が通常なことを示した．よって，$(2) \Rightarrow (1)$ も示された． ∎

§8.2 巡回群スキーム

この節では，$\mathbb{Z}$ 上のモジュラー曲線を定義するための準備として，巡回群スキームを定義する．

定義8.8 S をスキーム，$N \geq 1$ を自然数とし，X を S 上の次数 N の有限平坦有限表示スキームとする．X の切断の族 $P_1, \cdots, P_N : S \to X$ が X を満たす(full set of sections)とは，任意の可換環 R と任意の射 $\mathrm{Spec}\, R \to S$ および任意の元 $f \in \varGamma(X \times_S \mathrm{Spec}\, R, O)$ に対し，

$$(8.5) \qquad N_{X_R/R}(f) = \prod_{i=1}^{N} f(P_i)$$

がなりたつことをいう． □

補題8.9 S をスキーム，$N \geq 1$ を自然数とし，X を S 上の次数 N の有限平坦有限表示スキームとする．X の切断の族 $P_1, \cdots, P_N : S \to X$ が X を満たすなら，

$$(8.6) \qquad \coprod_{i=1}^{N} P_i : S \amalg \cdots \amalg S \to X$$

は全射である．

[証明] $S = \mathrm{Spec}\, k$, k は代数閉体としてよく，この場合は明らか． ∎

射(8.6)が全射でも，$P_1, \cdots, P_N$ が X を満たすとは限らない．たとえば，k を体，$S = \mathrm{Spec}\, k[\varepsilon]/(\varepsilon^2)$, $X = \mathrm{Spec}\, k[\varepsilon, \varepsilon']/(\varepsilon^2, \varepsilon'^2)$ とおき，切断 $P_1, P_2 : S \to X$ を，それぞれ $\varepsilon' \mapsto 0$, $\varepsilon' \mapsto \varepsilon$ で定める．このとき，$P_1 \amalg P_2 : S \amalg S \to X$ は全射である．しかし，$f = 1 + \varepsilon'$ とすると，$N_{X/S}(f) = 1 \neq f(P_1)f(P_2) = 1 + \varepsilon$ だから，P_1, P_2 は X を満たさない．

X がエタールなら，補題 8.9 の条件は必要十分条件である．

系8.10 補題 8.9 において，X が S 上エタールなら，次の条件は同値である．

(1) $P_1,\cdots,P_N:S\to X$ は X を満たす．
(2) $\coprod_{i=1}^{N} P_i:S\amalg\cdots\amalg S\to X$ は同型である．
(3) $\coprod_{i=1}^{N} P_i:S\amalg\cdots\amalg S\to X$ は全射である．

［証明］ (2)⇒(1)は明らかである．補題 8.9 より(1)⇒(3)である．$S\amalg\cdots\amalg S$ と X はどちらも有限エタールで次数 N だから，(2)と(3)は同値である． ∎

命題 8.11 S をスキーム，$N\geq 1$ を自然数とし，X を S 上の次数 N の有限平坦有限表示スキームとする．$P_1,\cdots,P_N:S\to X$ を X の切断の族とする．$P_1,\cdots,P_N$ が X を満たすという条件 $\mathcal{P}$ は，S 上の閉条件である．閉条件 $\mathcal{P}$ で定義される S の閉部分スキーム T を定義する O_S のイデアルは，局所有限型である．

［証明］ 主張は S 上局所的だから，$S=\mathrm{Spec}\,A, X=\mathrm{Spec}\,B$ はアファインで，B は階数 N の自由 A 加群であるとして示せばよい．$g_1,\cdots,g_N$ を A 加群 B の基底とする．任意の R と f に対し等式(8.5)がなりたつためには，多項式環 $R=A[T_1,\cdots,T_N]$ と $f=\sum_{j=1}^{N} g_j T_j\in B[T_1,\cdots,T_N]$ に対し等式(8.5)がなりたつことが必要十分である．この R と f に対し等式(8.5)は

(8.7) $$N_{B[T_1,\cdots,T_N]/A[T_1,\cdots,T_N]}(\sum_{j=1}^{N} g_j T_j)=\prod_{i=1}^{N}(\sum_{j=1}^{N} g_j(P_i)T_j)$$

となる．よって，等式(8.7)の両辺の差の各項の係数によって生成されるイデアルを $I\subset A$ とすると，I で定義される S の閉部分スキーム T が関手 $F_\mathcal{P}$ を表現する．(8.7)の両辺は A 係数の $T_1,\cdots,T_N$ の N 次同次多項式だから，I は有限生成である． ∎

X がスムーズ曲線の閉部分スキームのときは，次がなりたつ．E が S 上スムーズな代数曲線で，X が E の閉部分スキームで S 上有限平坦有限表示ならば，補題 B.2.1. より，X は E の Cartier 因子である．特に，E の切断 $P:S\to E$ は，E の Cartier 因子を定める．

命題 8.12 S をスキームとし，E を S 上スムーズな代数曲線とし，$N\geq 1$ を自然数とする．X を E の閉部分スキームで，S 上次数が N の有限平坦有

§8.2 巡回群スキーム ── 203

限表示スキームであるものとする．X の切断 $P_1,\cdots,P_N : S \to X$ に対し，次は同値である．

(1) $P_1,\cdots,P_N$ は X を満たす．

(2) E の Cartier 因子の等式

$$X = \sum_{i=1}^{N}[P_i]$$

がなりたつ．

[証明] (2)⇒(1)．$\operatorname{Spec} R \to S$ をスキームの射とし，$f \in \Gamma(X_R, O)$ に対し，$N_{X_R/R}(f) = \prod_{i=1}^{N} f(P_i)$ を示す．S を $\operatorname{Spec} R$ でおきかえて $S = \operatorname{Spec} R$ としてよい．$i=1,\cdots,N$ に対し，I_i を E の Cartier 因子 $[P_i]$ の定義イデアル層とする．因子の等式 $X = \sum_{i=1}^{N}[P_i]$ より，有限生成自由 O_S 加群層 O_X は，可逆 O_S 加群層 $\prod_{j=1}^{i-1} I_j / \prod_{j=1}^{i} I_j$ の積み重ねである．O_X の f 倍写像は $\prod_{j=1}^{i-1} I_j / \prod_{j=1}^{i} I_j$ の $f(P_i)$ 倍写像をひきおこすから，$N_{X/S}(f) = \prod_{i=1}^{N} f(P_i)$ がなりたつ．

(1)⇒(2)．X も $\sum_{i=1}^{N}[P_i]$ もどちらも S 上有限平坦有限表示で次数 N である．よって，X が $\sum_{i=1}^{N}[P_i]$ の閉部分スキームであることを示せばよい．$s \in S$ とし，S を $\operatorname{Spec} O_{S,s}$ でおきかえてよい．補題 8.9 より，$X = \bigcup_{i=1}^{N} P_i(S)$ である．$A = O_{S,s}$ は局所環だから，$i,j = 1,\cdots,N$ に対し，$P_i(s) \neq P_j(s)$ なら $P_i(S) \cap P_j(S) = \emptyset$ であり，$X = \coprod_{x \mapsto s} \bigcup_{P_i(s)=x} P_i(S)$ である．よって，s の逆像の点 x に対し，$\operatorname{Spec} O_{X,x} = \bigcup_{P_i(s)=x} P_i(S)$ であり，$X = \coprod_{x \mapsto s} \operatorname{Spec} O_{X,x}$ である．したがって，$X = \operatorname{Spec} O_{X,x}$ として示せば十分である．E を x の開近傍でおきかえて，E もアファインであるとしてよい．

$E = \operatorname{Spec} B, X = \operatorname{Spec} \overline{B}$ とする．必要なら E をさらに x の開近傍でおきかえて，E の因子 $[P_1]$ が $t \in B$ で定義されているとしてよい．$i=2,\cdots,N$ に対しても，$t-t(P_i) \in B$ は P_i 上 0 であり，E_s の因子 $[x] = [P_i(s)]$ は x の近傍では $t-t(P_i)$ で定義されるから，中山の補題より，x の近傍で E の因子 $[P_i]$ が $t-t(P_i) \in B$ で定義される．必要なら E をさらに x の開近傍でおきかえ

て，各 $i=1,\cdots,N$ に対し E の因子 $[P_i]$ が $t-t(P_i)\in B$ で定義されていると してよい．

$\Phi(T)=N_{\overline{B}/A}(T-t|_X)\in A[T]$ とおく．式 (8.5) を，$f=T-t\in B\otimes_A A[T]$ に適用して，$\Phi(T)=\prod_{i=1}^{N}(T-t(P_i))$ である．よって，$\Phi(t)=\prod_{i=1}^{N}(t-t(P_i))\in B$ は E の因子 $\sum_{i=1}^{N}[P_i]$ の定義イデアルの生成元である．一方，Cayley-Hamilton より，$\Phi(t|_X)\in\overline{B}$ は 0 だから，$\Phi(t)\in B$ は，X の定義イデアル $\mathrm{Ker}(B\to\overline{B})$ に含まれる．よって，X の各点で，X が $\sum_{i=1}^{N}[P_i]$ の閉部分スキームであることが示された． ∎

定義 8.13 S をスキーム，$N\geqq 1$ を自然数とし，G を S 上の次数 N の有限平坦有限表示可換群スキームとする．

1. $P\colon S\to G$ を G の切断とする．P が G の**生成元**(generator)であるとは，切断の族 $0,P,2P,\cdots,(N-1)P$ が G を満たすことをいう．

2. G が**巡回群スキーム**(cyclic group scheme)であるとは，S 上平坦局所的に，G の生成元が存在することをいう． □

巡回群スキームの次数を位数ともよぶ．次数 N が S 上可逆なら，下の補題 8.15 のように，これは普通の定義である．まず，次の命題を示す．

命題 8.14 S をスキームとし，G を S 上の次数 M の有限平坦有限表示可換群スキームとする．このとき，G の M 倍写像は 0 写像である．

[証明] S 上の任意のスキーム T と任意の切断 $g\in G(T)$ に対し，$g^M=1$ を示せばよい．S を T で置き換えて $S=T$ としてよい．主張は S 上局所的だから，$S=\mathrm{Spec}\,R$, $G=\mathrm{Spec}\,A$ であり，A は階数 M の自由 R 加群であるとしてよい．$G^*=\mathrm{Spec}\,A^*$, $A^*=\mathrm{Hom}_R(A,R)$ を G の Cartier 双対とする．A^* の乗法は，G の群演算 $\mu\colon G\times_S G\to G$ を定める環の準同型 $A\to A\otimes_R A$ の双対である．

$g\in G(S)$ とし，$\mu_g\colon G\to G$ を g による平行移動，$\mu_g^*\colon A\to A$ を対応する環の同型とする．$g\in G(S)=\mathrm{Hom}_{R\text{-alg}}(A,R)\subset\mathrm{Hom}_R(A,R)$ を $A^*=\mathrm{Hom}_R(A,R)$ の元と同一視する．さらに $\mu_g\in G(G)=\mathrm{Hom}_{R\text{-alg}}(A,A)\subset\mathrm{End}_R A$ を $\mathrm{End}_R A=A\otimes_R A^*$ の元と同一視する．$G(G)$ は $(A\otimes_R A^*)^\times$ の部分群だから，$\mu_g\in A\otimes_R$

§8.2 巡回群スキーム —— 205

A^* は可逆元である.さらに,$\mu_g : G \to G$ は id $= \mu_1 : G \to G$ と $G \to S \xrightarrow{g} G$ の積だから,$\mu_g = \mu_1 \cdot (1 \otimes g) \in A \otimes_R A^*$ である.よって,両辺のノルム $N = N_{A \otimes_R A^*/A^*}$ をとって,$N(\mu_g) = N(\mu_1) \cdot g^M \in A^{*\times}$ が得られる.一方,$\mu_g^*(\mu_1) = \mu_1 \circ \mu_g = \mu_g$ だから,A^* 上の環の同型 $(\mu_g^* \otimes 1): A \otimes_R A^* \to A \otimes_R A^*$ は μ_1 を μ_g に写す.よって,$N(\mu_g) = N(\mu_1) \in A^{*\times}$ である.よって,$g^M = 1 \in G(S) \subset A^*$ が示された.∎

補題 8.15 S をスキーム,$N \geqq 1$ を S で可逆な自然数とし,G を S 上の次数 N の有限平坦有限表示可換群スキームとする.

1. G の切断 $P: S \to G$ に対し,次は同値である.
 (1) P は G の生成元である.
 (2) S のすべての幾何的点 $\bar{s}$ に対し,$P_{\bar{s}} \in G(\bar{s})$ は $G(\bar{s})$ の生成元である.
 (3) S 上の可換群スキームの同型 $\mathbb{Z}/N\mathbb{Z} \to G$ で 1 を P に写すものがある.

2. 次は同値である.
 (1) G は巡回群スキームである.
 (2) S のすべての幾何的点 $\bar{s}$ に対し,$G(\bar{s})$ は巡回群である.
 (3) S 上エタール局所的に,可換群スキームの同型 $\mathbb{Z}/N\mathbb{Z} \to G$ がある.

[証明] このとき,命題 8.14,A.17 より G は S 上エタールだから,系 8.10 より明らか.∎

補題 8.16 S をスキーム,$N \geqq 1$ を自然数とし,G を S 上の次数 N の有限平坦有限表示可換群スキームとする.

1. $P: S \to G$ を G の切断とする.P が G の生成元であるという条件は,S 上の閉条件である.この閉条件で定義される S の閉部分スキーム T を定義する $\mathcal{O}_S$ のイデアルは,局所有限型である.

2. S 上のスキーム T に対し,集合
(8.8) $\{P \in G(T) \mid P$ は G_T の生成元である$\}$
を対応させる S 上の関手は,G の閉部分スキーム $G^{\times}$ で表現可能である.

[証明] 1. 命題 8.11 を G の切断 $0, P, \cdots, (N-1)P$ に適用すればよい.

2. 対角写像 $G \to G \times_S G$ が定める G の G へのひきもどしの切断に対し,

1. を適用すればよい. ∎

G の閉部分スキーム $G^\times$ を, G の**生成元のなすスキーム**(scheme of generators)とよぶ. $G^\times$ が S 上忠実平坦ならば, $G^\times$ は S の平坦被覆となるから, G は巡回群スキームである. これの部分的な逆命題を, 系 8.53.1. で示す.

補題 8.17 S をスキームとし, $0 \to G' \to G \to G'' \to 0$ を S 上の有限平坦有限表示可換群スキームの完全系列, P を G の切断とする. G'' はエタールかつ次数が M であると仮定する. このとき, 次の条件は同値である.

(1) P は G の生成元である.

(2) P の像 P'' は G'' の生成元であり, MP は G' の生成元である.

[証明] (1)⇒(2) P を G の生成元とし, N を G の次数とする. 補題 8.9 より, $\coprod_{i=0}^{N-1} iP: S \coprod \cdots \coprod S \to G \to G''$ は全射である. したがって, 命題 8.14 より, $\coprod_{i=0}^{M-1} iP'': S \coprod \cdots \coprod S \to G''$ も全射である. よって, 系 8.10 より, P'' は同型 $\mathbb{Z}/M\mathbb{Z} \to G''$ を定め, P'' は G'' の生成元である. さらに, $\coprod_{i=0}^{M-1}(\ +iP): \coprod_{i=0}^{M-1} G' \to G$ はスキームの同型だから, P が G の生成元であるためには MP が G' の生成元であることが必要十分である.

(2)⇒(1) 系 8.10 より, P'' は同型 $\mathbb{Z}/M\mathbb{Z} \to G''$ を定める. あとは(1)⇒(2)の証明と同様である. ∎

補題 8.18 S をスキームとし, E を S 上の可換群スキームで S 上のスムーズな代数曲線であるものとする. $N \geq 1$ を自然数とする.

1. $P: S \to E$ を E の切断とすると, 次の条件は同値である.

(1) E の位数 N の閉部分群スキーム G で, P を生成元としてもつものが存在する.

(2) E の Cartier 因子 $\sum_{i=0}^{N-1} [iP]$ は E の閉部分群スキームである.

2. 1. の同値な条件がなりたつとき, $NP = 0$ であり, $G = \sum_{i=0}^{N-1} [iP]$ である.

3. G を E の閉部分群スキームで, S 上有限平坦有限表示で次数が N のものとする. P を対角射 $G \to E \times_S G$ が定める E の G 上の切断とする. G

§8.2 巡回群スキーム —— 207

の生成元のなすスキーム $G^\times$ は,G 上のスキーム T に対し,E_T の閉部分スキーム G_T と $\sum_{i=0}^{N-1}[iP]_T$ が等しいという G 上の閉条件で定まる G の閉部分スキームである.

[証明] 1. 命題 8.12 より明らか.

2. S 上の巡回部分群スキーム $\sum_{i=0}^{N-1}[iP]$ は,次数 N の有限平坦有限表示可換群スキームだから,命題 8.14 より,$\sum_{i=0}^{N-1}[iP]$ の N 倍写像は 0 写像である.よって $NP=0$ である.$G=\sum_{i=0}^{N-1}[iP]$ は,命題 8.12 より明らか.

3. 2. より明らか. ∎

補題 8.19 $N\geq 1$ を自然数とする.1 の N 乗根のなす群スキーム $\mu_N=\operatorname{Spec}\mathbb{Z}[X]/(X^N-1)$ は巡回群スキームである.$\Phi_N(X)\in\mathbb{Z}[X]$ を第 N 円分多項式とすると,μ_N の生成元のなすスキーム $\mu_N^\times$ は,$\operatorname{Spec}\mathbb{Z}[X]/(\Phi_N(X))$ である.

[証明] $\operatorname{Spec}\mathbb{Z}[X]/(\Phi_N(X))$ は $\operatorname{Spec}\mathbb{Z}$ の平坦被覆である.よって,$\mu_N^\times=\operatorname{Spec}\mathbb{Z}[X]/(\Phi_N(X))$ を示せば,μ_N が巡回群スキームであることが従う.補題 8.15 より,$\operatorname{Spec}\mathbb{Z}\bigl[\frac{1}{N}\bigr]$ 上は $\mu_{N,\operatorname{Spec}\mathbb{Z}[\frac{1}{N}]}^\times=\operatorname{Spec}\mathbb{Z}\bigl[\frac{1}{N}\bigr][X]/(\Phi_N(X))$ は明らかである.よって,系 A.44.1. を $S=\operatorname{Spec}\mathbb{Z}$, $X=\mathbb{G}_{m,S}$, $A=\mu_{N,S}^\times$, $B=\operatorname{Spec}\mathbb{Z}[X]/(\Phi_N(X))$ に適用すれば,任意の代数閉体 k に対し不等式 $\deg\mu_{N,k}^\times\leq\varphi(N)$ を示せばよい.補題 8.17 より,k の標数が $p>0$ で $N=p^e$ の場合に示せば十分である.

座標を変えて,$\mathbb{G}_m=\operatorname{Spec}k[X,(1+X)^{-1}]$, $G=\mu_N=\operatorname{Spec}k[X]/(X^N)$ とおく.$P\colon G\to\mathbb{G}_m\times_k G$ を対角切断とする.補題 8.18.3. より,G の閉部分スキーム $G^\times$ は,$\mathbb{G}_m\times_k G=\operatorname{Spec}k[X,(1+X)^{-1},T]/(T^N)$ の 2 つの閉部分スキーム,$G\times_k G=\operatorname{Spec}k[X,T]/(X^N,T^N)$ と $\sum_{i=0}^{N-1}[iP]=\operatorname{Spec}k[X,(1+X)^{-1},T]/(\prod_{i=0}^{N-1}(1+X-(1+T)^i),T^N)$ のひきもどしが等しいという閉条件で定まる.したがって,

$$\prod_{i=0}^{N-1}(1+X-(1+T)^i)=X^N-\sum_{j=0}^{N-1}a_j(T)X^j$$

とおくと，$G^\times = \operatorname{Spec} k[T]/(T^N, a_0(T), \cdots, a_{N-1}(T))$ である．$(1+T)^i - 1 \equiv iT \bmod T^2$ だから，T 進付値 $\operatorname{ord}((1+T)^i - 1)$ は $p \nmid i$ なら 1，$p \mid i$ なら 2 以上である．よって，$\operatorname{ord} a_{N/p}(T) = \#\{i \mid p \nmid i, 0 \leq i < N\} = N - N/p = \varphi(N)$ であり，$\deg G^\times = \min(N, \operatorname{ord} a_0(T), \cdots, \operatorname{ord} a_{N-1}(T)) \leq \varphi(N)$ である． ∎

§8.3 Drinfeld レベル構造

第 2 章では，楕円曲線の位数 N の巡回部分群を使って，$\mathbb{Q}$ 上のモジュラー曲線を定義した．しかし，たとえば $\mathbb{F}_p$ 上のスキーム上の超特異楕円曲線に対しては，そこで使った素朴な意味での位数 p の巡回部分群スキームは存在しない．$\mathbb{Z}$ 上のモジュラー曲線の定義には，巡回部分群スキームの定義として定義 8.13 を使う．こうして定まるレベル構造を **Drinfeld レベル構造** とよぶ．

定義 8.20 S をスキームとし，E を S 上の可換群スキームで S 上のスムーズな代数曲線であるものとする．$N \geq 1$ を自然数とする．

1. E の切断 $P: S \to E$ が，**位数がちょうど N (exact order N)** であるとは，E の Cartier 因子 $\sum_{i=0}^{N-1} [iP]$ が E の閉部分群スキームであることをいう．P が位数がちょうど N であるとき，

$$(8.9) \qquad \langle P \rangle = \sum_{i \in \mathbb{Z}/N\mathbb{Z}} [iP]$$

を，P によって生成される位数 N の巡回部分群スキームとよぶ．

2. S 上の関手 $\mathcal{M}_0(N)_E$ を，S 上のスキーム T に対し，集合
   (8.10) $\mathcal{M}_0(N)_E(T) = \{E_T \text{ の位数 } N \text{ の巡回部分群スキーム}\}$
   を対応させることで定める．

3. S 上の関手 $\mathcal{M}_1(N)_E$ を，S 上のスキーム T に対し，集合
   (8.11) $\mathcal{M}_1(N)_E(T) = \{E_T \text{ の位数がちょうど } N \text{ の切断}\}$
   を対応させることで定める． ∎

補題 8.18 より，定義 8.20.1. の巡回部分群スキームは，定義 8.13.2. の意味で巡回群スキームである．

位数がちょうど N の切断 $P \in \mathcal{M}_1(N)_E(T)$ に対し，巡回部分群スキーム $\langle P \rangle \in \mathcal{M}_0(N)_E(T)$ を対応させることで，自然な関手の射 $\mathcal{M}_1(N)_E \to \mathcal{M}_0(N)_E$ が定まる．

N が S 上可逆なら，定義 8.20 は常識的なものである．

補題 8.21 S をスキームとし，E を S 上の可換群スキームで S 上のスムーズな代数曲線であるものとする．$P\colon S\to E$ を E の切断とし，$N \geqq 1$ を自然数とする．

N が S 上可逆なら，次の条件 (1), (2), (3) はすべてたがいに同値である．

(1) P は位数がちょうど N である．

(2) S 上の可換群スキームの閉埋め込み $\mathbb{Z}/N\mathbb{Z} \to E$ で，$P\colon S\to E$ が $1 \in \mathbb{Z}/N\mathbb{Z}$ で定まるようなものがある．

(3) $NP=0$ であり，S の任意の幾何的点 $\bar{s}$ に対し，Abel 群 $E(\bar{s})$ の元 $P_{\bar{s}}$ の位数はちょうど N である．

[証明] 補題 8.18.2. と補題 8.15 より明らか． ∎

$\mathbb{F}_p$ 上のスキームでは，$\mathbb{Q}$ 上のスキームについての常識にはずれた現象がみられる．

補題 8.22 S をスキームとし，E を S 上のスムーズ可換群スキームで，S 上の代数曲線であるものとする．p を素数，$e \geqq 1$ を自然数とすると，次の条件 (1), (2), (3) はすべてたがいに同値である．

(1) S は $\mathbb{F}_p$ 上のスキームである．

(2) E の 0 切断は位数がちょうど p^e である．

(3) E の Cartier 因子 $G = p^e[0]$ は位数 p^e の巡回部分群スキームである．

これらの条件がなりたっているとき，$G = \operatorname{Ker} F^e$ である．

[証明] (1) $\Rightarrow$ (2), (3). S が $\mathbb{F}_p$ 上のスキームならば，$p^e[0] = \operatorname{Ker} F^e$ は位数 p^e の巡回部分群スキームであり，0 切断は位数がちょうど p^e である．

(2) $\Rightarrow$ (3) は明らかである．

(3) $\Rightarrow$ (1) を示す．主張は S 上局所的だから，$S = \operatorname{Spec} A$ としてよい．さらに，E の Cartier 因子 $[0]$ が $[0]$ の近傍で O_E の切断 T で定義されるとしてよい．このとき，$G = \operatorname{Spec} A[T]/(T^{p^e})$ である．G の群演算 $G \times G \to G$ に対応

する環の準同型 $A[T]/(T^{p^e}) \to A[T]/(T^{p^e}) \otimes_A A[T]/(T^{p^e}) = A[T,S]/(T^{p^e}, S^{p^e})$ による T の像を $F(T,S)$ とする．ここで $T = T \otimes 1$ と同一視し，$S = 1 \otimes T$ とおいた．

$F(T,S)^{p^e}$ は $A[T,S]/(T^{p^e}, S^{p^e})$ の元として 0 である．$F(T,0) = F(0,T) = T$ だから，$F(T,S) = T + S + STf(S,T)$ をみたす $f(S,T) \in A[T,S]/(T^{p^e}, S^{p^e})$ がある．$F(T,S)^{p^e}$ の同次次数が p^e のところをみると，$(T+S)^{p^e} - (T^{p^e} + S^{p^e}) = \sum_{i=1}^{p^e-1} \binom{p^e}{i} T^{p^e - i} S^i$ の係数はすべて A の元として 0 である．$\binom{p^e}{1}$ と $\binom{p^e}{p^e-1}$ の最大公約数は p だから，A は $\mathbb{F}_p$ 上の環である． ∎

補題 8.23 S をスキームとし，E を S 上の可換群スキームで S 上のスムーズな代数曲線であるものとする．$N \geq 1$ を自然数とする．$P : S \to E$ を E の切断とする．S 上のスキーム T に対し，P_T が E_T の位数がちょうど N の切断であるという条件 $\mathcal{P}$ は，S 上の閉条件である．

[証明] $G = \sum_{i=0}^{N-1}[iP]$ とおく．定義 8.20.1. より，条件 $\mathcal{P}$ は，G_T が E_T の閉部分群スキームになるという条件である．これはさらに次の条件と同値である．$E_T \times_T E_T$ の閉部分スキーム $G_T \times_T G_T$ が，加法 $+ : E_T \times_T E_T \to E_T$ による G_T の逆像の閉部分スキームであり，かつ G_T が，-1 倍射 $E_T \to E_T$ による G_T の逆像と等しい．よって，系 A.37 より条件 $\mathcal{P}$ は閉条件である． ∎

系 8.24 S をスキームとし，E を S 上の楕円曲線とする．$N \geq 1$ を自然数とする．S 上の関手 $\mathcal{M}_1(N)_E$ は，S 上の有限かつ有限表示スキーム $M_1(N)_E$ で表現可能である．N が S で可逆なら，$M_1(N)_E$ は S 上エタールである．

[証明] 補題 8.23 を $E[N]$ 上の対角切断 $E[N] \to E \times_S E[N]$ に適用すれば，$\mathcal{M}_1(N)_E$ は $E[N]$ の閉部分スキームで表現可能である．N が S 上可逆なら，系 1.27 より $E[N]$ は S 上有限エタールである．主張は S 上エタール局所的だから，$E[N]$ は定数群スキーム $(\mathbb{Z}/N\mathbb{Z})^2$ と同型であると仮定してよい．このとき補題 8.21 より，$\mathcal{M}_1(N)_E$ は $\coprod_{a \in (\mathbb{Z}/N\mathbb{Z})^2, a \text{ の位数は } N} S$ と同型である． ∎

補題 8.25 k を標数 p の体とし，E を k 上の楕円曲線とする．$N \geq 1$ を自然数とする．

1. $p>0$ で, G が E の次数 p^e の閉部分群スキームならば, G は位数 p^e の巡回部分群スキームである.

2. G を E の位数 N の巡回部分群スキームとすると, 不等式
(8.12) $$\deg G^{\times} \leqq \varphi(N)$$
がなりたつ. $p\,|\,N$ かつ E が超特異の場合をのぞけば, 等号がなりたつ.

3. $p\,|\,N$ かつ E が超特異の場合をのぞけば, 等号
(8.13) $$\deg M_1(N)_E = \varphi(N)\psi(N)$$
がなりたつ. □

E が超特異楕円曲線でも等号がなりたつことを, 命題 8.52 と系 8.53 で示す.

問 $p\,|\,N$ かつ E が超特異の場合にも, 等号を下の証明のように直接示せるか, 考えよ.

[証明] k は代数閉体であるとしてよい.

1. E が超特異なら, 命題 8.2.3. より, 次数 p^e の閉部分群スキームは $\operatorname{Ker} F^e$ であり, 0 はこれの生成元である.

E が通常なら, 命題 8.2.2. より, $E[p^e]$ は $\mathbb{Z}/p^e\mathbb{Z}\times\mu_{p^e}$ と同型である. G を $E[p^e]$ の次数 p^e の閉部分群スキームとする. $G\cap\mu_{p^e}$ は μ_{p^e} の閉部分群スキームだから $G\cap\mu_{p^e}=\mu_{p^b}$ となる $b\leqq e$ がある. k は閉体だから, G は $\mathbb{Z}/p^a\mathbb{Z}\times\mu_{p^b}$, $a+b=e$ と同型である. 補題 8.17 より, $(1,1)$ は, $\mathbb{Z}/p^a\mathbb{Z}\times\mu_{p^b}$ の生成元なので, $\mathbb{Z}/p^a\mathbb{Z}\times\mu_{p^b}$ は巡回部分群スキームである.

2. 補題 8.17 より, k は標数 $p>0$ で, N が p の巾 p^e である場合に示せば十分である.

E が超特異として, 不等式 (8.12) を示す. 証明は補題 8.19 の証明と同様である. 命題 8.2.3. より, $G=\operatorname{Ker} F^e$ である. 同型 $k[[X]]\to \widehat{O}_{E,0}$ をとり, $k[[X]]=\widehat{O}_{E,0}$ と同一視する. このとき, $G=\operatorname{Spec} k[[X]]/(X^N)$ となる. 整数 i に対し, i 倍写像 $[i]\colon E\to E$ がひきおこす環の準同型 $k[[X]]\to k[[X]]$ を $[i]^*$ で表わす. $G^{\times}$ は, イデアル $(\prod_{i=0}^{N-1}(X-[i]^*T))$ がイデアル (X^N) と等しいという条件で定まる $G=\operatorname{Spec} k[T]/(T^N)$ の閉部分スキームであり, $[i]^*(T)\equiv iT\bmod T^2$ である. 以下は, 補題 8.19 の証明と同様だから省略する.

E が通常として，(8.12)で等号がなりたつことを示す．1. の証明より，$G = \mathbb{Z}/p^a\mathbb{Z} \times \mu_{p^b}$, $a+b=e$ としてよい．$a=0$ のときは補題 8.19 から従う．$a>0$ とする．補題 8.17 より，$G = \mathbb{Z}/p^a\mathbb{Z} \times \mu_{p^b}$ の切断 P が，G の生成元であるためには，P の $\mathbb{Z}/p^a\mathbb{Z}$ への射影が $\mathbb{Z}/p^a\mathbb{Z}$ の生成元であり，さらに p^aP が μ_{p^b} の生成元であることが必要十分である．仮定 $a>0$ と補題 8.19 より，任意の切断 P に対し，p^aP は μ_{p^b} の生成元である．したがって，$G^\times$ は $(\mathbb{Z}/p^a\mathbb{Z})^\times \times \mu_{p^b}$ と等しく，等号が示された．

3. 補題 8.17 より，k が標数 $p>0$ かつ $N=p^e$ の場合に示せば十分である．E が通常として，(8.13)を示す．上と同様に，$E[N]$ を $G = \mathbb{Z}/N\mathbb{Z} \times \mu_N$ と同一視してよい．$M_1(N)_E$ は，G の位数がちょうど N の切断のなす閉部分スキームである．$G = \coprod_{i \in \mathbb{Z}/N\mathbb{Z}} G^i = \coprod_{i \in \mathbb{Z}/N\mathbb{Z}} \mu_N$ と分解し，$M_1(N)_E = \coprod_{i \in \mathbb{Z}/N\mathbb{Z}} M_1(N)^i_E$ と分解する．$i \in \mathbb{Z}/N\mathbb{Z}$ の位数を p^a とし，$a \leqq e = a+b$ とすると，補題 8.17 より，$M_1(N)^i_E$ は p^a 乗写像 $G^i = \mu_{p^e} \to \mu_{p^b}$ による $\mu_{p^b}^\times$ の逆像である．したがって，$b>0$ なら，$M_1(N)^i_E = \mu_{p^e}^\times$ であり，$b=0$ なら，$M_1(N)^i_E = G^i$ である．等式(8.13)はこれより明らかである． ∎

§8.9 で，モジュラー曲線のコンパクト化を調べる準備として，次に定義する可換群スキームの Drinfeld レベル構造を調べておく．$N \geq 1$ を自然数とする．$\mathbb{Z}[q,q^{-1}]$ 上の可換群スキームの準同型 $\mathbb{Z} \to \mathbb{Z} \times \mathbb{G}_m$ を 1 の像を (N,q) とおくことで定め，$T^{(N)}$ を，この準同型の余核と定義する．$T^{(N)}$ は $\mathbb{Z}/N\mathbb{Z}$ の $\mathbb{G}_m$ による拡大であり，N 倍写像 $T^{(N)} \to T^{(N)}$ の核 $T[N]$ は，$\mathbb{Z}/N\mathbb{Z}$ の μ_N による拡大である．$i \in \mathbb{Z}/N\mathbb{Z}$ に対し，$T^{(N)i}, T[N]^i$ でそれぞれ自然な $\mathbb{Z}/N\mathbb{Z}$ への射による i の逆像を表わす．

$$T^{(N)} = \coprod_{i=0}^{N-1} T^{(N)i} = \coprod_{i=0}^{N-1} \operatorname{Spec} \mathbb{Z}[q,q^{-1}][T,T^{-1}],$$

(8.14) $\quad T[N] = \coprod_{i=0}^{N-1} T[N]^i = \coprod_{i=0}^{N-1} \operatorname{Spec} \mathbb{Z}[q,q^{-1}][T]/(T^N - q^i)$

である．

命題 8.26 $N \geq 1$ を自然数とする．

1. $\mathbb{Z}[q,q^{-1}]$ 上の関手 $\mathcal{M}_0(N)_{T^{(N)}}$ は

$$\coprod_{dd'=N} \operatorname{Spec} \mathbb{Z}[\zeta_{d''}][q,q^{-1}][T]/(T^{d_1}-\zeta_{d''}q^{d'_1})$$

で表現される. ここで, N の約数 d, d' に対し, d'' は d と d' の最大公約数を表わし, $d_1=d/d''$, $d'_1=d'/d''$ である.

2. $\mathbb{Z}[q,q^{-1}]$ 上の関手 $\mathcal{M}_1(N)_{T^{(N)}}$ は

$$\coprod_{i=0}^{N-1} \operatorname{Spec} \mathbb{Z}[\zeta_{d'}][q,q^{-1}][T]/(T^d-\zeta_{d'}q^{i'})$$

で表現される. ここで, $0 \leqq i < N$ に対し, d' は N と i の最大公約数を表わし, $d=N/d'$, $i'=i/d'$ である.

[証明] 1. S を $\mathbb{Z}[q,q^{-1}]$ 上のスキームとし, S 上の有限平坦閉部分群スキーム $G \subset T_S^{(N)}$ と, 整数 $i \in \mathbb{Z}$ に対し, $G^i = G \cap T_S^{(N)i}$ とおく. G^0 は合成 $G \to T_S^{(N)} \to \mathbb{Z}/N\mathbb{Z}$ の核であり, $T_S^{(N)0} = \mathbb{G}_{m,S}$ の閉部分群スキームで S 上有限平坦である.

d を N の約数とし, $d'=N/d$ とおく. $\mathcal{M}_0(N)_{T^{(N)}}$ の部分関手 $\mathcal{M}_0(N)_{T^{(N)}}^{(d)}$ を, $\mathbb{Z}[q,q^{-1}]$ 上のスキーム S に対し集合

$$\mathcal{M}_0(N)_{T^{(N)}}^{(d)}(S) = \{G \in \mathcal{M}_0(N)_{T^{(N)}}(S) \mid G^0 \text{ は } S \text{ 上次数 } d'\}$$

を対応させることで定める. 関手 $\mathcal{M}_0(N)_{T^{(N)}}^{(d)}$ が $\operatorname{Spec} \mathbb{Z}[\zeta_{d''}][q,q^{-1}][T]/(T^{d_1}-\zeta_{d''}q^{d'_1})$ で表現されることを示せばよい. G^0 が S 上次数 d' という条件は, 命題 8.14 より $G^0 = \mu_{d'}$ と同値である. また, このとき, $G = \coprod_{i=0}^{d-1} G^{d'i}$ である. 次の補題を示す.

補題 8.27 S を $\mathbb{Z}[q,q^{-1}]$ 上のスキームとし, $N=dd' \geqq 1$ を自然数とする. d'' を d と d' の最大公約数とし, $d=d''d_1$ とおく.

1. G を $T_S^{(N)}$ の閉部分群スキームで, S 上有限平坦有限表示かつ次数 N で, $G^0 = \mu_{d',S}$ をみたすものとする. S 上の切断 $s: S \to T^{(N)d'^2}$ で, 各 $0 \leqq i < N$ に対し, 図式

(8.15)
$$\begin{array}{ccc} G^{d'i} & \xrightarrow{\subset} & T^{(N)d'i} \\ \downarrow & & \downarrow {\scriptstyle [d']} \\ S & \xrightarrow{s^i} & T^{(N)d'^2i} \end{array}$$

がカルテシアンになるようなものがただ1つ存在する．s は $s^d=1$ をみたす．

2. 逆に，$s: S \to T_S^{(N)d^2}$ を S 上の切断で $s^d=1$ をみたすものとする．$T_S^{(N)}$ の閉部分スキーム $G = \coprod_{i=0}^{d-1} G^{d'i}$ を，各 i について図式(8.15)がカルテシアンであるという条件で定めると，G は S 上有限平坦有限表示スキームで次数 N であり，$T_S^{(N)}$ の閉部分群スキームである．

3. G と s を上のとおりとする．G が巡回部分群スキームであるためには，s^{d_1} が $\mu_{d'',S}$ の生成元であることが必要十分である．

[証明] 1. $[d']: T_S^{(N)d'} \to T_S^{(N)d^2}$ は忠実平坦だから，条件をみたす切断 $s: S \to T^{(N)d^2}$ は存在すれば一意的である．これより，主張は S 上平坦局所的である．$G^{d'}$ は S の平坦被覆だから，$G^{d'}$ が S 上の切断 $t: S \to G^{d'}$ をもつと仮定してよい．切断 $t: S \to G^{d'}$ は，各 i に対し，次の可換図式のたての同型

$$\begin{array}{ccccc} \mu_{d'} & \longrightarrow & \mathbb{G}_m & \xrightarrow{[d']} & \mathbb{G}_m \\ \times t^i \downarrow & & \times t^i \downarrow & & \downarrow \times t^{d'i} \\ G^{d'i} & \longrightarrow & T_S^{(N)d'i} & \xrightarrow{[d']} & T_S^{(N)d'^2 i} \end{array}$$

を定める．よって，$s=t^{d'}$ とおくと，各 i に対し図式(8.15)はカルテシアンである．命題8.14より $s^d=t^N=1$ である．

2. $[d']: \mathbb{G}_m \to \mathbb{G}_m$ は有限平坦で次数 d' だから，G は S 上有限平坦有限表示スキームで次数 N である．$s^d=1$ なら，G が $T_S^{(N)}$ の閉部分群スキームであることは容易にわかる．

3. 補題8.17により，G が巡回部分群スキームであるためには，S 上平坦局所的に $G^{d'}$ の切断 P で，P^d が $\mu_{d'}$ の生成元となるものが存在すること，つまり，$G^{d'} \underset{[d] \searrow \mathbb{G}_m}{\times} \mu_{d'}^\times \to S$ が S 上平坦局所的に切断をもつことが必要十分である．

(8.15)より，$G^{d'} \underset{[d] \searrow \mathbb{G}_m}{\times} \mu_{d'}^\times = S \underset{s \searrow T^{(N)d'^2} / [d']}{\times} T^{(N)d'} \underset{[d] \searrow \mathbb{G}_m}{\times} \mu_{d'}^\times$ である．可換図式

§8.3 Drinfeld レベル構造 —— 215

$$\begin{array}{ccccc} T^{(N)d'} & \xrightarrow{[d]} & \mathbb{G}_m & \longleftarrow & \mu_{d'}^\times \\ {\scriptstyle [d']}\downarrow & & {\scriptstyle [d_1']}\downarrow & & \downarrow \\ T^{(N)d'^2} & \xrightarrow[{[d_1]}]{} & \mathbb{G}_m & \longleftarrow & \mu_{d''}^\times \end{array}$$

において,たての射はすべて,補題 8.19 より,忠実平坦である.よって,$G^{d'} \times_{[d]\searrow \mathbb{G}_m} \mu_{d'}^\times = S \times_{s\searrow T^{(N)d'^2}/[d']} T^{(N)d'} \times_{[d]\searrow \mathbb{G}_m} \mu_{d'}^\times$ は,S の閉部分スキーム $S \times_{s\searrow T^{(N)d'^2}} T^{(N)d'^2} \times_{[d_1]\searrow \mathbb{G}_m} \mu_{d''}^\times = S \times_{s^{d_1}\searrow \mathbb{G}_m} \mu_{d''}^\times$ 上忠実平坦である.したがって,$G^{d'} \times_{[d]\searrow \mathbb{G}_m} \mu_{d'}^\times \to S$ が S 上平坦局所的に切断をもつことは,$S = S \times_{s^{d_1}\searrow \mathbb{G}_m} \mu_{d''}^\times$ と同値であり,s^{d_1} が $\mu_{d'',S}$ の生成元であることとも同値である. ∎

命題 8.26 の証明にもどる.補題 8.27.1. より,G に対し s を対応させることで関手の単射 $\mathcal{M}_0(N)^{(d)}_{T^{(N)}} \to T^{(N)d'^2}$ が定まる.$d = d''d_1$ だから,s^{d_1} が $\mu_{d'',S}$ の生成元なら $s^d = 1$ である.よってさらに補題 8.27.2., 3. より,関手 $\mathcal{M}_0(N)^{(d)}_{T^{(N)}}$ は,$T^{(N)d'^2}$ の閉部分スキーム $T^{(N)d'^2} \times_{[d_1]\searrow \mathbb{G}_m} \mu_{d''}^\times$ によって表現される.補題 8.19 より,$T^{(N)d'^2} \times_{[d_1]\searrow \mathbb{G}_m} \mu_{d''}^\times$ は,

$$\mathbb{Z}[q,q^{-1}][T,T^{-1}] \otimes_{\mathbb{Z}[q,q^{-1}][T,T^{-1}]} \mathbb{Z}[\zeta_{d''}][q,q^{-1}] = \mathbb{Z}[\zeta_{d''}][q,q^{-1}][T]/(T^{d_1} - \zeta_{d''} q^{d_1'})$$

のスペクトルである.ここでテンソル積は,T を $T^{d_1}/q^{d_1 d'^2/N} = T^{d_1}/q^{d_1'}$ に写す準同型と,T を $\zeta_{d''}$ に写す準同型に関してとる.

2. $0 \leq i < N$ とし,$d \mid N$ を $i \in \mathbb{Z}/N\mathbb{Z}$ の位数,$dd' = N$ とする.補題 8.17 より,$T^{(N)i}$ のスキーム S 上の切断 P の位数がちょうど N であるためには,P^d が $\mu_{d'}$ の生成元であることが必要十分である.したがって,

(8.16) $$\mathcal{M}_1(N)_{T^{(N)}} = \coprod_{i=0}^{N-1} T^{(N)i} \times_{[d]\searrow \mathbb{G}_m} \mu_{d'}^\times$$

である.$T^{(N)i} \times_{[d]\searrow \mathbb{G}_m} \mu_{d'}^\times$ は,

$$\mathbb{Z}[q,q^{-1}][T,T^{-1}] \otimes_{\mathbb{Z}[q,q^{-1}][T,T^{-1}]} \mathbb{Z}[\zeta_{d'}][q,q^{-1}] = \mathbb{Z}[\zeta_{d'}][q,q^{-1}][T]/(T^d - \zeta_{d'} q^i)$$

のスペクトルである.ここでテンソル積は,T を $T^d/q^{di/N}$ に写す準同型と,T を $\zeta_{d'}$ に写す準同型に関してとる. ∎

§8.4 $\mathbb{Z}$ 上のモジュラー曲線

定義 8.28 $N \geq 1$ を自然数とする.

1. $\mathbb{Z}$ 上の関手 $\mathcal{M}_0(N)$ を,スキーム T に対し,集合

(8.17)
$$\mathcal{M}_0(N)(T) = \left\{ \begin{array}{c} T \text{ 上の楕円曲線 } E \text{ と,その位数が } N \text{ の} \\ \text{巡回部分群スキーム } C \text{ の対 } (E, C) \text{ の同型類} \end{array} \right\}$$

を対応させることで定める.

2. $\mathbb{Z}$ 上の関手 $\mathcal{M}_1(N)$ を,スキーム T に対し,集合

(8.18) $\mathcal{M}_1(N)(T) = \left\{ \begin{array}{c} T \text{ 上の楕円曲線 } E \text{ と,その位数が} \\ \text{ちょうど } N \text{ の切断 } P \text{ の対 } (E, P) \text{ の同型類} \end{array} \right\}$

を対応させることで定める. □

(E, P) の同型類に対し $(E, \langle P \rangle)$ の同型類を対応させることで,関手の射

(8.19)
$$\mathcal{M}_1(N) \longrightarrow \mathcal{M}_0(N)$$

が定まる.

補題 8.29 $N = 4$ とする.関手 $\mathcal{M}_1(4)$ の $\mathbb{Z}\left[\frac{1}{4}\right]$ への制限は,

(8.20)
$$Y_1(4)_{\mathbb{Z}\left[\frac{1}{4}\right]} = \operatorname{Spec} \mathbb{Z}\left[\frac{1}{4}, d, \frac{1}{d(d-4)}\right]$$

で表現される. 普遍楕円曲線 E と位数 4 の普遍切断 P はそれぞれ

(8.21) $\qquad E: dy^2 = x^3 + (d-2)x^2 + x, \quad P: (1, 1)$

で与えられる.

[証明] S を $\mathbb{Z}\left[\frac{1}{4}\right]$ 上のスキーム,$f: E \to S$ を S 上の楕円曲線,P を位数がちょうど 4 の切断とする.O を 0 切断とし,$Q = 2P$, $R = 3P$ とおく.同型 $f_*O(2[O] - 2[Q]) \to O_P$ による 1 の逆像を x とおき,同型 $f_*O(3[O] - (2[P] + [Q])) \to O_R$ による 1 の逆像を y とおく.$f_*O(3[O])$ の基底 $x, y, 1$ により,埋め込み $E \to \mathbb{P}_S^2$ を定める.x, y がみたす方程式 $y^2 + a_1 xy + a_3 y = a_0 x^3 + a_2 x^2 + a_4 x + a_6 \ (a_i \in O_S)$ が定まり,この方程式は E を定義する. 3 点 O, P, R

は一直線上にあるから,O,P,Q,R の座標はそれぞれ,$(0,1,0)$,$(1,0,1)$,$(0,0,1)$,$(1,1,1)$ である.

非同次化すると,E は直線 $x=0$ と $Q=(0,0)$ で接し,直線 $y=0$ と Q で交わり $P=(1,0)$ で接し,さらに $R=(1,1)$ をとおる.よって,$a_6=a_3=0$,$a_0x^3+a_2x^2+a_4x+a_6=a_0x(x-1)^2$ かつ $a_1=-1$ である.したがって,楕円曲線 E は,方程式 $y^2-xy=a_0x(x-1)^2$ で定義され,$a_0\in O_S^\times$ である.$a_0=1/4d$ とおき,$x-2y$ をあらためて y とおけば,方程式 $4d(y^2-xy)=x(x-1)^2$ は $dy^2=dx^2+x(x-1)^2$ と変換される.右辺の 3 次式が重根をもつための条件は $d=0,4$ である. ∎

$N=1$ のとき,$\mathcal{M}_0(1)=\mathcal{M}_1(1)$ である.これらを単に $\mathcal{M}$ で表わす.スキーム T に対し,

(8.22) $\qquad \mathcal{M}(T)=\left\{T \text{ 上の楕円曲線 } E \text{ の同型類}\right\}$

である.(E,C) の同型類や (E,P) の同型類に対し,E の同型類を対応させることにより,関手の射

(8.23) $\qquad \mathcal{M}_0(N)\longrightarrow \mathcal{M},\qquad \mathcal{M}_1(N)\longrightarrow \mathcal{M}$

が定まる.第 2 章例 2.4 で定義した $\mathbb{Q}$ 上の関手 $\mathcal{M}$ は,ここで定義した関手 $\mathcal{M}$ の,$\mathbb{Q}$ 上への制限 $\mathcal{M}_\mathbb{Q}$ である.第 2 章例 2.6 で,$\mathbb{Q}$ 上の関手の射 $j:\mathcal{M}_\mathbb{Q}\to \mathbb{A}^1_\mathbb{Q}$ を定義した,これは $\mathbb{Z}$ 上の関手の射 $j:\mathcal{M}\to \mathbb{A}^1_\mathbb{Z}$ に自然に延長される.

補題 8.30 1. $\mathbb{Z}$ 上の関手の射 $j:\mathcal{M}\to \mathbb{A}^1_\mathbb{Z}$ で,$\mathbb{Q}$ 上の関手の射 $j:\mathcal{M}_\mathbb{Q}\to \mathbb{A}^1_\mathbb{Q}$ を延長するものがただ 1 つ存在する.

2. 任意の代数閉体 k に対し,$j:\mathcal{M}(k)\to \mathbb{A}^1_\mathbb{Z}(k)=k$ は全単射である. ∎

問 補題 8.30 を示せ.(1. のヒント:一意性を示すには,方程式 $y^2+a_1xy+a_3y=x^3+a_2x^2+a_4x+a_6$ で定義される $A=\mathbb{Z}[a_1,a_2,a_3,a_4,a_6]\left[\dfrac{1}{\Delta}\right]$ 上の楕円曲線 E を考えればよい.存在を示すには,$j(E)\in A$ であることとこれが座標変換で不変なことを確かめる.)

例 8.31 $\mathbb{Z}\left[\dfrac{1}{2},\alpha,\beta,\gamma\right][\Delta^{-1}]$ $(\Delta=((\alpha-\beta)(\beta-\gamma)(\gamma-\alpha))^2)$ 上の楕円曲線 $y^2=(x-\alpha)(x-\beta)(x-\gamma)$ の j 不変量は

(8.24) $\qquad 2^8 \cdot \dfrac{(\alpha^2+\beta^2+\gamma^2-\alpha\beta-\beta\gamma-\gamma\alpha)^3}{\Delta}$

である．よって，$\mathbb{Z}\left[\dfrac{1}{2},a,b\right][b^{-1},(a^2-4b)^{-1}]$ 上の楕円曲線 $y^2=x(x^2+ax+b)$ の j 不変量は

(8.25) $\qquad\qquad 2^8 \cdot \dfrac{(a^2-3b)^3}{b^2(a^2-4b)}$

である．

$Y_1(4)_{\mathbb{Z}\left[\frac{1}{2}\right]}$ 上の普遍楕円曲線 $dy^2=x(x^2+(d-2)x+1)$ の j 不変量は

(8.26) $\qquad\qquad 2^8 \cdot \dfrac{(d^2-4d+1)^3}{d(d-4)}$

である． $\qquad\qquad\qquad\qquad\qquad\qquad\qquad\qquad\qquad\qquad\qquad$ □

$a \in (\mathbb{Z}/N\mathbb{Z})^\times$ とする．P が位数がちょうど N の切断なら aP も位数がちょうど N の切断だから，(E,P) の同型類に対し (E,aP) の同型類を対応させることで，関手の同型

(8.27) $\qquad\qquad \langle a \rangle \colon \mathcal{M}_1(N) \longrightarrow \mathcal{M}_1(N)$

が定まる．これを**ダイアモンド作用素**(diamond operator)という．ダイアモンド作用素 $\langle a \rangle \colon \mathcal{M}_1(N) \to \mathcal{M}_1(N)$ は，$\mathcal{M}_0(N)$ 上の自己同型である．(E,P) は $(E,-P)$ と同型だから $\langle -1 \rangle = 1$ である．

$N=N'N''$, $(N',N'')=1$ ならば，

$$\mathcal{M}_0(N)(T) = \left\{ \begin{array}{c} T \text{ 上の楕円曲線 } E \text{ と，その位数が } N' \text{ の巡回} \\ \text{部分群スキーム } C', \text{ 位数が } N'' \text{ の巡回部分群} \\ \text{スキーム } C'' \text{ の 3 つ組 } (E,C',C'') \text{ の同型類} \end{array} \right\}$$

と同一視される．同様に

$$\mathcal{M}_1(N)(T) = \left\{ \begin{array}{c} T \text{ 上の楕円曲線 } E \text{ と，その位数が} \\ \text{ちょうど } N' \text{ の切断 } P', \text{ 位数がちょうど } N'' \text{ の} \\ \text{切断 } P'' \text{ の 3 つ組 } (E,P',P'') \text{ の同型類} \end{array} \right\}$$

と同一視される．3 つ組 (E,C',C'') の同型類に対し，3 つ組 $(E/C', E[N']/C',$

$(C''+C')/C'$ の同型類を対応させることで関手の射

(8.28) $$w_{N'}: \mathcal{M}_0(N) \longrightarrow \mathcal{M}_0(N)$$

が定まる．$w_{N'}^2$ は恒等射である．$w_{N'}$ を **Atkin-Lehner 対合**(Atkin-Lehner involution)とよぶ．

N を自然数とし，p を素数とする．$\mathcal{M}_0(N)_{\mathbb{F}_p}$ で，関手 $\mathcal{M}_0(N)$ の $\mathbb{F}_p$ 上への制限を表わす．(E, C) の同型類に対し，$(E^{(p)}, C^{(p)})$ の同型類を対応させることで，関手の射 $F: \mathcal{M}_0(N)_{\mathbb{F}_p} \to \mathcal{M}_0(N)_{\mathbb{F}_p}$ が定まる．これを **Frobenius 射**(Frobenius morphism)とよぶ．$\mathcal{M}_0(N)_{\mathbb{F}_p}$ の部分関手 $\mathcal{M}_0(N)_{\mathbb{F}_p}^{ss}$ を $\mathbb{F}_p$ 上のスキーム T に対し，集合

(8.29)
$$\mathcal{M}_0(N)_{\mathbb{F}_p}^{ss}(T) = \left\{ \begin{array}{l} T \text{ 上の超特異楕円曲線 } E \text{ と，その位数が } N \text{ の} \\ \text{巡回部分群スキーム } C \text{ の対 } (E, C) \text{ の同型類} \end{array} \right\}$$

を対応させることで定める．関手の制限 $\mathcal{M}_1(N)_{\mathbb{F}_p}$, Frobenius 射 $F: \mathcal{M}_1(N)_{\mathbb{F}_p} \to \mathcal{M}_1(N)_{\mathbb{F}_p}$ も同様に定める．

p を素数，M を p と素な自然数とし，$N = Mp$ とおく．$\mathbb{F}_p$ 上の関手の射 $j_0: \mathcal{M}_0(M)_{\mathbb{F}_p} \to \mathcal{M}_0(N)_{\mathbb{F}_p}$ を，(E, C) の同型類に対し，$(E, C, \mathrm{Ker}\, F)$ の同型類を対応させることで定める．また，$j_1: \mathcal{M}_0(M)_{\mathbb{F}_p} \to \mathcal{M}_0(N)_{\mathbb{F}_p}$ を，(E, C) の同型類に対し，$(E^{(p)}, C^{(p)}, \mathrm{Ker}\, V)$ の同型類を対応させることで定める．

この章では，次の定理を示す．

定理 8.32 $N \geq 1$ を自然数とする．

1. $\mathbb{Z}$ 上の関手 $\mathcal{M}_0(N)$ の粗モジュライ $Y_0(N)_{\mathbb{Z}}$ が存在する．$Y_0(N)_{\mathbb{Z}}$ は，$\mathbb{Z}$ 上の正規アファイン連結代数曲線である．

2. 関手の射 $\mathcal{M}_0(N) \to \mathcal{M}$ (8.23)がひきおこす射

(8.30) $$Y_0(N)_{\mathbb{Z}} \longrightarrow Y(1)_{\mathbb{Z}}$$

は，有限平坦であり，次数は $\psi(N)$ である．

3. $Y_0(N)_{\mathbb{Z}}$ は $\mathbb{Z}\left[\dfrac{1}{N}\right]$ 上でスムーズである．素数 $p \nmid N$ に対し，$Y_0(N)_{\mathbb{F}_p} = Y_0(N)_{\mathbb{Z}} \otimes_{\mathbb{Z}} \mathbb{F}_p$ は，制限 $\mathcal{M}_0(N)_{\mathbb{F}_p}$ の粗モジュライである．

4. p を素数とし，$N = Mp, p \nmid M$ とする．このとき，$Y_0(N)_{\mathbb{Z}}$ は p で弱準

安定である．$\mathbb{F}_p$ 上の関手の射 $j_0, j_1 \colon \mathcal{M}_0(M)_{\mathbb{F}_p} \to \mathcal{M}_0(N)_{\mathbb{F}_p}$ は，閉埋め込み $j_0, j_1 \colon Y_0(M)_{\mathbb{F}_p} \to Y_0(N)_{\mathbb{F}_p}$ をひきおこす．ファイバー $Y_0(N)_{\mathbb{F}_p}$ は，j_0 の像 C_0 と j_1 の像 C_1 の合併である．$C_0 = Y_0(M)_{\mathbb{F}_p}$ と C_1 の共通部分は，$\mathcal{M}_0(M)_{\mathbb{F}_p}^{\mathrm{ss}}$ の粗モジュライ $Y_0(M)_{\mathbb{F}_p}^{\mathrm{ss}}$ である．通常 2 重点 $x = [(E, C)] \in Y_0(M)_{\mathbb{F}_p}^{\mathrm{ss}}$ の指数 e_x は $\mathrm{Aut}(E_{\overline{\mathbb{F}_p}}, C_{\overline{\mathbb{F}_p}})/\{\pm 1\}$ の位数である． □

$Y_0(N)_{\mathbb{Z}}$ の生成点でのファイバー $Y_0(N)_{\mathbb{Q}} = Y_0(N)_{\mathbb{Z}} \otimes_{\mathbb{Z}} \mathbb{Q}$ は，定理 2.10 で構成した $\mathbb{Q}$ 上のモジュラー曲線 $Y_0(N)_{\mathbb{Q}}$ である．

例 8.33 $X_0(11)_{\mathbb{Q}}$ の定義方程式 $y^2 = 4x^3 - 4x^2 - 40x - 79$ (1.3) は，y を $1 + 2y$ と座標変換すると，

$$(8.31) \qquad y^2 + y = x^3 - x^2 - 10x - 20$$

となる．方程式 (8.31) の同次化は $\mathbb{Z}\left[\dfrac{1}{11}\right]$ 上の楕円曲線を定め，$\mathbb{F}_{11}$ 上のファイバーは Néron 1 角形である．$s = \dfrac{y - 60}{x - 16}$ とおくと，方程式 (8.31) は $s^2(x - 16) + 121s = x^2 + 15x + 230$ となる．射

$$\mathrm{Spec}\, \mathbb{Z}[x, s]/(s^2(x - 16) + 121s - (x^2 + 15x + 230))$$
$$\to \mathrm{Spec}\, \mathbb{Z}[x, y]/(y^2 + y - (x^3 - x^2 - 10x - 20))$$

は，$\mathbb{Z}\left[\dfrac{1}{11}\right]$ 上では開埋め込みである．この埋め込みにより，
$$Y_0(11)_{\mathbb{Z}} = \mathrm{Spec}\, \mathbb{Z}[x, s]/(s^2(x - 16) + 121s - (x^2 + 15x + 230))$$

と同一視される．$Y_0(11)_{\mathbb{F}_{11}} = \mathrm{Spec}\, \mathbb{F}_{11}[x, s]/((s^2 - (x - 2))(x - 5))$ であり，$\mathbb{Z}$ 上の代数曲線 $Y_0(11)_{\mathbb{Z}}$ は $p = 11$ で弱準安定である．通常 2 重点は $(x, s) = (5, 5)$ と $(5, 6)$ の 2 点である．指数はそれぞれ 2 と 3 である． □

定理 8.34 $N \geq 1$ を自然数とする．

1. $\mathbb{Z}$ 上の関手 $\mathcal{M}_1(N)$ の粗モジュライ $Y_1(N)_{\mathbb{Z}}$ が存在する．$N \geq 4$ なら，$Y_1(N)_{\mathbb{Z}[\frac{1}{N}]}$ は精モジュライである．$Y_1(N)_{\mathbb{Z}}$ は，$\mathbb{Z}$ 上の正規アファイン連結代数曲線である．

$Y_1(N)_{\overline{\mathbb{Q}}} = Y_1(N)_{\mathbb{Z}} \otimes_{\mathbb{Z}} \overline{\mathbb{Q}}$ は $\overline{\mathbb{Q}}$ 上のスムーズ・アファイン連結代数曲線である．

2. 関手の射 $\mathcal{M}_1(N) \to \mathcal{M}$ (8.23) がひきおこす射

$$(8.32) \qquad\qquad Y_1(N)_{\mathbb{Z}} \longrightarrow Y(1)_{\mathbb{Z}}$$

は，有限平坦である．次数は $N \geq 3$ なら $\psi(N)\varphi(N)/2$，$N = 2$ なら 3 であ

る.

3. $Y_1(N)_\mathbb{Z}$ は $\mathbb{Z}\left[\dfrac{1}{N}\right]$ 上でスムーズである. 素数 $p \nmid N$ に対し, $Y_1(N)_{\mathbb{F}_p} = Y_1(N)_\mathbb{Z} \otimes_\mathbb{Z} \mathbb{F}_p$ は, 制限 $\mathcal{M}_1(N)_{\mathbb{F}_p}$ の粗モジュライである. □

注意 定理 8.32, 8.34 より, $\mathbb{Z}$ 上のモジュラー曲線 $Y_0(N)_\mathbb{Z}, Y_1(N)_\mathbb{Z}$ は, それぞれ $Y_0(N)_{\mathbb{Z}\left[\frac{1}{N}\right]}, Y_1(N)_{\mathbb{Z}\left[\frac{1}{N}\right]}$ での $Y(1)_\mathbb{Z} = \mathbb{A}^1_\mathbb{Z}$ の整閉包である. しかし, $Y_0(N)_\mathbb{Z}, Y_1(N)_\mathbb{Z}$ を整閉包として定義しても, それらの詳しい構造はわからない. §8.6 以降で調べるような詳しい構造は, Drinfeld 構造を用いた定義により, はじめて明らかになる.

§8.5 モジュラー曲線 $Y(r)_{\mathbb{Z}\left[\frac{1}{r}\right]}$

定理 8.32, 8.34 の証明のため, 補助となる関手を定義する.

定義 8.35 $N \geqq 1$ を自然数とし, $r \geqq 1$ を N と素な自然数とする.

1. $\mathbb{Z}\left[\dfrac{1}{r}\right]$ 上の関手 $\mathcal{M}_{0,*}(N,r)_{\mathbb{Z}\left[\frac{1}{r}\right]}$ を, $\mathbb{Z}\left[\dfrac{1}{r}\right]$ 上のスキーム T に対し, 集合

(8.33)
$$\mathcal{M}_{0,*}(N,r)_{\mathbb{Z}\left[\frac{1}{r}\right]}(T) = \left\{\begin{array}{c} T \text{ 上の楕円曲線 } E \text{ と, その位数が } N \text{ の} \\ \text{巡回部分群スキーム } C \text{ と, 同型} \\ \alpha \colon (\mathbb{Z}/r\mathbb{Z})^2 \to E[r] \text{ の組 } (E,C,\alpha) \text{ の同型類} \end{array}\right\}$$

を対応させることで定める.

2. $\mathbb{Z}\left[\dfrac{1}{r}\right]$ 上の関手 $\mathcal{M}_{1,*}(N,r)_{\mathbb{Z}\left[\frac{1}{r}\right]}$ を, $\mathbb{Z}\left[\dfrac{1}{r}\right]$ 上のスキーム T に対し, 集合

(8.34)
$$\mathcal{M}_{1,*}(N,r)_{\mathbb{Z}\left[\frac{1}{r}\right]}(T) = \left\{\begin{array}{c} T \text{ 上の楕円曲線 } E \text{ と, その位数が} \\ \text{ちょうど } N \text{ の切断 } P \text{ と, 同型} \\ \alpha \colon (\mathbb{Z}/r\mathbb{Z})^2 \to E[r] \text{ の組 } (E,P,\alpha) \text{ の同型類} \end{array}\right\}$$

を対応させることで定める.

$GL_2(\mathbb{Z}/r\mathbb{Z})$ の $(\mathbb{Z}/r\mathbb{Z})^2$ への自然な左作用は,$GL_2(\mathbb{Z}/r\mathbb{Z})$ の $\mathcal{M}_{0,*}(N,r)_{\mathbb{Z}[\frac{1}{r}]}$ と $\mathcal{M}_{1,*}(N,r)_{\mathbb{Z}[\frac{1}{r}]}$ への右作用をひきおこす.$N=1$ のとき,$\mathcal{M}_{0,*}(1,r)_{\mathbb{Z}[\frac{1}{r}]}=\mathcal{M}_{1,*}(1,r)_{\mathbb{Z}[\frac{1}{r}]}$ である.これらを $\mathcal{M}(r)_{\mathbb{Z}[\frac{1}{r}]}$ で表わす.

例 8.36 $r=3$ とする.関手 $\mathcal{M}(3)_{\mathbb{Z}[\frac{1}{3}]}$ は,

$$(8.35) \qquad Y(3)_{\mathbb{Z}[\frac{1}{3}]} = \operatorname{Spec}\mathbb{Z}\left[\frac{1}{3},\zeta_3,\mu,\frac{1}{\mu^3-1}\right]$$

で表現される.普遍楕円曲線 (E,O) と普遍基底 α はそれぞれ

$$(8.36) \quad \begin{aligned} & E: X^3+Y^3+Z^3-3\mu XYZ = 0, \quad O: (0,1,-1), \\ & \alpha: (1,0) \mapsto (0,\zeta_3,-1),\ (0,1) \mapsto (1,0,-1) \end{aligned}$$

で与えられる.

問 例 8.36 を示せ.(ヒント:定理 2.21 の $N=3$ の場合の証明)

$r \geqq 1$,$s \geqq 1$ を自然数とし,$H = \operatorname{Ker}(GL_2(\mathbb{Z}/rs\mathbb{Z}) \to GL_2(\mathbb{Z}/r\mathbb{Z}))$ とおく.$\mathbb{Z}\left[\dfrac{1}{rs}\right]$ 上の関手の射

$$(8.37) \qquad \mathcal{M}(r)_{\mathbb{Z}[\frac{1}{rs}]} \longrightarrow [\mathcal{M}(rs)_{\mathbb{Z}[\frac{1}{rs}]}/H]$$

を次のように定義する.S を $\mathbb{Z}\left[\dfrac{1}{rs}\right]$ 上のスキームとし,E を S 上の楕円曲線,$\alpha: (\mathbb{Z}/r\mathbb{Z})^2 \to E[r]$ を同型とする.S 上の関手 $\operatorname{Isom}_\alpha((\mathbb{Z}/rs\mathbb{Z})^2, E[rs])$ を,S 上のスキーム T に対し

$\operatorname{Isom}_\alpha((\mathbb{Z}/rs\mathbb{Z})^2, E[rs])(T)$
$= \{\text{同型}\ \beta: (\mathbb{Z}/rs\mathbb{Z})^2 \to E_T[rs] \mid \beta\ \text{は}\ \alpha_T\ \text{をひきおこす}\}$

を対応させることで定める.関手 $\operatorname{Isom}_\alpha((\mathbb{Z}/rs\mathbb{Z})^2, E[rs])$ は,S 上の H 捻子 P で表現される.E の P へのひきもどし E_P と,P 上の普遍同型 β の対 (E_P, β) が定める $\mathcal{M}(rs)_{\mathbb{Z}[\frac{1}{rs}]}(P)$ の元は H の作用と両立する.よってこれは,$[\mathcal{M}(rs)_{\mathbb{Z}[\frac{1}{rs}]}/H](S)$ の元を定める.これにより,関手の射 $\mathcal{M}(r)_{\mathbb{Z}[\frac{1}{rs}]} \to [\mathcal{M}(rs)_{\mathbb{Z}[\frac{1}{rs}]}/H]$ が定まる.

同様に,たがいに素な自然数 $N, r \geqq 1$ に対し,$\mathbb{Z}\left[\dfrac{1}{r}\right]$ 上の関手の射

$$\text{(8.38)} \quad \begin{aligned} \mathcal{M}_0(N)_{\mathbb{Z}[\frac{1}{r}]} &\longrightarrow [\mathcal{M}_{0,*}(N,r)_{\mathbb{Z}[\frac{1}{r}]}/GL_2(\mathbb{Z}/r\mathbb{Z})], \\ \mathcal{M}_1(N)_{\mathbb{Z}[\frac{1}{r}]} &\longrightarrow [\mathcal{M}_{1,*}(N,r)_{\mathbb{Z}[\frac{1}{r}]}/GL_2(\mathbb{Z}/r\mathbb{Z})] \end{aligned}$$

が定義される.

補題 8.37 $r \geqq 3$ を自然数とする. $\mathbb{Z}\left[\frac{1}{r}\right]$ 上の関手 $\mathcal{M}(r)_{\mathbb{Z}[\frac{1}{r}]}$ は, $\mathbb{Z}\left[\frac{1}{r}\right]$ 上のスムーズ・アファイン連結代数曲線 $Y(r)_{\mathbb{Z}[\frac{1}{r}]}$ で表現可能である.

$Y(r)_{\mathbb{Q}} = Y(r)_{\mathbb{Z}[\frac{1}{r}]} \otimes_{\mathbb{Z}[\frac{1}{r}]} \mathbb{Q}$ の定数体は $\mathbb{Q}(\zeta_r)$ である. □

$Y(r)_{\mathbb{Z}[\frac{1}{r}]} \otimes_{\mathbb{Z}[\frac{1}{r}]} \mathbb{Q}$ は,定理 2.21 で構成したモジュラー曲線 $Y(r)$ である. 補題 8.37 の証明は §2.4 のようになされる.

[証明] $r = 3$ のときは,例 8.36 で与えられる. $r = 4$ のときは,補題 8.29 の $Y_1(4)_{\mathbb{Z}[\frac{1}{4}]}$ 上の普遍楕円曲線と位数 4 の普遍元を (E, P) とし, Q を $E[4]$ 上の E の対角切断とする. $Y(4)_{\mathbb{Z}[\frac{1}{4}]}$ を, (P, Q) は $E[4]$ の基底を与えるという条件で定まる $E[4]$ の閉かつ開部分スキームとすると, $\mathcal{M}(4)_{\mathbb{Z}[\frac{1}{4}]}$ は $Y(4)_{\mathbb{Z}[\frac{1}{4}]}$ で表現される. r が 3 の倍数なら, $\mathcal{M}(r)_{\mathbb{Z}[\frac{1}{r}]}$ は $Y(3)_{\mathbb{Z}[\frac{1}{r}]}$ 上の有限エタールスキーム $Y(r)_{\mathbb{Z}[\frac{1}{r}]}$ で表現される. r が 4 の倍数の場合も同様である.

r が一般の場合を示す. まず次の補題を示す.

補題 8.38 S をスキーム, $f: E \to S$ を楕円曲線とし, g を E の S 上の自己同型とする.

1. $r \geqq 3$ を自然数とし, S は $\mathbb{Z}\left[\frac{1}{r}\right]$ 上のスキームであるとする. g の $E[r]$ への制限 $g|_{E[r]}$ が恒等射ならば, g は恒等射である.

2. $N \geqq 4$ を自然数とし, S は $\mathbb{Z}\left[\frac{1}{N}\right]$ 上のスキームであるとする. C を E の位数 N の巡回部分群スキームとする. g の C への制限 $g|_C$ が恒等射ならば, g は恒等射である.

[証明] E 上の可逆層 $\mathcal{L} = O(3[O])$ は,閉埋め込み $E \to \mathbb{P}(f_*\mathcal{L})$ を定める.

1. E の Cartier 因子 $D \geqq 0$ を $D = [E[r]] - [O]$ で定める. S 上で r が可逆と仮定しているから, $D \cap O = \varnothing$ であり, $\mathcal{L}|_D = O_D$ である. さらに仮定 $r \geqq 3$ より, $\deg D = r^2 - 1 > 3$ であり, $f_*\mathcal{L} \to \mathcal{L}|_D$ は単射である. よって, $g|_{E[r]}$

が恒等射ならば，g の $f_*\mathcal{L} \subset \mathcal{L}|_D = O_D$ への作用は自明であり，$\mathbb{P}(f_*\mathcal{L})$ への作用も自明である．したがって，g の E への作用も自明である．

2. $D = C - [O]$ とおく．$N \geq 5$ の場合には，$\deg D = N - 1 > 3$ であり，1. の証明と同様である．$N = 4$ のときも，$P \in C$ を位数がちょうど 2 の切断とすると，例 D.4 より S 上局所的に $\mathcal{L}(-D) \simeq O([P] - [O])$ である．よって，このときも $f_*\mathcal{L} \to \mathcal{L}|_D$ は単射であり，1. の証明と同様である． ∎

系 8.39　$r \geq 1$ を自然数とする．

1. $s \geq 1$ を自然数とし，$H = \mathrm{Ker}(GL_2(\mathbb{Z}/rs\mathbb{Z}) \to GL_2(\mathbb{Z}/r\mathbb{Z}))$ とおく．$r \geq 3$ ならば，$\mathbb{Z}\bigl[\frac{1}{rs}\bigr]$ 上の関手の射 $\mathcal{M}(r)_{\mathbb{Z}[\frac{1}{rs}]} \to [\mathcal{M}(rs)_{\mathbb{Z}[\frac{1}{rs}]}/H]$ (8.37) は同型である．

2. $N \geq 4$ を r と素な自然数とする．$\mathbb{Z}\bigl[\frac{1}{Nr}\bigr]$ 上の関手の射 $\mathcal{M}_1(N)_{\mathbb{Z}[\frac{1}{Nr}]} \to [\mathcal{M}_{1,*}(N, r)_{\mathbb{Z}[\frac{1}{Nr}]}/GL_2(\mathbb{Z}/r\mathbb{Z})]$ (8.38) は同型である．

[証明]　1. 逆射を構成する．S を $\mathbb{Z}\bigl[\frac{1}{rs}\bigr]$ 上のスキームとする．P を S 上の H 捻子とし，$(E, \beta) \in \mathcal{M}(rs)_{\mathbb{Z}[\frac{1}{rs}]}(P)$ を，P 上の楕円曲線 E と同型 $\beta: (\mathbb{Z}/rs\mathbb{Z})^2 \to E[rs]$ の対で，H 不変なものとする．$\alpha: (\mathbb{Z}/r\mathbb{Z})^2 \to E[r]$ を β がひきおこす同型とする．$g \in H$ とすると，仮定 $r \geq 3$ と補題 8.38.1. より，P 上の同型 $g^*(E, \beta) = P \underset{g \searrow P}{\times} (E, \beta) \to (E, \beta \circ g)$ がただ 1 つ存在する．したがって，H の P への作用は一意的に E への自由な作用に延長され，商 $E_S = E/H$ は S 上の楕円曲線であり，標準射 $E_S \times_S P \to E$ は同型である．さらに β がひきおこす同型 $(\mathbb{Z}/r\mathbb{Z})^2 \to E[r]$ は，同型 $\alpha: (\mathbb{Z}/r\mathbb{Z})^2 \to E_S[r]$ のひきもどしである．(E, β) に対し，(E_S, α) を対応させることで，逆射 $[\mathcal{M}(rs)_{\mathbb{Z}[\frac{1}{rs}]}/H] \to \mathcal{M}(r)_{\mathbb{Z}[\frac{1}{rs}]}$ が定まる．

2. 逆射を構成する．S を $\mathbb{Z}\bigl[\frac{1}{Nr}\bigr]$ 上のスキームとする．Q を S 上の $GL_2(\mathbb{Z}/r\mathbb{Z})$ 捻子とし，$(E, P, \alpha) \in \mathcal{M}_{1,*}(N, r)_{\mathbb{Z}[\frac{1}{Nr}]}(Q)$ を，Q 上の楕円曲線と位数がちょうど N の切断 P と同型 $\alpha: (\mathbb{Z}/r\mathbb{Z})^2 \to E[r]$ の組で，$GL_2(\mathbb{Z}/r\mathbb{Z})$ 不変なものとする．P は同型 $\mathbb{Z}/N\mathbb{Z} \to \langle P \rangle \subset E$ を定めるから，$g \in GL_2(\mathbb{Z}/r\mathbb{Z})$ とすると，仮定 $N \geq 4$ と補題 8.38.2. より，Q 上の同型 $g^*(E, P) \to (E, P)$ がただ 1 つ存在する．あとは 1. の証明と同様だから省略する． ∎

§8.5 モジュラー曲線 $Y(r)_{\mathbb{Z}[\frac{1}{r}]}$ —— 225

補題 8.37 の r が一般の場合を示す. $s=3,4$ とする. 関手 $\mathcal{M}(rs)_{\mathbb{Z}[\frac{1}{rs}]}$ は, $Y(rs)_{\mathbb{Z}[\frac{1}{rs}]}$ で表現される. 補題 8.38.1. より, $H=\mathrm{Ker}(GL_2(\mathbb{Z}/rs\mathbb{Z}) \to GL_2(\mathbb{Z}/r\mathbb{Z}))$ の $Y(rs)_{\mathbb{Z}[\frac{1}{rs}]}$ への自然な作用は自由である. よって, 補題 A.31, A.33 より, 標準射 $Y(rs)_{\mathbb{Z}[\frac{1}{rs}]} \to Y(rs)_{\mathbb{Z}[\frac{1}{rs}]}/H$ は有限エタールであり, 商 $Y(rs)_{\mathbb{Z}[\frac{1}{rs}]}/H$ は $\mathbb{Z}[\frac{1}{rs}]$ 上の関手 $[\mathcal{M}(rs)_{\mathbb{Z}[\frac{1}{rs}]}/H]$ を表現する. 系 8.39.1. より, 商 $Y(r)_{\mathbb{Z}[\frac{1}{rs}]}=Y(rs)_{\mathbb{Z}[\frac{1}{rs}]}/H$ は, 関手 $\mathcal{M}(r)_{\mathbb{Z}[\frac{1}{rs}]}$ を表現する. さらに, $Y(r)_{\mathbb{Z}[\frac{1}{rs}]}$ は $\mathbb{Z}[\frac{1}{rs}]$ 上のスムーズなアファイン代数曲線である. $Y(r)_{\mathbb{Z}[\frac{1}{r}]}$ は, $Y(r)_{\mathbb{Z}[\frac{1}{3r}]}$ と $Y(r)_{\mathbb{Z}[\frac{1}{4r}]}$ を, $Y(r)_{\mathbb{Z}[\frac{1}{6r}]}$ ではり合わせてえられる.

$(\ ,\ )_{E[r]} \colon E[r] \times E[r] \to \mu_r$ を Weil ペアリングとする. 対 (E,α) に対し, 1 の原始 r 乗根 $(\alpha(1,0),\alpha(0,1))_{E[r]}$ を対応させることにより, $Y(r)_{\mathbb{Z}[\frac{1}{r}]} \to \mathrm{Spec}\,\mathbb{Z}[\frac{1}{r}, \zeta_r]$ が定まる. $Y(r)_{\mathbb{Q}} = Y(r)_{\mathbb{Z}[\frac{1}{r}]} \otimes_{\mathbb{Z}[\frac{1}{r}]} \mathbb{Q}$ の定数体が $\mathbb{Q}(\zeta_r)$ であることを示すには, $Y(r)_{\mathbb{C}} = Y(r)_{\mathbb{Q}} \otimes_{\mathbb{Q}(\zeta_r)} \mathbb{C}$ が定める Riemann 面 $Y(r)^{\mathrm{an}}$ が連結であることを示せばよい. $SL_2(\mathbb{Z})$ の部分群 $\Gamma(r)$ を

(8.39) $\qquad \Gamma(r) = \mathrm{Ker}(SL_2(\mathbb{Z}) \to SL_2(\mathbb{Z}/r\mathbb{Z}))$

で定め, $\Gamma(r)$ の上半平面 $H = \{\tau \in \mathbb{C} \mid \mathrm{Im}\,\tau > 0\}$ への自然な作用を考える. 系 2.66 と同様に, Riemann 面の同型

(8.40) $\qquad\qquad \Gamma(r)\backslash H \longrightarrow Y(r)^{\mathrm{an}}$

が得られる. よって $Y(r)^{\mathrm{an}}$ は連結であり, $Y(r)_{\mathbb{Q}(\zeta_r)}$ は $\mathbb{Q}(\zeta_r)$ 上のスムーズ・アファイン連結代数曲線である. ∎

系 8.40 1. 関手 $\mathcal{M}$ の粗モジュライ $Y(1)_{\mathbb{Z}}$ が存在する.

2. j 不変量が定める関手の射 $\mathcal{M} \to \mathbb{A}^1_{\mathbb{Z}}$ は, 同型
(8.41) $\qquad\qquad j \colon Y(1)_{\mathbb{Z}} \longrightarrow \mathbb{A}^1_{\mathbb{Z}}$
をひきおこす.

3. $r \geqq 3$ を自然数とする. 自然な射 $j \colon Y(r)_{\mathbb{Z}[\frac{1}{r}]} \to Y(1)_{\mathbb{Z}} = \mathbb{A}^1_{\mathbb{Z}}$ の $U = \mathrm{Spec}\,\mathbb{Z}[j, \frac{1}{j(j-12^3)}] \subset \mathbb{A}^1_{\mathbb{Z}}$ 上への制限

$$Y(r)_{\mathbb{Z}[\frac{1}{r}]} \times_{\mathbb{A}^1_{\mathbb{Z}}} U_{\mathbb{Z}[\frac{1}{r}]} \longrightarrow U_{\mathbb{Z}[\frac{1}{r}]}$$

は，$GL_2(\mathbb{Z}/r\mathbb{Z})/\{\pm 1\}$ 捻子である．

［証明］ 1. 補題 2.27, 8.37 の証明と同様に，$\mathcal{M}$ の粗モジュライ $Y(1)_{\mathbb{Z}}$ は，$Y(3)_{\mathbb{Z}[\frac{1}{3}]}$ の $GL_2(\mathbb{Z}/3\mathbb{Z})$ による商と，$Y(4)_{\mathbb{Z}[\frac{1}{4}]}$ の $GL_2(\mathbb{Z}/4\mathbb{Z})$ による商をはり合わせてえられる．

2. 上の 1. の構成より，$Y(1)_{\mathbb{Z}}$ は $\mathbb{Z}$ 上の正規アファイン代数曲線である．$j: Y(1)_{\mathbb{Z}} \to \mathbb{A}^1_{\mathbb{Z}}$ は，$\mathbb{Q}$ 上同型だから双有理同型である．さらに，補題 8.30.2. より，正規スキームの射 $j: Y(1)_{\mathbb{Z}} \to \mathbb{A}^1_{\mathbb{Z}}$ は，各幾何的ファイバーで全単射をひきおこすから同型である．

3. $Y(r)_{\mathbb{Z}[\frac{1}{r}]}$ への自然な $GL_2(\mathbb{Z}/r\mathbb{Z})$ の作用は，$Y(1)_{\mathbb{Z}}$ 上の自己同型としての作用である．-1 倍は普遍楕円曲線の自己同型だから，$-1 \in GL_2(\mathbb{Z}/r\mathbb{Z})$ の $Y(r)_{\mathbb{Z}[\frac{1}{r}]}$ への作用は自明である．$Y(r)_{\mathbb{Z}[\frac{1}{r}]} \to Y(1)_{\mathbb{Z}[\frac{1}{r}]}$ は，正則スキームの有限射だから，補題 A.34 より，$U_{\mathbb{Z}[\frac{1}{r}]} = \mathrm{Spec}\, \mathbb{Z}\left[\frac{1}{r}\right]\left[j, \frac{1}{j(j-12^3)}\right]$ 上の各幾何的ファイバーが $GL_2(\mathbb{Z}/r\mathbb{Z})/\{\pm 1\}$ 捻子であることを示せばよい．k を $r \in k^{\times}$ となる代数閉体，E を $j(E) \neq 0, 12^3$ をみたす k 上の楕円曲線とする．$Y(r)_{\mathbb{Z}[\frac{1}{r}]}$ は精モジュライだから，$j(E) \in \mathbb{A}^1(k) = Y(1)_{\mathbb{Z}[\frac{1}{r}]}(k)$ での $Y(r)_{\mathbb{Z}[\frac{1}{r}]} \to Y(1)$ のファイバーは $\mathrm{Isom}((\mathbb{Z}/r\mathbb{Z})^2, E[r])/\mathrm{Aut}(E)$ と同一視される．下の補題 8.41 より $\mathrm{Aut}(E) = \{\pm 1\}$ だから，これは $GL_2(\mathbb{Z}/r\mathbb{Z})/\{\pm 1\}$ 捻子である． ∎

補題 8.41 k を標数 $p \geq 0$ の代数閉体とし，E を k 上の楕円曲線とする．

1. $\mathrm{Aut}(E)$ は有限群であり，$g \in \mathrm{Aut}(E)$ の位数は 4 の約数かまたは 6 の約数である．
2. $j(E) \neq 0, 12^3$ ならば $\mathrm{Aut}(E) = \{\pm 1\}$ である．
3. $p \neq 2, 3$ かつ $j(E) = 0$ ならば，$\mathrm{Aut}(E) = \mu_6$ である．
4. $p \neq 2, 3$ かつ $j(E) = 12^3$ ならば，$\mathrm{Aut}(E) = \mu_4$ である．
5. $p = 3$ かつ $j(E) = 0 = 12^3$ ならば，$\sharp \mathrm{Aut}(E) = 12$ であり，$1 \to \{\pm 1\} \to \mathrm{Aut}(E) \to \mathrm{Aut}(E[2]) \to 1$ は完全系列である．

§8.5 モジュラー曲線 $Y(r)_{\mathbb{Z}[\frac{1}{r}]}$ ——227

6. $p=2$ かつ $j(E)=0=12^3$ ならば，$\sharp\mathrm{Aut}(E)=24$ であり，$\mathrm{Aut}(E)\to \mathrm{Aut}(E[3],(\ ,\ )_{E[3]})\simeq SL_2(\mathbb{F}_3)$ は同型である．

[証明] 1. $r\geqq 3$ を k で可逆な自然数とすると，補題 8.38.1. より $\mathrm{Aut}(E)\to \mathrm{Aut}(E[r])$ は単射だから，$\mathrm{Aut}(E)$ は有限群である．$g\in\mathrm{Aut}(E)$ とすると，g の位数は有限である．$\det(T-g)\in\mathbb{Z}[T]$ は2次式で，2次の係数と定数項はどちらも1である．よって，1次の係数は $0,\pm 1,\pm 2$ のどれかであり，g の位数は $1,2,3,4,6$ のどれかである．

2., 3., 4. k の標数が $\neq 2, 3$ の場合だけ証明する．この場合は，E が方程式 $y^2=x^3+ax+b, a,b\in k$ で定義されているとしてよい．E の自己同型は，$u^4a=a, u^6b=b$ をみたす $u\in k^\times$ による $(x,y)\mapsto(u^2x,u^3y)$ で与えられる．$j\neq 0, 1728$ ならば，$a\neq 0, b\neq 0$ であり，$u=\pm 1$ である．$j=0$ ならば，$a=0, b\neq 0$ であり，u は1の6乗根である．$j=1728$ ならば，$a\neq 0, b=0$ であり，u は1の4乗根である．

5. と 6. の証明は省略する．

例 8.42 $U_{\mathbb{Z}[\frac{1}{6}]}=\mathrm{Spec}\,\mathbb{Z}[j]\left[\dfrac{1}{6},\dfrac{1}{j(j-12^3)}\right]\subset Y(1)_\mathbb{Z}=\mathbb{A}^1_\mathbb{Z}=\mathrm{Spec}\,\mathbb{Z}[j]$ 上の楕円曲線 E を，

(2.24) $$y^2=4x^3-\frac{12^3 j}{j-12^3}x-\frac{24^3 j}{j-12^3}$$

で定義する．命題 2.15.1. の証明で示したように，E の j 不変量は j である．$r\geqq 3$ を自然数とする．$U_{\mathbb{Z}[\frac{1}{6r}]}$ 上のスキーム T に対し集合 $\{T$ 上の群スキームの同型 $(\mathbb{Z}/r\mathbb{Z})^2\to E[r]_T\}$ を対応させる関手は，$U_{\mathbb{Z}[\frac{1}{6r}]}$ 上の $GL_2(\mathbb{Z}/r\mathbb{Z})$ 捻子 $M(r)_{E,U_{\mathbb{Z}[\frac{1}{6r}]}}$ で表現される．$M(r)_{E,U_{\mathbb{Z}[\frac{1}{6r}]}}$ 上の普遍同型 $(\mathbb{Z}/r\mathbb{Z})^2\to E[r]$ が定める $U_{\mathbb{Z}[\frac{1}{6r}]}$ 上の射 $M(r)_{E,U_{\mathbb{Z}[\frac{1}{6r}]}}\to Y(r)_{\mathbb{Z}[\frac{1}{r}]}\times_{Y(1)_\mathbb{Z}} U_{\mathbb{Z}[\frac{1}{6r}]}$ は，$GL_2(\mathbb{Z}/r\mathbb{Z})$ の作用と両立する．これは $U_{\mathbb{Z}[\frac{1}{6r}]}$ 上の $GL_2(\mathbb{Z}/r\mathbb{Z})/\{\pm 1\}$ 捻子の同型

$$M(r)_{E,U_{\mathbb{Z}[\frac{1}{6r}]}}/\{\pm 1\}\longrightarrow Y(r)_{\mathbb{Z}[\frac{1}{r}]}\times_{Y(1)_\mathbb{Z}} U_{\mathbb{Z}[\frac{1}{6r}]}$$

をひきおこす．$Y(r)_{\mathbb{Z}[\frac{1}{r}]}$ は，$M(r)_{E,U_{\mathbb{Z}[\frac{1}{6r}]}}/\{\pm 1\}$ での $Y(1)_{\mathbb{Z}[\frac{1}{r}]}$ の整閉包と同型である．

問 方程式 $y^2=x(x-1)(x-\lambda)$ で定義される $\operatorname{Spec}\mathbb{Z}\left[\dfrac{1}{2},\lambda,\dfrac{1}{\lambda(1-\lambda)}\right]$ 上の楕円曲線を E とし,$\alpha\colon(\mathbb{Z}/2\mathbb{Z})^2\to E[2]$ を $E[2]$ の基底 $(0,0)$, $(1,0)$ が定める同型とする.対 $(E,\alpha)\in\mathcal{M}(2)_{\mathbb{Z}[\frac{1}{2}]}\left(\operatorname{Spec}\mathbb{Z}\left[\dfrac{1}{2},\lambda,\dfrac{1}{\lambda(1-\lambda)}\right]\right)$ は,$\mathcal{M}(2)_{\mathbb{Z}[\frac{1}{2}]}$ の粗モジュライ $Y(2)_{\mathbb{Z}[\frac{1}{2}]}$ への同型 $\operatorname{Spec}\mathbb{Z}\left[\dfrac{1}{2},\lambda,\dfrac{1}{\lambda(1-\lambda)}\right]\to Y(2)_{\mathbb{Z}[\frac{1}{2}]}$ を定めることを示せ.(8.24) より,$j\colon Y(2)_{\mathbb{Z}[\frac{1}{2}]}\to Y(1)_{\mathbb{Z}}$ は $j\mapsto 2^8\dfrac{(\lambda^2-\lambda+1)^3}{\lambda^2(\lambda-1)^2}$ で定まる.

系 8.43 $N\geqq 1$ を自然数とし,$r\geqq 3$ を N と素な自然数とする.$\mathbb{Z}\left[\dfrac{1}{r}\right]$ 上の関手 $\mathcal{M}_{1,*}(N,r)_{\mathbb{Z}[\frac{1}{r}]}$ は,モジュラー曲線 $Y(r)_{\mathbb{Z}[\frac{1}{r}]}$ 上の有限スキーム $Y_{1,*}(N,r)_{\mathbb{Z}[\frac{1}{r}]}$ で表現可能である.$Y_{1,*}(N,r)_{\mathbb{Z}[\frac{1}{Nr}]}$ は,$\mathbb{Z}\left[\dfrac{1}{Nr}\right]$ 上スムーズである.

$Y_{1,*}(N,r)_\mathbb{Q}=Y_{1,*}(N,r)_{\mathbb{Z}[\frac{1}{r}]}\otimes_{\mathbb{Z}[\frac{1}{r}]}\mathbb{Q}$ の定数体は $\mathbb{Q}(\zeta_r)$ である.

[証明] E を $Y(r)_{\mathbb{Z}[\frac{1}{r}]}$ 上の普遍楕円曲線とする.関手 $\mathcal{M}_{1,*}(N,r)_{\mathbb{Z}[\frac{1}{r}]}$ は,系 8.24 により,$Y(r)_{\mathbb{Z}[\frac{1}{r}]}$ 上の有限スキーム $M_1(N)_E=Y_{1,*}(N,r)_{\mathbb{Z}[\frac{1}{r}]}$ で表現可能である.

$Y_{1,*}(N,r)_{\mathbb{Z}[\frac{1}{Nr}]}\to Y(r)_{\mathbb{Z}[\frac{1}{Nr}]}$ はエタールで,$Y(r)_{\mathbb{Z}[\frac{1}{Nr}]}$ は $\mathbb{Z}\left[\dfrac{1}{Nr}\right]$ 上のスムーズ・アファイン代数曲線だから,$Y_{1,*}(N,r)_{\mathbb{Z}[\frac{1}{Nr}]}$ も $\mathbb{Z}\left[\dfrac{1}{Nr}\right]$ 上のスムーズ・アファイン代数曲線である.

$Y_{1,*}(N,r)_\mathbb{Q}=Y_{1,*}(N,r)_{\mathbb{Z}[\frac{1}{r}]}\otimes_{\mathbb{Z}[\frac{1}{r}]}\mathbb{Q}$ の定数体が $\mathbb{Q}(\zeta_r)$ であることの証明は,補題 8.37 の証明と同様だから省略する. ∎

定理 8.32, 8.34 は次のように証明していく.まず §8.6 で,$\mathbb{F}_p$ 上の井草曲線を定義し,その性質を調べる.次に §8.7 で,井草曲線を使ってモジュラー曲線 $Y_{1,*}(N,r)_{\mathbb{Z}[\frac{1}{r}]}$ を調べ,定理 8.34 を証明する.最後に §8.8 で,モジュラー曲線 $Y_{0,*}(N,r)_{\mathbb{Z}[\frac{1}{r}]}$ を調べて,定理 8.32 を証明する.

§8.6 井草曲線

p を素数とし，$r \geq 3$ を p と素な自然数とする．E を $Y(r)_{\mathbb{F}_p} = Y(r)_{\mathbb{Z}[\frac{1}{r}]} \otimes \mathbb{F}_p$ 上の普遍楕円曲線とし，E が超特異という閉条件で定まる $Y(r)_{\mathbb{F}_p}$ の閉部分スキームを $Y(r)_{\mathbb{F}_p}^{ss}$ とする．

補題 8.44 p を素数とし，$r \geq 3$ を p と素な自然数とする．$Y(r)_{\mathbb{F}_p}^{ss}$ は，$Y(r)_{\mathbb{F}_p}$ の Cartier 因子であり，$\mathbb{F}_p$ 上有限エタールである．

[証明] $S = Y(r)_{\mathbb{F}_p}^{ss}$ が $\mathbb{F}_p$ 上エタールなことを示す．S の絶対 Frobenius $F: S \to S$ が，位数有限の S の自己同型であることを示せば十分である．$F: S \to S$ は，超特異楕円曲線 E と $E[r]$ の基底 α の対の同型類 $[(E, \alpha)]$ を，同型類 $[(E^{(p)}, \alpha^{(p)})]$ に写すことで定まる自己準同型である．E は超特異だから，$\mathrm{Ker}[p] = \mathrm{Ker}\, F^2$ により，$F^2 = f_E \circ [p]$ をみたす同型 $f_E: E \to E^{(p^2)}$ が定まる．したがって，F^2 は，同型類 $[(E, \alpha)]$ を，同型類 $[(E^{(p^2)}, \alpha^{(p^2)})] = [(E, \alpha \circ p)]$ に写すことで定まる．よって，n を $p \in (\mathbb{Z}/r\mathbb{Z})^\times$ の位数とすると，F^{2n} は S の恒等写像である．

$Y(r)_{\mathbb{F}_p}^{ss}$ は，$\mathbb{F}_p$ 上のスムーズ代数曲線 $Y(r)_{\mathbb{F}_p}$ の $\mathbb{F}_p$ 上エタールな閉部分スキームだから，$Y(r)_{\mathbb{F}_p}$ の Cartier 因子であり，$\mathbb{F}_p$ 上有限である． ∎

系 8.45 p を素数とし，S を $\mathbb{F}_p$ 上のスキーム，E を S 上の楕円曲線とする．E が超特異であるためには，$\mathrm{Ker}[p^a] = \mathrm{Ker}\, F^{2a}$ となる自然数 $a > 0$ が存在することが，必要十分である．

[証明] 必要なことは定義より明らかである．十分なことを示す．主張は S 上エタール局所的だから，$r \geq 3$ を p と素な自然数とし，同型 $\alpha: (\mathbb{Z}/r\mathbb{Z})^2 \to E[r]$ があるとしてよい．$S \to Y(r)_{\mathbb{F}_p}$ を (E, α) が定める射とする．$S \to Y(r)_{\mathbb{F}_p}$ は，閉条件 $\mathrm{Ker}[p^a] = \mathrm{Ker}\, F^{2a}$ が定める $Y(r)_{\mathbb{F}_p}$ の閉部分スキームを経由するから，S を条件 $\mathrm{Ker}[p^a] = \mathrm{Ker}\, F^{2a}$ で定まる $Y(r)_{\mathbb{F}_p}$ の閉部分スキームとして示せばよい．すると，補題 8.44 の証明と同様に，S の絶対 Frobenius は S の位数有限の自己同型だから，S は $\mathbb{F}_p$ 上エタールである．よって，主張は命題 8.2.3. (1) $\Rightarrow$ (2) から従う． ∎

補題 8.46 p を素数とし，S を $\mathbb{F}_p$ 上のスキーム，E を S 上の楕円曲線と

する. $e=a+b \geq a \geq 0$ を自然数とし, $G_{(a,b)}$ を

(8.42) $\quad G_{(a,b)} = \begin{cases} \mathrm{Ker}\,(V^a F^b \colon E \to E^{(p^{b-a})}) & a \leq b \text{ のとき} \\ \mathrm{Ker}\,(V^a F^b \colon E^{(p^{a-b})} \to E) & a \geq b \text{ のとき} \end{cases}$

で定める.

1. $G_{(a,b)}^\times$ は S 上次数 $\varphi(p^e)$ の有限平坦有限表示スキームである.
2. $G_{(a,b)}$ は位数 p^e の巡回部分群スキームである.
3. P が $G_{(a,0)} = \mathrm{Ker}\,V^a$ の生成元なら, P は $E^{(p^a)}$ の切断として, 位数がちょうど p^e である.

[証明] 1. $r \geq 3$ を p と素な自然数とする. 主張は S 上平坦局所的だから, S 上 $E[r]$ の基底 α があるとしてよい. α は射 $S \to Y(r)_{\mathbb{F}_p}$ を定めるから, $S = Y(r)_{\mathbb{F}_p}$ として示せば十分である. 補題 8.25.1. より, $G = G_{(a,b)}$ は S の各点で位数 p^e の巡回部分群スキームである. 補題 8.25.2. より, $G^\times$ は S^{ord} の各点で次数 $\varphi(p^e)$ であり, S^{ss} の各点で次数 $\varphi(p^e)$ 以下である. 補題 8.44 より, $G^\times$ は S の密開部分スキーム $U \subset S^{\mathrm{ord}}$ 上次数 $\varphi(p^e)$ の有限平坦スキームである. よって, 補題 A.43 より, $G^\times$ は S 上いたるところ次数 $\varphi(p^e)$ の有限平坦スキームである.

2. 1. より, $G_{(a,b)}^\times$ は S の平坦被覆であり, $G_{(a,b)}$ は $G_{(a,b)}^\times$ 上普遍生成元をもつ.

3. 1. と同様に, 主張は S 上平坦局所的だから, $r \geq 3$ を p と素な自然数とし, S が $Y(r)_{\mathbb{F}_p}$ 上の $G_{(a,0)}^\times$ で, P を $G_{(a,0)}$ の普遍生成元であるとして示せば十分である. 0 は $\mathrm{Ker}\,F^b$ の生成元だから, S^{ord} 上では補題 8.17 を完全系列 $0 \to \mathrm{Ker}\,F^b \to G_{(a,b)} \to \mathrm{Ker}\,V^a \to 0$ に適用すればよい. S は $Y(r)_{\mathbb{F}_p}$ 上平坦だから, S^{ord} を開部分スキームとして含む S の閉部分スキームは S 以外にない. よって, 補題 8.23 より従う. ∎

定義 8.47 p を素数, $a \geq 0$, $M \geq 1$, $r \geq 3$ を自然数とし, M, r, p はどの 2 つもたがいに素とする. E を $Y_{1,*}(M,r)_{\mathbb{F}_p}$ 上の普遍楕円曲線とする. $Y_{1,*}(M,r)_{\mathbb{F}_p}$ 上の次数 $\varphi(p^a)$ の有限平坦スキーム
$$G_{(a,0)}^\times = (\mathrm{Ker}\,V^a \colon E^{(p^a)} \to E)^\times$$

§8.6 井草曲線 —— 231

を井草曲線(Igusa curve)とよび，$\mathrm{Ig}(Mp^a,r)_{\mathbb{F}_p}$ で表わす. □

$a=0$ のときは，$\mathrm{Ig}(M,r)_{\mathbb{F}_p}=Y_{1,*}(M,r)_{\mathbb{F}_p}$ である．井草曲線 $\mathrm{Ig}(Mp^a,r)_{\mathbb{F}_p}$ は，$\mathbb{F}_p$ 上のスキーム T に対し，集合

(8.43) $\left\{\begin{array}{l}T \text{ 上の楕円曲線 } E \text{ と}, G_{(a,0)}=\mathrm{Ker}\, V^a \subset E^{(p^a)} \text{ の} \\ \text{生成元 } P \text{ と}, E \text{ の位数がちょうど } M \text{ の切断 } P' \text{ と}, \\ \text{同型 } \alpha\colon (\mathbb{Z}/r\mathbb{Z})^2 \to E[r] \text{ の組 } (E,P,P',\alpha) \text{ の同型類}\end{array}\right\}$

を対応させる関手を表現する．P を井草曲線 $\mathrm{Ig}(Mp^a,r)_{\mathbb{F}_p}$ 上の巡回部分群スキーム $G_{(a,0)}$ の普遍生成元とし，$\mathrm{Ig}(Mp^a,r)_{\mathbb{F}_p}^{P=0}$ で閉条件 $P=0$ で定まる $\mathrm{Ig}(Mp^a,r)_{\mathbb{F}_p}$ の閉部分スキームを表わす.

補題 8.48 p を素数，$a \geqq 0, M \geqq 1, r \geqq 3$ を自然数とし，M,r,p は，どの2つもたがいに素とする．

1. 井草曲線 $\mathrm{Ig}(Mp^a,r)_{\mathbb{F}_p}$ は $\mathbb{F}_p$ 上のスムーズ・アファイン代数曲線である．
2. 標準射 $\mathrm{Ig}(Mp^a,r)_{\mathbb{F}_p} \to Y_{1,*}(M,r)_{\mathbb{F}_p}$ は，$Y_{1,*}(M,r)_{\mathbb{F}_p}^{\mathrm{ord}}$ 上エタールである．
3. $a \geqq 1$ とする．閉部分スキーム $\mathrm{Ig}(Mp^a,r)_{\mathbb{F}_p}^{P=0}$ は $\mathrm{Ig}(Mp^a,r)_{\mathbb{F}_p}^{\mathrm{ss}}$ の被約化である．射 $\mathrm{Ig}(Mp^a,r)_{\mathbb{F}_p}^{P=0} \to Y_{1,*}(M,r)_{\mathbb{F}_p}^{\mathrm{ss}}$ は同型である．

[証明] 射 $\mathrm{Ig}(Mp^a,r)_{\mathbb{F}_p} \to Y_{1,*}(M,r)_{\mathbb{F}_p}$ は，射 $\mathrm{Ig}(p^a,r)_{\mathbb{F}_p} \to Y(r)_{\mathbb{F}_p}$ のエタール射 $Y_{1,*}(M,r)_{\mathbb{F}_p} \to Y(r)_{\mathbb{F}_p}$ による底の変換だから，$M=1$ として示せばよい.

2. $Y(r)_{\mathbb{F}_p}^{\mathrm{ord}}$ 上 $\mathrm{Ker}\, V^a$ はエタールだから，射 $\mathrm{Ig}(p^a,r)_{\mathbb{F}_p} \to Y(r)_{\mathbb{F}_p}$ は $Y(r)_{\mathbb{F}_p}^{\mathrm{ord}}$ 上エタールである．

3. $\mathrm{Ig}(p^a,r)_{\mathbb{F}_p}^{P=0} \subset \mathrm{Ig}(p^a,r)_{\mathbb{F}_p}^{\mathrm{ss}}$ を示す．$S=\mathrm{Ig}(p^a,r)_{\mathbb{F}_p}^{P=0}$ 上の普遍楕円曲線 E が超特異であることを示せばよい．S 上 $P=0$ が $\mathrm{Ker}\, V^a \subset E^{(p^a)}$ の生成元だから，$\mathrm{Ker}\, V^a = \mathrm{Ker}\, F^a$ であり，$\mathrm{Ker}\,[p^a]=\mathrm{Ker}\, F^{2a} \subset E$ である．よって，系 8.45 より，E は超特異である．$\mathrm{Ig}(p^a,r)_{\mathbb{F}_p}^{P=0} \subset \mathrm{Ig}(p^a,r)_{\mathbb{F}_p}^{\mathrm{ss}}$ より，射 $\mathrm{Ig}(p^a,r)_{\mathbb{F}_p}^{P=0} \to Y(r)_{\mathbb{F}_p}^{\mathrm{ss}}$ が定まる．(E,α) に対し，$(E,0,\alpha)$ を対応させることで逆射 $Y(r)_{\mathbb{F}_p}^{\mathrm{ss}} \to \mathrm{Ig}(p^a,r)_{\mathbb{F}_p}^{P=0}$ が定まるから，これは同型である.

標数 p の体 k 上の超特異楕円曲線 E に対し，$\mathrm{Ker}\, V^a$ を生成する切断 $P \in E(k)$ は $P=0$ だけである．よって，$\mathrm{Ig}(p^a,r)_{\mathbb{F}_p}^{P=0} \to \mathrm{Ig}(p^a,r)_{\mathbb{F}_p}^{\mathrm{ss}}$ は全射である．

$\mathrm{Ig}(p^a,r)_{\mathbb{F}_p}^{P=0} = Y(r)_{\mathbb{F}_p}^{\mathrm{ss}}$ は被約だから，これは $\mathrm{Ig}(p^a,r)_{\mathbb{F}_p}^{\mathrm{ss}}$ の被約化である．

1. $a \geqq 1$ として示せばよい．E を $\mathrm{Ig}(p^a,r)_{\mathbb{F}_p}$ 上の普遍楕円曲線とする．補題 B.2.1. より E の 0 切断は E の Cartier 因子である．よって，閉部分スキーム $\mathrm{Ig}(p^a,r)_{\mathbb{F}_p}^{P=0} \subset \mathrm{Ig}(p^a,r)_{\mathbb{F}_p}$ は，局所的に単項イデアルで定義される．$\mathrm{Ig}(p^a,r)_{\mathbb{F}_p}$ は $Y(r)_{\mathbb{F}_p}$ 上平坦だから，補題 A.40 より，$\mathrm{Ig}(p^a,r)_{\mathbb{F}_p}^{P=0}$ は，$\mathrm{Ig}(p^a,r)_{\mathbb{F}_p}$ の Cartier 因子である．$\mathrm{Ig}(p^a,r)_{\mathbb{F}_p}^{P=0}$ は，$\mathbb{F}_p$ 上エタールである．よって補題 B.2.2. より $\mathrm{Ig}(p^a,r)_{\mathbb{F}_p}$ は $\mathrm{Ig}(p^a,r)_{\mathbb{F}_p}^{P=0}$ の近傍で $\mathbb{F}_p$ 上スムーズである．$\mathrm{Ig}(p^a,r)_{\mathbb{F}_p}^{P=0}$ の補開部分スキーム $\mathrm{Ig}(p^a,r)_{\mathbb{F}_p}^{\mathrm{ord}}$ は $Y(r)_{\mathbb{F}_p}^{\mathrm{ord}}$ 上エタールだから，$\mathbb{F}_p$ 上スムーズである．よって，$\mathrm{Ig}(p^a,r)_{\mathbb{F}_p}$ はいたるところ $\mathbb{F}_p$ 上スムーズである． ∎

$e \geqq a \geqq 0$ を自然数とし，$N = Mp^e$ とおく．$r \geqq 3$ を自然数とし，M, r, p はどの2つもたがいに素とする．$\mathbb{F}_p$ 上のスキーム T 上の楕円曲線 E とその位数がちょうど M の切断 P'，$E[r]$ の基底 α に対し，$P'^{(p^a)}, \alpha^{(p^a)}$ はそれぞれ，$E^{(p^a)}$ の位数がちょうど M の切断および $E^{(p^a)}[r]$ の基底を定める．よって，補題 8.46.3. より，同型類 $[(E, P, P', \alpha)]$ の像を同型類 $[(E^{(p^a)}, (P, P'^{(p^a)}), \alpha^{(p^a)})]$ とおくことで，射 $j_a : \mathrm{Ig}(Mp^a, r)_{\mathbb{F}_p} \to Y_{1,*}(N,r)_{\mathbb{F}_p} \subset Y_{1,*}(N,r)_{\mathbb{Z}[\frac{1}{r}]}$ が定まる．

命題 8.49 p を素数，$e \geqq 0, M \geqq 1, r \geqq 3$ を自然数とし，M, r, p は，どの2つもたがいに素とする．$N = Mp^e$ とおく．

1. $0 \leqq a \leqq e$ に対し，射

(8.44) $\qquad\qquad j_a : \mathrm{Ig}(Mp^a, r)_{\mathbb{F}_p} \longrightarrow Y_{1,*}(N,r)_{\mathbb{F}_p}$

は閉埋め込みである．

2. $0 \leqq a \leqq e$ に対し，閉埋め込み $j_a : \mathrm{Ig}(Mp^a, r)_{\mathbb{F}_p} \to Y_{1,*}(N,r)_{\mathbb{F}_p}$ の像を C_a とすると，$Y_{1,*}(N,r)_{\mathbb{F}_p} = \bigcup_{a=0}^{e} C_a$ である．各 $0 \leqq a \leqq e$ に対し，包含写像 $C_a^{\mathrm{ss}} \to Y_{1,*}(N,r)_{\mathbb{F}_p}^{\mathrm{ss}}$ は全単射である．

3. $0 \leqq a < a' \leqq e$ に対し，共通部分 $C_a \times_{Y_{1,*}(N,r)_{\mathbb{F}_p}} C_{a'}$ は，C_a^{ss} である．

[証明] 補題 8.48 の証明と同様に，$M = 1, N = p^e, e \geqq 1$ の場合を示せばよい．

1. $0 \leqq a \leqq e$ を自然数とする．一般に S を $\mathbb{F}_p$ 上のスキームとし，E を S 上の楕円曲線，P を E の S 上の切断とすると，補題 8.23 より，P が位数

がちょうど p^a であるという条件は S 上の閉条件である．この条件が定める S の閉部分スキームを T とし，T 上 $\langle P \rangle_{p^a} = \sum_{i=0}^{p^a-1} [iP]$ とおく．$E_T \to E' = E_T / \langle P \rangle_{p^a}$ の双対 $E' \to E_T$ の核が $\mathrm{Ker}(F^a \colon E' \to E'^{(p^a)})$ と等しいという条件は T 上の閉条件である．

$Y_{1,*}(N,r)_{\mathbb{F}_p}$ の閉部分スキーム C_a を閉条件

(8.45) 　　普遍生成元 P は位数がちょうど p^a であり，
　　　　　$E \to E' = E/\langle P \rangle_{p^a}$ の双対の核は $\mathrm{Ker}\, F^a$ と等しい

で定める．射 $j_a \colon \mathrm{Ig}(p^a,r)_{\mathbb{F}_p} \to Y_{1,*}(N,r)_{\mathbb{F}_p}$ は，射 $\mathrm{Ig}(p^a,r)_{\mathbb{F}_p} \to C_a$ を定める．射 $C_a \to \mathrm{Ig}(p^a,r)_{\mathbb{F}_p}$ を，(E, P, α) の同型類に対し，$(E', P, \alpha$ の像 $\circ p^{-a})$ の同型類を対応させることで定める．C_a 上では $E = E'^{(p^a)}$ であり，$V^a \circ F^a = [p^a]$ だから，これは $\mathrm{Ig}(p^a,r)_{\mathbb{F}_p} \to C_a$ の逆射である．よって，射 $\mathrm{Ig}(p^a,r)_{\mathbb{F}_p} \to C_a$ は同型であり，$j_a \colon \mathrm{Ig}(p^a,r)_{\mathbb{F}_p} \to Y_{1,*}(N,r)_{\mathbb{F}_p}$ は，閉埋め込みである．

2. 標数 p の代数閉体 k 上の有理点 $[(E,P,\alpha)] \in Y_{1,*}(N,r)(k)$ に対し，p^a を $P \in E(k)$ の位数とすると，$[(E,P,\alpha)] \in C_a(k)$ である．よって $Y_{1,*}(N,r)_{\mathbb{F}_p} = \bigcup_{a=0}^{e} C_a$ である．E が超特異なら，$P = 0$ である．このとき，任意の $0 \leqq a \leqq e$ に対し $[(E,P,\alpha)] \in C_a(k)$ だから，写像 $C_a^{\mathrm{ss}} \to Y_{1,*}(N,r)_{\mathbb{F}_p}^{\mathrm{ss}}$ は全単射である．

3. (E, P, α) を，共通部分 $C_a \times_{Y_{1,*}(N,r)_{\mathbb{F}_p}} C_{a'}$ 上の普遍レベル構造つき楕円曲線とする．$E \to E' = E/\langle P \rangle_{p^a} \to E'' = E/\langle P \rangle_{p^{a'}}$ とおく．$p^a P = 0$ だから，$\mathrm{Ker}(E' \to E'') = \mathrm{Ker}\, F^{a'-a}$ である．この双対の核も $\mathrm{Ker}\, F^{a'-a}$ だから，$E'[p^{a'-a}] = \mathrm{Ker}\, F^{2(a'-a)}$ である．よって系 8.45 より，E' は超特異である．したがって，$E \simeq E'^{(p^a)}$ も超特異であり，共通部分 $C_a \cap C_{a'}$ は C_a^{ss} の閉部分スキームである．

$C_a^{\mathrm{ss}} \subset C_a \cap C_{a'}$ を示す．(E, P, α) を，C_a^{ss} 上の普遍レベル構造つき楕円曲線とする．$\mathrm{Ker}[p^a] = \mathrm{Ker}\, F^{2a}$ だから，$E \to E' = E/\langle P \rangle_{p^a}$ の核は $\mathrm{Ker}\, F^a$ である．$p^a P = 0$ だから，$\langle P \rangle_{p^{a'}} = \sum_{i=0}^{p^{a'}-1} [iP]$ は $E \to E'$ による $\mathrm{Ker}\, F^{a'-a}$ の逆像である．よって，$\langle P \rangle_{p^{a'}} = \mathrm{Ker}\, F^{a'}$ だから，$\mathrm{Ker}[p^{a'}] = \mathrm{Ker}\, F^{2a'}$ より $C_a^{\mathrm{ss}} \subset C_{a'}$ である． ∎

§8.7 モジュラー曲線 $Y_1(N)_{\mathbb{Z}}$

命題 8.50 $N \geq 1$ を自然数とし,$r \geq 3$ を N と素な自然数とする.精モジュライ $Y_{1,*}(N,r)_{\mathbb{Z}\left[\frac{1}{r}\right]}$ は $\mathbb{Z}\left[\frac{1}{r}\right]$ 上の正則アファイン代数曲線である.標準射 $Y_{1,*}(N,r)_{\mathbb{Z}\left[\frac{1}{r}\right]} \to Y(r)_{\mathbb{Z}\left[\frac{1}{r}\right]}$ は,有限平坦で次数は $\varphi(N)\psi(N)$ である.

[証明] p を素数とし,まず $N = p^e > 1$ の場合に $Y_{1,*}(p^e,r)_{\mathbb{Z}\left[\frac{1}{r}\right]}$ が正則であることを示す.$Y_{1,*}(p^e,r)_{\mathbb{Z}\left[\frac{1}{pr}\right]}$ は $\mathbb{Z}\left[\frac{1}{pr}\right]$ 上スムーズだから,$Y_{1,*}(p^e,r)_{\mathbb{F}_p}$ の近傍を調べればよい.$S = Y_{1,*}(p^e,r)_{\mathbb{Z}\left[\frac{1}{r}\right]}$ とおく.

$0 \leq a \leq e$ に対し,$S = Y_{1,*}(p^e,r)_{\mathbb{Z}\left[\frac{1}{r}\right]}$ の閉部分スキーム D_a を次のように定める.P を位数がちょうど p^e の S 上の普遍元とする.$a < e$ のときは,D_a を条件 $p^a P = 0$ で定まる閉部分スキームとする.$D_e = Y_{1,*}(p^e,r)_{\mathbb{F}_p}$ とおく.$a < e$ なら,D_a は,$p^a P$ が定める射 $S \to E$ による 0 切断のひきもどしだから,補題 B.2.1. より,D_a は S 上局所的に単項イデアルで定義される.$a = e$ のときも,D_e は単項イデアル (p) で定義される.

D_a と閉埋め込み $j_a \colon \mathrm{Ig}(p^a,r) \to S$ (8.44) の像 C_a の関係を調べる.D_a^{et} を,D_a の開部分スキームで,因子 $\sum_{i=0}^{p^a-1} [iP]$ が D_a 上エタールという条件で定まるものとする.

補題 8.51 1. $C_0 = D_0$ である.

2. $0 < a \leq e$ なら,$C_a^{\mathrm{ord}} = D_a^{\mathrm{et}}$ である.

[証明] 1. C_0 は条件 $p = 0$ かつ $P = 0$ で定まる $Y_{1,*}(p^e,r)_{\mathbb{Z}\left[\frac{1}{r}\right]}$ の閉部分スキームであり,D_0 は条件 $P = 0$ で定まる閉部分スキームである.補題 8.22 より,D_0 は $\mathbb{F}_p$ 上のスキームだから,$C_0 = D_0$ である.

2. C_a^{ord} 上では,$p^a P = 0$ であり,$\langle P \rangle_{p^a} = \mathrm{Ker}(V^a \colon E = E'^{(p^a)} \to E')$ はエタールである.よって $C_a^{\mathrm{ord}} \subset D_a^{\mathrm{et}}$ である.逆に D_a^{et} 上では,$\langle P \rangle_{p^a} = \sum_{i=0}^{p^a-1} [iP]$ はエタールな閉部分群スキームである.補題 8.17 より,$p^a P = 0$ は位数がちょうど p^{e-a} である.$a < e$ なら補題 8.22 より,$a = e$ なら定義より D_a^{et} 上 $p = 0$ である.$\langle P \rangle_{p^a}$ がエタールだから,補題 8.4 より,双対 $E/\langle P \rangle_{p^a} \to E$ の核は $\mathrm{Ker}\, F^a$ であり,$\langle P \rangle_{p^a} = \mathrm{Ker}\, V^a$ である.よって,$D_a^{\mathrm{et}} \subset C_a^{\mathrm{ord}}$ である.∎

$S\setminus S^{\mathrm{ss}}_{\mathbb{F}_p}$ が正則であることを示す. $S_{\mathbb{Z}[\frac{1}{p}]}\to Y(r)_{\mathbb{Z}[\frac{1}{p}]}$ は有限エタールであり, その次数は $\varphi(N)\psi(N)$ である. よって, 補題 8.25 と補題 A.43 より, $S\setminus S^{\mathrm{ss}}_{\mathbb{F}_p}\to Y(r)_{\mathbb{Z}[\frac{1}{r}]}\setminus Y(r)^{\mathrm{ss}}_{\mathbb{F}_p}$ は有限平坦である. $Y(r)_{\mathbb{Z}[\frac{1}{r}]}$ は $\mathbb{Z}[\frac{1}{r}]$ 上スムーズだから, $S\setminus S^{\mathrm{ss}}_{\mathbb{F}_p}$ も $\mathbb{Z}[\frac{1}{r}]$ 上平坦である. D_a は S 上局所的に単項イデアルで定義されるから, 補題 8.51, A.40 より, C^{ord}_a は $S\setminus S^{\mathrm{ss}}_{\mathbb{F}_p}$ の Cartier 因子である. 補題 8.48 より, C_a は S の正則部分スキームである. 命題 8.49.2. より, $S_{\mathbb{F}_p}=\bigcup_{a=0}^{e}C_a$ だから, $S\setminus S^{\mathrm{ss}}_{\mathbb{F}_p}$ は正則である. 系 A.42 を閉埋め込み $S^{\mathrm{ss}}_{\mathbb{F}_p}\subset D_0=C_0\to S$ に適用して, S は $S^{\mathrm{ss}}_{\mathbb{F}_p}$ の近傍でも正則である.

$S\to Y(r)_{\mathbb{Z}[\frac{1}{r}]}$ は, $S^{\mathrm{ss}}_{\mathbb{F}_p}$ をのぞき有限平坦で次数は $\varphi(N)\psi(N)$ である. S と $Y(r)_{\mathbb{Z}[\frac{1}{r}]}$ はどちらも正則だから, 命題 A.13.2. より, $S\to Y(r)_{\mathbb{Z}[\frac{1}{r}]}$ は, いたるところ有限平坦で次数は $\varphi(N)\psi(N)$ である. 以上で, $N=p^e$ の場合に, $Y_{1,*}(N,r)_{\mathbb{Z}[\frac{1}{r}]}$ が $\mathbb{Z}[\frac{1}{r}]$ 上の正則アファイン代数曲線であることが示された.

N が一般の場合を示す. $N=\prod_{p\mid N}p^{e_p}$ とすると, $Y_{1,*}(N,r)_{\mathbb{Z}[\frac{1}{r}]}$ は, 開被覆 $\bigcup_{p\mid N}Y_{1,*}(N,r)_{\mathbb{Z}[\frac{p^{e_p}}{Nr}]}$ をもつ. 標準射 $Y_{1,*}(N,r)_{\mathbb{Z}[\frac{p^{e_p}}{Nr}]}\to Y_{1,*}(p^{e_p},r)_{\mathbb{Z}[\frac{p^{e_p}}{Nr}]}$ は有限エタールで次数 $\varphi(N/p^{e_p})\psi(N/p^{e_p})$ だから, $N=p^e$ の場合に帰着された. ∎

[定理 8.34 の証明] 1. $r\geqq 3$ を N と素な自然数とする. $Y_{1,*}(N,r)_{\mathbb{Z}[\frac{1}{r}]}$ への, 群 $GL_2(\mathbb{Z}/r\mathbb{Z})$ の自然な作用を考える. 命題 2.23 と同様, $Y_{1,*}(N,r)_{\mathbb{Z}[\frac{1}{r}]}$ の $GL_2(\mathbb{Z}/r\mathbb{Z})$ の作用による商 $Y_1(N)_{\mathbb{Z}[\frac{1}{r}]}$ は, $\mathbb{Z}$ 上の関手 $\mathcal{M}_1(N)$ の $\mathbb{Z}[\frac{1}{r}]$ 上への制限の粗モジュライである. 命題 8.50 より, $Y_1(N)_{\mathbb{Z}[\frac{1}{r}]}$ は, $\mathbb{Z}[\frac{1}{r}]$ 上の正規アファイン代数曲線である. 粗モジュライ $Y_1(N)_{\mathbb{Z}}$ は, $Y_1(N)_{\mathbb{Z}[\frac{1}{r}]}$ $((N,r)=1)$ をはりあわせて得られるから, これは $\mathbb{Z}$ 上の正規アファイン代数曲線である.

$N\geqq 4$ なら, 補題 8.38.2. より, $Y_{1,*}(N,r)_{\mathbb{Z}[\frac{1}{Nr}]}$ への $GL_2(\mathbb{Z}/r\mathbb{Z})$ の作用は自由である. 補題 8.37 の証明と同様に, 補題 A.31, A.33 より, $Y_1(N)_{\mathbb{Z}[\frac{1}{Nr}]}$ は, 関手 $[\mathcal{M}_{1,*}(N,r)_{\mathbb{Z}[\frac{1}{Nr}]}/GL_2(\mathbb{Z}/r\mathbb{Z})]$ を表現する. よって, 系 8.39.2. より, $Y_1(N)_{\mathbb{Z}[\frac{1}{Nr}]}$ は, $\mathcal{M}_1(N)_{\mathbb{Z}[\frac{1}{Nr}]}$ の精モジュライである.

$Y_1(N)_{\overline{\mathbb{Q}}}$ が $\overline{\mathbb{Q}}$ 上のスムーズ・アファイン連結代数曲線であることを示

す.$Y_1(N)_\mathbb{Q}$ が定める Riemann 面 $Y_1(N)^{\mathrm{an}}$ が連結であることを示せばよい.$SL_2(\mathbb{Z})$ の部分群 $\Gamma_1(N)$ を

(8.46) $\quad \Gamma_1(N) = \left\{ \begin{pmatrix} a & b \\ c & d \end{pmatrix} \in SL_2(\mathbb{Z}) \middle| a \equiv 1 \bmod N,\ c \equiv 0 \bmod N \right\}$

で定め,$\Gamma_1(N)$ の上半平面 $H = \{\tau \in \mathbb{C} \mid \operatorname{Im}\tau > 0\}$ への自然な作用を考える.系 2.66 と同様に,Riemann 面の同型

(8.47) $\qquad\qquad\qquad \Gamma_1(N) \backslash H \longrightarrow Y_1(N)^{\mathrm{an}}$

が得られる.よって $Y_1(N)^{\mathrm{an}}$ は連結であり,$Y_1(N)_{\overline{\mathbb{Q}}}$ は $\overline{\mathbb{Q}}$ 上のスムーズ・アファイン連結代数曲線である.したがって $Y_1(N)_\mathbb{Q}$ も連結であり,$Y_1(N)_\mathbb{Z}$ も連結である.

2. 命題 8.50 より,$Y_{1,*}(N,r)_{\mathbb{Z}[\frac{1}{r}]} \to Y(r)_{\mathbb{Z}[\frac{1}{r}]}$ は,2 次元正規スキームの有限全射である.よって,$Y_1(N)_\mathbb{Z} \to Y(1)_\mathbb{Z}$ も 2 次元正規スキームの有限全射である.$Y(1)_\mathbb{Z}$ は $\mathbb{A}^1_\mathbb{Z}$ と同型で,したがって正則だから,命題 A.13.2. より,$Y_1(N)_\mathbb{Z} \to Y(1)_\mathbb{Z}$ は有限平坦である.

$Y_{1,*}(N,r)_{\mathbb{Z}[\frac{1}{r}]} \to Y_1(N)_{\mathbb{Z}[\frac{1}{r}]}$ は,Galois 被覆であり,補題 8.41.2. より,Galois 群は $N \geq 3$ なら $GL_2(\mathbb{Z}/r\mathbb{Z})$ であり,$N = 1, 2$ なら $GL_2(\mathbb{Z}/r\mathbb{Z})/\{\pm 1\}$ である.命題 8.50 より,$Y_{1,*}(N,r)_{\mathbb{Z}[\frac{1}{r}]} \to Y(r)_{\mathbb{Z}[\frac{1}{r}]}$ の次数は $\psi(N)\varphi(N)$ だから,$Y_1(N)_{\mathbb{Z}[\frac{1}{r}]} \to Y(1)_{\mathbb{Z}[\frac{1}{r}]}$ の次数は,$N \geq 3$ なら $\psi(N)\varphi(N)/2$ であり,$N = 1, 2$ なら $\psi(N)\varphi(N)$ である.

3. $Y_{1,*}(N,r)_{\mathbb{Z}[\frac{1}{r}]}$ は $\mathbb{Z}\left[\frac{1}{r}\right]$ 上のスムーズ・アファイン代数曲線だから,命題 B.10.1. より,$Y_1(N)_{\mathbb{Z}[\frac{1}{r}]}$ はスムーズ・アファイン代数曲線である.$p \nmid N$ とする.$N \geq 4$ なら $Y_1(N)_{\mathbb{Z}[\frac{1}{N}]}$ は精モジュライだから,$Y_1(N)_\mathbb{Z} \otimes_\mathbb{Z} \mathbb{F}_p$ は,関手の制限 $\mathcal{M}_1(N)_{\mathbb{F}_p}$ の精モジュライである.$Y_{1,*}(N,r)_{\mathbb{Z}[\frac{1}{r}]}$ への $GL_2(\mathbb{Z}/r\mathbb{Z})$ の作用について,各ファイバーの各既約成分の生成点での惰性群は,補題 8.41.2. より,$\{\pm 1\}$ の部分群である.$N > 2$ なら,位数 N の元 P に対し $-P \neq P$ だから,惰性群は 1 である.$N \leq 2$ なら,惰性群は $\{\pm 1\}$ である.よって,系 B.11.1. より,$Y_1(N)_\mathbb{Z} \otimes_\mathbb{Z} \mathbb{F}_p$ は,$Y_{1,*}(N,r)_{\mathbb{F}_p}$ の $GL_2(\mathbb{Z}/r\mathbb{Z})$ による商であり,関手の制限 $\mathcal{M}_1(N)_{\mathbb{F}_p}$ の粗モジュライである.

命題 8.50 の帰結をいくつか示しておく.

命題 8.52 S をスキームとし,E を S 上の楕円曲線とする.$N \geq 1$ を自然数とする.

1. S 上の有限スキーム $M_1(N)_E$ は,S 上平坦有限表示であり,その次数は $\varphi(N)\psi(N)$ である.スキーム $M_1(N)_E$ は E の Cartier 因子である.
$N = N'N''$, $(N', N'') = 1$ ならば,$M_1(N)_E = M_1(N')_E \times_S M_1(N'')_E$ である.
$N = p^e$, $e \geq 1$ ならば E の Cartier 因子の等式

(8.48) $\quad M_1(N)_E = [\mathrm{Ker}\,[p^e]] - [\mathrm{Ker}\,[p^{e-1}]] = E[p^e] \underset{[p^{e-1}] \searrow E[p]}{\times} (E[p] - [0])$

がなりたつ.

2. P を E の位数がちょうど N の切断とする.$G = \langle P \rangle = \sum_{a \in \mathbb{Z}/N\mathbb{Z}} [aP]$ とおく.このとき,$G^\times = \sum_{a \in (\mathbb{Z}/N\mathbb{Z})^\times} [aP]$ である.

[証明] 1. $N = p^e$, $r \geq 3$ が N と素な自然数,$S = Y(r)_{\mathbb{Z}[\frac{1}{r}]}$ で E が S 上の普遍楕円曲線のときに示せばよい.このとき,$M_1(N)_E = Y_{1,*}(N,r)_{\mathbb{Z}[\frac{1}{r}]}$ である.命題 8.50 より,$M_1(N)_E \to S$ は有限平坦で次数は $\varphi(N)\psi(N)$ である.
等式 (8.48) を示す.S は $\mathbb{Z}$ 上平坦だから,系 A.44 を,$U = S[1/p]$, $A = M_1(N)_E$, $B = [\mathrm{Ker}\,[p^e]] - [\mathrm{Ker}\,[p^{e-1}]]$, $E[p^e] \underset{[p^{e-1}] \searrow E[p]}{\times} (E[p] - [0])$ に適用すればよい.

2. S, E を上のとおりとしてよい.P を $T = M_1(N)_E$ 上の普遍生成元とする.$T = M_1(N)_E$ は $\mathbb{Z}$ 上平坦だから,系 A.44 を E_T の閉部分スキーム $A = G^\times$, $B = \sum_{a \in (\mathbb{Z}/N\mathbb{Z})^\times} [aP]$ に適用すればよい.∎

系 8.53 S をスキームとし,E を S 上の楕円曲線とする.G を E の閉部分群スキームで,S 上次数 N の有限平坦スキームであるものとする.

1. このとき,次の条件 (1) と (2) は同値である.
(1) G は位数 N の巡回部分群スキームである.
(2) G の生成元のなすスキーム $G^\times$ は,S 上次数が $\varphi(N)$ の有限平坦スキームである.

2. S 上のスキーム T に対し,G_T が E_T の巡回部分群スキームであると

いう条件は，S 上の閉条件である．

[証明] 1. (2)⇒(1)の証明は補題 8.46.2. の証明と同様である．(1)⇒(2)を示す．主張は平坦局所的だから，定義 8.13 より，位数がちょうど N の切断 P で，$G=\langle P \rangle$ をみたすものがあると仮定してよい．このときは，命題 8.52.2. より明らか．

2. 1. より，G_T が E_T の巡回部分群スキームであるという条件は，$G_T^\times$ が T 上次数が $\varphi(N)$ の有限平坦スキームであるという条件と同値である．さらに補題 8.25.2. と中山の補題より，S 上の準連接加群 $O_{G^\times}$ は，S 上局所的に $\varphi(N)$ 個の切断で生成される．したがって，系 A.38 によりこの条件は閉条件である． ∎

§8.8 モジュラー曲線 $Y_0(N)_\mathbb{Z}$

命題 8.54 S をスキームとし，E を S 上の楕円曲線とする．$N \geq 1$ を自然数とする．

S 上の関手 $\mathcal{M}_0(N)_E$ は，S 上の次数 $\psi(N)$ の有限平坦有限表示スキーム $M_0(N)_E$ で表現可能である．標準射 $M_1(N)_E \to M_0(N)_E$ は有限平坦有限表示で，その次数は $\varphi(N)$ である．N が S で可逆なら，$M_0(N)_E$ は S 上エタールである． ∎

まず次の補題を示す．

補題 8.55 S をスキームとし，E を S 上の楕円曲線とする．$N \geq 1$ を自然数とする．S 上のスキーム T に対し，集合

$$N\text{-Isog}_E(T) = \left\{ \begin{array}{l} E_T \text{ の閉部分群スキームで，} T \text{ 上のスキームとしては} \\ \text{次数が } N \text{ の有限平坦有限表示スキームであるもの} \end{array} \right\}$$

を対応させることで定まる S 上の関手 $N\text{-Isog}_E$ は，S 上の有限スキーム $T_{N,E}$ で表現可能である．

[証明] S 上のスキーム T に対し，集合 {局所自由 O_T 加群層 $O_{E[N] \times_S T}$ の階数 N の商局所自由 O_T 加群層} を対応させる関手は，Grassmann スキ

ーム $\mathrm{Grass}(O_{E[N]}, N)$ で表現される. $\mathrm{Grass}(O_{E[N]}, N)$ は S 上の固有スキームである. $G \subset E_T$ を閉部分群スキームで, T 上のスキームとしては次数が N の有限平坦有限表示スキームであるものとすると, O_G は $O_{E[N] \times_S T}$ の階数 N の商局所自由 O_T 加群層である. よって, 補題 8.23 の証明と同様に, 関手 N-Isog_E は, Grassmann スキーム $\mathrm{Grass}(O_{E[N]}, N)$ の閉部分スキーム $T_{N,E}$ で表現可能である.

$T_{N,E}$ が S 上有限であることを示す. $T_{N,E}$ は S 上固有だから, 系 A.9 により各幾何的ファイバーが有限なことを示せばよい. $S = \mathrm{Spec}\, k$, k は標数 $p > 0$ の代数閉体とし, $N = p^e$ のときに示せばよい. E が超特異なら, 命題 8.2 より, $G = \mathrm{Ker}\, F^e$ のみである. E が通常なら, $E[N] \simeq \mathbb{Z}/p^e\mathbb{Z} \times \mu_{p^e}$ であり, G は $\mathbb{Z}/p^a\mathbb{Z} \times \mu_{p^b}$, $a+b=e$ の $e+1$ 個である. ∎

[命題 8.54 の証明] $\mathcal{M}_0(N)_E$ が表現可能なことを示す. $G_{T_{N,E}} \subset E_{T_{N,E}}$ を, 普遍閉部分群スキームとする. 系 8.53.2. を $G_{T_{N,E}} \subset E_{T_{N,E}}$ に適用すれば, $\mathcal{M}_0(N)_E$ は, $T_{N,E}$ の閉部分スキーム $M_0(N)_E$ で表現可能である.

$M_1(N)_E \to M_0(N)_E$ が有限平坦で次数が $\varphi(N)$ であることを示す. $G_{M_0(N)_E} \subset E_{M_0(N)_E}$ を, 次数 N の普遍巡回部分群スキームとする. このとき, $M_1(N)_E = G^\times_{M_0(N)_E}$ だから, 系 8.53.1. より, $M_1(N)_E \to M_0(N)_E$ は有限平坦で次数が $\varphi(N)$ である. 命題 8.52.1. より, $M_1(N)_E$ は S 上有限平坦で次数が $\varphi(N)\psi(N)$ だから, $M_0(N)_E$ も S 上有限平坦で次数が $\psi(N)$ である.

N が可逆として, $M_0(N)_E$ が S 上エタールなことを示す. 主張は S 上エタール局所的だから, $E[N]$ は $(\mathbb{Z}/N\mathbb{Z})^2$ と同型としてよい. このときは, 系 8.10 より $M_0(N)_E = \coprod_{C: (\mathbb{Z}/N\mathbb{Z})^2 \text{ の位数 } N \text{ の巡回部分群}} S$ だから明らか. ∎

系 8.43 と同様に, 命題 8.54 から次が導かれる.

系 8.56 $N \geq 1$ を自然数, $r \geq 3$ を N と素な自然数とする. $\mathbb{Z}\left[\frac{1}{r}\right]$ 上の関手 $\mathcal{M}_{0,*}(N, r)_{\mathbb{Z}\left[\frac{1}{r}\right]}$ は, $Y(r)_{\mathbb{Z}\left[\frac{1}{r}\right]}$ 上の次数 $\psi(N)$ の正則有限平坦スキーム $Y_{0,*}(N, r)_{\mathbb{Z}\left[\frac{1}{r}\right]}$ で表現可能である. $Y_{0,*}(N, r)_{\mathbb{Z}\left[\frac{1}{Nr}\right]}$ は, $\mathbb{Z}\left[\frac{1}{Nr}\right]$ 上スムーズである.

$Y_{0,*}(N, r)_{\mathbb{Q}} = Y_{0,*}(N, r)_{\mathbb{Z}\left[\frac{1}{r}\right]} \otimes_{\mathbb{Z}\left[\frac{1}{r}\right]} \mathbb{Q}$ の定数体は $\mathbb{Q}(\zeta_r)$ である.

[証明] E を $Y(r)_{\mathbb{Z}[\frac{1}{r}]}$ 上の普遍楕円曲線とすると，関手 $\mathcal{M}_{0,*}(N,r)_{\mathbb{Z}[\frac{1}{r}]}$ は，$M_0(N)_E = Y_{0,*}(N,r)_{\mathbb{Z}[\frac{1}{r}]}$ で表現される．これは $Y(r)_{\mathbb{Z}[\frac{1}{r}]}$ 上の次数 $\psi(N)$ の有限平坦スキームである．命題 8.54 より $Y_{1,*}(N,r)_{\mathbb{Z}[\frac{1}{r}]} = M_1(N)_E \to Y_{0,*}(N,r)_{\mathbb{Z}[\frac{1}{r}]} = M_0(N)_E$ は忠実平坦である．$Y_{1,*}(N,r)_{\mathbb{Z}[\frac{1}{r}]}$ は正則だから，命題 A.13.1. より，$Y_{0,*}(N,r)_{\mathbb{Z}[\frac{1}{r}]}$ も正則である．$Y_{0,*}(N,r)_{\mathbb{Z}[\frac{1}{Nr}]}$ は，$Y(r)_{\mathbb{Z}[\frac{1}{Nr}]}$ 上エタールだから，$\mathbb{Z}[\frac{1}{Nr}]$ 上スムーズである．

$Y_{0,*}(N,r)_{\mathbb{Q}} = Y_{0,*}(N,r)_{\mathbb{Z}[\frac{1}{r}]} \otimes_{\mathbb{Z}[\frac{1}{r}]} \mathbb{Q}$ の定数体が $\mathbb{Q}(\zeta_r)$ であることの証明は，補題 8.37 の証明と同様だから省略する． ∎

p を素数とし，$N = Mp^e$，$(p, M) = 1$，$e \geq 1$ を自然数，$r \geq 3$ を N と素な自然数とする．S を $\mathbb{F}_p$ 上のスキームとし，E を S 上の楕円曲線とすると，補題 8.46.2. より，$e = a + b \geq a \geq 0$ に対し，$a \leq b$ なら $G_{(a,b)} = \mathrm{Ker}(V^a F^b : E \to E^{(p^{b-a})})$ は E の位数 p^e の巡回部分群スキームであり，$a \geq b$ なら $G_{(a,b)} = \mathrm{Ker}(V^a F^b : E^{(p^{a-b})} \to E)$ は $E^{(p^{a-b})}$ の位数 p^e の巡回部分群スキームである．$a \leq b$ のときは，射 $j_a : Y_{0,*}(M,r)_{\mathbb{F}_p} \to Y_{0,*}(N,r)_{\mathbb{F}_p}$ を，同型類 $[(E, C, \alpha)]$ に対し，同型類 $[(E, (G_{(a,b)}, C), \alpha)]$ を対応させることで定める．$a \geq b$ のときは，j_a を同型類 $[(E, C, \alpha)]$ に対し，同型類 $[(E^{(p^{a-b})}, (G_{(a,b)}, C^{(p^{a-b})}), \alpha^{(p^{a-b})})]$ を対応させることで定める．

命題 8.57 p を素数，$N = Mp^e$，$(p, M) = 1$ を自然数とし，$r \geq 3$ を N と素な自然数とする．

1. $0 \leq a \leq e$ に対し，射
(8.49) $$j_a : Y_{0,*}(M,r)_{\mathbb{F}_p} \longrightarrow Y_{0,*}(N,r)_{\mathbb{F}_p}$$
は閉埋め込みである．

2. $0 \leq a \leq e$ に対し，閉埋め込み $j_a : Y_{0,*}(M,r)_{\mathbb{F}_p} \to Y_{0,*}(N,r)_{\mathbb{F}_p}$ の像を C_a とすると，$Y_{0,*}(N,r)_{\mathbb{F}_p} = \bigcup_{a=0}^{e} C_a$ である．包含写像 $C_a^{\mathrm{ss}} \to Y_{0,*}(N,r)_{\mathbb{F}_p}^{\mathrm{ss}}$ は全単射である．

C_0, C_e の $Y_{0,*}(N,r)_{\mathbb{F}_p}$ の中での重複度は 1 である．

3. $0 \leq a \leq e$，$0 \leq a' \leq e$，$a \neq a'$ とすると，共通部分 $C_a \cap C_{a'} = C_a \times_{Y_{0,*}(N,r)_{\mathbb{F}_p}} C_{a'}$ は $C_a^{\mathrm{ss}} = C_{a'}^{\mathrm{ss}}$ である．

§8.8 モジュラー曲線 $Y_0(N)_{\mathbb{Z}}$ ―― 241

[証明] 命題 8.49 の証明と同様に，$M=1$，$N=p^e>1$ の場合を示せば十分である．

1. まず $a \leqq b = e-a$ のときに示す．G を $Y_{0,*}(N,r)_{\mathbb{F}_p}$ 上の位数 p^e の普遍巡回部分群スキームとする．自然数 $0 \leqq a \leqq b = e-a$ に対し，$Y_{0,*}(N,r)_{\mathbb{F}_p}$ の閉部分スキーム C_a を閉条件

(8.50) $\qquad G = \operatorname{Ker}(V^a F^b : E \to E^{(p^{b-a})})$

で定める．射 $j_a : Y(r)_{\mathbb{F}_p} \to Y_{0,*}(N,r)_{\mathbb{F}_p}$ は，j_a の定義より同型 $Y(r)_{\mathbb{F}_p} \to C_a$ を定める．よって，$j_a : Y(r)_{\mathbb{F}_p} \to Y_{0,*}(N,r)_{\mathbb{F}_p}$ は，閉埋め込みである．

$b = e-a \leqq a$ のときは，C_a を閉条件

(8.51) $\qquad E \to E' = E/G$ の双対の核 $\operatorname{Ker}(E' \to E)$ は
$\qquad \operatorname{Ker}(V^b F^a : E' \to E'^{(p^{a-b})})$ と等しい

で定めれば同様である．

2. k を標数 p の代数閉体とし，$[(E,G,\alpha)] \in Y_{0,*}(N,r)_{\mathbb{F}_p}(k)$ を k 上の有理点，p^a を $G(k)$ の位数とする．E が超特異なら $a=0$ で，$[(E,G,\alpha)] \in C_0(k)$ である．E が通常のときも，$[(E,G,\alpha)] \in C_a(k)$ である．よって，$Y_{0,*}(N,r)_{\mathbb{F}_p} = \bigcup_{a=0}^{e} C_a$ である．E が超特異なら，$G = \operatorname{Ker} F^e$ であり，任意の $0 \leqq a \leqq e$ に対し $[(E,G,\alpha)] \in C_a(k)$ である．よって，写像 $j_a : Y(r)_{\mathbb{F}_p}^{\text{ss}} \to Y_{0,*}(N,r)_{\mathbb{F}_p}^{\text{ss}}$ は全単射である．

補題 8.4 より，C_0^{ord} は，$Y_{0,*}(N,r)_{\mathbb{F}_p}$ の $E \to E/G$ の双対がエタールという条件で定まる開部分スキームと一致する．したがって，C_0 の重複度は 1 である．同様に C_e^{ord} は，G がエタールという条件で定まる $Y_{0,*}(N,r)_{\mathbb{F}_p}$ の開部分スキームと一致し，重複度は 1 である．

3. (E,G,α) を，共通部分 $C_a \cap C_{a'}$ 上の普遍レベル構造つき楕円曲線とする．$b = e-a$，$b' = e-a'$ とおく．$a < a' \leqq e/2$ なら，$G = \operatorname{Ker} p^{a'} F^{b'-a'} = \operatorname{Ker} p^a F^{b-a}$ だから，$\operatorname{Ker} p^{a'-a} = \operatorname{Ker} F^{2(a'-a)}$ であり，E は超特異である．$e/2 \leqq a < a'$ のときも同様である．$a < e/2 < a'$ とする．$E' \to E$ を $E \to E' = E/G$ の双対とする．合成 $E \to E' \to E$ は $p^{b'} F^{a'-b'} \circ p^a F^{b-a} = p^e$ である．よって $\operatorname{Ker} p^{a'-a} = \operatorname{Ker} F^{2(a'-a)}$ であり，このときも E は超特異である．$a' <$

$e/2 < a$ のときも同様である. 以上より, 共通部分 $C_a \cap C_{a'}$ は C_a^{ss} の閉部分スキームである.

$C_a^{ss} \subset C_a \cap C_{a'}$ を示す. G を C_a^{ss} 上の普遍巡回部分群スキームとする. $a, a' \leq e/2$ なら, $G = \operatorname{Ker} p^a F^{b-a} = \operatorname{Ker} p^{a'} F^{b'-a'}$ だから $C_a^{ss} \subset C_{a'}$ である. $a, a' \geq e/2$ のときも同様に $C_a^{ss} \subset C_{a'}$ である. $a < e/2 < a'$ とすると, $E \to E' = E/G$ の双対の核は $\operatorname{Ker} p^a V^{b-a} = \operatorname{Ker} p^{b'} F^{a'-b'}$ であり, このときも $C_a^{ss} \subset C_{a'}$ である. $a' < e/2 < a$ のときも同様である. ∎

系 8.58 $e = 1$ なら, $\mathbb{Z}\left[\frac{1}{r}\right]$ 上の正則代数曲線 $Y_{0,*}(N, r)_{\mathbb{Z}[\frac{1}{r}]}$ は p で準安定である. ファイバー $Y_{0,*}(N, r)_{\mathbb{F}_p}$ は, C_0 と C_1 の和である.

［証明］ 系 8.56, 命題 8.57 と補題 B.8 より明らかである. ∎

［定理 8.32 の証明］ 1.-3. の証明は定理 8.34 の証明と同様だから省略する.

4. $r \geq 3$ を p と素な自然数とする. $Y_{0,*}(Mp, r)_{\mathbb{Z}[\frac{1}{r}]}$ への $GL_2(\mathbb{Z}/r\mathbb{Z})$ の作用について, 各ファイバーの各既約成分の生成点での惰性群は, 補題 8.41.2. より, $\{\pm 1\}$ である. よって, 系 8.58 と系 B.11.2. より, $Y_0(Mp)$ は p で弱準安定であり, $j_0, j_1 : Y_0(M)_{\mathbb{F}_p} \to Y_0(Mp)_{\mathbb{F}_p}$ は閉埋め込みである. j_0 の像 C_0 と j_1 の像 C_1 の共通部分は, $Y_0(M)_{\mathbb{F}_p}^{ss} = Y_{0,*}(M, r)_{\mathbb{F}_p}^{ss}/GL_2(\mathbb{Z}/r\mathbb{Z})$ である.

$x = [(E, C)] \in Y_0(M)_{\mathbb{F}_p}^{ss}$ を $Y_0(Mp)_{\mathbb{F}_p}$ の通常 2 重点とする. $x' = [(E, C, \alpha)] \in Y_{0,*}(M, r)_{\mathbb{F}_p}^{ss}$ を x の逆像の点とし, $\eta = [(E_0, C_0, \alpha_0)]$ を $Y_{0,*}(N, r)_{\mathbb{Z}[\frac{1}{r}]}$ の生成点とする. このとき, x' の惰性群 $I_{x'}$ は, 単射 $\operatorname{Aut}(E_{\overline{\mathbb{F}}_p}, C_{\overline{\mathbb{F}}_p}) \to GL_2(\mathbb{Z}/r\mathbb{Z})$ の像であり, 補題 8.41 より, η の惰性群 I_η は $\{\pm 1\} \subset GL_2(\mathbb{Z}/r\mathbb{Z})$ である. したがって, 系 B.11.2. より, x の指数は $[I_{x'} : I_\eta] = \sharp \operatorname{Aut}(E_{\overline{\mathbb{F}}_p}, C_{\overline{\mathbb{F}}_p})/\{\pm 1\}$ に等しい. ∎

モジュラー曲線の間の射を定義する.

命題 8.59 S をスキーム, E を S 上の楕円曲線とする. $N = MdM' \geq 1$ を自然数とする.

1. P を E の位数がちょうど N の切断とする. $P'' = (N/d)P$ は位数がちょうど d である. $H = \sum_{i=0}^{d-1} [iP'']$ とすると, $M'P$ の $E' = E/H$ での像 P' は位数がちょうど M の切断である.

§8.8 モジュラー曲線 $Y_0(N)_\mathbb{Z}$ ―― 243

2. C を E の位数 N の巡回部分群スキームとする．E の位数 d の巡回部分群スキーム H で，S 上平坦局所的に C の生成元の N/d 倍を生成元としてもつものがただ 1 つ存在する．さらに，$E'=E/H$ の位数 M の巡回部分群スキーム C' で，S 上平坦局所的に C の生成元の M' 倍の像を生成元としてもつものがただ 1 つ存在する．

[証明] 1. $r \geqq 3$ を N と素な自然数とし，$S = Y_{1,*}(N,r)_{\mathbb{Z}[\frac{1}{r}]}$ で E が S 上の普遍楕円曲線，P が位数がちょうど N の普遍切断のときに示せばよい．$S\left[\frac{1}{N}\right]$ 上は明らかである．よって，系 A.44.2. を，E の閉部分スキーム $M_1(d)_E$ と切断 P'' および E' の閉部分スキーム $M_1(M)_{E'}$ と切断 P' に適用すればよい．

2. $X = C^\times$ とおく．$S' = M_0(d)_E$ とおき，H を $E_{S'}$ の位数 d の普遍巡回部分群スキームとし，$E' = E_{S'}/H$ とおく．さらに，$Y = M_0(M)_{E'}$ とおく．1. より，X 上の C の普遍生成元 P に対し $\langle M'P \rangle \subset E_X / \left(\sum_{i=0}^{d-1} \left[i\frac{N}{d} P \right] \right)$ を対応させることで，S 上の射 $f \colon X \to Y$ が定まる．Y の S 上の切断 $g \colon S \to Y$ で，$f \colon X \to Y$ が $h \colon X \to S$ と $g \colon S \to Y$ の合成となるものが存在することをいえばよい．$h \colon X \to S$ は忠実平坦だから，$g \colon S \to Y$ は存在すれば一意的である．

存在を示す．$r \geqq 3$ を N と素な自然数とする．主張は S 上平坦局所的だから，$E[r]$ の基底 α があるとしてよい．(E, C, α) は，射 $S \to Y_{0,*}(N,r)_{\mathbb{Z}[\frac{1}{r}]}$ を定める．よって $S = Y_{0,*}(N,r)_{\mathbb{Z}[\frac{1}{r}]}$ のときに示せばよい．$S_{\mathbb{Z}[\frac{1}{N}]}$ 上は明らかである．よって，補題 A.45 を適用すればよい． ∎

(E, P) の同型類に，(E', P') の同型類を対応させることで，関手の射

(8.52) $$s_d \colon \mathcal{M}_1(N) \longrightarrow \mathcal{M}_1(M)$$

が定まる．同様に (E, C) の同型類に，(E', C') の同型類を対応させることで，関手の射

(8.53) $$s_d \colon \mathcal{M}_0(N) \longrightarrow \mathcal{M}_0(M)$$

が定まる．

補題 8.60 $Md \mid N \geqq 1$ を自然数とする．関手の射 s_d が定めるモジュラー

曲線の射

(8.54)
$$s_d: Y_1(N)_\mathbb{Z} \longrightarrow Y_1(M)_\mathbb{Z},$$
$$s_d: Y_0(N)_\mathbb{Z} \longrightarrow Y_0(M)_\mathbb{Z}$$

は有限である.

[証明] 射 $s_d: Y_1(N)_\mathbb{Z} \to Y_1(M)_\mathbb{Z}$ が有限であることを示す. $r \geq 3$ を N と素な自然数とする. $s_d: Y_1(N)_\mathbb{Z} \to Y_1(M)_\mathbb{Z}$ と同様に, $s_d: Y_{1,*}(N,r)_{\mathbb{Z}[\frac{1}{r}]} \to Y_{1,*}(M,r)_{\mathbb{Z}[\frac{1}{r}]}$ が定義される. この射が有限なことを示す. (E,P,α) を $S = Y_{1,*}(M,r)_{\mathbb{Z}[\frac{1}{r}]}$ 上の普遍レベル構造つき楕円曲線とする. $A = M_0(d)_E$ とし, $G \subset E_A$ を A 上の位数 d の普遍巡回部分群スキームとする. $E' = E_A/G$ とおき, $g: E' \to E_A$ を $E_A \to E' = E_A/G$ の双対とする. $B = M_1(N)_{E'}$ とおき, $P': B \to E'_B$ を位数がちょうど N の普遍切断とする. $g\left(\frac{N}{Md}P'\right) = P$ かつ $\frac{N}{d}P'$ が $g: E'_B \to E_B$ の核の生成元であるという条件は, B 上の閉条件である. この条件で定まる B の閉部分スキームを C とおく. C は, 命題 8.54 と系 8.24 より, S 上有限である. $\alpha'_C: (\mathbb{Z}/r\mathbb{Z})^2 \to E'_C[r]$ を, α と同型 $g: E'_C[r] \to E_C[r]$ の逆の合成とすると, 組 (E'_C, P'_C, α'_C) は, 射 $C \to Y_{1,*}(N,r)_{\mathbb{Z}[\frac{1}{r}]}$ を定める.

射 $C \to Y_{1,*}(N,r)_{\mathbb{Z}[\frac{1}{r}]}$ は同型であり, $s_d: Y_{1,*}(N,r)_{\mathbb{Z}[\frac{1}{r}]} \to Y_{1,*}(M,r)_{\mathbb{Z}[\frac{1}{r}]}$ は, これの逆射と標準射 $C \to Y_{1,*}(M,r)_{\mathbb{Z}[\frac{1}{r}]}$ の合成であることを示す. 逆射 $Y_{1,*}(N,r)_{\mathbb{Z}[\frac{1}{r}]} \to C$ を定義する. (E', P', α') を $Y_{1,*}(N,r)_{\mathbb{Z}[\frac{1}{r}]}$ 上のレベル構造つき普遍楕円曲線とする. $g: E' \to E = E'/\langle \frac{N}{d}P' \rangle$ の双対 $E \to E'$ は, s_d を延長する射 $Y_{1,*}(N,r)_{\mathbb{Z}[\frac{1}{r}]} \to A$ を定める. 普遍切断 P' は $Y_{1,*}(N,r)_{\mathbb{Z}[\frac{1}{r}]} \to C \subset B$ を定める. これが逆射を与えることは容易に確かめられる. よって, $s_d: Y_{1,*}(N,r)_{\mathbb{Z}[\frac{1}{r}]} \to Y_{1,*}(M,r)_{\mathbb{Z}[\frac{1}{r}]}$ は有限である. $r \geq 3$ は N と素な任意の自然数だったから, 商をとって射 $s_d: Y_1(N)_\mathbb{Z} \to Y_1(M)_\mathbb{Z}$ も有限である.

射 $s_d: Y_0(N)_\mathbb{Z} \to Y_0(M)_\mathbb{Z}$ についても同様である. ∎

例 8.61 $Y_0(4)_\mathbb{Z}$ は $Y_1(4)_\mathbb{Z}$ のダイアモンド作用素 $(\mathbb{Z}/4\mathbb{Z})^\times = \{\langle \pm 1 \rangle\}$ による商だから, $Y_0(4)_\mathbb{Z} = Y_1(4)_\mathbb{Z}$ である.

$$Y_1(4)_\mathbb{Z} = Y_0(4)_\mathbb{Z} = \mathrm{Spec}\,\mathbb{Z}[s,t,u]/(st-2^8,\, u(s+2^4)-2^4 t,\, u(t+2^4)-t^2)$$

§8.8 モジュラー曲線 $Y_0(N)_\mathbb{Z}$ —— 245

を示す．定理 8.34 のあとの注意より，$Y_1(4)_\mathbb{Z}$ は $Y_1(4)_{\mathbb{Z}[\frac{1}{4}]}$ での $Y(1)_\mathbb{Z} = \operatorname{Spec}\mathbb{Z}[j]$ の整閉包である．$A = \mathbb{Z}[s,t,u]/(st-2^8, u(s+2^4)-2^4 t, u(t+2^4)-t^2)$ とおく．$A\left[\frac{1}{2}\right] = \mathbb{Z}\left[\frac{1}{2}\right]\left[s, \frac{1}{s(s+2^4)}\right]$ である．これは，$s \mapsto 4(d-4)$ により，$\mathbb{Z}\left[\frac{1}{4}, d, \frac{1}{d(d-4)}\right]$ と同型である．これにより，$Y_1(4)_{\mathbb{Z}[\frac{1}{4}]} = \operatorname{Spec} A\left[\frac{1}{2}\right]$ と同一視する．

A が整閉整域であることを示す．$A\left[\frac{1}{2}\right] = \mathbb{Z}\left[\frac{1}{2}\right]\left[s, \frac{1}{s(s+2^4)}\right]$ は整閉整域である．$A/2A = \mathbb{F}_2[s,t,u]/(st,us,(u-t)t) = \mathbb{F}_2[s,t,u-t]/(st,(u-t)s,(u-t)t)$ は，$s \mapsto (0,0,s)$, $t \mapsto (t,0,0)$, $u \mapsto (t,u,0)$ により，$\mathbb{F}_2[t] \times \mathbb{F}_2[u] \times \mathbb{F}_2[s]$ の部分環 $\{(f,g,h) \in \mathbb{F}_2[t] \times \mathbb{F}_2[u] \times \mathbb{F}_2[s] \mid f(0) = g(0) = h(0)\}$ と同型である．よって，$A/2A$ は被約である．極大イデアル $m = (2,s,t,u)$ をのぞき，$\operatorname{Spec} A$ は $\mathbb{Z}$ 上スムーズである．よって，補題 A.41 より A は整閉整域である．

$k = s(s+2^4) = 2^4 d(d-4)$ とおくと，$ku = 2^{12}$ である．(8.26) より，j 不変量が定める射 $j \colon Y_1(4)_{\mathbb{Z}[\frac{1}{4}]} \to Y(1)_\mathbb{Z}$ は，

$$\mathbb{Z}[j] \to \qquad A\left[\frac{1}{2}\right] \qquad\supset\qquad A$$
$$\cup\mid \qquad\qquad \cup\mid \qquad\qquad\qquad \cup\mid$$
$$j \;\mapsto\; 2^8 \cdot \frac{(d^2-4d+1)^3}{d(d-4)} = \frac{(k+2^4)^3}{k} = k^2 + 3\cdot 2^4 k + 3\cdot 2^8 + u$$

で定まる．$\mathbb{Z}[j]$ の $A\left[\frac{1}{2}\right]$ の中での整閉包が，A であることを示す．A は整閉だから，生成元 s,t,u,k が $\mathbb{Z}[j]$ 上整なことを示せばよい．$s(s+2^4) = k$ かつ $(k+2^4)^3 = jk$ だから，k,s は $\mathbb{Z}[j]$ 上整である．さらに，$u = j - (k^2 + 3\cdot 2^4 k + 3\cdot 2^8)$ かつ $t^2 = u(t+2^4)$ だから，u, t も $\mathbb{Z}[j]$ 上整である．よって，以上より，$Y_1(4)_\mathbb{Z} = \operatorname{Spec} A$ が示された．

中間被覆 $Y_1(2)_\mathbb{Z}$ は $\operatorname{Spec} \mathbb{Z}[k,u]/(ku-2^{12})$ である．環の全射 $A/2A \to \mathbb{F}_2[t]$, $A/2A \to \mathbb{F}_2[u]$, $A/2A \to \mathbb{F}_2[s]$ は，それぞれ閉部分スキーム $C_0, C_1, C_2 \subset Y_0(4)_{\mathbb{F}_2}$ を定める．$t \mapsto j, u \mapsto j, s \mapsto j$ により同型 $j_i \colon Y(1)_{\mathbb{F}_2} \to C_i$ $(i=0,1,2)$ が定まる．

Atkin-Lehner 対合 $w_4 \colon Y_0(4)_\mathbb{Z} \to Y_0(4)_\mathbb{Z}$ は，$s \mapsto t$, $t \mapsto s$, $u \mapsto v = s+t-$

$u-2^4$ で定まる. $w_4: Y_0(4)_{\mathbb{Z}[\frac{1}{4}]} \to Y_0(4)_{\mathbb{Z}[\frac{1}{4}]}$ が, $d \mapsto \dfrac{4d}{d-4}$ で定まることを示せばよい. $\mathbb{Z}\left[\sqrt{-1}, \dfrac{1}{4}\right]$ に係数拡大して, $w_4: Y_1(4)_{\mathbb{Z}[\sqrt{-1},\frac{1}{4}]} \to Y_1(4)_{\mathbb{Z}[\sqrt{-1},\frac{1}{4}]}$ を求めればよい. $P=(1,1) \in E$ を位数 4 の普遍切断とする. 普遍楕円曲線 $E: dy^2 = x(x^2+(d-2)x+1)$ の商 $E' = E/\langle 2P \rangle$ は, $dy'^2 = x'(x'+d)(x'+4)$ である. $E \to E'$ は $x' = x + \dfrac{1}{x} - 2$, $y' = \dfrac{y}{x}\left(x - \dfrac{1}{x}\right)$ で定義される. さらに, $E'' = E/\langle P \rangle$ は, $dy''^2 = x''(x''^2 - 2(d+4)x'' + (d-4)^2)$ である. $E' \to E''$ は $x'' = x' + d + 4 + \dfrac{4d}{x'}$, $y'' = \dfrac{y'}{x'}\left(x' - \dfrac{4d}{x'}\right)$ で定義される. $x'' = -(d-4)x_1$, $y'' = (d-4)2\sqrt{-1}\,y_1$ とおきなおすと, E'' は $\dfrac{4d}{d-4}y_1^2 = x_1\left(x_1^2 + \dfrac{2(d+4)}{d-4}x_1 + 1\right)$ で定義される. E'' の普遍切断は $(1,1)$ で与えられるから, $w_4^*(d) = \dfrac{4d}{d-4}$ である.

$s_4 = s_1 \circ w_4: Y_0(4)_{\mathbb{Z}} \to Y(1)_{\mathbb{Z}}$ は $l = t(t+2^4)$, $v = s+t-u-2^4$ とおけば, $j \mapsto l^2 + 3 \cdot 2^4 l + 3 \cdot 2^8 + v$ で定まる. E' の j 不変量は $j(E') = 2^4 \dfrac{(d^2-4d+16)^3}{d^2(d-4)^2} = \dfrac{(k+2^8)^3}{k^2} = k + 3 \cdot 2^8 + 3 \cdot 2^4 u + u^2$ だから, $s_2: Y_0(4)_{\mathbb{Z}} \to Y(1)_{\mathbb{Z}}$ は $j \mapsto k + 3 \cdot 2^8 + 3 \cdot 2^4 u + u^2$ で定まる. $j = s_1^* j$, $s_2^* j$, $s_4^* j$ の $\mathbb{F}_2[t] \times \mathbb{F}_2[u] \times \mathbb{F}_2[s]$ での像はそれぞれ (t, u, s^4), (t^2, u^2, s^2), (t^4, u, s) である. □

§8.9 コンパクト化

この本では, モジュラー曲線 $Y_0(N)_{\mathbb{Z}}$, $Y_1(N)_{\mathbb{Z}}$ のコンパクト化 $X_0(N)_{\mathbb{Z}}$, $X_1(N)_{\mathbb{Z}}$ を, j 直線の整閉包として定義する. これらのモジュライとしての意味も調べられているが, この本ではふれない.

定義 8.62 $N \geq 1$ を自然数とする.

1. スキーム $X_0(N)_{\mathbb{Z}}$ を, $j: Y_0(N)_{\mathbb{Z}} \to \mathbb{A}^1_{\mathbb{Z}}$ に関する $\mathbb{P}^1_{\mathbb{Z}}$ の整閉包と定義する.

2. スキーム $X_1(N)_{\mathbb{Z}}$ を, $j: Y_1(N)_{\mathbb{Z}} \to \mathbb{A}^1_{\mathbb{Z}}$ に関する $\mathbb{P}^1_{\mathbb{Z}}$ の整閉包と定義する. □

この節では, $X_0(N)_{\mathbb{Z}}$ と $X_1(N)_{\mathbb{Z}}$ について次の基本的な定理を証明する.

定理 8.63 $N \geqq 1$ を自然数とする.

1. $X_0(N)_{\mathbb{Z}}$ は, $\mathbb{Z}$ 上の正規射影代数曲線であり, その各幾何的ファイバーは連結である.

2. $p \nmid N$ を素数とする. このとき, $X_0(N)_{\mathbb{Z}}$ は p でスムーズである. ファイバー $X_0(N)_{\mathbb{F}_p} = X_0(N)_{\mathbb{Z}} \otimes_{\mathbb{Z}} \mathbb{F}_p$ は $Y_0(N)_{\mathbb{F}_p}$ のスムーズなコンパクト化である.

3. $N = Mp, p \nmid M$ なら, $X_0(N)_{\mathbb{Z}}$ は p で弱準安定である. 閉埋め込み $j_0: Y_0(M)_{\mathbb{F}_p} \to Y_0(N)_{\mathbb{F}_p}, j_1: Y_0(M)_{\mathbb{F}_p} \to Y_0(N)_{\mathbb{F}_p}$ は, 閉埋め込み $j_0: X_0(M)_{\mathbb{F}_p} \to X_0(N)_{\mathbb{F}_p}, j_1: X_0(M)_{\mathbb{F}_p} \to X_0(N)_{\mathbb{F}_p}$ に延長される. ファイバー $X_0(N)_{\mathbb{F}_p}$ は, 閉埋め込み j_0 の像 $\overline{C}_0$ と j_1 の像 $\overline{C}_1$ の合併であり, $\overline{C}_0$ と $\overline{C}_1$ の共通部分は, $\mathcal{M}_0(M)^{\mathrm{ss}}_{\overline{\mathbb{F}}_p}$ の粗モジュライ $Y_0(M)^{\mathrm{ss}}_{\overline{\mathbb{F}}_p}$ である. 通常 2 重点 $x = [(E,C)] \in Y_0(M)^{\mathrm{ss}}_{\overline{\mathbb{F}}_p}$ の指数は $\mathrm{Aut}(E_{\overline{\mathbb{F}}_p}, C_{\overline{\mathbb{F}}_p})/\{\pm 1\}$ の位数である. □

定理 8.63 を使って, 超特異楕円曲線の同型類の個数 $\deg Y(1)^{\mathrm{ss}}_{\overline{\mathbb{F}}_p}$ が計算される.

系 8.64 p を素数とする. $Y(1)^{\mathrm{ss}}_{\overline{\mathbb{F}}_p} \neq \varnothing$ である. $\overline{\mathbb{F}}_p$ 上の超特異楕円曲線の同型類の個数は $\deg Y(1)^{\mathrm{ss}}_{\overline{\mathbb{F}}_p}$ と等しく,

$$1 + g_0(p) = 1 + \frac{p-a}{12} \quad (p \equiv a = 2, 3, 5, 7, -1, 13 \bmod 12 \text{ のとき})$$

である.

[証明] 定理 8.63 より, $X_0(p)_{\mathbb{F}_p} = \overline{C}_0 \cup \overline{C}_1$ は連結である. よって, $\overline{C}_0 \cap \overline{C}_1 = Y(1)^{\mathrm{ss}}_{\overline{\mathbb{F}}_p}$ は空でない. 粗モジュライ $Y(1)^{\mathrm{ss}}_{\overline{\mathbb{F}}_p}$ は被約だから, $\deg Y(1)^{\mathrm{ss}}_{\overline{\mathbb{F}}_p} = \#Y(1)^{\mathrm{ss}}_{\overline{\mathbb{F}}_p}(\overline{\mathbb{F}}_p)$ である.

$\{\overline{\mathbb{F}}_p$ 上の超特異楕円曲線の同型類$\} = \mathcal{M}(1)^{\mathrm{ss}}_{\overline{\mathbb{F}}_p}(\overline{\mathbb{F}}_p) = Y(1)^{\mathrm{ss}}_{\overline{\mathbb{F}}_p}(\overline{\mathbb{F}}_p)$ である. 系 D.21.1. と $g_0(1) = 0$ より, $g_0(p) = \deg Y(1)^{\mathrm{ss}}_{\overline{\mathbb{F}}_p} - 1$ である. 命題 2.15 と補題 2.14 より,

$$g_0(p) = 1 + \frac{1}{12}(p+1) - \frac{1}{2} \cdot 2 - \frac{1}{3}\begin{cases} 0 \ (p \equiv 2 \bmod 3) \\ 1 \ (p = 3) \\ 2 \ (p \equiv 1 \bmod 3) \end{cases} - \frac{1}{4}\begin{cases} 0 \ (p \equiv 3 \bmod 4) \\ 1 \ (p = 2) \\ 2 \ (p \equiv 1 \bmod 4) \end{cases}$$

である. ∎

例 8.65 例 8.6 より，$p \equiv -1 \bmod 4$ なら，j 不変量が 1728 の $\mathbb{F}_p$ 上の楕円曲線 E は超特異であり，$p \equiv -1 \bmod 3$ なら，j 不変量が 0 の E は超特異である．したがって，補題 8.41 と系 8.64 より，

$$\sum_{\text{超特異楕円曲線 } E \text{ の同型類}} \frac{1}{\sharp \operatorname{Aut} E} = \frac{p-1}{24}$$

が得られる．

素数 p に対し，$\overline{\mathbb{F}}_p$ 上の超特異な楕円曲線の同型類の個数と，その j 不変量の値は次のようになっている．

p	2	3	5	7	11	13	17	19	…
超特異楕円曲線の同型類の個数	1	1	1	1	2	1	2	2	…
超特異楕円曲線の j 不変量	0	0	0	-1	0, 1	5	0, 8	$-1, 7$	…
各点の指数 $=\frac{1}{2}\sharp\operatorname{Aut}(E)$	12	6	3	2	3, 2	1	3, 1	2, 1	…

□

定理 8.66 $N \geqq 1$ を自然数とする．

1. $X_1(N)_{\mathbb{Z}}$ は，$\mathbb{Z}$ 上の正規射影代数曲線であり，その各幾何的ファイバーは連結である．

2. $p \nmid N$ を素数とする．このとき，$X_1(N)_{\mathbb{Z}}$ は p でスムーズである．ファイバー $X_1(N)_{\mathbb{F}_p} = X_1(N)_{\mathbb{Z}} \otimes_{\mathbb{Z}} \mathbb{F}_p$ は $Y_1(N)_{\mathbb{F}_p}$ のスムーズなコンパクト化である．

□

コンパクト化の記述のため，Tate 曲線を定義する．第 2 章 (2.34) で，偶数 $k \geqq 2$ に対し，$E_k(q) = 1 + \dfrac{2}{\zeta(1-k)} \sum_{n=1}^{\infty} \sigma_{k-1}(n) q^n \in \mathbb{Q}[[q]]$ と定義した．$\sigma_{k-1}(n) = \sum_{d \mid n} d^{k-1}$ である．巾級数体 $\mathbb{Q}((q))$ 上の楕円曲線を方程式

(2.35) $$y^2 = 4x^3 - \frac{1}{12} E_4(q) x + \frac{1}{216} E_6(q)$$

で定義した．$x = x' + \dfrac{1}{12}, y = 2y' + x'$ と変数変換すると，方程式 (2.35) は，

(8.55)
$$y'^2 + x'y' = x'^3 - \frac{1}{48}(E_4(q) - 1) x' - \frac{1}{4 \cdot 12^2}(E_4(q) - 1) + \frac{1}{4 \cdot 216}(E_6(q) - 1)$$

となる．$s_k(q) = \sum_{n=1}^{\infty} \sigma_{k-1}(n)q^n = \dfrac{\zeta(1-k)}{2}(E_k(q)-1) \in \mathbb{Z}[[q]]$ とおく．$\zeta(-3) = \dfrac{1}{120}$, $\zeta(-5) = -\dfrac{1}{252}$ だから，(8.55)の右辺の1次の項の係数は $-5s_4(q)$ であり，定数項は $-\dfrac{1}{12}(5s_4(q)+7s_6(q))$ である．

問 $\dfrac{1}{12}(5s_4(q)+7s_6(q)) \in \mathbb{Z}[[q]]$ である．このことを確かめよ．$\mathbb{Z}((q)) = \mathbb{Z}[[q]][q^{-1}]$ とおくと，方程式

$$(8.56) \qquad y^2 + xy = x^3 - 5s_4(q)x - \dfrac{1}{12}(5s_4(q)+7s_6(q))$$

は $\mathbb{Z}((q))$ 上の楕円曲線を定義することを示せ．

定義 8.67 方程式(8.56)で定義される $\mathbb{Z}((q)) = \mathbb{Z}[[q]][q^{-1}]$ 上の楕円曲線 E_q を **Tate 曲線**(Tate curve) とよぶ． □

補題 8.68 Tate 曲線 E_q が定める射 $e: \operatorname{Spec} \mathbb{Z}((q)) \to Y(1)_\mathbb{Z} = \mathbb{A}^1_\mathbb{Z}$ は一意的に $\bar{e}: \operatorname{Spec} \mathbb{Z}[[q]] \to X(1)_\mathbb{Z} = \mathbb{P}^1_\mathbb{Z}$ に延長される．$X(1)_\mathbb{Z}|_\infty^\wedge$ を $X(1)_\mathbb{Z} = \mathbb{P}^1_\mathbb{Z}$ の ∞ に沿っての完備化とすると，$\bar{e}$ は同型 $\hat{e}: \operatorname{Spec} \mathbb{Z}[[q]] \to X(1)_\mathbb{Z}|_\infty^\wedge$ をひきおこす．

［証明］ 第2章例2.37でみたように，Tate 曲線の j 不変量は

$$j(q) = \dfrac{E_4(q)^3}{\Delta(q)} = \dfrac{1}{q} + 744 + 196884q + 21493760q^2 + \cdots$$

である．$\Delta(q) = q \prod_{n=1}^{\infty}(1-q^n)^{24} \in q\mathbb{Z}[[q]]^\times$ であり，$E_4(q) \in 1+\mathbb{Z}[[q]] \subset \mathbb{Z}[[q]]^\times$ だから，$j(q) \in \dfrac{1}{q} \cdot \mathbb{Z}[[q]]^\times$ である．主張は，これより明らかである． ∎

Tate 曲線の等分点に関する次の命題の証明は省略する．

命題 8.69 $N \geqq 1$ を自然数とする．Tate 曲線 E_q の N 分点のなす群スキーム $E_q[N]$ は，環の包含写像 $\mathbb{Z}[q,q^{-1}] \to \mathbb{Z}((q))$ による $T[N]$ (8.14)のひきもどしと同型である． □

以下，命題8.69の同型により，$E_q[N]$ と $T[N]$ のひきもどしを同一視する．$r \geqq 1$ を自然数とする．環の準同型 $\mathbb{Z}((q)) \to \mathbb{Z}\left[\dfrac{1}{r}, \zeta_r\right]((q_r))$ を $q \mapsto q_r^r$ で定め

る．この環の準同型による $\mathbb{Z}\left[\dfrac{1}{r},\zeta_r\right]((q_r))$ 上の Tate 曲線 E_q のひきもどしを E_{q_r} で表わす．$\mathbb{Z}\left[\dfrac{1}{r},\zeta_r\right]((q_r))$ 上の群スキームの同型 $\alpha_r\colon (\mathbb{Z}/r\mathbb{Z})^2 \to E_{q_r}[r] = T[r]\otimes_{\mathbb{Z}[q,q^{-1}]}\mathbb{Z}\left[\dfrac{1}{r},\zeta_r\right]((q_r))$ が $\alpha_r((1,0))=(0,\zeta_r)$, $\alpha_r((0,1))=(1,q_r)$ で定まる．(E_{q_r},α_r) の同型類が定める射 $e_r\colon \mathrm{Spec}\,\mathbb{Z}\left[\dfrac{1}{r},\zeta_r\right]((q_r)) \to Y(r)_{\mathbb{Z}[\frac{1}{r}]}$ を，Tate 曲線が定める射とよぶ．$e_1 = e$ である．

$a \in (\mathbb{Z}/r\mathbb{Z})^\times$, $b \in \mathbb{Z}/r\mathbb{Z}$ に対し，$\sigma_{a,b} = \begin{pmatrix} a & b \\ 0 & 1 \end{pmatrix} \in GL_2(\mathbb{Z}/r\mathbb{Z})$ とおく．部分群 $V(\mathbb{Z}/r\mathbb{Z}) \subset GL_2(\mathbb{Z}/r\mathbb{Z})$ を $V(\mathbb{Z}/r\mathbb{Z}) = \{\sigma_{a,b} \mid a \in (\mathbb{Z}/r\mathbb{Z})^\times,\ b \in \mathbb{Z}/r\mathbb{Z}\}$ で定める．$V(\mathbb{Z}/r\mathbb{Z}) \subset GL_2(\mathbb{Z}/r\mathbb{Z})$ の $\mathbb{Z}\left[\dfrac{1}{r},\zeta_r\right]((q_r))$ への作用を，$\sigma_{a,b}(\zeta_r) = \zeta_r^a$, $\sigma_{a,b}(q_r) = \zeta_r^b q_r$ で定める．$-1 \in GL_2(\mathbb{Z}/r\mathbb{Z})$ の作用を，自明な作用と定める．

系 8.70 $r \geq 1$ を自然数とする．Tate 曲線が定める射

$$e_r\colon \mathrm{Spec}\,\mathbb{Z}\left[\zeta_r, \dfrac{1}{r}\right]((q_r)) \to Y(r)_{\mathbb{Z}[\frac{1}{r}]}$$

は $V(\mathbb{Z}/r\mathbb{Z})\cdot\{\pm 1\} \subset GL_2(\mathbb{Z}/r\mathbb{Z})$ の作用と両立する．e_r がひきおこす可換図式

$$(8.57)\qquad \begin{array}{ccc} \coprod_{\sigma \in GL_2(\mathbb{Z}/r\mathbb{Z})/V(\mathbb{Z}/r\mathbb{Z})\cdot\{\pm 1\}} \mathrm{Spec}\,\mathbb{Z}\left[\zeta_r,\dfrac{1}{r}\right]((q_r)) & \longrightarrow & Y(r)_{\mathbb{Z}[\frac{1}{r}]} \\ \downarrow & & \downarrow \\ \mathrm{Spec}\,\mathbb{Z}\left[\dfrac{1}{r}\right]((q)) & \xrightarrow{\ e_1\ } & Y(1)_{\mathbb{Z}[\frac{1}{r}]} \end{array}$$

はカルテシアンである．

$e_r\colon \mathrm{Spec}\,\mathbb{Z}\left[\zeta_r, \dfrac{1}{r}\right]((q_r)) \to Y(r)_{\mathbb{Z}[\frac{1}{r}]}$ は $\bar{e}_r\colon \mathrm{Spec}\,\mathbb{Z}\left[\zeta_r, \dfrac{1}{r}\right][[q_r]] \to X(r)_{\mathbb{Z}[\frac{1}{r}]}$ に一意的に延長される．

[証明] $e_r\colon \mathrm{Spec}\,\mathbb{Z}\left[\zeta_r, \dfrac{1}{r}\right]((q_r)) \to Y(r)_{\mathbb{Z}[\frac{1}{r}]}$ が部分群 $V(\mathbb{Z}/r\mathbb{Z})\cdot\{\pm 1\} \subset GL_2(\mathbb{Z}/r\mathbb{Z})$ の作用と両立することは容易にわかる．図式(8.57)が定める射

$$\coprod_{\sigma \in GL_2(\mathbb{Z}/r\mathbb{Z})/V(\mathbb{Z}/r\mathbb{Z})\cdot\{\pm 1\}} \mathrm{Spec}\,\mathbb{Z}\left[\zeta_r,\dfrac{1}{r}\right]((q_r)) \to \mathrm{Spec}\,\mathbb{Z}\left[\dfrac{1}{r}\right]((q)) \times_{Y(1)_{\mathbb{Z}[\frac{1}{r}]}} Y(r)_{\mathbb{Z}[\frac{1}{r}]}$$

は，系 8.40.3. より，$\mathrm{Spec}\,\mathbb{Z}\left[\dfrac{1}{r}\right]((q))$ 上の $GL_2(\mathbb{Z}/r\mathbb{Z})/\{\pm 1\}$ 捻子の射であ

§8.9 コンパクト化―― 251

る．よってこれは同型である．

$\mathbb{Z}\bigl[\frac{1}{r}\bigr][[q]]$ の $\mathbb{Z}\bigl[\zeta_r,\frac{1}{r}\bigr]((q_r))$ での整閉包は $\mathbb{Z}\bigl[\zeta_r,\frac{1}{r}\bigr][[q_r]]$ である．よって，$e_r\colon \operatorname{Spec}\mathbb{Z}\bigl[\zeta_r,\frac{1}{r}\bigr]((q_r))\to Y(r)_{\mathbb{Z}[\frac{1}{r}]}$ は $\bar{e}_r\colon \operatorname{Spec}\mathbb{Z}\bigl[\zeta_r,\frac{1}{r}\bigr][[q_r]]\to X(r)_{\mathbb{Z}[\frac{1}{r}]}$ に一意的に延長される． ∎

ファイバー積 $\operatorname{Spec}\mathbb{Z}\bigl[\zeta_r,\frac{1}{r}\bigr]((q_r))\,{}_{e_r}\!\!\!\searrow\!\!\!\underset{Y(r)_{\mathbb{Z}[\frac{1}{r}]}}{\times} Y_{0,*}(N,r)_{\mathbb{Z}[\frac{1}{r}]}$ は，命題 8.26.1. より，環

(8.58) $\displaystyle\prod_{dd'=N}\mathbb{Z}\bigl[\zeta_r,\frac{1}{r}\bigr]((q_r))\otimes_{\mathbb{Z}((q))}\mathbb{Z}[\zeta_{d''}]((q))[T]/(T^{d_1}-\zeta_{d''}q^{d'_1})$

のスペクトルと同型である．この環の中での $\mathbb{Z}\bigl[\zeta_r,\frac{1}{r}\bigr][[q_r]]$ の整閉包を計算する．

補題 8.71 $m\geqq 1, r\geqq 1$ を自然数とし，$a,b\geqq 1$ をたがいに素な自然数とする．

1. 環の準同型 $\mathbb{Z}[q,q^{-1}]\to \mathbb{Z}\bigl[\zeta_r,\frac{1}{r}\bigr]((q_r))$ を，$q\mapsto q_r^r$ で定めると，テンソル積

(8.59) $\mathbb{Z}\bigl[\zeta_r,\frac{1}{r}\bigr]((q_r))\otimes_{\mathbb{Z}((q))}\mathbb{Z}[\zeta_m]((q))[T]/(T^a-\zeta_m q^b)$

は，

$$\prod_{g\in\operatorname{Gal}(\mathbb{Q}(\zeta_{m'})/\mathbb{Q})}\prod_{e\mid d_2}\prod_{h\in\operatorname{Gal}(\mathbb{Q}(\zeta_{ms})/\mathbb{Q}(\zeta_m))}\mathbb{Z}\bigl[\zeta_{mrd_1 e/m's},\frac{1}{r}\bigr]((q_r))[T]/(T^{a'}-\zeta_{md_1}^{1/d_2}\zeta_e q_r^{br'})$$

と同型である．ここで $m'=(m,r)$, $d=(a,r)$, $d'=(d,r/m')$ であり，$a=a'd$, $r=r'd$ とおいた．さらに $d=d_1 d_2$ (ただし，d_1 の素因数は m の素因数，$(m,d_2)=1$) であり，d_2 の約数 e に対し，s は r/m' と $d_1 e$ の最大公約数である．$\zeta_{md_1}^{1/d_2}$ は，$(\zeta_{md_1}^{1/d_2})^{d_2}=\zeta_{md_1}$ をみたす 1 の md_1 乗根を表わす．

2. $n\geqq 1$ を自然数とし，$r\mid mn$ とする．$\mathbb{Z}\bigl[\zeta_{mn},\frac{1}{r}\bigr]((q_r))[T]/(T^a-\zeta_m q^b)$ の中での $\mathbb{Z}\bigl[\zeta_r,\frac{1}{r}\bigr][[q_r]]$ の整閉包は $\mathbb{Z}\bigl[\zeta_{mn},\frac{1}{r}\bigr][[S]]$ と同型である．準同型 $\mathbb{Z}\bigl[\zeta_r,\frac{1}{r}\bigr][[q_r]]\to \mathbb{Z}\bigl[\zeta_{mn},\frac{1}{r}\bigr][[S]]$ は，a と素なある自然数 c によって，$q_r\mapsto \zeta_m^{-c}S^a$ で与えられる．

[証明] 1. $\mathbb{Z}\left[\zeta_r, \dfrac{1}{r}\right] \otimes_{\mathbb{Z}} \mathbb{Z}[\zeta_m]$ は $\mathbb{Q}(\zeta_r) \otimes_{\mathbb{Q}} \mathbb{Q}(\zeta_m) = \displaystyle\prod_{g \in \mathrm{Gal}(\mathbb{Q}(\zeta_{m'})/\mathbb{Q})} \mathbb{Q}(\zeta_{mr/m'})$ 内での $\mathbb{Z}\left[\dfrac{1}{r}\right]$ の整閉包だから, $\displaystyle\prod_{g \in \mathrm{Gal}(\mathbb{Q}(\zeta_{m'})/\mathbb{Q})} \mathbb{Z}\left[\zeta_{mr/m'}, \dfrac{1}{r}\right]$ である. よって, (8.59)の環は

$$\prod_{g \in \mathrm{Gal}(\mathbb{Q}(\zeta_{m'})/\mathbb{Q})} \mathbb{Z}\left[\zeta_{mr/m'}, \dfrac{1}{r}\right]((q_r))[T]/(T^a - \zeta_m q_r^{br})$$

である. さらに,

$$\mathbb{Z}\left[\zeta_{mr/m'}, \dfrac{1}{r}\right]((q_r))[T]/(T^a - \zeta_m q_r^{br})$$
$$= \left(\mathbb{Z}\left[\zeta_{mr/m'}, \dfrac{1}{r}\right]((q_r))[U]/(U^d - \zeta_m)\right)[T]/(T^{a'} - U q_r^{br'})$$

である. $d = d_1 d_2$ (ただし, d_1 の素因数は m の素因数, $(m, d_2) = 1$)と分解すると,

$$\mathbb{Q}(\zeta_{mr/m'})[U]/(U^d - \zeta_m) = \mathbb{Q}(\zeta_{mr/m'}) \otimes_{\mathbb{Q}(\zeta_m)} \mathbb{Q}(\zeta_m)[U]/(U^d - \zeta_m)$$
$$= \mathbb{Q}(\zeta_{mr/m'}) \otimes_{\mathbb{Q}(\zeta_m)} \mathbb{Q}(\zeta_{md_1})[U]/(U^{d_2} - \zeta_{md_1}) = \mathbb{Q}(\zeta_{mr/m'}) \otimes_{\mathbb{Q}(\zeta_m)} \prod_{e | d_2} \mathbb{Q}(\zeta_{md_1 e})$$
$$= \prod_{e | d_2} \prod_{h \in \mathrm{Gal}(\mathbb{Q}(\zeta_{ms})/\mathbb{Q}(\zeta_m))} \mathbb{Q}(\zeta_{mrd_1 e/m's})$$

(ただし, s は r/m' と $d_1 e$ の最大公約数)である. $\mathbb{Z}\left[\zeta_{mr/m'}, \dfrac{1}{r}\right][U]/(U^d - \zeta_m)$ は, $\mathbb{Q}(\zeta_{mr/m'})[U]/(U^d - \zeta_m)$ 内での $\mathbb{Z}\left[\dfrac{1}{r}\right]$ の整閉包だから, $\displaystyle\prod_{e|d_2} \prod_{h \in \mathrm{Gal}(\mathbb{Q}(\zeta_{ms})/\mathbb{Q}(\zeta_m))} \mathbb{Z}\left[\zeta_{mrd_1 e/m's}, \dfrac{1}{r}\right]$ である. $\zeta_{md_1}^{1/d_2}$ を, $(\zeta_{md_1}^{1/d_2})^{d_2} = \zeta_{md_1}$ をみたす 1 の md_1 乗根とすると, U の像の (e, h)-成分は $\zeta_{md_1}^{1/d_2} \zeta_e$ である. よって

$$\mathbb{Z}\left[\zeta_{mr/m'}, \dfrac{1}{r}\right]((q_r))[T]/(T^a - \zeta_m q_r^{br})$$
$$= \prod_{e|d_2} \prod_{h \in \mathrm{Gal}(\mathbb{Q}(\zeta_{ms})/\mathbb{Q}(\zeta_m))} \mathbb{Z}\left[\zeta_{mrd_1 e/m's}, \dfrac{1}{r}\right]((q_r))[T]/(T^{a'} - \zeta_{md_1}^{1/d_2} \zeta_e q_r^{br'})$$

である.

2. $bc - ad = 1$ をみたす自然数 c, d をとり, $\mathbb{Z}\left[\zeta_{mn}, \dfrac{1}{r}\right]$ 上の環の準同

型 $\mathbb{Z}\left[\zeta_{mn}, \frac{1}{r}\right]((q_r))[T]/(T^a - \zeta_m q_r^b) \to \mathbb{Z}\left[\zeta_{mn}, \frac{1}{r}\right]((S))$ を $q_r \mapsto \zeta_m^{-c} S^a$, $T \mapsto \zeta_m^{-d} S^b$ で定める．逆写像が $S \mapsto T^c q_r^{-d}$ で定まるから，これは同型である．$\mathbb{Z}\left[\zeta_{mn}, \frac{1}{r}\right][[S]]$ は $\mathbb{Z}\left[\zeta_r, \frac{1}{r}\right][[q_r]]$ 加群として有限生成だから，$\mathbb{Z}\left[\zeta_r, \frac{1}{r}\right][[q_r]]$ の整閉包は $\mathbb{Z}\left[\zeta_{mn}, \frac{1}{r}\right][[S]]$ である． ∎

定義 8.62 と同様に，$Y_{0,*}(N,r)_{\mathbb{Z}\left[\frac{1}{r}\right]}$ と $Y_{1,*}(N,r)_{\mathbb{Z}\left[\frac{1}{r}\right]}$ のコンパクト化を定義する．

定義 8.72 $N \geq 1$ を自然数，$r \geq 3$ を N と素な自然数とする．

1. $\mathbb{Z}\left[\frac{1}{r}\right]$ 上のスキーム $X_{0,*}(N,r)_{\mathbb{Z}\left[\frac{1}{r}\right]}$ を，$Y_{0,*}(N,r)_{\mathbb{Z}\left[\frac{1}{r}\right]} \to Y(1)_{\mathbb{Z}\left[\frac{1}{r}\right]}$ に関する $X(1)_{\mathbb{Z}\left[\frac{1}{r}\right]}$ の整閉包と定義する．

2. $\mathbb{Z}\left[\frac{1}{r}\right]$ 上のスキーム $X_{1,*}(N,r)_{\mathbb{Z}\left[\frac{1}{r}\right]}$ を，$Y_{1,*}(N,r)_{\mathbb{Z}\left[\frac{1}{r}\right]} \to Y(1)_{\mathbb{Z}\left[\frac{1}{r}\right]}$ に関する $X(1)_{\mathbb{Z}\left[\frac{1}{r}\right]}$ の整閉包と定義する．

$N = 1$ のときは，$X_{0,*}(N,r)_{\mathbb{Z}\left[\frac{1}{r}\right]} = X_{1,*}(N,r)_{\mathbb{Z}\left[\frac{1}{r}\right]}$ を，$X(r)_{\mathbb{Z}\left[\frac{1}{r}\right]}$ で表わす．
□

命題 8.73 $N \geq 1$ を自然数，$r \geq 3$ を N と素な自然数とする．

1. スキーム $X_{0,*}(N,r)_{\mathbb{Z}\left[\frac{1}{r}\right]}$ は，$\mathbb{Z}\left[\frac{1}{r}\right]$ 上の正則射影代数曲線である．$X_{0,*}(N,r)_{\mathbb{Z}\left[\frac{1}{r}\right]}$ は，$\mathbb{Z}\left[\frac{1}{Nr}\right]$ 上スムーズである．$\mathbb{Q}$ 上の代数曲線 $X_{0,*}(N,r)_{\mathbb{Q}} = X_{0,*}(N,r)_{\mathbb{Z}\left[\frac{1}{r}\right]} \otimes_{\mathbb{Z}\left[\frac{1}{r}\right]} \mathbb{Q}$ の定数体は $\mathbb{Q}(\zeta_r)$ である．

2. $p \nmid r$ を素数とし，$N = Mp^e$, $(p, M) = 1$ とする．

$0 \leq a \leq e$ に対し，閉埋め込み $j_a: Y_{0,*}(M,r)_{\mathbb{F}_p} \to Y_{0,*}(N,r)_{\mathbb{Z}\left[\frac{1}{r}\right]}$ は，閉埋め込み $j_a: X_{0,*}(M,r)_{\mathbb{F}_p} \to X_{0,*}(N,r)_{\mathbb{Z}\left[\frac{1}{r}\right]}$ に延長される．j_a の像を $\overline{C}_a$ とすると，$a \neq a'$ なら，$\overline{C}_a \cap \overline{C}_{a'} = C_a \cap C_{a'} \subset Y_{0,*}(N,r)_{\mathbb{Z}\left[\frac{1}{r}\right]}$ である．

さらに $e = 1$ ならば，$X_{0,*}(N,r)_{\mathbb{Z}\left[\frac{1}{r}\right]}$ は p で準安定であり，閉ファイバー $X_{0,*}(N,r)_{\mathbb{F}_p}$ は，$\overline{C}_0$ と $\overline{C}_1$ の和である．

[証明] 1. 系 8.56 より，$Y_{0,*}(N,r)_{\mathbb{Z}\left[\frac{1}{r}\right]}$ は正則であり，$Y_{0,*}(N,r)_{\mathbb{Z}\left[\frac{1}{Nr}\right]}$ は $\mathbb{Z}\left[\frac{1}{Nr}\right]$ 上スムーズである．$X(r)_{\mathbb{Z}\left[\frac{1}{r}\right]}|_\infty^\wedge$ を $X(r)_{\mathbb{Z}\left[\frac{1}{r}\right]}$ の $\infty = \mathbb{P}^1_\mathbb{Z} \backslash \mathbb{A}^1_\mathbb{Z}$ の逆像にそっての完備化とすると，補題 8.68 と系 8.70 より，同型

(8.60) $$\coprod_{\sigma \in GL_2(\mathbb{Z}/r\mathbb{Z})/V(\mathbb{Z}/r\mathbb{Z})\cdot\{\pm 1\}} \operatorname{Spec} \mathbb{Z}\Big[\zeta_r, \frac{1}{r}\Big][[q_r]] \to X(r)_{\mathbb{Z}[\frac{1}{r}]}|_\infty^\wedge$$

が得られる.$i_r\colon \operatorname{Spec}\mathbb{Z}\Big[\zeta_r,\frac{1}{r}\Big]\to X(r)_{\mathbb{Z}[\frac{1}{r}]}$を,$q_r\mapsto 0$で定まる閉埋め込みと,$e_r$ の延長 $\bar{e}_r\colon \operatorname{Spec}\mathbb{Z}\Big[\zeta_r,\frac{1}{r}\Big][[q_r]]\to X(r)_{\mathbb{Z}[\frac{1}{r}]}$ の合成とする.i_r は閉埋め込みである.$D_r\subset X(r)_{\mathbb{Z}[\frac{1}{r}]}$ を i_r の像とし,$D_{N,r}=D_r\times_{X(r)_{\mathbb{Z}[\frac{1}{r}]}}X_{0,*}(N,r)_{\mathbb{Z}[\frac{1}{r}]}$ とおく.補題 8.71 より,スキーム $X_{0,*}(N,r)_{\mathbb{Z}[\frac{1}{r}]}$ は,$D_{N,r}$ の近傍で正則であり,$\mathbb{Z}\Big[\frac{1}{Nr}\Big]$ 上ではスムーズである.さらに,任意の $\sigma\in GL_2(\mathbb{Z}/r\mathbb{Z})$ に対し,$X_{0,*}(N,r)_{\mathbb{Z}[\frac{1}{r}]}$ は,$\sigma^*(D_{N,r})$ の近傍で正則であり,$\mathbb{Z}\Big[\frac{1}{Nr}\Big]$ 上ではスムーズである.(8.60)より,

$$X_{0,*}(N,r)_{\mathbb{Z}[\frac{1}{r}]} \setminus Y_{0,*}(N,r)_{\mathbb{Z}[\frac{1}{r}]} = \coprod_{\sigma\in GL_2(\mathbb{Z}/r\mathbb{Z})/V(\mathbb{Z}/r\mathbb{Z})\cdot\{\pm 1\}} \sigma^*(D_{N,r})$$

である.よって,$X_{0,*}(N,r)_{\mathbb{Z}[\frac{1}{r}]}$ は,いたるところ正則であり,$\mathbb{Z}\Big[\frac{1}{Nr}\Big]$ 上ではスムーズである.$Y_{0,*}(N,r)_\mathbb{Q}$ の定数体は $\mathbb{Q}(\zeta_r)$ だから,$X_{0,*}(N,r)_\mathbb{Q}$ の定数体も $\mathbb{Q}(\zeta_r)$ である.

2. 1.より,$\mathbb{F}_p$ 上の射影代数曲線 $X_{0,*}(M,r)_{\mathbb{F}_p}$ は,$Y_{0,*}(M,r)_{\mathbb{F}_p}$ のスムーズなコンパクト化である.$X_{0,*}(N,r)_{\mathbb{Z}[\frac{1}{r}]}$ の被約閉部分スキーム $\overline{C}_a$ を,$j_a\colon Y_{0,*}(M,r)_{\mathbb{F}_p}\to Y_{0,*}(N,r)_{\mathbb{Z}[\frac{1}{r}]}$ の像 C_a の $X_{0,*}(N,r)_{\mathbb{Z}[\frac{1}{r}]}$ での閉包と定義する.$\overline{C}_a$ は,各 $\sigma\in GL_2(\mathbb{Z}/r\mathbb{Z})$ に対し,1.の証明より,$\sigma^*(D_{N,r})$ との共通部分の近傍で $\mathbb{F}_p$ 上スムーズである.よって,$\overline{C}_a$ も $Y_{0,*}(M,r)_{\mathbb{F}_p}$ のスムーズなコンパクト化であり,$X_{0,*}(M,r)_{\mathbb{F}_p}$ と同型である.さらに 1.の証明より,$X_{0,*}(N,r)_{\mathbb{F}_p}$ の被約化は,各 $\sigma\in GL_2(\mathbb{Z}/r\mathbb{Z})$ に対し,$\sigma^*(D_r)$ の逆像との共通部分の近傍でスムーズである.よって,$a\neq a'$ なら $\overline{C}_a$ と $\overline{C}_{a'}$ は,各 $\sigma^*(D_r)$ の逆像の近傍では交わらない.よって共通部分 $\overline{C}_a\cap\overline{C}_{a'}$ は,$Y_{0,*}(N,r)_{\mathbb{Z}[\frac{1}{r}]}$ に含まれる.

最後の $e=1$ の場合の主張は,上のことと系 8.58 より明らか. ∎

命題 8.74 $N\geq 1$ を自然数,$r\geq 3$ を N と素な自然数とする.

1. スキーム $X_{1,*}(N,r)_{\mathbb{Z}[\frac{1}{r}]}$ は,$\mathbb{Z}\Big[\frac{1}{r}\Big]$ 上の正則射影代数曲線である.

$X_{1,*}(N,r)_{\mathbb{Z}[\frac{1}{r}]}$ は $\mathbb{Z}\left[\dfrac{1}{Nr}\right]$ 上でスムーズである. $\mathbb{Q}$ 上の代数曲線 $X_{1,*}(N,r)_{\mathbb{Q}}$ $=X_{1,*}(N,r)_{\mathbb{Z}[\frac{1}{r}]}\otimes_{\mathbb{Z}[\frac{1}{r}]}\mathbb{Q}$ の定数体は $\mathbb{Q}(\zeta_r)$ である.

2. $p\nmid r$ を素数とし, $N=Mp^e$, $(p,M)=1$ とする. $0\leqq a\leqq e$ に対し, $\overline{\mathrm{Ig}}(Mp^a,r)_{\mathbb{F}_p}$ を $\mathbb{F}_p$ 上のスムーズ・アファイン代数曲線 $\mathrm{Ig}(Mp^a,r)_{\mathbb{F}_p}$ のスムーズなコンパクト化とする.

このとき, 閉埋め込み $j_a\colon \mathrm{Ig}(Mp^a,r)_{\mathbb{F}_p}\to Y_{1,*}(N,r)_{\mathbb{Z}[\frac{1}{r}]}$ は, 閉埋め込み $j_a\colon \overline{\mathrm{Ig}}(Mp^a,r)_{\mathbb{F}_p}\to X_{1,*}(N,r)_{\mathbb{Z}[\frac{1}{r}]}$ に延長される. $a\neq a'$ なら, j_a の像 $\overline{C}_a$ と $j_{a'}$ の像 $\overline{C}_{a'}$ の共通部分は $Y_{1,*}(N,r)_{\mathbb{Z}[\frac{1}{r}]}$ に含まれる. □

命題 8.74 の証明は命題 8.73 の証明と同様だから省略する.

[定理 8.63 の証明] 1. 定義より明らかに $X_0(N)_{\mathbb{Z}}$ は, $\mathbb{Z}$ 上の正規射影代数曲線である. 生成点上の幾何的ファイバー $X_0(N)_{\overline{\mathbb{Q}}}$ は, 定理 2.10.3. より連結である. したがって, $\Gamma(X_0(N)_{\mathbb{Q}},O)=\mathbb{Q}$ であり, $\Gamma(X_0(N)_{\mathbb{Z}},O)=\mathbb{Z}$ である. よって, 定理 A.16 より, $X_0(N)_{\mathbb{Z}}$ の各幾何的ファイバーは連結である.

2. $X_0(N)_{\mathbb{Z}}$ は, $X_{0,*}(N,r)_{\mathbb{Z}[\frac{1}{r}]}$ の $GL_2(\mathbb{Z}/r\mathbb{Z})$ による商をはり合わせて得られる. よって, 命題 8.73 と命題 B.10.1. より, $X_0(N)_{\mathbb{Z}[\frac{1}{N}]}$ は, $\mathbb{Z}\left[\dfrac{1}{N}\right]$ 上スムーズである. さらに, $p\nmid N$ なら, $X_0(N)_{\mathbb{F}_p}$ は, $X_{0,*}(N,r)_{\mathbb{F}_p}$ の商であり, $Y_0(N)_{\mathbb{F}_p}$ のスムーズなコンパクト化である.

3. 2. と同様に, 命題 8.73 と系 B.11.2. により, $N=Mp$, $p\nmid M$ なら, $X_0(N)_{\mathbb{Z}}$ は p で弱準安定である. 閉埋め込み $j_0,j_1\colon Y_0(M)_{\mathbb{F}_p}\to Y_0(N)_{\mathbb{Z}}$ の像 C_0, C_1 の $X_0(N)_{\mathbb{Z}}$ での閉包 $\overline{C}_0,\overline{C}_1$ は, カスプでも正則だから, どちらも $X_0(M)_{\mathbb{F}_p}$ と同型である. したがって, 閉埋め込み j_0,j_1 は, それぞれ閉埋め込み $j_0,j_1\colon X_0(M)_{\mathbb{F}_p}\to X_0(N)_{\mathbb{F}_p}$ に延長される. $X_0(N)_{\mathbb{F}_p}=\overline{C}_0\cup\overline{C}_1$ と, $\overline{C}_0\cap \overline{C}_1=Y_0(M)^{\mathrm{ss}}_{\mathbb{F}_p}$ は, 命題 8.73 より明らかである. ■

定理 8.66 の証明は同様だから省略する. 定理 8.63 と同様に次の定理 8.76 がなりたつ.

定義 8.75 $M\geqq 1, N\geqq 1$ をたがいに素な自然数とする.

$\mathbb{Z}$ 上の関手 $\mathcal{M}_{1,0}(M,N)$ を, スキーム T に対し, 集合

$$\mathcal{M}_{1,0}(M,N)(T) = \left\{ \begin{array}{l} T \text{ 上の楕円曲線 } E \text{ と, 位数がちょうど } M \text{ の} \\ E \text{ の切断 } P \text{ と, 位数が } N \text{ の } E \text{ の巡回部分群} \\ \text{スキーム } C \text{ の 3 つ組 } (E,P,C) \text{ の同型類} \end{array} \right\}$$

を対応させることで定める. □

素数 $p \nmid M$ に対し, 関手の制限の射 $j_0, j_1 : \mathcal{M}_1(M)_{\mathbb{F}_p} \to \mathcal{M}_{1,0}(M,p)_{\mathbb{F}_p}$ を, それぞれ $[(E,P)] \mapsto [(E,P,\mathrm{Ker}\, F)], [(E,P)] \mapsto [(E^{(p)}, P^{(p)}, \mathrm{Ker}\, V)]$ で定める.

定理 8.76 $M \geq 1, N \geq 1$ をたがいに素な自然数とする.

1. $\mathbb{Z}$ 上の関手 $\mathcal{M}_{1,0}(M,N)$ の粗モジュライ $Y_{1,0}(M,N)_{\mathbb{Z}}$ が存在する. $Y_{1,0}(M,N)_{\mathbb{Z}}$ は $\mathbb{Z}$ 上の正規アファイン連結代数曲線であり, j 不変量が定める射 $j : Y_{1,0}(M,N)_{\mathbb{Z}} \to \mathbb{A}^1_{\mathbb{Z}}$ は有限平坦である.

2. $N = p$ を素数とする. $j : Y_{1,0}(M,p)_{\mathbb{Z}} \to Y(1)_{\mathbb{Z}} = \mathbb{A}^1_{\mathbb{Z}}$ に関する $\mathbb{P}^1_{\mathbb{Z}}$ の整閉包 $X_{1,0}(M,p)_{\mathbb{Z}}$ は, p で弱準安定である. 関手の制限の射 $j_0, j_1 : \mathcal{M}_1(M)_{\mathbb{F}_p} \to \mathcal{M}_{1,0}(M,p)_{\mathbb{F}_p}$ は, 閉埋め込み $j_0, j_1 : Y_1(M)_{\mathbb{F}_p} \to Y_{1,0}(M,p)_{\mathbb{Z}}$ をひきおこす. $j_0, j_1 : Y_1(M)_{\mathbb{F}_p} \to Y_{1,0}(M,p)_{\mathbb{Z}}$ は, 閉埋め込み $j_0, j_1 : X_1(M)_{\mathbb{F}_p} \to X_{1,0}(M,p)_{\mathbb{Z}}$ に延長される. $X_{1,0}(M,p)_{\mathbb{F}_p}$ は, j_0 の像 $\overline{C}_0$ と j_1 の像 $\overline{C}_1$ の合併である. □

この定理の証明も省略する.

$j : Y_{1,0}(M,N)_{\mathbb{Z}} \to \mathbb{A}^1_{\mathbb{Z}}$ に関する $\mathbb{P}^1_{\mathbb{Z}}$ の整閉包 $X_{1,0}(M,N)_{\mathbb{Z}}$ を, $X_{0,1}(N,M)_{\mathbb{Z}}$ とも表わす. $X_{1,0}(M,N)_{\mathbb{Z}}$ は, $X_1(MN)_{\mathbb{Z}}$ の $(\mathbb{Z}/N\mathbb{Z})^\times \subset (\mathbb{Z}/MN\mathbb{Z})^\times$ による商である. $X_{1,0}(M,N)_{\mathbb{Z}}$ の $(\mathbb{Z}/M\mathbb{Z})^\times = (\mathbb{Z}/MN\mathbb{Z})^\times/(\mathbb{Z}/N\mathbb{Z})^\times$ による商は $X_0(MN)_{\mathbb{Z}}$ である. MN と素な自然数 $r \geq 3$ に対し, $X_{1,0,*}(M,N,r)_{\mathbb{Z}[\frac{1}{r}]}$ も同様に定義される.

定理 8.63.3. とは異なり, $X_1(Mp)_{\mathbb{Q}}, (p \nmid M)$ は p で準安定還元をもつとは限らないが, 定数拡大 $X_1(Mp)_{\mathbb{Q}(\zeta_p)} = X_1(Mp)_{\mathbb{Q}} \otimes_{\mathbb{Q}} \mathbb{Q}(\zeta_p)$ は, p の上にある素イデアルで準安定還元をもつ.

定理 8.77 p を素数とし, $M \geq 1$ を p と素な自然数, $r \geq 3$ を Mp と素な自然数とする.

スキーム $X_{1,*}(Mp,r)_{\mathbb{Z}[\frac{1}{r}]} \otimes_{\mathbb{Z}[\frac{1}{r}]} \mathbb{Z}\left[\frac{1}{r}, \zeta_p\right]$ の正規化を $X_{1,*}(Mp,r)^{\mathrm{bal}}_{\mathbb{Z}[\frac{1}{r}, \zeta_p]}$ と

する．$\mathbb{Z}\left[\frac{1}{r},\zeta_p\right]$ 上の代数曲線 $X_{1,*}(Mp,r)^{\mathrm{bal}}_{\mathbb{Z}\left[\frac{1}{r},\zeta_p\right]}$ は，素イデアル $\mathfrak{p}=(\zeta_p-1)$ で準安定である．閉埋め込み

(8.61) $\qquad j_0, j_1 \colon \overline{\mathrm{Ig}}(Mp,r)_{\mathbb{F}_p} \longrightarrow X_{1,*}(Mp,r)^{\mathrm{bal}}_{\mathbb{Z}\left[\frac{1}{r},\zeta_p\right]}$

で，次の条件をみたすものが存在する．

j_0, j_1 の像を C_0, C_1 とする．$X_{1,*}(Mp,r)^{\mathrm{bal}}_{\mathbb{Z}\left[\frac{1}{r},\zeta_p\right]} \otimes_{\mathbb{Z}[\zeta_p]} \mathbb{F}_p = C_0 \cup C_1$ かつ $C_0 \cap C_1 = C_0^{\mathrm{ss}}$ である．図式

(8.62)

$$\begin{array}{ccccc}
\overline{\mathrm{Ig}}(Mp,r)_{\mathbb{F}_p} & \longrightarrow & X_{1,*}(M,r)_{\mathbb{F}_p} & =\!=\!= & X_{1,*}(M,r)_{\mathbb{F}_p} \\
{\scriptstyle j_0}\downarrow & & {\scriptstyle j_0}\downarrow & & \downarrow{\scriptstyle j_0} \\
X_{1,*}(Mp,r)^{\mathrm{bal}}_{\mathbb{Z}\left[\frac{1}{r},\zeta_p\right]} & \longrightarrow & X_{1,*}(Mp,r)_{\mathbb{Z}\left[\frac{1}{r}\right]} & \longrightarrow & X_{1,0,*}(M,p,r)_{\mathbb{Z}\left[\frac{1}{r}\right]}, \\
\overline{\mathrm{Ig}}(Mp,r)_{\mathbb{F}_p} & =\!=\!= & \overline{\mathrm{Ig}}(Mp,r)_{\mathbb{F}_p} & \longrightarrow & X_{1,*}(M,r)_{\mathbb{F}_p} \\
{\scriptstyle j_1}\downarrow & & {\scriptstyle j_1}\downarrow & & \downarrow{\scriptstyle j_1} \\
X_{1,*}(Mp,r)^{\mathrm{bal}}_{\mathbb{Z}\left[\frac{1}{r},\zeta_p\right]} & \longrightarrow & X_{1,*}(Mp,r)_{\mathbb{Z}\left[\frac{1}{r}\right]} & \longrightarrow & X_{1,0,*}(M,p,r)_{\mathbb{Z}\left[\frac{1}{r}\right]}
\end{array}$$

は可換である． $\square$

この定理は証明しない．

p を素数，$M \geqq 1$ を p と素な自然数とする．$r \geqq 3$ を Mp と素な自然数とし，$a \geqq 0$ を自然数とする．井草曲線 $\overline{\mathrm{Ig}}(Mp^a,r)_{\mathbb{F}_p}$ の $GL_2(\mathbb{Z}/r\mathbb{Z})$ による商を $\overline{\mathrm{Ig}}(Mp^a)_{\mathbb{F}_p}$ で表わす．$a=0$ のときは，$\overline{\mathrm{Ig}}(Mp^a)_{\mathbb{F}_p} = X_1(M)_{\mathbb{F}_p}$ である．

系 8.78 p を素数とし，$M \geqq 1$ を p と素な自然数とする．

$X_1(Mp)_{\mathbb{Z}[\zeta_p]} = X_1(Mp)_{\mathbb{Z}} \otimes_{\mathbb{Z}} \mathbb{Z}[\zeta_p]$ の正規化を $X_1(Mp)^{\mathrm{bal}}_{\mathbb{Z}[\zeta_p]}$ とする．$\mathbb{Z}[\zeta_p]$ 上の代数曲線 $X_1(Mp)^{\mathrm{bal}}_{\mathbb{Z}[\zeta_p]}$ は，素イデアル $\mathfrak{p}=(\zeta_p-1)$ で弱準安定である．閉埋め込み(8.61)は，閉埋め込み

(8.63) $\qquad j_0, j_1 \colon \overline{\mathrm{Ig}}(Mp)_{\mathbb{F}_p} \longrightarrow X_1(Mp)^{\mathrm{bal}}_{\mathbb{Z}[\zeta_p]}$

をひきおこす．j_0, j_1 の像を C_0, C_1 とすると，$X_1(Mp)^{\mathrm{bal}}_{\mathbb{Z}[\zeta_p]} \otimes_{\mathbb{Z}[\zeta_p]} \mathbb{F}_p = C_0 \cup C_1$ かつ $C_0 \cap C_1 = C_0^{\mathrm{ss}}$ である．$i=1,0$ に対し，図式

(8.64)
$$\begin{array}{ccc} \overline{\mathrm{Ig}}(Mp)_{\mathbb{F}_p} & \longrightarrow & X_1(M)_{\mathbb{F}_p} \\ {}_{j_i}\downarrow & & \downarrow{}_{j_i} \\ X_1(Mp)^{\mathrm{bal}}_{\mathbb{Z}[\zeta_p]} & \longrightarrow & X_{1,0}(M,p)_{\mathbb{Z}} \end{array}$$

は可換である.

[証明] $X_1(Mp)^{\mathrm{bal}}_{\mathbb{Z}[\frac{1}{r},\zeta_p]}$ は $X_{1,*}(Mp,r)^{\mathrm{bal}}_{\mathbb{Z}[\frac{1}{r},\zeta_p]}$ の $GL_2(\mathbb{Z}/r\mathbb{Z})$ による商である.補題 8.41.2. より,$\mathbb{Q}(\zeta_p)$ 上のファイバー $X_{1,*}(Mp,r)_{\mathbb{Q}(\zeta_p)}$ の生成点での惰性群は,$Mp>2$ なら 1 であり,$Mp\leqq 2$ なら $\{\pm 1\}$ である.さらに,$X_{1,*}(Mp,r)^{\mathrm{bal}}_{\mathbb{Z}[\frac{1}{r},\zeta_p]}$ の $\mathfrak{p}$ でのファイバー $\overline{\mathrm{Ig}}(Mp,r)_{\mathbb{F}_p}\cup\overline{\mathrm{Ig}}(Mp,r)_{\mathbb{F}_p}$ の生成点での惰性群も $Mp>2$ なら 1 であり,$Mp\leqq 2$ なら $\{\pm 1\}$ である.よって,定理 8.77 と系 B.11.2. より従う. ∎

補題 8.60 で定義した射 $s_d\colon Y_1(N)_{\mathbb{Z}}\to Y_1(M)_{\mathbb{Z}}$, $s_d\colon Y_0(N)_{\mathbb{Z}}\to Y_0(M)_{\mathbb{Z}}$ は,コンパクト化に一意的に延長される.

補題 8.79 $N\geqq 1$ を自然数とし,$dM\mid N$ とする.モジュラー曲線の射 $s_d\colon Y_1(N)_{\mathbb{Z}}\to Y_1(M)_{\mathbb{Z}}$, $s_d\colon Y_0(N)_{\mathbb{Z}}\to Y_0(M)_{\mathbb{Z}}$ (8.54) は,有限射

(8.65)
$$s_d\colon X_1(N)_{\mathbb{Z}} \longrightarrow X_1(M)_{\mathbb{Z}},$$
$$s_d\colon X_0(N)_{\mathbb{Z}} \longrightarrow X_0(M)_{\mathbb{Z}}$$

に一意的に延長される.

[証明の概略] $r\geqq 3$ を N と素な自然数とする.2 次元正則スキームの射 $s_d\colon Y_{1,*}(N,r)_{\mathbb{Z}[\frac{1}{r}]}\to Y_{1,*}(M,r)_{\mathbb{Z}[\frac{1}{r}]}$ は,$X_{1,*}(N,r)_{\mathbb{Z}[\frac{1}{r}]}\backslash Y_{1,*}(N,r)_{\mathbb{Z}[\frac{1}{r}]}$ の有限個の閉点で有限回ブローアップをくり返してえられるスキーム $X'\to X_{1,*}(N,r)_{\mathbb{Z}[\frac{1}{r}]}$ からの射 $X'\to X_{1,*}(M,r)_{\mathbb{Z}[\frac{1}{r}]}$ に,一意的に延長される.ここでブローアップをとる必要はなく,$s_d\colon X_{1,*}(N,r)_{\mathbb{Z}[\frac{1}{r}]}\to X_{1,*}(M,r)_{\mathbb{Z}[\frac{1}{r}]}$ が得られていることが示せる.これを $GL_2(\mathbb{Z}/r\mathbb{Z})$ の作用でわり,はりあわせることで,射 $s_d\colon X_1(N)_{\mathbb{Z}}\to X_1(M)_{\mathbb{Z}}$ が得られる.$s_d\colon X_0(N)_{\mathbb{Z}}\to X_0(M)_{\mathbb{Z}}$ についても同様である. ∎

問 補題 8.79 の証明を完成せよ.

9

保型形式と Galois 表現

　この章では，第2章で予告した保型形式にともなう Galois 表現の構成を与える．保型形式にともなう Galois 表現は，モジュラー曲線のヤコビアンの Tate 加群として構成される．これが，保型形式にともなう Galois 表現の条件をみたすことを，第8章で示した $\mathbb{Z}$ 上のモジュラー曲線の基本的性質，定理 8.63, 8.66 から導く．さらに，保型形式にともなう Galois 表現の分岐とレベルに関する，定理 3.52 と定理 3.55 の一部を証明する．

　§9.1 で $\mathbb{Z}$ 係数の Hecke 環などの基本的な対象を定義した後，第8章で示したモジュラー曲線の性質を用いて，保型形式にともなう Galois 表現を調べる．まず，§9.2 で保型形式にともなう Galois 表現の構成についての定理 9.16 を証明する．ここで鍵となる事実は，合同関係式，補題 9.18 であり，それはモジュラー曲線の準安定還元に関する定理 8.63.3. の帰結である．§9.3 では，$\mathbb{Z}$ 係数の Hecke 環と，保型的な法 ℓ 表現の関係を与える．保型形式にともなう ℓ 進表現の分岐と保型形式のレベルについての定理 3.52 を §9.4 で証明する．§9.5 では，レベルの低い保型形式の空間の像への Hecke 環の作用を調べる．この節の内容の証明には，$\mathbb{C}$ 上のモジュラー曲線を使えば十分であり，$\mathbb{Z}$ 上のモジュラー曲線は特に必要としない．§9.6 では，$X_0(Mp)\,(p\nmid M)$ のヤコビアンの法 p 還元を調べる．ここでの結果は，§9.7 での定理 3.55 の一部の証明の中で，決定的な役割をはたす．

§9.1 $\mathbb{Z}$ 係数の Hecke 環

$N \geqq 1$ を自然数とする. 代数曲線 $X_0(N)_{\mathbb{Q}}$ のヤコビアンを $J_0(N)_{\mathbb{Q}}$ とおく. $J_0(N)_{\mathbb{Q}}$ は $\mathbb{Q}$ 上の Abel 多様体である. 第 2 章では, $\mathbb{Q}$ 係数の保型形式の空間 $S(N)$ を $\Gamma(X_0(N), \Omega^1)$ として定義した. この章以降では, あとで定義する保型形式の空間 $S_1(N) \supset S(N)$ と区別するため, $S(N)$ を $S_0(N)$ と書くことにする. 標準同型 (D.16)

$$(9.1) \quad \Gamma(J_0(N)_{\mathbb{Q}}, \Omega^1_{J_0(N)_{\mathbb{Q}}/\mathbb{Q}}) \longrightarrow \Gamma(X_0(N)_{\mathbb{Q}}, \Omega^1_{X_0(N)_{\mathbb{Q}}/\mathbb{Q}}) = S_0(N)$$

により, $S_0(N) = \Gamma(J_0(N)_{\mathbb{Q}}, \Omega^1)$ と同一視する.

各自然数 $n \geqq 1$ に対し, 定義 2.31 で, Hecke 作用素 $T_n \colon S_0(N) \to S_0(N)$ を, $\mathbb{Q}$ 上の代数曲線の有限平坦射 $s, t \colon X_0(N, n) \to X_0(N)_{\mathbb{Q}}$ を用いて, $T_n = s_* \circ t^*$ と定義した. この章以降では記号を変更して, $s, t \colon X_0(N, n) \to X_0(N)_{\mathbb{Q}}$ を, $s_n, t_n \colon I_0(N, n) \to X_0(N)_{\mathbb{Q}}$ と表わすことにする. $\mathbb{Q}$ 上の代数曲線 $I_0(N, n)$ は $\mathbb{Q}$ 上のスキーム T に対し, 集合

$$\mathcal{I}_0(N, n)(T) = \left\{ \begin{array}{c} T \text{ 上の楕円曲線 } E \text{ とその位数 } N \text{ の} \\ \text{巡回部分群 } C \text{ と次数 } n \text{ の部分群 } C_n \text{ の 3 つ組で} \\ C \cap C_n = 0 \text{ をみたすものの同型類} \end{array} \right\}$$

を対応させる関手 $\mathcal{I}_0(N, n)$ の粗モジュライのコンパクト化である. 射 $s_n, t_n \colon I_0(N, n) \to X_0(N)_{\mathbb{Q}}$ はそれぞれ (E, C, C_n) に対し (E, C), $(E/C_n, (C+C_n)/C_n)$ を対応させることで定まる. Hecke 作用素 $T_n \colon J_0(N)_{\mathbb{Q}} \to J_0(N)_{\mathbb{Q}}$ を, $J_0(N)_{\mathbb{Q}}$ の自己準同型 $T_n = t_{n*} \circ s_n^*$ と定める. C_i $(i \in I)$ を $I_0(N, n)$ の連結成分とすると, T_n は, 合成

$$J_0(N)_{\mathbb{Q}} = \operatorname{Jac} X_0(N)_{\mathbb{Q}} \xrightarrow{\prod_i (s_n|_{C_i})^*} \prod_{i \in I} \operatorname{Jac} C_i \xrightarrow{\prod_i (t_n|_{C_i})_*} \operatorname{Jac} X_0(N)_{\mathbb{Q}} = J_0(N)_{\mathbb{Q}}$$

である. (9.1)の同一視 $S_0(N) = \Gamma(J_0(N)_{\mathbb{Q}}, \Omega^1)$ により, Hecke 作用素 $T_n \colon S_0(N) \to S_0(N)$ は $T_n \colon J_0(N)_{\mathbb{Q}} \to J_0(N)_{\mathbb{Q}}$ によるひきもどしと一致する.

定義 9.1 $N \geqq 1$ を自然数とする. $\mathbb{Z}$ 係数の **Hecke 環**(Hecke algebra) $T_0(N)_{\mathbb{Z}}$ を, Hecke 作用素 $T_n, n = 1, 2, 3, \cdots$ で $\mathbb{Z}$ 上生成される $\operatorname{End} J_0(N)_{\mathbb{Q}}$ の

部分環

(9.2) $\quad T_0(N)_\mathbb{Z} = \mathbb{Z}[T_n, n=1,2,3,\cdots] \subset \mathrm{End}\, J_0(N)_\mathbb{Q}$

と定義する. □

上で定義した Hecke 環 $T_0(N)_\mathbb{Z} \subset \mathrm{End}\, J_0(N)_\mathbb{Q}$ は,第 2 章で定義した Hecke 環 $T(N) \subset \mathrm{End}\, S_0(N)$ の部分環と次のように同一視される.

補題 9.2 $T_0(N)_\mathbb{Z}$ は可換環であり,$\mathbb{Z}$ 加群として有限生成自由である. $T \in T_0(N)_\mathbb{Z} \subset \mathrm{End}\, J_0(N)_\mathbb{Q}$ に対し,$T^* \in \mathrm{End}\, \Gamma(J_0(N)_\mathbb{Q}, \Omega^1) = \mathrm{End}\, S_0(N)$ を対応させることで,可換環の同型

(9.3) $\qquad T_0(N)_\mathbb{Z} \otimes_\mathbb{Z} \mathbb{Q} = T_0(N)_\mathbb{Q} \longrightarrow T(N)$

が定まる.同型 (9.3) は,Hecke 作用素 $T_n\colon J_0(N) \to J_0(N)$ を Hecke 作用素 $T_n\colon S_0(N) \to S_0(N)$ に写す.

[証明] 命題 A.51.1. より,$\mathrm{End}\, J_0(N)_\mathbb{Q}$ は有限生成自由 $\mathbb{Z}$ 加群だから,その部分加群 $T_0(N)_\mathbb{Z}$ もそうである.

Hecke 作用素 $T_n\colon S_0(N) \to S_0(N)$ は Hecke 作用素 $T_n\colon J_0(N)_\mathbb{Q} \to J_0(N)_\mathbb{Q}$ によるひきもどし T_n^* だから,環の全射準同型 $T_0(N)_\mathbb{Z} \otimes_\mathbb{Z} \mathbb{Q} \to T(N)$ が定まる.命題 A.51.3. より,これは単射である.命題 2.32 より $T(N)$ は可換だから,その部分環 $T_0(N)_\mathbb{Z}$ も可換である. ■

以下,同型 (9.3) により,$T(N)$ を $T_0(N)_\mathbb{Q}$ と同一視する.

系 9.3 K を標数 0 の体とし,$f \in S_0(N)_K$ を K 係数の準素形式とする. K の部分体 $K_f = \mathbb{Q}(a_n(f), n \geq 1)$ は有限次代数体であり,各自然数 $n \geq 0$ に対し,$a_n(f)$ は K_f の代数的整数である.

[証明] $\varphi_f\colon T(N) = T_0(N)_\mathbb{Q} \to K$ を準素形式 f が定める環の準同型とする.K_f は $\varphi_f\colon T_0(N)_\mathbb{Q} \to K$ の像だから $\mathbb{Q}$ 上有限次である.$a_n(f) = \varphi_f(T_n)$ は $T_0(N)_\mathbb{Z}$ の像にはいるから代数的整数である. ■

例 9.4 $g_0(N) = 0$ ならば $T_0(N)_\mathbb{Z} = 0$ である.$g_0(N) = 1$ ならば $T_0(N)_\mathbb{Z} = \mathbb{Z}$ である.$f = \sum_{n=1}^\infty a_n(f) q^n$ をレベル N のただ 1 つの素形式とすると,$T_n = a_n(f)$ である. □

Atkin-Lehner 対合 $w = w_N\colon X_0(N)_\mathbb{Q} \to X_0(N)_\mathbb{Q}$ は,$J_0(N)_\mathbb{Q}$ の対合 $w = w_*\colon$

$J_0(N)_\mathbb{Q} \to J_0(N)_\mathbb{Q}$ をひきおこす.

補題 9.5 $N \geq 1$, $n \geq 1$ を自然数とする.

1. $J_0(N)_\mathbb{Q}$ の自己準同型 $T_n^* = s_{n*} \circ t_n^* : J_0(N)_\mathbb{Q} \to J_0(N)_\mathbb{Q}$ は, $w \circ T_n = T_n^* \circ w$ をみたす.

2. n が N と素ならば, $T_n^* = T_n$ である.

[証明] 1. T を $\mathbb{Q}$ 上のスキームとする. $(E, C, C_n) \in \mathcal{I}_0(N, n)(T)$ に対し, $E' = E/(C + C_n)$ とおき, $E/C_n \to E'$ の双対の核を C', $E/C \to E'$ の双対の核を C_n' とおくと, $(E', C', C_n') \in \mathcal{I}_0(N, n)(T)$ である. (E, C, C_n) に対し (E', C', C_n') を対応させることで, 射 $\widetilde{w}: I_0(N, n) \to I_0(N, n)$ が定まる. $\widetilde{w}^2 = \mathrm{id}$ であり, 図式

$$\begin{array}{ccccc} X_0(N)_\mathbb{Q} & \xleftarrow{s} & I_0(N, n) & \xrightarrow{t} & X_0(N)_\mathbb{Q} \\ {\scriptstyle w}\downarrow & & {\scriptstyle \widetilde{w}}\downarrow & & \downarrow{\scriptstyle w} \\ X_0(N)_\mathbb{Q} & \xleftarrow{t} & I_0(N, n) & \xrightarrow{s} & X_0(N)_\mathbb{Q} \end{array}$$

は可換である. 主張はこれより明らかである.

2. $v: I_0(N, n) \to I_0(N, n)$ を (E, C, C_n) に $(E/C_n, C + C_n/C_n, E[n]/C_n)$ を対応させることで定まる射とすると, $v^2 = \mathrm{id}$ であり, 図式

$$\begin{array}{ccccc} X_0(N)_\mathbb{Q} & \xleftarrow{s} & I_0(N, n) & \xrightarrow{t} & X_0(N)_\mathbb{Q} \\ \| & & {\scriptstyle v}\downarrow & & \| \\ X_0(N)_\mathbb{Q} & \xleftarrow{t} & I_0(N, n) & \xrightarrow{s} & X_0(N)_\mathbb{Q} \end{array}$$

は可換である. 主張はこれより明らかである. ∎

代数曲線 $X_0(N)_\mathbb{Q}$ にともなうコンパクト Riemann 面を $X_0(N)^{\mathrm{an}}$ とし, $H_1(X_0(N)^{\mathrm{an}}, \mathbb{Z})$ をその特異ホモロジー群とする. Abel 多様体 $J_0(N)_\mathbb{Q}$ が定める複素トーラス $J_0(N)^{\mathrm{an}}$ は, $\mathrm{Hom}(S_0(N), \mathbb{C})/H_1(X_0(N)^{\mathrm{an}}, \mathbb{Z})$ と, 同型 (D.9) により同一視される. $H_1(X_0(N)^{\mathrm{an}}, \mathbb{Z})$ の Hecke 作用素 T_n を $T_n = t_* \circ s^*$ で定める. 環の単射準同型

$$\mathrm{End}\, J_0(N)_\mathbb{Q} \to \mathrm{End}\, H_1(J_0(N)^{\mathrm{an}}, \mathbb{Z}) = \mathrm{End}\, H_1(X_0(N)^{\mathrm{an}}, \mathbb{Z})$$

により, $H_1(X_0(N)^{\mathrm{an}}, \mathbb{Z})$ は $T_0(N)_\mathbb{Z}$ 加群である.

§9.1 $\mathbb{Z}$ 係数の Hecke 環 —— 263

命題 9.6 $H_1(X_0(N)^{\mathrm{an}}, \mathbb{Q})$ は階数 2 の自由 $T_0(N)_{\mathbb{Q}}$ 加群である.

[証明] 命題 2.55 より, $\mathrm{Hom}(S_0(N)_{\mathbb{Q}}, \mathbb{Q})$ は階数 1 の自由 $T_0(N)_{\mathbb{Q}}$ 加群である. したがって, $\mathrm{Hom}(S_0(N)_{\mathbb{C}}, \mathbb{C})$ は階数 1 の自由 $T_0(N)_{\mathbb{C}}$ 加群であり, 階数 2 の自由 $T_0(N)_{\mathbb{R}}$ 加群である. 標準同型 (D.8) は, $T_0(N)_{\mathbb{R}}$ 加群の同型
$$H_1(X_0(N)^{\mathrm{an}}, \mathbb{Q}) \otimes_{\mathbb{Q}} \mathbb{R} \to \mathrm{Hom}(S_0(N)_{\mathbb{C}}, \mathbb{C})$$
を与える. したがって, $H_1(X_0(N)^{\mathrm{an}}, \mathbb{Q}) \otimes_{\mathbb{Q}} \mathbb{R}$ は階数 2 の自由 $T_0(N)_{\mathbb{R}}$ 加群である. $T_0(N)_{\mathbb{R}}$ は $T_0(N)_{\mathbb{Q}}$ 上忠実平坦だから, $H^1(X_0(N)^{\mathrm{an}}, \mathbb{Q})$ は階数 2 の自由 $T_0(N)_{\mathbb{Q}}$ 加群である. ∎

$H_1(X_0(N)^{\mathrm{an}}, \mathbb{Z})$ は特異コホモロジー群 $H^1(X_0(N)^{\mathrm{an}}, \mathbb{Z})$ の双対であり, したがって Poincaré 双対性により, $H^1(X_0(N)^{\mathrm{an}}, \mathbb{Z}(1))$ と標準的に同型である. コホモロジーのカップ積 $H^1(X_0(N)^{\mathrm{an}}, \mathbb{Z}(1)) \times H^1(X_0(N)^{\mathrm{an}}, \mathbb{Z}(1)) \to \mathbb{Z}(1)$ は非退化だから, 非退化交代形式 $(\,,\,): H_1(X_0(N)^{\mathrm{an}}, \mathbb{Z}) \times H_1(X_0(N)^{\mathrm{an}}, \mathbb{Z}) \to \mathbb{Z}(1)$ を誘導する. $a \in H_1(X_0(N)^{\mathrm{an}}, \mathbb{Z})$ に対し, 線型形式 $f_a: H_1(X_0(N)^{\mathrm{an}}, \mathbb{Z}) \to \mathbb{Z}(1)$ を $f_a(b) = (a, wb)$ で定める. Poincaré 双対性より, a に対し f_a を対応させる写像

(9.4) $\qquad H_1(X_0(N)^{\mathrm{an}}, \mathbb{Z}) \longrightarrow \mathrm{Hom}(H_1(X_0(N)^{\mathrm{an}}, \mathbb{Z}), \mathbb{Z}(1))$

は $\mathbb{Z}$ 加群の同型である. $\mathrm{Hom}(H_1(X_0(N)^{\mathrm{an}}, \mathbb{Z}), \mathbb{Z}(1))$ を $Tf(b) = f(Tb)$ により, $T_0(N)_{\mathbb{Z}}$ 加群と考える.

補題 9.7 (9.4) の写像 $H_1(X_0(N)^{\mathrm{an}}, \mathbb{Z}) \to \mathrm{Hom}(H_1(X_0(N)^{\mathrm{an}}, \mathbb{Z}), \mathbb{Z}(1))$ は $T_0(N)_{\mathbb{Z}}$ 加群の同型である.

[証明] (9.4) が $T_0(N)_{\mathbb{Z}}$ 加群の準同型であることを示せばよい. $a, b \in H_1(X_0(N)^{\mathrm{an}}, \mathbb{Z})$, $n \geq 1$ に対し, $(T_n a, wb) = (a, T_n^* wb)$ である. よって, 補題 9.5.1. より, $(T_n a, wb) = (a, w T_n b)$ で, (9.4) は $T_0(N)_{\mathbb{Z}}$ 加群の準同型である. ∎

系 9.8 1. $T_0(N)_{\mathbb{Q}}$ 加群 $\mathrm{Hom}(T_0(N)_{\mathbb{Q}}, \mathbb{Q})$ は $T_0(N)_{\mathbb{Q}}$ と同型である.
2. $T_0(N)_{\mathbb{Q}}$ 加群 $S_0(N)_{\mathbb{Q}}$ は $T_0(N)_{\mathbb{Q}}$ と同型である.

[証明] 1.
$$\mathrm{Hom}_{\mathbb{Q}}(H_1(X_0(N)^{\mathrm{an}}, \mathbb{Q}), \mathbb{Q}(1))$$
$$= \mathrm{Hom}_{T_0(N)_{\mathbb{Q}}}(H_1(X_0(N)^{\mathrm{an}}, \mathbb{Q}), \mathrm{Hom}_{\mathbb{Q}}(T_0(N)_{\mathbb{Q}}, \mathbb{Q}(1)))$$

だから，補題 9.7 と命題 9.6 より，$\mathrm{Hom}(T_0(N)_\mathbb{Q}, \mathbb{Q}(1))^2$ は階数 2 の自由 $T_0(N)_\mathbb{Q}$ 加群である．主張はこれより明らかである．

2. $T_0(N)_\mathbb{Q}$ 加群 $\mathrm{Hom}(S_0(N)_\mathbb{Q}, \mathbb{Q})$ は $T_0(N)_\mathbb{Q}$ と同型である．よって 1. より，$S_0(N)_\mathbb{Q} = \mathrm{Hom}(\mathrm{Hom}(S_0(N)_\mathbb{Q}, \mathbb{Q}), \mathbb{Q})$ は $T_0(N)_\mathbb{Q}$ と同型である． ∎

定義 9.9 $N \geq 1$ を自然数とする．保型形式の空間 $S_0(N)_\mathbb{C}$ 上の正定値 Hermite 形式を $f, g \in S_0(N)_\mathbb{C} = \Gamma(X_0(N)_\mathbb{C}, \Omega^1)$ に対し，

$$(9.5) \qquad (f, g) = \frac{\sqrt{-1}}{8\pi^2} \int_{X_0(N)(\mathbb{C})} f \wedge \overline{g}$$

で定める．(f, g) を **Petersson 内積**(Petersson product)とよぶ． □

補題 9.10 $N \geq 1$ を自然数とし，$n \geq 1$ を N と素な自然数とする．このとき，Hecke 作用素 $T_n : S_0(N)_\mathbb{C} \to S_0(N)_\mathbb{C}$ は Petersson 内積に関して自己随伴である．

［証明］ T_n の随伴作用素は T_n^* である．よって，補題 9.5.2. より明らかである． ∎

系 9.11 $N \geq 1$ を自然数とする．

1. 実係数被約 Hecke 環 $T_0'(N)_\mathbb{R} = \mathbb{R}[T_n; (n, N) = 1] \subset T_0(N)_\mathbb{R}$ は，直積環 $\mathbb{R}^{\dim T_0'(N)_\mathbb{R}}$ と同型である．

2. 有理係数被約 Hecke 環 $T_0'(N)_\mathbb{Q} = \mathbb{Q}[T_n; (n, N) = 1] \subset T_0(N)_\mathbb{Q}$ は被約である．$\Phi_0(N) = \mathrm{Spec}\, T_0'(N)_\mathbb{Q}$ とおき，$f \in \Phi_0(N)$ に対し K_f を剰余体とすると，$T_0'(N)_\mathbb{Q} = \prod_{f \in \Phi_0(N)} K_f$ であり，各 K_f は総実代数体である．

3. $f \in S_0(N)_\mathbb{C}$ を複素係数の素形式とすると，すべての自然数 $n \geq 1$ に対し，$a_n(f)$ は実数である．

［証明］ 1. 可換 Hermite 行列の同時対角化．

2. 1. より明らか．

3. f が素形式なら，系 2.61 より $\mathbb{Q}(a_n(f); n \geq 1) = \mathbb{Q}(a_n(f); (n, N) = 1)$ である．よって 1. より明らか． ∎

ここまでは，$X_0(N)_\mathbb{Q}$ 上の微分形式として定義される保型形式をあつかっ

たが，$X_1(N)_\mathbb{Q}$ 上の微分形式として定義される保型形式も同様な性質をもつ．$N \geq 1$ を自然数とする．$S_1(N) = \Gamma(X_1(N)_\mathbb{Q}, \Omega^1)$ とおく．代数曲線 $X_1(N)_\mathbb{Q}$ のヤコビアンを $J_1(N)_\mathbb{Q}$ とおく．$J_1(N)_\mathbb{Q}$ は $\mathbb{Q}$ 上の Abel 多様体である．標準同型 (D.16)

(9.6) $\qquad \Gamma(J_1(N)_\mathbb{Q}, \Omega^1) \longrightarrow \Gamma(X_1(N)_\mathbb{Q}, \Omega^1) = S_1(N)$

により，$S_1(N) = \Gamma(J_1(N)_\mathbb{Q}, \Omega^1)$ と同一視する．以下 $S_1(N), J_1(N)_\mathbb{Q}$ について述べることは，$S_0(N), J_0(N)_\mathbb{Q}$ についてと同様に示せるので，証明は省略する．

各自然数 $n \geq 1$ に対し，Hecke 作用素 $T_n: J_1(N)_\mathbb{Q} \to J_1(N)_\mathbb{Q}$ が次のように定義される．$\mathbb{Q}$ 上のスキーム T に対し，集合

$$\left\{ \begin{array}{l} T \text{ 上の楕円曲線 } E \text{ とその位数がちょうど } N \text{ の点 } P \text{ と次数 } n \\ \text{の部分群 } C \text{ の 3 つ組で } \langle P \rangle \cap C = 0 \text{ をみたすものの同型類} \end{array} \right\}$$

を対応させる関手の，粗モジュライのコンパクト化を $I_1(N, n)$ で表わす．$I_1(N, n)$ は $\mathbb{Q}$ 上の固有スムーズ代数曲線である．(E, P, C) に対し，それぞれ (E, P) と $(E/C, P$ の像) を対応させることで，$\mathbb{Q}$ 上の代数曲線の有限平坦射 $s_n, t_n: I_1(N, n) \to X_1(N)_\mathbb{Q}$ が定まる．$J_1(N)_\mathbb{Q}$ の自己準同型 T_n を $T_n = t_{n*} \circ s_n^*$ で定める．これを Hecke 作用素とよぶ．Hecke 作用素 $T_n: J_1(N)_\mathbb{Q} \to J_1(N)_\mathbb{Q}$ によるひきもどしとして，Hecke 作用素 $T_n: S_1(N) \to S_1(N)$ を定義する．$a \in (\mathbb{Z}/N\mathbb{Z})^\times$ に対し，ダイアモンド作用素 $\langle a \rangle: X_1(N)_\mathbb{Q} \to X_1(N)_\mathbb{Q}$ は，$J_1(N)_\mathbb{Q}$ の自己同型 $\langle a \rangle = \langle a \rangle_*$ をひきおこし，$S_1(N)$ の自己同型 $\langle a \rangle = \langle a \rangle^*$ もひきおこす．

Hecke 環 $T_1(N)_\mathbb{Z}$ を $\mathrm{End}\, J_1(N)_\mathbb{Q}$ の部分環

(9.7) $\qquad T_1(N)_\mathbb{Z} = \mathbb{Z}[T_n; n \geq 1, \langle a \rangle; a \in (\mathbb{Z}/N\mathbb{Z})^\times]$

として定義する．Hecke 環 $T_1(N)_\mathbb{Z}$ は可換環であり，

(9.8) $\qquad \sum_{n=1}^{\infty} T_n n^{-s} = \prod_{p: 素数} (1 - T_p p^{-s} + \langle p \rangle p \cdot p^{-2s})^{-1}$

がなりたつ．ここで，$p | N$ に対しては，$\langle p \rangle = 0$ とおいた．(9.8) より，

$$T_1(N)_\mathbb{Z} = \mathbb{Z}[T_p; p: 素数, \langle a \rangle; a \in (\mathbb{Z}/N\mathbb{Z})^\times]$$

がなりたつ.$T_1(N)_\mathbb{Z}$ は $\mathbb{Z}$ 加群として有限生成自由である.

射 $w: X_1(N)_{\mathbb{Q}(\zeta_N)} \to X_1(N)_{\mathbb{Q}(\zeta_N)}$ を次のように定める.楕円曲線 E に対し,$(\ ,\ )_N: E[N] \times E[N] \to \mu_N$ を Weil ペアリングとする.T を $\mathbb{Q}(\zeta_N)$ 上のスキームとし,対 $(E, P) \in \mathcal{M}_1(N)(T)$ に対し $E' = E/\langle P \rangle$ とおき,P' を $(P, Q)_N = \zeta_N$ をみたす $Q \in E[N]$ の像とおくと,$(E', P') \in \mathcal{M}_1(N)(T)$ である.(E, P) に対し (E', P') を対応させることで,射 $w: X_1(N)_{\mathbb{Q}(\zeta_N)} \to X_1(N)_{\mathbb{Q}(\zeta_N)}$ が定まる.$w^2 = \langle -1 \rangle = 1$ である.

$n \geq 1$ を自然数とする.$\widetilde{w}: I_1(N, n)_{\mathbb{Q}(\zeta_N)} \to I_1(N, n)_{\mathbb{Q}(\zeta_N)}$ を次のように定める.T を $\mathbb{Q}(\zeta_N)$ 上のスキームとし,3つ組 $(E, P, C) \in \mathcal{I}_1(N, n)(T)$ に対し $E' = E/(\langle P \rangle + C)$ とおき,$P' \in E'[N]$ を $(P$ の像, $Q) = \zeta_N$ をみたす E/C の点 Q の像,$E/C \to E'$ の双対の核を C' とおくと,$(E', P', C') \in \mathcal{I}_1(N, n)(T)$ である.(E, P, C) に対し (E', P', C') を対応させることで,射 $\widetilde{w}: I_1(N, n)_{\mathbb{Q}(\zeta_N)} \to I_1(N, n)_{\mathbb{Q}(\zeta_N)}$ が定まる.$\widetilde{w}^2 = \langle -1 \rangle = 1$ であり,図式

$$\begin{array}{ccccc} X_1(N)_{\mathbb{Q}(\zeta_N)} & \xleftarrow{s} & I_1(N, n)_{\mathbb{Q}(\zeta_N)} & \xrightarrow{t} & X_1(N)_{\mathbb{Q}(\zeta_N)} \\ w \downarrow & & \widetilde{w} \downarrow & & \downarrow w \\ X_1(N)_{\mathbb{Q}(\zeta_N)} & \xleftarrow{t} & I_1(N, n)_{\mathbb{Q}(\zeta_N)} & \xrightarrow{s} & X_1(N)_{\mathbb{Q}(\zeta_N)} \end{array}$$

は可換である.これより $w \circ T_n = T_n^* \circ w$ が従う.

$n \geq 1$ を N と素な自然数とする.$v: I_1(N, n) \to I_1(N, n)$ を (E, P, C) に対し $(E/C, P$ の像, $E[n]/C)$ を対応させることで定まる射とすると,v は $I_1(N, n)$ の自己同型であり,図式

$$\begin{array}{ccccc} X_1(N)_\mathbb{Q} & \xleftarrow{s} & I_1(N, n) & \xrightarrow{t} & X_1(N)_\mathbb{Q} \\ \langle n \rangle \downarrow & & v \downarrow & & \parallel \\ X_1(N)_\mathbb{Q} & \xleftarrow{t} & I_1(N, n) & \xrightarrow{s} & X_1(N)_\mathbb{Q} \end{array}$$

は可換である.よって,$J_1(N)_\mathbb{Q}$ の自己準同型 $T_n^* = s_* \circ t^*$ は合成 $\langle n \rangle^{-1} \circ T_n$ と等しい.$a \in (\mathbb{Z}/N\mathbb{Z})^\times$ に対し,$w \circ \langle a \rangle = \langle a \rangle^{-1} \circ w$ がなりたつ.

自然数 $n \geq 1$ に対し,特異ホモロジー群 $H_1(X_1(N)^{\mathrm{an}}, \mathbb{Z})$ の Hecke 作用素 T_n を $T_n = t_* \circ s^*$ で定め,$a \in (\mathbb{Z}/N\mathbb{Z})^\times$ に対しダイアモンド作用素 $\langle a \rangle$ を $\langle a \rangle =$

§9.1 $\mathbb{Z}$ 係数の Hecke 環―― 267

$\langle a \rangle_*$ と定める．$H_1(X_1(N)^{\mathrm{an}}, \mathbb{Z})$ は $T_1(N)_\mathbb{Z}$ 加群である．$H_1(X_1(N)^{\mathrm{an}}, \mathbb{Q})$ は階数 2 の自由 $T_1(N)_\mathbb{Q}$ 加群である．$a \in H_1(X_1(N)^{\mathrm{an}}, \mathbb{Q})$ の像を，b を (a, wb) に写す線型形式 $H_1(X_1(N)^{\mathrm{an}}, \mathbb{Q}) \to \mathbb{Q}(1)$ とおくことにより，$T_1(N)_\mathbb{Z}$ 加群の同型

(9.9) $\qquad H_1(X_1(N)^{\mathrm{an}}, \mathbb{Z}) \longrightarrow \mathrm{Hom}(H_1(X_1(N)^{\mathrm{an}}, \mathbb{Z}), \mathbb{Z}(1))$

が定まる．$T_1(N)_\mathbb{Q}$ 加群 $\mathrm{Hom}(T_1(N)_\mathbb{Q}, \mathbb{Q})$ は $T_1(N)_\mathbb{Q}$ と同型である．

$S_1(N)_\mathbb{C}$ 上の Petersson 内積は $f, g \in S_1(N)_\mathbb{C} = \Gamma(X_1(N)_\mathbb{C}, \Omega^1)$ に対し，

(9.10) $\qquad (f, g) = \dfrac{\sqrt{-1}}{8\pi^2} \displaystyle\int_{X_1(N)(\mathbb{C})} f \wedge \overline{g}$

で定義される．N と素な自然数 $n \geq 1$ に対し，Hecke 作用素 T_n の随伴作用素は $\langle n \rangle^{-1} \circ T_n$ であり，$\langle n \rangle$ の随伴は $\langle n \rangle^{-1}$ である．可換正規行列の同時対角化より，複素係数被約 Hecke 環 $T_1'(N)_\mathbb{C} = \mathbb{C}[T_n, \langle n \rangle ; (n, N) = 1] \subset T_1(N)_\mathbb{C}$ は，直積環 $\mathbb{C}^{\dim T_1'(N)_\mathbb{C}}$ と同型であり，有理係数被約 Hecke 環 $T_1'(N)_\mathbb{Q} = \mathbb{Q}[T_n, \langle n \rangle ; (n, N) = 1] \subset T_1(N)_\mathbb{Q}$ は，代数体有限個の直積環と同型である．

$S_1(N)$ と $S_0(N)$，$T_1(N)$ と $T_0(N)$ の関係は次のように与えられる．(E, P) に対し $(E, \langle P \rangle)$ を対応させることで定まる代数曲線の標準射 $X_1(N)_\mathbb{Q} \to X_0(N)_\mathbb{Q}$ は，ヤコビアンの全射 $J_1(N)_\mathbb{Q} \to J_0(N)_\mathbb{Q}$ をひきおこす．これらによるひきもどしは，標準単射 $S_0(N) \to S_1(N)$ を定める．$X_0(N)_\mathbb{Q}$ はダイアモンド作用素 $(\mathbb{Z}/N\mathbb{Z})^\times$ の作用による $X_1(N)_\mathbb{Q}$ の商だから，標準単射 $S_0(N) \to S_1(N)$ により，$S_0(N)$ は不変部分空間 $S_1(N)^{(\mathbb{Z}/N\mathbb{Z})^\times}$ と同一視される．自然数 $n \geq 1$ に対し，図式

$$\begin{array}{ccccc} X_1(N)_\mathbb{Q} & \xleftarrow{s_n} & I_1(N, n) & \xrightarrow{t_n} & X_1(N)_\mathbb{Q} \\ \downarrow & & \downarrow & & \downarrow \\ X_0(N)_\mathbb{Q} & \xleftarrow{s_n} & I_0(N, n) & \xrightarrow{t_n} & X_0(N)_\mathbb{Q} \end{array}$$

は可換であり，どちらの四角も同型 $I_1(N, n) \to (I_0(N, n) \times_{X_0(N)_\mathbb{Q}} X_1(N)_\mathbb{Q}$ の正規化) をひきおこすから，標準全射 $J_1(N)_\mathbb{Q} \to J_0(N)_\mathbb{Q}$ は，Hecke 作用素 T_n と両立する．したがって，環の準同型 $T_1(N)_\mathbb{Z} \to T_0(N)_\mathbb{Z}$ が，自然数 $n \geq 1$ に対し T_n の像を T_n，$a \in (\mathbb{Z}/N\mathbb{Z})^\times$ に対し $\langle a \rangle$ の像を 1 とおくことによって定

まる．標準全射 $J_1(N)_\mathbb{Q} \to J_0(N)_\mathbb{Q}$, 標準単射 $S_0(N) \to S_1(N)$ は環の準同型 $T_1(N)_\mathbb{Z} \to T_0(N)_\mathbb{Z}$ と両立する．

命題 8.69 より，Tate 曲線 E_q とその位数 N の点 $P=(0,\zeta_N)$ の対 (E_q,P) は，射 $e\colon \operatorname{Spec}\mathbb{Q}(\zeta_N)[[q]] \to X_1(N)_\mathbb{Q}$ を定める．$\mathbb{Q}(\zeta_N)$ の拡大体 K に対し，$e^*\colon S_1(N)_K \to K[[q]]dq$ は単射である．保型形式 $f \in S_1(N)_K$ に対し，$e^* f = \sum_{n=1}^\infty a_n(f) q^n \dfrac{dq}{q}$ であるとき，巾級数 $\sum_{n=1}^\infty a_n(f) q^n$ を f の q 展開とよぶ．可換図式

$$\begin{array}{ccc} \operatorname{Spec}\mathbb{Q}(\zeta_N)[[q]] & \longrightarrow & X_1(N)_\mathbb{Q} \\ \downarrow & & \downarrow \\ \operatorname{Spec}\mathbb{Q}[[q]] & \longrightarrow & X_0(N)_\mathbb{Q} \end{array}$$

より，図式

$$\begin{array}{ccc} S_0(N)_K & \longrightarrow & K[[q]] \\ \cap\downarrow & & \| \\ S_1(N)_K & \longrightarrow & K[[q]] \end{array}$$

は可換である．

K を標数 0 の体とする．K 係数の保型形式 $f \in S_1(N)_K = S_1(N) \otimes_\mathbb{Q} K$ がすべての $T \in T_1(N)_\mathbb{Z}$ に関する固有ベクトルであり，$a_1(f) = 1 \in K(\zeta_N)$ であるとき，f は**準素形式**であるという．準素形式 $f \in S_1(N)_K$ に対し，環の準同型 $\varphi_f\colon T_1(N)_\mathbb{Z} \to K$ を $Tf = \varphi_f(T) f$ で定めることにより，K 係数の準素形式と，環の準同型 $\varphi_f\colon T_1(N)_\mathbb{Z} \to K$ の間の 1 対 1 対応が得られる．K 係数の準素形式 f に対し，その q 展開の各係数 $a_n(f) = \varphi_f(T_n)$ は代数的整数である．K の部分体 $\mathbb{Q}(a_n(f), n \geq 1)$ は有限次代数体である．

K 係数の準素形式 $f \in S_1(N)_K$ に対し，$\langle a \rangle f = \varepsilon(a) f$ で定まる指標 $\varepsilon = \varepsilon_f\colon (\mathbb{Z}/N\mathbb{Z})^\times \to K^\times$ を f の**指標**(character)という．ε_f は，$\langle\ \rangle\colon (\mathbb{Z}/N\mathbb{Z})^\times \to T_1(N)_\mathbb{Z}^\times$ と $\varphi_f\colon T_1(N)_\mathbb{Z}^\times \to K^\times$ の合成である．自然数 $n \geq 1$ に対し $\varphi_f(T_n) =$

$a_n(f)$ であり,$a \in (\mathbb{Z}/N\mathbb{Z})^\times$ に対し $\varphi_f(\langle a \rangle) = \varepsilon_f(a)$ である.

たがいに素な自然数 $N, M \geq 1$ に対し,$X_1(NM)$ の $(\mathbb{Z}/N\mathbb{Z})^\times \subset (\mathbb{Z}/NM\mathbb{Z})^\times$ による商を,$X_{0,1}(N,M)$ で表わした.$J_{0,1}(N,M)$ を $X_{0,1}(N,M)$ のヤコビアンとし,Hecke 環 $T_{0,1}(N,M)_\mathbb{Z}$ を Hecke 作用素 $T_n, n \geq 1$ とダイアモンド作用素 $\langle a \rangle, a \in (\mathbb{Z}/M\mathbb{Z})^\times$ で生成される $\mathrm{End}\, J_{0,1}(N,M)$ の部分環 $\mathbb{Z}[T_n; n \geq 1, \langle a \rangle; a \in (\mathbb{Z}/M\mathbb{Z})^\times]$ と定義する.

§9.2 合同関係式

この節では,保型形式にともなう Galois 表現を構成する.$N \geq 1$ を自然数,ℓ を素数とする.$T_\ell J_0(N) = \varprojlim_n J_0(N)[\ell^n](\overline{\mathbb{Q}})$ を,ヤコビアン $J_0(N)$ の Tate 加群とし,$V_\ell J_0(N) = T_\ell J_0(N) \otimes_{\mathbb{Z}_\ell} \mathbb{Q}_\ell$ とおく.これらは自然に絶対 Galois 群 $G_\mathbb{Q} = \mathrm{Gal}(\overline{\mathbb{Q}}/\mathbb{Q})$ の作用をもつ.$T \in T_0(N)_\mathbb{Z} \subset \mathrm{End}\, J_0(N)$ の作用を T_* と定めることにより,$T_\ell J_0(N), V_\ell J_0(N)$ はそれぞれ $T_0(N)_\mathbb{Z} \otimes_\mathbb{Z} \mathbb{Z}_\ell = T_0(N)_{\mathbb{Z}_\ell}$, $T_0(N)_\mathbb{Z} \otimes_\mathbb{Z} \mathbb{Q}_\ell = T_0(N)_{\mathbb{Q}_\ell}$ 加群となる.$G_\mathbb{Q}$ は,$T_\ell J_0(N), V_\ell J_0(N)$ に,それぞれ $T_0(N)_{\mathbb{Z}_\ell}$ 加群,$T_0(N)_{\mathbb{Q}_\ell}$ 加群の自己同型として作用し,これらは $G_\mathbb{Q}$ の ℓ 進表現を定める.

複素トーラスの標準同型 $S_0(N)_\mathbb{C}/H_1(X_0(N)^\mathrm{an}, \mathbb{Z}) \to J_0(N)^\mathrm{an}$ は,$T_0(N)_\mathbb{Z}$ 加群の同型 $H_1(X_0(N)^\mathrm{an}, \mathbb{Z}) \otimes \mathbb{Z}/\ell^n\mathbb{Z} \to J_0(N)[\ell^n]$ をひきおこす.これはさらに $T_0(N)_{\mathbb{Z}_\ell}$ 加群の同型 $H_1(X_0(N)^\mathrm{an}, \mathbb{Z}) \otimes \mathbb{Z}_\ell \to T_\ell J_0(N)$, $T_0(N)_{\mathbb{Q}_\ell}$ 加群の同型 $H_1(X_0(N)^\mathrm{an}, \mathbb{Z}) \otimes \mathbb{Q}_\ell \to V_\ell J_0(N)$ をひきおこす.

$T_\ell J_1(N), V_\ell J_1(N)$ についても同様である.

補題 9.12 $N \geq 1$ を自然数とし,ℓ を素数とする.

1. $V_\ell J_0(N)$ は階数 2 の自由 $T_0(N)_{\mathbb{Q}_\ell}$ 加群である.
2. $V_\ell J_1(N) = T_\ell J_1(N) \otimes_{\mathbb{Z}_\ell} \mathbb{Q}_\ell$ は階数 2 の自由 $T_1(N)_{\mathbb{Q}_\ell}$ 加群である.
3. 標準写像 $X_1(N)_\mathbb{Q} \to X_0(N)_\mathbb{Q}$ は $T_0(N)_{\mathbb{Q}_\ell}$ 加群の同型
   $$(9.11) \qquad V_\ell J_1(N) \otimes_{T_1(N)_{\mathbb{Q}_\ell}} T_0(N)_{\mathbb{Q}_\ell} \longrightarrow V_\ell J_0(N)$$
をひきおこす.

[証明] 1. $T_0(N)_{\mathbb{Q}_\ell}$ 加群の同型 $H_1(X_0(N)^\mathrm{an}, \mathbb{Z}) \otimes \mathbb{Q}_\ell \to V_\ell J_0(N)$ より,命

題 9.6 から明らか.

2. は 1. と同様.

3. 写像 (9.11) は階数 2 の自由加群の全射だから同型である. ∎

$V_\ell J_0(N)$ の $T_0(N)_{\mathbb{Q}_\ell}$ 上の基底をとれば, 連続準同型 $G_{\mathbb{Q}} \to GL_2(T_0(N)_{\mathbb{Q}_\ell})$ が得られる. $V_\ell J_1(N)$ についても同様である. この節では, 次の定理を証明する.

定理 9.13 $N \geqq 1$ を自然数とし, ℓ を素数とする. $G_{\mathbb{Q}}$ の ℓ 進表現 $V_\ell J_0(N)$ は, $N\ell$ をわらない素数 p で不分岐であり, Frobenius 置換 φ_p の固有多項式 $\det(1-\varphi_p t : V_\ell J_0(N)) \in T_0(N)_{\mathbb{Q}_\ell}[t]$ は,
$$\det(1-\varphi_p t : V_\ell J_0(N)) = 1 - T_p t + pt^2$$
で与えられる. □

系 9.14 ℓ を素数とし, K を $\mathbb{Q}_\ell$ の有限次拡大とする. $f \in S_0(N)_K$ を K 係数のレベル N の準素形式とする. f が定める環の準同型 $T_0(N)_{\mathbb{Q}_\ell} \to K$ に関するテンソル積 $V_\ell J_0(N) \otimes_{T_0(N)_{\mathbb{Q}_\ell}} K$ を V_f とおく. $G_{\mathbb{Q}}$ の ℓ 進表現 V_f は, $N\ell$ をわらない素数 p で不分岐であり,
$$\det(1-\varphi_p t : V_f) = 1 - a_p(f) t + pt^2$$
である. □

定理 3.18.1. は, $G_{\mathbb{Q}}$ の作用で安定な V_f の格子をとれば, 系 9.14 より直ちに従う.

例 9.15 $f = \sum_{n=1}^{\infty} a_n(f) q^n \in S_0(11)$ を, レベル 11 の唯一の素形式とし, $E = X_0(11)$ とする. ℓ を素数とすると, $T_\ell E$ は f にともなう ℓ 進表現であり, すべての素数 $p \neq \ell, 11$ に対し
$$\det(1-\varphi_p t : T_\ell E) = 1 - a_p(f) t + pt^2$$
である. $y^2 + y = x^3 - x^2 - 10x - 20$ の解 $(5,5)$ は位数 5 であり, $p \neq 11$ ならば $5 \mid \sharp E(\mathbb{F}_p)$ である. よって, $a_p(f) \equiv p+1 \bmod 5$ である. □

補題 9.12.3. より, 定理 9.13 は次の定理に帰着される.

定理 9.16 $N \geqq 1$ を自然数とし, ℓ を素数とする. $G_{\mathbb{Q}}$ の ℓ 進表現 $V_\ell J_1(N)$ は, $N\ell$ をわらない素数 p で不分岐であり,

(9.12) $\qquad \det(1-\varphi_p t : V_\ell J_1(N)) = 1 - T_p t + p\langle p \rangle t^2$

である。 □

系 9.17 ℓ を素数とし，K を $\mathbb{Q}_\ell$ の有限次拡大とする．$f \in S_1(N)_K$ を K 係数のレベル N，指標 ε の準素形式とする．f が定める環の準同型 $T_1(N)_{\mathbb{Q}_\ell} \to K$ に関するテンソル積 $V_\ell J_1(N) \otimes_{T_1(N)_{\mathbb{Q}_\ell}} K$ を V_f とおく．$G_\mathbb{Q}$ の ℓ 進表現 V_f は，$N\ell$ をわらない素数 p で不分岐であり，

$$\det(1-\varphi_p t : V_f) = 1 - a_p(f) t + \varepsilon(p) p t^2$$

である．$G_\mathbb{Q}$ の指標 $\det V_f$ は，ℓ 進円分指標と合成 $G_\mathbb{Q} \to \mathrm{Gal}(\mathbb{Q}(\zeta_N)/\mathbb{Q}) = (\mathbb{Z}/N\mathbb{Z})^\times \xrightarrow{\varepsilon} K^\times$ の積である． □

[定理 9.16 の証明] p を $N\ell$ をわらない素数とする．定理 8.63.2. より，$X_1(N)_\mathbb{Z}$ は p でよい還元をもつ．したがって，補題 D.18 より，$J_1(N)$ は p でよい還元をもち，$V_\ell J_1(N)$ は p でよい ℓ 進表現である．

等式 (9.12) を示す．補題 D.11.2. の単射 $\mathrm{End}\, J_1(N) \to \mathrm{End}\, J_1(N)_{\mathbb{F}_p}$ により，$V_\ell J_1(N)_{\mathbb{F}_p}$ を $T_1(N)_{\mathbb{Q}_\ell}$ 加群と考える．補題 D.18 の標準同型 $V_\ell J_1(N)_\mathbb{Q} \to V_\ell J_1(N)_{\mathbb{F}_p}$ は，$T_1(N)_{\mathbb{Q}_\ell}$ 加群の同型である．よって，

$$\det(1-\varphi_p t : V_\ell J_1(N)_\mathbb{Q}) = \det(1-\varphi_p t : V_\ell J_1(N)_{\mathbb{F}_p})$$

である．$F : J_1(N)_{\mathbb{F}_p} \to J_1(N)_{\mathbb{F}_p}$ を Frobenius 準同型とすると，命題 3.15 の証明と同様に，Frobenius 置換 φ_p の $V_\ell J_1(N)_{\mathbb{F}_p}$ への作用は F の $V_\ell J_1(N)_{\mathbb{F}_p}$ への作用と等しい．したがって

$$\det(1-Ft : V_\ell J_1(N)_{\mathbb{F}_p}) = 1 - T_p t + p\langle p \rangle t^2$$

を示せばよい．$V : J_1(N)_{\mathbb{F}_p} \to J_1(N)_{\mathbb{F}_p}$ を F の双対とする．V は $F : X_1(N)_{\mathbb{F}_p} \to X_1(N)_{\mathbb{F}_p}$ によるひきもどし F^* であり，$FV = VF = p$ である．

補題 9.18 $N \geq 1$ を自然数とし，p を N をわらない素数とする．

1. $J_1(N)_{\mathbb{F}_p}$ の自己準同型の等式

(9.13) $$T_p = F + \langle p \rangle V$$

がなりたつ．

2. ζ_N を 1 の原始 N 乗根とし，$w = w_N$ を ζ_N が定める Atkin-Lehner 対合とすると，$J_1(N)_{\mathbb{F}_p(\zeta_N)}$ の自己準同型の等式

$$Vw = w\langle p \rangle V$$

がなりたつ． □

等式(9.13)を**合同関係式**(congruence relation)という.

[証明] 1. p が素数だから $I_1(N,p) = X_{1,0}(N,p)_\mathbb{Q}$ である. $s, t \colon X_{1,0}(N,p) \to X_1(N)$ を標準射とすると, Hecke 作用素の定義より $T_p = t_* \circ s^* \colon J_1(N) \to J_{1,0}(N,p) \to J_1(N)$ である. 定理 8.76 より, $X_{1,0}(N,p)$ は p で弱準安定である. $J_{1,0}(N,p)^a_{\mathbb{F}_p}$ を $J_{1,0}(N,p)^0_{\mathbb{F}_p}$ の Abel 多様体部分とする. 定理 A.49.1. より, $t_* \colon J_{1,0}(N,p) \to J_1(N)$ は, $J_{1,0}(N,p)^a_{\mathbb{F}_p} \to J_1(N)_{\mathbb{F}_p}$ をひきおこし, Hecke 作用素 $T_p \colon J_1(N)_{\mathbb{F}_p} \to J_1(N)_{\mathbb{F}_p}$ は $J_1(N)_{\mathbb{F}_p} \to J_{1,0}(N,p)^a_{\mathbb{F}_p} \to J_1(N)_{\mathbb{F}_p}$ の合成である.

定理 8.76 と, 系 D.21 より, $j_0, j_1 \colon X_1(N)_{\mathbb{F}_p} \to X_{1,0}(N,p)_{\mathbb{F}_p}$ がひきおこす射

$$(j_0^*, j_1^*) \colon J_{1,0}(N,p)^a_{\mathbb{F}_p} \longrightarrow J_1(N)_{\mathbb{F}_p} \times J_1(N)_{\mathbb{F}_p}$$

は同型である. 合成 $t_* \circ (j_0^*, j_1^*)^{-1} \colon J_1(N)_{\mathbb{F}_p} \times J_1(N)_{\mathbb{F}_p} \to J_1(N)_{\mathbb{F}_p}$ は $(t_* \circ j_{0*}, t_* \circ j_{1*})$ だから, $T_p = t_* \circ s^* \colon J_1(N)_{\mathbb{F}_p} \to J_1(N)_{\mathbb{F}_p}$ は, $(t \circ j_0)_* \circ (s \circ j_0)^* + (t \circ j_1)_* \circ (s \circ j_1)^*$ である. よって,

$$s \circ j_0 = \mathrm{id}, \qquad s \circ j_1 = F,$$
$$t \circ j_0 = F, \qquad t \circ j_1 = \langle p \rangle$$

を示せばよい.

$j_0 \colon X_1(N)_{\mathbb{F}_p} \to X_{1,0}(N,p)_{\mathbb{F}_p}$ は, $[(E,P)]$ を $[(E, P, \mathrm{Ker}\, F)]$ に写すから, $s \circ j_0 = \mathrm{id}$ であり, $t \circ j_0 = F$ である. $j_1 \colon X_1(N)_{\mathbb{F}_p} \to X_{1,0}(N,p)_{\mathbb{F}_p}$ は, $[(E,P)]$ を $[(E^{(p)}, P^{(p)}, \mathrm{Ker}\, V)]$ に写すから, $s \circ j_1 = F$ であり, $FV = p$ だから $t \circ j_1 = \langle p \rangle$ である.

2. 両辺はそれぞれ $X_1(N)_{\mathbb{F}_p(\zeta_N)}$ の自己準同型 $w^{-1} \circ F$, $F \circ \langle p \rangle^{-1} \circ w^{-1}$ によるひきもどしだから, 等式 $w \circ F = F \circ w \circ \langle p \rangle$ を示せば十分である. $\mathbb{F}_p(\zeta_N)$ 上のスキーム上の楕円曲線 E とその位数 N の切断 P に対し, $(P,Q)_N = \zeta_N$ をみたす位数 N の切断を Q とすると $(P^{(p)}, Q^{(p)})_N = \zeta_N^p$ である. よって, $w \circ F(E,P) = w(E^{(p)}, P^{(p)}) = (E^{(p)}/\langle P^{(p)} \rangle, p^{-1} Q^{(p)})$ である. したがって $w \circ F = \langle p \rangle^{-1} \circ F \circ w$ である. 一方, $F \circ w \circ \langle p \rangle = F \circ \langle p \rangle^{-1} \circ w = \langle p \rangle^{-1} \circ F \circ w$ だから, $w \circ F = F \circ w \circ \langle p \rangle$ が示された. ∎

定理 9.16 の証明にもどる. $F \circ V = p$ だから, 補題 9.18.1. より,

$$(1-Ft)(1-\langle p\rangle Vt) = 1-T_p t+p\langle p\rangle t^2$$

である. 両辺の行列式をとると,

$$\det(1-Ft\colon V_\ell J_1(N)_{\mathbb{F}_p})\det(1-\langle p\rangle Vt\colon V_\ell J_1(N)_{\mathbb{F}_p}) = (1-T_p t+p\langle p\rangle t^2)^2$$

である. (9.9)と同様に, 同型(D.15)の極限と Atkin-Lehner 対合の転置 w_N^* の合成 $V_\ell J_1(N)_{\mathbb{F}_p} \to \mathrm{Hom}(V_\ell J_1(N)_{\mathbb{F}_p}, \mathbb{Q}_\ell)$ は, $T_1(N)_{\mathbb{Q}_\ell}$ 加群の同型である. 補題 9.18.2. より, この同型は F の作用を $\langle p\rangle V$ の転置の作用に写すから, $\det(1-Ft\colon V_\ell J_1(N)_{\mathbb{F}_p}) = \det(1-\langle p\rangle Vt\colon V_\ell J_1(N)_{\mathbb{F}_p})$ である. したがって,

$$\det(1-Ft\colon V_\ell J_1(N)_{\mathbb{F}_p})^2 = (1-T_p t+p\langle p\rangle t^2)^2$$

である. $\det(1-Ft), 1-T_p t+p\langle p\rangle t^2 \in 1+T_1(N)[[t]] \subset T_1(N)[[t]]^\times$ と考えれば, 両辺の平方根をとって, $\det(1-Ft) = 1-T_p t+p\langle p\rangle t^2$ が得られる. ∎

系 9.19 ℓ を素数とし, K を $\mathbb{Q}_\ell$ の有限次拡大とする. ℓ 進表現 $\rho\colon G_\mathbb{Q} \to GL_2(K)$ と自然数 $N\geq 1$ に対し, 次の条件(1)と(2)は同値である.

(1) ρ はレベル N で保型的である.

(2) ρ は $V_\ell J_0(N)\otimes_{\mathbb{Q}_\ell} K$ の部分表現と同型である.

[証明] 被約 Hecke 環 $T_0'(N)_K$ は, 直積環 $\prod_{f\in \Phi(N)_K} K_f$ と同型である. よって, $V_\ell J_0(N)\otimes_{\mathbb{Q}_\ell} K$ は $\bigoplus_{f\in \Phi(N)_K} V_\ell J_0(N)\otimes_{T_0'(N)_{\mathbb{Q}_\ell}} K_f$ と直和分解する. 定理 9.13 と定理 3.18.2. より, $V_\ell J_0(N)\otimes_{T_0'(N)_{\mathbb{Q}_\ell}} K_f$ の半単純化は f にともなう ℓ 進表現の直和である. これより, 主張は明らかである. ∎

実際 $V_\ell J_0(N)\otimes_{\mathbb{Q}_\ell} K$ は完全可約であることを, たとえば命題 9.27 を使って示せるが, この本では証明しない.

系 9.17 で $p=\ell$ とすると, 次がなりたつ. §C.2 にあるように, V を $G_{\mathbb{Q}_p}$ のよい p 進表現とすると, フィルターつき $\mathbb{Q}_p[F]$ 加群 $D(V)$ が定まる. A がよい還元をもつ $\mathbb{Q}_p$ 上の Abel 多様体で $V=V_p A$ のときは, $D(V)=D(A_{\mathbb{F}_p})$ である.

系 9.20 p を素数とし, K を $\mathbb{Q}_p$ の有限次拡大とする. $N\geq 1$ を p と素な自然数とし, $f\in S_1(N)_K$ を K 係数のレベル N, 指標 ε の準素形式とする. f が定める環の準同型 $T_1(N)_{\mathbb{Q}_p} \to K$ に関するテンソル積 $V_p J_1(N)\otimes_{T_1(N)_{\mathbb{Q}_p}} K$ を V_f とおく.

1. V_f の $G_{\mathbb{Q}_p}$ への制限はよい p 進表現であり，
$$\det(1-Ft: D(V_f)) = 1-a_p(f)t+\varepsilon(p)pt^2$$
である．部分空間 $D(V_f)' \subset D(V_f)$ は K 上 1 次元である．

2. V_f の $G_{\mathbb{Q}_p}$ への制限 $V_f|_{G_{\mathbb{Q}_p}}$ が通常であるためには，$a_p(f)$ が p 進単数であることが必要十分である．$a_p(f)$ が p 進単数であるとし，$1-a_p(f)t+\varepsilon(p)pt^2 = (1-\alpha t)(1-p\beta t)$ で，α, β がともに p 進単数であるとする．$G_{\mathbb{Q}_p}$ の不分岐指標で，φ_p の値が α, β であるものも，それぞれ α, β で表わし，χ を p 進円分指標とすると，$V_f|_{G_{\mathbb{Q}_p}}$ は，α の $\beta \cdot \chi$ による拡大である．

[証明] 1. $T_1(N)_{\mathbb{Q}_p}$ 加群 $D(V_p J_1(N))$ の部分加群 $D(V_p J_1(N))'$ は，定理 C.6.3. より，$T_1(N)_{\mathbb{Q}_p}$ 加群として，$S_1(N)_{\mathbb{Q}_p}$ である．さらに定理 C.6.3. より，商加群 $D(V_p J_1(N))/D(V_p J_1(N))'$ は $T_1(N)_{\mathbb{Q}_p}$ 加群として，$\mathrm{Hom}(S_1(N)_{\mathbb{Q}_p}, \mathbb{Q}_p)$ である．よって，$D(V_p J_1(N))'$ と $D(V_p J_1(N))/D(V_p J_1(N))'$ は，どちらも階数 1 の自由 $T_1(N)_{\mathbb{Q}_p}$ 加群である．したがって，$D(V_p J_1(N)) = D(J_1(N))$ は階数 2 の自由 $T_1(N)_{\mathbb{Q}_p}$ 加群である．補題 9.18.1. より，
$$\det(1-Ft: D(V_p J_1(N)))\det(1-\langle p\rangle Vt: D(V_p J_1(N))) = (1-T_p t+p\langle p\rangle t^2)^2$$
がなりたつ．補題 9.18.2. より，$k = \mathbb{F}_p(\zeta_N)$ に対しての定理 C.2 を使って，定理 9.16 の証明と同様に，
$$\det(1-Ft: D(V_p J_1(N))) = \det(1-\langle p\rangle Vt: D(V_p J_1(N)))$$
が示される．よって，$\det(1-Ft: D(V_p J_1(N))) = 1-T_p t+p\langle p\rangle t^2$ である．

$D(V_f) = D(V_p J_1(N)) \otimes_{T_1(N)_{\mathbb{Q}_p}} K$ だから，これは 2 次元 K 線型空間であり，$\det(1-Ft: D(V_f)) = 1-a_p(f)t+\varepsilon(p)pt^2$ である．$D(V_f)' = S_1(N)_{\mathbb{Q}_p} \otimes_{T_1(N)_{\mathbb{Q}_p}} K$ は 1 次元である．

2. 1. と系 C.8 より明らか． ∎

定理 9.21 K を標数 0 の体とし，$f \in S_1(N)_K$ を K 係数の準素形式，ε を f の指標とする．$p \nmid N$ を素数とし，$1-a_p(f)t+\varepsilon(p)pt^2 = (1-\alpha t)(1-\beta t)$ とおくと，α, β はともに代数的整数で，その任意の複素共役の絶対値は $\sqrt{p}$ である．

[証明] 系 9.3 と同様に $a_p(f)$ は代数的整数だから，α, β はともに代数的整数である．K を部分体 $K_f = \mathbb{Q}(a_n(f), n \geq 1)$ でおきかえて K は代数体と

してよい. ℓ を p とは違う素数とし, K を ℓ をわる素点での完備化でおきかえて, K は $\mathbb{Q}_\ell$ の有限次拡大であるとしてよい.

定理 9.16 より, α, β は Frobenius 置換 φ_p の $V_\ell J_1(N)_{\mathbb{F}_p}$ への作用の固有値である. Frobenius 置換 φ_p の $V_\ell J_1(N)_{\mathbb{F}_p}$ への作用の固有値は, Frobenius 写像 $F: X_1(N)_{\mathbb{F}_p} \to X_1(N)_{\mathbb{F}_p}$ のエタールコホモロジー $H^1(X_1(N)_{\bar{\mathbb{F}}_p}, \mathbb{Q}_\ell)$ への作用の固有値である. したがって, Weil 予想より, α, β の任意の複素共役の絶対値は $\sqrt{p}$ である. ∎

定理 9.21 より, 定理 2.47 が直ちに従う.

§9.3 保型的な法 ℓ 表現と非 Eisenstein イデアル

この節では, 保型的な法 ℓ 表現と, $\mathbb{Z}$ 係数の Hecke 環の極大イデアルおよびモジュラー曲線のヤコビアンの等分点の関係を与える. まず保型的な法 ℓ 表現と $\mathbb{Z}$ 係数の Hecke 環の極大イデアルとの対応を与える.

補題 9.22 ℓ を 3 以上の素数とし, $\mathbb{F}$ を $\mathbb{F}_\ell$ の有限次拡大とする. $\bar\rho: G_\mathbb{Q} \to GL_2(\mathbb{F})$ を絶対既約連続表現とし, $N \geq 1$ を自然数とすると, 次の(1)と(2)は同値である.

(1) $\bar\rho$ はレベル N で保型的である.

(2) $\mathbb{F}$ の有限次拡大 $\mathbb{F}'$ への環準同型 $\bar\varphi: T_0(N)_\mathbb{Z} \to \mathbb{F}'$ で, ほとんどすべての素数 $p \nmid N$ に対し,
$$\det(1-\bar\rho(\varphi_p)t) = 1-\bar\varphi(T_p)t+pt^2$$
をみたすものが存在する.

[証明] K を $\mathbb{Q}_\ell$ の有限次拡大, $f \in S_0(N)_K$ を K 係数の準素形式とし, $\varphi_f: T_0(N)_\mathbb{Q} \to K$ を f が定める環の準同型とする. $\mathbb{F}_K$ を K の剰余体とすると, $\varphi_f: T_0(N)_\mathbb{Q} \to K$ は準同型 $\bar\varphi_f: T_0(N)_\mathbb{Z} \to \mathbb{F}_K$ をひきおこし, すべての素数 p に対し, $\bar\varphi_f(T_p) \equiv a_p(f)$ である.

逆に $\mathbb{F}'$ を $\mathbb{F}$ の有限次拡大とし, $\bar\varphi: T_0(N)_\mathbb{Z} \to \mathbb{F}'$ を環の準同型とする. m を $T_0(N)_\mathbb{Z}$ の極大イデアル $\operatorname{Ker}\bar\varphi$ とする. $T_0(N)_\mathbb{Z}$ の整閉包 A の極大イデアル m' で m の上にあるものをとり, A の m' での完備化を O とし, その分数

体を K とすると, K は $\mathbb{Q}_\ell$ の有限次拡大であり, O はその整数環である. f を環の準同型 $T_0(N)_\mathbb{Z} \to K$ に対応する準素形式とし, $\mathbb{F}'$ を K の剰余体 $\mathbb{F}_K$ との合成でおきかえれば, すべての素数 p に対し, $\overline{\varphi}_f(T_p) \equiv a_p(f)$ である. 主張はこれより明らかである. ■

系 9.23 ℓ を 3 以上の素数とし, $\mathbb{F}$ を $\mathbb{F}_\ell$ の有限次拡大, $\overline{\rho}\colon G_\mathbb{Q} \to GL_2(\mathbb{F})$ を絶対既約連続表現とする. $N \geq 1$ を自然数, $\overline{\varphi}\colon T_0(N)_\mathbb{Z} \to \mathbb{F}$ を環の準同型で, ほとんどすべての素数 $p \nmid N$ に対し, $\overline{\rho}$ は p で不分岐であり, $\det(1-\overline{\rho}(\varphi_p)t) = 1-\overline{\varphi}(T_p)t + pt^2$ をみたすものとすると次がなりたつ.

1. すべての素数 $p \nmid N\ell$ に対し, $\overline{\rho}$ は p で不分岐であり,
$$\det(1-\overline{\rho}(\varphi_p)t) = 1-\overline{\varphi}(T_p)t + pt^2$$
がなりたつ.

2. $\ell \nmid N$ なら, $\overline{\rho}$ は ℓ でよい. $\overline{\rho}$ の $G_{\mathbb{Q}_\ell}$ への制限に定理 C.6 を適用して得られる F 加群を $D(\overline{\rho})$ とすると,
$$\det(1-Ft\colon D(\overline{\rho})) = 1-\overline{\varphi}(T_\ell)t + \ell t^2$$
がなりたつ.

さらに, $\overline{\rho}$ が $\ell = p$ で通常ならば, $\mathrm{Tr}(F\colon D(\overline{\rho})) = \overline{\varphi}(T_\ell)$ は, $\overline{\rho}$ の惰性群 I_ℓ による余不変商が定める不分岐指標 $\overline{\rho}_{I_\ell}$ の Frobenius 置換 φ_ℓ での値 $\overline{\rho}_{I_\ell}(\varphi_\ell)$ $\in \mathbb{F}^\times$ と等しい.

[証明] 1. 補題 9.22 の証明と補題 3.26 の証明より明らかである.
2. 系 9.20 と 1. の証明より明らか. ■

定義 9.24 $N \geq 1$ を自然数とし, m を Hecke 環 $T_0(N)_\mathbb{Z}$ の極大イデアルとし, $\mathbb{F}_m = T_0(N)_\mathbb{Z}/m$ とおく. m が **Eisenstein イデアル**(Eisenstein ideal) であるとは, 自然数 $M \geq 1$ と指標 $\alpha, \beta\colon (\mathbb{Z}/M\mathbb{Z})^\times \to \mathbb{F}_m^\times$ で, ほとんどすべての素数 $p \nmid NM$ に対し,
$$T_p \equiv \alpha(p) + \beta(p) \bmod m$$
をみたすものが存在することをいう.

m が Eisenstein イデアルでないとき, m は **非 Eisenstein イデアル**(non-Eisenstein ideal) であるという. □

例 9.25 例 9.15 より, $T_0(11)_\mathbb{Z} = \mathbb{Z}$ の極大イデアル (5) は Eisenstein イ

§9.3 保型的な法 ℓ 表現と非 Eisenstein イデアル ――― 277

デアルである. $\ell\geqq 3, \neq 5$ とすると, 命題 4.3 より, $E=X_0(11)$ の ℓ 分点が定める法 ℓ 表現は既約である. よって, 次の命題 9.26 より, $T_0(11)_{\mathbb{Z}}$ の極大イデアル (ℓ) は非 Eisenstein である. □

$\mathbb{Z}$ 係数の Hecke 環の極大イデアルが, 保型的な既約法 ℓ 表現に対応するためには, 非 Eisenstein であることが必要十分である.

命題 9.26 $N\geqq 1$ を自然数, ℓ を 3 以上の素数とする. Hecke 環 $T_0(N)_{\mathbb{Z}}$ の ℓ を含む極大イデアル m について, 次の条件 (1) と (2) は同値である.

(1) 剰余体 $\mathbb{F}_m=T_0(N)_{\mathbb{Z}}/m$ の有限次拡大 $\mathbb{F}$ と, レベル N で保型的な既約表現 $\bar{\rho}: G_{\mathbb{Q}}\to GL_2(\mathbb{F})$ で, ほとんどすべての素数 $p\nmid N$ に対し,

(9.14) $\qquad\det(1-\bar{\rho}(\varphi_p)t)\equiv 1-T_p t+pt^2 \bmod m$

をみたすものが存在する.

(2) m は非 Eisenstein である.

[証明] $(1)\Rightarrow(2)$ $\bar{\rho}: G_{\mathbb{Q}}\to GL_2(\mathbb{F})$ を (1) の条件をみたすレベル N で保型的な既約表現とし, m が Eisenstein イデアルであるとして矛盾を導く. m が Eisenstein イデアルであるとし, 指標 $\alpha, \beta: (\mathbb{Z}/M\mathbb{Z})^{\times}\to \mathbb{F}_m^{\times}$ が, ほとんどすべての素数 $p\nmid NM$ に対し,

$$T_p\equiv\alpha(p)+\beta(p) \bmod m$$

をみたすとする. すると, 命題 3.4.3. より, $\bar{\rho}$ は指標の直和 $\alpha\oplus\beta$ と同型であり, 矛盾である.

$(2)\Rightarrow(1)$ 補題 9.22 の証明のように, $\mathbb{Q}_\ell$ の有限次拡大 K の整数環 O への準同型 $T_0(N)_{\mathbb{Z}}\to O$ で, m が O の極大イデアルの逆像であるものをとる. $f\in S_0(N)_K$ を $T_0(N)_{\mathbb{Z}}\to O\subset K$ に対応する準素形式とし, V を f にともなう $G_{\mathbb{Q}}$ の ℓ 進表現とする. $G_{\mathbb{Q}}$ の作用で安定な V の O 格子 L をとり, $\mathbb{F}$ を O の剰余体とする. $\bar{V}=L\otimes_O\mathbb{F}$ は $G_{\mathbb{Q}}$ の法 ℓ 表現 $\bar{\rho}$ を定める. $\bar{\rho}$ はほとんどすべての素数 $p\nmid N$ に対し (9.14) をみたす. m が非 Eisenstein ならば, $\bar{\rho}$ が既約であることを示せばよい.

対偶をとって, $\bar{\rho}$ が可約と仮定して, m が Eisenstein であることを示す. $\bar{\rho}$ が可約なら, $\bar{\rho}$ の半単純化は指標 $\alpha, \beta: G_{\mathbb{Q}}\to\mathbb{F}^{\times}$ の直和である. α, β の像が $\mathbb{F}_m^{\times}$ にはいることを示せばよい. σ_{∞} を複素共役とすると, $\alpha\beta(\sigma_{\infty})=$

-1, $\alpha(\sigma_\infty)=\pm 1$, $\beta(\sigma_\infty)=\pm 1$ だから, $\alpha(\sigma_\infty)=1$, $\beta(\sigma_\infty)=-1$ としてよい. (9.14)と定理 3.1 より, 任意の $\sigma\in G_\mathbb{Q}$ に対し, $\det(1-\overline{\rho}(\sigma)t)\in \mathbb{F}_m[t]$ である. したがって, 任意の $\tau\in \mathrm{Gal}(\overline{\mathbb{F}}/\mathbb{F}_m)$ に対し, $\{\tau\circ\alpha, \tau\circ\beta\}=\{\alpha,\beta\}$ である. $\tau\circ\alpha(\sigma_\infty)=1$ だから, $\tau\circ\alpha=\alpha$ であり, $\tau\circ\beta=\beta$ である. よって, α,β の像が $\mathbb{F}_m^\times$ にはいるから, m は Eisenstein である. ∎

一般に 2 次元既約表現について, 次の命題がなりたつ.

命題 9.27 F を体, G を群とし, $\rho: G\to GL_2(F)$ を絶対既約表現とする. $V=F^2$ を ρ の表現空間とする. W を G の F 上の有限次元表現とし, 各 $g\in G$ の W への作用は $g^2-\mathrm{Tr}(\rho(g))\cdot g+\det\rho(g)=0$ をみたすものとする. このとき, W は G の表現として V の直和と同型である.

[証明] $\rho: G\to GL_2(F)$ がひきおこす, 群環からの環の準同型 $F[G]\to M_2(F)$ も ρ で表わす. $\rho: G\to GL_2(F)$ が絶対既約だから, $\rho: F[G]\to M_2(F)$ は全射である. J を $F[G]$ の両側イデアル $(g^2-\mathrm{Tr}\rho(g)\cdot g+\det\rho(g); g\in G)$ とする. $\rho: F[G]\to M_2(F)$ がひきおこす全射準同型 $F[G]/J\to M_2(F)$ も ρ で表わす. 環 $M_2(F)$ は半単純で, 単純 $M_2(F)$ 加群は F^2 と同型だから, 全射準同型 $\rho: F[G]/J\to M_2(F)$ が同型であることを示せばよい.

$F[G]$ の反自己同型 $*$ を $g^*=\det\rho(g)\cdot g^{-1}$ で定める. $*^2=1$ である.
$$(g^2-\mathrm{Tr}\rho(g)\cdot g+\det\rho(g))^* = \det\rho(g)^2\cdot g^{-2}-\mathrm{Tr}\rho(g)\cdot\det\rho(g)\cdot g^{-1}+\det\rho(g)$$
$$= \det\rho(g)(g^2-\mathrm{Tr}\rho(g)\cdot g+\det\rho(g))g^{-2}$$
だから, 反自己同型 $*$ はイデアル J を保つ. $*$ がひきおこす $F[G]/J$ の反自己同型も $*$ で表わす. $M_2(F)$ の反自己同型 $*$ を $A^*=\mathrm{Tr}(A)-A$ で定めると, $g^*-(\mathrm{Tr}\rho(g)-g)=(g^2-\mathrm{Tr}\rho(g)\cdot g+\det\rho(g))g^{-1}\in J$ だから, 環の準同型 $\rho: F[G]/J\to M_2(F)$ は反自己同型 $*$ と両立する.

任意の $x\in F[G]/J$ に対し, $x+x^*=\mathrm{Tr}\rho(x)$ がなりたつ. $x\in F[G]/J$ に対し, $xx^*=\det\rho(x)$ を示す. $\rho(xx^*)=\rho(x)\rho(x)^*=\det\rho(x)$ だから, $xx^*=\det\rho(x)$ と $xx^*\in F$ は同値である.
$$(x+y)(x+y)^* = xx^*+yy^*+xy^*+(xy^*)^* = xx^*+yy^*+\mathrm{Tr}\rho(xy^*)$$
だから, $\{x\in F[G]/J\,|\,xx^*\in F\}$ は $F[G]/J$ の線型部分空間である. これは G の像を含むから, 全体と一致する. これより, 乗法群 $(F[G]/J)^\times$ は $\{x\in$

§9.3 保型的な法 ℓ 表現と非 Eisenstein イデアル―279

$F[G]/J \mid \det \rho(x) \neq 0\}$ と一致することが直ちに従う.

$\rho: F[G]/J \to M_2(F)$ が単射であることを示す. $x \in \operatorname{Ker} \rho$ として, x の零化域 $\operatorname{Ann} x = \{y \in F[G]/J \mid yx = 0\}$ が $F[G]/J$ 全体であることを示せばよい. $x \in \operatorname{Ker} \rho$ より, $x^* = -x$ である. $y \in F[G]/J$ とすると, $yx \in \operatorname{Ker} \rho$ だから, $yx = -(yx)^* = -x^*y^* = xy^*$ である. したがって, $y, z \in F[G]/J$ に対し, $yzx = x(yz)^* = xz^*y^* = zxy^* = zyx$ である. よって, $\operatorname{Ann} x \supset \{yz-zy \mid y, z \in F[G]/J\}$ となり, $\operatorname{Ann} x$ は $F[G]/J$ の両側イデアルである. $\rho(\operatorname{Ann} x)$ は, $\{AB-BA \mid A, B \in M_2(F)\}$ を含む $M_2(F)$ の両側イデアルだから $M_2(F)$ 全体に一致する. したがって, $\operatorname{Ann} x$ は $\rho(y) = 1$ をみたす元 y を含む. この y は $F[G]/J$ の可逆元だから, $\operatorname{Ann} x = F[G]/J$ である. したがって $x = 0$ が示された. ∎

保型的な法 ℓ 表現とモジュラー曲線のヤコビアンの等分点の関係を与える.

補題 9.28 $N \geq 1$ を自然数, ℓ を 3 以上の素数とし, m を ℓ を含む Hecke 環 $T_0(N)_\mathbb{Z}$ の非 Eisenstein 極大イデアルとする. $\mathbb{F}$ を剰余体 $\mathbb{F}_m = T_0(N)_\mathbb{Z}/m$ の有限次拡大とし, $\bar{\rho}: G_\mathbb{Q} \to GL_2(\mathbb{F})$ をレベル N で保型的な既約表現で, ほとんどすべての素数 $p \nmid N$ に対し,
$$\det(1 - \bar{\rho}(\varphi_p)t) \equiv 1 - T_p t + pt^2 \bmod m$$
をみたすものとする. $\overline{V} = \mathbb{F}^2$ を $\bar{\rho}$ の表現空間とする.

1. $J_0(N)[m] = \{x \in J_0(N)(\overline{\mathbb{Q}}) \mid \text{すべての } a \in m \text{ に対し } ax = 0\}$ は 0 でない.

2. $J_0(N)[m] \otimes_{T_0(N)_\mathbb{Z}} \mathbb{F}$ は, $G_\mathbb{Q}$ の法 ℓ 表現として, $\overline{V}$ のいくつかの直和と同型である.

[証明] 1. $J_0(N)[m] \neq 0$ を示す. $H_1(X_0(N)^{\mathrm{an}}, \mathbb{F}_\ell) = H_1(X_0(N)^{\mathrm{an}}, \mathbb{Z}) \otimes_\mathbb{Z} \mathbb{F}_\ell$ とすると, $J_0(N)[m]$ は $T_0(N)_\mathbb{Z}$ 加群として
$$H_1(X_0(N)^{\mathrm{an}}, \mathbb{F}_\ell)[m]$$
$$= \{x \in H_1(X_0(N)^{\mathrm{an}}, \mathbb{F}_\ell) \mid \text{すべての } a \in m \text{ に対し } ax = 0\}$$
と同型である. $H_1(X_0(N)^{\mathrm{an}}, \mathbb{Z})$ は有限生成 $T_0(N)_\mathbb{Z}$ 加群で, $T_0(N)_\mathbb{Z} \to \operatorname{End} H_1(X_0(N)^{\mathrm{an}}, \mathbb{Z})$ は単射だから, 局所化 $H_1(X_0(N)^{\mathrm{an}}, \mathbb{F}_\ell)_m$ は 0 でない. 局所化 $(T_0(N)_\mathbb{Z}/(\ell))_m$ は有限局所環だから, $H_1(X_0(N)^{\mathrm{an}}, \mathbb{F}_\ell)[m] \neq 0$ である.

2. $q \nmid N\ell$ を素数とすると,補題 9.18.1. より,$J_0(N)_{\mathbb{F}_q}$ の自己準同型の等式 $T_q = F_q + V_q$ がえられる.したがって,$J_0(N)(\overline{\mathbb{F}}_q)$ の自己準同型として,$\varphi_q^2 - T_q\varphi_q + q = F_q^2 - T_qF_q + F_qV_q = 0$ である.よって,各素数 $q \nmid N\ell$ に対し Frobenius 置換 φ_q の $J_0(N)_{\mathbb{F}_q}[m]$ への作用は $\varphi_q^2 - T_q\varphi_q + q = 0$ をみたす.$W = J_0(N)[m] \otimes_{T_0(N)_{\mathbb{Z}}} \mathbb{F}$ とおくと,定理 3.1 より,命題 9.27 の仮定がみたされる.よって W は $\overline{V}$ のいくつかの直和と同型である. ∎

§9.4 保型形式のレベルと ℓ 進表現の分岐

第 3 章の §3.8 で保型形式のレベルと ℓ 進表現の分岐について次の定理を述べた.

定理 3.52 O を $\mathbb{Q}_\ell$ の有限次拡大 K の整数環とし,f を K 係数のレベル N の素形式とする.$\rho_f : G_{\mathbb{Q}} \to GL_2(O)$ を f にともなう ℓ 進表現とする.素数 p に対し,次の 1., 2. において条件 (1), (2) はそれぞれ同値である.

1. (1) $p \nmid N$.
   (2) ρ_f が p でよい.
2. (1) $p^2 \nmid N$.
   (2) ρ_f が p で準安定. ∎

[(1)⇒(2) の証明] 定理 8.63 より,$p \nmid N$ なら $X_0(N)$ は p でよい還元をもち,$p^2 \nmid N$ なら $X_0(N)$ は p で準安定な還元をもつ.よって,系 9.17 および補題 D.18, D.16, 系 D.22 と,さらに $\ell = p$ のときには $\det \rho_f$ が ℓ 進円分指標であることから従う. ∎

この節では,以下 (2)⇒(1) を証明する.証明には,命題 8.57 で調べたモジュラー曲線 $X_{0,*}(N,r)$ の詳しい構造を使う.

$N \geq 1$ を自然数とし,p を素数とする.$N = Mp^e$, $M \geq 1$ を p と素な自然数とする.$e = 0$ なら何も示すべきことはないので,以下 $e \geq 1$ とする.自然数 $0 \leq k \leq e$ に対し,モジュラー曲線の有限射 $s_{p^k} : X_0(Mp^e) \to X_0(M)$ (8.65) をこの節では $s_k : X_0(Mp^e) \to X_0(M)$ と表わす.$e = 1$ のときは,$s_0, s_1 : X_0(N) \to X_0(M)$ はそれぞれ Hecke 作用素の定義にでてきた $s, t : I_0(M,p) \to X_0(M)$

である.同様に,自然数 $0 \leq k < e$ に対し,射 $s_{p^k} \colon X_0(Mp^e) \to X_0(Mp)$ を $t_k \colon X_0(Mp^e) \to X_0(Mp)$ と表わす.

$r \geq 3$ を $N = Mp^e$ と素な自然数とする.整数 $k \in \mathbb{Z}$ に対し,$\sigma_{p^k}^*$ を $p^k \in (\mathbb{Z}/r\mathbb{Z})^\times = \mathrm{Gal}(\mathbb{Q}(\zeta_r)/\mathbb{Q})$ が定める $\mathrm{Spec}\,\mathbb{Z}\!\left[\dfrac{1}{r}, \zeta_r\right]$ の同型とする.$\mathbb{Z}\!\left[\dfrac{1}{r}, \zeta_r\right]$ 上のスキーム X に対し,ファイバー積 $X \times_{\mathrm{Spec}\,\mathbb{Z}[\frac{1}{r},\zeta_r] / \sigma_{p^k}^*} \mathrm{Spec}\,\mathbb{Z}\!\left[\dfrac{1}{r}, \zeta_r\right]$ を $X^{(p^k)}$ で表わす.X が $\mathbb{Z}\!\left[\dfrac{1}{r}, \zeta_r\right]/(p)$ 上のスキームかつ $k \geq 0$ のときは,これは §8.1 で定めた記号と一致する.

$0 \leq k \leq e$ に対し,$s_k \colon X_0(Mp^e) \to X_0(M)$ と同様に

$$s_k \colon X_{0,*}(Mp^e, r)_{\mathbb{Z}[\frac{1}{r}]} \longrightarrow X_{0,*}(M, r)_{\mathbb{Z}[\frac{1}{r}]}$$
$$(E, (C, C_{p^e}), \alpha) \mapsto (E/C_{p^k}, C, \alpha)$$

が定義される.ここで位数 p^e の巡回部分群 C_{p^e} に対し,C_{p^k} は位数 p^k の巡回部分群を表わし,位数 M の巡回部分群 C,$E[r]$ の基底 α に対し,C, α でそれぞれの E/C_{p^k} での像も表わすことにする.$P, Q \in E[r]$ に対し,Weil ペアリングは $(P\text{ の像}, Q\text{ の像})_{(E/C_{p^k})[r]} = (P, Q)_{E[r]}^{p^k}$ をみたすから,図式

(9.15)
$$\begin{array}{ccc} X_{0,*}(Mp^e, r)_{\mathbb{Z}[\frac{1}{r}]} & \xrightarrow{s_k} & X_{0,*}(M, r)_{\mathbb{Z}[\frac{1}{r}]} \\ \downarrow & & \downarrow \\ \mathrm{Spec}\,\mathbb{Z}\!\left[\dfrac{1}{r}, \zeta_r\right] & \xrightarrow{\sigma_{p^k}^*} & \mathrm{Spec}\,\mathbb{Z}\!\left[\dfrac{1}{r}, \zeta_r\right] \end{array}$$

は可換である.可換図式 (9.15) により,s_k は,$\mathrm{Spec}\,\mathbb{Z}\!\left[\dfrac{1}{r}, \zeta_r\right]$ 上のスキームの射 $X_{0,*}(Mp^e, r)_{\mathbb{Z}[\frac{1}{r}]} \to X_{0,*}(M, r)_{\mathbb{Z}[\frac{1}{r}]}^{(p^k)}$ を定める.

同様に $0 \leq k < e$ に対し

$$t_k \colon X_{0,*}(Mp^e, r)_{\mathbb{Z}[\frac{1}{r}]} \longrightarrow X_{0,*}(Mp, r)_{\mathbb{Z}[\frac{1}{r}]}$$
$$(E, (C, C_{p^e}), \alpha) \mapsto (E/C_{p^k}, (C, C_{p^{k+1}}/C_{p^k}), \alpha)$$

が定義される.t_k は $\mathrm{Spec}\,\mathbb{Z}\!\left[\dfrac{1}{r}, \zeta_r\right]$ 上のスキームの射 $X_{0,*}(Mp^e, r)_{\mathbb{Z}[\frac{1}{r}]} \to$

$X_{0,*}(Mp,r)^{(p^k)}_{\mathbb{Z}[\frac{1}{r}]}$ を定める．射 $\langle p\rangle: X_{0,*}(Mp^e,r)_{\mathbb{Z}[\frac{1}{r}]} \to X_{0,*}(Mp^e,r)_{\mathbb{Z}[\frac{1}{r}]}$ を，組 (E,C,α) に対し組 $(E,C,\alpha\circ p)$ を対応させることで定める．$\langle p\rangle$ は，$\operatorname{Spec}\mathbb{Z}\big[\frac{1}{r},\zeta_r\big]$ 上の射 $\langle p\rangle: X_{0,*}(Mp^e,r)_{\mathbb{Z}[\frac{1}{r}]} \to X_{0,*}(Mp^e,r)^{(p^2)}_{\mathbb{Z}[\frac{1}{r}]}$ を定める．

以下，$\mathbb{Z}[\zeta_r]$ の (p) の上にある極大イデアル $\mathfrak{p}$ を 1 つとり，剰余体 $\mathbb{Z}[\zeta_r]/\mathfrak{p}$ を $\mathbb{F}_p(\zeta_r)$ で表わす．

命題 9.29 p を素数，$M\geqq 1$ を p と素な自然数，$e\geqq 0$ を自然数とし，$r\geqq 3$ を $N=Mp^e$ と素な自然数とする．

1. $\mathbb{Q}(\zeta_r)$ 上の Abel 多様体の射 $s_k^*: J_{0,*}(M,r)^{(p^k)} \to J_{0,*}(Mp^e,r)$ は，Abel 多様体部分 $J_{0,*}(Mp^e,r)^{\mathrm{a}}_{\mathbb{F}_p(\zeta_r)}$ への同種

$$(9.16) \qquad \oplus_{k=0}^{e} s_k^*: \prod_{k=0}^{e} J_{0,*}(M,r)^{(p^k)}_{\mathbb{F}_p(\zeta_r)} \longrightarrow J_{0,*}(Mp^e,r)^{\mathrm{a}}_{\mathbb{F}_p(\zeta_r)}$$

をひきおこす．

2. $\mathbb{Q}(\zeta_r)$ 上の Abel 多様体の射 $t_k^*: J_{0,*}(Mp,r)^{(p^k)} \to J_{0,*}(Mp^e,r)$ は，トーラス部分 $J_{0,*}(Mp^e,r)^{\mathrm{t}}_{\mathbb{F}_p(\zeta_r)}$ への同種

$$(9.17) \qquad \oplus_{k=0}^{e-1} t_k^*: \prod_{k=0}^{e-1} J_{0,*}(Mp,r)^{(p^k)\,\mathrm{t}}_{\mathbb{F}_p(\zeta_r)} \longrightarrow J_{0,*}(Mp^e,r)^{\mathrm{t}}_{\mathbb{F}_p(\zeta_r)}$$

をひきおこす．

[証明] 1. $a\leqq e=a+b$ とする．射 $j_a: X_{0,*}(M,r)_{\mathbb{F}_p} \to X_{0,*}(N,r)_{\mathbb{F}_p}$ は，(E,C,α) を，$a\leqq b$ なら $(E,(C,\operatorname{Ker}V^aF^b),\alpha)$ に写すことで定まる．$b\leqq a$ なら $(E^{(p^{a-b})},(C^{(p^{a-b})},\operatorname{Ker}V^aF^b),\alpha^{(p^{a-b})})$ に写すことで定まる．よって，$a\leqq b$ なら j_a は $\mathbb{F}_p(\zeta_r)$ 上の射である．$b\leqq a$ なら図式

$$\begin{array}{ccc} X_{0,*}(M,r)_{\mathbb{F}_p} & \xrightarrow{j_a} & X_{0,*}(Mp^e,r)_{\mathbb{F}_p} \\ \downarrow & & \downarrow \\ \operatorname{Spec}\mathbb{F}_p(\zeta_r) & \xrightarrow{\varphi_p^{a-b}} & \operatorname{Spec}\mathbb{F}_p(\zeta_r) \end{array}$$

は可換であり，j_a は $\mathbb{F}_p(\zeta_r)$ 上の射 $X_{0,*}(M,r)^{(p^{e-2a})}_{\mathbb{F}_p} \to X_{0,*}(N,r)_{\mathbb{F}_p}$ を定める．命題 8.73 と系 D.20 より，Abel 多様体部分からの同型

$$\oplus_a j_a^*: J_{0,*}(Mp^e,r)^{\mathrm{a}}_{\mathbb{F}_p(\zeta_r)} \longrightarrow \prod_{a=0}^{e} J_{0,*}(M,r)^{(p^{\min(0,e-2a)})}_{\mathbb{F}_p(\zeta_r)}$$

§9.4 保型形式のレベルと ℓ 進表現の分岐

が得られる．したがって，Abel 多様体の射
$$\oplus_{a,e}(s_k\circ j_a)^*:\prod_{k=0}^{e}J_{0,*}(M,r)^{(p^k)}_{\mathbb{F}_p(\zeta_r)}\longrightarrow\prod_{a=0}^{e}J_{0,*}(M,r)^{(p^{\min(0,e-2a)})}_{\mathbb{F}_p(\zeta_r)}$$
が同種であることを示せばよい．補題 9.18.1. の証明と同様に，$s_k\circ j_a$ は，

$$\begin{cases} F^k & a\leqq b,\ k\leqq b,\ \text{つまり}\ 2a\leqq e,\ a+k\leqq e\ \text{のとき,} \\ \langle p\rangle^{k-b}F^{b-(k-b)} \\ \quad=\langle p\rangle^{a+k-e}F^{2e-2a-k} & a\leqq b\leqq k,\ \text{つまり}\ 2a\leqq e,\ a+k\geqq e\ \text{のとき,} \\ F^{a-b+k}=F^{2a+k-e} & k\leqq b\leqq a,\ \text{つまり}\ 2a\geqq e,\ a+k\leqq e\ \text{のとき,} \\ \langle p\rangle^{k-b}F^{a-b+b-(k-b)} \\ \quad=\langle p\rangle^{a+k-e}F^{e-k} & b\leqq a,\ b\leqq k,\ \text{つまり}\ 2a\geqq e,\ a+k\geqq e\ \text{のとき} \end{cases}$$

である．よって，行列 $(s_k\circ j_a)\in M_{e+1}(\mathbb{Z}[F,\langle p\rangle])$ の行列式 $\det(s_k\circ j_a)$ は
$$(-1)^{\frac{e(e-1)}{2}}\prod_{1\leqq a\leqq e/2}(\langle p\rangle-F^2)F^{e-a-1}\times\prod_{e/2<a\leqq e}(\langle p\rangle-F^2)F^{a-1}$$
となる．準同型 $\langle p\rangle-F^2:J_{0,*}(M,r)_{\mathbb{F}_p(\zeta_r)}\to J_{0,*}(M,r)^{(p^2)}_{\mathbb{F}_p(\zeta_r)}$ はエタールだから，$\det(s_k\circ j_a)$ は同種である．したがって，$\oplus_{a,e}(s_k\circ j_a)^*$ も同種である．

2. X_e と X_1 を，それぞれトーラス $J_{0,*}(Mp^e,r)^{\mathrm{t}}_{\mathbb{F}_p(\zeta_r)}$ と $J_{0,*}(Mp,r)^{\mathrm{t}}_{\mathbb{F}_p(\zeta_r)}$ の指標群とする．$\oplus_k t_k^*:\prod_{k=0}^{e-1}J_{0,*}(Mp,r)^{(p^k)}\to J_{0,*}(Mp^e,r)$ が誘導する自由 $\mathbb{Z}$ 加群の準同型 $\oplus_k t_{k*}:X_e\to X_1^{\oplus e}$ が，$\otimes\mathbb{Q}$ すると同型であることを示せばよい．

X_e と X_1 を双対鎖複体で記述する．系 8.43 より，$X_{0,*}(M,r)_{\mathbb{Z}[\frac{1}{r}]}\otimes_{\mathbb{Z}[\frac{1}{r}]}\mathbb{Q}$ の定数体は $\mathbb{Q}(\zeta_r)$ だから，$\mathbb{F}_p(\zeta_r)$ 上の固有スムーズ代数曲線 $X_{0,*}(M,r)_{\mathbb{F}_p(\zeta_r)}=X_{0,*}(M,r)_{\mathbb{Z}[\frac{1}{r}]}\otimes_{\mathbb{Z}[\frac{1}{r},\zeta_r]}\mathbb{F}_p(\zeta_r)$ の幾何的ファイバーは，定理 A.16 より連結である．$\Sigma=Y_{0,*}(M,r)^{\mathrm{ss}}_{\mathbb{F}_p(\zeta_r)}$ を超特異点のなす被約閉部分スキームとし，$\overline{\Sigma}=\Sigma(\overline{\mathbb{F}_p(\zeta_r)})$ とおく．命題 8.73 より，$X_{0,*}(Mp^e,r)_{\overline{\mathbb{F}_p(\zeta_r)}}$ の既約成分の集合は $[0,e]=\{a\in\mathbb{N}\,|\,0\leqq a\leqq e\}$ と同一視され，被約化 $X_{0,*}(Mp^e,r)_{\mathbb{F}_p(\zeta_r),\mathrm{red}}$ の特異点の集合は Σ と同一視される．さらに，$X_{0,*}(Mp^e,r)_{\mathbb{F}_p(\zeta_r),\mathrm{red}}$ の正規化での Σ の逆像は $\Sigma\times[0,e]$ と同一視される．よって，$\mathbb{Z}_0^{n+1}=\mathrm{Ker}(\mathbb{Z}^{n+1}\xrightarrow{\text{和}}\mathbb{Z})$ とおくと，定義 B.5 より，$X_{0,*}(Mp^e,r)_{\overline{\mathbb{F}_p(\zeta_r)}}$ の双対鎖複体は $[(\mathbb{Z}_0^{e+1})^{\overline{\Sigma}}\to\mathbb{Z}^{e+1}]$ と同

一視される．したがって系 D.20 より，指標群 X_e は，$\mathrm{Ker}((\mathbb{Z}_0^{e+1})^{\overline{\Sigma}} \to \mathbb{Z}^{e+1})$ と同一視される．同様に指標群 X_1 は，$\mathrm{Ker}((\mathbb{Z}_0^2)^{\overline{\Sigma}} \to \mathbb{Z}^2)$ と同一視される．X_e の階数と $X_1^{\oplus e}$ の階数は等しいから，$\oplus_k t_{k*} \colon X_e \to X_1^{\oplus e}$ が単射であることを示せばよい．$\oplus_k t_{k*} \colon \mathbb{Z}^{\overline{\Sigma} \times [0,e]} \to \bigoplus_{k=0}^{e-1} \mathbb{Z}^{\overline{\Sigma} \times [0,1]}$ が単射であることをいえば十分である．

$s_k \circ j_a$ と同様に，$t_k \circ j_a$ は次のように計算される：

$$\begin{cases} j_0 \circ F^k & a \leq b,\ k < b,\ \text{つまり}\ 2a \leq e,\ a+k < e \\ & \text{のとき}, \\ j_1 \circ \langle p \rangle^{k-b} F^{b-(k-b)-1} & a \leq b \leq k,\ \text{つまり}\ 2a \leq e,\ a+k \geq e \\ = j_1 \circ \langle p \rangle^{a+k-e} F^{2e-2a-k-1} & \text{のとき}, \\ j_0 \circ F^{a-b+k} = j_0 \circ F^{2a+k-e} & k < b \leq a,\ \text{つまり}\ 2a \geq e,\ a+k < e \\ & \text{のとき}, \\ j_1 \circ \langle p \rangle^{k-b} F^{a-b+b-(k-b)-1} & b \leq a,\ b \leq k,\ \text{つまり}\ 2a \geq e,\ a+k \geq e \\ = j_1 \circ \langle p \rangle^{a+k-e} F^{e-k-1} & \text{のとき}. \end{cases}$$

超特異楕円曲線に対しては $[p] = F^2$ だから，$\langle p \rangle \colon \Sigma \to \Sigma^{(p^2)}$ は F^2 と等しい．したがって，t_k がひきおこす写像 $t_{k*} \colon \Sigma \times [0,e] \to \Sigma \times [0,1]$ は，

$$t_k(x,a) = \begin{cases} (F^k(x), 0) & 2a \leq e,\ a+k < e\ \text{のとき}, \\ (F^{k-1}(x), 1) & 2a \leq e,\ a+k \geq e\ \text{のとき}, \\ (F^{2a+k-e}(x), 0) & 2a \geq e,\ a+k < e\ \text{のとき}, \\ (F^{2a+k-e-1}(x), 1) & 2a \geq e,\ a+k \geq e\ \text{のとき} \end{cases}$$

で与えられる．

$F \colon \Sigma \to \Sigma^{(p)}$ は全単射だから，$\mathbb{Z}^{\overline{\Sigma} \times [0,e]}$ の自己同型 $\oplus_{2a \leq e} \mathrm{id} \oplus \oplus_{2a > e} F^{2a-e}$ と，$(\mathbb{Z}^{\overline{\Sigma} \times [0,e-1]})^{\oplus 2}$ の自己同型 $(\oplus_k F^k, \oplus_k F^{k-1})$ が定まる．標準基底 $e_a \in \mathbb{Z}^{[0,e]}$ を，$\sum_{a+k<e} e_{0,k} + \sum_{a+k \geq e} e_{1,k} \in \mathbb{Z}^{[0,1] \times [0,e-1]}$ に写す線型写像 $\mathbb{Z}^{[0,e]} \to \mathbb{Z}^{[0,1] \times [0,e-1]}$ は，単射である．$\oplus_k t_{k*} \colon \mathbb{Z}^{\overline{\Sigma} \times [0,e]} \to \bigoplus_{k=0}^{e-1} \mathbb{Z}^{\overline{\Sigma} \times [0,1]} = (\mathbb{Z}^{\overline{\Sigma} \times [0,e-1]})^{\oplus 2}$ は，この単射の直和に，上の自己同型を合成して得られるから，単射である．

§9.4 保型形式のレベルと ℓ 進表現の分岐 —— 285

系 9.30 p を素数, $M \geqq 1$ を p と素な自然数, $e \geqq 0$ を自然数とし, $N = Mp^e$ とおく. $\mathbb{Q}$ 上の Abel 多様体の射

(9.18) $$\oplus_k s_k^* \colon \bigoplus_{k=0}^{e} J_0(M) \longrightarrow J_0(Mp^e),$$

(9.19) $$\oplus_k t_k^* \colon \bigoplus_{k=0}^{e-1} J_0(Mp) \longrightarrow J_0(Mp^e)$$

を考える.

1. $\ell \neq p$ を素数とする. 線型写像 $\oplus_k s_k^* \colon V_\ell J_0(M)^{\oplus e+1} \to V_\ell J_0(N)$ は単射であり, 同型

(9.20) $$V_\ell J_0(M)_{\mathbb{F}_p}^{\oplus e+1} \longrightarrow V_\ell J_0(N)_{\mathbb{F}_p}^{\mathrm{a}}$$

をひきおこす. 射 (9.19) が定めるトーラス部分の写像は同型

(9.21) $$V_\ell J_0(Mp)_{\mathbb{F}_p}^{\mathrm{t} \oplus e} \longrightarrow V_\ell J_0(N)_{\mathbb{F}_p}^{\mathrm{t}}$$

をひきおこす.

$V_\ell J_0(N)$ の惰性群不変部分 $V_\ell J_0(N)^{I_p}$ は,

(9.22) $$(\oplus_k s_k^*, \oplus_k t_k^*) \colon V_\ell J_0(M)^{\oplus e+1} \oplus V_\ell J_0(Mp)^{I_p \oplus e} \longrightarrow V_\ell J_0(N)$$

の像と等しく, Abel 多様体部分 $V_\ell J_0(N)^{\mathrm{a}}$ とトーラス部分 $V_\ell J_0(N)^{\mathrm{t}}$ の直和である.

2. 射 (9.18) の核は有限である. 射 (9.18) は, Abel 多様体部分への同種 $\oplus_k s_k^* \colon \bigoplus_{k=0}^{e} J_0(M)_{\mathbb{F}_p} \to J_0(Mp^e)_{\mathbb{F}_p}^{\mathrm{a}}$ をひきおこす.

3. 射 (9.19) は, トーラス部分に同種 $\oplus_k t_k^* \colon \bigoplus_{k=0}^{e-1} J_0(Mp)_{\mathbb{F}_p}^{\mathrm{t}} \to J_0(Mp^e)_{\mathbb{F}_p}^{\mathrm{t}}$ をひきおこす.

[証明] 1. $r \geqq 3$ を $N = Mp^e$ と素な自然数とする. $\mathbb{Q}(\zeta_r)$ は p の上にある素イデアル $\mathfrak{p}$ で不分岐だから, $\mathbb{Q}(\zeta_r)$ へ係数拡大してから示せば十分である. $X_0(Mp^e)_{\mathbb{Q}(\zeta_r)} = X_0(Mp^e)_{\mathbb{Q}} \otimes_{\mathbb{Q}} \mathbb{Q}(\zeta_r)$ は, $X_{0,*}(Mp^e, r)_{\mathbb{Q}}$ の $SL_2(\mathbb{Z}/r\mathbb{Z})$ による商である. よって, 系 D.14.2. より, 標準写像

$$V_\ell J_0(Mp^e)_{\mathbb{F}_p(\zeta_r)}^{\mathrm{a}} \longrightarrow (V_\ell J_{0,*}(Mp^e, r)_{\mathbb{F}_p(\zeta_r)}^{\mathrm{a}})^{SL_2(\mathbb{Z}/r\mathbb{Z})},$$

$$V_\ell J_0(Mp^e)_{\mathbb{F}_p(\zeta_r)}^{\mathrm{t}} \longrightarrow (V_\ell J_{0,*}(Mp^e, r)_{\mathbb{F}_p(\zeta_r)}^{\mathrm{t}})^{SL_2(\mathbb{Z}/r\mathbb{Z})}$$

は同型である．同種(9.16)と(9.17)より，$SL_2(\mathbb{Z}/r\mathbb{Z})$ 不変部分をとって，同型(9.20)と(9.21)が得られる．あとは，完全系列
$$0 \longrightarrow V_\ell J_0(Mp^e)^{\mathrm{t}} \longrightarrow V_\ell J_0(Mp^e)^{I_p} \longrightarrow V_\ell J_0(Mp^e)^{\mathrm{a}} \longrightarrow 0$$
(A.5)より明らかである．

2. 同型(9.20)より，$V_\ell J_0(M)^{\oplus e+1} \to V_\ell J_0(N)$ は単射であり，射(9.18)の核は有限である．同型(9.20)より，$\oplus_k s_k^* \colon J_0(M)_{\mathbb{F}_p}^{e+1} \to J_0(Mp^e)_{\mathbb{F}_p}^{\mathrm{a}}$ は同種である．

3. 同型(9.21)より明らか． ∎

[定理3.52 (2)⇒(1)の証明] $p \neq \ell$ の場合を示す．$p = \ell$ の場合も同様に示せるが省略する．

1. レベル N で保型的な ℓ 進表現 V_f が p でよいとして，V_f はレベル M で保型的であることを示す．系9.19より，V_f は $V_\ell J_0(N) \otimes K$ の部分表現であるとしてよい．W を $\oplus_k s_k^* \colon V_\ell J_0(M)^{\oplus e+1} \to V_\ell J_0(N)$ の像とする．このとき，$V_f^{I_p} = V_f$ だから，$V_f \subset V_\ell J_0(N)^{I_p} \otimes K$ である．$V_f \subset W \otimes K$ を示す．定理9.21より，φ_p の W への作用の固有値は代数的整数であり，その複素絶対値は $\sqrt{p}$ である．系9.30.1.より，φ_p の $V_\ell J_0(N)^{I_p}/W$ への作用の固有値は1の巾根の p 倍である．一方，$\det(\varphi_p \colon V_f) = p$ である．よって，$V_f \subset W \otimes K$ である．したがって，定理3.18.2.より，V_f は，$V_\ell J_0(M) \otimes K$ の部分既約表現と同型である．系9.19より，V_f はレベル M で保型的である．

2. レベル N で保型的な ℓ 進表現 V_f が p で準安定として，V_f はレベル Mp で保型的であることを示す．系9.19より，V_f は $V_\ell J_0(N) \otimes K$ の部分表現であるとしてよい．W' を $(\oplus_k s_k^*, \oplus_k t_k^*) \colon V_\ell J_0(M)^{\oplus e+1} \oplus V_\ell J_0(Mp)^{\oplus e} \to V_\ell J_0(N)$ の像とする．このとき，$V_f^{I_p} \neq 0$ だから，系9.30.1.より，$V_f \cap (W' \otimes K) \neq 0$ である．V_f は既約だから，$V_f \subset W' \otimes K$ である．よって，V_f は，$V_\ell J_0(M) \otimes K$ または $V_\ell J_0(Mp) \otimes K$ の部分既約表現と同型であり，レベル Mp で保型的である． ∎

定理3.52と同様に次が示せる．

定理 9.31 p を素数とし，$N, M \geqq 1$ を p と素で，たがいに素な自然数とする．$e \geqq 0$ を自然数とする．ℓ を素数とし，K を $\mathbb{Q}_\ell$ の有限次拡大とする．

$f \in S_{1,0}(Mp^e, N)_K$ を K 係数の準素形式とし，V_f を f にともなう ℓ 進表現とする．

1. 次の条件(1), (2)は同値である．
(1) V_f が p でよい．
(2) V_f はレベル $\Gamma_{1,0}(M, N)$ で保型的である．すなわち，K 係数の準素形式 $g \in S_{1,0}(M, N)_K$ で，V_f が g にともなう ℓ 進表現と同型であるようなものが存在する．
2. 次の条件(1), (2)は同値である．
(1) V_f が p で準安定である．
(2) V_f はレベル $\Gamma_{1,0}(M, Np)$ で保型的である．すなわち，K 係数の準素形式 $g \in S_{1,0}(M, Np)_K$ で，V_f が g にともなう ℓ 進表現と同型であるようなものが存在する．

［証明］ $f \in S_{1,0}(M, Np^e)_K$ のときは，定理 3.52 の証明と同様だから省略する．

$f \in S_{1,0}(M, Np^e)_K$ の場合に帰着させる．V_f が p で準安定ならば，$f \in S_{1,0}(M, Np^e)_K$ であることを示せばよい．$\ell \neq p$ のときに示す．$\ell = p$ の場合は省略する．

V_f が p で準安定とする．$\det \rho_f$ は p で不分岐である．一方，定理 9.16 より，$\det \rho_f$ は ℓ 進円分指標と f の指標 $\varepsilon_f \colon (\mathbb{Z}/Mp^e\mathbb{Z})^\times = \mathrm{Gal}(\mathbb{Q}(\zeta_{Mp^e})/\mathbb{Q}) \to K^\times$ の積である．よって，ε_f の $(\mathbb{Z}/p^e\mathbb{Z})^\times \subset (\mathbb{Z}/Mp^e\mathbb{Z})^\times$ への制限は自明である．したがって，f は不変部分 $S_{1,0}(Mp^e, N)_K^{(\mathbb{Z}/p^e\mathbb{Z})^\times}$ にはいる．$X_{1,0}(Mp^e, N)$ の $(\mathbb{Z}/p^e\mathbb{Z})^\times$ による商は $X_{1,0}(M, Np^e)$ だから，不変部分 $S_{1,0}(Mp^e, N)_K^{(\mathbb{Z}/p^e\mathbb{Z})^\times}$ は $S_{1,0}(M, Np^e)_K$ である．よって，$f \in S_{1,0}(M, Np^e)_K$ が示された． ∎

レベル $\Gamma_1(Mp)$ の保型形式にともなう Galois 表現の，p での分岐については，次がなりたつ．

定理 9.32 p を素数とし，$M \geqq 1$ を p と素な自然数とする．$\ell \neq p$ を素数とし，K を $\mathbb{Q}_\ell$ の有限次拡大とする．$f \in S_1(Mp)_K$ を K 係数の準素形式とし，$\varepsilon \colon (\mathbb{Z}/Mp\mathbb{Z})^\times \to K^\times$ を f の指標，V_f を f にともなう ℓ 進表現とする．制限 $\varepsilon|_{(\mathbb{Z}/p\mathbb{Z})^\times}$ が自明でないと仮定する．

このとき，$a_p(f) \neq 0$ である．$\alpha: G_{\mathbb{Q}_p} \to K^\times$ を $\alpha(\varphi_p) = a_p(f)$ で定まる不分岐指標とし，$\chi: G_\mathbb{Q} \to \mathbb{Q}_\ell^\times$ を ℓ 進円分指標とする．V_f の $G_{\mathbb{Q}_p}$ への制限は，不分岐指標 α と分岐指標 $(\chi \cdot \varepsilon)|_{G_{\mathbb{Q}_p}} \cdot \alpha^{-1}$ の直和である．　□

まず，次の定理 8.77 の帰結を示す．

命題 9.33 p を素数とし，$M \geqq 1$ を p と素な自然数とする．$\mathbb{Q}$ 上の Abel 多様体 J を，標準射 $X_1(Mp) \to X_{1,0}(M,p)$ によるひきもどし $J_{1,0}(M,p) \to J_1(Mp)$ の余核と定める．

1. 係数拡大 $J_{\mathbb{Q}(\zeta_p)} = J \otimes_\mathbb{Q} \mathbb{Q}(\zeta_p)$ は，素イデアル $\mathfrak{p} = (\zeta_p - 1)$ でよい還元をもつ．$J_\mathfrak{p}$ を $J_{\mathbb{Q}(\zeta_p)}$ の法 $\mathfrak{p}$ 還元とすると，閉埋め込み $j_0, j_1: \overline{\mathrm{Ig}}(Mp)_{\mathbb{F}_p} \to X_1(Mp)^{\mathrm{bal}}_{\mathbb{Z}[\zeta_p]}$ (8.61)は，同型

$$(9.23) \qquad (j_0, j_1)^*: J_\mathfrak{p} \longrightarrow (\mathrm{Jac}\,\overline{\mathrm{Ig}}(Mp)_{\mathbb{F}_p}/J_1(M)_{\mathbb{F}_p})^2$$

をひきおこす．

2. ℓ を p と異なる素数とし，$V_\ell J_\mathfrak{p}^{I_p}$ を，惰性群 $I_p = \mathrm{Gal}(\overline{\mathbb{Q}_p}(\zeta_p)/\mathbb{Q}_p)$ の作用による不変部分とする．j_1^* は，同型

$$(9.24) \qquad j_1^*: V_\ell J_\mathfrak{p}^{I_p} \longrightarrow V_\ell \mathrm{Jac}\,\overline{\mathrm{Ig}}(Mp)_{\mathbb{F}_p}/V_\ell J_1(M)_{\mathbb{F}_p}$$

をひきおこす．

3. 同型 $(j_0, j_1)^*$ は，Hecke 作用素 T_q ($q \neq p$) とダイアモンド作用素 $\langle a \rangle$ ($a \in (\mathbb{Z}/M\mathbb{Z})^\times$) の作用と両立する．同型 j_1^* は，Hecke 作用素 T_p の作用を Frobenius 準同型 F の作用に写す．

[証明] 1. 系 8.78 と系 D.21 より，$J_1(Mp)_{\mathbb{Q}(\zeta_p)}$ は $\mathfrak{p}$ で準安定還元をもつ．さらに，法 $\mathfrak{p}$ 還元 $J_1(Mp)_{\mathbb{F}_p}$ のトーラス部分 $J_1(Mp)^t_{\mathbb{F}_p}$ の指標群は，法 p 還元 $J_{1,0}(M,p)_{\mathbb{F}_p}$ のトーラス部分 $J_{1,0}(M,p)^t_{\mathbb{F}_p}$ の指標群と標準的に同型である．したがって，標準射 $J_{1,0}(M,p)^t_{\mathbb{F}_p} \to J_1(Mp)^t_{\mathbb{F}_p}$ は同型であり，$J_{\mathbb{Q}(\zeta_p)} = \mathrm{Coker}(J_{1,0}(M,p)_{\mathbb{Q}(\zeta_p)} \to J_1(Mp)_{\mathbb{Q}(\zeta_p)})$ は $\mathfrak{p}$ でよい還元をもつ．可換図式(8.64)より，Abel 多様体部分からの同型 $j_0^* \oplus j_1^*: J_1(Mp)^{\mathrm{a}}_{\mathbb{F}_p} \to \mathrm{Jac}\,\overline{\mathrm{Ig}}(Mp)^2_{\mathbb{F}_p}$ と $j_0^* \oplus j_1^*: J_{1,0}(M,p)^{\mathrm{a}}_{\mathbb{F}_p} \to J_1(M)^2_{\mathbb{F}_p}$ は，同型(9.23)をひきおこす．

2. 定理 8.77 と系 D.21 より，可換図式

§9.4 保型形式のレベルと ℓ 進表現の分岐 —— 289

$$
\begin{array}{ccccc}
J_{1,0,*}(M,p,r)_{\mathbb{F}_p}^{\mathrm{a}} & \longrightarrow & J_{1,*}(Mp,r)_{\mathbb{F}_p}^{\mathrm{a}} & \longrightarrow & J_{1,*}(Mp,r)_{\mathbb{F}_p}^{\mathrm{a}} \\
{\scriptstyle (j_0,j_1)^*}\downarrow & & {\scriptstyle (j_0,j_1)^*}\downarrow & & \downarrow{\scriptstyle (j_0,j_1)^*} \\
J_{1,*}(M,r)_{\mathbb{F}_p}^{2} & \longrightarrow & J_{1,*}(M,r)_{\mathbb{F}_p}\times \mathrm{Jac}\,\overline{\mathrm{Ig}}(Mp,r)_{\mathbb{F}_p} & \longrightarrow & \mathrm{Jac}\,\overline{\mathrm{Ig}}(Mp,r)_{\mathbb{F}_p}^{2}
\end{array}
$$

が得られ，たての射は同型である．これの V_ℓ の $SL_2(\mathbb{Z}/r\mathbb{Z})$ 不変部分をとって，可換図式

$$
\begin{array}{ccccc}
V_\ell J_{1,0}(M,p)_{\mathbb{F}_p}^{\mathrm{a}} & \longrightarrow & V_\ell J_1(Mp)_{\mathbb{F}_p}^{\mathrm{a}} & \longrightarrow & V_\ell J_1(Mp)_{\mathbb{F}_p}^{\mathrm{a}} \\
{\scriptstyle (j_0,j_1)^*}\downarrow & & {\scriptstyle (j_0,j_1)^*}\downarrow & & \downarrow{\scriptstyle (j_0,j_1)^*} \\
V_\ell J_1(M)_{\mathbb{F}_p}^{2} & \longrightarrow & V_\ell J_1(M)_{\mathbb{F}_p}\times V_\ell \mathrm{Jac}\,\overline{\mathrm{Ig}}(Mp)_{\mathbb{F}_p} & \longrightarrow & V_\ell \mathrm{Jac}\,\overline{\mathrm{Ig}}(Mp)_{\mathbb{F}_p}^{2}
\end{array}
$$

が得られ，たての射は同型である．系 D.13.3. より標準射 $V_\ell J_1(Mp)_{\mathbb{F}_p}^{\mathrm{a}} \to (V_\ell J_1(Mp)_{\mathbb{F}_p}^{\mathrm{a}})^{I_p}$ は同型である．よって，同型

$$V_\ell J_p^{I_p} \longrightarrow V_\ell J_1(Mp)_{\mathbb{F}_p}^{\mathrm{a}}/V_\ell J_{1,0}(M,p)_{\mathbb{F}_p}^{\mathrm{a}} \xrightarrow{j_1^*} V_\ell \mathrm{Jac}\,\overline{\mathrm{Ig}}(Mp)_{\mathbb{F}_p}/V_\ell J_1(M)_{\mathbb{F}_p}$$

が得られる．

3. の証明は省略する． ∎

［定理 9.32 の証明］ 定理 9.16 より，命題 9.33 の記号のもとで，V_f は $V_\ell J \otimes_{\mathbb{Q}_\ell} K$ の部分表現であるとしてよい．したがって命題 9.33.2. より，$V_f^{I_p} = V_f \cap (V_\ell(\mathrm{Jac}\,\overline{\mathrm{Ig}}(Mp)_{\mathbb{F}_p}/J_1(M)_{\mathbb{F}_p}) \otimes_{\mathbb{Q}_\ell} K)$ であり，$V_f = V_f^{I_p} \oplus V_f/V_f^{I_p}$ である．$T_1(Mp)_{\mathbb{Q}_p} = T_{1,0}(M,p)_{\mathbb{Q}_p} \times A$ と分解すると，命題 9.33 と補題 9.12.2. より，$V_\ell(\mathrm{Jac}\,\overline{\mathrm{Ig}}(Mp)_{\mathbb{F}_p}/J_1(M)_{\mathbb{F}_p})$ は階数 1 の自由 A 加群である．よって，$V_f^{I_p}$, $V_f/V_f^{I_p}$ はどちらも 1 次元である．$V_\ell \mathrm{Jac}\,\overline{\mathrm{Ig}}(Mp)_{\mathbb{F}_p} \otimes_{\mathbb{Q}_\ell} K$ への Frobenius 置換 φ_p の作用は Frobenius 準同型 F の作用と等しく，さらにこれは命題 9.33.3. より，Hecke 作用素 T_p の作用と等しい．よって，$V_f^{I_p} = V_f \cap (V_\ell(\mathrm{Jac}\,\overline{\mathrm{Ig}}(Mp)_{\mathbb{F}_p}/J_1(M)_{\mathbb{F}_p}) \otimes_{\mathbb{Q}_\ell} K)$ への φ_p の作用は $a_p(f)$ 倍である．よって，$a_p(f) \neq 0$ である．$\det \rho_f = \chi \cdot \varepsilon$ だから，表現 $V_f|_{G_{\mathbb{Q}_p}}$ は，指標 $\alpha: G_{\mathbb{Q}_p} \to K^\times$ と $(\chi \cdot \varepsilon)|_{G_{\mathbb{Q}_p}} \cdot \alpha^{-1}$ の直和である． ∎

§9.5 旧部分

p を素数とし，$M \geqq 1$ を p と素な自然数とする．定理 3.52 の証明では，標準射

(9.25)
$$\oplus_k s_k^* : \bigoplus_{k=0}^{e} J_0(M) \longrightarrow J_0(Mp^e),$$
$$\oplus_k t_k^* : \bigoplus_{k=0}^{e-1} J_0(Mp) \longrightarrow J_0(Mp^e)$$

が重要だった．この節では，これらについてもう少しくわしく調べる．一般に M が N の真の約数であるとき，標準射 $\oplus_d s_d^* : \bigoplus_{d|N/M} J_0(M) \to J_0(N)$ の像を，$J_0(N)$ の M 旧部分(old part)という．

まず s_d^* の q 展開への作用を調べる．

補題 9.34 $d, M, N \geqq 1$ を自然数とし，$dM \mid N$ とする．$f = \sum_{n=1}^{\infty} a_n q^n \in S_0(M)_\mathbb{C}$ の $s_d^* : S_0(M)_\mathbb{C} \to S_0(N)_\mathbb{C}$ による像は，

(9.26)
$$s_d^* f = \sum_{n=1}^{\infty} d a_n q^{dn}$$

で与えられる．

[証明] $e : \Delta \to X_0(N)^{\mathrm{an}}$ を命題 2.68.1. の射とする．射 e は，$\Delta^* = \Delta - \{0\}$ 上の楕円曲線の族 $E_q = \mathbb{C}^\times / q^\mathbb{Z}$ とその巡回部分群 μ_N で定義される．d 乗写像 $\Delta \to \Delta$ も s_d で表わすことにする．d 乗写像 $\mathbb{C}^\times / q^\mathbb{Z} \to \mathbb{C}^\times / q^{d\mathbb{Z}}$ により，商 E_q/μ_d は，E_q の $s_d : \Delta \to \Delta$ によるひきもどしと同型であり，μ_{Md}/μ_d は μ_M に写される．よって，図式

$$\begin{array}{ccc} \Delta & \xrightarrow{e} & X_0(N)^{\mathrm{an}} \\ {\scriptstyle s_d} \downarrow & & \downarrow {\scriptstyle s_d} \\ \Delta & \xrightarrow{e} & X_0(M)^{\mathrm{an}} \end{array}$$

は可換である．したがって，$s_d^*\left(f \dfrac{dq}{q}\right) = \sum_{n=1}^{\infty} a_n q^{dn} \cdot \dfrac{dq^d}{q^d}$ である． ∎

以下，前節のように，p を素数とし，自然数 $M \geqq 1$，$k \geqq 0$ に対し，モジュ

ラー曲線の射 $s_{p^k}: X_0(Mp^k) \to X_0(M)$ を s_k で表わす.

補題 9.35 p を素数, $M \geq 1$ を p と素な自然数, $e \geq 0$ を自然数とし, $N = Mp^e$ とおく.

1. 代数曲線の同型 $a: X_0(Mp^{e+1}) \to I_0(Mp^e, p)$ で, 図式

(9.27)
$$\begin{array}{ccc} X_0(Mp^{e+1}) & \xrightarrow{s_0} & X_0(Mp^e) \\ s_1 \downarrow & \searrow{a} & \uparrow t \\ X_0(Mp^e) & \xleftarrow{s} & I_0(Mp^e, p) \end{array}$$

を可換にするものがある.

2. $e \geq 2$ とする. 図式

(9.28)
$$\begin{array}{ccc} X_0(Mp^{e+1}) & \xrightarrow{s_0} & X_0(Mp^e) \\ s_1 \downarrow & & \downarrow s_1 \\ X_0(Mp^e) & \xrightarrow{s_0} & X_0(Mp^{e-1}) \end{array}$$

は可換であり, 同型 $X_0(Mp^{e+1}) \to (X_0(Mp^e) \times_{X_0(Mp^{e-1})} X_0(Mp^e))$ の正規化) をひきおこす.

3. $e \geq 1$ とする. $w = w_p: X_0(Mp) \to X_0(Mp)$ を Atkin-Lehner 対合とする. 図式

(9.29)
$$\begin{array}{ccc} X_0(Mp^{e+1}) \amalg X_0(Mp^e) & \xrightarrow{(s_0, \mathrm{id})} & X_0(Mp^e) \\ (s_e, w \circ s_{e-1}) \downarrow & & \downarrow s_e \\ X_0(Mp) & \xrightarrow{s_0} & X_0(M) \end{array}$$

は可換であり, 同型 $X_0(Mp^{e+1}) \amalg X_0(Mp^e) \to (X_0(Mp^e) \times_{X_0(M)} X_0(Mp))$ の正規化) をひきおこす.

[証明] 1. 射 $a: X_0(Mp^{e+1}) \to I_0(Mp^e, p)$ を, $(E, C_M, C_{p^{e+1}})$ に対し, $(E/C_p, C_M \text{ の像}, C_{p^{e+1}}/C_p, E[p]/C_p)$ を対応させることで定める. a の逆射 $I_0(Mp^e, p) \to X_0(Mp^{e+1})$ は, (E, C_M, C_{p^e}, C) に $(E/C, C_M \text{ の像}, [p]^{-1} C_{p^e}/C)$ を対応させることで得られる.

図式 (9.27) の左下の 3 角は明らかに可換である. $E = (E/C_p)/(E[p]/C_p)$

での $C_{p^{e+1}}/C_p$ の像は C_{p^e} だから,右上の 3 角も可換である.

2. 可換性は明らかである.$X_0(Mp^{e+1}) \to (X_0(Mp^e) \times_{X_0(Mp^{e-1})} X_0(Mp^e))$ の正規化) は $X_0(Mp^e)$ の p 次被覆の射だから同型である.

3. $s_0 \circ w \colon X_0(Mp) \to X_0(M)$ は s_1 と等しいから,図式(9.29)は可換である.同型の証明は 2. と同様である.

命題 9.36 p を素数,$M \geqq 1$ を自然数,$e \geqq 1$ を自然数とし,$N = Mp^e$ とおく.$U_p \in M_{e+1}(T_0(M)_{\mathbb{Z}})$ を,$p \nmid M$ のときは

(9.30)
$$U_p = \begin{pmatrix} 0 & 0 & \cdots & 0 & 0 \\ p & & \ddots & \vdots & \vdots \\ 0 & & \ddots & 0 & 0 \\ \vdots & \ddots & & 0 & -1 \\ 0 & \cdots & 0 & p & T_p \end{pmatrix},$$

$p \mid M$ のときは

(9.31)
$$U_p = \begin{pmatrix} 0 & \cdots & \cdots & 0 & 0 \\ p & & \ddots & \vdots & \vdots \\ 0 & & \ddots & \vdots & \vdots \\ \vdots & \ddots & & 0 & 0 \\ 0 & \cdots & 0 & p & T_p \end{pmatrix}$$

で定義する.図式

(9.32)
$$\begin{array}{ccc} \bigoplus_{k=0}^{e} J_0(M) & \xrightarrow{\oplus_k s_k^*} & J_0(Mp^e) \\ {\scriptstyle U_p \times} \downarrow & & \downarrow {\scriptstyle T_p} \\ \bigoplus_{k=0}^{e} J_0(M) & \xrightarrow{\oplus_k s_k^*} & J_0(Mp^e) \end{array}$$

は可換である.

[証明] 等式

$$(9.33) \quad T_p \circ s_k^* = \begin{cases} p \cdot s_{k+1}^* & 0 \leq k < e \text{ のとき} \\ s_e^* \circ T_p - s_{e-1}^* & k = e \text{ かつ } p \nmid M \text{ のとき,} \\ s_e^* \circ T_p & k = e \text{ かつ } p \mid M \text{ のとき,} \end{cases}$$

を示せばよい. 補題 9.35.1. より, $s_0, s_1: X_0(Mp^{e+1}) \to X_0(Mp^e)$ によって, $T_p = s_{0*} \circ s_1^*$ である.

まず $k < e$ の場合を示す. $s_k \circ s_1: X_0(Mp^{e+1}) \to X_0(M)$ は $s_{k+1} \circ s_0$ と等しい. よって,

$$T_p \circ s_k^* = s_{0*} \circ s_1^* \circ s_k^* = s_{0*} \circ s_0^* \circ s_{k+1}^* = p \cdot s_{k+1}^*$$

である. $k = e$ の場合を示す. $p \nmid M$ とすると, 補題 9.35.3. と $s_0 = s_1 \circ w$ より,

$$s_e^* \circ T_p = s_e^* \circ s_{0*} \circ s_1^* = (s_{0*} \circ s_e^* + s_{e-1}^* \circ w^*) \circ s_1^*$$
$$= s_{0*} \circ s_{e+1}^* + s_{e-1}^* = T_p \circ s_e^* + s_{e-1}^*$$

である. $p \mid M$ ならば, 補題 9.35.2. より,

$$s_e^* \circ T_p = s_e^* \circ s_{0*} \circ s_1^* = s_{0*} \circ s_e^* \circ s_1^* = s_{0*} \circ s_1^* \circ s_e^* = T_p \circ s_e^*$$

である. ∎

系 9.37 p を素数, $M \geq 1$ を p と素な自然数, $e \geq 1$ を自然数とし, $N = Mp^e$ とおく. $P_p(U) \in T_0(M)_{\mathbb{Z}}[U]$ を行列 U_p の固有多項式

$$(9.34) \quad P_p(U) = \det(U - U_p) = U^{e-1}(U^2 - T_p U + p)$$

と定める.

1. $T_q \in T_0(N)_{\mathbb{Z}}$ の像を, $q \neq p$ のときは T_q, $q = p$ のときは U とおくことで, 環の準同型

$$(9.35) \quad T_0(N)_{\mathbb{Z}} \longrightarrow T_0(M)_{\mathbb{Z}}[U]/(P_p(U))$$

が定まる.

2. $\bigoplus_{k=0}^{e} J_0(M)$ を, U の作用を (9.30) の行列 U_p を左からかけることで定めることにより, $T_0(M)_{\mathbb{Z}}[U]/(P_p(U))$ 加群と考える. $\oplus_k s_k^*: \bigoplus_{k=0}^{e} J_0(M) \to J_0(Mp^e)$ は環の準同型 $T_0(N)_{\mathbb{Z}} \to T_0(M)_{\mathbb{Z}}[U]/(P_p(U))$ (9.35) と両立する.

[証明] T を無限変数の多項式環 $\mathbb{Z}[T_q, q$ は素数] とする. 環の全射準同

型 $T \to T_0(N)_{\mathbb{Z}}$ を $T_q \mapsto T_q$ で定め，$T \to T_0(M)_{\mathbb{Z}}[U]/(P_p(U))$ を $T_q \mapsto T_q$ ($q \neq p$), $T_p \mapsto U_p$ で定める．命題 9.36 より，$\oplus_k s_k^* : \bigoplus_{k=0}^{e} J_0(M) \to J_0(N)$ は T 線型である．系 9.30.2. より，$\oplus_k s_k^* : \bigoplus_{k=0}^{e} J_0(M) \to J_0(Mp^e)$ の核は有限である．したがって，$T \to T_0(N)_{\mathbb{Z}} \subset \operatorname{End} J_0(N)$ の核は，$T \to T_0(M)_{\mathbb{Z}}[U]/(P_p(U)) \subset \operatorname{End}(\bigoplus_{k=0}^{e} J_0(M))$ の核に含まれる．これより主張が従う． ∎

系 9.37 をくりかえし適用することにより，$N = M \prod_{p \in S} p^{e_p}$，ただし $p \in S$ ならば $p \nmid M$ とすると，環準同型

(9.36) $\qquad T_0(N)_{\mathbb{Z}} \longrightarrow T_0(M)_{\mathbb{Z}}[U_p ; p \in S]/(P_p(U_p) ; p \in S)$

が得られる．

命題 9.38 p を素数とし，$M \geq 1$ を p と素な自然数とする．

1. 余核 $\operatorname{Coker}(s_0^* \oplus s_1^* : J_0(M)^2 \to J_0(Mp))$ への Hecke 作用素 T_p の作用は，Atkin-Lehner 対合 w_p の作用の -1 倍と等しく，$T_p^2 = 1$ をみたす．

2. $e \geq 2$ を自然数とする．余核 $\operatorname{Coker}(\oplus_k s_k^* : J_0(Mp)^e \to J_0(Mp^e))$ への T_p^{e-1} の作用は 0 である．

[証明] 1. 補題 9.35 の 1. と 3. より，$T_p + w_p = s_{0*} \circ s_1^* + w_p = s_1^* \circ s_{0*}$ である．よって，$T_p + w_p$ の像は，$s_0^* \oplus s_1^* : J_0(M)^2 \to J_0(Mp)$ の像に含まれ，$T_p + w_p$ は余核 $J = \operatorname{Coker}(s_0^* \oplus s_1^* : J_0(M)^2 \to J_0(Mp))$ に 0 射をひきおこす．したがって，J の自己準同型として $T_p = -w_p$ である．$w_p^2 = 1$ だから $T_p^2 = 1$ である．

2. 補題 9.35.1. より，$T_p = s_{1*} \circ s_0^*$ である．よって，補題 9.35.2. より，$T_p = s_0^* \circ s_{1*}$ である．これをくりかえして，$T_p^{e-1} = s_0^* \circ s_{e-1*}$ が得られる．よって，1. と同様に T_p^{e-1} は余核 $\operatorname{Coker}(\oplus_k s_k^* : J_0(Mp)^e \to J_0(Mp^e))$ に 0 射をひきおこす． ∎

系 9.39 p を素数とし，$M \geq 1$ を p と素な自然数とする．K を標数 0 の体とする．

1. $f \in S_0(Mp)_K$ がレベル Mp の素形式ならば，$a_p(f) = \pm 1$ である．

2. $e \geq 2$ を自然数とする．$f \in S_0(Mp^e)_K$ がレベル Mp^e の素形式ならば，$a_p(f) = 0$ である．

[証明] 命題 9.38 より明らか. ∎

次の定理は，定理 2.49 の精密化を与える.

定理 9.40 $N \geq 1$ を自然数とする．素形式 $f \in \Phi(N)(\mathbb{C})$ に対し，そのレベルを $N_f | N$ とすると，
$$S_0(N)_{\mathbb{C}} = \bigoplus_{f \in \Phi(N)(\mathbb{C})} \bigoplus_{d | N/N_f} \mathbb{C} \cdot s_d^* f$$
である.

[証明] レベル $N_f | N$ の素形式 $f \in \Phi(N)(\mathbb{C})$ に対し，$s_d^* f \, (d | N/N_f)$ が 1 次独立なことだけを示すこととし，それ以外の部分は省略する．
$f = \sum_{n=1}^{\infty} a_n q^n \in \Phi(N)(\mathbb{C})$ をレベル $N_f | N$ の素形式とし，$s_d^* f \, (d | N/N_f)$ が 1 次独立なことを示す．非自明な関係式 $\sum_{d|N/N_f} c_d s_d^* f = 0$ があったとし，d を $c_d \neq 0$ をみたす最小の $d | N/N_f$ とする．(9.26) より，q^d の係数は $dc_d a_1 = 0$ である．f は素形式だから，$a_1 = 1$ であり，矛盾である. ∎

$N \geq 1$ を自然数，K を標数 0 の体とし，f をレベル $N_f | N$ の K 上の素形式とする．素数 $p | N/N_f$ に対し，$e_p = \mathrm{ord}_p N/N_f$ とおき，$e_p + 1$ 次多項式 $P_{f,p}(U_p) \in K_f[U_p]$ を

$$(9.37) \quad P_{f,p}(U_p) = \begin{cases} U_p^{e_p - 1}(U_p^2 - a_p(f)U_p + p) & p \nmid N_f \text{ のとき}, \\ U_p^{e_p}(U_p - a_p(f)) & \mathrm{ord}_p N_f = 1 \text{ のとき}, \\ U_p^{e_p + 1} & p^2 | N_f \text{ のとき} \end{cases}$$

と定める．系 9.39.2. より，$P_{f,p}(U_p)$ は，(9.30), (9.31) で定義した行列 U_p の成分 T_p を $a_p(f)$ でおきかえて得られる行列の固有多項式である．

系 9.41 $N \geq 1$ を自然数とし，$\Phi(N) = \mathrm{Spec}\, T_0''(N)_{\mathbb{Q}}$ をレベルが N の約数の素形式のなす $\mathbb{Q}$ 上の有限エタールスキームとする．$f \in \Phi(N)$ に対し，K_f をその剰余体，N_f を f のレベルとすると，$T_0''(N)_{\mathbb{Q}} = \prod_{f \in \Phi(N)} K_f$ であり，環の同型

$$(9.38) \quad T_0(N)_{\mathbb{Q}} \longrightarrow \prod_{f \in \Phi(N)} K_f[U_p, p | N/N_f]/(P_{f,p}(U_p), p | N/N_f)$$

が，T_p の像の f 成分を，$p\nmid N/N_f$ のときは $a_p(f)$, $p\mid N/N_f$ のときは U_p とおくことで定まる．

[証明] $T_0'(N)_{\mathbb{Q}}$ は被約だから，$T_0'(N)_{\mathbb{Q}} = \prod_{f\in\Phi(N)} K_f$ である．したがって，$T_0(N)_{\mathbb{Q}} = \prod_{f\in\Phi(N)} T_0(N)_{\mathbb{Q}} \otimes_{T_0'(N)_{\mathbb{Q}}} K_f$ である．環の同型

(9.39) $\quad K_f[U_p, p\mid N/N_f]/(P_{f,p}(U_p), p\mid N/N_f) \longrightarrow T_0(N)_K \otimes_{T_0'(N)_K} K_f$

を定める．部分環 $T_0'(N)[T_p: p\nmid N/N_f] \subset T_0(N)$, $T_0'(N_f)[T_p: p\nmid N/N_f] \subset T_0(N_f)$ に対し，自然な全射 $T_0'(N) \to T_0'(N_f)$ は，同型 $T_0'(N_f) \otimes_{T_0'(N)} T_0'(N)[T_p: p\nmid N/N_f] \to T_0'(N_f)[T_p: p\nmid N/N_f]$ をひきおこす．したがって，系2.61追加より，同型 $K_f \otimes_{T_0'(N)} T_0'(N)[T_p: p\nmid N/N_f] \to K_f$ が得られる．よって，
$$T_0(N)_K \otimes_{T_0'(N)_K} K_f = K_f[T_p, p\mid N/N_f] \subset \mathrm{End}(S_0(N)_{\mathbb{Q}} \otimes_{T_0'(N)_{\mathbb{Q}}} K_f)$$
である．多項式環からの全射 $K_f[U_p, p\mid N/N_f] \to T_0(N)_K \otimes_{T_0'(N)_K} K_f$ を $U_p \mapsto T_p$ で定める．これの核が，$P_{f,p}(U_p) (p\mid N/N_f)$ で生成されることを証明する．$\otimes_{K_f} \mathbb{C}$ して示せば十分である．

定理 9.40 より，$S_0(N)_{\mathbb{Q}} \otimes_{T_0'(N)_{\mathbb{Q}}/\varphi_f} \mathbb{C} = \bigoplus_{d\mid N/N_f} \mathbb{C} \cdot s_d^* f$ である．命題 9.36 より，$\bigoplus_{d\mid N/N_f} \mathbb{C} \cdot s_d^* f$ は，$\mathbb{C}[T_p, p\mid N/N_f]$ 加群として，$s_1^* f$ で生成される．さらに，$s_1^* f$ は，自由 $\mathbb{C}[U_p, p\mid N/N_f]/(P_{f,p}(U_p), p\mid N/N_f)$ 加群 $\bigoplus_{d\mid N/N_f} \mathbb{C} \cdot s_d^* f$ の基底である．よって，同型(9.39)が得られる．同型(9.39)の逆の積が同型(9.38)を与えることは明らかである． ∎

例 9.42 $g_0(11) = 1$ であり，$g_0(22) = 2$ だから，$T_0(11)_{\mathbb{Z}} = \mathbb{Z}$ であり，全射 $T_0(22)_{\mathbb{Z}} \to T_0(11)_{\mathbb{Z}}[U_2]/(U_2^2 - T_2 U_2 + 2)$ は同型である．$f = \sum_{n=1}^{\infty} a_n(f) q^n$ をレベル 11 のただ 1 つの素形式とすると，$a_2(f) = -2$ だから，$T_0(22)_{\mathbb{Z}} = \mathbb{Z}[U_2]/(U_2^2 + 2U_2 + 2)$ は，$U_2 = -1 + \sqrt{-1}$ とおくことにより $\mathbb{Z}[\sqrt{-1}]$ と同型である． □

§9.6 ヤコビアン $J_0(Mp)$ の Néron モデル

この節では，p を素数，$M \geq 1$ を p と素な自然数とし，$N = Mp$ とおく．

§9.6 ヤコビアン $J_0(Mp)$ の Néron モデル────297

次節での定理 3.55 の証明の準備として，$J_0(Mp)$ の Néron モデルの法 p 還元 $J_0(Mp)_{\mathbb{F}_p}$ を調べる．定理 8.63.3. より，$X_0(Mp)$ は p で準安定還元をもつから，系 D.22 より，$J_0(Mp)$ も p で準安定還元をもつ．したがって，$J_0(Mp)_{\mathbb{F}_p}$ は，連結成分のなす群 $\varPhi$ と，Abel 多様体部分 $J_0(Mp)_{\mathbb{F}_p}^a$ と，トーラス部分 $J_0(Mp)_{\mathbb{F}_p}^t$ の積み重ねである．以下 Hecke 環 $T_0(Mp)_{\mathbb{Z}}$ を T で表わす．$\varPhi, J_0(Mp)_{\mathbb{F}_p}^a, J_0(Mp)_{\mathbb{F}_p}^t$ はどれも自然に T 加群の構造をもつ．

この節での目標は，連結成分の群 $\varPhi$ についての命題 9.44 と，トーラス $J_0(Mp)_{\mathbb{F}_p}^t$ の指標群 $X = \mathrm{Hom}(J_0(Mp)_{\mathbb{F}_p}^t, \mathbb{G}_m)$ についての命題 9.45 を示すことである．$X_0(N)_{\mathbb{F}_p}$ の双対鎖複体(定義 B.5) を $\varGamma = [\varGamma_1 \to \varGamma_0]$ とすると，連結成分のなす群 $\varPhi$ は，系 D.21.2. より，$H^1(\varGamma^*)/\overline{\alpha}_1(H_1(\varGamma))$ と同一視される．また指標群 X は，系 D.20 より，$H_1(\varGamma)$ と同一視される．そこで，まず双対鎖複体 $\varGamma = [\varGamma_1 \to \varGamma_0]$ を具体的に記述する．

定理 8.63.3. より，$X_0(N)_{\mathbb{F}_p}$ の通常 2 重点のなす被約閉部分スキーム Σ は，$X_0(M)_{\mathbb{F}_p}$ の超特異点のなす被約閉部分スキーム $X_0(M)_{\mathbb{F}_p}^{\mathrm{ss}}$ と同一視される．さらに，$(j_0, j_1): X_0(M)_{\mathbb{F}_p} \amalg X_0(M)_{\mathbb{F}_p} \to X_0(N)_{\mathbb{F}_p}$ により，$X_0(N)_{\mathbb{F}_p}$ の正規化は，$X_0(M)_{\mathbb{F}_p} \amalg X_0(M)_{\mathbb{F}_p}$ と同一視され，$X_0(M)_{\overline{\mathbb{F}}_p}$ は連結である．よって，$X_0(N)_{\mathbb{F}_p}$ の既約成分のなす集合 P は，$\{0,1\}$ と同一視され，正規化 $X_0(M)_{\mathbb{F}_p} \amalg X_0(M)_{\mathbb{F}_p}$ での Σ の逆像は $\Sigma \times \{0,1\}$ と同一視される．したがって，$\varGamma_0$ は $\mathbb{Z}^{\{0,1\}}$ と同一視される．また，$\varGamma_1$ は $\mathrm{Ker}(\mathbb{Z}^{\Sigma(\overline{\mathbb{F}}_p) \times \{0,1\}} \to \mathbb{Z}^{\Sigma(\overline{\mathbb{F}}_p)})$ と同一視される．さらに，$x \in \Sigma(\overline{\mathbb{F}}_p)$ に対し $e_{x,0} - e_{x,1}$ を e_x と同一視することで，$\varGamma_1$ は $\mathbb{Z}^{\Sigma(\overline{\mathbb{F}}_p)}$ と同一視される．

$\varGamma_0, \varGamma_1$ は自然に T 加群の構造をもち，双対鎖複体 $\varGamma$ を定義する自然な写像 $\varGamma_1 \to \varGamma_0$ は T 加群の準同型である．$\varGamma_0^* = \mathrm{Hom}(\varGamma_0, \mathbb{Z})$, $\varGamma_1^* = \mathrm{Hom}(\varGamma_1, \mathbb{Z})$ とおく．これらも T 加群であり，双対 $\varGamma_0^* \to \varGamma_1^*$ も T 加群の準同型である．$x = [(E, C)] \in \Sigma(\overline{\mathbb{F}}_p) = X_0(M)_{\mathbb{F}_p}^{\mathrm{ss}}(\overline{\mathbb{F}}_p)$ に対し，$G_x = \mathrm{Aut}(E, C)/\{\pm 1\}$ とおく．標準単射 $\alpha_1: \varGamma_1 \to \varGamma_1^*$ は，標準基底 e_x の像を双対基底 e_x^* の $\mathrm{Card}\, G_x$ 倍とおくことで定義される．$\overline{\alpha}_1: H_1(\varGamma) \to H^1(\varGamma^*)$ は，$\alpha_1: \varGamma_1 \to \varGamma_1^*$ によってひきおこされる．これらも T 加群の準同型である．$\alpha_1: \varGamma_1 \to \varGamma_1^*$ により，$\varGamma_1$ を $\varGamma_1^*$ の部分加群と同一視する．$H_1(\varGamma) = \mathrm{Ker}(\varGamma_1 \to \varGamma_0)$ を $\varGamma_1^0$ と書く．系 D.21.2. よ

り，連結成分のなす群 Φ は，$H^1(\Gamma^*)/\overline{\alpha}_1(H_1(\Gamma))=\Gamma_1^*/(\Gamma_1^0+\Gamma_0^*)$ と同一視される．

例9.43 $p=N=11$ とする．例8.65より，$Y(1)_{\mathbb{F}_{11}}$ の超特異点は，$j=0,1$ の2点であり，指数はそれぞれ $3,2$ である．$\Gamma_1=\mathbb{Z}e_0\oplus\mathbb{Z}e_1$ とおくと，$H_1(\Gamma)=\Gamma_1^0=\mathbb{Z}(e_0-e_1)$ である．$\Gamma_1^*=\mathbb{Z}e_0^*\oplus\mathbb{Z}e_1^*$ とすると，$\alpha_1:\Gamma_1\to\Gamma_1^*$ は $e_0\mapsto 3e_0^*$, $e_1\mapsto 2e_1^*$ で定まる．$H^1(\Gamma^*)=\mathbb{Z}\overline{e}_0^*$ であり，$\overline{e}_1^*=-\overline{e}_0^*$ である．よって，$\overline{\alpha}_1:H_1(\Gamma)\to H^1(\Gamma^*)$ は，$H_1(\Gamma)$ の基底 e_0-e_1 を $5\overline{e}_0^*$ に移す．したがって，このとき $\Phi\simeq\mathbb{Z}/5\mathbb{Z}$ である． □

命題9.44 r を Mp と素な素数とすると，Hecke 作用素 T_r は $\boldsymbol{T}$ 加群 Φ に $r+1$ 倍として作用する．

[証明] $\Gamma=[\Gamma_1\to\Gamma_0]$ を $X_0(N)_{\mathbb{F}_p}$ の双対鎖複体とする．連結成分のなす群 Φ を $H^1(\Gamma^*)/\overline{\alpha}_1(H_1(\Gamma))=\Gamma_1^*/(\Gamma_1^0+\Gamma_0^*)$ と同一視する．$\boldsymbol{T}$ 加群の図式

$$(9.40)\quad \begin{array}{ccccccc} 0 & \to & \Gamma_1/\Gamma_1^0 & \to & \Gamma_1^*/\Gamma_1^0 & \to & \Gamma_1^*/\Gamma_1 \to 0 \\ & & \cap\downarrow & & \downarrow & & \\ & & \Gamma_0 & & \Gamma_1^*/(\Gamma_1^0+\Gamma_0^*) & =\Phi & \end{array}$$

を考える．上の行は完全系列である．$\boldsymbol{T}$ のイデアル J を，
$$J=(T_r-(r+1)\,;\,r\text{ は }Mp\text{ と素な素数})$$
で定める．図式(9.40)にでてくる $\boldsymbol{T}$ 加群は，すべて J 倍すると 0 であることを順に示していく．r を Mp と素な素数とすると，T_r は $\Gamma_0=\mathbb{Z}^{\{0,1\}}$ に $r+1$ 倍として作用するから，$J\cdot\Gamma_0=0$ である．$\Gamma_1/\Gamma_1^0\to\Gamma_0$ は単射だから，$J\cdot\Gamma_1/\Gamma_1^0=0$ である．

次に，$J\cdot\Gamma_1^*/\Gamma_1=0$ を示す．r を Mp と素な素数とする．各 $y\in\Sigma(\overline{\mathbb{F}}_p)$ に対し，$(T_r-(r+1))e_y^*\in\Gamma_1$ をいえばよい．すなわち，各 $x,y\in\Sigma(\overline{\mathbb{F}}_p)$ に対し，$((T_r-(r+1))e_y^*)(e_x)=e_y^*((T_r-(r+1))\cdot e_x)$ が $\operatorname{Card}G_x$ でわりきれることを示せばよい．$x=[(E,C)]$ とすると，$T_r e_x=\sum_{H\subset E}[(E/H,C+H/H)]$ である．ここで，H は E の位数 r の部分群を走る．$\sum_{y\in\Sigma(\overline{\mathbb{F}}_p)}e_y^*((T_r-(r+1))\cdot e_x)=0$ だから，$x\neq y$ に対し，$e_y^*((T_r-(r+1))\cdot e_x)=e_y^*(T_r\cdot e_x)$ が $\operatorname{Card}G_x$ でわりきれることを示せば十分である．$x=[(E,C)]\neq y=[(E',C')]$ とすると，$e_y^*(T_r\cdot e_x)$

は集合

$$I_{x,y} = \left\{ H \subset E \,\middle|\, \begin{array}{l} H \text{ は } E \text{ の位数 } r \text{ の部分群で} \\ (E/H, C+H/H) \text{ は } (E', C') \text{ と同型} \end{array} \right\}$$

の元の個数である．したがって，集合 $I_{x,y}$ への $G_x = \mathrm{Aut}(E,C)/\{\pm 1\}$ の自然な作用が自由な作用であることを示すことに帰着された．

G_x の $I_{x,y}$ への作用が自由な作用であることを示す．$\alpha \neq \pm 1 \in \mathrm{Aut}(E,C)$, $H \in I_{x,y}$ が $\alpha(H) = H$ をみたすとする．このとき，補題 8.41.1. より，$\alpha \in \mathrm{End}(E,C)$ は，$\alpha^2 + 1 = 0$, $\alpha^2 + \alpha + 1 = 0$, $\alpha^2 - \alpha + 1 = 0$ のどれか 1 つをみたし，部分環 $\mathbb{Z}[\alpha] \subset \mathrm{End}(E,C)$ は，$\mathbb{Z}[\sqrt{-1}]$ かまたは $\mathbb{Z}\left[\dfrac{-1+\sqrt{-3}}{2}\right]$ のどちらかに同型である．さらに，E の r 分点の群 $E[r]$ は階数 1 の自由 $\mathbb{Z}[\alpha]/(r)$ 加群であり，H はその位数 r の部分加群である．したがって，このような H が存在するならば，r は単項イデアル整域 $\mathbb{Z}[\alpha]$ で素元の積 $r = \pi\pi'$ に分解し，$H = \mathrm{Ker}(\pi: E \to E)$ である．このとき，π 倍は同型 $(E/H, C+H/H) \to (E,C)$ をひきおこし，$y = [(E/H, C+H/H)] \neq x = [(E,C)]$ という仮定に反する．よって，G_x の $I_{x,y}$ への作用は自由な作用であることが示された．以上で，$J \cdot \Gamma_1^*/\Gamma_1 = 0$ が示された．

$J \cdot \Gamma_1^*/\Gamma_1^0 = 0$ を示す．$J \cdot \Gamma_1^*/\Gamma_1 = 0$ だから，$J \cdot \Gamma_1^*/\Gamma_1^0$ は Γ_1/Γ_1^0 の部分加群である．補題 8.41 より，各 $x \in \Sigma$ に対し，$G_x = \mathrm{Aut}(E,C)/\{\pm 1\}$ の位数は 12 の約数である．よって，Γ_1^*/Γ_1 は有限 Abel 群で，$12 \cdot \Gamma_1^*/\Gamma_1 = 0$ である．よって，$12\Gamma_1^*/\Gamma_1^0 \subset \Gamma_1/\Gamma_1^0$ であり，$12J \cdot \Gamma_1^*/\Gamma_1^0 \subset J\Gamma_1/\Gamma_1^0 = 0$ である．したがって，$J \cdot \Gamma_1^*/\Gamma_1^0$ は 12 倍すると 0 になる $\Gamma_1/\Gamma_1^0 \subset \Gamma_0 = \mathbb{Z}^{\{0,1\}}$ の部分加群だから $J \cdot \Gamma_1^*/\Gamma_1^0 = 0$ である．図式 (9.40) のたての写像 $\Gamma_1^*/\Gamma_1^0 \to \Phi$ は全射だから，$J \cdot \Phi = 0$ である． ∎

命題 9.45 $J_0(Mp)^t_{\mathbb{F}_p}$ の指標群 $X = \mathrm{Hom}(J_0(Mp)^t_{\overline{\mathbb{F}}_p}, \mathbb{G}_m)$ への Frobenius 置換 $\varphi_p \in G_{\mathbb{F}_p}$ の作用は，Hecke 作用素 T_p の作用と等しく，$\varphi_p^2 = 1$ をみたす．

[証明] Atkin-Lehner 対合 w_p は $w_p^2 = 1$ をみたすから，命題 9.38 より，$\varphi_p = -w_p$ を示せばよい．Frobenius 置換 φ_p の X への作用は Frobenius 準同

型 F の作用と等しい．系 D.20 より，X は $H_1(\Gamma)\subset \Gamma_1=\mathrm{Ker}(\mathbb{Z}^{\Sigma(\overline{\mathbb{F}}_p)\times\{0,1\}}\to \mathbb{Z}^{\Sigma(\overline{\mathbb{F}}_p)})$ と同一視される．したがって Atkin-Lehner 対合 w_p と Frobenius 準同型 F の $\Sigma(\overline{\mathbb{F}}_p)\times\{0,1\}$ への作用を比較すればよい．

(E,C,C') を $X_0(Mp)_{\mathbb{F}_p}$ の超特異点とすると，$C'=\mathrm{Ker}\,F$ だから，Atkin-Lehner 対合 w_p の作用は，$w_p(E,C,\mathrm{Ker}\,F)=(E^{(p)},C^{(p)},\mathrm{Ker}\,F)$ で与えられる．したがって，w_p の超特異点の集合 $\Sigma(\overline{\mathbb{F}}_p)$ への作用は F の作用と等しい．さらに w_p は $X_0(Mp)_{\mathbb{F}_p}$ の既約成分をいれかえ，F は $X_0(Mp)_{\mathbb{F}_p}$ の既約成分を保つ．したがって，$X\subset \Gamma_1$ への w_p の作用は $-F$ の作用と一致する． ∎

系 9.46 p を素数，$M\geq 1$ を p と素な自然数，$e\geq 1$ を自然数とし，$N=Mp^e$ とおく．$\ell\neq p$ を素数とすると，Frobenius 置換 φ_p の余核 $\mathrm{Coker}(\oplus_k s_k^*:\bigoplus_{k=0}^{e-1} V_\ell J_0(M)\to V_\ell J_0(N)^{I_p})$ への作用は pT_p 倍であり，固有値は $\pm p$ である．

[証明] 系 9.30.1. より，$\oplus t_k^*$ がひきおこす射 $V_\ell J_0(Mp)_{\mathbb{F}_p}^{\mathrm{t}\oplus e}\to \mathrm{Coker}(\oplus_k s_k^*:\bigoplus_{k=0}^{e-1}V_\ell J_0(M)\to V_\ell J_0(N)^{I_p})$ は全射である．X をトーラス $J_0(Mp)_{\mathbb{F}_p}^{\mathrm{t}}$ の指標群とすると，$V_\ell J_0(Mp)_{\mathbb{F}_p}^{\mathrm{t}}$ は $\mathrm{Hom}(X,\mathbb{Q}_\ell(1))$ と同型である．よって，命題 9.45 より，Frobenius 置換 φ_p の $V_\ell J_0(Mp)_{\mathbb{F}_p}^{\mathrm{t}}$ への作用は pT_p 倍であり，固有値は $\pm p$ である． ∎

命題 9.45 より，保型形式にともなう ℓ 進表現の性質について，次の命題が得られる．

命題 9.47 p を素数，$M\geq 1$ を p と素な自然数とし，$N=Mp$ とおく．ℓ を素数とし，O を $\mathbb{Q}_\ell$ の有限次拡大 K の整数環とする．$f\in S_0(N)_K$ を K 係数のレベル N の準素形式とする．f にともなう $G_\mathbb{Q}$ の ℓ 進表現 V_f が p でよくないと仮定する．

このとき，V_f は p で通常である．V_f の分解群 $G_{\mathbb{Q}_p}$ への制限の惰性群 I_p による余不変商 V_{f,I_p} は $G_{\mathbb{F}_p}$ の 1 次元表現を定め，Frobenius 置換 $\varphi_p\in G_{\mathbb{F}_p}$ の V_{f,I_p} への作用は $a_p(f)=\pm 1$ 倍である．

[証明] $p^2\nmid N$ だから，定理 3.52.2. $(2)\Rightarrow(1)$ より，ℓ 進表現 V_f は，p で準安定である．V_f が p でよくないなら，V_f は p で通常である．系 9.19 より，V_f は $V_\ell J_0(N)\otimes_{\mathbb{Q}_\ell} K$ の部分表現であるとしてよい．さらに，V_f が p で

§9.6 ヤコビアン $J_0(Mp)$ の Néron モデル────301

よくないから，定理 3.52.1. (2)⇒(1) より，レベル M で保型的でなく，V_f は余核 $\mathrm{Coker}(s^*\oplus t^*\colon V_\ell J_0(M)^{\oplus 2}\to V_\ell J_0(N))\otimes_{\mathbb{Q}_\ell} K$ の部分表現となる．

以下 $p\neq \ell$ の場合に示す．$p=\ell$ の場合も同様だが省略する．V_f は通常であり，不分岐でないから，I_p 不変部分 $V_f^{I_p}\subset V_f$ は 1 次元で，余不変商 V_{f,I_p} は $V_f/V_f^{I_p}$ である．$V_f^{I_p}=V_f\cap \mathrm{Coker}(s^*\oplus t^*\colon V_\ell J_0(M)^{\oplus 2}\to V_\ell J_0(N)^{I_p})\otimes_{\mathbb{Q}_\ell} K$ である．系 9.46 より，$\mathrm{Coker}(s^*\oplus t^*\colon V_\ell J_0(M)^{\oplus 2}\to V_\ell J_0(N)^{I_p})$ への φ_p の作用は pT_p 倍である．したがって，I_p 不変部分 $V_f^{I_p}$ への φ_p の作用は $a_p(f)p=\pm p$ 倍である．余不変商 $V_f/V_f^{I_p}$ への $G_{\mathbb{Q}_p}$ の作用も不分岐で，$\det(\varphi_p\colon V_f)=p$ だから，φ_p の $V_f/V_f^{I_p}$ への作用は $a_p(f)=\pm 1$ である． ∎

系 9.48 ℓ を 3 以上の素数とし，$\mathbb{F}$ を $\mathbb{F}_\ell$ の有限次拡大とする．p を素数とし，$N=Mp, p\nmid M$ とする．$\bar{\rho}\colon G_\mathbb{Q}\to GL_2(\mathbb{F})$ をレベル N で保型的な法 ℓ 表現とする．

1. $\bar{\rho}$ は p でよくないと仮定する．このとき $\bar{\rho}$ は p で通常である．$\bar{\rho}_{I_p}$ を $\bar{\rho}$ の $G_{\mathbb{Q}_p}$ への制限の惰性群 I_p による余不変商とすると，$\bar{\rho}_{I_p}$ は $G_{\mathbb{F}_p}$ の指標を定め，Frobenius 置換 φ_p について
$$\bar{\rho}_{I_p}(\varphi_p)=\bar{\varphi}(T_p)=\pm 1$$
がなりたつ．

2. K を $\mathbb{Q}_\ell$ の有限次拡大とし，$f\in S_0(N)_K$ をレベル N の素形式とする．$\mathbb{F}$ が K の剰余体の有限次拡大であるとし，ほとんどすべての素数 $q\nmid N\ell$ に対し，$\mathrm{Tr}(\varphi_q)\equiv a_q(f)$ がなりたつとする．このとき，$\bar{\rho}$ は p で通常である．

さらに $p=\ell$ とし，$\bar{\rho}$ が $p=\ell$ でよいとする．$\bar{\rho}$ の $G_{\mathbb{Q}_\ell}$ への制限に定理 C.6 を適用して得られる F 加群を $D(\bar{\rho})$ とすると，
$$\mathrm{Tr}(F\colon D(\bar{\rho}))=\bar{\rho}_{I_p}(\varphi_p)\equiv a_p(f)$$
がなりたつ．

[証明] 1. K を $\mathbb{Q}_\ell$ の有限次拡大とし，$f\in S_0(N)_K$ を $\rho_f\equiv\bar{\rho}$ をみたすレベル N の準素形式とする．$\bar{\rho}$ が p でよくないとすると，ρ_f も p でよくない．命題 9.47 より，ρ_f は通常であり，したがって $\bar{\rho}$ も通常である．余不変商 $\bar{\rho}_{I_p}$ は全体でないから 1 次元であり，$\rho_{f,I_p}\equiv \bar{\rho}_{I_p}$ となる．よって，命題 9.47 より従う．

2. 定理3.52より, ℓ進表現V_fはpで準安定だがよくはないから通常である. したがって$\bar{\rho}$も通常である.

$p=\ell$かつ, $\bar{\rho}$が$p=\ell$でよいとする. $\det\bar{\rho}$は法ℓ円分指標χだから, $\bar{\rho}$の$G_{\mathbb{Q}_p}$への制限は, 不分岐指標$\bar{\rho}_{I_p}$の, $\chi \cdot \bar{\rho}_{I_p}^{-1}$による拡大である. したがって, $\mathbb{F}[F,V]$加群$D\bar{\rho}$は, Fが$\bar{\rho}_{I_p}(\varphi_p)$倍として作用する加群の, Fが$p \cdot \bar{\rho}_{I_p}(\varphi_p)^{-1}=0$倍として作用する加群による拡大である. これより等号が従う. 合同式は命題9.47より明らかである. ∎

§9.7 保型形式のレベルと法ℓ表現の分岐

第3章§3.8で, 保型形式のレベルと法ℓ表現の分岐について次の定理を述べた.

定理3.55 ℓを3以上の素数とし, $\mathbb{F}$を$\mathbb{F}_\ell$の有限次拡大とする. $\bar{\rho}: G_\mathbb{Q} \to GL_2(\mathbb{F})$をレベル$N$で保型的な既約連続表現とする. MをNのpと素な部分とすると, 次の1., 2.においてそれぞれ(1)と(2)は同値である.
1. (1) $\bar{\rho}$はレベルMで保型的.
   (2) $\bar{\rho}$がpでよい.
2. (1) $\bar{\rho}$はレベルMpで保型的.
   (2) $\bar{\rho}$がpで準安定.

[(1)⇒(2)の証明] 定理3.52の(1)⇒(2)の証明と同様である. ∎

この本では, 定理3.55.2.の(2)⇒(1)は証明しない. 1.の(2)⇒(1)の$p \not\equiv 1 \bmod \ell$の場合を, 2.の(2)⇒(1)を仮定して証明する. つまり, 次の定理の$p \not\equiv 1 \bmod \ell$の場合を証明する.

定理9.49 ℓを3以上の素数とし, $\mathbb{F}$を$\mathbb{F}_\ell$の有限次拡大とする. pを素数とし, $M \geq 1$をpと素な自然数とする. $\bar{\rho}: G_\mathbb{Q} \to GL_2(\mathbb{F})$をレベル$N=Mp$で保型的な既約連続表現とする. このとき, $\bar{\rho}$がpでよいならば, $\bar{\rho}$はレベルMで保型的である. □

この本では, 定理9.49は, $p \not\equiv 1$の場合にだけ証明する. この場合の証明は, モジュラー曲線$X_0(Mp)$の構造についての定理8.63.3.から導かれた

§9.6 の結果を使う．$p \equiv 1$ の場合の証明は，もっと準備が必要となるので，残念ながらこの本では紹介できない．

定理 9.49 の証明のため，Hecke 環の記号を導入する．

(9.41) $\quad \boldsymbol{T} = T_0(Mp)_{\mathbb{Z}}, \qquad \boldsymbol{T}' = T_0(M)_{\mathbb{Z}}[U_p]/(U_p^2 - T_p U_p + p)$

とおく．系 9.37 で定義した標準全射 $\boldsymbol{T} \to \boldsymbol{T}'$ (9.35) は，標準射

(9.42) $\qquad\qquad (s^*, t^*) : J_0(M) \times J_0(M) \longrightarrow J_0(N)$

と両立する．法 ℓ 表現がレベル M で保型的であるための十分条件を，環の準同型 $\boldsymbol{T} \to \boldsymbol{T}'$ を使って与える．

補題 9.50 $\overline{\rho} : G_{\mathbb{Q}} \to GL_2(\mathbb{F})$ をレベル Mp で保型的な絶対既約連続表現とし，$\overline{\varphi} : \boldsymbol{T} \to \mathbb{F}$ をほとんどすべての素数 q に対し
$$\det(1 - \overline{\rho}(\varphi_q) t) = 1 - \overline{\varphi}(T_q) t + q t^2$$
をみたす環の準同型とする．$\mathbb{F}$ の有限次拡大 $\mathbb{F}'$ と，環の準同型 $\overline{\varphi}' : \boldsymbol{T}' \to \mathbb{F}'$ で，図式

$$\begin{array}{ccc} \boldsymbol{T} & \xrightarrow{\overline{\varphi}} & \mathbb{F} \\ \downarrow & & \downarrow \\ \boldsymbol{T}' & \xrightarrow{\overline{\varphi}'} & \mathbb{F}' \end{array}$$

を可換にするものが存在するならば，$\overline{\rho}$ はレベル M で保型的である．

[証明] 補題 9.22 の (2) $\Rightarrow$ (1) より明らか． ∎

[定理 9.49 の $p \not\equiv 1$ の場合の証明] $\overline{\rho} : G_{\mathbb{Q}} \to GL_2(\mathbb{F})$ を定理 9.49 の仮定をみたす法 ℓ 表現とする．必要なら $\mathbb{F}$ を有限次拡大でおきかえて，補題 9.22 により $\overline{\rho}$ に対応する環の準同型 $\overline{\varphi} : \boldsymbol{T} = T_0(N)_{\mathbb{Z}} \to \mathbb{F}$ をとる．$\boldsymbol{T}$ の極大イデアル $\mathfrak{m}$ を $\overline{\varphi} : \boldsymbol{T} \to \mathbb{F}$ の核と定義する．$J_0(Mp)[\mathfrak{m}] = \{x \in J_0(Mp)(\overline{\mathbb{Q}}) \mid$ すべての $a \in \mathfrak{m}$ に対し $ax = 0\}$ とおく．$J_0(Mp)[\mathfrak{m}]$ は $G_{\mathbb{Q}}$ の法 ℓ 表現を定める．法 ℓ 表現 $J_0(Mp)[\mathfrak{m}]$ に対応する $\mathbb{Q}$ 上の有限エタール群スキームも $J_0(Mp)[\mathfrak{m}]$ で表わす．

補題 9.28 より，$J_0(Mp)[\mathfrak{m}]$ は 0 でなく，$J_0(Mp)[\mathfrak{m}] \otimes_{\boldsymbol{T}} \mathbb{F}$ は $G_{\mathbb{Q}}$ の法 ℓ 表現として，$\overline{\rho}$ のいくつかの直和と同型である．仮定より $\overline{\rho}$ は p でよいから，$\mathbb{Q}_p$ 上の有限エタール群スキーム $J_0(Mp)[\mathfrak{m}]_{\mathbb{Q}_p}$ は $\mathbb{Z}_p$ 上の有限平坦群スキーム

$J_0(Mp)[m]_{\mathbb{Z}_p}$ に延長される. $p\neq\ell$ なら $J_0(Mp)[m]_{\mathbb{Z}_p}$ は有限エタールだから,Néron モデルの性質より,包含写像 $J_0(Mp)[m]_{\mathbb{Q}_p}\to J_0(Mp)_{\mathbb{Q}_p}$ は $\mathbb{Z}_p$ 上の射 $J_0(Mp)[m]_{\mathbb{Z}_p}\to J_0(Mp)_{\mathbb{Z}_p}$ に延長される. 命題 D.12.2. より,これは閉埋め込みである. $p=\ell$ のときも命題 D.12.1.(2) より包含写像 $J_0(Mp)[m]_{\mathbb{Q}_p}\to J_0(Mp)_{\mathbb{Q}_p}$ は閉埋め込み $J_0(Mp)[m]_{\mathbb{Z}_p}\to J_0(Mp)_{\mathbb{Z}_p}$ に延長される. 法 p 還元して,$\mathbb{F}_p$ 上の群スキームの閉埋め込み $J_0(Mp)[m]_{\mathbb{F}_p}\to J_0(Mp)_{\mathbb{F}_p}$ が得られる.

$J_0(Mp)_{\mathbb{F}_p}$ は $J_0(Mp)$ の Néron モデルの法 p 還元を表わす. Φ を $J_0(Mp)_{\mathbb{F}_p}$ の連結成分のなす群,$J_0(Mp)^a_{\mathbb{F}_p}$ を Abel 多様体部分,$J_0(Mp)^t_{\mathbb{F}_p}$ をトーラス部分とする. $\mathbb{F}_p$ 上の T 加群スキーム $J_0(Mp)_{\mathbb{F}_p}$ は 3 つの T 加群スキーム

$$\Phi,\quad J_0(Mp)^a_{\mathbb{F}_p},\quad J_0(Mp)^t_{\mathbb{F}_p}$$

の積み重ねである. このことを使って,定理を次の順に証明していく.

(1) 合成 $J_0(Mp)[m]_{\mathbb{F}_p}\to J_0(Mp)_{\mathbb{F}_p}\to\Phi$ が 0 射であることを,命題 9.44 と補題 9.28.3. を使って示す.

(2) (1) より $J_0(Mp)[m]_{\mathbb{F}_p}\to J_0(Mp)^a_{\mathbb{F}_p}$ がひきおこされるが,これが 0 射でなければ,$\overline{\rho}$ がレベル M で保型的であることを,補題 9.50 を使って示す.

(3) $J_0(Mp)[m]_{\mathbb{F}_p}\to J_0(Mp)^a_{\mathbb{F}_p}$ が 0 射ならば $p\equiv 1\bmod\ell$ であることを,命題 9.45 と補題 9.28.1., 2. を使って示す.

(1) 合成 $J_0(Mp)[m]_{\mathbb{F}_p}\to\Phi$ が 0 射であることを示す. $J_0(Mp)[m]_{\mathbb{F}_p}$ は T/m 加群である. T のイデアル J' を $J'=(T_r-(r+1); r\nmid Mp\ell)$ で定めると,命題 9.44 より,Φ は T/J' 加群である.

$T=m+J'$ を示す. m は極大イデアルだから,$T=m+J'$ でなかったとすると,$J'\subset m$ である. $\overline{\chi}:(\mathbb{Z}/\ell\mathbb{Z})^\times\to\mathbb{F}^\times$ を法 ℓ 円分指標とすると,すべての素数 $r\nmid Mp\ell$ に対し $T_r\equiv r+1=\overline{\chi}(r)+1\bmod m$ となり,m は Eisenstein である. これは命題 9.26 に矛盾する. よって,$T=m+J'$ だから,合成 $J_0(Mp)[m]_{\mathbb{F}_p}\to\Phi$ は 0 射である.

(2) $J_0(Mp)^a_{\mathbb{F}_p}$ が T' 加群であることを示す. 定理 8.63.3. より,$(j_0^*, j_1^*): J_0(Mp)_{\mathbb{F}_p}\to J_0(M)_{\mathbb{F}_p}\times J_0(M)_{\mathbb{F}_p}$ は,同型 $J_0(Mp)^a_{\mathbb{F}_p}\to J_0(M)_{\mathbb{F}_p}\times J_0(M)_{\mathbb{F}_p}$ をひきおこす. 系 9.30.2. より,

$$(s^*,t^*): J_0(M)_{\mathbb{F}_p}\times J_0(M)_{\mathbb{F}_p}\to J_0(Mp)^a_{\mathbb{F}_p}$$

は同種だから，T 加群 $J_0(Mp)^{\mathrm{a}}_{\mathbb{F}_p}$ は T' 加群である．

(1) より，$J_0(Mp)[m]_{\mathbb{F}_p} \to J_0(Mp)^{\mathrm{a}}_{\mathbb{F}_p}$ がひきおこされる．$J_0(Mp)[m]_{\mathbb{F}_p}$ は T/m 加群であり，$J_0(Mp)^{\mathrm{a}}_{\mathbb{F}_p}$ は T' 加群である．したがって，この射が 0 射でなければ，m は極大イデアルだから，T/m は T' の商である．補題 9.50 より，このとき $\bar{\rho}$ はレベル M で保型的である．

(3) $J_0(Mp)[m]_{\mathbb{F}_p} \to J_0(Mp)^{\mathrm{a}}_{\mathbb{F}_p}$ が 0 射とすると $J_0(Mp)[m]_{\mathbb{F}_p} \to J_0(Mp)^{\mathrm{t}}_{\mathbb{F}_p}$ がひきおこされ，$J_0(Mp)[m]_{\mathbb{F}_p} = J_0(Mp)^{\mathrm{t}}_{\mathbb{F}_p}[m]$ である．トーラス $J_0(Mp)^{\mathrm{t}}_{\mathbb{F}_p}$ の指標群を X とすると，$J_0(Mp)^{\mathrm{t}}_{\mathbb{F}_p}[m] = \mathrm{Hom}(X/mX, \mu_\ell)$ である．よって，$\mathbb{Z}_p$ 上の有限平坦可換群スキームの同型 $J_0(Mp)^{\mathrm{t}}_{\mathbb{Z}_p}[m] \to \mathrm{Hom}(X/mX, \mu_\ell)$ が得られる．

まず $p \neq \ell$ の場合を示す．命題 9.45 より，$J_0(Mp)[m]$ への Frobenius 置換 φ_p の作用は，$\pm p$ 倍である．補題 9.28 より，$J_0(Mp)[m] \otimes_T \mathbb{F}$ は 0 でなく，$\bar{\rho}$ のいくつかの直和と同型だから，$\bar{\rho}(\varphi_p)$ も $\pm p$ 倍であり，$\det \bar{\rho}(\varphi_p) = p^2$ である．一方，$\det \bar{\rho}(\varphi_p) = p$ だから，$p^2 = p \bmod \ell$，したがって $p \equiv 1 \bmod \ell$ である．

$p = \ell$ として矛盾を導く．$\alpha: G_{\mathbb{Q}_p} \to \mathbb{F}^\times$ を $\alpha(\varphi_p) \equiv (T_p \bmod m) = \pm 1$ で定まる不分岐指標とし，χ を法 ℓ 円分指標とする．命題 9.45 より，$J_0(Mp)[m]$ への $G_{\mathbb{Q}_p}$ の作用は，$\alpha^{-1} = \alpha$ と χ の積である．よって，$p \neq \ell$ の場合と同様に，$\bar{\rho}$ の $G_{\mathbb{Q}_p}$ への制限も $(\alpha \cdot \chi)^{\oplus 2}$ であり，$\det \bar{\rho} = (\alpha \cdot \chi)^2 = \chi^2$ である．一方 $\det \bar{\rho} = \chi$ だから，$\chi = 1$ となり，矛盾である． ∎

定理 3.55 の帰結を 1 つ示しておく．

補題 9.51 ℓ を 3 以上の素数とし，$\mathbb{F}$ を $\mathbb{F}_\ell$ の有限次拡大とする．$\bar{\rho}: G_{\mathbb{Q}} \to GL_2(\mathbb{F})$ を保型的で準安定な絶対既約表現とする．L を $\mathbb{Q}(\zeta_\ell)$ の 2 次部分体 $\mathbb{Q}\left(\sqrt{(-1)^{\frac{\ell-1}{2}}\ell}\right)$ とすると，制限 $\bar{\rho}|_{G_L}$ は絶対既約である．

[証明] 背理法で示す．制限 $\bar{\rho}|_{G_L}$ が絶対可約だったとすると，指標 $\chi: G_L \to \overline{\mathbb{F}}_\ell^\times$ で，$\bar{\rho} \simeq \mathrm{Ind}_{G_L}^{G_{\mathbb{Q}}} \chi$ となるものがある．したがって，像 $\mathrm{Im}\,\bar{\rho}$ の位数は ℓ と素である．$\bar{\rho}$ は準安定だから，ℓ 以外のすべての素数で不分岐である．また，ℓ で通常だったとすると，制限 $\bar{\rho}|_{I_\ell}$ は自明な指標と円分指標の直和である．

したがって，$\bar{\rho}$ はすべての素数でよい．よって，定理 3.55 より，$\bar{\rho}$ はレベル 1 で保型的である．ところがレベル 1 で重さ 2 の保型形式は 0 しかないからこれは矛盾である． ∎

系 9.52 $\bar{\rho}$ を保型的で準安定な絶対既約表現とする．$n \geqq 1$ を自然数とすると，制限 $\bar{\rho}|_{G_{\mathbb{Q}(\zeta_{\ell^n})}}$ は絶対既約である．

［証明］ 背理法で示す．$\bar{\rho}|_{G_{\mathbb{Q}(\zeta_{\ell^n})}}$ が絶対既約でなかったとすると，$\bar{\rho}|_{G_{\mathbb{Q}(\zeta_{\ell^n})}}$ は，指標 χ, χ' の直和であり，χ と χ' は $\mathrm{Gal}(\mathbb{Q}(\zeta_{\ell^n})/\mathbb{Q})$ の作用で共役である．L を補題 9.51 のとおりとすると，χ は $\mathrm{Gal}(\mathbb{Q}(\zeta_{\ell^n})/L)$ の作用で不変であり，制限 $\bar{\rho}|_{G_L}$ の不変部分空間を定める．これは，補題 9.51 に矛盾する． ∎

Hecke 加群

この章では，第5章で予告したとおり，Hecke 加群を，モジュラー曲線の特異ホモロジーの完備化として定義する．そしてそれらのなすもちあげの族や加群つき対の系が，第6章で証明した可換環論の2つの定理の条件をみたすことを示す．第5章で，Hecke 加群の射の全射性に関する命題 5.30，Hecke 加群が群環上自由加群であるという定理 5.32.2.，そして Hecke 加群がなす加群つき対の全射の倍率に関する命題 5.33 を述べた．これらは，それぞれ命題 10.11, 10.37, 10.14 として証明する．変形環 R が Hecke 環 T と一致するという第5章の主結果，定理 5.22，の証明が，こうして次章での Selmer 群の計算に帰着される．

まず充 Hecke 環と Hecke 加群をそれぞれ §10.1, 10.2 で定義し，加群つき対の系を構成する．Hecke 加群がなす加群つき対の全射の倍率を，§10.2 の命題 10.14 で計算する．§10.2 で定義した加群つき対の射が全射であるという命題 10.11 の証明は，§10.3 で与える．§10.4 では，もちあげの族の構成の準備として，ある条件をみたす素数の集合から定まる群環と変形環の関係を調べる．§10.5 では，もう1種類の充 Hecke 環と Hecke 加群を定義し，もちあげの族を構成する．これらがもちあげの族を定めることは，Hecke 加群が群環上の自由加群であるという命題 10.37 から従う．命題 10.37 の証明は，§10.6 で与える．§10.7 では以上の結果をまとめて，定理 5.22 を，次章で証明する Selmer 群についての定理 5.32.1. と定理 5.34 に帰着させる．

この章で紹介する Hecke 環の性質は，おもに $\mathbb{Q}$ 係数の Hecke 環の性質から従うものであり，保型形式にともなう Galois 表現の分岐や旧形式の性質を使って証明される．一方，Hecke 加群の性質は，$\mathbb{Z}$ 係数であることが本質的であり，モジュラー曲線の位相的な性質や，極大イデアルの非 Eisenstein 性などを使って証明される．これらの要素をうまく組み合わせることにより，主結果が証明されるのである．

§10.1 充 Hecke 環

第 5 章で定義した記号などを簡単に復習する．この章を通じて，ℓ を 3 以上の素数とし，K を $\mathbb{Q}_\ell$ の有限次拡大とする．O でその整数環，$\mathbb{F}$ で剰余体を表わす．$\bar{\rho}: G_{\mathbb{Q}} \to GL_2(\mathbb{F})$ を既約で保型的な準安定法 ℓ 表現とし，$S_{\bar{\rho}}$ を $\bar{\rho}$ がよくない素数 p 全体のなす有限集合とする．系 3.56 より，$\bar{\rho}$ はレベル $N_{\bar{\rho}} = N_\varnothing = \prod_{p \in S_{\bar{\rho}}} p$ で保型的である．

Σ を素数の有限集合で $S_{\bar{\rho}} \cap \Sigma = \varnothing$ であるものとする．変形環 R_Σ，自然数 $N_\Sigma = N_\varnothing \times \prod_{p \in \Sigma, p \neq \ell} p^2 \times \prod_{p \in \Sigma, p = \ell} p$，素形式の集合 $\Phi(N_\Sigma)_{K,\bar{\rho}} \subset \Phi(N_\Sigma)_K$，Hecke 環 T_Σ と環の全射準同型 $f_\Sigma: R_\Sigma \to T_\Sigma$ を第 5 章で定義した．定義 5.13 より，素形式 $f \in \Phi(N_\Sigma)_K$ が $f \in \Phi(N_\Sigma)_{K,\bar{\rho}}$ であるためには，すべての素数 $p \nmid N_\Sigma \ell$ に対し $T_p \equiv \mathrm{Tr}\,\bar{\rho}(\varphi_p) \bmod m_f$ であることが必要十分である．ここで m_f は K_f の付値環の極大イデアルを表わす．$T_\Sigma \otimes_O K = T_{\Sigma,K} = \prod_{f \in \Phi(N_\Sigma)_{K,\bar{\rho}}} K_f$ である．

$\overline{V} = \mathbb{F}^2$ を $\bar{\rho}$ の表現空間とする．$\bar{\rho}$ が $p = \ell$ でよいとすると，定理 C.1 より，$\overline{V}$ の $G_{\mathbb{Q}_p}$ への制限は，$\mathbb{F}[F, V]$ 加群 $D(\overline{V})$ を定める．F の $D(\overline{V})$ への作用を F の表現と考え $D(\bar{\rho})$ で表わす．系 9.23.2. より，$\mathrm{Tr}(F: D(\bar{\rho})) = \overline{\varphi}(T_\ell)$ である．

この節では，Hecke 環 $T_0(N)_{\mathbb{Z}}$ を単に $T(N)_{\mathbb{Z}}$ で表わす．充 Hecke 環 $T_\Sigma^\natural$ を Hecke 環 $T(N_\Sigma)_O = T(N_\Sigma)_{\mathbb{Z}} \otimes_{\mathbb{Z}} O$ のある極大イデアルでの完備化として定義する．まず，完備化する極大イデアルをみつける．

命題 10.1 O 上の環の準同型 $\overline{\varphi}_\Sigma: T(N_\Sigma)_O = T(N_\Sigma)_{\mathbb{Z}} \otimes_{\mathbb{Z}} O \to \mathbb{F}$ で，次の条件をみたすものがただ 1 つ存在する：

$$(10.1) \quad \overline{\varphi}_\Sigma(T_p) = \begin{cases} \operatorname{Tr}\overline{\rho}(\varphi_p) & p \neq \ell,\ p \notin S_{\overline{\rho}} \cup \Sigma \text{ のとき,} \\ \operatorname{Tr}(F \colon D(\overline{\rho})) & p = \ell \notin S_{\overline{\rho}} \text{ のとき,} \\ \overline{\rho}_{I_p}(\varphi_p) & p \in S_{\overline{\rho}} \text{ のとき,} \\ 0 & p \neq \ell,\ p \in \Sigma \text{ のとき.} \end{cases}$$

[証明] $T(N_\Sigma)_{\mathcal{O}}$ は T_p (p は素数)で生成されるから，一意性は明らかである．存在を示す．

まず $\Sigma = \varnothing$ のときに示す．系 3.56 より，$\overline{\rho}$ はレベル $N_{\overline{\rho}} = N_\varnothing$ で保型的である．よって，$\mathbb{F}$ の有限次拡大 $\mathbb{F}'$ への環準同型 $\overline{\varphi} \colon T(N_\varnothing)_{\mathbb{Z}} \to \mathbb{F}'$ で，すべての素数 $p \nmid N_\varnothing \ell$ に対し

$$\det(1 - \overline{\rho}(\varphi_p)t) = 1 - \overline{\varphi}(T_p)t + pt^2$$

をみたすものが，補題 9.22 と系 9.23.1. により存在する．$\ell \notin S_{\overline{\rho}}$ なら $\ell \nmid N_\varnothing$ であり，系 9.23.2. より，$\overline{\rho}$ は ℓ でよく $\det(1 - Ft \colon D(\overline{\rho})) = 1 - \overline{\varphi}(T_\ell)t + \ell t^2$ である．$p \in S_{\overline{\rho}}$ なら，$\overline{\rho}$ は p で通常であり，p でよくない．よって系 9.48.1. より，$\overline{\rho}_{I_p}(\varphi_p) = \overline{\varphi}(T_p)$ である．以上より $\overline{\varphi} \colon T(N_\varnothing)_{\mathcal{O}} \to \mathbb{F}'$ は条件 (10.1) をみたし，その像は $\mathbb{F}$ に含まれる．よって $\Sigma = \varnothing$ の場合は示された．

一般の場合を示す．$p \in \Sigma$ に対し，多項式 $P_p(U) \in T(N_\varnothing)_{\mathcal{O}}[U]$ を，(9.34) と同様に

$$(10.2) \quad P_p(U) = \begin{cases} U(U^2 - T_p U + p) & p \neq \ell \text{ のとき,} \\ U^2 - T_\ell U + \ell & p = \ell \text{ のとき} \end{cases}$$

で定める．環の準同型 $T(N_\Sigma)_{\mathcal{O}} \to T(N_\varnothing)_{\mathcal{O}}[U_p, p \in \Sigma]/(P_p(U_p), p \in \Sigma)$ を，系 9.37 をくりかえし適用して，T_p の像を，$p \notin \Sigma$ なら T_p，$p \in \Sigma$ なら U_p とおいて定める．準同型 $\overline{\varphi}_\varnothing \colon T(N_\varnothing)_{\mathcal{O}} \to \mathbb{F}$ による $P_p(U)$ の像を $\overline{P}_p(U) \in \mathbb{F}[U]$ と書く．$\ell \in \Sigma$ なら $\overline{P}_\ell(U) = U(U - \overline{\varphi}_\varnothing(T_\ell))$ である．

環の準同型 $\mathbb{F}[U_p, p \in \Sigma]/(\overline{P}_p(U_p), p \in \Sigma) \to \mathbb{F}$ を，U_p の像を，$p \neq \ell \in \Sigma$ なら 0，$p = \ell \in \Sigma$ なら $\overline{\varphi}_\varnothing(T_\ell)$ とおいて定義する．合成写像

$$\overline{\varphi}_\Sigma \colon T(N_\Sigma)_{\mathcal{O}} \longrightarrow T(N_\varnothing)_{\mathcal{O}}[U_p, p \in \Sigma]/(P_p(U_p), p \in \Sigma)$$
$$\xrightarrow{\overline{\varphi}_\varnothing} \mathbb{F}[U_p, p \in \Sigma]/(\overline{P}_p(U_p), p \in \Sigma) \longrightarrow \mathbb{F}$$

が条件(10.1)をみたすことは,定義より明らかである. ∎

定義 10.2 環の全射準同型 $\bar{\varphi}_\Sigma: T(N_\Sigma)_O \to \mathbb{F}$ の核を m_Σ とする.$T(N_\Sigma)_O$ の極大イデアル m_Σ での完備化 $T(N_\Sigma)_{O,m_\Sigma}$ を**充 Hecke 環**(full Hecke algebra)とよび,$T_\Sigma^\flat$ で表わす. □

$T(N_\Sigma)_O$ は O 加群として有限生成だから,完備半局所環であり,局所環の直積に分解する.よって,完備化 $T(N_\Sigma)_{O,m_\Sigma}$ は $T(N_\Sigma)_O$ の極大イデアル m_Σ での局所化と等しい.

補題 10.3 充 Hecke 環 $T_\Sigma^\flat$ は,O 加群として有限生成自由加群である.

[証明] $T(N_\Sigma)_\mathbb{Z}$ は有限生成自由 $\mathbb{Z}$ 加群だから,$T(N_\Sigma)_O$ は有限生成自由 O 加群である.$T_\Sigma^\flat$ は,これの直和因子だから有限生成自由 O 加群である. ∎

充 Hecke 環 $T_\Sigma^\flat$ と,定義 5.16 で定義した被約 Hecke 環 T_Σ の関係を調べる.$T'(N_\Sigma)_O$ を $T_p, p \nmid N_\Sigma \ell$ で生成される $T(N_\Sigma)_O$ の部分環
$$T'(N_\Sigma)_O = O[T_p, p \nmid N_\Sigma \ell] \subset T(N_\Sigma)_O$$
とし,$T'(N_\Sigma)_O$ の極大イデアル m'_Σ を,包含写像 $T'(N_\Sigma)_O \to T(N_\Sigma)_O$ による m_Σ の逆像と定める.系 2.60 より,$T'(N_\Sigma)_K = T'(N_\Sigma)_O \otimes_O K$ は,定義 2.57 の被約 Hecke 環 $T'(N_\Sigma)_K$ と一致する.

命題 10.4 1. K 上の素形式の集合 $\Phi(N_\Sigma)_K = \operatorname{Spec} T'(N_\Sigma)_K$ の部分集合 $\Phi(N_\Sigma)_{K,\bar{p}}$ と $\operatorname{Spec} T'(N_\Sigma)_{O,m'_\Sigma} \otimes_O K$ は等しい.被約 Hecke 環 T_Σ は $T'(N_\Sigma)_O$ の m'_Σ での局所化 $T'(N_\Sigma)_{O,m'_\Sigma}$ と一致する:

(10.3) $\qquad\qquad T'(N_\Sigma)_{O,m'_\Sigma} = T_\Sigma.$

2. 包含写像 $T'(N_\Sigma)_O \to T(N_\Sigma)_O$ によりひきおこされる O 上の環の準同型

(10.4) $\qquad i_\Sigma: T_\Sigma = T'(N_\Sigma)_{O,m'_\Sigma} \longrightarrow T_\Sigma^\flat = T(N_\Sigma)_{O,m_\Sigma}$

は単射であり,同型 $T_{\Sigma,K} \to T_{\Sigma,K}^\flat$ をひきおこす. □

定理 10.46 で $i_\Sigma: T_\Sigma \to T_\Sigma^\flat$ は同型であることを示す.

[証明] 1. $\Phi(N_\Sigma)_{K,\bar{p}} = \operatorname{Spec} T'(N_\Sigma)_{O,m'_\Sigma} \otimes_O K$ を示す.$f \in \Phi(N_\Sigma)_K$ を素形式とする.準同型 $T'(N_\Sigma)_O \to T'(N_\Sigma)_K \to K_f$ の像は整数環 O_f にはいり,O_f の極大イデアルの逆像 m_f が,$\operatorname{Ker}(T'(N_\Sigma)_O \to K_f)$ を含む唯一の $T'(N_\Sigma)_O$ の極大イデアルである.よって,
$$\operatorname{Spec} T'(N_\Sigma)_{O,m'_\Sigma} \otimes_O K = \{f \in \Phi(N_\Sigma)_K \mid m_f = m'_\Sigma\}$$

である．一方，定義5.13より，

$$\Phi(N_\Sigma)_{K,\bar{\rho}} = \left\{ f \in \Phi(N_\Sigma)_K \,\middle|\, \begin{array}{l} \text{すべての素数 } p \nmid N_\Sigma \ell \text{ に対し} \\ T_p \equiv \operatorname{Tr} \bar{\rho}(\varphi_p) \bmod m_f \end{array} \right\}$$

である．$\bar{\varphi}_\Sigma$ の制限 $T'(N_\Sigma)_O \to \mathbb{F}$ は，$p \nmid N_\Sigma \ell$ に対し $\bar{\varphi}_\Sigma(T_p) = \operatorname{Tr} \bar{\rho}(\varphi_p)$ で定まり，m'_Σ はその核である．よって，上の2式の右辺どうしは等しい．

命題2.58より $T'(N_\Sigma)_K$ は被約だから，その部分環 $T'(N_\Sigma)_O$ は被約であり，局所化 $T'(N_\Sigma)_{O,m'_\Sigma}$ も被約である．よって $T'(N_\Sigma)_{O,m'_\Sigma} \to T'(N_\Sigma)_{O,m'_\Sigma} \otimes_O K = \prod_{f \in \Phi(N_\Sigma)_{K,\bar{\rho}}} K_f$ は単射である．$T'(N_\Sigma)_{O,m'_\Sigma}$ は O 上 T_p ($p \nmid N_\Sigma \ell$) で生成される $T'(N_\Sigma)_{O,m'_\Sigma} \otimes_O K = \prod_{f \in \Phi(N_\Sigma)_{K,\bar{\rho}}} K_f$ の部分環である．よって，定義5.16より $T_\Sigma = T'(N_\Sigma)_{O,m'_\Sigma}$ である．

2. T_Σ は O 加群として有限生成自由加群だから，$i_\Sigma: T_\Sigma \to T^\flat_\Sigma$ が同型 $T_{\Sigma,K} \to T^\flat_{\Sigma,K}$ をひきおこすことを示せばよい．$T_{\Sigma,K} = \prod_{f \in \Phi(N_\Sigma)_{K,\bar{\rho}}} K_f$ だから，各素形式 $f \in \Phi(N_\Sigma)_{K,\bar{\rho}}$ に対し，標準準同型 $K_f \to T^\flat_{\Sigma,K} \otimes_{T_{\Sigma,K}} K_f$ が同型であることを示せばよい．

f を $\Phi(N_\Sigma)_{K,\bar{\rho}}$ に属する素形式とし，$N_f | N_\Sigma$ を f のレベルとする．$N_\emptyset$ の定義より，$N_\emptyset$ は $\bar{\rho}$ がよくない p の積である．ρ_f の法 ℓ 還元は $\bar{\rho}$ と同型だから，$\bar{\rho}$ がよくない p で ρ_f はよくない．定理3.52.1.より，ρ_f がよくない p は N_f をわりきるから，$N_\emptyset | N_f$ である．したがって，$p | N_\Sigma / N_f$ ならば $p \in \Sigma$ である．素数 $p | N_\Sigma / N_f$ に対し，多項式 $P_{f,p}(U) \in O_f[U]$ を，(9.37) と同様に

$$P_{f,p}(U) = \begin{cases} U(U^2 - a_p(f)U + p) & \operatorname{ord}_p N_\Sigma / N_f = 2 \text{ のとき}, \\ U(U - a_p(f)) & \operatorname{ord}_p N_\Sigma / N_f = 1 \text{ かつ } p | N_f \text{ のとき}, \\ U^2 - a_p(f)U + p & \operatorname{ord}_p N_\Sigma / N_f = 1 \text{ かつ } p \nmid N_f \text{ のとき} \end{cases}$$

で定める．系9.41より，$T(N_\Sigma)_\mathbb{Q} \otimes_{T'(N_\Sigma)_\mathbb{Q}} K_f = K_f[U_p, p | N_\Sigma / N_f] / (P_{f,p}(U_p), p | N_\Sigma / N_f)$ である．よって，$A_f = O_f[U_p, p | N_\Sigma / N_f] / (P_{f,p}(U_p), p | N_\Sigma / N_f)$ とおくと，O 上の環の準同型 $T(N_\Sigma)_O \to A_f$ が，T_p の像を $p \nmid N_\Sigma / N_f$ なら $a_p(f)$，$p | N_\Sigma / N_f$ なら U_p とおくことで定まる．さらに，

$$T^\flat_{\Sigma,K} \otimes_{T_{\Sigma,K}} K_f = T^\flat_{\Sigma,K} \otimes_{T(N_\Sigma)_K} K_f[U_p, p \mid N_\Sigma/N_f]/(P_{f,p}(U_p), p \mid N_\Sigma/N_f)$$
$$= (T^\flat_\Sigma \otimes_{T(N_\Sigma)_O} A_f) \otimes_O K$$

である．したがって，標準準同型 $O_f \to T^\flat_\Sigma \otimes_{T(N_\Sigma)_O} A_f$ が同型であることを示せば十分である．

A_f は O 加群として有限生成だから，完備半局所環であり，局所環の直積に分解する．$T^\flat_\Sigma$ は，定義より，$T(N_\Sigma)_O$ の m_Σ での局所化である．よって，A_f の極大イデアル m で，m_Σ の上にあるものがただ 1 つ存在し，局所環 $A_{f,m}$ が O_f と同型であることを示せばよい．$\mathbb{F}_f$ を O_f の剰余体とする．m_Σ の定義 (10.1) より，極大イデアル m が m_Σ の上にあるためには，各素数 $p \in \Sigma$ に対し，$p \nmid N_\Sigma/N_f$ なら，m を法として

$$(10.5) \qquad a_p(f) \equiv \begin{cases} \mathrm{Tr}(F \colon D(\bar\rho)) & p = \ell \text{ のとき,} \\ 0 & p \neq \ell \text{ のとき,} \end{cases}$$

であり，$p \mid N_\Sigma/N_f$ なら，m を法として

$$(10.6) \qquad U_p \equiv \begin{cases} \mathrm{Tr}(F \colon D(\bar\rho)) & p = \ell \text{ のとき,} \\ 0 & p \neq \ell \text{ のとき,} \end{cases}$$

がなりたつことが必要十分である．これより，m は存在すればただ 1 つである．

$p = \ell \in \Sigma$ かつ $\ell \nmid N_\Sigma/N_f$ なら，$\ell \notin S_{\bar\rho}$ かつ $\ell \mid N_f$ である．よってこのとき，系 9.48.2. より，$a_p(f) \equiv \mathrm{Tr}(F \colon D(\bar\rho))$ である．$p \neq \ell$，$p \in \Sigma$ かつ $p \nmid N_\Sigma/N_f$ なら，$\mathrm{ord}_p N_f = 2$ である．よって系 9.39.2. より，$a_p(f) = 0$ である．$p = \ell \mid N_\Sigma/N_f$ とすると，$p \nmid N_f$ である．よって系 9.23.2. より，$P_{f,\ell}(U) \equiv U(U - \mathrm{Tr}(F \colon D(\bar\rho)))$ である．このとき $\bar\rho$ は ℓ で通常だから，さらに系 9.23.2. より，$\mathrm{Tr}(F \colon D(\bar\rho)) \neq 0$ であり，$P_{f,\ell}(U) \equiv U(U - \mathrm{Tr}(F \colon D(\bar\rho))) \in \mathbb{F}_f[U]$ の根 $\mathrm{Tr}(F \colon D(\bar\rho))$ の重複度は 1 である．$p \mid N_\Sigma/N_f, p \neq \ell$ とすると，$p \mid N_f$ ならば，命題 9.47 より，$a_p(f) = \pm 1$ であり，$P_{p,f}(U) \equiv U(U - \overline{a_p(f)}) \in \mathbb{F}_f[U]$ の根 0 の重複度は 1 である．$p \nmid N_f$ のときも $P_{p,f}(U) \equiv U(U^2 - \overline{a_p(f)}U + p) \in \mathbb{F}_f[U]$ の根 0 の重複度は 1 である．

したがって，$A_{f,\mathbb{F}_f}=\mathbb{F}_f[U_p,p|N_\Sigma/N_f]/(P_{f,p}(U_p),p|N_\Sigma/N_f)$ の極大イデアル $\overline{m}$ で，ひきもどしが m_Σ となるものは $\overline{m}=(U_p(p\neq\ell,p|N_\Sigma/N_f), U_\ell-\mathrm{Tr}(F:D(\overline{\rho}))(\ell|N_\Sigma/N_f$ のとき$))$ ただ1つである．さらに局所環 $A_{f,\mathbb{F}_f,\overline{m}}$ は $\mathbb{F}_f$ と同型である．これより，A_f の極大イデアル m で，m_Σ の上にあるものがただ1つ存在し，局所環 $A_{f,m}$ は O_f と同型である． ∎

系 10.5 充 Hecke 環 $T^\flat_\Sigma$ も被約である．

［証明］ 補題 10.3 と命題 10.4.2. より，$T^\flat_\Sigma \subset T^\flat_{\Sigma,K}=T_{\Sigma,K}=\prod_{f\in\Phi(N_\Sigma)_{K,\overline{\rho}}} K_f$ である． ∎

Σ' を素数の有限集合で，$S_{\overline{\rho}}$ と交わらないものとする．$\ell\notin\Sigma'$ かつ，$p=\ell$ で $\overline{\rho}$ がよくかつ通常ならば，系 9.48.2. より，T_ℓ は $T^\flat_{\Sigma'}$ の可逆元である．Hensel の補題より，$U^2-T_\ell U+\ell$ の根で，$T^\flat_{\Sigma'}$ の可逆元であるものがただ1つ存在する．以下これを $T^\sharp_\ell$ と書く．

命題 10.6 $\Sigma=\Sigma'\amalg\{p\}$ とする．O 上の環の準同型 $t^\flat_{\Sigma',\Sigma}:T^\flat_\Sigma\to T^\flat_{\Sigma'}$ で，次の条件をみたすものがただ1つ存在する．

$$(10.7)\qquad t^\flat_{\Sigma',\Sigma}(T_q)=\begin{cases} T_q & q\neq p \text{ のとき,} \\ 0 & q=p\neq\ell \text{ のとき,} \\ T^\sharp_\ell & q=p=\ell \text{ のとき.} \end{cases}$$

［証明］ 一意性は明らかである．$P_p(U)\in T(N_\varnothing)[U]$ を，命題 10.1 の証明中(10.2)で定義した多項式とし，$A_{\Sigma'}=T(N_{\Sigma'})_O[U]/(P_p(U))$ とおく．環の準同型 $T(N_\Sigma)_O\to A_{\Sigma'}$ を，系 9.37 のように，T_p の像を U とおいて定める．環の準同型 $T^\flat_{\Sigma'}\otimes_{T(N_{\Sigma'})_O}A_{\Sigma'}\to T^\flat_{\Sigma'}$ を，U の像を $p\neq\ell$ ならば 0，$p=\ell$ ならば $T^\sharp_\ell$ とおいて定義する．合成写像

$$(10.8)\qquad T(N_\Sigma)_O\longrightarrow A_{\Sigma'}\longrightarrow T^\flat_{\Sigma'}\otimes_{T(N_{\Sigma'})_O}A_{\Sigma'}\longrightarrow T^\flat_{\Sigma'}$$

による，$T^\flat_{\Sigma'}$ の極大イデアルの逆像は m_Σ であり，環の準同型 $T^\flat_\Sigma\to T^\flat_{\Sigma'}$ がひきおこされる．これが条件をみたすことは明らかである． ∎

$t^\flat_{\Sigma',\Sigma}:T^\flat_\Sigma\to T^\flat_{\Sigma'}$ の T_Σ への制限は，第5章§5.5で定義された $t_{\Sigma',\Sigma}:T_\Sigma\to T_{\Sigma'}$ である．

§10.2 Hecke 加群

この節では,Hecke 加群 M_Σ をモジュラー曲線の特異ホモロジーの完備化として定義し,加群つき対を構成する.

定義 10.7 $T_\Sigma^\natural$ 加群 $M_\Sigma = H_1(X_0(N_\Sigma)^{\mathrm{an}}, \mathbb{Z})_O \otimes_{T(N_\Sigma)_O} T_\Sigma^\natural$ を,環の準同型 $i_\Sigma: T_\Sigma \to T_\Sigma^\natural$ により T_Σ 加群と考え,**Hecke 加群**(Hecke module)とよぶ. □

この章では,以下記号を簡単にするため,複素多様体を表わす添字 ^{an} を省略し,たとえば $H_1(X_0(N)^{\mathrm{an}}, \mathbb{Z})_O$ を $H_1(X_0(N), \mathbb{Z})_O$ などと表わすこともある.

命題 10.8 $f \in \Phi(N_\emptyset)_{K, \bar{p}}(K)$ を K 係数の素形式とし,$\pi_\Sigma: T_\Sigma \to O$ を f が定める環の準同型とする.5 つ組
$$\mathcal{R}_\Sigma = (R_\Sigma, T_\Sigma, M_\Sigma, f_\Sigma: R_\Sigma \to T_\Sigma, \pi_\Sigma: T_\Sigma \to O)$$
は階数 2 の加群つき対である.

[証明] 定義 5.26 の条件を確かめる.R_Σ は O 上射影有限生成な完備局所環で,T_Σ は O 上の局所環で,M_Σ は T_Σ 加群である.T_Σ は定義 5.16 のあとで注意したように,O 加群として有限生成自由加群である.$H_1(X_0(N), \mathbb{Z})$ は有限生成自由 $\mathbb{Z}$ 加群だから,M_Σ は O 加群として有限生成自由加群である.$T_{\Sigma, K} = T_{\Sigma, K}^\natural$ だから,命題 9.6 より,$M_{\Sigma, K}$ は $T_{\Sigma, K}$ 加群として階数 2 の自由加群である.$p_{T_\Sigma} = \mathrm{Ker}\, \pi_\Sigma$ とすると,T_Σ は被約だから,$p_{T_\Sigma}/p_{T_\Sigma}^2 \otimes_O K = 0$ である.よって有限生成 O 加群 $p_{T_\Sigma}/p_{T_\Sigma}^2$ は長さ有限である. ■

定理 10.46 で,M_Σ は階数 2 の自由 T_Σ 加群であることを示す.

$\Sigma = \Sigma' \amalg \{p\}$ とし,Hecke 加群の準同型 $m_{\Sigma', \Sigma}: M_\Sigma \to M_{\Sigma'}, m_{\Sigma', \Sigma}^*: M_{\Sigma'} \to M_\Sigma$ を定義する.まず $m_{\Sigma', \Sigma}^*: M_{\Sigma'} \to M_\Sigma$ を定義する.$s_i^*: H_1(X_0(N_{\Sigma'}), \mathbb{Z})_O \to H_1(X_0(N_\Sigma), \mathbb{Z})_O$ を,§9.4, §9.5 のように,モジュラー曲線の射 s_{pi} によるひきもどしと定義する.

補題 10.9 $\Sigma = \Sigma' \amalg \{p\}$ とする.O 準同型 $m^*: M_{\Sigma'} \to H_1(X_0(N_\Sigma), \mathbb{Z})_O$ を

$$(10.9) \quad m^* = \begin{cases} s_0^*|_{M_{\Sigma'}} - s_1^*|_{M_{\Sigma'}} \circ T_p \cdot + p \cdot s_2^*|_{M_{\Sigma'}} & p \neq \ell \text{ のとき,} \\ s_0^*|_{M_{\Sigma'}} - s_1^*|_{M_{\Sigma'}} \circ T_\ell^\sharp \cdot & p = \ell \text{ のとき} \end{cases}$$

§10.2 Hecke 加群──315

で定める. 準同型 $m^*: M_{\Sigma'} \to H_1(X_0(N_\Sigma), \mathbb{Z})_O$ は, 環の準同型 $t^\flat_{\Sigma',\Sigma}: T^\flat_\Sigma \to T^\flat_{\Sigma'}$ と両立する加群の準同型 $m^*_{\Sigma',\Sigma}: M_{\Sigma'} \to M_\Sigma$ をひきおこす.

[証明] 命題 10.6 の証明と同様に, 多項式 $P_p(U) \in T(N_\varnothing)[U]$ を (10.2) で定義し, $A_{\Sigma'} = T(N_{\Sigma'})_O[U]/(P_p(U))$ とおく.

まず $p \neq \ell$ の場合を示す. (9.30) と同様に, 行列 $U_p \in M_3(T(N_{\Sigma'})_O)$ を $U_p = \begin{pmatrix} 0 & 0 & 0 \\ p & 0 & -1 \\ 0 & p & T_p \end{pmatrix}$ で定める. U の作用を U_p 倍とおくことで, $H_1(X_0(N_{\Sigma'}), \mathbb{Z})^3_O$ を $A_{\Sigma'}$ 加群と考える. 命題 9.36 より, 準同型 $(s^*_0, s^*_1, s^*_2): H_1(X_0(N_{\Sigma'}), \mathbb{Z})^3_O \to H_1(X_0(N_\Sigma), \mathbb{Z})_O$ は, 環の準同型 $T(N_\Sigma)_O \to A_{\Sigma'}$ と両立する. $U_p \begin{pmatrix} 1 \\ -T_p \\ p \end{pmatrix} = 0$

だから, 加群の準同型 $(1, -T_p, p): M_{\Sigma'} \to H_1(X_0(N_{\Sigma'}), \mathbb{Z})^3_O$ は, U_p の像を 0 とおくことで定まる環の準同型 $A_{\Sigma'} \to T^\flat_{\Sigma'} \otimes_{T(N_{\Sigma'})_O} A_{\Sigma'} \to T^\flat_{\Sigma'}$ と両立する. 準同型 $m^*: M_{\Sigma'} \to H_1(X_0(N_\Sigma), \mathbb{Z})_O$ はこれらの合成であり, したがって, 環の準同型 $T(N_\Sigma)_O \to A_{\Sigma'} \to T^\flat_{\Sigma'}$ と両立する. $t^\flat_{\Sigma',\Sigma}: T^\flat_\Sigma \to T^\flat_{\Sigma'}$ はこの環の準同型の合成によってひきおこされる. よって, $p \neq \ell$ の場合が示された.

$p = \ell$ の場合は, $H_1(X_0(N_{\Sigma'}), \mathbb{Z})^2_O$ への U の作用を, 行列 $U_\ell = \begin{pmatrix} 0 & -1 \\ \ell & T_\ell \end{pmatrix} \in M_2(T(N_{\Sigma'})_O)$ をかけることで定める. あとは, $U_\ell \begin{pmatrix} 1 \\ -T^\sharp_\ell \end{pmatrix} = T^\sharp_\ell \begin{pmatrix} 1 \\ -T^\sharp_\ell \end{pmatrix}$ より, $p \neq \ell$ の場合と同様に示される. ∎

系 10.10 $\Sigma = \Sigma' \amalg \{p\}$ とする. 標準全射 $H_1(X_0(N_{\Sigma'}), \mathbb{Z})_O \to M_{\Sigma'}$ と $s_{i*}: H_1(X_0(N_\Sigma), \mathbb{Z})_O \to H_1(X_0(N_{\Sigma'}), \mathbb{Z})_O$ の合成を $\bar{s}_{i*}$ で表わし, O 加群の準同型 $m_*: H_1(X_0(N_\Sigma), \mathbb{Z})_O \to M_{\Sigma'}$ を

$$(10.10) \quad m_* = \begin{cases} p \cdot \bar{s}_{0*} - T_p \cdot \bar{s}_{1*} + \bar{s}_{2*} & p \neq \ell \text{ のとき}, \\ -T^\sharp_\ell \cdot \bar{s}_{0*} + \bar{s}_{1*} & p = \ell \text{ のとき} \end{cases}$$

で定める. 準同型 $m_*: H_1(X_0(N_\Sigma), \mathbb{Z})_O \to M_{\Sigma'}$ は, 環の準同型 $t^\flat_{\Sigma',\Sigma}: T^\flat_\Sigma \to$

$T_{\Sigma'}^\flat$ と両立する加群の準同型 $m_{\Sigma',\Sigma}\colon M_\Sigma \to M_{\Sigma'}$ をひきおこす.

[証明] $T(N_\Sigma)_\mathbb{Z}$ 加群の同型

(9.4)
$$H_1(X_0(N_\Sigma),\mathbb{Z}) \to \mathrm{Hom}(H_1(X_0(N_\Sigma),\mathbb{Z}),\mathbb{Z})\colon x \mapsto (y \mapsto (x,wy))$$

は, $T_\Sigma^\flat$ 加群の同型 $M_\Sigma \to \mathrm{Hom}_O(M_\Sigma,O)$ をひきおこす. 同様に $T_{\Sigma'}^\flat$ 加群の同型 $M_{\Sigma'} \to \mathrm{Hom}_O(M_{\Sigma'},O)$ も定める. $m_{\Sigma',\Sigma}^{*\vee}\colon \mathrm{Hom}_O(M_\Sigma,O) \to \mathrm{Hom}_O(M_{\Sigma'},O)$ を $m_{\Sigma',\Sigma}^*\colon M_{\Sigma'} \to M_\Sigma$ の双対とする. (10.10)の写像が, 合成

(10.11) $\quad M_\Sigma \longrightarrow \mathrm{Hom}_O(M_\Sigma,O) \xrightarrow{m_{\Sigma',\Sigma}^{*\vee}} \mathrm{Hom}_O(M_{\Sigma'},O) \longrightarrow M_{\Sigma'}$

をひきおこすことをいえばよい.

$p \neq \ell$ の場合を示す. $m_{\Sigma',\Sigma}^*$ の定義より, 合成(10.11)は $w \circ (\bar{s}_{0*} - T_p^* \cdot \bar{s}_{1*} + p \cdot \bar{s}_{2*}) \circ w$ によってひきおこされる. $p \nmid N_\Sigma$ だから, 補題9.5 より, $T_p^* = T_p$ であり, $w \circ T_p = T_p \circ w$ である. さらに $w \circ s_i = s_{2-i} \circ w\colon X_0(N_\Sigma) \to X_0(N_{\Sigma'})$ だから, 合成(10.11)は $\bar{s}_{2*} - T_p \cdot \bar{s}_{1*} + p \cdot \bar{s}_{0*}$ によってひきおこされる. よって $p \neq \ell$ の場合が示された.

$p = \ell$ の場合も $w \circ (\bar{s}_{0*} - T_\ell^\sharp \cdot \bar{s}_{1*}) \circ w = \bar{s}_{1*} - T_\ell^\sharp \cdot \bar{s}_{0*}$ より, 同様に示される. ∎

命題10.11 $\Sigma = \Sigma' \amalg \{p\}$ とすると, $m_{\Sigma',\Sigma}\colon M_\Sigma \to M_{\Sigma'}$ は全射である. □

証明は次の節で与える. 第5章の命題5.30 は, 命題10.11 から, $\Sigma \setminus \Sigma'$ の元の個数に関する帰納法により従う.

系10.12 $\Sigma = \Sigma' \amalg \{p\}$ とすると, $m_{\Sigma',\Sigma}^*\colon M_{\Sigma'} \to M_\Sigma$ は単射で, その像は O 加群として直和因子である.

[証明] 系10.10 の証明より, $m_{\Sigma',\Sigma}^*\colon M_{\Sigma'} \to M_\Sigma$ は $m_{\Sigma',\Sigma}\colon M_\Sigma \to M_{\Sigma'}$ の双対である. よって, 命題10.11 より明らか. ∎

命題10.13 $f \in \Phi(N_\varnothing)_{K,\bar{p}}(K)$ を K 係数の素形式とし, $\pi_\Sigma\colon T_\Sigma \to O$ を f が定める環の準同型とする. $\Sigma = \Sigma' \amalg \{p\}$ とすると, 4つ組
$$\mathcal{F}_{\Sigma',\Sigma} = (r_{\Sigma',\Sigma}\colon R_\Sigma \to R_{\Sigma'},\ t_{\Sigma',\Sigma}\colon T_\Sigma \to T_{\Sigma'},$$
$$m_{\Sigma',\Sigma}\colon M_\Sigma \to M_{\Sigma'},\ m_{\Sigma',\Sigma}^*\colon M_{\Sigma'} \to M_\Sigma)$$

は加群つき対の全射 $\mathcal{R}_\Sigma \to \mathcal{R}_{\Sigma'}$ である.

[証明] $r_{\Sigma',\Sigma}\colon R_\Sigma \to R_{\Sigma'},\ t_{\Sigma',\Sigma}\colon T_\Sigma \to T_{\Sigma'}$ は O 上の局所環の全射局所準同

§10.2 Hecke 加群 —— 317

型であり，図式

$$\begin{CD} R_\Sigma @>f_\Sigma>> T_\Sigma @>\pi_\Sigma>> O \\ @Vr_{\Sigma',\Sigma}VV @Vt_{\Sigma',\Sigma}VV @| \\ R_{\Sigma'} @>>f_{\Sigma'}> T_{\Sigma'} @>>\pi_{\Sigma'}> O \end{CD}$$

は可換である．$m_{\Sigma',\Sigma}: M_\Sigma \to M_{\Sigma'}$, $m^*_{\Sigma',\Sigma}: M_{\Sigma'} \to M_\Sigma$ は $t_{\Sigma',\Sigma}$ と両立する加群の準同型である．命題 10.11 より，$m_{\Sigma',\Sigma}: M_\Sigma \to M_{\Sigma'}$ が全射である．系 10.12 より，$m^*_{\Sigma',\Sigma}: M_{\Sigma'} \to M_\Sigma$ は単射で，その像は O 加群として直和因子である． ∎

命題 10.14 $\Sigma = \Sigma' \amalg \{p\}$ とする．$T^\flat_{\Sigma'}$ の元 Δ_p を

$$\Delta_p = \begin{cases} (p-1)((p+1)^2 - T_p^2) & p \neq \ell \text{ のとき} \\ (T_p^{\sharp 2} - 1)(2T_p^\sharp - T_p) & p = \ell \text{ のとき} \end{cases}$$

で定める．$p = \ell$ のときも，$\Delta_p \in T_{\Sigma'}$ と仮定すると，Δ_p は加群つき対の全射 $\mathcal{F}_{\Sigma',\Sigma}$ の倍率である． □

第5章の命題 5.33 は，命題 10.14 から従う．

[証明] 合成写像 $m_{\Sigma',\Sigma} \circ m^*_{\Sigma',\Sigma}: M_{\Sigma'} \to M_{\Sigma'}$ が Δ_p 倍写像であることを示せばよい．$p \neq \ell$ の場合を示す．$m_{\Sigma',\Sigma}$ と $m^*_{\Sigma',\Sigma}$ の定義により，合成写像 $m_{\Sigma',\Sigma} \circ m^*_{\Sigma',\Sigma}$ は

$$\begin{pmatrix} p & -T_p & 1 \end{pmatrix} \begin{pmatrix} s_{0*} \circ s_0^* & s_{0*} \circ s_1^* & s_{0*} \circ s_2^* \\ s_{1*} \circ s_0^* & s_{1*} \circ s_1^* & s_{1*} \circ s_2^* \\ s_{2*} \circ s_0^* & s_{2*} \circ s_1^* & s_{2*} \circ s_2^* \end{pmatrix} \begin{pmatrix} 1 \\ -T_p \\ p \end{pmatrix}$$

倍によってひきおこされる．

$$s_{i*} \circ s_j^* = \begin{cases} p(p+1) & i = j \text{ のとき}, \\ pT_p & i = j \pm 1 \text{ のとき}, \\ T_p^2 - (p+1) & i = j \pm 2 \text{ のとき} \end{cases}$$

を示す．$i = j$ ならば，$s_{i*} \circ s_i^* = \deg s_i = p(p+1)$ である．$t_0, t_1: X_0(N_\Sigma) \to X_0(N_{\Sigma'}p), r_0, r_1: X_0(N_{\Sigma'}p) \to X_0(N_{\Sigma'})$ をそれぞれ (8.65) の射 s_1, s_p とする．補題 9.35.1. より，$s_{0*} \circ s_1^* = r_{0*} \circ t_{0*} \circ t_0^* \circ r_1^* = \deg t_0 \cdot r_{0*} \circ r_1^* = pT_p$ である．補題 9.5.2. より，$s_{1*} \circ s_0^* = pT_p^* = pT_p$ である．$s_{2*} \circ s_1^*, s_{1*} \circ s_2^*$ についても同様

である．命題 9.38.1. の証明より，$t_{0*} \circ t_1^* + w = r_1^* \circ r_{0*}$ である．したがって，
$$s_{0*} \circ s_2^* = r_{0*} \circ r_1^* \circ r_{0*} \circ r_1^* - r_{0*} \circ w \circ r_1^* = T_p^2 - \deg r_{0*}$$
$$= T_p^2 - (p+1)$$
である．$s_{2*} \circ s_0^*$ についても同様である．よって $p \neq \ell$ の場合は，等式
$$\begin{pmatrix} p & -T_p & 1 \end{pmatrix} \begin{pmatrix} p(p+1) & pT_p & T_p^2-(p+1) \\ pT_p & p(p+1) & pT_p \\ T_p^2-(p+1) & pT_p & p(p+1) \end{pmatrix} \begin{pmatrix} 1 \\ -T_p \\ p \end{pmatrix}$$
$$= \begin{pmatrix} p & -T_p & 1 \end{pmatrix} \begin{pmatrix} 0 \\ 0 \\ (p^2-1)(p+1)-(p-1)T_p^2 \end{pmatrix} = (p-1)((p+1)^2 - T_p^2)$$
から従う．

$p = \ell$ のときも同様で，$p = T_p^\sharp T_p - T_p^{\sharp 2}$ より，
$$\begin{pmatrix} -T_p^\sharp & 1 \end{pmatrix} \begin{pmatrix} p+1 & T_p \\ T_p & p+1 \end{pmatrix} \begin{pmatrix} 1 \\ -T_p^\sharp \end{pmatrix}$$
$$= T_p^{\sharp 2} T_p + T_p - 2(p+1) T_p^\sharp = (T_p^{\sharp 2} - 1)(2T_p^\sharp - T_p)$$
から従う． ∎

一般の $\Sigma' \subset \Sigma$ に対しても，Hecke 環の準同型 $t_{\Sigma',\Sigma}^\flat \colon T_\Sigma^\flat \to T_{\Sigma'}^\flat$，Hecke 加群の準同型 $m_{\Sigma',\Sigma} \colon M_\Sigma \to M_{\Sigma'}, m_{\Sigma',\Sigma}^* \colon M_{\Sigma'} \to M_\Sigma$ が帰納的に定義できるが，ここでは省略する．

§10.3 命題 10.11 の証明

この節では，次の定理 10.15 を認めて命題 10.11 を証明する．p を素数とし，$N \geq 1$ を p と素な自然数とする．
$$\Gamma(N) = \mathrm{Ker}(SL_2(\mathbb{Z}) \to SL_2(\mathbb{Z}/N\mathbb{Z})),$$
$$\Gamma_{*,0}(N,p) = \left\{ \begin{pmatrix} a & b \\ c & d \end{pmatrix} \in \Gamma(N) \,\middle|\, c \equiv 0 \bmod p \right\},$$

§10.3 命題 10.11 の証明 —— 319

$$\widetilde{\Gamma}(N) = \mathrm{Ker}\left(SL_2\left(\mathbb{Z}\left[\frac{1}{p}\right]\right) \to SL_2(\mathbb{Z}/N\mathbb{Z})\right)$$

とおく. さらに

$$E(N) = \left\langle A\begin{pmatrix} 1 & N \\ 0 & 1 \end{pmatrix} A^{-1} \,\middle|\, A \in SL_2(\mathbb{Z}) \right\rangle \subset \Gamma(N),$$

$$\widetilde{E}(N) = \left\langle A\begin{pmatrix} 1 & N \\ 0 & 1 \end{pmatrix} A^{-1} \,\middle|\, A \in SL_2\left(\mathbb{Z}\left[\frac{1}{p}\right]\right) \right\rangle \subset \widetilde{\Gamma}(N)$$

とおく. $s_0\colon \Gamma_{*,0}(N,p) \to \Gamma(N)$ を包含写像, $s_1\colon \Gamma_{*,0}(N,p) \to \Gamma(N)$ を $\begin{pmatrix} p & 0 \\ 0 & 1 \end{pmatrix}$ による共役 $A \mapsto \begin{pmatrix} p & 0 \\ 0 & 1 \end{pmatrix}^{-1} A \begin{pmatrix} p & 0 \\ 0 & 1 \end{pmatrix}$ と定める. $j_0\colon \Gamma(N) \to \widetilde{\Gamma}(N)$ を包含写像, $j_1\colon \Gamma(N) \to \widetilde{\Gamma}(N)$ を $\begin{pmatrix} p & 0 \\ 0 & 1 \end{pmatrix}$ による共役 $A \mapsto \begin{pmatrix} p & 0 \\ 0 & 1 \end{pmatrix} A \begin{pmatrix} p & 0 \\ 0 & 1 \end{pmatrix}^{-1}$ と定める. $s_0, s_1\colon \Gamma_{*,0}(N,p) \to \Gamma(N)$ の融合和を $\Gamma(N) *_{\Gamma_{*,0}(N,p)} \Gamma(N)$ で表わす. 群 Γ に対し, $\Gamma^{\mathrm{ab}} = \Gamma/[\Gamma, \Gamma]$ をその Abel 化とする.

定理 10.15 p を素数とし, $N \geqq 1$ を p と素な自然数とする.

1. 可換図式

$$\begin{array}{ccc} \Gamma(N) & \xrightarrow{j_0} & \widetilde{\Gamma}(N) \\ {\scriptstyle s_0} \uparrow & & \uparrow {\scriptstyle j_1} \\ \Gamma_{*,0}(N,p) & \xrightarrow{s_1} & \Gamma(N) \end{array}$$

が定める準同型 $\Gamma(N) *_{\Gamma_{*,0}(N,p)} \Gamma(N) \to \widetilde{\Gamma}(N)$ は同型である.

2. $\widetilde{\Gamma}(N) = \widetilde{E}(N)$ である. □

定理 10.15 は, この本では証明しない.

系 10.16 1. $E(N)^{\mathrm{ab}} \to \widetilde{\Gamma}(N)^{\mathrm{ab}}$ は, 全射である.

2. $s_0 \oplus s_1 \colon \Gamma_{*,0}(N,p)^{\mathrm{ab}} \to (\Gamma(N)^{\mathrm{ab}}/E(N))^{\oplus 2}$ は全射である.

[証明] 1. A を $SL_2\left(\mathbb{Z}\left[\frac{1}{p}\right]\right)$ の任意の元とし, $M = A\begin{pmatrix} 1 & N \\ 0 & 1 \end{pmatrix} A^{-1}$ とおく. 定理 10.15.2. より, M が $E(N)$ の元と $\widetilde{\Gamma}(N)$ で共役であることを示

せば十分である．$p^n \equiv 1 \bmod N$ なら，$\begin{pmatrix} 1 & N \\ 0 & 1 \end{pmatrix}$ は $\begin{pmatrix} p^n & 0 \\ 0 & p^{-n} \end{pmatrix} \in \widetilde{\Gamma}(N)$ により $\begin{pmatrix} 1 & N \\ 0 & 1 \end{pmatrix}^{p^{2n}}$ と共役である．よって，M は $M^{p^{2n}}$ と $\widetilde{\Gamma}(N)$ で共役である．したがって，十分大きな $n>0$ に対し $M^{p^{2n}} \in E(N)$ となることを示せばよい．

$(M-1)^2 = 0$ かつ $M-1 \in M_2\left(\mathbb{Z}\left[\dfrac{1}{p}\right]\right)$ だから，$n>0$ を十分大きくとれば，$M^{p^{2n}} = 1 + p^{2n}(M-1) \in SL_2(\mathbb{Z})$ である．$(M^{p^{2n}}-1)^2 = 0$ だから，ある整数 $b \in \mathbb{Z}$ に対し，$M^{p^{2n}}$ は $SL_2(\mathbb{Z})$ で $\begin{pmatrix} 1 & b \\ 0 & 1 \end{pmatrix}$ と共役である．$M^{p^{2n}} \equiv 1 \bmod N$ だから，$N \mid b$ であり $M^{p^{2n}} \in E(N)$ である．

2. 定理 10.15.1. より，完全系列
$$\Gamma_{*,0}(N,p)^{\mathrm{ab}} \xrightarrow{s_0 \oplus s_1} \Gamma(N)^{\mathrm{ab} \oplus 2} \xrightarrow{j_0 - j_1} \widetilde{\Gamma}(N)^{\mathrm{ab}} \longrightarrow 0$$
が得られる．よって，1. より明らかである． ∎

p を素数とし，$N \geq 1$ を p と素な自然数とする．$\mathbb{Q}$ 上のモジュラー曲線 $X(N), X_{0,*}(p,N) = X_{*,0}(N,p)$ は円分体 $\mathbb{Q}(\zeta_N)$ 上の代数曲線である．$s_0, s_1 \colon X_{*,0}(N,p) \to X(N)$ が $s_0, s_1 \colon X_0(Np) \to X_0(N)$ と同様に定義される．$\zeta_N = \exp\left(\dfrac{2\pi\sqrt{-1}}{N}\right)$ とおくことで，円分体 $\mathbb{Q}(\zeta_N)$ を複素数体 $\mathbb{C}$ にうめこみ，$X(N)^{\mathrm{an}}, X_{*,0}(N,p)^{\mathrm{an}}$ をそれぞれ $X(N) \otimes_{\mathbb{Q}(\zeta_N)} \mathbb{C}, X_{*,0}(N,p) \otimes_{\mathbb{Q}(\zeta_N)} \mathbb{C}$ が定めるコンパクト連結 Riemann 面とする．

命題 10.17 p を素数とし，$N \geq 1$ を p と素な自然数とする．
$$s_{0*} \oplus s_{1*} \colon H_1(X_{*,0}(N,p)^{\mathrm{an}}, \mathbb{Z}) \longrightarrow H_1(X(N)^{\mathrm{an}}, \mathbb{Z})^{\oplus 2}$$
は全射である．

[証明] $N=1,2$ なら $X(N)$ の種数は 0 だから，$N \geq 3$ としてよい．補題 8.37 より，$N \geq 3$ とすると，$\Gamma(N)$ は上半平面 $H = \{\tau \in \mathbb{C} \mid \mathrm{Im}\,\tau > 0\}$ に自由に作用し，$\Gamma(N) \backslash H = Y(N)^{\mathrm{an}}, \Gamma_{*,0}(N,p) \backslash H = Y_{*,0}(N,p)^{\mathrm{an}}$ である．よって基本群の同型 $\Gamma(N) \to \pi_1(Y(N)^{\mathrm{an}}), \Gamma_{*,0}(N,p) \to \pi_1(Y_{*,0}(N,p)^{\mathrm{an}})$ が得られる．さらに，$Y(N)$ のカスプでの惰性群は $\left\langle \begin{pmatrix} 1 & N \\ 0 & 1 \end{pmatrix} \right\rangle = \Gamma(N) \cap \left\langle \begin{pmatrix} 1 & 1 \\ 0 & 1 \end{pmatrix} \right\rangle$ の共

役だから，この同型は可換図式

$$\begin{array}{ccc} \Gamma_{*,0}(N,p)^{\mathrm{ab}} & \xrightarrow{s_0\oplus s_1} & (\Gamma(N)^{\mathrm{ab}}/E(N))^2 \\ \downarrow & & \downarrow \\ H_1(X_{*,0}(N,p)^{\mathrm{an}},\mathbb{Z}) & \xrightarrow{s_{0*}\oplus s_{1*}} & H_1(X(N)^{\mathrm{an}},\mathbb{Z})^2 \end{array}$$

を定める．左のたての射は全射であり，右のたての射は同型である．よって，系 10.16.2. より明らかである． ∎

系 10.18 p を素数とし，$N\geqq 1$ を p と素な自然数とする．
$$s_{0*}\oplus s_{1*}\colon H_1(X_{1,0}(N,p)^{\mathrm{an}},\mathbb{Z})\longrightarrow H_1(X_1(N)^{\mathrm{an}},\mathbb{Z})^{\oplus 2}$$
は全射である． ∎

これは系 9.30.2. の類似の精密化である．

[証明] $SL_2(\mathbb{Z})$ の部分群 $\Gamma(N)\subset\Gamma_1(N)$ (8.46) を考える．Riemann 面の標準同型 (8.47), (8.40) より，標準写像 $H_1(Y(N)^{\mathrm{an}},\mathbb{Z})\to H_1(Y_1(N)^{\mathrm{an}},\mathbb{Z})$ は，Abel 化の準同型 $\Gamma(N)^{\mathrm{ab}}\to\Gamma_1(N)^{\mathrm{ab}}$ と同一視される．$H_1(X(N)^{\mathrm{an}},\mathbb{Z})$, $H_1(X_1(N)^{\mathrm{an}},\mathbb{Z})$ は，それぞれ $H_1(Y(N)^{\mathrm{an}},\mathbb{Z})$, $H_1(Y_1(N)^{\mathrm{an}},\mathbb{Z})$ の惰性群の像による商である．$\Gamma(N)\to\Gamma_1(N)$ の余核はカスプでの惰性群 $\left\langle\begin{pmatrix}1 & 1\\ 0 & 1\end{pmatrix}\right\rangle$ の像で生成されるから，$H_1(X(N)^{\mathrm{an}},\mathbb{Z})\to H_1(X_1(N)^{\mathrm{an}},\mathbb{Z})$ は全射である．よって，主張は，命題 10.17 と可換図式

$$\begin{array}{ccc} H_1(X_{*,0}(N,p)^{\mathrm{an}},\mathbb{Z}) & \longrightarrow & H_1(X(N)^{\mathrm{an}},\mathbb{Z})^{\oplus 2} \\ \downarrow & & \downarrow \\ H_1(X_{1,0}(N,p)^{\mathrm{an}},\mathbb{Z}) & \longrightarrow & H_1(X_1(N)^{\mathrm{an}},\mathbb{Z})^{\oplus 2} \end{array}$$

から従う． ∎

命題 10.19 p を素数とし，$N\geqq 4$ を p と素な自然数とする．

(10.12) $$H_1(Y_{1,0}(N,p^2)^{\mathrm{an}},\mathbb{Z})\xrightarrow{(t_{1*},-t_{0*})} H_1(Y_{1,0}(N,p)^{\mathrm{an}},\mathbb{Z})^{\oplus 2}\xrightarrow{s_{0*}+s_{1*}} H_1(Y_1(N)^{\mathrm{an}},\mathbb{Z})\longrightarrow 0$$

は $\mathbb{Z}$ 加群の完全系列である．

[証明] 仮定 $N \geq 4$ より，$Y_1(N)$ は精モジュライである．補題9.35.3.と同様に代数曲線の有限エタール射の可換図式

(10.13)
$$\begin{array}{ccc} Y_{1,0}(N,p^2) \amalg Y_{1,0}(N,p) & \xrightarrow{(t_1,\mathrm{id})} & Y_{1,0}(N,p) \\ {\scriptstyle (t_0,w)}\downarrow & & \downarrow{\scriptstyle s_0} \\ Y_{1,0}(N,p) & \xrightarrow{s_1} & Y_1(N) \end{array}$$

がカルテシアンである．これより可換図式

(10.14)
$$\begin{array}{ccc} \pi_1(Y_{1,0}(N,p^2)) & \xrightarrow{t_{1*}} & \pi_1(Y_{1,0}(N,p)) \\ {\scriptstyle t_{0*}}\downarrow & & \downarrow{\scriptstyle s_{0*}} \\ \pi_1(Y_{1,0}(N,p)) & \xrightarrow{s_{1*}} & \pi_1(Y_1(N)) \end{array}$$

は，同型 $\pi_1(Y_{1,0}(N,p)) *_{\pi_1(Y_{1,0}(N,p^2))} \pi_1(Y_{1,0}(N,p)) \to \pi_1(Y_1(N))$ をひきおこす．よって完全系列(10.12)が得られる． ∎

補題 10.20 $N \geq 5$ を自然数とし，p を N と素な素数とする．標準全射 $H_1(Y_1(N)^{\mathrm{an}}, \mathbb{Z}) \to H_1(X_1(N)^{\mathrm{an}}, \mathbb{Z})$ の核への Hecke 作用素 T_p の作用は $\langle p \rangle + p$ 倍である．

[証明] $Z_1(N) = X_1(N)^{\mathrm{an}} \setminus Y_1(N)^{\mathrm{an}}$ をカスプの集合とすると，$T_1(N)_{\mathbb{Z}}$ 加群の完全系列

$$\mathbb{Z}^{Z_1(N)} \longrightarrow H_1(Y_1(N)^{\mathrm{an}}, \mathbb{Z}) \longrightarrow H_1(X_1(N)^{\mathrm{an}}, \mathbb{Z}) \longrightarrow 0$$

が得られる．よって，カスプによって生成される自由加群 $\mathbb{Z}^{Z_1(N)}$ への Hecke 作用素 T_p の作用を求めればよい．

仮定 $N \geq 5$ より，$X_1(N)$ はレベルつき広義楕円曲線の精モジュライである．よって，$Z_1(N)$ は，集合

$$\left\{ \begin{array}{l} \mathbb{C} \text{上の Néron } d \text{ 角形 } P_d (d \mid N) \text{ と，そのスムーズ部分 } P_d^{\mathrm{sm}} \simeq \\ \mathbb{G}_m \times \mathbb{Z}/d\mathbb{Z} \text{ の位数がちょうど } N \text{ の点 } P \text{ で，} \langle P \rangle \text{ が } P_d^{\mathrm{sm}} \text{ のすべ} \\ \text{ての連結成分と共通部分をもつものの対 } (P_d, P) \text{ の同型類} \end{array} \right\}$$

と同一視される．同様に，$Z_{1,0}(N,p) = X_{1,0}(N,p)^{\mathrm{an}} \setminus Y_{1,0}(N,p)^{\mathrm{an}}$ は，集合

$$\left\{\begin{array}{l}\mathbb{C} \text{ 上の Néron } d \text{ 角形 } P_d\,(d\mid Np) \text{ と，そのスムーズ部分 } P_d^{\mathrm{sm}} \text{ の位数が}\\ \text{ちょうど } N \text{ の点 } P \text{ と，位数 } p \text{ の巡回部分群 } C \subset P_d^{\mathrm{sm}} \text{ で，} \langle P \rangle + C \text{ が}\\ P_d^{\mathrm{sm}} \text{ のすべての連結成分と共通部分をもつものの組 } (P_d, P, C) \text{ の同型類}\end{array}\right\}$$

と同一視される．$s, t\colon Z_{1,0}(N,p) \to Z_1(N)$ は，次のように記述される．組 (P_d, P, C) に対し，P_d の $\langle P \rangle$ と交わらない既約成分をそれぞれ1点につぶして得られる Néron 多角形を Q とすると，$s(P_d, P, C) = (Q, P \text{ の像})$ である．また，$t(P_d, P, C) = (P_d/C, P \text{ の像})$ である．

写像 $s\colon Z_{1,0}(N,p) \to Z_1(N)$ による点 (P_d, P) の逆像は，$(P_d, P, \mu_p \times 1)$ と $(P_{dp}, P, 1 \times d\mathbb{Z}/dp\mathbb{Z})$ の2点であり，分岐指数はそれぞれ $1, p$ である．ここで，$P_d^{\mathrm{sm}} = \mathbb{G}_m \times \mathbb{Z}/d\mathbb{Z}$ を p 倍写像 $\mathbb{Z}/d\mathbb{Z} \to \mathbb{Z}/dp\mathbb{Z}$ により，$P_{dp}^{\mathrm{sm}} = \mathbb{G}_m \times \mathbb{Z}/dp\mathbb{Z}$ の部分群と同一視した．さらに $t\colon Z_{1,0}(N,p) \to Z_1(N)$ による点 $(P_d, P, \mu_p \times 1)$, $(P_{dp}, P, 1 \times d\mathbb{Z}/dp\mathbb{Z})$ の像は，それぞれ (P_d, pP), (P_d, P) である．よって，$T_p = t_* \circ s^*$ による $[(P_d, P)] \in \mathbb{Z}^{Z_1(N)}$ の像は $[(P_d, pP)] + p[(P_d, P)] = (\langle p \rangle + p) \cdot [(P_d, P)]$ である． ∎

補題 10.21 $N \geq 1$ を自然数とし，p を N と素な素数とする．余核 $\mathrm{Coker}(H_1(X_1(N)^{\mathrm{an}}, \mathbb{Z}) \to H_1(X_0(N)^{\mathrm{an}}, \mathbb{Z}))$ への Hecke 作用素 T_p の作用は $p+1$ 倍である．

［証明］$X_0(N)$ は，$X_1(N)$ の，$(\mathbb{Z}/N\mathbb{Z})^\times$ のダイアモンド作用素としての作用による商である．$H_1(X_1(N)^{\mathrm{an}}, \mathbb{Z})$, $H_1(X_0(N)^{\mathrm{an}}, \mathbb{Z})$ は，それぞれ基本群 $\pi_1(X_1(N)^{\mathrm{an}})$, $\pi_1(X_0(N)^{\mathrm{an}})$ の Abel 化である．よって，標準写像の余核 $\mathrm{Coker}(H_1(X_1(N)^{\mathrm{an}}, \mathbb{Z}) \to H_1(X_0(N)^{\mathrm{an}}, \mathbb{Z}))$ は，$X_1(N) \to X_0(N)$ の最大不分岐中間被覆に対応する $(\mathbb{Z}/N\mathbb{Z})^\times$ の商と，同一視される．$s, t\colon X_{1,0}(N, p) \to X_1(N)$ は $(\mathbb{Z}/N\mathbb{Z})^\times$ の作用と両立するから，それらがひきおこす写像 $s_*, t_*\colon \mathrm{Coker}(H_1(X_{1,0}(N,p)^{\mathrm{an}}, \mathbb{Z}) \to H_1(X_0(Np)^{\mathrm{an}}, \mathbb{Z})) \to \mathrm{Coker}(H_1(X_1(N)^{\mathrm{an}}, \mathbb{Z}) \to H_1(X_0(N)^{\mathrm{an}}, \mathbb{Z}))$ は相等しい．したがって $T_p = t_* \circ s^* = s_* \circ s^* = \deg s = p+1$ である． ∎

O を $\mathbb{Q}_\ell$ の有限次拡大 K の整数環，$M \geq 1$ を自然数とし，$O[T_p, p \nmid M]$ を無限変数の多項式環とする．m を $O[T_p, p \nmid M]$ の極大イデアルで，その

剰余体 $\mathbb{F} = O[T_p, p \nmid M]/m$ が有限体であるものとする. $(\mathbb{Z}/M\mathbb{Z})^\times$ の指標 $\alpha, \beta\colon (\mathbb{Z}/M\mathbb{Z})^\times \to \mathbb{F}^\times$ ですべての $p \nmid M$ に対し $T_p \equiv \alpha(p) + \beta(p) \bmod m$ をみたすものが存在しないとき, m は非 **Eisenstein** であるという. M の約数 M' に対し, $H_1(X_0(M')^{\mathrm{an}}, O)$, $H_1(X_1(M')^{\mathrm{an}}, O)$ は, $O[T_p, p \nmid M]$ 加群であり, 極大イデアル m に対し, m での局所化 $H_1(X_0(M')^{\mathrm{an}}, O)_m$, $H_1(X_1(M')^{\mathrm{an}}, O)_m$ が定義される.

命題 10.22 p を素数とし, $N \geq 1$ を p と素な自然数とする. m を多項式環 $O[T_q, q \nmid Np^2]$ の非 Eisenstein 極大イデアルとすると,

(10.15) $\quad s_{0*} \oplus s_{1*} \oplus s_{2*} \colon H_1(X_0(Np^2)^{\mathrm{an}}, O)_m \longrightarrow H_1(X_0(N)^{\mathrm{an}}, O)_m^{\oplus 3}$

は全射である.

[証明] $N \leq 4$ ならば $X_1(N)$ の種数は 0 だから, $N \geq 5$ としてよい. 次の可換図式を考える.

(10.16)
$$\begin{array}{ccc}
 & & 0 \\
 & & \downarrow \\
H_1(X_{1,0}(N,p^2)^{\mathrm{an}}, O)_m & \xrightarrow{s_{0*} \oplus s_{1*} \oplus s_{2*}} & H_1(X_1(N)^{\mathrm{an}}, O)_m^{\oplus 3} \\
{\scriptstyle (t_{1*}, -t_{0*})}\Big\downarrow & & \Big\downarrow {\scriptsize \begin{pmatrix} 0 & 1 & 0 \\ 0 & 0 & 1 \\ -1 & 0 & 0 \\ 0 & -1 & 0 \end{pmatrix}} \\
H_1(X_{1,0}(N,p)^{\mathrm{an}}, O)_m^{\oplus 2} & \xrightarrow{(s_{0*} \oplus s_{1*})^2} & H_1(X_1(N)^{\mathrm{an}}, O)_m^{\oplus 4} \\
{\scriptstyle s_{0*} + s_{1*}}\Big\downarrow & & \Big\downarrow {\scriptsize (1\ 0\ 0\ 1)} \\
H_1(X_1(N)^{\mathrm{an}}, O)_m & =\!=\!= & H_1(X_1(N)^{\mathrm{an}}, O)_m \\
\downarrow & & \downarrow \\
0 & & 0
\end{array}$$

右の列は明らかに完全系列である. m は非 Eisenstein だから, 補題 10.20 より, 左のたての列の X を Y でおきかえてよい. よって, 命題 10.19 より, 左のたての列は完全である. さらに系 10.18 より, 真ん中の横の射は全射である. したがって, 蛇の図式より上の横の射も全射である.

可換図式

(10.17)
$$\begin{array}{ccc} H_1(X_{1,0}(N,p^2)^{\mathrm{an}},O)_m & \xrightarrow{s_{0*}\oplus s_{1*}\oplus s_{2*}} & H_1(X_1(N)^{\mathrm{an}},O)_m^{\oplus 3} \\ \downarrow & & \downarrow \\ H_1(X_0(Np^2)^{\mathrm{an}},O)_m & \xrightarrow{s_{0*}\oplus s_{1*}\oplus s_{2*}} & H_1(X_0(N)^{\mathrm{an}},O)_m^{\oplus 3} \end{array}$$

を考える．m は非 Eisenstein だから，補題 10.21 より，右のたての射は全射である．よって，下の横の射も全射である． ∎

[命題 10.11 の証明]　命題 9.26 より，極大イデアル m_Σ は非 Eisenstein である．したがって，$O[T_p, p \nmid N_\Sigma \ell] \to T(N_\Sigma)_O$ による m_Σ の逆像も非 Eisenstein である．よって，$p \neq \ell$ の場合は，命題 10.22 より直ちに従う．$p = \ell$ の場合も同様だが省略する． ∎

§10.4　変形環と群環

次節での $(R, M) = (R_\varnothing, M_\varnothing)$ のもちあげの族の構成の準備として，変形環と群環の関係を与える．

$\widetilde{Q}$ を次の条件をみたす素数 q 全体の集合とする：

(10.18)　　　$q \notin S_{\bar{\rho}}, \quad q \neq \ell \quad$ かつ $\quad \operatorname{Tr}\bar{\rho}(\varphi_q) \not\equiv \pm(q+1)$.

条件 $\operatorname{Tr}\bar{\rho}(\varphi_q) \not\equiv \pm(q+1)$ は，$(\operatorname{Tr}\bar{\rho}(\varphi_q))^2 \not\equiv (q+1)^2$ といっても同じである．$q \in \widetilde{Q}$ に対し，$\bar{\rho}(\varphi_q)$ の 2 つの固有値を $\bar{\alpha}_q, \bar{\beta}_q$ とする．$q \equiv \bar{\alpha}_q \bar{\beta}_q$ だから，(10.18) の条件 $\bar{\alpha}_q \bar{\beta}_q \pm (\bar{\alpha}_q + \bar{\beta}_q) + 1 \neq 0$ はまた，$\bar{\alpha}_q \neq \pm 1$ かつ $\bar{\beta}_q \neq \pm 1$ と同値であり，$\bar{\alpha}_q / \bar{\beta}_q \neq q^{\pm 1}$ とも同値である．よって，$q \equiv 1 \bmod \ell$ ならば $\bar{\alpha}_q \neq \bar{\beta}_q$ である．以下，必要なら K をその不分岐 2 次拡大でおきかえて，各 $q \in \widetilde{Q}$ に対し，$\bar{\alpha}_q, \bar{\beta}_q$ が $\mathbb{F}$ に属するものとする．

$q \in \widetilde{Q}$ に対し，Δ_q を $(\mathbb{Z}/q\mathbb{Z})^\times = \operatorname{Gal}(\mathbb{Q}_q(\zeta_q)/\mathbb{Q}_q)$ の最大 ℓ 巾商群とする．$q \not\equiv 1 \bmod \ell$ ならば $\Delta_q = 1$ である．全射 $I_q \to \operatorname{Gal}(\mathbb{Q}_q(\zeta_q)/\mathbb{Q}_q) = (\mathbb{Z}/q\mathbb{Z})^\times$ により，Δ_q を惰性群 I_q の商と同一視する．Δ_q は Abel 化への像 $\operatorname{Im}(I_q \to G_{\mathbb{Q}_q}^{\mathrm{ab}})$ の最大 ℓ 巾商と同一視される．

条件 $\operatorname{Tr}\bar{\rho}(\varphi_q) \not\equiv \pm(q+1)$ は，次の命題のためにおいたものである．

命題 10.23 $q \in \widetilde{Q}$ とし,R を O 上射影有限生成な完備局所環とする.$\mathbb{F}_R$ を R の剰余体とする.$\rho_q: G_{\mathbb{Q}_q} \to GL_2(R)$ を $\overline{\rho}$ の $G_{\mathbb{Q}_q}$ への制限のもちあげとする.

1. $\overline{\alpha}_q \not\equiv \overline{\beta}_q$ とする.$G_{\mathbb{Q}_q}$ の指標 $\alpha_q, \beta_q: G_{\mathbb{Q}_q} \to R^\times$ で,ρ_q は直和 $\alpha_q \oplus \beta_q$ と同型であり,合成 $G_{\mathbb{Q}_q} \to R^\times \to \mathbb{F}_R^\times$ はそれぞれ φ_q での値が $\overline{\alpha}_q, \overline{\beta}_q$ で定まる不分岐指標であるようなものが,ただ 1 組存在する.指標 $\alpha_q, \beta_q: G_{\mathbb{Q}_q}^{\mathrm{ab}} \to R^\times$ の惰性群 I_q への制限は,商群 Δ_q の指標 $\Delta_q \to R^\times$ をひきおこす.

2. $q \not\equiv 1 \bmod \ell$ ならば,ρ_q は不分岐である.

[証明] 1.$F \in G_{\mathbb{Q}_q}$ を Frobenius 置換 $\varphi_q \in G_{\mathbb{F}_q}$ のもちあげとする.必要なら R^2 の基底をとりかえて,$\rho_q(F) = P = \begin{pmatrix} \widetilde{\alpha} & 0 \\ 0 & \widetilde{\beta} \end{pmatrix}$ であるとしてよい.$\sigma \in I_q$ を惰性群の任意の元とすると,$P\rho_q(\sigma)P^{-1} = \rho_q(\sigma)^q$ かつ $\rho_q(\sigma) \equiv 1 \bmod m_R$ である.よって,$A = \begin{pmatrix} a & b \\ c & d \end{pmatrix}$ $(a, b, c, d \in m_R)$ が $PAP^{-1} = (1+A)^q - 1$ をみたすならば,$b = c = 0$ であることを示せばよい.$PAP^{-1} = (1+A)^q - 1$ だから,$\widetilde{\alpha}\widetilde{\beta}^{-1}b = (q + f(a,b,c,d))b$,$\widetilde{\beta}\widetilde{\alpha}^{-1}c = (q + g(a,b,c,d))c$ をみたす $\mathbb{Z}$ 係数の 4 変数多項式 f, g で定数項が 0 のものがある.仮定より,$\widetilde{\alpha}\widetilde{\beta}^{-1}, \widetilde{\beta}\widetilde{\alpha}^{-1} \not\equiv q$,$f(a,b,c,d) \equiv g(a,b,c,d) \equiv 0 \bmod m_R$ だから,$b = c = 0$ である.

Δ_q を,上のように,Abel 化への像 $\mathrm{Im}(I_q \to G_{\mathbb{Q}_q}^{\mathrm{ab}})$ の最大 ℓ 巾商と同一視する.$1 + m_R M_2(R) \subset GL_2(R)$ は射影 ℓ 群だから,α_q, β_q の I_q への制限は Δ_q を経由する.

2. まず $\overline{\alpha}_q \not\equiv \overline{\beta}_q$ の場合に示す.1. より,$\rho_q \simeq \alpha_q \oplus \beta_q$ をみたす指標 $\alpha_q, \beta_q: G_{\mathbb{Q}_q}^{\mathrm{ab}} \to R^\times$ が定まる.仮定 $q \not\equiv 1 \bmod \ell$ より,惰性群の像 Δ_q は自明だから,α_q, β_q は不分岐である.

$\overline{\alpha}_q = \overline{\beta}_q$ の場合に示す.惰性群 I_q の像 $\rho_q(I_q)$ が自明であることを示す.必要なら R を R/m_R^n でおきかえて,R は有限であるとしてよい.像 $\rho_q(I_q) \subset 1 + m_R M_2(R)$ の位数を ℓ^m とおく.$m = 0$ を示せばよい.$\ell \neq q$ だから,$\rho_q(I_q)$ は位数 ℓ^m の巡回群である.巡回群 $\rho_q(I_q)$ の生成元を A とおく.$F \in G_{\mathbb{Q}_q}$ を $\varphi_q \in G_{\mathbb{F}_q}$ のもちあげとする.$\widetilde{\alpha} \in R$ を 1 の ℓ と素な位数の巾根で $\widetilde{\alpha} \equiv \overline{\alpha}_q \bmod m_R$

§10.4 変形環と群環―― 327

となるものとする. $\rho_q(F) = \tilde{\alpha} P$ とおくと, $PAP^{-1} = A^q$ である. P の位数を N とすると, $A^{q^N} = A$ であり, $q^N \equiv 1 \bmod \ell^m$ である. $P \bmod m_R$ の固有値は 1 だけだから, N は ℓ の巾であり, $q^N \equiv q \bmod \ell$ である. $q \not\equiv 1 \bmod \ell$ だから, $m = 0$ である. ∎

上に注意したように, $q \equiv 1 \bmod \ell$ ならば $\overline{\alpha}_q \neq \overline{\beta}_q$ であり, したがってこのとき, 命題 10.23.1. の仮定がみたされる.

系 10.24 記号は命題 10.23 のとおりとする. さらに, $q \equiv 1 \bmod \ell$ とし, $\det \rho_q$ の惰性群 I_q への制限が ℓ 進円分指標であるとする. このとき, ρ_q が不分岐であるためには, $\alpha_q|_{I_q}$ が自明であることが必要十分である.

[証明] $q \neq \ell$ だから, $\det \rho_q = \alpha_q \beta_q$ は不分岐で, $\alpha_q|_{I_q} = \beta_q|_{I_q}^{-1}$ である. ∎

$\mathcal{Q} = \{q \in \tilde{\mathcal{Q}} \mid q \equiv 1 \bmod \ell\}$ とおく. 以下, 有限部分集合 $Q \subset \mathcal{Q}$ を自然数 $\prod_{q \in Q} q$ と同一視する. $\mathcal{Q}$ の有限部分集合 Q に対し, $\Delta_Q = \prod_{q \in Q} \Delta_q$ と定義する. 同一視 $(\mathbb{Z}/Q\mathbb{Z})^\times = \prod_{q \in Q}(\mathbb{Z}/q\mathbb{Z})^\times$ により, Δ_Q を $(\mathbb{Z}/Q\mathbb{Z})^\times$ の商群と同一視する. 以下各 $q \in \mathcal{Q}$ に対し, $\overline{\rho}(\varphi_q)$ の 2 つの固有値のうち 1 つをとり, それを $\overline{\alpha}_q \in \mathbb{F}^\times$ とおく. 環の準同型

(10.19) $$O[\Delta_Q] \longrightarrow R_Q$$

を定義する. $\rho_Q: G_\mathbb{Q} \to GL_2(R_Q)$ を普遍表現とする. 各 $q \in Q$ に対し ρ_Q の分解群 $G_{\mathbb{Q}_q}$ への制限 $\rho_q: G_{\mathbb{Q}_q} \to GL_2(R_Q)$ に, 命題 10.23.1. を適用し, 指標 $\alpha_q: G_{\mathbb{Q}_q}^{\mathrm{ab}} \to R_Q^\times$ を定める. 命題 10.23.1. より, 指標 α_q の惰性群 I_q への制限は, 指標 $\Delta_q \to R_Q^\times$ をひきおこす. これらの積 $\Delta_Q \to R_Q^\times$ がひきおこす環の準同型として $O[\Delta_Q] \to R_Q$ を定義する.

補題 10.25 Q を $\mathcal{Q} = \{q \in \tilde{\mathcal{Q}} \mid q \equiv 1 \bmod \ell\}$ に属する素数の有限集合とし, $O[\Delta_Q] \to O$ を付加写像とする. 図式

$$\begin{array}{ccc} O[\Delta_Q] & \longrightarrow & R_Q \\ \downarrow & & \downarrow r_{\varnothing, Q} \\ O & \longrightarrow & R_\varnothing \end{array}$$

は可換であり, 標準写像 $R_Q \otimes_{O[\Delta_Q]} O \to R_\varnothing$ は同型である.

[証明] 普遍表現 $\rho_\emptyset: G_\mathbb{Q} \to GL_2(R_\emptyset)$ は Q で不分岐だから, 図式の可換性は標準写像 $O[\Delta_Q] \to R_Q$ の定義より明らかである. ρ を $\bar\rho$ の $\mathcal{D}_Q$ 級のもちあげとすると, 系 10.24 より, ρ が $\mathcal{D}_\emptyset$ 級のもちあげであるためには, すべての $q \in Q$ に対し $\alpha_q: G_{\mathbb{Q}_q} \to R^\times$ が不分岐であることが必要十分である. したがって $R_Q \otimes_{O[\Delta_Q]} O$ は, O 上の関手 $\mathrm{Def}_{\bar\rho, \mathcal{D}_\emptyset}$ を表現する. よって $R_Q \otimes_{O[\Delta_Q]} O \to R_\emptyset$ は同型である. ∎

問 $\widetilde{Q}$ を $\widetilde{\mathcal{Q}}$ の有限部分集合とし, $Q = \widetilde{Q} \cap \mathcal{Q}$ とおく. 標準写像 $R_{\widetilde{Q}} \to R_Q$ が同型であることを示せ. (ヒント: 補題 10.25 の証明と同様にすればよい.)

命題 10.26 3 以上の素数 $q \in \widetilde{\mathcal{Q}}$ で, $q \not\equiv 1 \bmod \ell$ であるようなものが, 無限個存在する.

[証明] $\det \bar\rho$ は法 ℓ 円分指標であり, 位数は偶数である. よって, 定理 3.1 と補題 9.51 により, 次の群論の補題に帰着される. ∎

補題 10.27 $\mathbb{F}$ を標数 ℓ が 3 以上の有限体, $\rho: G \to GL_2(\mathbb{F})$ を有限群 G の絶対既約な表現とし, $\chi: G \to \mathbb{F}^\times$ を指標とする. χ の位数が偶数 $2d$ であるとし, さらに, $2d = 2$ ならば, ρ の $H = \mathrm{Ker}\,\chi$ への制限は絶対既約と仮定する. このとき, G の元 σ で次の条件をみたすものが存在する:

(10.20) $\quad \chi(\sigma) \neq 1 \quad$ かつ $\quad \dfrac{(\mathrm{Tr}\,\rho(\sigma))^2}{\det \rho(\sigma)} \neq \dfrac{(1+\chi(\sigma))^2}{\chi(\sigma)}$. ☐

補題を次の定理から導く.

定理 10.28 ℓ を素数とし, $\overline{\mathbb{F}}_\ell$ を $\mathbb{F}_\ell$ の代数閉包, $G \subset GL_2(\overline{\mathbb{F}}_\ell)$ を有限部分群とする. $V = \overline{\mathbb{F}}_\ell^2$ が G の表現として絶対既約であると仮定する. このとき, G の $PGL_2(\overline{\mathbb{F}}_\ell) = GL_2(\overline{\mathbb{F}}_\ell)/\overline{\mathbb{F}}_\ell^\times$ での像 $\overline{G}$ は次の条件 (1), (2), (3) のどれかをみたす.

(1) $\mathbb{F}_\ell$ の有限次拡大体 $\mathbb{F}$ で, $\overline{G}$ が $PGL_2(\mathbb{F})$ または $PSL_2(\mathbb{F})$ のどちらかと共役となるようなものがある.

(2) $\overline{G}$ は 4 次対称群 S_4 あるいは 4 次か 5 次の交代群 A_4, A_5 と同型である.

(3) $\overline{G}$ は位数 $2n$ の正 2 面体群 D_{2n} と同型であり, n は ℓ と素である. ☐

定理 10.28 の証明は省略する．

[補題 10.27 の証明] 背理法で証明する．$\alpha(\sigma), \beta(\sigma)$ を $\rho(\sigma)$ の固有値とすると，条件

$$\frac{(\alpha(\sigma)+\beta(\sigma))^2}{\alpha(\sigma)\beta(\sigma)} \neq \frac{(1+\chi(\sigma))^2}{\chi(\sigma)}$$

は，

$$\frac{\alpha(\sigma)}{\beta(\sigma)} + \frac{\beta(\sigma)}{\alpha(\sigma)} \neq \chi(\sigma) + \frac{1}{\chi(\sigma)}$$

と同値であり，したがって，$\dfrac{\alpha(\sigma)}{\beta(\sigma)} \neq \chi(\sigma)^{\pm 1}$ と同値である．条件(10.20)の否定

(10.21)　$\sigma \in G$ ならば，$\chi(\sigma) = 1$ または $\dfrac{\alpha(\sigma)}{\beta(\sigma)} = \chi(\sigma)^{\pm 1}$

がなりたつとして，補題 10.27 の仮定と矛盾することを示す．

$Z = \{\sigma \in G \mid \rho(\sigma)$ がスカラー行列$\}$ とおく．(10.21)より，$Z \subset \mathrm{Ker}\,\chi = H$ である．したがって，$\mathrm{Ker}\,\rho \subset Z \subset \mathrm{Ker}\,\chi$ であり，G を $\rho(G)$ でおきかえて，$G \subset GL_2(\mathbb{F})$ であるとしてよい．

$\chi(\sigma)$ が $\chi(G)$ の生成元であるような元 $\sigma \in G$ をとる．$\bar{\ }: G \to \overline{G} = G/Z$ を標準全射とし，$\overline{H} = H/Z$ とする．$\overline{G} = \langle \overline{\sigma} \rangle \ltimes \overline{H}$ であり，$\overline{H}$ は Abel 群であることを示す．条件(10.21)より，必要なら $\mathbb{F}$ を 2 次拡大でおきかえ，基底をとりなおして，$\sigma \equiv \begin{pmatrix} 1 & 0 \\ 0 & \chi(\sigma) \end{pmatrix} \bmod \mathbb{F}^\times$ としてよい．これより，$\overline{G} = \langle \overline{\sigma} \rangle \ltimes \overline{H}$ は明らかである．$\tau \in H$ とする．$\chi(\sigma^d \tau) = \chi(\sigma)^d = -1$ だから，$\sigma^d \tau$ の固有値は $\alpha, -\alpha$ の形であり，$(\sigma^d \tau)^2 \in Z$ である．したがって，$\tau^{-1} \equiv \sigma^d \tau \sigma^{-d} \bmod Z$ である．よって，$\tau \mapsto \tau^{-1}$ は $\overline{H} = H/Z$ の自己同型を定めるから，$\overline{H}$ は Abel 群である．

$\overline{G} = \langle \overline{\sigma} \rangle \ltimes \overline{H}$ かつ，$\overline{\sigma}$ の位数は偶数，$\overline{H}$ が Abel 群だから，定理 10.28 より，$\overline{G} \subset PGL_2(\mathbb{F})$ は定理 10.28 の条件(3)をみたす．$\overline{G}$ が位数 $2n$ ($\ell \nmid n$) の正 2 面体群であるとする．$(\overline{G}^{\mathrm{ab}})^2 = 1$ だから，χ の位数は 2 である．$\overline{G} \backslash \overline{H}$ の元の位数は 2 だから，$\overline{H}$ は位数 n の巡回群である．したがって，H は位数

が ℓ と素な Abel 群であり，ρ の H への制限は絶対可約である．よって矛盾が得られた． ∎

§10.5 もちあげの族

$\mathcal{Q} = \{q \in \widetilde{\mathcal{Q}} \mid q \equiv 1 \bmod \ell\}$ は，次の条件をみたす素数 q 全体の集合である．

(10.22) $\quad q \notin S_{\bar{\rho}}, \quad q \equiv 1 \bmod \ell \quad$ かつ $\quad \operatorname{Tr}\bar{\rho}(\varphi_q) \not\equiv \pm 2$．

条件(10.22)は，条件(5.19)と同じである．命題 10.26 の条件をみたす素数 $q' \in \widetilde{\mathcal{Q}} \setminus \mathcal{Q}$ を 1 つとり，以下その q' を考える．$\mathcal{Q}$ に属する素数の有限集合 Q に対し，充 Hecke 環 $T_Q^\natural$ と Hecke 加群 M_Q の変種 $T_Q^\natural, M_Q^\natural$ および変形環から Hecke 環への準同型 $f_Q^\natural : R_Q \to T_Q^\natural$ を定義し，これらがもちあげの族をなすことを示す．

前節のように，各 $q \in \mathcal{Q}$ に対し，$\bar{\rho}(\varphi_q)$ の固有値を 1 つとり $\bar{\alpha}_q$ とおく．Hensel の補題より，各 $q \in \mathcal{Q}$ に対し，方程式 $U^2 - T_q U + q = 0$ の $T_\varnothing^\natural$ での解で，$\mathbb{F}$ での像が $\bar{\alpha}_q$ であるものがただ 1 つ存在する．以下これを $T_q^\natural$ と書く．有限部分集合 $Q \subset \mathcal{Q}$ を自然数 $\prod_{q \in Q} q$ と同一視する．以下 Hecke 環 $T_{0,1}(N_\varnothing, Qq'^2)_\mathbb{Z} = \mathbb{Z}[T_n \ (n \geq 1), \langle a \rangle \ (a \in (\mathbb{Z}/Qq'^2\mathbb{Z})^\times)] \subset \operatorname{End} J_{0,1}(N_\varnothing, Qq'^2)$ を $T(N_\varnothing, Qq'^2)_\mathbb{Z}$ で表わす．$T(N_\varnothing, Qq'^2)_O = T(N_\varnothing, Qq'^2)_\mathbb{Z} \otimes_\mathbb{Z} O$ とおく．命題 10.6 と同様に次が示せる．

命題 10.29 $\quad Q$ を $\mathcal{Q}$ の有限部分集合とし，q' を命題 10.26 の条件をみたす素数とする．環の準同型 $\widetilde{t}_{\varnothing,Q} : T(N_\varnothing, Qq'^2)_O \to T_\varnothing^\natural$ で，次の条件をみたすものがただ 1 つ存在する．

(10.23) $\quad \widetilde{t}_{\varnothing,Q}(T_p) = \begin{cases} T_p & p \notin Q \cup \{q'\} \text{ のとき,} \\ T_q^\natural & p = q \in Q \text{ のとき,} \\ 0 & p = q' \text{ のとき,} \end{cases}$

(10.24) $\quad \widetilde{t}_{\varnothing,Q}(\langle a \rangle) = 1 \qquad a \in (\mathbb{Z}/Qq'^2\mathbb{Z})^\times$．

[証明] 一意性は明らかだから存在を示す．標準写像 $X_{0,1}(N_\varnothing, Qq'^2) \to X_0(N_\varnothing Qq'^2)$ は，環の準同型 $T(N_\varnothing, Qq'^2)_O \to T(N_\varnothing Qq'^2)_O$ をひきおこす．素

数 p に対し T_p の像は T_p であり，$a \in (\mathbb{Z}/Qq'^2\mathbb{Z})^\times$ に対し $\langle a \rangle$ の像は 1 である．よって環の準同型 $T(N_\emptyset Qq'^2)_O \to T_\emptyset^\natural$ で，条件(10.23)をみたすものを与えればよい．$q \in Q \cup \{q'\}$ に対し，命題 10.1 の証明と同様に，多項式 $P_q(U) \in T(N_\emptyset)[U]$ を，

$$P_q(U) = \begin{cases} U^2 - T_q U + q & q \in Q \text{ のとき}, \\ U(U^2 - T_{q'} U + q') & q = q' \text{ のとき} \end{cases}$$

と定める．$A' = T(N_\emptyset)_O[U_q, q \in Q \cup \{q'\}]/(P_q(U_q), q \in Q \cup \{q'\})$ とおく．環の準同型 $T(N_\emptyset Qq'^2)_O \to A'$ を，系 9.37 のように，T_p の像を $p \notin Q \cup \{q'\}$ なら T_p，$p = q \in Q \cup \{q'\}$ なら U_q とおいて定める．環の準同型 $A' \otimes_{T(N_\emptyset)_O} T_\emptyset^\natural \to T_\emptyset^\natural$ を，U_q の像を，$q \in Q$ なら $T_q^\natural$，$q = q'$ なら 0 とおいて定義する．合成写像

(10.25) $\qquad T(N_\emptyset Qq'^2)_O \longrightarrow A' \longrightarrow A' \otimes_{T(N_\emptyset)} T_\emptyset^\natural \longrightarrow T_\emptyset^\natural$

は条件(10.23)をみたす． ∎

定義 10.30 $T(N_\emptyset, Qq'^2)_O = T(N_\emptyset, Qq'^2)_\mathbb{Z} \otimes_\mathbb{Z} O$ の極大イデアル $m_Q^\natural$ を，環の準同型 $\tilde{t}_{\emptyset,Q} : T(N_\emptyset, Qq'^2)_O \to T_\emptyset^\natural$ による極大イデアル $m_\emptyset$ の逆像と定める．$T(N_\emptyset, Qq'^2)_O$ の極大イデアル $m_Q^\natural$ での完備化 $T(N_\emptyset, Qq'^2)_{O, m_Q^\natural}$ を充 **Hecke 環**とよび，$T_Q^\natural$ と書く．$\tilde{t}_{\emptyset,Q}$ がひきおこす環の準同型を

(10.26) $\qquad\qquad t_{\emptyset,Q}^\natural : T_Q^\natural \longrightarrow T_\emptyset^\natural$

で表わす． ∎

O 上の同型 $T_Q \to T_Q^\natural : T_p \mapsto \langle p \rangle^{-1/2} T_p, p \nmid N_\emptyset Qq'\ell$ が定義できるが，この本では使わない．

命題 10.31 $T_Q^\natural$ は被約である．

[証明] 証明は命題 10.4 の証明と同様である．$T(N_\emptyset, Qq'^2)_O$ の部分環 $T'(N_\emptyset, Qq'^2)_O$ を，O 上 $T_p (p \nmid N_\emptyset Qq'^2)$ と $\langle a \rangle (a \in (\mathbb{Z}/Qq'^2\mathbb{Z})^\times)$ によって生成されるものと定義する．

$$\Phi(N_\emptyset, Qq'^2)_K = \mathrm{Spec}\, T'(N_\emptyset, Qq'^2)_K$$

とおく．$T'(N_\emptyset, Qq'^2)_O$ は被約であり，$T'(N_\emptyset, Qq'^2)_K = \prod_{f \in \Phi(N_\emptyset, Qq'^2)_K} K_f$ である．$T'(N_\emptyset, Qq'^2)_O$ の極大イデアル m_Q' を $T'(N_\emptyset, Qq'^2)_O \cap m_Q^\natural$ と定義する．

標準写像 $T'(N_\varnothing, Qq'^2)_{O,m'_Q} \to T_Q^\natural = T(N_\varnothing, Qq'^2)_{O, m_Q^\natural}$ が $\otimes_O K$ すると同型であることを示せばよい.

部分集合 $\Phi(N_\varnothing, Qq'^2)_{K,\bar{p},\bar{\alpha}_Q} \subset \Phi(N_\varnothing, Qq'^2)_K$ を,
$$\{f \in \Phi(N_\varnothing, Qq'^2)_K \mid \mathrm{Ker}(\varphi_f: T'(N_\varnothing, Qq'^2)_O \to K_f) \subset m'_Q\}$$
と定める. $T'(N_\varnothing, Qq'^2)_{O,m'_Q} \otimes_O K = \prod_{f \in \Phi(N_\varnothing, Qq'^2)_{K,\bar{p},\bar{\alpha}_Q}} K_f$ だから, 各素形式 $f \in \Phi(N_\varnothing, Qq'^2)_{K,\bar{p},\bar{\alpha}_Q}$ に対し, 標準写像 $K_f \to T_{Q,K}^\natural \otimes_{T'(N_\varnothing, Qq'^2)_K} K_f$ が同型であることを示せばよい.

$f \in \Phi(N_\varnothing, Qq'^2)_{K,\bar{p},\bar{\alpha}_Q}$ とする. f のレベル N_f は $N_\varnothing \mid N_f \mid N_\varnothing Qq'^2$ をみたすから, $p \mid N_\varnothing Qq'^2/N_f$ ならば $p \mid Qq'$ である. 命題10.4 の証明と同様に, 素形式 $f \in \Phi(N_\varnothing, Qq'^2)_{K,\bar{p},\bar{\alpha}_Q}$ と素数 $p \mid N_\varnothing Qq'^2/N_f$ に対し, U の多項式 $P_{f,p}(U) \in O_f[U]$ を,

$$P_{f,p}(U) = \begin{cases} U(U^2 - a_p(f)U + p) & \mathrm{ord}_p N_\varnothing Qq'^2/N_f = 2 \text{ のとき}, \\ U(U - a_p(f)) & \mathrm{ord}_p N_\varnothing Qq'^2/N_f = 1 \text{ かつ } p \mid N_f \text{ のとき}, \\ U^2 - a_p(f)U + p & \mathrm{ord}_p N_\varnothing Qq'^2/N_f = 1 \text{ かつ } p \nmid N_f \text{ のとき} \end{cases}$$

と定義し, $A_f = O_f[U_p, p \mid N_\varnothing Qq'^2/N_f]/(P_{f,p}(U_p), p \mid N_\varnothing Qq'^2/N_f)$ とおく. K 上の同型 $T(N_\varnothing, Qq'^2)_K \otimes_{T'(N_\varnothing, Qq'^2)_K} K_f \to A_f \otimes_{O_f} K_f$ があり, O 上の準同型 $T(N_\varnothing, Qq'^2)_O \to A_f$ をひきおこす. $T_{Q,K}^\natural \otimes_{T'(N_\varnothing, Qq'^2)_K} K_f$ は, 上の同型により $(T_Q^\natural \otimes_{T(N_\varnothing, Qq'^2)_O} A_f) \otimes_O K$ と同一視される. $A_{f,\mathbb{F}_f} = A_f \otimes_{O_f} \mathbb{F}_f$ のイデアル $m' = (U_q - \bar{\alpha}_q(q \in Q$ かつ $q \mid N_\varnothing Qq'^2/N_f), U_{q'} (q' \mid N_\varnothing Qq'^2/N_f))$ は, $A_{f,\mathbb{F}_f}$ の極大イデアルでその $T(N_\varnothing, Qq'^2)_O$ での逆像が $m_Q^\natural$ になるただ1つのものである. これより, 命題 10.4.2. の証明と同様に, 同型 $O_f \to T_Q^\natural \otimes_{T(N_\varnothing, Qq'^2)_O} A_f$ が従う. ∎

(10.24) より, $\langle \ \rangle: (\mathbb{Z}/Qq'^2\mathbb{Z})^\times \to T_Q^{\natural \times}$ の像は $1 + m_Q^\natural$ に含まれる. したがって, この像の位数 M は ℓ の巾である. $\ell \neq 2$ だから, M は奇数である. $a \in (\mathbb{Z}/Qq'^2\mathbb{Z})^\times$ に対し, $\langle a \rangle^{-1/2} = \langle a \rangle^{(M-1)/2}$ とおく. 指標 $\langle \ \rangle^{-1/2}: (\mathbb{Z}/Qq'^2\mathbb{Z})^\times \to 1 + m_Q^\natural \subset T_Q^{\natural \times}$ は, $\langle \ \rangle \cdot (\langle \ \rangle^{-1/2})^2 = 1$ をみたす. $\rho_Q: G_\mathbb{Q} \to GL_2(R_Q)$ を普遍表現とする.

命題 10.32 1. 環の準同型

(10.27) $$f_Q^\natural \colon R_Q \longrightarrow T_Q^\natural$$

で，素数 $p \nmid N_\varnothing Q q' \ell$ に対し，

(10.28) $$f_Q^\natural(\mathrm{Tr}(\rho_Q(\varphi_p))) = \langle p \rangle^{-1/2} T_p$$

となるものがただ 1 つ存在する．

2. 合成 $O[\Delta_Q] \to R_Q \to T_Q^\natural$ がひきおこす写像 $(\mathbb{Z}/Q\mathbb{Z})^\times \to \Delta_Q \to T_Q^{\natural\times}$ による $a \in (\mathbb{Z}/Q\mathbb{Z})^\times$ の像は $\langle a \rangle^{-1/2} \in T_Q^\natural$ である．

[証明] 1. 環の準同型 $f_Q^\natural \colon R_Q \to T_Q^\natural$ を定義する．命題 10.31 の証明より，$T_Q^\natural \otimes_O K \to \prod_{f \in \Phi(N_\varnothing, Q q'^2)_{K,\bar{\rho},\bar{\alpha}_Q}} K_f$ は同型である．以下この同型により，$T_Q^\natural \otimes_O K$ を $\prod_{f \in \Phi(N_\varnothing, Q q'^2)_{K,\bar{\rho},\bar{\alpha}_Q}} K_f$ と同一視する．

$\rho_f \colon G_\mathbb{Q} \to GL_2(O_f)$ を $f \in \Phi(N_\varnothing, Q q'^2)_{K,\bar{\rho},\bar{\alpha}_Q}$ にともなう ℓ 進表現とする．命題 10.23.2. より，ρ_f は $p = q'$ で不分岐である．$\varepsilon_f \colon (\mathbb{Z}/Q q'^2 \mathbb{Z})^\times \to O_f^\times$ を f の指標とする．ε_f は $\langle \ \rangle \colon (\mathbb{Z}/Q q'^2 \mathbb{Z})^\times \to T_Q^{\natural\times}$ と，$T_Q^{\natural\times} \to O_f^\times$ の合成である．δ_f を $\langle \ \rangle^{-1/2} \colon (\mathbb{Z}/Q q'^2 \mathbb{Z})^\times \to T_Q^{\natural\times}$ と，$T_Q^{\natural\times} \to O_f^\times$ の合成とする．$\varepsilon_f \delta_f^2 = 1$ である．ρ_f は q' で不分岐で，$\det \rho_f$ は ε_f と円分指標の積だから，ε_f, δ_f の導手は Q の約数である．以下 ε_f, δ_f を $(\mathbb{Z}/Q\mathbb{Z})^\times = \mathrm{Gal}(\mathbb{Q}(\zeta_Q)/\mathbb{Q})$ の指標と同一視する．δ_f を $G_\mathbb{Q}$ の指標 $G_\mathbb{Q} \to O_f^\times$ と考え，ℓ 進表現 $\rho_f' \colon G_\mathbb{Q} \to GL_2(O_f)$ を $\rho_f' = \rho_f \otimes \delta_f$ と定義する．

系 9.17 より，ℓ 進表現 $\rho_f' = \rho_f \otimes \delta_f \colon G_\mathbb{Q} \to GL_2(O_f)$ は $p \nmid N_\varnothing Q q' \ell$ で不分岐で $\det(1 - \rho_f'(\varphi_p) t) = 1 - \delta_f(p) a_p(f) t + \delta_f(p)^2 \varepsilon_f(p) p t^2 = 1 - \delta_f(p) a_p(f) t + p t^2$ である．よって，$\rho_f' \colon G_\mathbb{Q} \to GL_2(O_f)$ は $\bar{\rho}$ のもちあげであり，$\det \rho_f'$ は ℓ 進円分指標である．さらに定理 9.31 より，ρ_f' は $p \in S_{\bar{\rho}} \cup \{\ell\}$ で準安定であり，$\ell \notin S_{\bar{\rho}}$ なら ρ_f' は $p = \ell$ でよい．命題 10.23.2. より，ρ_f' は $p = q'$ で不分岐である．よって，$\rho_f' \colon G_\mathbb{Q} \to GL_2(O_f)$ は $\bar{\rho}$ の $\mathcal{D}_Q$ 級のもちあげである．

$\bar{\rho}$ の $\mathcal{D}_Q$ 級のもちあげ $\rho_f' \colon G_\mathbb{Q} \to GL_2(O_f)$ は環の準同型 $R_Q \to O_f$ を定める．$p \nmid N_\varnothing Q q' \ell$ に対し，$\mathrm{Tr}(\rho_f'(\varphi_p)) = \delta_f(p) a_p(f)$ である．一方，命題 10.31 より，$T_Q^\natural \to \prod_{f \in \Phi(N_\varnothing, Q q'^2)_{K,\bar{\rho},\bar{\alpha}_Q}} O_f$ は単射であり，$\langle p \rangle^{-1/2} T_p$ の像は $(\delta_f(p) a_p(f))$

である．したがって $p\nmid N_\varnothing Qq'\ell$ に対し，積 $R_Q \to \prod_{f\in\Phi(N_\varnothing,Qq'^2)_{K,\bar{p},\bar{\alpha}_Q}} O_f$ による $\mathrm{Tr}(\rho_Q(\varphi_p))$ の像は $\langle p\rangle^{-1/2}T_p$ の像と一致する．

定理 5.8 より，R_Q の部分環 $O[\mathrm{Tr}(\rho_Q(\varphi_p)), p\nmid N_\varnothing Qq'\ell]$ は稠密である．よって，積 $R_Q \to \prod_{f\in\Phi(N_\varnothing,Qq'^2)_{K,\bar{p},\bar{\alpha}_Q}} O_f$ の像は $T_Q^\natural$ の部分環であり，環の準同型 $f'_Q: R_Q \to T_Q^\natural$ が定義された．等式(10.28)はすでに示されている．一意性は明らかである．

2. $f\in\Phi(N_\varnothing,Qq'^2)_{K,\bar{p},\bar{\alpha}_Q}$ とし，$a\in(\mathbb{Z}/Q\mathbb{Z})^\times$ とする．合成 $O[(\mathbb{Z}/Q\mathbb{Z})^\times]\to R_Q\to T_Q^\natural \to K_f$ による a の像が，$\langle a\rangle^{-1/2}$ の K_f での像 $\delta_f(a)$ に等しいことを示せばよい．$q\in Q$ として，$a\in(\mathbb{Z}/q\mathbb{Z})^\times \subset \prod_{q\in Q}(\mathbb{Z}/q\mathbb{Z})^\times = (\mathbb{Z}/Q\mathbb{Z})^\times$ のときに示せば十分である．まず，制限 $\varepsilon_{f,q} = \varepsilon_f|_{(\mathbb{Z}/q\mathbb{Z})^\times}$ が自明な場合に示す．このときは，定理 9.31.2. より，ρ_f は q で準安定である．よって，命題 10.23.1. より，ρ_f は q で不分岐である．したがってこのときは，$a\in(\mathbb{Z}/q\mathbb{Z})^\times$ の K_f での像はどちらも 1 である．

制限 $\varepsilon_{f,q}$ が自明でないとする．χ を ℓ 進円分指標とする．定理 9.32 より，制限 $\rho_f|_{G_{\mathbb{Q}_q}}$ は $\alpha_q(\varphi_q) = a_q(f)$ で定まる不分岐指標 $\alpha_q: G_{\mathbb{Q}_q} \to K_f^\times$ と，分岐指標 $(\chi\cdot\varepsilon_f)|_{G_{\mathbb{Q}_q}}\cdot\alpha_q^{-1}$ の直和である．$\Phi(N_\varnothing,Qq'^2)_{K,\bar{p},\bar{\alpha}_Q}$ の定義より，$\alpha_q(\varphi_q) = a_q(f) \equiv \bar{\alpha}_q$ である．$\delta_{f,q}$ を δ_f の q 成分とすると，指標の積 $\alpha_q\cdot\delta_{f,q}: G_{\mathbb{Q}_q}^{\mathrm{ab}}\to O_f^\times$ は制限 $\rho'_f|_{G_{\mathbb{Q}_q}}$ の直和因子であり，$\alpha_q\cdot\delta_{f,q}\equiv\alpha_q$ である．合成 $R_Q\to T_Q^\natural\to O_f$ は ρ'_f で定まるから，合成 $(\mathbb{Z}/Q\mathbb{Z})^\times\to\Delta_Q\to T_Q^{\natural\times}\to O_f^\times$ の q 成分は，$\delta_{f,q}$ である．よって，この場合も示された． ∎

系 10.33 $t_{\varnothing,Q}^\natural: T_Q^\natural\to T_\varnothing^\natural$ は，環の同型 $T_{Q,K}^\natural\otimes_{O[\Delta_Q]}O\to T_{\varnothing,K}=T_{\varnothing,K}^\natural$ をひきおこす．図式

$$\begin{array}{ccc} R_Q & \xrightarrow{f_Q^\natural} & T_Q^\natural \\ {\scriptstyle r_{\varnothing,Q}}\downarrow & & \downarrow{\scriptstyle t_{\varnothing,Q}^\natural} \\ R_\varnothing & \xrightarrow{f_\varnothing} & T_\varnothing^\natural \end{array}$$

は可換である．

[証明] $T^\natural_{Q,K} = \prod_{f \in \Phi(N_\varnothing, Qq'^2)_{K,\bar{p},\bar{\alpha}_Q}} K_f$, $T_{\varnothing,K} = \prod_{f \in \Phi(N_\varnothing)_{K,\bar{p}}} K_f$ と同一視する. 定理9.31.1.と命題10.23.2.より,$\Phi(N_\varnothing)_{K,\bar{p}} = \{f \in \Phi(N_\varnothing, Qq'^2)_{K,\bar{p},\bar{\alpha}_Q} \mid \rho_f$ は各 $q \in Q$ で不分岐$\}$ である.命題10.32.2.の証明より,ρ_f が $q \in Q$ で不分岐であることは,制限 $\varepsilon_{f,q}$ が自明であることと同値であり,さらに ρ'_f が $q \in Q$ で不分岐であることと同値である.系10.24より,これはさらに,合成 $O[\Delta_Q] \to K_f$ が付加写像 $O[\Delta_Q] \to O$ を経由することと同値である.よって,$T^\natural_{Q,K} \otimes_{O[\Delta_Q]} O = \prod_{f \in \Phi(N_\varnothing)_{K,\bar{p}}} K_f = T_{\varnothing,K}$ が示された.図式の可換性は,定理5.8,命題10.29, 10.32.1.よりただちに従う. ∎

定義10.34 $T^\natural_Q$ 加群 $M^\natural_Q = H_1(X_{0,1}(N_\varnothing, Qq'^2), \mathbb{Z})_O \otimes_{T(N_\varnothing, Qq'^2)_O} T^\natural_Q$ を,環の準同型 $f^\natural_Q : R_Q \to T^\natural_Q$ (10.27)により R_Q 加群と考える.これも **Hecke 加群** とよぶ. □

Hecke 加群 $M^\natural_Q$ と環の準同型 $O[\Delta_Q] \to R_Q$ (10.19)が,$(R, M) = (R_\varnothing, M_\varnothing)$ の $O[\Delta_Q]$ にそったもちあげの族をなすことを示す.Qq'^2 の約数 d に対し,標準写像 $X_{0,1}(N_\varnothing, Qq'^2) \to X_0(N_\varnothing Qq'^2)$ と $s_d : X_0(N_\varnothing Qq'^2) \to X_0(N_\varnothing)$ の合成も $s_d : X_{0,1}(N_\varnothing, Qq'^2) \to X_0(N_\varnothing)$ で表わす. $d \mid Qq'^2$ に対し,$a_d \in T^\flat_\varnothing$ を定義する. $q \in Q$ に対し,$a_{0,q} = -T^\natural_q, a_{1,q} = 1 \in T^\flat_\varnothing$ とおき,$a_{0,q'} = q', a_{1,q'} = -T_{q'}, a_{2,q'} = 1 \in T^\flat_\varnothing$ とおく. $d = \prod_{q \in Q} q^{e_q} \cdot q'^{e_{q'}} \mid Qq'^2$ のとき,$a_d = \prod_{q \in Q} a_{e_q,q} \cdot a_{e_{q'},q'} \in T^\flat_\varnothing$ とおく.$s_{d*} : H_1(X_{0,1}(N_\varnothing, Qq'^2), \mathbb{Z})_O \to H_1(X_0(N_\varnothing), \mathbb{Z})_O$ と標準全射 $H_1(X_0(N_\varnothing), \mathbb{Z})_O \to M_\varnothing$ の合成を $\bar{s}_{d*}$ で表わす.系10.10と同様に次が示せる.

命題10.35 O 加群の準同型

$$(10.29) \qquad \sum_{d \mid Qq'^2} a_d \bar{s}_{d*} : H_1(X_{0,1}(N_\varnothing, Qq'^2), \mathbb{Z})_O \longrightarrow M_\varnothing$$

は,命題10.29の環の準同型 $\widetilde{t}_{\varnothing,Q} : T(N_\varnothing, Qq'^2) \to T^\flat_\varnothing$ と両立する.

[証明] 系10.10の証明と同様だから省略する. ∎

準同型(10.29)がひきおこす加群の準同型を
$$(10.30) \qquad m^\natural_{\varnothing,Q} : M^\natural_Q \longrightarrow M_\varnothing$$
で表わす.

補題10.36 1. $T^\natural_Q, M^\natural_Q$ は,O 加群として有限生成自由加群である.

2. $M_{Q,K}^\natural = M_Q^\natural \otimes_O K$ は階数 2 の自由 $T_{Q,K}^\natural$ 加群である.

3. $m_{\emptyset,Q}^\natural : M_Q^\natural \to M_\emptyset$ は全射である. □

1. の証明は補題 10.3 と同様であり, 2. の証明は命題 10.8 と同様である. 3. の証明は, 命題 10.11 の証明と同様だから, いずれも省略する.

命題 10.37 $Q \subset \mathcal{Q}$ を有限部分集合とする. 準同型 $O[\Delta_Q] \to R_Q \to T_Q^\natural$ により, $M_Q^\natural$ を $O[\Delta_Q]$ 加群と考える. $M_Q^\natural$ は自由 $O[\Delta_Q]$ 加群である. □

これは第 5 章の定理 5.32.2. である. 命題 10.37 の証明は次節で与える.

命題 10.38 5 つ組 $\mathcal{R}_Q^\natural = (R_Q, M_Q^\natural, O[\Delta_Q] \to R_Q, r_{\emptyset,Q} : R_Q \to R_\emptyset, m_{\emptyset,Q}^\natural : M_Q^\natural \to M_\emptyset)$ は, $(O[\Delta_Q], O[\Delta_Q] \to O)$ にそった $(R, M) = (R_\emptyset, M_\emptyset)$ のもちあげである.

[証明] 定義 5.24 の条件を確かめる. R, R_Q は O 上射影有限生成な完備局所環であり, R の剰余体は O の剰余体と等しい. M は R 加群であり, $M_Q^\natural$ は R_Q 加群である. $O[\Delta_Q]$ は O 上射影有限生成な完備局所環であり, $O[\Delta_Q] \to O$, $O[\Delta_Q] \to R_Q$, $r_{\emptyset,Q} : R_Q \to R$ は O 上の局所準同型である. 補題 10.25 により, 図式

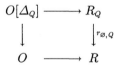

は可換であり, $R_Q \otimes_{O[\Delta_Q]} O \to R$ は同型である. $m_{\emptyset,Q}^\natural : M_Q^\natural \to M = M_\emptyset$ は, 命題 10.35 と系 10.33 より, $r_{\emptyset,Q} : R_Q \to R$ と両立する加群の準同型である.

$M_Q^\natural \otimes_{O[\Delta_Q]} O \to M$ が同型であることを示す. 命題 10.37 より, $M_Q^\natural$ は自由 $O[\Delta_Q]$ 加群である. 補題 10.36.3. より, $M_Q^\natural \otimes_{O[\Delta_Q]} O \to M_\emptyset$ は自由 O 加群の全射である. したがって $\mathrm{rank}_O M_Q^\natural \otimes_{O[\Delta_Q]} O = \mathrm{rank}_O M_\emptyset$ を示せばよい. 系 10.33 の同型 $T_{Q,K}^\natural \otimes_{O[\Delta_Q]} O \to T_{\emptyset,K}$ により, $M_{Q,K}^\natural \otimes_{O[\Delta_Q]} O$ を $T_{\emptyset,K}$ 加群と考える. $M_{Q,K}^\natural \otimes_{O[\Delta_Q]} O$ と $M_{\emptyset,K}$ が, どちらも $T_{\emptyset,K}$ 加群として階数 2 の自由加群であることを示せば十分である. 命題 9.6, 補題 10.36.2. より, $M_{\emptyset,K}$ は階数 2 の自由 $T_{\emptyset,K}$ 加群であり, $M_{Q,K}^\natural$ は階数 2 の自由 $T_{Q,K}^\natural$ 加群である. 系 10.33 より, $M_{Q,K}^\natural \otimes_{O[\Delta_Q]} O = M_{Q,K}^\natural \otimes_{T_{Q,K}^\natural} T_{\emptyset,K}$ であり, したがって, これも階数 2 の自由 $T_{\emptyset,K}$ 加群である. ∎

§10.6 命題 10.37 の証明

まず完全複体について簡単にまとめる．A を一般に可換環とする．

定義 10.39 A 加群の複体 $C = (C_q, d_q : C_q \to C_{q-1})_{q \in \mathbb{Z}}$ が**右に有界**(bounded)であるとは，$q \leq a$ なら $C_q = 0$ となるような a が存在することをいう．

A 加群の右に有界な複体 C が**完全複体**(perfect complex)であるとは，有限生成射影 A 加群の複体 $P = (P_q, d_q)_q$ で有限個の q をのぞき $P_q = 0$ であるものと，A 加群の複体の射 $f: P \to C$ で，すべての q に対し $f_* : H_q(P) \to H_q(C)$ が同型であるものが存在することをいう． □

以下，この節では A を可換 Noether 環とする．

補題 10.40 A 加群の右に有界な複体 C と，整数 $a \leq b$ について，次は同値である．

(1) 有限生成射影 A 加群の複体 $P = (P_q, d_q)_q$ で，$a \leq q \leq b$ でなければ $P_q = 0$ であるものと，A 加群の複体の射 $f: P \to C$ で，すべての q に対し $f_*: H_q(P) \to H_q(C)$ が同型であるものが存在する．

(2) 任意の整数 q に対し，$H_q(C)$ は有限生成 A 加群である．$a \leq q \leq b$ でなければ，$H_q(C) = 0$ であり，さらに A の任意の極大イデアル m に対し，$\mathrm{Tor}_q^A(C, A/m) = 0$ である．

［証明］ (1)$\Rightarrow$(2)は明らかである．(2)$\Rightarrow$(1)を示す．A は Noether だから，有限生成自由 A 加群の複体 L と A 加群の複体の射 $f: L \to C$ で，$q < a$ ならば $L_q = 0$ であり，すべての q に対し，$f_*: H_q(L) \to H_q(C)$ が同型であるものが存在する．$P_b = \mathrm{Coker}(d_{b+1}: L_{b+1} \to L_b)$ とおき，L_b を P_b で，$L_q\,(q > b)$ を 0 でおきかえて得られる複体を P とすると，すべての q に対し，$H_q(P) \to H_q(C)$ は同型である．P_b は有限生成 A 加群であり，A の任意の極大イデアル m に対し $\mathrm{Tor}_1^A(P_b, A/m) = \mathrm{Tor}_{b+1}^A(C, A/m) = 0$ である．よって，P_b は有限生成射影 A 加群であり，$P \to C$ は条件をみたす． ■

系 10.41 B を A 上の可換環，C を B 加群の右に有界な複体とする．m を A の極大イデアルとし，E を平坦 B 加群とし，q_1 を整数とする．任意の整数 q に対し，$H_q(C) \otimes_B E$ が A 加群として有限生成であり，任意の整数 $q \neq q_1$

に対し,$H_q(C)_m \otimes_B E = 0$ かつ $\mathrm{Tor}_q^A(C, A/m) \otimes_B E = 0$ ならば,$H_{q_1}(C)_m \otimes_B E$ は有限生成自由 A_m 加群である.

[証明] E は平坦 B 加群だから,任意の整数 q に対し,$H_q(C \otimes_B E)_m = H_q(C)_m \otimes_B E$ かつ $\mathrm{Tor}_q^A(C \otimes_B E, A/m) = \mathrm{Tor}_q^A(C, A/m) \otimes_B E$ である.よって補題 10.40(2) $\Rightarrow$ (1) を,A_m 加群の複体 $A_m \otimes_A C \otimes_B E$ と $a = b = q_1$ に適用すれば,$H_{q_1}(C)_m \otimes_B E = P_{q_1}$ は有限生成射影 A_m 加群である.A_m は局所環だから,これは自由加群である. ∎

位相空間 X 上の局所定数層 $\mathcal{F}$ に対し,**特異鎖複体**(singular chain complex)$C(X, \mathcal{F}) = (C_q(X, \mathcal{F}), d_q)$ が定義される.自然数 $q \geq 0$ に対し,$C_q(X, \mathcal{F}) = \bigoplus_{f: \Delta^q \to X} \Gamma(\Delta^q, f^*\mathcal{F})$ である.ここで Δ^q は標準 q 単体であり,$f: \Delta^q \to X$ は連続写像全体を走る.$q < 0$ なら,$C_q(X, \mathcal{F}) = 0$ とおく.$d_q: C_q(X, \mathcal{F}) \to C_{q-1}(X, \mathcal{F})$ は,面写像 $\Delta^{q-1} \to \Delta^q$ によるひきもどしの交代和である.任意の整数 q に対し,$H_q(X, \mathcal{F}) = H_q(C(X, \mathcal{F}))$ である.

補題 10.42 G を有限 Abel 群,Y を複素代数多様体とし,$\pi: X \to Y$ を G 捻子とする.R を可換 Noether 環とし,$R[G]$ を群環とする.

1. 特異鎖複体 $C(X, R)$ は,$\sigma \in G$ の作用を σ_* と定めることにより,$R[G]$ 加群の複体である.$R[G]$ のイデアル I に対し,$\overline{\mathcal{F}}_I$ を Y 上の層 $\pi_* R \otimes_{R[G]} R[G]/I$ とする.$\overline{\mathcal{F}}_I$ は局所定数層であり,任意の整数 q に対し,$H_q(Y, \overline{\mathcal{F}}_I) = \mathrm{Tor}_q^{R[G]}(C(X, R), R[G]/I)$ である.

2. さらに,$s_\lambda, t_\lambda: Y_\lambda \to Y, \lambda \in \Lambda$ を有限エタール被覆の族とし,$X_\lambda \to Y_\lambda, \lambda \in \Lambda$ を G 捻子の族,$s_\lambda, t_\lambda: X_\lambda \to X, \lambda \in \Lambda$ を G 捻子の有限エタール被覆とする.$\lambda, \mu \in \Lambda$ に対し,$i_{\lambda,\mu}: X_{\lambda,\mu} = X_{\lambda \searrow t_\lambda} \times_{X s_\mu \swarrow} X_\mu \to X_{\mu,\lambda}$ を同相写像で,図式

$$\begin{array}{ccccc} X & \xleftarrow{s_\lambda \circ pr_1} & X_{\lambda,\mu} & \xrightarrow{t_\mu \circ pr_2} & X \\ \| & & \downarrow i_{\lambda,\mu} & & \| \\ X & \xleftarrow{s_\mu \circ pr_1} & X_{\mu,\lambda} & \xrightarrow{t_\lambda \circ pr_2} & X \end{array}$$

を可換にするものとする.

§10.6 命題10.37 の証明 ── 339

T を多項式環 $R[G][T_\lambda, \lambda \in \Lambda]$ とする. 特異鎖複体 $C(X, R)$ は, $\lambda \in \Lambda$ に対し T_λ 倍を $t_{\lambda*} \circ s_\lambda^*$ と定めることにより, T 加群の複体である.

[証明] 1. $C(X, R)$ が $R[G]$ 加群の複体であることは明らかである. 完全複体であることを示す.

$\pi \colon X \to Y$ は G 捻子だから, $\pi_* R$ は Y 上の可逆 $R[G]$ 加群の局所定数層である. よって, $\overline{\mathcal{F}}_I$ は Y 上の局所定数層である. $C(Y, \overline{\mathcal{F}}_I) = C(Y, \pi_* R) \otimes_{R[G]} R[G]/I$ であり, $C(Y, \pi_* R) = C(X, R)$ だから, 各整数 q に対し, $H_q(Y, \overline{\mathcal{F}}_I) = \operatorname{Tor}_q^{R[G]}(C(X, R), R[G]/I)$ である.

2. $\lambda, \mu \in \Lambda$ に対し, $T_\lambda \circ T_\mu = t_{\lambda*} \circ s_\lambda^* \circ t_{\mu*} \circ s_\mu^* = (t_\lambda \circ pr_2)_* \circ (s_\mu \circ pr_1)^*$ である. 同様に $T_\mu \circ T_\lambda = (t_\mu \circ pr_2)_* \circ (s_\lambda \circ pr_1)^*$ である. よって, 仮定より $T_\lambda \circ T_\mu = T_\mu \circ T_\lambda$ である. 同様に $\sigma_* \circ T_\lambda = T_\lambda \circ \sigma_*$ だから, $C(X, R)$ は T 加群の複体である. ∎

系 10.43 記号は補題 10.42 のとおりとする. E を平坦 T 加群とし, q_1 を整数とする. m を $R[G]$ の極大イデアルとし, $\overline{\mathcal{F}}_m$ を Y 上の局所定数層 $\pi_* R \otimes_{R[G]} R[G]/m$ とする. 任意の整数 q に対し $H_q(X, R) \otimes_T E$ は $R[G]$ 加群として有限生成であり, 任意の整数 $q \neq q_1$ に対し $H_q(X, R) \otimes_{R[G]} R[G]_m \otimes_T E = 0$ かつ $H_q(Y, \overline{\mathcal{F}}_m) \otimes_T E = 0$ と仮定する.

このとき, $H_{q_1}(X, R) \otimes_{R[G]} R[G]_m \otimes_T E$ は, 有限生成自由 $R[G]_m$ 加群である.

[証明] $A = R[G]$, $B = T$, $C = C(X, R)$ とおく. 補題 10.42 より, 特異鎖複体 $C(X, R)$ は T 加群の右に有界な複体である. $\operatorname{Tor}_q^{R[G]}(C(X, R), R[G]/m) = H_q(Y, \overline{\mathcal{F}}_m)$ だから, 系 10.41 を適用すればよい. ∎

補題 10.44 $N, M \geq 1$ をたがいに素な自然数とし, p を NM と素な素数とする. $H_0(Y_{0,1}(N, M), \mathbb{Z})$ への Hecke 作用素 $T_p = s_* \circ t^*$ の作用は $p+1$ 倍である.

[証明] $\deg t = p+1$ より明らか. ∎

命題 10.45 $N, M \geq 1$ をたがいに素な自然数とし, $r \geq 4$ を NM と素な自然数とする. O を $\mathbb{Q}_\ell$ の有限次拡大の整数環, m を $T_{0,1}(N, Mr)_O$ の非 Eisenstein 極大イデアルとし, m_0 を $O[(\mathbb{Z}/M\mathbb{Z})^\times] \to T_{0,1}(N, Mr)_O$ による m の逆

像とする.局所化 $H_1(X_{0,1}(N,Mr),\mathbb{Z})_{O,m}$ は,$O[(\mathbb{Z}/M\mathbb{Z})^\times]_{m_0}$ 加群として有限生成自由加群である.

[証明] $G=(\mathbb{Z}/M\mathbb{Z})^\times,R=O$ とし,T を群環 $O[G]$ 上の無限変数多項式環 $O[G][T_p,p\text{ は素数}]$ とする.T_p を T_p にうつす環の準同型 $T\to T_{0,1}(N,Mr)_O$ の像を $\overline{T}$ とおき,極大イデアル $m_T\subset T,m_{\overline{T}}\subset\overline{T}$ を,それぞれ $m\subset T_{0,1}(N,Mr)_O$ の逆像と定める.$T_{0,1}(N,Mr)_O$ と $\overline{T}$ はどちらも完備半局所環だから,局所化 $H_1(X_{0,1}(N,Mr),\mathbb{Z})_{O,m}$ は $H_1(X_{0,1}(N,Mr),\mathbb{Z})_{O,m_{\overline{T}}}=H_1(X_{0,1}(N,Mr),\mathbb{Z})_{O,m_T}$ の直和因子である.補題 10.20 と同様に,$O[G]_{m_0}$ 加群の全射 $H_1(Y_{0,1}(N,Mr),\mathbb{Z})_{O,m_T}\to H_1(X_{0,1}(N,Mr),\mathbb{Z})_{O,m_T}$ は同型である.よって,$H_1(Y_{0,1}(N,Mr),\mathbb{Z})_{O,m_T}$ が有限生成自由 $O[G]_{m_0}$ 加群であることを示せばよい.

$r\geqq 4$ と仮定しているから,$X=Y_{0,1}(N,Mr),Y=Y_{0,1}(NM,r)$ は精モジュライであり,$\pi\colon X\to Y$ は G 捻子である.§9.1 の $s_n,t_n\colon I_0(N,n)\to X_0(N)$ と同様に,各素数 p に対し,Hecke 作用素をひきおこす有限エタール被覆 $s_p,t_p\colon T_p\to X$ が定義される.この族は,補題 10.42.2. の条件をみたす.系 10.43 を適用して,$H_1(X,\mathbb{Z})_{O,m_T}=H_1(X,O)\otimes_{O[G]}O[G]_{m_0}\otimes_T T_{m_T}$ が有限生成自由 $O[G]_{m_0}$ 加群であることを示す.

局所化 $E=T_{m_T}$ は平坦 T 加群である.$H_q(X,\mathbb{Z})_O$ は有限生成 O 加群だから,T の $\mathrm{End}_O(H_q(X,\mathbb{Z})_O)$ での像は,O 加群として有限生成で,完備局所環有限個の直積である.したがって,$H_q(X,\mathbb{Z})_{O,m_T}$ は,$H_q(X,\mathbb{Z})_O$ の直和因子であり,有限生成 $O[G]$ 加群である.X はアフィン代数曲線だから,$q\neq 0,1$ なら,$H_q(X,\mathbb{Z})_{O,m_T}=0$ かつ $H_q(Y,\overline{\mathcal{F}}_{m_0})=0$ である.補題 10.44 より,$H_0(X,\mathbb{Z})_{O,m_T}=0$ である.さらに,標準射 $H_0(X,O)=H_0(Y,\pi_*O)\to H_0(Y,\overline{\mathcal{F}}_{m_0})$ は全射だから,$H_0(Y,\overline{\mathcal{F}}_{m_0})_{m_T}=0$ である.よって系 10.43 より,$H_1(X,\mathbb{Z})_{O,m_T}$ は有限生成自由 $O[G]_{m_0}$ 加群である. ∎

[命題 10.37 の証明] $N=N_\varnothing,M=Q$ とし,$r=q'^2$ として命題 10.45 を適用する.$G=(\mathbb{Z}/Q\mathbb{Z})^\times$ とし,環の準同型 $O[G]\to T_{0,1}(N,Mr)_O$ による $T_{0,1}(N,Mr)_O$ の極大イデアル $m_Q^\natural$ の逆像を $m_{O[G]}\subset O[G]$ とする.$O[G]\to T_{0,1}(N,Mr)_O/m_Q^\natural$ による G の像は 1 であり,Δ_Q は有限 Abel 群 G の最大 ℓ

巾商群だから，$O[G]$ の $m_{O[G]}$ での局所化は $O[\Delta_Q]$ である．よって命題 10.45 より $M_Q^\natural = H_1(X_{0,1}(N_\emptyset, Qq^2), \mathbb{Z})_{O, m_Q^\natural}$ は有限生成自由 $O[\Delta_Q]$ 加群である． ∎

§10.7　定理 5.22 の証明

Selmer 群に関する定理 5.32.1. と定理 5.34 は次章で証明するが，この節では，この 2 つの定理を仮定して，§5.6 で説明した方針にそって，定理 5.22 の証明を与える．もっと強く次の定理を証明する．

定理 10.46　Σ を素数の有限集合で $\Sigma \cap S_{\bar{p}} = \emptyset$ であるものとする．$\ell \in \Sigma$ なら $\bar{\rho}$ は ℓ で通常と仮定する．このとき $f_\Sigma : R_\Sigma \to T_\Sigma$ は同型であり，R_Σ は完全交叉であり，M_Σ は自由 T_Σ 加群であり，$i_\Sigma : T_\Sigma \to T_\Sigma^\natural$ は同型である．

［証明］ K の有限次拡大 K' の整数環 O' に対し，自然な写像 $R_{\Sigma, O} \otimes_O O' \to R_{\Sigma, O'}$, $T_{\Sigma, O} \otimes_O O' \to T_{\Sigma, O'}$ は系 5.10, 5.19 により同型であり，標準写像 $M_{\Sigma, O} \otimes_O O' \to M_{\Sigma, O'}$, $T_{\Sigma, O}^\natural \otimes_O O' \to T_{\Sigma, O'}^\natural$ は定義より同型である．よって，K を有限次拡大でおきかえてから示せば十分である．

命題 5.14.2. により，$\Phi(N_\emptyset)_{K, \bar{p}}$ は空でない．よって，必要なら K を有限次拡大でおきかえて，K 係数の素形式 $f \in \Phi(N_\emptyset)_{K, \bar{p}}(K)$ が存在すると仮定してよい．さらに必要なら K を不分岐 2 次拡大でおきかえて，各素数 $p \nmid N_\Sigma \ell$ に対し，$\bar{\rho}(\varphi_p)$ の固有値は $\mathbb{F}$ の元であると仮定してよい．

$\pi_\emptyset : T_\emptyset \to O$ を K 係数の素形式 $f \in \Phi(N_\emptyset)_{K, \bar{p}}(K)$ が定める環の準同型とし，$\pi_\Sigma : T_\Sigma \to O$ を合成写像 $\pi_\emptyset \circ t_{\emptyset, \Sigma}$ とおく．命題 10.8 により，$\mathcal{R}_\Sigma = (R_\Sigma, T_\Sigma, M_\Sigma, f_\Sigma : R_\Sigma \to T_\Sigma, \pi_\Sigma : T_\Sigma \to O)$ は階数 2 の加群つき対である．命題 5.29 により，加群つき対 $\mathcal{R}_\Sigma$ が完全ならば，$i_\Sigma : T_\Sigma \to T_\Sigma^\natural$ は同型である．よって，加群つき対 $\mathcal{R}_\Sigma$ が完全であること，つまり定理 5.31 を示せばよい．

まず $\Sigma = \emptyset$ の場合に，加群つき対 $\mathcal{R}_\emptyset$ が完全であることを示す．$r = \dim_\mathbb{F} m_{R_\emptyset} / (m_O R_\emptyset + m_{R_\emptyset}^2)$ とおく．命題 10.26 により，3 以上の素数 $q' \in \widetilde{Q}$ で，$q' \not\equiv 1 \bmod \ell$ であるようなものが存在する．このような q' を 1 つとる．次章の定理 11.37 で証明する定理 5.32.1. により，任意の自然数 n に対し，r 個の素数からなる集合 $Q_n = \{q_1, \cdots, q_r\}$ で，条件

$Q_n \subset \mathcal{Q}, q_1, \cdots, q_r \equiv 1 \bmod \ell^n, r = \dim_\mathbb{F} m_{R_{Q_n}}/(m_O R_{Q_n} + m_{R_{Q_n}}^2)$
をみたすものが存在する.各 n に対し,このような Q_n を1つとる.

命題10.38により,5つ組 $\mathcal{R}_{Q_n}^\natural = (R_{Q_n}, M_{Q_n}^\natural, O[\Delta_{Q_n}] \to R_{Q_n}, r_{\varnothing, Q_n}: R_{Q_n} \to R_\varnothing, m_{\varnothing, Q_n}: M_{Q_n}^\natural \to M_\varnothing)$ は,$O[\Delta_{Q_n}] \to O$ にそった $(R, M) = (R_\varnothing, M_\varnothing)$ のもちあげである.O_n で群環 $O[(\mathbb{Z}/\ell^n\mathbb{Z})^r]$ を表わす.各 n に対し,全射 $\Delta_{Q_n} \to (\mathbb{Z}/\ell^n\mathbb{Z})^r$ を1つとり,$O[\Delta_{Q_n}] \to O_n$ をこれがひきおこす環の準同型とする.付加写像 $O_n \to O$ にそった (R, M) のもちあげ $\mathcal{R}_n = (R_n, M_n, O_n \to R_n, r_n: R_n \to R, m_n: M_n \to M)$ を,$\mathcal{R}_{Q_n}^\natural \otimes_{O[\Delta_{Q_n}]} O_n = (R_{Q_n} \otimes_{O[\Delta_{Q_n}]} O_n, M_{Q_n}^\natural \otimes_{O[\Delta_{Q_n}]} O_n, O_n \to R_{Q_n} \otimes_{O[\Delta_{Q_n}]} O_n, r_{\varnothing, Q_n} \otimes 1, m_{\varnothing, Q_n} \otimes 1)$ と定義する.

命題10.37により,$M_{Q_n}^\natural$ は自由 $O[\Delta_{Q_n}]$ 加群であり,したがって $M_n = M_{Q_n}^\natural \otimes_{O[\Delta_{Q_n}]} O_n$ も自由 O_n 加群である.定理5.25を適用して,$R_\varnothing$ は有限生成自由 O 加群であり,環 $R_\varnothing$ は完全交叉であり,$M_\varnothing$ は有限生成自由 $R_\varnothing$ 加群である.したがって,命題5.28により,加群つき対 $\mathcal{R}_\varnothing$ は完全である.さらに命題10.4.2.より,命題5.29の仮定がみたされるから,$i_\varnothing: T_\varnothing \to T_\varnothing^\flat$ は同型である.これで $\Sigma = \varnothing$ の場合が示された.

一般の場合に,Σ の元の個数に関する帰納法で示す.$\Sigma = \varnothing$ なら示されているから,$p \in \Sigma$ をとって $\Sigma' = \Sigma - \{p\}$ とおく.$\mathcal{R}_{\Sigma'}$ が完全であると仮定して,$\mathcal{R}_\Sigma$ も完全であることを示す.命題10.13より,4つ組 $\mathcal{F}_{\Sigma', \Sigma} = (r_{\Sigma', \Sigma}: R_\Sigma \to R_{\Sigma'}, t_{\Sigma', \Sigma}: T_\Sigma \to T_{\Sigma'}, m_{\Sigma', \Sigma}: M_\Sigma \to M_{\Sigma'}, m_{\Sigma', \Sigma}^*: M_{\Sigma'} \to M_\Sigma)$ は,加群つき対の全射 $\mathcal{R}_\Sigma \to \mathcal{R}_{\Sigma'}$ である.帰納法の仮定より,$i_{\Sigma'}: T_{\Sigma'} \to T_{\Sigma'}^\flat$ は同型である.したがって $p = \ell$ のときも $T_p \in T_{\Sigma'}$ であり,$\Delta_p \in T_{\Sigma'}$ である.

$p = \ell$ のときは,$T_p^\sharp \in T_{\Sigma'}$ を $T^2 - T_p T + p = 0$ の根のうち可逆元のほうとし,$\Delta_p \in T_{\Sigma'}$ を

$$\Delta_p = \begin{cases} (p-1)((p+1)^2 - T_p^2) & p \neq \ell \text{ のとき} \\ (T_p^{\sharp 2} - 1)(2T_p^\sharp - T_p) & p = \ell \text{ のとき} \end{cases}$$

とおく.命題10.14より,Δ_p は加群つき対の全射 $\mathcal{F}_{\Sigma', \Sigma}: \mathcal{R}_\Sigma \to \mathcal{R}_{\Sigma'}$ の倍率である.$p \neq \ell$ なら $\pi_{\Sigma'}(\Delta_p) = (p-1)((p+1)^2 - a_p(f)^2)$ である.$p = \ell$ のときは,$2T_p^\sharp - T_p, p-1, 1 - p^2/T_p^{\sharp 2}$ はどれも $T_{\Sigma'}$ の可逆元であり,

$$(p+1)^2 - T_p^2 = (1+T_p+p)(1-T_p+p) = (1-T_p^{\#2})(1-p^2/T_p^{\#2})$$

だから,このときも $\mathrm{ord}_O \pi_{\Sigma'}(\Delta_p) = \mathrm{ord}_O(p-1)((p+1)^2 - a_p(f)^2)$ である. 定理 9.21 により, $(p+1)^2 - a_p(f)^2 \neq 0$ かつ

$$\mathrm{length}_O \mathrm{Ker}(p_{R_\Sigma}/p_{R_\Sigma}^2 \to p_{R_{\Sigma'}}/p_{R_{\Sigma'}}^2)$$
$$\leqq \mathrm{ord}_O(p-1)((p+1)^2 - a_p(f)^2) = \mathrm{ord}_O \pi_{\Sigma'}(\Delta_p)$$

である. したがって定理 5.27 を適用して, 加群つき対 $\mathcal{R}_\Sigma$ も完全である. 以上で定理 5.31, したがって定理 10.46 と 5.22 は証明された. ∎

11

Selmer 群

この章では，Selmer 群を定義し，Selmer 群と変形環の関係を与える．さらに，Selmer 群の位数を調べることにより，定理 5.32.1., 5.34 を証明し，定理 5.22 の証明を完成する．

まず §11.1, 11.2 で，群のコホモロジー，Galois コホモロジーを定義し，基本的な性質を与える．§11.3 で Selmer 群を定義し，Selmer 群と変形環の関係を §11.4 で与え，定理 5.32.1., 5.34 をそれぞれ Selmer 群の性質，定理 11.37, 命題 11.38 に翻訳する．§11.5 で局所コホモロジーの位数を計算し，命題 11.38 を証明する．§11.6 で，さらに $GL_2(\mathbb{F})$ の部分群の群論的性質を使って，定理 11.37 を証明する．

§11.1 群のコホモロジー

定義 11.1 1. 有限群の全射の逆系 $(G_\lambda)_{\lambda \in \Lambda}$ の逆極限 $G = \varprojlim_{\lambda \in \Lambda} G_\lambda$ を**射影有限群**(profinite group)とよぶ．

2. G を射影有限群とし，R を可換環とする．有限 R 加群 M が**有限 R-G 加群**(finite R-G-module)であるとは，有限離散群 $\operatorname{Aut}_R(M)$ への連続準同型 $G \to \operatorname{Aut}_R(M)$ が与えられていることをいう．$R = \mathbb{Z}$ のときには，有限 $\mathbb{Z}$-G 加群を，単に**有限 G 加群**(finite G-module)とよぶ． □

F が体なら，F の絶対 Galois 群 G_F は射影有限群である．射影有限群 G

と,有限 R-G 加群 M に対し,群のコホモロジー $H^q(G,M)$, $q=0,1,2,\cdots$ が R 加群として定義される.$q=0,1$ の場合が特に重要なので,まずその場合に定義する.

定義 11.2 G を射影有限群,R を可換環とし,M を有限 R-G 加群とする.

1. $H^0(G,M)$ を M の G 不変部分 R 加群
$$M^G = \{x \in M \mid \text{すべての } g \in G \text{ に対し } gx = x\}$$
と定義する.

2. 連続写像 $c\colon G \to M$ が **1 コサイクル**(1-cocycle)であるとは,任意の $g, h \in G$ に対し,$c(gh) = c(g) + gc(h)$ がなりたつことをいう.$x \in M$ に対し,$c_x\colon G \to M$ を $c_x(g) = gx - x$ で定義される 1 コサイクルとする.$Z^1(G,M)$ を 1 コサイクル全体のなす R 加群とし,
$$H^1(G,M) = Z^1(G,M)/\{c_x \mid x \in M\}$$
と定義する. □

$H^1(G,M)$ は自然に R 加群の構造をもつ.

補題 11.3 G を位数 n の有限群とし,R を可換環とする.R-G 加群 M に対し,$n \cdot H^1(G,M) = 0$ である.特に n が R で可逆ならば,$H^1(G,M) = 0$ である.

[証明] $c \in Z^1(G,M)$ を任意の 1 コサイクルとし,$b = \sum_{h \in G} c(h)$ とおく.$b - gb = \sum_{h \in G}(c(gh) - gc(h)) = nc(g)$ だから,$n[c] = 0 \in H^1(G,M)$ である. ■

有限 G 加群 M に対し,M の G **余不変商**(G-coinvariant)$M/(gx-x\colon g \in G, x \in M)$ を,M_G で表わす.

補題 11.4 G を射影有限群,R を可換環とし,M を有限 R-G 加群とする.

1. M への G の作用が自明なら,$H^1(G,M)$ は連続準同型 $G \to M$ 全体のなす R 加群 $\mathrm{Hom}(G,M)$ と等しい.

2. G を $\mathbb{Z}$ の射影有限完備化 $\widehat{\mathbb{Z}} = \varprojlim_n \mathbb{Z}/n\mathbb{Z}$ とする.このとき,1 コサイクル $c\colon G \to M$ の類に対し,$c(1)$ の類を対応させる写像

(11.1) $$H^1(G,M) \longrightarrow M_G$$
は同型である.

[証明] 1. 定義11.2 より明らか.

2. 写像 $Z^1(G,M) \to M : c \mapsto c(1)$ は全単射である. これが同型(11.1)をひきおこす. ∎

G が射影有限群なら, 有限 R-G 加群の準同型 $M \to N$ は, R 加群の準同型 $H^q(G,M) \to H^q(G,N)$ をひきおこす. また $G \to H$ が射影有限群の連続準同型で, M が有限 R-H 加群なら, $G \to H$ により, M を有限 R-G 加群とみなすことにより, R 加群の準同型 $H^q(H,M) \to H^q(G,M)$ が定まる. 準同型 $G \to H$ が単射であるとき, 誘導される写像 $H^q(H,M) \to H^q(G,M)$ を制限写像とよぶ. $(N_\lambda)_{\lambda \in \Lambda}$ が G の開正規部分群からなる単位元の基本近傍系ならば, 標準射 $\varinjlim_\lambda H^1(G/N_\lambda, M^{N_\lambda}) \to H^1(G,M)$ は同型である.

命題11.5 G を射影有限群とし, N をその閉正規部分群とする. M を有限 G 加群とすると, 標準写像は完全系列
$$0 \longrightarrow H^1(G/N, M^N) \longrightarrow H^1(G,M) \longrightarrow H^1(N,M)^G$$
をなす.

[証明] 制限写像 $H^1(G,M) \to H^1(N,M)$ の像が G 不変部分 $H^1(N,M)^G$ に含まれること, および合成 $H^1(G/N, M^N) \to H^1(G,M) \to H^1(N,M)^G$ が 0 写像であることは容易にわかる.

$H^1(G/N, M^N) \to \mathrm{Ker}(H^1(G,M) \to H^1(N,M)^G)$ が全射であることを示す. $c: G \to M$ を 1 コサイクルとする. 類 $[c]$ が $\mathrm{Ker}(H^1(G,M) \to H^1(N,M)^G)$ にはいるとして, $[c]$ が $H^1(G/N, M^N) \to H^1(G,M)$ の像にはいることを示す. $x \in M$ で任意の $h \in N$ に対し, $c(h) = hx - x$ をみたすものがある. c を $c'(g) = c(g) - (g(x) - x)$ で定義される 1 コサイクル $c' : G \to M$ でおきかえて, $c|_N = 0$ と仮定してよい. すると, $g \in G, h \in N$ に対し, $c(gh) = c(g) + gc(h) = c(g)$, $hc(g) = c(hg) - c(h) = c(g \cdot g^{-1}hg) = c(g)$ だから, $c : G \to M$ は $\bar{c} : G/N \to M^N$ をひきおこす. c の類 $[c] \in H^1(G,M)$ は $[\bar{c}] \in H^1(G/N, M^N)$ の像だから, $H^1(G/N, M^N) \to \mathrm{Ker}(H^1(G,M) \to H^1(N,M)^G)$ が全射であることが示された.

$H^1(G/N, M^N) \to H^1(G, M)$ が単射であることを示す. $c: G/N \to M^N$ を 1 コサイクルとする. c の類 $[c] \in H^1(G/N, M^N)$ の $H^1(G, M)$ での像が 0 として, $[c] = 0$ を示す. $x \in M$ で任意の $g \in G$ に対し, $c(\bar{g}) = gx - x$ をみたすものがある. 任意の $h \in N$ に対し, $hx = x + c(\bar{h}) = x$ だから, $x \in M^N$ である. よって $[c] = 0$ が示された. ∎

系 11.6 p を素数とする. G を射影有限群, $N \subset G$ を閉正規部分群とし, N は位数が p と素な有限群の逆系の逆極限で, G/N は $\mathbb{Z}_p$ と同型とする. M を有限 $\mathbb{Z}_p$-G 加群とすると, 標準同型

$$H^1(G, M) \longrightarrow \mathrm{Hom}(G/N, M_N)$$

がある.

[証明] 補題 11.3 より $H^1(N, M) = 0$ である. よって命題 11.5 より, 同型 $H^1(G/N, M^N) \to H^1(G, M)$ が得られる. 不変部分 M^N は余不変商 M_N と自然に同一視される. あとは補題 11.4.2. と同様である. ∎

可換環 R に対し, $R[\varepsilon] = R[X]/(X^2)$ とおく. ε は X の像を表わす. $R[\varepsilon] = R + R\varepsilon$ は R 加群として階数が 2 の自由加群で $\varepsilon^2 = 0$ である. R 加群 M に対し, $R[\varepsilon]$ 加群 $\widetilde{M}$ を $R[\varepsilon] \otimes_R M = M + \varepsilon M$ と定める. R 加群の標準同型 $\widetilde{M}/\varepsilon M \to M$ がある.

定義 11.7 G を射影有限群, R を可換環, M を有限 R-G 加群とする.

1. 連続準同型 $\widetilde{\rho}: G \to \mathrm{Aut}_{R[\varepsilon]}(\widetilde{M})$ に対し, $\widetilde{M}$ を $\widetilde{\rho}$ によって有限 $R[\varepsilon]$-G 加群と考えたものを $\widetilde{M}_{\widetilde{\rho}}$ で表わす. $\widetilde{M}_{\widetilde{\rho}}$ が M の**無限小もちあげ**(infinitesimal lifting)であるとは, R 加群の標準同型 $\widetilde{M}_{\widetilde{\rho}}/\varepsilon M \to M$ が R-G 加群の同型であることをいう. $\mathrm{Lift}_{R\text{-}G}(M)$ で M の無限小もちあげ全体の集合を表わす.

2. M の無限小もちあげ $\widetilde{M}_{\widetilde{\rho}}$ と $\widetilde{M}_{\widetilde{\rho}'}$ の同型とは, $R[\varepsilon]$-G 加群の同型 $\widetilde{M}_{\widetilde{\rho}} \to \widetilde{M}_{\widetilde{\rho}'}$ で, 商に恒等写像 $\mathrm{id}: M \to M$ をひきおこすものである. M の無限小もちあげの同型類を M の**無限小変形**(infinitesimal deformation)とよび, $\mathrm{Def}_{R\text{-}G}(M)$ で M の無限小変形全体の集合を表わす.

3. M が R 加群として有限生成自由加群であるとし, $\widetilde{M}_{\widetilde{\rho}}$ を M の無限小もちあげとする. $\widetilde{M}_{\widetilde{\rho}}$ が**行列式を保つ**(preserve determinant)とは, $\det \widetilde{\rho}: G \to R[\varepsilon]^\times$ が $\det \rho: G \to R^\times \subset R[\varepsilon]^\times$ と等しいことをいう. $\mathrm{Lift}^0_{R\text{-}G}(M)$ で M の行

§11.1 群のコホモロジー —— 349

列式を保つ無限小もちあげ全体の集合を表わし，$\mathrm{Def}^0_{R\text{-}G}(M)$ で M の行列式を保つ無限小変形全体の集合を表わす． □

G を射影有限群，R を可換環，M を有限 R-G 加群とする．$\mathrm{End}_R(M)$ への G の作用を，$f \in \mathrm{End}_R(M)$, $g \in G$ に対し，$g(f) = g \circ f \circ g^{-1}$ と定める．$\mathrm{End}_R(M)$ は有限 R-G 加群になる．$f \in \mathrm{End}_R(M)$ に対し，$\widetilde{M}$ の自己同型 $1 + \varepsilon f$ を $(1+\varepsilon f)(x+\varepsilon y) = x + \varepsilon(f(x)+y)$ で定める．群の準同型: $\mathrm{End}_R(M) \to \mathrm{Aut}_{R[\varepsilon]}(\widetilde{M})$ を，$f \in \mathrm{End}_R(M)$ に対し $1+\varepsilon f$ を対応させることで定めると，群の同型 $\mathrm{End}_R(M) \to \mathrm{Ker}(\mathrm{Aut}_{R[\varepsilon]}(\widetilde{M}) \to \mathrm{Aut}_R(M))$ が得られる．1コサイクル $c: G \to \mathrm{End}_R(M)$ に対し，G の $\widetilde{M}$ への作用 $\widetilde{\rho}_c$ を $(1+\varepsilon c(g)) \circ (1 \otimes g)$ で定めると，$\widetilde{M}$ は M の無限小もちあげである．よって，標準写像

(11.2) $\qquad Z^1(G, \mathrm{End}_R(M)) \longrightarrow \mathrm{Lift}_{R\text{-}G}(M)$

が定まる．

命題11.8 G を射影有限群，R を可換環，M を有限 R-G 加群とする．

1. 標準写像(11.2)は全単射であり，全単射

(11.3) $\qquad H^1(G, \mathrm{End}_R(M)) \longrightarrow \mathrm{Def}_{R\text{-}G}(M)$

をひきおこす．

2. M は R 加群として有限生成自由加群であるとし，$\mathrm{End}^0_R(M)$ を核 $\mathrm{Ker}(\mathrm{Tr}: \mathrm{End}_R(M) \to R)$ とする．このとき，全単射(11.2)がひきおこす写像 $Z^1(G, \mathrm{End}^0_R(M)) \to \mathrm{Lift}^0_{R\text{-}G}(M)$ は全単射である．さらに M の階数が R で可逆なら，これは全単射

(11.4) $\qquad H^1(G, \mathrm{End}^0_R(M)) \longrightarrow \mathrm{Def}^0_{R\text{-}G}(M)$

をひきおこす．

［証明］ 1. 定義より明らか．

2. 作用 $\widetilde{\rho}_c(g)$ の行列式は，$\det g \cdot (1 + \varepsilon \cdot \mathrm{Tr}\, c(g))$ である．よって，全単射 $Z^1(G, \mathrm{End}_R(M)) \to \mathrm{Lift}_{R\text{-}G}(M)$ は全単射 $Z^1(G, \mathrm{End}^0_R(M)) \to \mathrm{Lift}^0_{R\text{-}G}(M)$ をひきおこす．M の階数 r が R で可逆として，写像(11.4)が全単射であることを示す．定義より，$\mathrm{Def}^0_{R\text{-}G}(M)$ は $\mathrm{Lift}^0_{R\text{-}G}(M) \to \mathrm{Def}_{R\text{-}G}(M)$ の像である．したがって，$H^1(G, \mathrm{End}^0_R(M)) \to H^1(G, \mathrm{End}_R(M))$ が単射であることを示せばよい．階数 r が R で可逆なら，$\mathrm{End}_R(M) = \mathrm{End}^0_R(M) \oplus R$ だから，これは

明らかである.

G を射影有限群,R を可換環とする.M, N を有限 R-G 加群とする.有限 R-G 加群 E で,有限 R-G 加群の完全系列 $0 \to N \to E \to M \to 0$ が与えられているものを,M の N による**拡大**(extension)という.M の N による拡大 E と E' が同型であるとは,有限 R-G 加群の可換図式

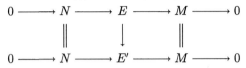

が存在することをいう.拡大 E と E' に対し,その和を,$\mathrm{Ker}(E \oplus E' \xrightarrow{-} M)/\mathrm{Im}(N \xrightarrow{+} E \oplus E')$ と定義する.ここで $-: E \oplus E' \to M$ は $E \to M$ と $E' \to M$ の差であり,$+: N \to E \oplus E'$ は $N \to E$ と $N \to E'$ の和である.拡大 E と $a \in R$ に対し,E の a 倍を,$\mathrm{Coker}((1, -a): N \to E \oplus N)$ と定める.M の N による拡大の同型類の集合 $\mathrm{Ext}_{R\text{-}G}(M, N)$ は,この演算により,R 加群の構造をもつ.$G = 1$ のときには,$\mathrm{Ext}_{R\text{-}G}(M, N)$ を単に $\mathrm{Ext}_R(M, N)$ と表わす.

M の無限小変形 $\widetilde{M}$ は,M の M による拡大を定める.これは,自然な単射 $\mathrm{Def}_{R\text{-}G}(M) \to \mathrm{Ext}_{R\text{-}G}(M, M)$ を定め,その像は,標準写像 $\mathrm{Ext}_{R\text{-}G}(M, M) \to \mathrm{Ext}_R(M, M)$ の核と一致する.この単射により,$\mathrm{Def}_{R\text{-}G}(M) \subset \mathrm{Ext}_{R\text{-}G}(M, M)$ と同一視する.

命題 11.9 G を射影有限群,R を可換環とする.有限 R-G 加群 M, N に対し,標準単射

(11.5) $\qquad H^1(G, \mathrm{Hom}_R(M, N)) \longrightarrow \mathrm{Ext}_{R\text{-}G}(M, N)$

が定まる.(11.5)の像は $\mathrm{Ext}_{R\text{-}G}(M, N) \to \mathrm{Ext}_R(M, N)$ の核である.

$M = N$ のときは,(11.5)の像は $\mathrm{Def}_{R\text{-}G}(M) \subset \mathrm{Ext}_{R\text{-}G}(M, M)$ であり,標準写像(11.5)は(11.3)と一致する.M が R 加群として射影加群なら,(11.5)の射 $H^1(G, \mathrm{Hom}_R(M, N)) \to \mathrm{Ext}_{R\text{-}G}(M, N)$ は同型である.とくに $M = R$ のとき,$H^1(G, N) \to \mathrm{Ext}_{R\text{-}G}(R, N)$ は同型である.

[証明] 1 コサイクル $c: G \to \mathrm{Hom}_R(M, N)$ に対し,G の $M \oplus N$ への作用を $g(x, y) = (gx, c(g)gx + gy)$ で定めると,$M \oplus N$ は有限 R-G 加群になる.この M の N による拡大を E_c で表わす.1 コサイクル $c: G \to \mathrm{Hom}_R(M, N)$

に対し，拡大 E_c の類を対応させることにより，R 準同型 $Z^1(G, \text{Hom}_R(M, N))$ $\to \text{Ext}_{R\text{-}G}(M, N)$ が定まる．

拡大 E_c が E_0 と同型であることは，$c(g) = gfg^{-1} - f$ をみたす R 線型写像 $f: M \to N$ の存在と同値であることが容易に確かめられる．よって，標準単射 $H^1(G, \text{Hom}_R(M, N)) \to \text{Ext}_{R\text{-}G}(M, N)$ が得られた．(11.5)の定義より，像が $\text{Ext}_{R\text{-}G}(M, N) \to \text{Ext}_R(M, N)$ の核であることは明らかである．

$M = N$ のときに(11.5)が(11.3)と一致することは，定義より明らかである．M が R 加群として射影加群なら，$\text{Ext}_R(M, N) = 0$ だから，(11.5)は同型である． ∎

一般の自然数 $q \geq 0$ に対する群のコホモロジー $H^q(G, M)$ は次のように定義される．G を射影有限群，R を可換環，M を有限 $R\text{-}G$ 加群とする．自然数 $q \geq 0$ に対し，$C^q(G, M) = \{$連続写像 $G^q \to M\}$ とおく．$f \in C^q(G, M)$ に対し，$d^q f \in C^{q+1}(G, M)$ を

$$d^q f(g_0, \cdots, g_q)$$
$$= g_0 f(g_1, \cdots, g_q) - f(g_0 g_1, g_2, \cdots, g_q) + f(g_0, g_1 g_2, \cdots, g_q) -$$
$$\cdots + (-1)^q f(g_0, \cdots, g_{q-2}, g_{q-1} g_q) + (-1)^{q+1} f(g_0, \cdots, g_{q-2}, g_{q-1})$$

と定める．$q = -1$ に対しては，$C^{-1}(G, M) = 0, d^{-1} = 0$ と定める．$q \geq 0$ に対し，

$$H^q(G, M) = \frac{\text{Ker}(d^q: C^q(G, M) \to C^{q+1}(G, M))}{\text{Im}(d^{q-1}: C^{q-1}(G, M) \to C^q(G, M))}$$

と定義する．$q = 0, 1$ に対しては，これは定義11.2と一致する．有限 $R\text{-}G$ 加群の完全系列 $0 \to M' \to M \to M'' \to 0$ に対し，長完全系列

$$0 \to H^0(G, M') \to H^0(G, M) \to H^0(G, M'')$$
$$\to H^1(G, M') \to H^1(G, M) \to H^1(G, M'')$$
$$\to H^2(G, M') \to H^2(G, M) \to H^2(G, M'') \to \cdots$$

がある．

M, N, L を有限 $R\text{-}G$ 加群とする．R 双線型写像 $M \times N \to L$ が有限 $R\text{-}G$ 加

群の双線型写像であるとは,任意の $x \in M, y \in N, g \in G$ に対し,$(gx, gy) = g(x, y)$ がなりたつことをいう.有限 R-G 加群の双線型写像 $M \times N \to L$ は,R 加群の双線型写像 $\cup : H^p(G, M) \times H^q(G, N) \to H^{p+q}(G, L)$ をひきおこす.この写像を**カップ積**(cup product)とよぶ.

ℓ を素数とし,O を $\mathbb{Q}_\ell$ の有限次拡大の整数環とする.R を O 上射影有限生成な完備局所環とし,m をその極大イデアルとする.有限生成 R 加群 M が G 加群であるとは,連続準同型 $G \to \operatorname{Aut}_R(M) = \varprojlim_n \operatorname{Aut}_{R/m^n}(M/m^n M)$ が与えられていることをいう.自然数 $q \geqq 0$ に対し,
$$H^q(G, M) = \varprojlim_n H^q(G, M/m^n M)$$
と定義する.$H^q(G, M)$ は R 加群である.

§11.2 Galois コホモロジー

体 F の絶対 Galois 群 G_F の,群のコホモロジーを Galois コホモロジーという.この節で紹介する p 進体,有理数体の Galois コホモロジーに関する基本的な命題 11.18, 11.20, 11.25, 11.27 は証明せず,典型的な例 11.15, 11.19, 11.21, 11.26 を挙げるにとどめる.

定義 11.10 F を体とし,$G_F = \operatorname{Gal}(\overline{F}/F)$ を F の絶対 Galois 群とする.有限 G_F 加群 M に対し,
$$H^q(F, M) = H^q(G_F, M)$$
と定める. □

自然数 $n \geqq 1$ に対し,$\mathbb{Z}/n\mathbb{Z}$ は G_F の自明な作用をもつものとする.補題 11.4.1.より,

(11.6) $\qquad H^1(F, \mathbb{Z}/n\mathbb{Z}) = \operatorname{Hom}(G_F^{\mathrm{ab}}, \mathbb{Z}/n\mathbb{Z})$

である.n を体 F で可逆な自然数とする.μ_n で 1 の n 乗根がなす有限 G_F 加群 $\{x \in \overline{F}^\times \mid x^n = 1\}$ を表わす.有限 $\mathbb{Z}/n\mathbb{Z}$-G_F 加群 M に対し,M^* で双対加群 $\operatorname{Hom}(M, \mathbb{Z}/n\mathbb{Z})$,$M(1)$ で **Tate** 捻り(Tate twist)$M \otimes \mu_n$ を表わす.

命題 11.11 F を体とし,n を体 F で可逆な自然数とする.

1. 標準同型

(11.7) $$F^\times/(F^\times)^n \longrightarrow H^1(F, \mu_n)$$
がある.

2. $Br(F)$ を F の **Brauer** 群(Brauer group)(『数論 I』§8.2 (c), 岩波書店, 2005)とする. ${}_n Br(F) = \{x \in Br(F) \mid nx = 0\}$ をその n ねじれ部分とすると, 標準同型

(11.8) $${}_n Br(F) \longrightarrow H^2(F, \mu_n)$$
がある. □

この命題は証明しない. 標準同型 $F^\times/(F^\times)^n \to H^1(F, \mu_n)$ は, $a \in F^\times$ に対し, a の n 乗根 $\alpha \in \overline{F}$ を 1 つとり, $c_a(\sigma) = \sigma(\alpha)/\alpha$ で定まる 1 コサイクル $c_a: G_F \to \mu_n$ の類を対応させることで与えられる.

E を体 F 上の楕円曲線とし, n を体 F で可逆な自然数とする. $E[n]$ を E の n 分点がなす有限 G_F 加群とする. 標準同型 $F^\times/(F^\times)^n \to H^1(F, \mu_n)$ と同様に, 標準単射 $E(F)/nE(F) \to H^1(F, E[n])$ が, $a \in E(F)$ に対し, $a = n\alpha$ をみたす $\alpha \in E(\overline{F})$ を 1 つとり, $c_a(\sigma) = \sigma(\alpha) - \alpha$ で定まる 1 コサイクル $c_a: G_F \to E[n]$ の類を対応させることで定まる.

F を有限体 $\mathbb{F}_p$ とする. $\mathbb{Z}$ の射影有限完備化からの同型 $\widehat{\mathbb{Z}} \to G_{\mathbb{F}_p}$ が, 1 の像を Frobenius 置換 $\varphi_p \in G_{\mathbb{F}_p}$ とおくことで定まる. したがって, 補題 11.4.2. より, 有限 $G_{\mathbb{F}_p}$ 加群 M に対し, 標準同型 $H^1(\mathbb{F}_p, M) \to M_{G_{\mathbb{F}_p}}: c \mapsto c(\varphi_p)$ が得られる.

補題 11.12 p を素数とする.

1. M を有限 $G_{\mathbb{F}_p}$ 加群とする. このとき $H^0(\mathbb{F}_p, M)$ と $H^1(\mathbb{F}_p, M)$ は有限群であり, $H^0(\mathbb{F}_p, M)$ の位数と $H^1(\mathbb{F}_p, M)$ の位数は等しい.

2. ℓ を素数とし, O を $\mathbb{Q}_\ell$ の有限次拡大の整数環とする. M を有限生成自由 O 加群で, $G_{\mathbb{F}_p}$ の連続な作用をもつものとする. Frobenius 置換 φ_p の M への作用が固有値 1 をもたなければ, O 加群 $H^1(\mathbb{F}_p, M)$ は有限であり,
$$\mathrm{length}_O H^1(\mathbb{F}_p, M) = \mathrm{ord}_O \det(1 - \varphi_p : M)$$
がなりたつ.

[証明] 1. 完全系列

$$0 \longrightarrow M^{G_{\mathbb{F}_p}} \longrightarrow M \xrightarrow{1-\varphi_p} M \longrightarrow M_{G_{\mathbb{F}_p}} \longrightarrow 0$$

より明らか.

2. 補題 11.4.2. より,同型 $H^1(\mathbb{F}_p, M) \to M_{G_{\mathbb{F}_p}} = \mathrm{Coker}(1-\varphi_p : M \to M)$ が得られる.よって,単因子論より明らか. ∎

次に F が p 進体 $\mathbb{Q}_p$ の場合を考える.絶対 Galois 群 $G_{\mathbb{Q}_p}$ の惰性群 I_p による商を,自然に剰余体の絶対 Galois 群 $G_{\mathbb{F}_p}$ と同一視する.有限 $G_{\mathbb{Q}_p}$ 加群 M の位数が p と素なとき,制限写像の核 $\mathrm{Ker}(H^1(\mathbb{Q}_p, M) \to H^1(I_p, M))$ を $H^1(\mathbb{Q}_p, M)$ の**不分岐部分**(unramified part)とよび, $H^1_f(\mathbb{Q}_p, M)$ で表わす. 命題 11.5 により,不分岐部分 $H^1_f(\mathbb{Q}_p, M)$ は単射 $H^1(\mathbb{F}_p, M^{I_p}) \to H^1(\mathbb{Q}_p, M)$ の像である.

系 11.13 M を位数が p と素な有限 $G_{\mathbb{Q}_p}$ 加群とする.このとき有限 Abel 群 $H^0(\mathbb{Q}_p, M)$ の位数と $H^1_f(\mathbb{Q}_p, M)$ の位数は等しい.

[証明] $H^0(\mathbb{Q}_p, M) = H^0(\mathbb{F}_p, M^{I_p})$ だから,補題 11.12.1. を $G_{\mathbb{F}_p}$ 加群 M^{I_p} に適用すればよい. ∎

$p \geqq 3$ とし,R を $\mathbb{Z}_p$ 上の有限可換環とする.M, N を有限 R-$G_{\mathbb{Q}_p}$ 加群とし,M, N が $G_{\mathbb{Q}_p}$ の表現としてよいと仮定する.単射(11.5)により,Galois コホモロジー $H^1(\mathbb{Q}_p, \mathrm{Hom}_R(M, N))$ を $\mathrm{Ext}_{R\text{-}G_{\mathbb{Q}_p}}(M, N)$ の部分加群と同一視する.不分岐部分 $H^1_f(\mathbb{Q}_p, \mathrm{Hom}_R(M, N)) \subset H^1(\mathbb{Q}_p, \mathrm{Hom}_R(M, N))$ を,対応する拡大が $G_{\mathbb{Q}_p}$ の表現としてよいものの同型類がなす部分群として定義する. R を $G_{\mathbb{Q}_p}$ の自明な表現と考え,N を $\mathrm{Hom}_R(R, N)$ と同一視することにより, $H^1(\mathbb{Q}_p, N)$ の部分群 $H^1_f(\mathbb{Q}_p, N)$ を定義する.

補題 11.14 $p \geqq 3$ とし,O を $\mathbb{Q}_p$ の有限次拡大の整数環とする.$n \geqq 1$ を自然数とし,$R = O/m_O^n$ とする.M, N を有限 R-$G_{\mathbb{Q}_p}$ 加群とし,M が R 加群として自由加群であり,M, N が $G_{\mathbb{Q}_p}$ の表現としてよいと仮定する. $D(M), D(N)$ をそれぞれ M, N に対応する強可除フィルターつき φ-R 加群とする.このとき,

$$\frac{\mathrm{Card}\, H^1_f(\mathbb{Q}_p, \mathrm{Hom}_R(M, N))}{\mathrm{Card}\, \mathrm{Hom}_{R\text{-}G_{\mathbb{Q}_p}}(M, N)} = \mathrm{Card}\, \mathrm{Hom}_R(D(M)', D(N)/D(N)')$$

がなりたつ. とくに, $M=R$ とすると,
$$\frac{\operatorname{Card} H^1_f(\mathbb{Q}_p, N)}{\operatorname{Card} H^0(\mathbb{Q}_p, N)} = \operatorname{Card} D(N)/D(N)'$$
である.

[証明] 系 C.10 より明らか. ∎

例 11.15 p を素数, $n \geq 1$ を自然数とする.

1. $M = \mathbb{Z}/n\mathbb{Z}$ とすると, $H^1(\mathbb{Q}_p, \mathbb{Z}/n\mathbb{Z}) = \operatorname{Hom}(G_{\mathbb{Q}_p}, \mathbb{Z}/n\mathbb{Z})$ の不分岐部分 $H^1_f(\mathbb{Q}_p, \mathbb{Z}/n\mathbb{Z})$ は, $\{\chi \in \operatorname{Hom}(G_{\mathbb{Q}_p}, \mathbb{Z}/n\mathbb{Z}) \mid \chi(I_p) = 0\} = \operatorname{Hom}(G_{\mathbb{Q}_p}/I_p, \mathbb{Z}/n\mathbb{Z}) = \operatorname{Hom}(G_{\mathbb{F}_p}, \mathbb{Z}/n\mathbb{Z})$ である.

2. $M = \mu_n$ とし, $H^1(\mathbb{Q}_p, \mu_n) = \mathbb{Q}_p^\times/(\mathbb{Q}_p^\times)^n$ と同一視すると, $H^1_f(\mathbb{Q}_p, \mu_n) = \mathbb{Z}_p^\times/(\mathbb{Z}_p^\times)^n$ である. n が p と素なら, $H^0(\mathbb{Q}_p, \mu_n)$ と $H^1_f(\mathbb{Q}_p, \mu_n)$ の位数はどちらも最大公約数 $(n, p-1)$ である. $p \geq 3$ で n が p の巾なら, $H^0(\mathbb{Q}_p, \mu_n) = 0$ で $H^1_f(\mathbb{Q}_p, \mu_n)$ の位数は n である. □

補題 11.16 p を 3 以上の素数とし, n を p の巾とする. R を $\mathbb{Z}/n\mathbb{Z}$ 上の有限可換環, $\alpha: G_{\mathbb{Q}_p} \to R^\times$ を不分岐指標とし, N を R 加群 R に $G_{\mathbb{Q}_p}$ の作用を α で定めることで得られる R-$G_{\mathbb{Q}_p}$ 加群とする. $\mathbb{Q}_p^{\mathrm{ur}}$ を $\mathbb{Q}_p$ の最大不分岐拡大とすると, 標準同型(11.7)は, 同型

(11.9) $\quad (\mathbb{Q}_p^{\mathrm{ur}\times}/(\mathbb{Q}_p^{\mathrm{ur}\times})^n \otimes_{\mathbb{Z}/n\mathbb{Z}} N)^{\operatorname{Gal}(\mathbb{Q}_p^{\mathrm{ur}}/\mathbb{Q}_p)} \longrightarrow H^1(\mathbb{Q}_p, N(1))$

をひきおこす. 同型(11.9)により, 不分岐部分 $H^1_f(\mathbb{Q}_p, N(1))$ は, 左辺の部分群 $(\mathbb{Z}_p^{\mathrm{ur}\times}/(\mathbb{Z}_p^{\mathrm{ur}\times})^n \otimes_{\mathbb{Z}/n\mathbb{Z}} N)^{\operatorname{Gal}(\mathbb{Q}_p^{\mathrm{ur}}/\mathbb{Q}_p)}$ の像である.

[証明] 惰性群による不変部分 $N(1)^{I_p}$ は 0 だから, 命題 11.5 と同様に, 制限写像 $H^1(\mathbb{Q}_p, N(1)) \to H^1(\mathbb{Q}_p^{\mathrm{ur}}, N(1))^{\operatorname{Gal}(\mathbb{Q}_p^{\mathrm{ur}}/\mathbb{Q}_p)}$ は同型である. 命題 11.11.1. より, $H^1(\mathbb{Q}_p^{\mathrm{ur}}, N(1))$ は $\mathbb{Q}_p^{\mathrm{ur}\times}/(\mathbb{Q}_p^{\mathrm{ur}\times})^n \otimes_{\mathbb{Z}/n\mathbb{Z}} N$ と同一視され, 同型(11.9)が得られる.

不分岐部分 $H^1_f(\mathbb{Q}_p^{\mathrm{ur}}, N(1)) \subset H^1(\mathbb{Q}_p^{\mathrm{ur}}, N(1))$ を, $H^1_f(\mathbb{Q}_p, N(1))$ と同様に定義する. すると, $H^1_f(\mathbb{Q}_p^{\mathrm{ur}}, \mu_n) \subset H^1(\mathbb{Q}_p^{\mathrm{ur}}, \mu_n) = \mathbb{Q}_p^{\mathrm{ur}\times}/(\mathbb{Q}_p^{\mathrm{ur}\times})^n$ は, $\mathbb{Z}_p^{\mathrm{ur}\times}/(\mathbb{Z}_p^{\mathrm{ur}\times})^n$ である. 不分岐部分 $H^1_f(\mathbb{Q}_p, N(1))$ は, $H^1_f(\mathbb{Q}_p^{\mathrm{ur}}, N(1))^{\operatorname{Gal}(\mathbb{Q}_p^{\mathrm{ur}}/\mathbb{Q}_p)}$ の逆像だから, 主張が従う. ∎

系 11.17 p を 3 以上の素数, R を $\mathbb{Z}_p$ 上の有限可換局所環とする. α, β:

$G_{\mathbb{Q}_p} \to R^\times$ を不分岐指標とし，M, N をそれぞれ R 加群 R を指標 α, β により R-$G_{\mathbb{Q}_p}$ 加群と考えたものとする．$\mathbb{F}$ を R の剰余体とし，$\overline{M} = M \otimes_R \mathbb{F}$, $\overline{N} = N \otimes_R \mathbb{F}$ とする．$\alpha \neq \beta$ ならば，標準写像 $H^1(\mathbb{Q}_p, \operatorname{Hom}_R(M, N(1))) \to H^1(\mathbb{Q}_p, \operatorname{Hom}_{\mathbb{F}}(\overline{M}, \overline{N}(1)))$ の像は，$H^1_f(\mathbb{Q}_p, \operatorname{Hom}_{\mathbb{F}}(\overline{M}, \overline{N}(1)))$ に含まれる．

［証明］ α, β を $1, \alpha^{-1}\beta$ でおきかえて，$M = R$ としてよい．補題 11.16 より，完全系列の可換図式

$$\begin{array}{ccccccccc} 0 & \longrightarrow & H^1_f(\mathbb{Q}_p, N(1)) & \longrightarrow & H^1(\mathbb{Q}_p, N(1)) & \longrightarrow & H^0(\mathbb{Q}_p, N) & \longrightarrow & 0 \\ & & \downarrow & & \downarrow & & \downarrow & & \\ 0 & \longrightarrow & H^1_f(\mathbb{Q}_p, \overline{N}(1)) & \longrightarrow & H^1(\mathbb{Q}_p, \overline{N}(1)) & \longrightarrow & H^0(\mathbb{Q}_p, \overline{N}) & \longrightarrow & 0 \end{array}$$

がある．$\beta \neq 1$ なら，$H^0(\mathbb{Q}_p, N) \subsetneq N$ であり，中山の補題より $H^0(\mathbb{Q}_p, N) \to H^0(\mathbb{Q}_p, \overline{N}) \subset \overline{N}$ は 0 写像である． ■

$n \geq 1$ を自然数とし，$M = \mu_n$ とする．標準同型 $Br(\mathbb{Q}_p) \to \mathbb{Q}/\mathbb{Z}$ （『数論 I』定理 8.25）より，標準同型

$$\frac{1}{n}\mathbb{Z}/\mathbb{Z} \longrightarrow {}_nBr(\mathbb{Q}_p) \longrightarrow H^2(\mathbb{Q}_p, \mu_n)$$

が得られる．$f: A \times B \to \frac{1}{n}\mathbb{Z}/\mathbb{Z}$ を有限 $\mathbb{Z}/n\mathbb{Z}$ 加群の双線型写像とする．A の部分加群 A' に対し，B の部分加群 $\{y \in B \mid \text{すべての } x \in A' \text{ に対し } f(x, y) = 0\}$ を A' の零化域 (annihilator) という．

命題 11.18 p を素数，$n \geq 1$ を自然数とし，M を有限 $\mathbb{Z}/n\mathbb{Z}$-$G_{\mathbb{Q}_p}$ 加群とする．

1. $H^0(\mathbb{Q}_p, M), H^1(\mathbb{Q}_p, M), H^2(\mathbb{Q}_p, M)$ は有限 Abel 群であり，$q > 2$ なら $H^q(\mathbb{Q}_p, M) = 0$ である．

2. 自然数 $q \geq 0$ に対し，カップ積

$$H^q(\mathbb{Q}_p, M) \times H^{2-q}(\mathbb{Q}_p, M^*(1)) \longrightarrow H^2(\mathbb{Q}_p, \mu_n) \longrightarrow \frac{1}{n}\mathbb{Z}/\mathbb{Z}$$

が定める線型写像

(11.10) $\qquad H^q(\mathbb{Q}_p, M) \longrightarrow H^{2-q}(\mathbb{Q}_p, M^*(1))^*$

は同型である．

§11.2 Galois コホモロジー ―― 357

3. n は p と素と仮定する．このとき $H^1(\mathbb{Q}_p, M)$ の部分群 $H^1_f(\mathbb{Q}_p, M)$ の，双線型写像 $H^1(\mathbb{Q}_p, M) \times H^1(\mathbb{Q}_p, M^*(1)) \to \frac{1}{n}\mathbb{Z}/\mathbb{Z}$ に関する零化域は，$H^1_f(\mathbb{Q}_p, M^*(1))$ である． □

この命題は証明しない．

例 11.19 $n \geq 1$ を自然数とする．$q = 1$, $M = \mu_n$ に対する同型 $H^1(\mathbb{Q}_p, \mu_n) \to H^1(\mathbb{Q}_p, \mathbb{Z}/n\mathbb{Z})^*$ (11.10) は，同型 (11.6), (11.7) により，局所類体論の同型
$$\mathbb{Q}_p^\times/(\mathbb{Q}_p^\times)^n \longrightarrow G_{\mathbb{Q}_p}^{\mathrm{ab}}/(G_{\mathbb{Q}_p}^{\mathrm{ab}})^n$$
を与える．$p \nmid n$ とすると，不分岐部分 $H^1_f(\mathbb{Q}_p, \mu_n) = \mathbb{Z}_p^\times/(\mathbb{Z}_p^\times)^n$ の零化域は，不分岐部分 $H^1_f(\mathbb{Q}_p, \mathbb{Z}/n\mathbb{Z}) = \{\chi \in \mathrm{Hom}(G_{\mathbb{Q}_p}, \mathbb{Z}/n\mathbb{Z}) \mid \chi(I_p) = 0\}$ である． □

p 進体の Galois コホモロジーの位数 $\mathrm{Card}\, H^q(G_{\mathbb{Q}_p}, M)$ については，次がなりたつ．

命題 11.20 M を有限 $G_{\mathbb{Q}_p}$ 加群とする．このとき，
$$\frac{\mathrm{Card}\, H^1(\mathbb{Q}_p, M)}{\mathrm{Card}\, H^0(\mathbb{Q}_p, M) \cdot \mathrm{Card}\, H^2(\mathbb{Q}_p, M)} = \mathrm{Card}\,(M \otimes \mathbb{Z}_p)$$
である． □

この命題も証明しない．

例 11.21 完全系列
$$0 \longrightarrow H^0(\mathbb{Q}_p, \mu_n) \longrightarrow \mathbb{Q}_p^\times \xrightarrow{n乗} \mathbb{Q}_p^\times \longrightarrow H^1(\mathbb{Q}_p, \mu_n) \longrightarrow 0$$
と，標準同型 $\frac{1}{n}\mathbb{Z}/\mathbb{Z} \to H^2(\mathbb{Q}_p, \mu_n)$ より，
$$\frac{\mathrm{Card}\, H^1(\mathbb{Q}_p, \mu_n)}{\mathrm{Card}\, H^0(\mathbb{Q}_p, \mu_n) \cdot \mathrm{Card}\, H^2(\mathbb{Q}_p, \mu_n)} = \frac{n \cdot \mathrm{Card}\, \mathbb{Z}_p/n\mathbb{Z}_p}{n} = n \text{ の } p \text{ 巾部分}$$
である．これは $\mu_n \otimes \mathbb{Z}_p$ の位数と等しい． □

最後に F が有理数体 $\mathbb{Q}$ の場合を考える．素数の有限集合 S に対し，$\mathbb{Q}_S$ を，S の外で不分岐な $\overline{\mathbb{Q}}$ の部分体すべての合成体とする．$G_S = \mathrm{Gal}(\mathbb{Q}_S/\mathbb{Q})$ とおく．G_S は，絶対 Galois 群 $G_\mathbb{Q}$ の，惰性群 $I_p, p \notin S$ の像で生成される閉正規部分群による商である．

M を有限 $G_\mathbb{Q}$ 加群とする．S を素数の有限集合で，S の外では M が不分岐であるようなものとすると，M への $G_\mathbb{Q}$ の作用は G_S の作用をひきおこし，

M は自然に G_S 加群とみなせる.

補題 11.22 M を有限 $G_\mathbb{Q}$ 加群とし, S を素数の有限集合で, S の外では M が不分岐であるようなものとする. このとき

$$H^1(G_S, M) = \operatorname{Ker}\left(H^1(\mathbb{Q}, M) \to \prod_{p\text{ は }S\text{ にはいらない素数}} H^1(I_p, M)\right)$$

がなりたつ.

[証明] $N = \operatorname{Ker}(G_\mathbb{Q} \to G_S)$ とする. 仮定より N の M への作用は自明である. したがって命題 11.5 より, 完全系列 $0 \to H^1(G_S, M) \to H^1(\mathbb{Q}, M) \to H^1(N, M) = \operatorname{Hom}(N, M)$ が得られる. N は S にはいらない素数 p に対する惰性群 I_p の像で生成される閉正規部分群だから, $\operatorname{Hom}(N, M) \to \prod_{p \notin S} \operatorname{Hom}(I_p, M)$ は単射である. よって示された. ∎

系 11.23 さらに M の位数は S の外で可逆とする. $S' \supset S$ を素数の有限集合とすると,

$$H^1(G_S, M) = \operatorname{Ker}\left(H^1(G_{S'}, M) \to \bigoplus_{p \in S' \setminus S} H^1(\mathbb{Q}_p, M)/H^1_f(\mathbb{Q}_p, M)\right)$$

がなりたつ.

[証明] 補題 11.22 と $H^1_f(\mathbb{Q}_p, M)$ の定義より明らか. ∎

例 11.24 $n \geq 1$ を自然数とし, S を素数の有限集合で n の素因数をすべて含むものとする. $\mathbb{Z}_S = \mathbb{Z}\left[\dfrac{1}{p}, p \in S\right]$ とおく. $H^1(G_S, \mu_n)$ は, 命題 11.11.1. と例 11.15.1. より, $\mathbb{Q}^\times/(\mathbb{Q}^\times)^n \to \prod_{p \notin S} \mathbb{Q}_p^\times/(\mathbb{Z}_p^\times \cdot (\mathbb{Q}_p^\times)^n)$ の核と同一視される. これより, 標準同型

(11.11) $\qquad H^1(G_S, \mu_n) \longrightarrow \mathbb{Z}_S^\times/(\mathbb{Z}_S^\times)^n$

が得られる.

標準写像 $H^2(G_S, \mu_n) \to H^2(\mathbb{Q}, \mu_n)$ は, 同型

(11.12) $\qquad H^2(G_S, \mu_n) \longrightarrow \operatorname{Ker}\left(H^2(\mathbb{Q}, \mu_n) \to \bigoplus_{p \notin S} H^2(\mathbb{Q}_p, \mu_n)\right)$

をひきおこす. 同型(11.8)と, 完全系列

$$0 \longrightarrow Br(\mathbb{Q}) \longrightarrow \bigoplus_{p:\text{素数}} Br(\mathbb{Q}_p) \oplus Br(\mathbb{R}) \longrightarrow \mathbb{Q}/\mathbb{Z} \longrightarrow 0$$

(『数論I』定理 8.26 (2)) より，完全系列の可換図式

(11.13)

$$\begin{array}{ccccc}
0 \to H^2(\mathbb{Q}, \mu_n) & \longrightarrow & \bigoplus_{p\text{は素数}} \frac{1}{n}\mathbb{Z}/\mathbb{Z} \oplus \frac{1}{\gcd(n,2)}\mathbb{Z}/\mathbb{Z} & \longrightarrow & \frac{1}{n}\mathbb{Z}/\mathbb{Z} \to 0 \\
\cup \uparrow & & \cup \uparrow & & \| \\
0 \to H^2(G_S, \mu_n) & \longrightarrow & \bigoplus_{p \in S} \frac{1}{n}\mathbb{Z}/\mathbb{Z} \oplus \frac{1}{\gcd(n,2)}\mathbb{Z}/\mathbb{Z} & \longrightarrow & \frac{1}{n}\mathbb{Z}/\mathbb{Z} \to 0
\end{array}$$

が得られる. □

命題 11.25 $n \geq 1$ を自然数とし，M を有限 $\mathbb{Z}/n\mathbb{Z}$-$G_\mathbb{Q}$ 加群とする．S を素数の有限集合で，S の外では n が可逆かつ M が不分岐であるようなものとする．

1. 自然数 $q \geq 0$ に対し，$H^q(G_S, M)$ は有限 Abel 群であり，$q > 2$ かつ n が奇数なら $H^q(G_S, M) = 0$ である．
2. n が奇数ならば，次の完全系列がある

(11.14)
$$\begin{aligned}
0 &\to H^0(G_S, M) \longrightarrow \bigoplus_{p \in S} H^0(\mathbb{Q}_p, M) \longrightarrow H^2(G_S, M^*(1))^* \\
&\to H^1(G_S, M) \longrightarrow \bigoplus_{p \in S} H^1(\mathbb{Q}_p, M) \longrightarrow H^1(G_S, M^*(1))^* \\
&\to H^2(G_S, M) \longrightarrow \bigoplus_{p \in S} H^2(\mathbb{Q}_p, M) \longrightarrow H^0(G_S, M^*(1))^* \to 0.
\end{aligned}$$

ここで，写像 $H^q(\mathbb{Q}_p, M) \to H^{2-q}(G_S, M^*(1))^*$ は，標準同型 $H^q(\mathbb{Q}_p, M) \to H^{2-q}(\mathbb{Q}_p, M^*(1))^*$ (11.10) と制限写像 $H^{2-q}(G_S, M^*(1)) \to H^{2-q}(\mathbb{Q}_p, M^*(1))$ の双対の合成である． □

この命題は証明しない．n が偶数のときも同様の命題がなりたつが，その場合は無限素点も考える必要があるので省略する．

例 11.26 記号を例 11.24 のとおりとする．補題 11.4.1. の同型により，$H^1(G_S, \mathbb{Z}/n\mathbb{Z})^*$ を $G_S^{\mathrm{ab}}/(G_S^{\mathrm{ab}})^n$ と同一視する．G_S の最大 Abel 商 G_S^{ab} は，Galois 群 $\mathrm{Gal}(\mathbb{Q}(\zeta_{p^m}; p \in S, m \geq 1)/\mathbb{Q}) = \prod_{p \in S} \mathbb{Z}_p^\times$ と一致する．n を奇数とすると，

同型(11.11)より，$M = \mu_n$ に対する完全系列(11.14)の第2行は，類体論の同型

$$\mathrm{Coker}\left(\mathbb{Z}_S^\times/(\mathbb{Z}_S^\times)^n \to \bigoplus_{p \in S} \mathbb{Q}_p^\times/(\mathbb{Q}_p^\times)^n\right) \longrightarrow G_S^{\mathrm{ab}}/(G_S^{\mathrm{ab}})^n$$

を与える．第3行は(11.13)の下の行である． □

群のコホモロジーの位数 $\mathrm{Card}\, H^q(G_S, M)$ については，次が知られている．

命題 11.27 M を有限 $G_\mathbb{Q}$ 加群とする．S を素数の有限集合で，S の外では可逆かつ M が不分岐であるようなものとする．このとき

$$\frac{\mathrm{Card}\, H^1(G_S, M)}{\mathrm{Card}\, H^0(G_S, M) \cdot \mathrm{Card}\, H^2(G_S, M)} = \frac{\mathrm{Card}\, M}{\mathrm{Card}\, M^{G_\mathbb{R}}}$$

がなりたつ． □

この命題も証明しない．

例 11.28 記号を例 11.24 のとおりとする．完全系列(11.13)より，$\mathrm{Card}\, H^2(G_S, \mu_n) = n^{\mathrm{Card}\, S - 1} \cdot \gcd(n, 2)$ である．同型(11.11)より，完全系列

$$0 \longrightarrow H^0(G_S, \mu_n) \longrightarrow \mathbb{Z}_S^\times \xrightarrow{n乗} \mathbb{Z}_S^\times \longrightarrow H^1(G_S, \mu_n) \longrightarrow 0$$

がある．$\mathbb{Z}_S^\times$ は $\mathbb{Z}^S \oplus \mathbb{Z}/2\mathbb{Z}$ と同型だから，

$$\frac{\mathrm{Card}\, H^1(G_S, \mu_n)}{\mathrm{Card}\, H^0(G_S, \mu_n) \cdot \mathrm{Card}\, H^2(G_S, \mu_n)} = \frac{n^{\mathrm{Card}\, S}}{n^{\mathrm{Card}\, S - 1}\gcd(n, 2)} = \frac{n}{\gcd(n, 2)}$$

である．これは $\mathrm{Card}\, \mu_n / \mathrm{Card}\, \mu_n^{G_\mathbb{R}}$ と等しい． □

§11.3 Selmer 群

定義 11.29 $n \geq 1$ を自然数とし，M を有限 $\mathbb{Z}/n\mathbb{Z}$-$G_\mathbb{Q}$ 加群とする．S を素数の有限集合で，S 以外のすべての素数で M が不分岐であり，n の素因数をすべて含むものとする．

1. 部分群 $L_p \subset H^1(\mathbb{Q}_p, M)$ の族 $L = (L_p)_{p \in S}$ を**局所条件**(local condition)とよぶ．

2. $L = (L_p)_{p \in S}$ を局所条件とする．L に関する M の **Selmer 群**(Selmer

group) $\mathrm{Sel}_L(M)$ を，制限写像 $H^1(G_S, M) \to \bigoplus_{p \in S} H^1(\mathbb{Q}_p, M)$ による $\bigoplus_{p \in S} L_p$ の逆像と定義する．

3. 局所条件 $L = (L_p)_{p \in S}$ に対し，その**双対局所条件**(dual local condition) $L^* = (L_p^*)_{p \in S}$ を，$p \in S$ に対し，$L_p^* \subset H^1(\mathbb{Q}_p, M^*(1))$ を命題 11.18.2. の双線型写像 $H^1(\mathbb{Q}_p, M) \times H^1(\mathbb{Q}_p, M^*(1)) \to \frac{1}{n}\mathbb{Z}/\mathbb{Z}$ に関する L_p の零化域とおいて定める． □

命題 11.25.1. より，Selmer 群 $\mathrm{Sel}_L(M)$ は有限群である．Selmer 群の定義より，

$$\mathrm{Sel}_L(M) = \mathrm{Ker}\left(H^1(G_S, M) \to \bigoplus_{p \in S}(H^1(\mathbb{Q}_p, M)/L_p)\right)$$

である．補題 11.22 より，

$$\mathrm{Sel}_L(M) = \mathrm{Ker}\left(\begin{array}{l} H^1(\mathbb{Q}, M) \to \\ \bigoplus_{p \in S}(H^1(\mathbb{Q}_p, M)/L_p) \oplus \prod_{p \notin S}(H^1(\mathbb{Q}_p, M)/H^1_f(\mathbb{Q}_p, M))\end{array}\right)$$

である．素数の有限集合 $S' \supset S$ に対し，局所条件 $L' = (L'_p)_{p \in S'}$ を $p \in S$ なら $L'_p = L_p$，$p \in S' \setminus S$ なら $L'_p = H^1_f(\mathbb{Q}_p, M)$ で定めると，$\mathrm{Sel}_L(M) = \mathrm{Sel}_{L'}(M)$ である．

例 11.30 例 11.24 のとおり，$n \geq 1$ を自然数とし，S を n の素因数をすべて含む素数の有限集合とする．$p \in S$ に対し，局所条件 $L_p \subset H^1(\mathbb{Q}_p, \mu_n) = \mathbb{Q}_p^\times/(\mathbb{Q}_p^\times)^{\times n}$ を不分岐部分 $H^1_f(\mathbb{Q}_p, \mu_n) = \mathbb{Z}_p^\times/(\mathbb{Z}_p^\times)^{\times n}$ とおいて，μ_n の Selmer 群 $\mathrm{Sel}(\mu_n)$ を定める．同型 (11.11) より，$\mathrm{Sel}(\mu_n) = \mathbb{Z}^\times/(\mathbb{Z}^\times)^n = \{\pm 1\}/\{(\pm 1)^n\}$ が得られる． □

例 11.31 E を $\mathbb{Q}$ 上の楕円曲線とし，$n \geq 1$ を自然数とする．$E[n]$ を E の n 分点がなす有限 $G_\mathbb{Q}$ 加群とする．S を素数の有限集合で，E がよい還元をもたない素数と，n の素因数をすべて含むものとする．$p \in S$ に対し，局所条件 $L_p \subset H^1(\mathbb{Q}_p, E[n])$ を，標準単射 $E(\mathbb{Q}_p)/nE(\mathbb{Q}_p) \to H^1(\mathbb{Q}_p, E[n])$ の像として定める．

局所条件 $L = (E(\mathbb{Q}_p)/nE(\mathbb{Q}_p))_{p \in S}$ で定まる Selmer 群 $\mathrm{Sel}_L(E[n])$ を，E

の Selmer 群とよび，$\mathrm{Sel}(E,n)$ で表わす．$\mathrm{Sel}(E,n)$ の有限性と，標準単射 $E(\mathbb{Q})/nE(\mathbb{Q}) \to \mathrm{Sel}(E,n)$ より，$E(\mathbb{Q})/nE(\mathbb{Q})$ が有限群であるという弱 Mordell 定理(『数論 I』§1.3 (b) 参照)が得られる．

E を $\mathbb{Q}$ 上の楕円曲線 $y^2 = x^3 - x$ とする．E は $p \neq 2$ でよい還元をもつ．$S = \{2\}$ とすると，G_S 加群 $E[2]$ は $(\mathbb{Z}/2\mathbb{Z})^{\oplus 2}$ と同型であり，$H^1(G_S, E[2])$ は $\left(\mathbb{Z}\left[\frac{1}{2}\right]^{\times} \Big/ \left(\mathbb{Z}\left[\frac{1}{2}\right]^{\times 2}\right)\right)^{\oplus 2}$ と同型である．$\mathrm{Sel}(E,2)$ は $(\mathbb{Z}^{\times}/(\mathbb{Z}^{\times 2}))^{\oplus 2} = \{\pm 1\}^{\oplus 2}$ と同型であり，$E[2](\mathbb{Q}) \to E(\mathbb{Q})/2E(\mathbb{Q}) \to \mathrm{Sel}(E,2)$ は同型である． □

命題 11.32 $n \geq 1$ を奇数とし，M を有限 $\mathbb{Z}/n\mathbb{Z}\text{-}G_\mathbb{Q}$ 加群とする．S を素数の有限集合で，S 以外のすべての素数で M が不分岐であり，n の素因数をすべて含むものとする．$L = (L_p)_{p \in S}$ を局所条件とする．$L' = (L'_p)_{p \in S}$ を部分群 $L'_p \subset L_p$ の族とする．このとき完全系列

$$0 \longrightarrow \mathrm{Sel}_{L'}(M) \longrightarrow \mathrm{Sel}_L(M) \xrightarrow{\alpha} \bigoplus_{p \in S} L_p/L'_p$$
$$\xrightarrow{\beta} \mathrm{Sel}_{L'^*}(M^*(1))^* \longrightarrow \mathrm{Sel}_{L^*}(M^*(1))^* \longrightarrow 0$$

がなりたつ．

[証明] 完全系列 $0 \to \mathrm{Sel}_{L'}(M) \to \mathrm{Sel}_L(M) \to \bigoplus_{p \in S} L_p/L'_p$ は Selmer 群の定義から従う．同様に完全系列 $0 \to \mathrm{Sel}_{L^*}(M^*(1)) \to \mathrm{Sel}_{L'^*}(M^*(1)) \to \bigoplus_{p \in S} L'^*_p/L^*_p$ が得られる．双対局所条件の定義より，L'^*_p/L^*_p は L_p/L'_p の双対だから，これの双対をとって完全系列 $\bigoplus_{p \in S} L_p/L'_p \to \mathrm{Sel}_{L'^*}(M^*(1))^* \to \mathrm{Sel}_{L^*}(M^*(1))^* \to 0$ が得られる．

$\bigoplus_{p \in S} L_p/L'_p$ での完全性を示す．$A = \mathrm{Im}\left(H^1(G_S, M) \to \bigoplus_{p \in S} H^1(\mathbb{Q}_p, M)\right)$, $B = \mathrm{Im}\left(H^1(G_S, M^*(1)) \to \bigoplus_{p \in S} H^1(\mathbb{Q}_p, M^*(1))\right)$ とおく．命題 11.25.2 より，双線型形式 $\bigoplus_{p \in S} H^1(\mathbb{Q}_p, M) \times \bigoplus_{p \in S} H^1(\mathbb{Q}_p, M^*(1)) \to \frac{1}{n}\mathbb{Z}/\mathbb{Z}$ に関して，A は B の零化域である．$\alpha: \mathrm{Sel}_L(M) \to \bigoplus_{p \in S} L_p/L'_p$ の像は，$A \cap \bigoplus_{p \in S} L_p$ の像である．同様に $\mathrm{Sel}_{L'^*}(M^*(1)) \to \bigoplus_{p \in S} L'^*_p/L^*_p$ の像は，$B \cap \bigoplus_{p \in S} L'^*_p$ の像である．これより，$\beta: \bigoplus_{p \in S} L_p/L'_p \to \mathrm{Sel}_{L'^*}(M^*(1))^*$ の核は，$B \cap \bigoplus_{p \in S} L'^*_p$ の像の，非退化双線型

§11.3 Selmer 群 —— 363

形式 $\bigoplus_{p\in S} L_p/L_p' \times \bigoplus_{p\in S} L_p'^*/L_p^* \to \frac{1}{n}\mathbb{Z}/\mathbb{Z}$ に関する零化域である．よって，双線型形式 $\bigoplus_{p\in S} L_p/L_p' \times \bigoplus_{p\in S} L_p'^*/L_p^* \to \frac{1}{n}\mathbb{Z}/\mathbb{Z}$ に関して，$A \cap \bigoplus_{p\in S} L_p$ の像が $B \cap \bigoplus_{p\in S} L_p'^*$ の像の零化域であることを示せばよい．

$A \cap \bigoplus_{p\in S} L_p$ の像は，$(A \cap \bigoplus_{p\in S} L_p) + \bigoplus_{p\in S} L_p' = \bigoplus_{p\in S} L_p \cap (A + \bigoplus_{p\in S} L_p')$ の像である．$\bigoplus_{p\in S} L_p \cap (A + \bigoplus_{p\in S} L_p')$ は $\bigoplus_{p\in S} L_p^* + (B \cap \bigoplus_{p\in S} L_p'^*)$ の零化域だから，$A \cap \bigoplus_{p\in S} L_p$ の像は，$B \cap \bigoplus_{p\in S} L_p'^*$ の像の零化域である．よって $\bigoplus_{p\in S} L_p/L_p'$ での完全性も示された． ∎

命題 11.33 $n \geq 1$ を奇数とし，M を有限 $\mathbb{Z}/n\mathbb{Z}\text{-}G_\mathbb{Q}$ 加群とする．S を素数の有限集合で，S 以外のすべての素数で M が不分岐であり，n の素因数をすべて含むものとする．$L = (L_p)_{p\in S}$ を局所条件とし，$L^* = (L_p^*)_{p\in S}$ を双対局所条件とする．このとき

$$\frac{\operatorname{Card}\operatorname{Sel}_L(M)}{\operatorname{Card}\operatorname{Sel}_{L^*}(M^*(1))} = \frac{\operatorname{Card} M^{G_S}}{\operatorname{Card} M^*(1)^{G_S}} \cdot \prod_{p\in S} \frac{\operatorname{Card} L_p}{\operatorname{Card} M^{G_{\mathbb{Q}_p}}} \cdot \frac{1}{\operatorname{Card} M^{G_\mathbb{R}}}$$

がなりたつ．

[証明] Selmer 群の定義より，$\operatorname{Sel}_L(M)$ は，(11.14) の 2 行目の写像 $H^1(G_S, M) \to \bigoplus_{p\in S} H^1(\mathbb{Q}_p, M)$ と標準全射 $\bigoplus_{p\in S} H^1(\mathbb{Q}_p, M) \to \bigoplus_{p\in S} H^1(\mathbb{Q}_p, M)/L_p$ の合成の核である．さらに，Selmer 群と双対局所条件の定義より，双対 $\operatorname{Sel}_{L^*}(M^*(1))^*$ は，包含写像 $\bigoplus_{p\in S} L_p \to \bigoplus_{p\in S} H^1(\mathbb{Q}_p, M)$ と (11.14) の 2 行目の写像 $\bigoplus_{p\in S} H^1(\mathbb{Q}_p, M) \to H^1(G_S, M^*(1))^*$ の合成の余核と同一視される．よって命題 11.25.2. より，完全系列

$$0 \to \operatorname{Sel}_L(M)$$
$$\to H^1(G_S, M) \longrightarrow \bigoplus_{p\in S} H^1(\mathbb{Q}_p, M)/L_p \longrightarrow \operatorname{Sel}_{L^*}(M^*(1))^*$$
$$\to H^2(G_S, M) \longrightarrow \bigoplus_{p\in S} H^2(\mathbb{Q}_p, M) \longrightarrow H^0(G_S, M^*(1))^* \to 0$$

が得られる．これより，

$$\frac{\operatorname{Card}\operatorname{Sel}_L(M)}{\operatorname{Card}\operatorname{Sel}_{L^*}(M^*(1))} = \frac{1}{\operatorname{Card} H^0(G_S, M^*(1))} \frac{\operatorname{Card} H^1(G_S, M)}{\operatorname{Card} H^2(G_S, M)}$$

$$\times \prod_{p \in S} \frac{\operatorname{Card} H^2(\mathbb{Q}_p, M) \cdot \operatorname{Card} L_p}{\operatorname{Card} H^1(\mathbb{Q}_p, M)}$$

が従う．

命題 11.27 より，右辺第 1 項は

$$\frac{\operatorname{Card} M^{G_S}}{\operatorname{Card} M^*(1)^{G_S}} \frac{\operatorname{Card} M}{\operatorname{Card} M^{G_{\mathbb{R}}}}$$

である．命題 11.20 より，各 $p \in S$ の寄与は

$$\frac{\operatorname{Card} L_p}{\operatorname{Card} M^{G_{\mathbb{Q}_p}} \cdot \operatorname{Card}(M \otimes \mathbb{Z}_p)}$$

である．よって等式が従う． ∎

§11.4　Selmer 群と変形環

§5.2 では，変形環 R_Σ を定義した．この節では，変形環と Selmer 群を結びつけ，定理 5.32.1.，定理 5.34 を，Selmer 群に関する定理 11.37，命題 11.38 にそれぞれ帰着させる．

§5.2 のように，ℓ は 3 以上の素数，$\mathbb{F}$ は $\mathbb{F}_\ell$ の有限次拡大体とし，$\bar{\rho}: G_\mathbb{Q} \to GL_2(\mathbb{F})$ を準安定な保型的既約法 ℓ 表現とする．K を $\mathbb{Q}_\ell$ の有限次拡大で剰余体が $\mathbb{F}$ のものとし，$f \in \Phi(N_\emptyset)_{K,\bar{\rho}}(K)$ を K 係数の素形式とする．O を K の整数環とする．f にともなう ℓ 進表現 $\rho = \rho_f: G_\mathbb{Q} \to GL_2(O)$ は，$\bar{\rho}$ の $\mathcal{D}_\emptyset$ 級の O へのもちあげである．$\rho: G_\mathbb{Q} \to GL_2(O)$ は，$S_{\bar{\rho}} \cup \{\ell\}$ の外で不分岐である．

定義 5.5 のとおり，Σ を素数の有限集合で，$\Sigma \cap S_{\bar{\rho}} = \emptyset$ であり，さらに $\ell \in \Sigma$ ならば $\bar{\rho}$ は ℓ でよくかつ通常となるものとする．$S_\Sigma = S_{\bar{\rho}} \cup \Sigma \cup \{\ell\}$ とおく．$\rho: G_\mathbb{Q} \to GL_2(O)$ は，G_{S_Σ} の O^2 への表現をひきおこす．O^2 を ρ により G_{S_Σ} 加群とみたものを V で表わし，$W = \operatorname{End}^0(V) = \{f \in \operatorname{End}(V) \mid \operatorname{Tr} f = 0\}$ とおく．W は階数 3 の自由 O 加群であり，G_{S_Σ} の自然な作用をもつ．π を O の素元とする．自然数 $n \geq 1$ に対し，V_n, W_n をそれぞれ $O/\pi^n O$ 加群 $V/\pi^n V, W/\pi^n W = \operatorname{End}^0(V_n)$ とする．$V_\infty = \varinjlim_n V_n = V \otimes K/O, W_\infty = $

§11.4 Selmer群と変形環―― 365

$\varinjlim_n W_n = W \otimes K/O$ とおく. $n=1$ に対しては, $V_1 = \overline{V}$, $W_1 = \overline{W}$ とおく.

Selmer群を定義する局所条件を定める. $\rho\colon G_{\mathbb{Q}} \to GL_2(O)$ は, $\overline{\rho}$ の $\mathcal{D}_\emptyset$ 級のもちあげだから, $\ell \notin S_{\overline{\rho}}$ ならば, $\overline{\rho}$ は ℓ でよく, 定理 9.13 より, ρ も ℓ でよい. $\ell \in S_{\overline{\rho}} \cup \Sigma$ なら, $\overline{\rho}$ は ℓ で通常であり, さらに定理 3.52.2. および命題 7.11 より, ρ も ℓ で通常である. ρ が ℓ でよいとき, $H^1(\mathbb{Q}_\ell, W_n)$ の部分群 $H^1_f(\mathbb{Q}_\ell, W_n)$ を
$$H^1_f(\mathbb{Q}_\ell, W_n) = H^1(\mathbb{Q}_\ell, W_n) \cap H^1_f(\mathbb{Q}_\ell, \mathrm{End}(V_n))$$
と定義する. ρ が ℓ で通常のとき, $H^1(\mathbb{Q}_\ell, W_n)$ の部分群 $H^1_s(\mathbb{Q}_\ell, W_n)$ を定義する. $V_n^0 \subset V_n$ を I_ℓ が円分指標で作用する部分群とする. $V_n^0, V_n/V_n^0$ は階数1の自由 $O/\pi^n O$ 加群である. $W_n^0 \subset W_n$ を $\{f \in \mathrm{End}^0(V_n) \mid f(V_n^0) = 0, f(V_n) \subset V_n^0\}$ とおく. W_n^0 も階数1の自由 $O/\pi^n O$ 加群である. $H^1_s(\mathbb{Q}_\ell, W_n)$ を
$$H^1_s(\mathbb{Q}_\ell, W_n) = \mathrm{Ker}(H^1(\mathbb{Q}_\ell, W_n) \to H^1(I_\ell, W_n/W_n^0))$$
と定義する.

定義 11.34 Selmer群 $\mathrm{Sel}_\Sigma(W_n) \subset H^1(G_{S_\Sigma}, W_n)$ を, 次で定まる局所条件 $L_\Sigma = (L_{\Sigma,p})_{p \in S_\Sigma}$ で定義する:
$$L_{\Sigma,p} = \begin{cases} H^1_f(\mathbb{Q}_p, W_n) & p \neq \ell,\ p \in S_{\overline{\rho}} \text{ のとき}, \\ H^1(\mathbb{Q}_p, W_n) & p \neq \ell,\ p \in \Sigma \text{ のとき}, \\ H^1_f(\mathbb{Q}_\ell, W_n) & p = \ell \notin S_{\overline{\rho}} \cup \Sigma \text{ のとき}, \\ H^1_s(\mathbb{Q}_\ell, W_n) & p = \ell \in S_{\overline{\rho}} \cup \Sigma \text{ のとき}. \end{cases}$$

$\mathrm{Sel}_\Sigma(W_\infty) = \varinjlim_n \mathrm{Sel}_\Sigma(W_n)$ と定義する. □

局所条件を無限小変形の言葉に翻訳する.

補題 11.35 全単射 (11.2) により, $Z^1(\mathbb{Q}_p, W_n)$ と $\mathrm{Lift}^0_{O/\pi^n O\text{-}G_{\mathbb{Q}_p}}(V_n)$ を同一視する. $c\colon G_{\mathbb{Q}_p} \to W_n$ を1コサイクルとし, $\widetilde{M}$ を対応する無限小もちあげとする.

1. $p \neq \ell,\ p \in S_{\overline{\rho}}$ とする. $[c]$ が $H^1_f(\mathbb{Q}_p, W_n)$ にはいるためには, $\widetilde{M}$ が通常であることが必要十分である.

2. $p = \ell \in S_{\overline{\rho}} \cup \Sigma$ とする. このとき, ρ は ℓ で通常である. $[c]$ が $H^1_s(\mathbb{Q}_p, W_n)$ にはいるためには, $\widetilde{M}$ が通常であることが必要十分である.

[証明] 1. $p \neq \ell, p \in S_{\bar{p}}$ とする. $\sigma \in I_p$ を $I_p/I_p^\ell[I_p, I_p] \simeq \mathbb{Z}/\ell\mathbb{Z}$ の生成元のもちあげとすると, $\bar{\rho}(\sigma) \neq 1$ である. V_n の適当な基底をとれば, σ の作用の行列表示は $\begin{pmatrix} 1 & 1 \\ 0 & 1 \end{pmatrix}$ で与えられる. $I_p \to \mathrm{Aut}_{O/\pi^n O}\widetilde{M}$ の像は σ で生成されるから, $\widetilde{M}$ が通常ということは, $\widetilde{M}$ の適当な基底をとれば, σ の作用の行列表示が $\begin{pmatrix} 1 & 1 \\ 0 & 1 \end{pmatrix}$ で与えられるということである. これは, 無限小もちあげ $\widetilde{M}$ が, $O/\pi^n O[\varepsilon]$-I_p 加群として $V_n \otimes_{O/\pi^n O} O/\pi^n O[\varepsilon]$ と同型であるということであり, $[c]$ の I_p への制限が 0 であることと同値である.

2. $p = \ell \in S_{\bar{p}} \cup \Sigma$ とする. このとき, 上に注意したように命題 7.11 より, ρ の I_p への制限は通常である. 惰性群 I_p が円分指標で作用する部分 V_n^0 は, 階数 1 の O/π^n 自由加群である. $c|_{I_p} \in Z^1(I_p, W_n^0)$ ならば, I_p は $V_n^0 \otimes_{O/\pi^n O} O/\pi^n O[\varepsilon]$ に円分指標で作用し, $(V_n/V_n^0) \otimes_{O/\pi^n O} O/\pi^n O[\varepsilon]$ に自明に作用する. よって, $\widetilde{M}$ は通常である. 逆に $\widetilde{M}$ が通常とすると, $\widetilde{M}$ の階数 1 の部分加群 $\widetilde{M}^0$ に I_p は円分指標で作用し, 階数 1 の商加群 $\widetilde{M}/\widetilde{M}^0$ に自明に作用する. よって, $\widetilde{M}$ の基底をとりかえれば, $c|_{I_p} \in Z^1(I_p, W_n^0)$ となる. ∎

変形環と Selmer 群の関係を与える. R_Σ を §5.2 で定義した変形環とし, $\pi_\Sigma : R_\Sigma \to O$ を ρ が定める準同型とする.

命題 11.36 1. m_{R_Σ} を変形環 R_Σ の極大イデアルとする. $\mathbb{F}$ 線型空間の標準同型

(11.15) $\qquad \mathrm{Hom}_\mathbb{F}(m_{R_\Sigma}/(m_{R_\Sigma}^2, \pi), \mathbb{F}) \longrightarrow \mathrm{Sel}_\Sigma(\overline{W})$

が存在する.

2. p_{R_Σ} を $\rho : G_\mathbb{Q} \to GL_2(O)$ が定める環の準同型 $R_\Sigma \to O$ の核とする. O 加群の標準同型

(11.16) $\qquad \mathrm{Hom}_O(p_{R_\Sigma}/p_{R_\Sigma}^2, K/O) \longrightarrow \mathrm{Sel}_\Sigma(W_\infty)$

が存在する.

[証明] 自然数 $n \geqq 1$ に対し, 標準単射

(11.17) $\qquad \mathrm{Hom}_{O/(\pi^n)}(p_{R_\Sigma}/(p_{R_\Sigma}^2, \pi^n), O/(\pi^n)) \longrightarrow H^1(G_{S_\Sigma}, W_n)$

を定義する. まず $\mathrm{Hom}_{O/(\pi^n)}(p_{R_\Sigma}/(p_{R_\Sigma}^2, \pi^n), O/(\pi^n))$ を $\mathrm{Def}_{\bar{\rho}, \mathcal{D}_\Sigma}(O/(\pi^n)[\varepsilon])$ の

§11.4 Selmer 群と変形環―― 367

部分集合と同一視する. $p_n: O/(\pi^n)[\varepsilon] \to O/(\pi^n)$ を標準全射とする. $f: R_\Sigma \to O/(\pi^n)[\varepsilon]$ を O 上の環の準同型で $p_n \circ f = \pi_\Sigma \bmod \pi^n$ をみたすものとすると, f の $p_{R_\Sigma} = \mathrm{Ker}(\pi_\Sigma: R_\Sigma \to O)$ への制限は $O/(\pi^n)$ 線型写像 $p_{R_\Sigma}/(p_{R_\Sigma}^2, \pi^n) \to O/(\pi^n)\varepsilon$ をひきおこす. この対応により, $\mathrm{Hom}_{O/(\pi^n)}(p_{R_\Sigma}/(p_{R_\Sigma}^2, \pi^n), O/(\pi^n))$ は集合

$$\{f: R_\Sigma \to O/(\pi^n)[\varepsilon] \mid f \text{ は } O \text{ 上の環の準同型で } p_n \circ f = \pi_\Sigma \bmod \pi^n\}$$

と同一視される. 変形環 R_Σ の定義より, この集合は $\mathrm{Def}_{\bar{\rho},\mathcal{D}_\Sigma}(O/(\pi^n)[\varepsilon]) \to \mathrm{Def}_{\bar{\rho},\mathcal{D}_\Sigma}(O/(\pi^n))$ による V_n の類の逆像 $\mathrm{Def}_{\bar{\rho},\mathcal{D}_\Sigma}(O/(\pi^n)[\varepsilon])_{[V_n]}$ と同一視される.

$\mathrm{Lift}_{\bar{\rho},\mathcal{D}_\Sigma}(O/(\pi^n)[\varepsilon])_{V_n}$ で, $\mathrm{Lift}_{\bar{\rho},\mathcal{D}_\Sigma}(O/(\pi^n)[\varepsilon]) \to \mathrm{Lift}_{\bar{\rho},\mathcal{D}_\Sigma}(O/(\pi^n))$ による V_n の逆像を表わす. $\mathrm{Lift}_{\bar{\rho},\mathcal{D}_\Sigma}(O/(\pi^n)[\varepsilon])_{V_n}$ の元は, V_n の行列式を保つ無限小もちあげを定めるから, 標準単射

(11.18) $\qquad \mathrm{Lift}_{\bar{\rho},\mathcal{D}_\Sigma}(O/(\pi^n)[\varepsilon])_{V_n} \longrightarrow \mathrm{Lift}^0_{O/(\pi^n)\text{-}G_{S_\Sigma}}(V_n)$

が得られる. 命題 11.8.2. により, $H^1(G_{S_\Sigma}, W_n)$ を, 行列式を保つ無限小変形の集合 $\mathrm{Def}^0_{O/(\pi^n)\text{-}G_{S_\Sigma}}(V_n)$ と同一視する. (11.18)が, 単射

(11.19) $\qquad \mathrm{Def}_{\bar{\rho},\mathcal{D}_\Sigma}(O/(\pi^n)[\varepsilon])_{[V_n]} \longrightarrow \mathrm{Def}^0_{O/(\pi^n)\text{-}G_{S_\Sigma}}(V_n)$

をひきおこすことを示す.

集合 $\mathrm{Def}^0_{O/(\pi^n)\text{-}G_{S_\Sigma}}(V_n)$ は, 定義より, $\mathrm{Lift}^0_{O/(\pi^n)\text{-}G_{S_\Sigma}}(V_n)$ の群 $1+\varepsilon\mathrm{End}(V_n)=\mathrm{Ker}(GL_2(O/(\pi^n)[\varepsilon]) \to GL_2(O/(\pi^n)))$ による商である. $\mathrm{Def}_{\bar{\rho},\mathcal{D}_\Sigma}(O/(\pi^n)[\varepsilon])_{[V_n]}$ も, $\mathrm{Lift}_{\bar{\rho},\mathcal{D}_\Sigma}(O/(\pi^n)[\varepsilon])_{V_n}$ の $1+\varepsilon\mathrm{End}(V_n)$ による商であることを示す. 任意の $\rho \in \mathrm{Lift}_{\bar{\rho},\mathcal{D}_\Sigma}(O/(\pi^n)[\varepsilon])_{V_n}$, $P \in U^1GL_2(O/(\pi^n)[\varepsilon]) = \mathrm{Ker}(GL_2(O/(\pi^n)[\varepsilon]) \to GL_2(\mathbb{F}))$ に対し, $\mathrm{ad}(P)(\rho) \in \mathrm{Lift}_{\bar{\rho},\mathcal{D}_\Sigma}(O/(\pi^n)[\varepsilon])_{V_n}$ ならば $P \in (1+m_{O/(\pi^n)[\varepsilon]}) \cdot (1+\varepsilon\mathrm{End}(V_n))$ であることをまず示す. このとき, $\overline{P} = P \bmod \varepsilon \in U^1GL_2(O/(\pi^n)) = \mathrm{Ker}(GL_2(O/(\pi^n)) \to GL_2(\mathbb{F}))$ は, $\mathrm{ad}(\overline{P})(\rho_\Sigma \bmod \pi^n) = \rho_\Sigma \bmod \pi^n$ をみたす. 命題 7.15 の証明のはじめの部分より, $M_2(O/(\pi^n))$ は $O/(\pi^n)$ 上 $\rho_\Sigma \bmod \pi^n$ の像で生成される. よって $\overline{P} \in 1+m_{O/(\pi^n)}$ であり, $P \in (1+m_{O/(\pi^n)[\varepsilon]}) \cdot (1+\varepsilon\mathrm{End}(V_n))$ が示された. このことから, $\mathrm{Def}_{\bar{\rho},\mathcal{D}_\Sigma}(O/(\pi^n)[\varepsilon])_{[V_n]}$ は, $\mathrm{Lift}_{\bar{\rho},\mathcal{D}_\Sigma}(O/(\pi^n)[\varepsilon])_{V_n}$ の $(1+m_{O/(\pi^n)[\varepsilon]}) \cdot (1+\varepsilon\mathrm{End}(V_n))$ による商となる. スカラー行列 $1+m_{O/(\pi^n)[\varepsilon]}$ の作用は自明だから, $\mathrm{Def}_{\bar{\rho},\mathcal{D}_\Sigma}(O/(\pi^n)[\varepsilon])_{[V_n]}$

は，$\mathrm{Lift}_{\bar{\rho},\mathcal{D}_\Sigma}(O/(\pi^n)[\varepsilon])_{V_n}$ の $1+\varepsilon\mathrm{End}(V_n)$ による商である．よって，単射 $\mathrm{Lift}_{\bar{\rho},\mathcal{D}_\Sigma}(O/(\pi^n)[\varepsilon])_{V_n} \to \mathrm{Lift}^0_{O/(\pi^n)\text{-}G_{S_\Sigma}}(V_n)$ は，単射 $\mathrm{Def}_{\bar{\rho},\mathcal{D}_\Sigma}(O/(\pi^n)[\varepsilon])_{[V_n]} \to \mathrm{Def}^0_{O/(\pi^n)\text{-}G_{S_\Sigma}}(V_n)$ をひきおこす．

標準同型 $H^1(G_{S_\Sigma}, W_n) \to \mathrm{Def}^0_{O/(\pi^n)\text{-}G_{S_\Sigma}}(V_n)$ (11.4) より，単射(11.19)は単射(11.17)を定める．単射(11.17)の像が $\mathrm{Sel}_\Sigma(W_n)$ であることを示す．各素数 $p \in S_\Sigma$ に対し，もちあげが $\mathcal{D}_\Sigma$ 級であるという分岐条件が，Selmer 群を定義する局所条件に対応することを確かめればよい．

まず $p \neq \ell$ とする．$p \in S_{\bar{\rho}}$ とすると，分岐条件はもちあげが通常ということである．よって，補題 11.35.1. より，これは局所条件 $H^1_f(\mathbb{Q}_p, W_n)$ に対応する．$p \in \Sigma$ のときは，分岐条件は無条件だから，局所条件 $H^1(\mathbb{Q}_p, W_n)$ に対応する．

$p = \ell$ とする．$\ell \notin S_{\bar{\rho}} \cup \Sigma$ なら，分岐条件はもちあげがよいということだから，局所条件 $H^1_f(\mathbb{Q}_p, W_n)$ に対応する．$\ell \in S_{\bar{\rho}} \cup \Sigma$ なら，命題 7.11 より，分岐条件はもちあげが通常ということである．よって，補題 11.35.2. より，これは局所条件 $H^1_s(\mathbb{Q}_p, W_n)$ に対応する．

よって，単射(11.17)は同型 $\mathrm{Hom}_{O/(\pi^n)}(p_{R_\Sigma}/(p_{R_\Sigma}^2, \pi^n), O/(\pi^n)) \to \mathrm{Sel}_\Sigma(W_n)$ を定める．$n = 1$ とおけば，同型(11.15)が得られる．$\varprojlim_n$ をとれば，同型(11.16)が得られる． ∎

命題 11.36 により，定理 5.32.1.，定理 5.34 は，それぞれ次の定理 11.37，命題 11.38 に帰着される．

定理 11.37 $r = \dim_\mathbb{F} \mathrm{Sel}_\emptyset(\overline{W})$ とする．任意の自然数 $n \geq 1$ に対し，条件
$$(5.19)_n \qquad q_i \notin S_{\bar{\rho}}, \quad q_i \equiv 1 \bmod \ell^n \quad \text{かつ} \quad \mathrm{Tr}\,\bar{\rho}(\varphi_{q_i}) \not\equiv \pm 2$$
をみたす r 個の素数 $q_1, \cdots, q_r$ からなる集合 Q で，
$$(11.20) \qquad \dim_\mathbb{F} \mathrm{Sel}_Q(\overline{W}) = r$$
をみたすものが存在する． ☐

命題 11.38 $p \in \Sigma$ とし，$\Sigma' = \Sigma \setminus \{p\}$ とおく．このとき，$(p+1)^2 - a_p(f)^2 \neq 0$ であり，
$$(11.21) \quad \mathrm{length}_O \mathrm{Sel}_\Sigma(W_\infty)/\mathrm{Sel}_{\Sigma'}(W_\infty) \leq \mathrm{ord}_O(p-1)((p+1)^2 - a_p(f)^2)$$
がなりたつ． ☐

定理 11.37, 命題 11.38 は, それぞれ §11.6, §11.5 で証明する.

§11.5 局所条件の計算, 命題 11.38 の証明

この節では, 局所条件 $H^1_f(\mathbb{Q}_\ell, W_n)$, $H^1_s(\mathbb{Q}_\ell, W_n)$ などの位数を計算し, 命題 11.38 を証明する. 定理 11.37 は, 次の命題 11.39 を使って, 次節で証明する. 記号は前節のとおりとする. M_n をフィルターつき φ-O 加群 $D(V_n)$ とし, $\mathbf{End}^0_O(M_n) = \mathrm{Ker}(\mathrm{Tr}\colon \mathbf{Hom}_O(M_n, M_n) \to O/(\pi^n))$, $\mathbf{End}^0_O(M_n)' = \mathbf{End}^0_O(M_n) \cap \mathbf{Hom}_O(M_n, M_n)'$ とおく. M_1 を $\overline{M}$ とも書く.

命題 11.39 1. $p \neq \ell$ なら
$$\dim H^1_f(\mathbb{Q}_p, \overline{W}) = \dim H^0(\mathbb{Q}_p, \overline{W}).$$

2. $\ell \notin S_{\bar{p}}$ なら
$$\dim H^1_f(\mathbb{Q}_l, \overline{W}) = \dim H^0(\mathbb{Q}_l, \overline{W}) + 1.$$

3. $\ell \in S_{\bar{p}}$ なら
$$\dim H^1_s(\mathbb{Q}_l, \overline{W}) = \dim H^0(\mathbb{Q}_l, \overline{W}) + 1.$$

[証明] 1. 系 11.13 より明らか.

2. 系 C.10 の証明と同様に, 命題 C.9 より, 完全系列
$$0 \to H^0(\mathbb{Q}_\ell, \overline{W}) \to \mathbf{End}^0_{\mathbb{F}}(\overline{M})' \to \mathbf{End}^0_{\mathbb{F}}(\overline{M}) \to H^1_f(\mathbb{Q}_\ell, \overline{W}) \to 0$$
が得られる. $\dim_{\mathbb{F}} \mathbf{End}^0_{\mathbb{F}}(\overline{M}) = 3$, $\dim_{\mathbb{F}} \mathbf{End}^0_{\mathbb{F}}(\overline{M})' = 2$ だから示された.

3. まず
$$(11.22) \qquad H^1_s(\mathbb{Q}_\ell, \overline{W}) = \mathrm{Ker}(H^1(\mathbb{Q}_\ell, \overline{W}) \to H^1(\mathbb{Q}_\ell, \overline{W}/\overline{W}^0))$$
を示す. $\supset$ は明らかである. $\subset$ を示す. V の行列式を保つ無限小もちあげ M の類が $H^1_s(\mathbb{Q}_\ell, \overline{W})$ にはいるとする. 補題 11.35.2. より, M は通常である. χ を円分指標とすると, 不分岐指標 $\alpha, \beta \colon G_{\mathbb{Q}_\ell} \to \mathbb{F}[\varepsilon]^\times$ で, M は α の $\beta\chi$ による拡大となるものがある. 仮定より, $\overline{V} = M \otimes_{\mathbb{F}[\varepsilon]} \mathbb{F}$ はよくないから, 系 11.17 より $\alpha = \beta$ である. M は行列式を保つ無限小もちあげだから, $\alpha^2 = 1$ であり, α の像は $\{\pm 1\} \subset \mathbb{F}^\times$ にはいる. よって, M の基底をとりかえて, M を与える 1 コサイクル c の制限 $c|_{G_{\mathbb{Q}_\ell}}$ は $c \in Z^1(G_{\mathbb{Q}_\ell}, \overline{W}^0)$ とできる. よって, $[M] \in \mathrm{Ker}(H^1(\mathbb{Q}_\ell, \overline{W}) \to H^1(\mathbb{Q}_\ell, \overline{W}/\overline{W}^0))$ であり, $H^1_s(\mathbb{Q}_\ell, \overline{W}) = \mathrm{Ker}(H^1(\mathbb{Q}_\ell, \overline{W}) \to$

$H^1(\mathbb{Q}_\ell, \overline{W}/\overline{W}^0))$ が示された.

完全系列

$$0 \to H^0(\mathbb{Q}_\ell, \overline{W}^0) \to H^0(\mathbb{Q}_\ell, \overline{W}) \to H^0(\mathbb{Q}_\ell, \overline{W}/\overline{W}^0)$$
$$\to H^1(\mathbb{Q}_\ell, \overline{W}^0) \to H^1(\mathbb{Q}_\ell, \overline{W}) \to H^1(\mathbb{Q}_\ell, \overline{W}/\overline{W}^0)$$

と(11.22)より,

(11.23)
$$\dim H^1_s(\mathbb{Q}_\ell, \overline{W}) - \dim H^0(\mathbb{Q}_\ell, \overline{W})$$
$$= \dim H^1(\mathbb{Q}_\ell, \overline{W}^0) - \dim H^0(\mathbb{Q}_\ell, \overline{W}^0) - \dim H^0(\mathbb{Q}_\ell, \overline{W}/\overline{W}^0)$$

が得られる.命題 11.20, 11.18 より (11.23) の右辺は

$$\dim \overline{W}^0 + \dim H^0(\mathbb{Q}_\ell, (\overline{W}^0)^*(1)) - \dim H^0(\mathbb{Q}_\ell, \overline{W}/\overline{W}^0)$$

と等しい. $\dim \overline{W}^0 = \dim H^0(\mathbb{Q}_\ell, \overline{W}/\overline{W}^0) = 1$ である. 系 11.17 より, $(\overline{W}^0)^*(1)$ への $G_{\mathbb{Q}_\ell}$ の作用は自明だから, $\dim H^0(\mathbb{Q}_\ell, (\overline{W}^0)^*(1))$ も 1 である. よって (11.23) の右辺は 1 である. ∎

命題 11.40 1. $p \neq \ell$ かつ $p \notin S_{\overline{\rho}}$ とする. $\det(1 - p\varphi_p : W) \neq 0$ ならば,
$$\mathrm{length}_O H^1(\mathbb{Q}_p, W_\infty)/H^1_f(\mathbb{Q}_p, W_\infty) = \mathrm{ord}_O \det(1 - p\varphi_p : W)$$

がなりたつ.

2. ℓ で $\overline{\rho}$ がよくかつ通常とする. $\det(1 - \varphi_p : (W^0)^*(1)) \neq 0$ ならば,
$$\mathrm{length}_O H^1_s(\mathbb{Q}_\ell, W_\infty)/H^1_f(\mathbb{Q}_\ell, W_\infty) \leqq \mathrm{ord}_O \det(1 - \varphi_p : (W^0)^*(1))$$

がなりたつ.

[証明] 1. 命題 11.18.2. より, $H^1(\mathbb{Q}_p, W_\infty)/H^1_f(\mathbb{Q}_p, W_\infty)$ は $H^1_f(\mathbb{Q}_p, W(1))$ の双対である. よって, 補題 11.12.2. より, O 加群 $H^1_f(\mathbb{Q}_p, W(1))$ の長さは, $\mathrm{ord}_O \det(1 - p\varphi_p : W)$ と等しい.

2. 次を示せばよい.

(11.24) $\quad \mathrm{length}_O H^1_f(\mathbb{Q}_\ell, W_n) - \mathrm{length}_O H^0(\mathbb{Q}_\ell, W_n) = n,$

(11.25) $\quad \mathrm{length}_O H^1_s(\mathbb{Q}_\ell, W_n) - \mathrm{length}_O H^0(\mathbb{Q}_\ell, W_n)$
$\qquad \leqq n + \mathrm{ord}_O \det(1 - \varphi_p : (W^0)^*(1)).$

§11.5 局所条件の計算, 命題 11.38 の証明 —— 371

命題 11.39.2. の証明と同様に, 完全系列
$$0 \to H^0(\mathbb{Q}_\ell, W_n) \to \mathbf{End}_O^0(M_n)' \to \mathbf{End}_O^0(M_n) \to H^1_f(\mathbb{Q}_\ell, \overline{W}_n) \to 0$$
が得られる. $\mathrm{length}_O \mathbf{End}_O^0(M_n) = 3n$, $\mathrm{length}_O \mathbf{End}_O^0(M_n)' = 2n$ だから, 等式(11.24)が示された.

(11.25)を示す. $H^1_s(\mathbb{Q}_\ell, W_n)$ は
$$H^1(\mathbb{Q}_\ell, W_n) \xrightarrow{u} H^1(\mathbb{Q}_\ell, W_n/W_n^0) \xrightarrow{\mathrm{res}} H^1(I_\ell, W_n/W_n^0)$$
の合成 res $\circ\, u$ の核である. 命題 11.5 より, $\mathrm{Ker\,res} = H^1(\mathbb{F}_\ell, (W_n/W_n^0)^{I_\ell})$ だから,
$$\mathrm{length}_O H^1_s(\mathbb{Q}_\ell, W_n) \leqq \mathrm{length}_O \mathrm{Ker}\, u + \mathrm{length}_O H^1(\mathbb{F}_\ell, (W_n/W_n^0)^{I_\ell})$$
である. 命題 11.39.3. の証明と同様に, 完全系列
$$0 \to H^0(\mathbb{Q}_\ell, W_n^0) \to H^0(\mathbb{Q}_\ell, W_n) \to H^0(\mathbb{Q}_\ell, W_n/W_n^0)$$
$$\to H^1(\mathbb{Q}_\ell, W_n^0) \to H^1(\mathbb{Q}_\ell, W_n) \xrightarrow{u} H^1(\mathbb{Q}_\ell, W_n/W_n^0)$$
より,
$$\mathrm{length}_O H^1_s(\mathbb{Q}_\ell, W_n) - \mathrm{length}_O H^0(\mathbb{Q}_\ell, W_n)$$
$$\leqq \mathrm{length}_O H^1(\mathbb{Q}_\ell, W_n^0) - \mathrm{length}_O H^0(\mathbb{Q}_\ell, W_n^0)$$
$$- \mathrm{length}_O H^0(\mathbb{Q}_\ell, W_n/W_n^0) + \mathrm{length}_O H^1(\mathbb{F}_\ell, (W_n/W_n^0)^{I_\ell})$$
が得られる. さらに補題 11.12.1. と命題 11.20 より右辺は, $\mathrm{length}_O W_n^0 + \mathrm{length}_O H^0(\mathbb{Q}_\ell, (W_n^0)^*(1))$ と等しい. $\mathrm{length}_O W_n^0 = n$ であり, 単因子論より, $\mathrm{length}_O H^0(\mathbb{Q}_\ell, (W_n^0)^*(1)) \leqq \mathrm{ord}_O \det(1 - \varphi_p : (W^0)^*(1))$ である. よって不等式(11.25)が示された. ∎

[命題 11.38 の証明] 不等式(11.21)を示す. まず $p \neq \ell$ の場合を示す. 完全系列
$$0 \to \mathrm{Sel}_{\Sigma'}(W_\infty) \to \mathrm{Sel}_\Sigma(W_\infty) \to H^1(\mathbb{Q}_p, W_\infty)/H^1_f(\mathbb{Q}_p, W_\infty)$$
より,
$$\mathrm{length}_O \mathrm{Sel}_\Sigma(W_\infty)/\mathrm{Sel}_{\Sigma'}(W_\infty) \leqq \mathrm{length}_O H^1(\mathbb{Q}_p, W_\infty)/H^1_f(\mathbb{Q}_p, W_\infty)$$
である. よって, 命題 11.40.1. より,

(11.26) $\quad \det(1 - p\varphi_p : W) = (1-p)((p+1)^2 - a_p(f)^2) \neq 0$

を示せばよい. $1 - a_p(f)t + pt^2 = (1 - \alpha t)(1 - \beta t)$ とおく.

(11.27)　　$(p+1)^2 - a_p(f)^2 = (1+\alpha\beta)^2 - (\alpha+\beta)^2 = (1-\alpha^2)(1-\beta^2)$

である．定理 9.13 より，$\rho(\varphi_p)$ の固有値は α, β である．定理 9.21 より $\alpha^2, \beta^2 \neq 1$ だから，右辺は 0 でない．

$$\det(1-p\varphi_p : W) = (1-p)(1-p\alpha/\beta)(1-p\beta/\alpha)$$
$$= (1-p)(1-\alpha^2)(1-\beta^2)$$

だから，(11.26) の等号も示された．よって，$p \neq \ell$ の場合は示された．

$p = \ell \in \Sigma$ とする．$p \neq \ell$ の場合と同様に，

$$\text{length}_O \text{Sel}_\Sigma(W_\infty)/\text{Sel}_{\Sigma'}(W_\infty) \leqq \text{length}_O H^1_s(\mathbb{Q}_p, W_\infty)/H^1_f(\mathbb{Q}_p, W_\infty)$$

であり，$(1-p)((p+1)^2 - a_p(f)^2) \neq 0$ である．よって，命題 11.40.2. より，

(11.28)　　$\text{ord}_O \det(1-\varphi_p : (W^0)^*(1)) = \text{ord}_O (1-p)((p+1)^2 - a_p(f)^2)$

を示せばよい．ρ は $p = \ell$ で通常だから，系 9.20.2. より，$1 - a_p(f)t + pt^2 = (1-\alpha t)(1-p/\alpha \cdot t)$，$\alpha$ は p 進単数，と表わせる．$1-p, 1-(p/\alpha)^2$ はどちらも p 進単数だから，(11.27) より，(11.28) の右辺は $\text{ord}_O(1-\alpha^2)$ である．φ_p の像が α という条件で定まる $G_{\mathbb{Q}_p}$ の不分岐指標も α で表わすことにすると，系 9.20.2. より，V の $G_{\mathbb{Q}_p}$ への制限は α の $\alpha^{-1}(1)$ による拡大である．したがって，$W^0 = \text{Hom}(\alpha, \alpha^{-1}(1))$ である．よって，$\det(1-\varphi_p : (W^0)^*(1)) = 1 - \alpha^2$ である．　■

§11.6　定理 11.37 の証明

まず，絶対既約な法 ℓ 表現 $\bar\rho : G \to GL_2(\mathbb{F}_\ell)$ について，定理 11.37 の証明で必要になる群論的な事柄をまとめておく．

命題 11.41　ℓ を 3 以上の素数とし，$G \subset GL_2(\overline{\mathbb{F}}_\ell)$ を有限部分群とする．$V = \overline{\mathbb{F}}_\ell^2$ が G の表現として絶対既約であると仮定する．$W = \text{End}^0(V) = \text{Ker}(\text{Tr}: \text{End}(V) \to \overline{\mathbb{F}}_\ell)$ とする．このとき，次の (1) と (2) のどちらかがなりたつ．

(1) W も G の表現として絶対既約である．

(2) G の指数 2 の部分群 H と，指標 $\chi : H \to \overline{\mathbb{F}}_\ell^\times$ で，$V \simeq \text{Ind}_H^G \chi$ となるものが存在する．$\delta : G \to G/H \to \{\pm 1\}$ を位数 2 の指標とし，χ' を

§11.6 定理 11.37 の証明 ―― 373

χ の $g \in G \backslash H$ による共役とする.このとき,$\chi' \neq \chi$ であり,$W \simeq \delta \oplus \mathrm{Ind}_H^G(\chi'/\chi)$ である.

[証明] W が絶対可約と仮定して,(2)がなりたつことを示せばよい.W が絶対可約とする.W は,G の作用で安定な 1 次元または 2 次元の部分空間をもつ.W は自己双対的だから,W は G 安定な 1 次元部分空間 T をもつとしてよい.f を T の基底とする.$\mathrm{Ker}\, f$ は V の G 安定部分空間で,V は絶対既約だから f は同型 $V \otimes T \to V$ を定める.$\delta: G \to \overline{\mathbb{F}}_\ell^\times$ を G の T への作用が定める指標とする.同型 $V \otimes T \to V$ より,$\det V \cdot \delta^2 = \det V$ だから,δ の位数は高々 2 である.

f を T の基底とする.$\delta = 1$ なら f はスカラー倍ではない V の自己準同型を定めるから,Schur の補題より δ の位数はちょうど 2 である.$H = \mathrm{Ker}\, \delta$ とおく.さらに Schur の補題より,V は H の表現として可約である.よって,$V \simeq \mathrm{Ind}_H^G \chi$ となる指標 $\chi: H \to \overline{\mathbb{F}}_\ell^\times$ が存在する.V が既約だから $\chi' \neq \chi$ である.W についての主張はこれより容易に従う. ∎

系 11.42 記号は命題 11.41 の仮定のとおりとする.このとき,次がなりたつ.

1. $W^G = 0$.
2. $\delta: G \to \overline{\mathbb{F}}_\ell^\times$ を指標とすると,次の(1)と(2)のどちらかがなりたつ.
(1) $(W \otimes \delta)^G = 0$.
(2) $H = \mathrm{Ker}\, \delta$ とする.$[G : H] = 2$ かつ,指標 $\chi: H \to \overline{\mathbb{F}}_\ell^\times$ で,$V \simeq \mathrm{Ind}_H^G \chi$ となるものが存在する.

[証明] 1. Schur の補題より明らか.

2. $(W \otimes \delta)^G \neq 0$ とする.W の 1 次元 G 安定部分空間 T で,T への G の作用が δ^{-1} であるようなものがある.命題 11.41 の証明と同様に,$\delta^{-1} = \delta$ であり,主張が得られる. ∎

系 11.43 記号は命題 11.41 の仮定のとおりとする.$T \neq 0$ を,G の作用で安定な W の部分空間とすると,$g \in G \subset GL_2(\overline{\mathbb{F}}_\ell)$ で g は相異なる固有値をもち,さらに $T + (g-1)W = W$ となるものが存在する.

[証明] まず W が絶対既約な場合に示す.このときは $T = W$ だから,

374──── 第11章 Selmer 群

$G \subset GL_2(\overline{\mathbb{F}}_\ell)$ の相異なる固有値をもつ元 g があることを示せばよい.このようなg がなかったとして矛盾を導く.V は絶対既約だから,G の中心は $Z = \{g \in G \mid g$ はスカラー行列$\}$ である.背理法の仮定より,G/Z のすべての元の位数は ℓ か 1 となる.H を G の ℓ-Sylow 部分群とすると,$G = Z \times H$ である.H の既約表現は 1 次元だから,これは V の既約性に反する.

W が命題 11.41 の条件(2)をみたす場合に示す.このとき G の位数は ℓ と素だから,G の表現 W は半単純である.命題 11.41 の証明より,$W = \delta \oplus \mathrm{Ind}_H^G(\chi'/\chi)$ と分解したとき,$T = \delta$ または $T = \mathrm{Ind}_H^G(\chi'/\chi)$ と仮定して示せばよい.$T = \delta$ のときは H の元 g でスカラー行列でないものをとればよい.$T = \mathrm{Ind}_H^G(\chi'/\chi)$ のときは $g \in G \setminus H$ をとればよい.   ∎

$H^1(G, W) = 0$ となるための十分条件を与える.

補題 11.44 ℓ を 3 以上の素数とし,$\mathbb{F}$ を $\mathbb{F}_\ell$ の有限次拡大とする.$V = \mathbb{F}^2$,$W = \mathrm{End}^0(V)$ とすると,$\mathbb{F} = \mathbb{F}_5$ の場合を除き,
$$H^1(SL_2(\mathbb{F}), W) = 0$$
である.

[証明の概略] $V_0 = \mathbb{F} \subset V$ を 1 次元部分空間とし,$SL_2(\mathbb{F})$ の部分群を $B = \{g \in SL_2(\mathbb{F}) \mid g(V_0) \subset V_0\} \triangleright U = \{g \in B \mid g|_{V_0} = 1\}$ と定める.V_0 への作用は,同型 $B/U \to \mathbb{F}^\times$ を定める.$B = \left\langle \begin{pmatrix} a & 0 \\ 0 & a^{-1} \end{pmatrix}, \begin{pmatrix} 1 & u \\ 0 & 1 \end{pmatrix} \middle| a \in \mathbb{F}^\times, u \in \mathbb{F} \right\rangle$,$U = \left\{ \begin{pmatrix} 1 & u \\ 0 & 1 \end{pmatrix} \middle| u \in \mathbb{F} \right\}$ であり,同型 $B/U \to \mathbb{F}^\times$ は,$\begin{pmatrix} a & 0 \\ 0 & a^{-1} \end{pmatrix} \mapsto a$ で与えられる.指数 $[SL_2(\mathbb{F}) : B]$,$[B : U]$ は ℓ と素だから,制限写像 $H^1(SL_2(\mathbb{F}), W) \to H^1(B, W)$ は単射であり,$H^1(B, W) \to H^1(U, W)^{B/U}$ は同型である.

W の部分空間を $W_1 = \{f \in W \mid f(V_0) \subset V_0\} \supset W_0 = \{f \in W \mid f(V_0) = 0\}$ と定める.U の W/W_1,W_1/W_0,W_0 への作用は自明だから,$H^1(U, W/W_1)$,$H^1(U, W_1/W_0)$,$H^1(U, W_0)$ は,それぞれ $\mathrm{Hom}(U, W/W_1)$,$\mathrm{Hom}(U, W_1/W_0)$,$\mathrm{Hom}(U, W_0)$ と同一視される.さらに,$H^1(U, W/W_1)^{B/U}$,$H^1(U, W_1/W_0)^{B/U}$,$H^1(U, W_0)^{B/U}$ は,$\mathrm{Hom}_{B/U}(U, W/W_1)$,$\mathrm{Hom}_{B/U}(U, W_1/W_0)$,$\mathrm{Hom}_{B/U}(U, W_0)$ とそれぞれ同一視される.

§11.6 定理 11.37 の証明──375

(1) $\mathrm{Card}\,\mathbb{F}\neq 3,5,9$ なら，$\mathrm{Hom}_{B/U}(U,W/W_1)=0$,
(2) $\mathrm{Card}\,\mathbb{F}\neq 3$ なら，$\mathrm{Hom}_{B/U}(U,W_1/W_0)=0$,
(3) $\mathrm{Hom}_{B/U}(U,W_0)=\mathrm{Hom}_{\mathbb{F}}(U,W_0)$

であることを示す.

$\mathbb{F}$ 線型空間の同型 $W/W_1 \to \mathrm{Hom}_{\mathbb{F}}(V_0,V/V_0)$, $W_1/W_0 \to \mathrm{Hom}_{\mathbb{F}}(V_0,V_0)$, $W_0 \to \mathrm{Hom}_{\mathbb{F}}(V/V_0,V_0)$ は B/U 加群の同型である. さらに $g\in U$ に対し, $g-1$ がひきおこす写像を対応させることにより, B/U 加群の同型 $U \to \mathrm{Hom}_{\mathbb{F}}(V/V_0,V_0)$ が定まる. よって, $B/U=\mathbb{F}^\times$ の W/W_1, W_1/W_0, W_0, U への作用はそれぞれ, -2 乗, 自明, 2 乗, 2 乗による作用である.

$\mathbb{F}$ の位数を ℓ^f とする. (1) を示す. $\mathrm{Hom}_{B/U}(U,W/W_1)\neq 0$ なら, $\mathbb{F}^\times$ の -2 乗指標の共役で 2 乗指標と等しいものがある. よって, 自然数 $0\leq d<f$ で, $-2\ell^d \equiv 2 \bmod (\ell^f-1)$ をみたすものが存在する. $(\ell^f-1)\mid 2(\ell^d+1)$ となるから, $\ell^f-1\leq 2(\ell^d+1)$ であり, $(\ell^{f-d}-2)\ell^d\leq 3$ となる. これより, $\ell^{f-d}=3$ かつ $\ell^d=1,3$ または, $\ell^{f-d}=5$ かつ $\ell^d=1$ である. よって, $\mathrm{Card}\,\mathbb{F}=3,5,9$ のどれかであり, (1) が示された. $\mathrm{Card}\,\mathbb{F}\neq 3$ なら, 2 乗写像は自明でないから, (2) は明らかである. (3) を示す. $\mathbb{F}=\mathbb{F}_\ell[\mathbb{F}^{\times 2}]$ だから, $\mathrm{Hom}_{B/U}(U,W_0)=\mathrm{Hom}_{\mathbb{F}}(U,W_0)$ である.

$\mathrm{Card}\,\mathbb{F}\neq 3,5,9$ として, $H^1(SL_2(\mathbb{F}),W)\subset H^1(U,W)^{B/U}=0$ を示す. (1), (2), (3) より, $\mathrm{Hom}_{\mathbb{F}}(U,W_0)=H^1(U,W_0)^{B/U}\to H^1(U,W)^{B/U}$ は全射である. 長完全系列

$$H^0(U,W) \to H^0(U,W/W_0) \to H^1(U,W_0) \to H^1(U,W)$$

を考える. 最初の射 $H^0(U,W)=W_0 \to H^0(U,W/W_0)$ は 0 である. よって, 2 つめの射は同型 $H^0(U,W/W_0)=W_1/W_0 \to \mathrm{Hom}_{\mathbb{F}}(U,W_0)=H^1(U,W_0)^{B/U}$ をひきおこす. よって, 射 $H^1(U,W_0)^{B/U}\to H^1(U,W)^{B/U}$ は 0 である. したがって, $\mathrm{Card}\,\mathbb{F}\neq 3,5,9$ なら, $H^1(SL_2(\mathbb{F}),W)\subset H^1(U,W)^{B/U}=0$ である.

$\mathrm{Card}\,\mathbb{F}=9$ とする. $\mathrm{Card}\,\mathbb{F}\neq 3,5,9$ の場合と同様にして, $H^1(U,W)^{B/U}\to H^1(U,W/W_1)^{B/U}=\mathrm{Hom}_{B/U}(U,W/W_1)$ が単射であることが示される. さらに, 上の (1) の証明から, $H^1(U,W/W_1)^{B/U}$ は 1 次元 $\mathbb{F}$ 線型空間である. $H^1(U,W)^{B/U}$ の元で, $H^1(U,W/W_1)^{B/U}$ での像が 0 でないものがあったとす

る．この元に対応する，自明な表現 $\mathbb{F}$ の W による拡大への $\begin{pmatrix} a & 0 \\ 0 & a^{-1} \end{pmatrix}$ $(a \in \mathbb{F}^{\times})$, $\begin{pmatrix} 1 & u \\ 0 & 1 \end{pmatrix}$ $(u \in \mathbb{F})$ の作用は，それぞれ

$$\begin{pmatrix} a^2 & 0 & 0 & 0 \\ 0 & 1 & 0 & 0 \\ 0 & 0 & a^{-2} & 0 \\ 0 & 0 & 0 & 1 \end{pmatrix}, \quad \begin{pmatrix} 1 & u & \dfrac{u^2}{2} & c(u) \\ 0 & 1 & u & d(u) \\ 0 & 0 & 1 & u^3 \\ 0 & 0 & 0 & 1 \end{pmatrix}$$

で与えられる．ここで，$c, d \colon \mathbb{F} \to \mathbb{F}$ である．このような条件をみたす作用はないから，$\mathrm{Card}\,\mathbb{F} = 9$ のときも $H^1(SL_2(\mathbb{F}), W) \subset H^1(U, W)^{B/U} = 0$ である．

$\mathrm{Card}\,\mathbb{F} = 3$ の場合を示す．$H^1(U, W) = 0$ を示せばよい．$U \simeq \mathbb{Z}/3\mathbb{Z}$ だから，σ をその生成元とすると，$H^1(U, W) = \mathrm{Ker}(1 + \sigma + \sigma^2 \colon W)/\mathrm{Im}(\sigma - 1 \colon W)$ である．W は $\mathbb{F}[\sigma]$ 加群として，$\mathbb{F}[\sigma]/(\sigma-1)^3$ と同型だから，$H^1(U, W) = 0$ である． ■

問 補題 11.44 の証明の細部を完成せよ．

命題 11.45 ℓ を 3 以上の素数とし，G を $GL_2(\overline{\mathbb{F}}_\ell)$ の有限部分群で，$V = \overline{\mathbb{F}}_\ell^2$ が G の既約表現であるものとする．$\delta \colon G \to \overline{\mathbb{F}}_\ell^{\times}$ を指標とし，$W = \mathrm{End}^0(V)$ とおく．$Z = G \cap \overline{\mathbb{F}}_\ell^{\times}$ を G に含まれるスカラー行列の全体とし，$\overline{G} = G/Z$ を G の $PGL_2(\overline{\mathbb{F}}_\ell) = GL_2(\overline{\mathbb{F}}_\ell)/\overline{\mathbb{F}}_\ell^{\times}$ での像とすると，次の (1), (2) のどちらかがなりたつ．

(1) $H^1(G, W \otimes \delta) = 0$ である．

(2) $\ell = 3$ または 5 である．$\ell = 3$ ならば，$\overline{G}$ は 5 次交代群 A_5 と同型であり，$\delta = 1$ である．$\ell = 5$ ならば，$\overline{G}$ は $PSL_2(\mathbb{F}_5)$ か $PGL_2(\mathbb{F}_5)$ と共役であり，δ は 1 かまたは合成 $\left(\dfrac{\det}{5}\right) = \left(\dfrac{}{5}\right) \circ \det \colon G \to \overline{G} \to PGL_2(\mathbb{F}_5) \to \mathbb{F}_5^{\times}/(\mathbb{F}_5^{\times})^2 \to \{\pm 1\}$ である． □

命題 11.45 を，定理 10.28 から導く．まず，定理 10.28 の条件 (2) について，次がなりたつことを示す．

§11.6 定理 11.37 の証明―― 377

補題 11.46 ℓ を素数とし，G を $PGL_2(\overline{\mathbb{F}}_\ell)$ の有限部分群とする．G が $PGL_2(\mathbb{F}_\ell)$ と同型なら，$PGL_2(\mathbb{F}_\ell)$ と共役であり，G が $PSL_2(\mathbb{F}_\ell)$ と同型なら，$PSL_2(\mathbb{F}_\ell)$ と共役である．

[証明] $PGL_2(\overline{\mathbb{F}}_\ell)$ の $\mathbb{P}^1(\overline{\mathbb{F}}_\ell)$ への自然な作用を考える．位数 ℓ の元 $g \in G$ をとる．g の $\mathbb{P}^1(\overline{\mathbb{F}}_\ell)$ への作用は，固定点がただ 1 つであり，他の軌道の位数はすべて ℓ である．g 固定点を含む G 軌道を $X \subset \mathbb{P}^1(\overline{\mathbb{F}}_\ell)$ とする．X の位数 d は $(\sharp G/\ell) | (\ell^2-1)$ の約数であり，かつ $d \equiv 1 \bmod \ell$ である．$(\ell^2-1)/d \equiv -1 \bmod \ell$ だから，$(\ell^2-1)/d \geqq \ell-1$ であり，したがって，$d \leqq \ell+1$ である．よって，$d=1$ または $\ell+1$ である．X の位数が 1 ならば，G は上 3 角行列のなす群の像の共役に含まれ，したがって，位数 ℓ の正規部分群をもつことになり矛盾である．よって X の位数は $\ell+1$ である．g 固定点を無限遠点，これとは異なる X の点を 0，$g(0)=1$ となるように $\mathbb{P}^1$ の座標をとりなおせば，$X = \mathbb{P}^1(\mathbb{F}_\ell)$ である．G の作用は $0,1,\infty$ を $\mathbb{P}^1(\mathbb{F}_\ell)$ の点に写すから，G は $PGL_2(\mathbb{F}_\ell)$ の指数 2 以下の部分群である．$PGL_2(\mathbb{F}_\ell)$ の Abel 化は位数 2 だから，$PGL_2(\mathbb{F}_\ell)$ の指数 2 の部分群は，$\ell \neq 2$ なら $PSL_2(\mathbb{F}_\ell)$ だけである． ∎

[命題 11.45 の証明] 命題 11.5 より，完全系列 $0 \to H^1(\overline{G},(W \otimes \delta)^Z) \to H^1(G,W \otimes \delta) \to H^1(Z,W \otimes \delta)$ がなりたつ．Z の位数は ℓ と素だから，補題 11.3 より $H^1(Z,W \otimes \delta) = 0$ である．したがって標準写像 $H^1(\overline{G},(W \otimes \delta)^Z) \to H^1(G,W \otimes \delta)$ は同型である．Z の W への作用は自明だから，$\delta|_Z \neq 1$ なら，$(W \otimes \delta)^Z = 0$ である．

以下 $\delta|_Z = 1$ とし，δ を $\overline{G}$ の指標と同一視する．さらに $H^1(\overline{G},W \otimes \delta) = H^1(G,W \otimes \delta)$ と同一視する．定理 10.28 の条件 (1), (2), (3) がなりたつ場合にそれぞれ示せばよい．まず条件 (3) がなりたつとする．この場合は，仮定 $\ell \neq 2$ より G の位数は ℓ と素である．したがって補題 11.3 より $H^1(G,W \otimes \delta) = 0$ である．

次に条件 (1) がなりたつとする．$\overline{G}$ が $PSL_2(\mathbb{F})$ に共役とする．基底を取り換えて，$\overline{G} = PSL_2(\mathbb{F})$ としてよい．このとき $\delta = 1$ である．命題 11.5 より，$H^1(PSL_2(\mathbb{F}),W) \to H^1(SL_2(\mathbb{F}),W)$ は単射である．よって，補題 11.44 より，$\mathbb{F} = \mathbb{F}_5$ の場合を除けば $H^1(\overline{G},W \otimes \delta) = H^1(\overline{G},W) = 0$ である．$\overline{G}$ が

$PGL_2(\mathbb{F})$ に共役とする. $\overline{H} \subset \overline{G}$ を $PSL_2(\mathbb{F})$ に共役な部分群とすると, 上と同様に命題 11.5 と補題 11.3 より, $H^1(\overline{G}, W \otimes \delta) \to H^1(\overline{H}, W \otimes \delta)$ は単射だから, $\mathbb{F} = \mathbb{F}_5$ の場合を除けば $H^1(\overline{G}, W \otimes \delta) = 0$ である. $\mathbb{F} = \mathbb{F}_5$ のときは, 合成 $\left(\dfrac{\det}{5}\right): PGL_2(\mathbb{F}_5)^{\mathrm{ab}} \to \mathbb{F}_5^\times/(\mathbb{F}_5^\times)^2 \to \{\pm 1\}$ は同型だから, δ は 1 か $\left(\dfrac{\det}{5}\right)$ のどちらかである.

最後に条件(2)がなりたつとする. $\ell > 5$ ならば, このときは G の位数が ℓ と素だから, 補題 11.3 より $H^1(G, W \otimes \delta) = 0$ である. $\ell = 3$ のときは, $\overline{G}$ が A_5 と同型の場合を除けば, 補題 11.46 により条件(1)がなりたつ場合に帰着される. $\overline{G} \simeq A_5$ のときは, $\overline{G}^{\mathrm{ab}} = 1$ だから $\delta = 1$ である. $\ell = 5$ のときは, $\overline{G}$ が A_5 と同型の場合を除けば, G の位数が ℓ と素だから, $H^1(G, W \otimes \delta) = 0$ である. $\overline{G}$ が A_5 と同型なら, 補題 11.46 により, $\overline{G}$ は $PSL_2(\mathbb{F}_5)$ と共役である. ∎

系 11.47 仮定は命題 11.45 のとおりとする. $\ell \neq 3, 5$ または $\det G \neq 1$ ならば,
$$H^1(G, W \otimes \det) = 0$$
がなりたつ.

[証明] $\ell = 3, 5$ かつ $\delta = \det \neq 1$ として, 命題 11.45 の条件(2)がなりたたないことを示せばよい. $\det \neq 1$ だから, 条件(2)がなりたつとすると, $\ell = 5$, $\det = \left(\dfrac{\det}{5}\right)$ かつ $\det(G) = \{\pm 1\}$ となる. ところが, $-1 \neq \left(\dfrac{-1}{5}\right)$ だから矛盾である. ∎

以下, 記号は前節のとおりとする.

[定理 11.37 の証明] $r = \dim \mathrm{Sel}_\varnothing(\overline{W})$ だから, 等式 $r = \dim \mathrm{Sel}_Q(\overline{W})$ は, 包含写像 $\mathrm{Sel}_\varnothing(\overline{W}) \to \mathrm{Sel}_Q(\overline{W})$ が同型であることと同値である. $\overline{W}$ は自己双対的だから, $\mathrm{Sel}_{Q^*}(\overline{W}(1))^*$ で双対局所条件で定まる Selmer 群を表わす. 命題 11.32 により, 完全系列

$$0 \to \mathrm{Sel}_\varnothing(\overline{W}) \longrightarrow \mathrm{Sel}_Q(\overline{W}) \longrightarrow \bigoplus_{p \in Q} H^1(\mathbb{Q}_p, \overline{W})/H^1_f(\mathbb{Q}_p, \overline{W})$$
$$\to \mathrm{Sel}_{\varnothing^*}(\overline{W}(1))^* \longrightarrow \mathrm{Sel}_{Q^*}(\overline{W}(1))^* \to 0$$

§11.6 定理 11.37 の証明 —— 379

がある．したがって，$r = \dim \mathrm{Sel}_Q(\overline{W})$ は，$\bigoplus_{p \in Q} H^1(\mathbb{Q}_p, \overline{W})/H^1_f(\mathbb{Q}_p, \overline{W}) \to$
$\mathrm{Sel}_{\varnothing^*}(\overline{W}(1))^*$ が単射であることと同値である．その双対 $\mathrm{Sel}_{\varnothing^*}(\overline{W}(1)) \to$
$\bigoplus_{p \in Q} H^1(\mathbb{F}_p, \overline{W}(1))$ が全射であることとも同値である．

ここで次の補題を示す．

補題 11.48 1. $\dim_{\mathbb{F}} \mathrm{Sel}_{\varnothing^*}(\overline{W}(1)) = \dim_{\mathbb{F}} \mathrm{Sel}_{\varnothing}(\overline{W}) = r$.

2. 素数 q が条件

(10.22) $\qquad q \notin S_{\overline{\rho}}, \quad q \equiv 1 \bmod \ell \quad$ かつ $\quad \mathrm{Tr}\,\overline{\rho}(\varphi_q) \not\equiv \pm 2$

をみたせば $\dim_{\mathbb{F}} H^1(\mathbb{F}_q, \overline{W}(1)) = 1$.

[証明] 1. 命題 11.33 を $M = \overline{W}$ に適用する．$\overline{W}$ は自己双対的だから，

(1) $\dim_{\mathbb{F}} H^1(\mathbb{F}_p, \overline{W}^{I_p}) = \dim_{\mathbb{F}} \overline{W}^{G_{\mathbb{Q}_p}} \qquad p \in S_{\overline{\rho}},\ p \neq \ell$ のとき，

(2) $\dim_{\mathbb{F}} H^1_f(\mathbb{Q}_\ell, \overline{W}) - \dim_{\mathbb{F}} \overline{W}^{G_{\mathbb{Q}_\ell}} = 1 \qquad \ell \notin S_{\overline{\rho}}$ のとき，

(3) $\dim_{\mathbb{F}} H^1_s(\mathbb{Q}_\ell, \overline{W}) - \dim_{\mathbb{F}} \overline{W}^{G_{\mathbb{Q}_\ell}} = 1 \qquad \ell \in S_{\overline{\rho}}$ のとき，

(4) $\dim_{\mathbb{F}} \overline{W}^{G_\mathbb{R}} = 1$,

(5) $\overline{W}^{G_S} = \overline{W}(1)^{G_S} = 0$

を確かめればよい．(1), (2), (3) はそれぞれ命題 11.39.1., 2., 3. である．(4) は複素共役 c に対し，$\overline{\rho}(c)$ は固有値 $1, -1$ をそれぞれ 1 つずつもつことから従う．(5) を示す．補題 9.51 より，系 11.42.2. の条件 (2) はなりたたない．したがって，系 11.42 より従う．

2. 条件 (10.22) より，$\overline{\rho}(\varphi_q)$ は相異なる 2 つの固有値をもつ．これより明らか． ∎

補題 11.48 より，$\mathrm{Sel}_{\varnothing^*}(\overline{W}(1)) \to \bigoplus_{p \in Q} H^1(\mathbb{F}_p, \overline{W}(1))$ が全射であるためには，単射であることが必要十分である．

$$\mathrm{Sel}_{\varnothing^*}(\overline{W}(1)) \longrightarrow \bigoplus_{p \in Q} H^1(\mathbb{F}_p, \overline{W}(1)) = \bigoplus_{p \in Q} \overline{W}(1)/(\varphi_p - 1)\overline{W}(1)$$

が単射となる Q の存在を示す．定理 3.1 により，$\sigma_1, \cdots, \sigma_r \in G_{\mathbb{Q}(\zeta_{\ell^n})}$ で，各 $\overline{\rho}(\sigma_i)$ はそれぞれ 2 つの相異なる固有値をもち，さらに制限写像の直和 $\mathrm{Sel}_{\varnothing^*}(\overline{W}(1)) \to \bigoplus_{i=1}^r \overline{W}(1)/(\sigma_i - 1)\overline{W}(1)$ が単射となるものがあることを示せばよい．$\mathrm{Sel}_{\varnothing^*}(\overline{W}(1))$ の 0 でない任意の元に対し，$c: G_\mathbb{Q} \to \overline{W}(1)$ をその元を

表わす 1 コサイクルとすると，$\sigma \in G_{\mathbb{Q}(\zeta_{\ell^n})}$ で，$\bar{\rho}(\sigma)$ は 2 つの相異なる固有値をもち，さらに $c(\sigma) \in \overline{W}(1)$ が $(\sigma-1)\overline{W}(1)$ に含まれないものが存在することを示せば十分である．

$G_{F_n} = \mathrm{Ker}(\bar{\rho} \colon G_{\mathbb{Q}(\zeta_{\ell^n})} \to GL_2(\mathbb{F}))$ とおく．制限写像

(11.29) $\quad H^1(\mathbb{Q}, \overline{W}(1)) \to H^1(F_n, \overline{W}(1)) = \mathrm{Hom}(G_{F_n}, \overline{W}(1))$

が単射であることを示す．命題 11.5 より，核は $H^1(\mathrm{Gal}(F_n/\mathbb{Q}), \overline{W}(1))$ だから，$H^1(\mathrm{Gal}(F_n/\mathbb{Q}), \overline{W}(1)) = 0$ を示せばよい．さらに命題 11.5 より，完全系列

(11.30)
$$0 \to H^1(\mathrm{Gal}(F_0/\mathbb{Q}), \overline{W}(1)^{\mathrm{Gal}(F_n/F_0)}) \longrightarrow$$
$$H^1(\mathrm{Gal}(F_n/\mathbb{Q}), \overline{W}(1)) \longrightarrow H^1(\mathrm{Gal}(F_n/F_0), \overline{W}(1))^{\mathrm{Gal}(F_0/\mathbb{Q})}$$

が得られる．$\det \bar{\rho}$ は法 ℓ 円分指標だから，$\mathbb{Q}(\zeta_\ell) \subset F_0$ である．したがって，$\mathrm{Gal}(F_n/F_0)$ の $\overline{W}(1)$ への作用は自明である．よって，

$$H^1(\mathrm{Gal}(F_0/\mathbb{Q}), \overline{W}(1)) = 0$$

と

$$H^1(\mathrm{Gal}(F_n/F_0), \overline{W}(1))^{\mathrm{Gal}(F_0/\mathbb{Q})} = \mathrm{Hom}_{\mathrm{Gal}(F_0/\mathbb{Q})}(\mathrm{Gal}(F_n/F_0), \overline{W}(1)) = 0$$

を示せばよい．

$\bar{\rho}$ は $\mathrm{Gal}(F_0/\mathbb{Q})$ の絶対既約な忠実表現であり，$\det \bar{\rho}$ は法 ℓ 円分指標だから，$\det \bar{\rho} \neq 1$ である．したがって系 11.47 より，$H^1(\mathrm{Gal}(F_0/\mathbb{Q}), \overline{W}(1)) = 0$ である．$\mathrm{Hom}_{\mathrm{Gal}(F_0/\mathbb{Q})}(\mathrm{Gal}(F_n/F_0), \overline{W}(1)) = 0$ を示す．$F_n = F_0 \cdot \mathbb{Q}(\zeta_{\ell^n})$ だから $\mathrm{Gal}(F_n/F_0) \to \mathrm{Gal}(\mathbb{Q}(\zeta_{\ell^n})/\mathbb{Q})$ は単射である．よって，$\mathrm{Gal}(F_n/F_0)$ への $\mathrm{Gal}(F_0/\mathbb{Q})$ の共役による作用は自明である．したがって，$f \colon \mathrm{Gal}(F_n/F_0) \to \overline{W}(1)$ を $\mathrm{Gal}(F_0/\mathbb{Q})$ 加群の準同型とすると，f の像は不変部分 $\overline{W}(1)^{\mathrm{Gal}(F_0/\mathbb{Q})}$ に含まれる．補題 11.48 の証明の (5) より，$\overline{W}(1)^{\mathrm{Gal}(F_0/\mathbb{Q})} = 0$ である．よって $\mathrm{Hom}_{\mathrm{Gal}(F_0/\mathbb{Q})}(\mathrm{Gal}(F_n/F_0), \overline{W}(1)) = 0$ である．以上で $H^1(\mathrm{Gal}(F_n/\mathbb{Q}), \overline{W}(1)) = 0$ であり，$H^1(G_\mathbb{Q}, \overline{W}(1)) \to \mathrm{Hom}(G_{F_n}, \overline{W}(1))$ が単射であることが示された．

$\mathrm{Sel}_{\varnothing^*}(\overline{W}(1))$ の 0 でない任意の元をとり，$c \colon G_\mathbb{Q} \to \overline{W}(1)$ をその元を表わす 1 コサイクルとする．c の G_{F_n} への制限は，準同型 $c|_{G_{F_n}} \colon G_{F_n} \to \overline{W}(1)$

§11.6 定理 11.37 の証明 ——— 381

を定める．$H^1(G_\mathbb{Q}, \overline{W}(1)) \to \mathrm{Hom}(G_{F_n}, \overline{W}(1))$ の単射性より，$c(G_{F_n}) \subset \overline{W}(1)$ は 0 でない．これは，$G_{\mathbb{Q}(\zeta_{\ell^n})}$ の作用で安定な $\overline{W}(1)$ の部分空間である．制限 $\overline{\rho}|_{G_{\mathbb{Q}(\zeta_{\ell^n})}}$ は，系 9.52 より絶対既約である．よって，系 11.43 により，$\sigma \in G_{\mathbb{Q}(\zeta_{\ell^n})}$ で，$\overline{\rho}(\sigma)$ が 2 つの相異なる固有値をもち，さらに $c(G_{F_n}) + (\sigma-1)\overline{W} = \overline{W}$ となるものが存在する．$c(\sigma) \notin (\sigma-1)\overline{W}$ なら，この $\sigma \in G_{\mathbb{Q}(\zeta_{\ell^n})}$ が条件をみたす．$c(\sigma) \in (\sigma-1)\overline{W}$ のときは，$c(\tau) \notin (\sigma-1)\overline{W}$ となる $\tau \in G_{F_n}$ をとる．$\overline{\rho}(\sigma) = \overline{\rho}(\sigma\tau)$ かつ，$c(\sigma\tau) = c(\sigma) + \sigma c(\tau) \equiv c(\tau) \not\equiv 0 \bmod (\sigma-1)\overline{W}$ だから，$\sigma\tau \in G_{\mathbb{Q}(\zeta_{\ell^n})}$ が条件をみたす． ∎

付録 B
離散付値環上の曲線

§B.1 代数曲線

定義 B.1 1. k を体とする. k 上の分離有限型スキーム X で,すべての既約成分の次元が 1 であるものを,k 上の**代数曲線**(algebraic curve)とよぶ.

X が k 上の固有スムーズ代数曲線で,幾何的ファイバーが連結であるとき,$g = \dim_k H^1(X, O)$ を X の**種数**(genus)とよぶ.

2. スキーム S 上の分離有限表示平坦スキーム X で,すべての幾何的点 $\bar{s} \to S$ に対し幾何的ファイバー $X_{\bar{s}}$ が $\kappa(\bar{s})$ 上の代数曲線であるものを,S 上の代数曲線とよぶ.

X が S 上の固有スムーズ代数曲線で,各幾何的ファイバーが連結で種数が g であるとき,X は種数が g であるという. □

補題 B.2 S をスキームとし,X を S 上の代数曲線とする.

1. X が S 上スムーズとする.X の閉部分スキーム D で S 上有限表示であるものについて,次の条件(1)と(2)は同値である.
   (1) D は S 上平坦である.
   (2) D は X の Cartier 因子である.

2. X の閉部分スキーム D が X の Cartier 因子で,D が S 上エタールならば,X は D の近傍で S 上スムーズである.

[証明] 1. (1)⇒(2) 主張は S 上局所的だから,D は S 上次数 $N \geqq 1$ であるとしてよい.N に関する帰納法で示す.まず $N=1$ の場合を示す.主

張は X 上局所的だから，$S=\operatorname{Spec} A$ で，エタール射 $X\to \mathbb{A}_S^1=\operatorname{Spec} A[T]$ があるとしてよい．よって，$X=\mathbb{A}_S^1$ としてよく，この場合は明らかである．

N が一般の場合を示す．D は S の平坦被覆で，主張は S 上平坦局所的だから，D は切断 $P\colon S\to D$ をもつとしてよい．$N=1$ の場合が示されているから，P は X の Cartier 因子を定める．よって，D の閉部分スキーム D' で，$I_{D'}\subset O_X$, $I_P\subset O_X$ が $I_D=I_{D'}I_P$ をみたすものがある．D 上局所的に O_D 加群の完全系列 $0\to O_{D'}\to O_D\to O_S\to 0$ があるから，D' は S 上平坦で次数 $N-1$ である．よって，帰納法の仮定により，D' は Cartier 因子であり，$D=D'+P$ もそうである．

(2)$\Rightarrow$(1) D の定義イデアル I_D は可逆 O_X 加群である．S の各点 s に対し D_s は X_s の有限部分スキームだから，スムーズ代数曲線 X_s の各点 x で，イデアル $I_{D,x}O_{X_s,x}\subset O_{X_s,x}$ は非零因子で生成される．すなわち，各 $s\in S$ で，完全系列 $0\to I_D\to O_X\to O_D\to 0$ に $\otimes\kappa(s)$ して，完全系列 $0\to I_{D_s}\to O_{X_s}\to O_{D_s}\to 0$ が得られる．よって，$\operatorname{Tor}_1^{O_S}(O_D,\kappa(s))=0$ であり，O_D は平坦 O_S 加群である．

2. 命題 A.4.1. より，$S=\operatorname{Spec} k$, k は代数閉体，としてよい．$x\in D$ なら局所環 $O_{X,x}$ が正則だから，命題 A.4.2. より従う． ∎

体上の代数曲線の通常 2 重点を定義する．

定義 B.3 X を体 k 上の代数曲線とし，x を X の閉点とする．x が X の**通常 2 重点**(node)であるとは，k 上のエタール射 $u\colon U\to X$, $f\colon U\to \operatorname{Spec} k[S,T]/(ST)$ と，点 $v\in U$ で，$u(v)=x$, $f(v)=(S,T)$ をみたすものが存在することをいう． □

補題 B.4 X を体 k 上の代数曲線とし，x を X の閉点とする．このとき，次の条件 (1), (2), (3) は同値である．

(1) x は通常 2 重点である．

(2) x の剰余体 $\kappa(x)$ は k の有限次分離拡大である．X は x の近傍で被約であり，X の正規化 $\overline{X}$ は x の逆像の近傍で k 上スムーズである．$O_{X,x}$ 加群 $(O_{\overline{X}}/O_X)_x$ は長さ 1 であり，$\overline{X}\times_X x$ は x 上有限エタールで次数は 2 である．

§B.1 代数曲線―― 385

(3) $\overline{k}$ を k の代数閉包とする. 逆像の各点 $\overline{x} \in x \times_k \overline{k} \subset X_{\overline{k}} = X \times_k \overline{k}$ での局所環の完備化 $\widehat{O}_{X_{\overline{k}},\overline{x}}$ は, $\overline{k}$ 上 $\overline{k}[[S,T]]/(ST)$ と同型である.

[証明] (1)⇒(2),(3) 主張はエタール局所的である. よって, $X =$ Spec $k[S,T]/(ST)$ かつ $x=(S,T)$ と仮定してよく, このときは明らかである.

(2)⇒(1) $\overline{X} \to X$ を X の正規化とする. k を有限次分離拡大でおきかえて, x と x の $\overline{X}$ での逆像は k 有理点であるとしてよい. X を x の近傍でおきかえて, $X =$ Spec A は被約かつアファインで, 正規化 $\overline{X} =$ Spec B は k 上スムーズであるとしてよい.

x の逆像を x_1, x_2 とする. まず正規化 $\overline{X}$ が無縁和 $V_1 \amalg V_2 =$ Spec $B_1 \times B_2$, ($x_i \in V_i$) に分解する場合に示す. このとき, A は x_1, x_2 が定める全射 $B_1 \times B_2 \to k \times k$ による, 対角部分環 $k \subset k \times k$ の逆像である. よって, $S \in B_1, T \in B_2$ をそれぞれ x_1, x_2 での素元となるようにとれば, 環の準同型 $k[S,T]/(ST) \to A$ が定まり, これが定める射 $X \to$ Spec $k[S,T]/(ST)$ は x の近傍でエタールである.

一般の場合を上の場合に帰着させる. m を x に対応する A の極大イデアルとすると, $mB = m$ であり, B/mB は $k \times k$ と同型である. $k \times k$ での像が $(1,0)$ となるような B の元 b をとり, $a = b^2 - b \in mB = m \subset A$ とおく. さらに $g(Y) = Y^2 - Y - a \in A[Y]$, $\widetilde{A} = A[Y]/g(Y)$ とおき, $U =$ Spec $\widetilde{A}$ とする. $u: U \to X$ は平坦で, x でのファイバーはエタールだから, 必要なら X をさらに x の近傍でおきかえて, $U \to X$ はエタールであるとしてよい. 命題 A.13.3. より, $U \times_X \overline{X}$ は U の正規化である. 2次の有限エタール被覆 $U \times_X \overline{X} \to \overline{X}$ は, 準同型 $\widetilde{A} = A[Y]/g(Y) \to B : Y \mapsto b$ で定まる切断をもつから, $\overline{X} \amalg \overline{X}$ と同型である. よって, 正規化 $\overline{X}$ が無縁和 $V_1 \amalg V_2$ に分解する場合に帰着された.

(3)⇒(2) k が完全体と仮定して証明する. このときは k を $\overline{k}$ でおきかえて, k は代数閉体であるとしてよい. 局所環 $O_{X,x}$ は完備化 $\widehat{O}_{X,x}$ の部分環だから被約である. よって, X を x の近傍でおきかえて X は被約としてよい. X の正規化 $\overline{X}$ は k 上スムーズである. $O_{X,x}$ の完備化を $k[[S,T]]/(ST)$

と同一視すると, $\overline{X}$ での x の逆像での $O_{\overline{X}}$ の完備化は $k[[S]] \times k[[T]]$ だから, あとの主張は明らかである. □

完全体 k 上の固有代数曲線に対し, その双対鎖複体を定義する.

定義 B.5 k を完全体とし, X を k 上の固有代数曲線とする. $\overline{k}$ を k の代数閉包とする.

まず X が被約とする. $\overline{X}$ を X の正規化とし, $P = \operatorname{Spec} \Gamma(\overline{X}, O)$ を X の既約成分がなす有限スキームとよぶ. Σ を X の特異点全体がなす X の被約閉部分スキームとし, $\overline{\Sigma} = \overline{X} \times_X \Sigma$ とおく. $\Gamma_0 = \mathbb{Z}^{P(\overline{k})}$ とおき, Γ_1 を, 自然な射 $\overline{\Sigma} \to \Sigma$ が定める全射準同型 $\mathbb{Z}^{\overline{\Sigma}(\overline{k})} \to \mathbb{Z}^{\Sigma(\overline{k})}$ の核とする. $d: \Gamma_1 \to \Gamma_0$ を, 自然な射 $\overline{\Sigma} \to \overline{X}$ が定める準同型とする. 長さ 1 の鎖複体 $\Gamma = [\Gamma_1 \to \Gamma_0]$ を, X の**双対鎖複体**(dual chain complex)とよぶ.

一般の X に対しては, X の被約化の双対鎖複体を, X の双対鎖複体と定める. □

$H_0(\Gamma) = \mathbb{Z}$ であることと, X の幾何的ファイバー $X_{\overline{k}}$ が連結であることとは同値である.

§B.2 離散付値環上の準安定曲線

以下, O を離散付値環とし, K をその分数体, F を剰余体とする.

定義 B.6 O を離散付値環とし, K をその分数体, F を剰余体とする.

1. X を O 上の平坦代数曲線とする. X_F の有限個の通常 2 重点をのぞき X が O 上スムーズであるとき, X は**弱準安定**(weakly semistable)であるという. X が正則かつ弱準安定であるとき, X は**準安定**(semistable)であるという.

2. X を O 上の弱準安定代数曲線とし, $x \in X_F \subset X$ を通常 2 重点とする. $O_{X,x}$ 加群 $\Omega^2_{X/O,x}$ の長さ $\operatorname{length}_{O_{X,x}} \Omega^2_{X/O,x}$ を x の**指数**(index)とよぶ. □

定義 B.7 O を離散付値環とし, K をその分数体, X_K を K 上の固有スムーズ代数曲線とする.

1. O 上の固有スムーズ代数曲線 X_O と, K 上の同型 $X_K \to X_O \otimes_O K$ が存

在するとき，X_K はよい還元(good reduction)をもつという．

2. O 上の固有弱準安定代数曲線 X_O と，K 上の同型 $X_K \to X_O \otimes_O K$ が存在するとき，X_K は**準安定還元**(semistable reduction)をもつという． □

$X_\mathbb{Q}$ を $\mathbb{Q}$ 上の固有スムーズ代数曲線とする．$X_\mathbb{Q}$ が素数 p でよい還元をもつ，あるいは p で準安定還元をもつとは，$O = \mathbb{Z}_{(p)}$ としたときに，$X_\mathbb{Q}$ がよい還元をもつ，あるいは準安定還元をもつことと定義する．

補題 B.8 O を離散付値環とし，K を分数体，F を剰余体とする．O 上の正則代数曲線 X は，次の条件がすべてみたされれば準安定である．

生成点上のファイバー $X_K \to K$ はスムーズである．閉ファイバー X_F は被約であり，X の Cartier 因子として，$C_1, C_2 \subset X$ の和 $X_F = C_1 + C_2$ である．C_1, C_2 は F 上のスムーズ代数曲線であり，共通部分 $C_1 \cap C_2 = C_1 \times_X C_2$ は F 上エタールである．

[証明] 命題 A.4 より，$X - C_1 \cap C_2$ は O 上スムーズである．$x \in C_1 \cap C_2$ は X_F の通常 2 重点であることを示す．主張は X 上エタール局所的だから，x の剰余体は F であるとしてよい．X を x の近傍でおきかえて，C_1 を定義する元 s をとる．$t = \pi/s$ は C_2 を定義する．S の像を s，T の像を t とおくことで，O 上の射 $X \to \mathrm{Spec}\, O[S, T]/(ST - \pi)$ を定義する．これが，x でエタールであることを示す．

完備化の準同型 $A_0 = O[[S, T]]/(ST - \pi) \to A = \widehat{O}_{X,x}$ が同型なことを示せばよい．$m_{A_0}/m_{A_0}^2 \to m_A/m_A^2$ は同型だから $A_0 \to A$ は全射であり，A_0 と A はどちらも 2 次元正則局所環だから $A_0 \to A$ は同型である． ■

補題 B.9 O を離散付値環とし，K をその分数体，F を剰余体，π を素元とする．X を O 上の弱準安定代数曲線とし，x を X_F の通常 2 重点とし，e をその指数とする．O が完備で，F が代数閉体ならば，局所環 $O_{X,x}$ の完備化は O 上 $O[[S, T]]/(ST - \pi^e)$ と同型である．

[証明] A を $O_{X,x}$ の完備化とする．まず自然数 $m \geq 1$ と O 上の環の同型 $O[[S, T]]/(ST - \pi^m) \to A$ が存在することを示す．同型 $F[[S, T]]/(ST) \to A/(\pi)$ により，$F[[S, T]]/(ST) = A/(\pi)$ と同一視する．

次の(1), (2)のどちらかがなりたつ．

(1) S,T の像のもち上げ $s,t\in A$ と自然数 $m\geq 1$ と $u\in A^\times$ で，$st=u\pi^m$ をみたすものが存在する．

(2) S,T の像のもち上げ $s,t\in A$ と自然数 $m\geq 1$ と $v\in A$ が $st=v\pi^m$ をみたすとすると，v は A の極大イデアル (π,s,t) に含まれる．

(1)を仮定する．$A_0=O[[S,T]]/(ST-\pi^m)$ とし，S,T の像を $s'=su^{-1},t$ とおいて，O 上の環の準同型 $A_0\to A$ を定める．F 上の環の準同型 $A_0/(\pi)\to A/(\pi)$ は同型で，A と A_0 は O 上平坦だから，n に関する帰納法により $A_0/(\pi^n)\to A/(\pi^n)$ は同型である．極限をとって，$A_0\to A$ は同型である．$\Omega^2_{X/O,x}$ は，$\varprojlim_n \Omega^2_{(A_0/(\pi^n))/(O/(\pi^n))}\simeq A_0/(S,T)=O/(\pi^m)$ と同型だから，$e=m$ である．

(2)はなりたたないことを示す．S,T の像の A へのもち上げの列 $(s_m,t_m)_{m\geq 1}$ で，$s_{m+1}\equiv s_m \bmod \pi^m$, $t_{m+1}\equiv t_m \bmod \pi^m$, $s_m t_m \in (\pi^m)$ をみたすものを帰納的に構成する．s_1,t_1 は任意のもちあげをとればよい．s_m,t_m まで得られたとする．$s_m t_m=\pi^m v_m$, $v_m=as_m+bt_m+c\pi$, $(a,b,c\in A)$ と書ける．$s_{m+1}=s_m-\pi^m b$, $t_{m+1}=t_m-\pi^m a$ とおけば，$s_{m+1}t_{m+1}=\pi^{m+1}(c+ab\pi^{m-1})$ だから条件がみたされる．$s=\varprojlim_{m\to\infty} s_m$, $t=\varprojlim_{m\to\infty} t_m$ とおくと，s,t は S,T の像のもちあげであり，$st=0$ である．O 上の環の準同型 $O[[S,T]]/(ST)\to A$ を S,T の像を s,t とおいて定めると，上と同様に，これは同型である．ところが，X_K はスムーズだから，A_K は正則であり，これは矛盾である．　∎

命題 B.10 O を離散付値環とし，K をその分数体，F を剰余体とする．X と Y を O 上の正規代数曲線とし，$f:X\to Y$ を O 上の有限全射とする．このとき次がなりたつ．

1. X が O 上スムーズなら，$X\to Y$ は平坦であり，Y も O 上スムーズである．

2. X が O 上準安定であるとし，C_1,C_2 を F 上スムーズな X の Cartier 因子で，条件

(B.1)
$$C_1+C_2=X_F,\ C_1\cap C_2=\{X_F \text{ の通常 2 重点}\}$$
$$\text{かつ}\quad C_1=f^{-1}(f(C_1)),\ C_2=f^{-1}(f(C_2))$$

をみたすものとする.

このとき，Y も O 上弱準安定である．$D_1 = f(C_1)$, $D_2 = f(C_2)$ を Y の被約閉部分スキームとすると，D_1, D_2 は F 上スムーズな代数曲線で，$D_1 \cup D_2 = Y_F$ かつ $D_1 \cap D_2 = \{Y_F$ の通常2重点$\}$ である．

さらに，x を X_F の通常2重点とすると，$y = f(x)$ は Y_F の通常2重点である．e_y を y の指数，F_x, F_y を x, y の剰余体，A, B を局所環 $O_{Y,y}, O_{X,x}$ の完備化，L_x, L_y を A, B の分数体とすると

(B.2) $\qquad\qquad [F_x : F_y] \cdot e_y = [L_x : L_y]$

がなりたつ．

[証明] 1. O' を，O と同じ素元をもち，剰余体が F の代数閉包 F' である完備離散付値環とする．$Y_{O'} = Y \times_O O'$ が正規であることを示す．$X \to Y$ は Y の閉ファイバーの有限個の閉点をのぞき平坦である．したがって，系 A.14 より，Y は閉ファイバーの有限個の閉点をのぞきスムーズである．よって，$Y_{O'}$ も閉ファイバーの有限個の閉点をのぞきスムーズである．閉ファイバー Y_F は被約だから，閉ファイバー $Y_{F'}$ も被約である．よって，補題 A.41 より，$Y_{O'}$ は正規である．O を O' でおきかえて，O は完備かつ F は代数閉体であるとしてよい．

$X \to Y$ が平坦であることを示す．$x \in X_F$ を閉点とし，$y = f(x)$ とする．A, B をそれぞれ，局所環 $O_{Y,y}, O_{X,x}$ の完備化とする．B が A 上平坦なことを示せばよい．L_y, L_x をそれぞれ A, B の分数体とし，$d = [L_x : L_y]$ を拡大次数とする．$A \to B$ は極大イデアルをのぞき有限平坦で次数 d である．O 上の同型 $O[[t]] \to B$ をとり，$O[[t]] = B$ と同一視する．$t' = N_{B/A}t$ とおき，O 上の準同型 $A_0 = O[[t']] \to A$ を定める．$B/(\pi) = F[[t]]$ での t' の付値は d だから，$B/(\pi, t') = B \otimes_{A_0} F$ は $F[[t]]/(t^d)$ である．したがって，補題 A.43 より $X \to Y$ は平坦である．X は O 上スムーズだから，命題 A.13.3. より，正則である．したがって，系 A.14 より，Y も O 上スムーズである．

2. 1. と同様に，O は完備かつ F は代数閉体であるとしてよい．x を X_F の通常2重点とし，$y = f(x)$ とする．$A = \widehat{O}_{Y,y} \to B = \widehat{O}_{X,x}$ とおく．L_y, L_x をそれぞれ A, B の分数体として $d = [L_x : L_y]$ とする．同型 $O[[s,t]]/(st - \pi) \to$

B をとり，$O[[s,t]]/(st-\pi) = B$ と同一視する．$\operatorname{Spec} B \to X$ による C_1 の逆像 $\widehat{C}_1$ が $V(s)$ で，C_2 の逆像 $\widehat{C}_2$ が $V(t)$ であるとする．$s' = N_{B/A}s, t' = N_{B/A}t$ とおく．s', t' は，A の極大イデアルにはいり，$s't' = N_{B/A}\pi = \pi^d$ をみたすから，準同型 $A_0 = O[[s', t']]/(s't' - \pi^d) \to A$ が定まる．これが同型であることを示す．

s' は $\widehat{C}_1$ 上 0 であり，仮定 $f^{-1}(f(C_1)) = C_1$ より，$\operatorname{Spec} B \setminus \widehat{C}_1$ 上可逆である．よって，$s' = us^d$ をみたす $u \in B^\times$ がある．同様に $t' = vt^d$ をみたす $v \in B^\times$ があるから，$B \otimes_{A_0} A_0/m_{A_0} = B/(s^d, t^d, \pi) = F[[s, t]]/(s^d, t^d, st)$ は有限次元 $F = A_0/m_{A_0}$ 線型空間である．B と A_0 は完備だから，中山の補題より，B は A_0 加群として有限生成である．A_0 は 2 次元整閉整域だから，$A_0 \to B$ は単射である．$\operatorname{Spec} B \to \operatorname{Spec} A_0$ による (t') の逆像は (t) だけであり，剰余体の拡大 $F((s))/F((s'))$ の次数は，$s' = us^d$ より d である．よって，A_0 の分数体を L_0 とすると，L_x は L_0 の d 次拡大である．したがって，$L_y = L_0$ であり，$A = A_0$ である．

以上で，Y も O 上弱準安定であることが示された．残りの主張も示されている． ∎

系 B.11 O を離散付値環とする．X を O 上の代数曲線とし，有限群 G の X の O 上の自己同型による作用が与えられているとする．商 $Y = X/G$ が存在すると仮定する．さらに，x が X_F の既約成分の生成点で，η_x が x を含む X の既約成分の生成点なら，惰性群 I_x が惰性群 I_{η_x} と等しいと仮定する．

1. X が O 上スムーズなら，Y も O 上スムーズであり，$Y_F = X_F/G$ である．

2. X が O 上準安定であるとし，C_1, C_2 を条件 (B.1) をみたす G の作用で安定かつ F 上スムーズな X の Cartier 因子とする．

このとき，Y も O 上弱準安定であり，$D_1 = f(C_1), D_2 = f(C_2)$ を Y の被約閉部分スキームとすると，$D_1 = C_1/G, D_2 = C_2/G$ である．

さらに，x を X_F の通常 2 重点とし，η_x を x を含む X の既約成分の生成点とすると，通常 2 重点 $y = f(x)$ の指数 e_y は，指数 $[I_x : I_{\eta_x}]$ に等しい．

[証明] 1. 命題 B.10.1. より，Y は O 上スムーズである．$X_F/G \to Y_F$

が同型であることを示す．どちらも F 上の正規代数曲線だから，各既約成分の生成点での剰余体が同型なことをいえばよい．x を X_F の既約成分の生成点とし，$y=f(x)\in Y_F$ をその像とする．L_x を $O_{X,x}$ の完備化の分数体とし，L_y を $O_{Y,y}$ の完備化の分数体とする．このとき，L_x は L_y の Galois 拡大で，その惰性群は I_x/I_{η_x} である．したがって，仮定より L_x は L_y の不分岐拡大である．よって，x の X_F/G での像 x' の剰余体 $\kappa(x')$ は $\kappa(y)$ と等しく，$X_F/G \to Y_F$ は同型である．

2. 命題 B.10.2. より，Y は O 上弱準安定であり，系 B.11.1. より，通常2重点以外では閉埋め込み $C_1 \to X$，$C_2 \to X$ は，閉埋め込み $C_1/G \to Y$，$C_2/G \to Y$ をひきおこす．さらに，命題 B.10.2. より，これは，通常2重点の像でも閉埋め込みを定める．

x を通常2重点とし，$y=f(x)$ をその像とする．L_x を $O_{X,x}$ の完備化の分数体とし，L_y を $O_{Y,y}$ の完備化の分数体とする．このとき，L_x は L_y の Galois 拡大で，その x での惰性群は I_x/I_{η_x} である．よって，命題 B.10.2. より，$e_x = [I_x : I_{\eta_x}]$ である． ∎

§B.3　離散付値環上の曲線の双対鎖複体

O を離散付値環とし，F を剰余体とする．X を O 上の固有代数曲線とし，$\varGamma = [\varGamma_1 \to \varGamma_0]$ を X_F の双対鎖複体とする．X が正則のときに対称双線型形式 $(\ ,\ )_0 : \varGamma_0 \times \varGamma_0 \to \mathbb{Z}$ を定義し，X が弱準安定のときに対称双線型形式 $(\ ,\ )_1 : \varGamma_1 \times \varGamma_1 \to \mathbb{Z}$ を定義する．

X を O 上の固有正則代数曲線とする．X_F の既約成分 C_1, C_2 に対し，その交点積 $(C_1, C_2)_X$ を，$\deg O_X(C_1)|_{C_2}$ で定める．$C_1 \neq C_2$ なら，これは，$\dim_F \varGamma(X, O_{C_1} \otimes_{O_X} O_{C_2})$ と等しく，$(C_1, C_2)_X = (C_2, C_1)_X$ をみたす．X_F の既約成分を基底とする自由 $\mathbb{Z}$ 加群を $Z_1(X_F)$ とすると，交点積は双線型形式 $(\ ,\ )_X : Z_1(X_F) \times Z_1(X_F) \to \mathbb{Z}$ を定める．因子 X_F は主因子だから，$(X_F,)_X$ は0写像である．

補題 B.12 X_F が連結ならば，対称双線型形式 $(\ ,\ )_X$ の核は $\mathbb{Q}$ 上 X_F で

生成される. □

　F を完全体とし，$\Gamma=[\Gamma_1\to\Gamma_0]$ を X_F の双対鎖複体とする．O' を O の完備化の最大不分岐拡大の完備化とする．O' は完備離散付値環で，剰余体は F の代数閉包 $\overline{F}$ である．このとき $X_{O'}=X\otimes_O O'$ は O' 上の固有正則代数曲線であり，$X_{O'}\otimes_{O'}F=X_{\overline{F}}$ で $\Gamma_0=Z_1(X_{\overline{F}})$ である．対称双線型形式

(B.3) $\qquad\qquad (\ ,\ )_0: \Gamma_0\times\Gamma_0\longrightarrow\mathbb{Z}$

を，$X_{O'}$ での交点積により定める．補題 B.12 より，$X_{\overline{F}}$ が連結なら，双線型写像 $(\ ,\ )_0$ の核は $\mathbb{Q}$ 上 $X_{\overline{F}}$ で生成される．

線型写像

(B.4) $\qquad\qquad \alpha_0: \Gamma_0\longrightarrow\Gamma_0^*=\mathrm{Hom}(\Gamma_0,\mathbb{Z})$

を，$\alpha_0([C])([C'])=(C,C')_0$ で定める．また，線型写像

(B.5) $\qquad\qquad \beta: \Gamma_0^*\longrightarrow\mathbb{Z}$

を，$\beta^*(1)=[X_{\overline{F}}]=\sum_C e_C[C]$ で定まる線型写像 $\beta^*:\mathbb{Z}\to\Gamma_0$ の双対として定める.

系 B.13 O を離散付値環とし，剰余体 F は完全体であるとする．X を O 上の固有正則代数曲線とする．$\Gamma=[\Gamma_1\to\Gamma_0]$ を X_F の双対鎖複体とする．このとき，合成 $\beta\circ\alpha_0: \Gamma_0\to\Gamma_0^*\to\mathbb{Z}$ は 0 写像である．

さらに幾何的ファイバー $X_{\overline{F}}$ が連結ならば，$\mathrm{Ker}\,\beta/\mathrm{Im}\,\alpha_0$ の位数は有限である．

[証明] $(X_{\overline{F}},\ )_0$ が 0 写像だから，$\beta\circ\alpha_0=0$ である．補題 B.12 より，$X_{\overline{F}}$ が連結なら，双線型形式 $(\ ,\ )_0$ の核は $\mathbb{Q}$ 上 $X_{\overline{F}}$ で生成される．したがって，$\mathrm{Ker}\,\beta/\mathrm{Im}\,\alpha_0$ は有限 Abel 群である． ■

　O を離散付値環とし，X_O を O 上の固有弱準安定代数曲線とする．$\Gamma=[\Gamma_1\to\Gamma_0]$ を，閉ファイバー X_F の双対鎖複体とする．定義 B.5 の記号を使う．各 $x\in\Sigma(\overline{F})$ に対し，その $\overline{\Sigma(F)}$ での逆像を x_1,x_2 とし，$f_x=[x_1]-[x_2]$ とおくと，$f_x, x\in\Sigma(\overline{F})$ は自由 $\mathbb{Z}$ 加群 Γ_1 の基底である．(f_x,f_x) を x の指数 e_x，$x\neq x'$ なら $(f_x,f_{x'})=0$ とおくことで，対称双線型形式

(B.6) $\qquad\qquad (\ ,\ )_1: \Gamma_1\times\Gamma_1\longrightarrow\mathbb{Z}$

を定義する．これは，x_1,x_2 の番号のつけかたによらない．線型写像

(B.7) $$\alpha_1: \Gamma_1 \longrightarrow \Gamma_1^* = \operatorname{Hom}(\Gamma_1, \mathbb{Z})$$

を $\alpha_1(f_x)(f_{x'}) = (f_x, f_{x'})_1$ で定義する．$\Gamma^* = [\Gamma_0^* \to \Gamma_1^*]$ を Γ の双対複体とすると，$\alpha_1: \Gamma_1 \to \Gamma_1^*$ は，

(B.8) $\overline{\alpha}_1: H_1(\Gamma) = \operatorname{Ker}(\Gamma_1 \to \Gamma_0) \longrightarrow H^1(\Gamma^*) = \operatorname{Coker}(\Gamma_0^* \to \Gamma_1^*)$

をひきおこす．

X を弱準安定とすると，X の**最小特異点解消**(minimal resolution of singularities) X' は次のように構成される．x を X_F の通常2重点とし，その指数を e とする．$e \geqq 2$ として，X の x での爆発を X_1 とする．$e = 2$ なら，X_1 の例外因子 E は x 上のスムーズ2次曲線で，X_1 は E の近傍で準安定である．$e \geqq 3$ なら，X_1 の例外因子 E は x 上の特異2次曲線で，ただ1つの通常2重点 x_1 をのぞき x 上スムーズであり，x_1 の剰余体は x の剰余体と等しい．X_1 は弱準安定で，E の近傍で高々 x_1 をのぞき準安定であり，x_1 の指数は $e-2$ である．X の各通常2重点 x に対し，この操作を $\left[\dfrac{e_x}{2}\right]$ 回くりかえすことで，X の最小特異点解消 X' が得られる．

$\Gamma' = [\Gamma_1' \to \Gamma_0']$ を，最小特異点解消 X' の閉ファイバー X_F' の双対鎖複体とし，複体の標準射 $\Gamma \to \Gamma'$ を定義する．定義 B.5 の記号を使う．最小特異点解消 X' に対し，$\overline{X_F'}$ を X_F' の正規化とし，$P' = \operatorname{Spec} \Gamma(\overline{X_F'}, O)$，$\Sigma' = \{X_F' \text{ の通常2重点}\}$ などとおく．標準射 $X' \to X$ は X_F の通常2重点の外では同型だから，開埋め込み $P \to P'$ をひきおこす．$\Gamma_0 \to \Gamma_0'$ をこの $P \to P'$ で定める．標準射 $X' \to X$ は，自然に $\Sigma' \to \Sigma$ をひきおこし，各 $x \in \Sigma(\overline{F})$ に対し，その $\Sigma'(\overline{F})$ での逆像の元の個数は x の指数 e_x である．$x \in \Sigma(\overline{F})$ に対し，x_1, x_2 をその $\overline{\Sigma}(\overline{F})$ での逆像とする．x の $\Sigma'(\overline{F})$ での逆像を $x_1', \cdots, x_{e_x}'$ とし，さらに，$x_i', i = 1, \cdots, e_x$ の $\overline{\Sigma'}(\overline{F})$ での逆像を $x_{i,1}', x_{i,2}'$ とし，x_1 と $x_{1,1}, x_2$ と $x_{e_x,2}$，さらに $1 \leqq i < e_x$ に対し，$x_{i,2}$ と $x_{(i+1),1}$ がそれぞれ2つずつ正規化 $\overline{X_F'}$ の同じ連結成分にはいるように番号をつけることができる．このとき $([x_1] - [x_2]) \in \Gamma_1$ の像を，$\sum_{i=1}^{e_x}([x_{i,1}] - [x_{i,2}]) \in \Gamma_1'$ とおくことで，準同型 $\Gamma_1 \to \Gamma_1'$ を定義する．準同型 $\Gamma_0 \to \Gamma_0'$, $\Gamma_1 \to \Gamma_1'$ は，複体の射

(B.9) $$\Gamma \longrightarrow \Gamma'$$

を定義する．複体の射 $\Gamma \to \Gamma'$ は，ホモロジー群の準同型 $H_0(\Gamma) \to H_0(\Gamma')$,

$H_1(\Gamma) \to H_1(\Gamma')$ をひきおこす. 双線型形式 $(\ ,\ )_1 : \Gamma_1' \times \Gamma_1' \to \mathbb{Z}$ は, 線型写像 $\Gamma_1 \to \Gamma_1'$ により, 双線型形式 $(\ ,\ )_1 : \Gamma_1 \times \Gamma_1 \to \mathbb{Z}$ をひきおこす. したがって, $\alpha_1 : \Gamma_1 \to \Gamma_1^*$ は, $\alpha_1 : \Gamma_1' \to \Gamma_1'^*$ に $\Gamma_1 \to \Gamma_1'$ とその双対を合成して得られる.

命題 B.14 O を離散付値環とし, X を O 上の固有弱準安定代数曲線とする. $\Gamma = [\Gamma_1 \to \Gamma_0]$ を X_F の双対鎖複体とする.

1. X' を X の最小特異点解消とすると, (B.9) の複体の射 $\Gamma \to \Gamma'$ がひきおこすホモロジー群の準同型 $H_0(\Gamma) \to H_0(\Gamma')$, $H_1(\Gamma) \to H_1(\Gamma')$ は同型である.

2. X が準安定とし, $\bar{\alpha}_1 : H_1(\Gamma) \to H^1(\Gamma^*)$ を線型写像 (B.8) とする. このとき, 標準同型

(B.10)
$$\mathrm{Coker}(\bar{\alpha}_1 : H_1(\Gamma) \to H^1(\Gamma^*)) \longrightarrow \mathrm{Ker}(\beta : \Gamma_0^* \to \mathbb{Z})/\mathrm{Im}(\alpha_0 : \Gamma_0 \to \Gamma_0^*)$$

がある.

[証明] 1. これは容易に確かめられる.

2. 定義 B.5 の記号の下, Γ_0 は $P(\overline{F})$ を基底とする自由 $\mathbb{Z}$ 加群である. Γ_0 の標準基底 $P(\overline{F})$ をその双対基底に写すことにより, 同型 $\gamma_0 : \Gamma_0 \to \Gamma_0^*$ を定義する. $X_{\overline{F}}$ は被約だから, 合成 $\beta' = \beta \circ \gamma_0 : \Gamma_0 \to \mathbb{Z}$ は, 基底 $P(\overline{F})$ の各元を 1 に写す. 合成 $\beta' \circ d : \Gamma_1 \to \Gamma_0 \to \mathbb{Z}$ は 0 である. $X_{\overline{F}}$ は連結だから, β' は同型 $\mathrm{Coker}\, d = H_0(\Gamma) \to \mathbb{Z}$ をひきおこす.

X が準安定だから, $\alpha_1 : \Gamma_1 \to \Gamma_1^*$ は同型である. $\delta_0 : \Gamma_0^* \to \Gamma_0$ を合成

$$\Gamma_0^* \xrightarrow{d^*} \Gamma_1^* \xrightarrow{\alpha_1^{-1}} \Gamma_1 \xrightarrow{d} \Gamma_0$$

と定義する. 同型 $\alpha_1 : \Gamma_1 \to \Gamma_1^*$ で Γ_1 と Γ_1^* を同一視し, $\delta_0 : \Gamma_0^* \to \mathrm{Ker}\,\beta'$ を $d^* : \Gamma_0^* \to \Gamma_1^*$ と $d : \Gamma_1 \to \mathrm{Ker}\,\beta'$ の合成と考えると, 完全系列

(B.11) $\mathrm{Ker}\, d \xrightarrow{\bar{\alpha}_1} \mathrm{Coker}\, d^* \xrightarrow{d \circ \alpha_1^{-1}} \mathrm{Ker}\,\beta'/\mathrm{Im}\,\delta_0 \longrightarrow \mathrm{Ker}\,\beta'/\mathrm{Im}\,d$

が得られる. $\mathrm{Ker}\, d = H_1(\Gamma)$, $\mathrm{Coker}\, d^* = H^1(\Gamma^*)$, $\mathrm{Ker}\,\beta'/\mathrm{Im}\,d = 0$ だから, (B.11) より, 同型

(B.12)
$$\mathrm{Coker}(\overline{\alpha}_1 \colon H_1(\varGamma) \to H^1(\varGamma^*)) \longrightarrow \mathrm{Ker}(\beta' \colon \varGamma_0 \to \mathbb{Z})/\mathrm{Im}(\delta_0 \colon \varGamma_0^* \to \varGamma_0)$$
が得られる.

同型(B.12)より,図式
$$\begin{array}{ccccc} \varGamma_0 & \xrightarrow{\alpha_0} & \varGamma_0^* & \xrightarrow{\beta} & \mathbb{Z} \\ {\scriptstyle -\gamma_0}\downarrow & & {\scriptstyle \gamma_0^{-1}}\downarrow & & \Vert \\ \varGamma_0^* & \xrightarrow{\delta_0} & \varGamma_0 & \xrightarrow{\beta'} & \mathbb{Z} \end{array}$$
が可換なことを示せばよい.右の四角は,β' の定義より可換である.左の四角が可換なことを示す.D を $X_{\overline{F}}$ の既約成分として,$-\delta_0 \circ \gamma_0(D) = -d \circ \alpha_1^{-1} \circ d^* \circ \gamma_0(D)$ が,$\gamma_0^{-1} \circ \alpha_0(D) = \sum_{D'}(D, D')_0 \cdot D'$ と等しいことを示せばよい.
$\Sigma_D = \bigcup_{D' \neq D}(D \cap D') \subset \Sigma(\overline{F})$ を D と D 以外の既約成分との共通部分の合併とし,各 $x \in \Sigma_D$ に対し,その $\overline{\Sigma}(\overline{F})$ での逆像 x_1, x_2 を $x_1 \in D$ となるように番号付ける.すると
$$\alpha_1^{-1} \circ d^* \circ \gamma_0(D) = \sum_{x \in \Sigma_D}([x_1] - [x_2])$$
がなりたつ.よって,$-d \circ \alpha_1^{-1} \circ d^* \circ \gamma_0(D) = -\mathrm{Card}\,\Sigma_D \cdot D + \sum_{D' \neq D}(D, D')_0 \cdot D'$ である.$(X_{\overline{F}}, D)_0 = 0$ だから,$(D, D)_0 = -\mathrm{Card}\,\Sigma_D$ である.よって,左の四角も可換である. ∎

付録 C
$\mathbb{Z}_p$ 上の有限平坦可換群スキーム

§C.1 $\mathbb{F}_p$ 上の有限平坦可換群スキーム

まず $\mathbb{F}_p$ 上の有限平坦可換群スキームの圏の記述を与える.

定理 C.1 p を素数,$n \geqq 1$ を自然数とする.

1. Abel 圏の同値
$$D: (\mathbb{F}_p \text{上の有限} \mathbb{Z}/p^n\mathbb{Z} \text{加群スキーム}) \to (\text{有限} \mathbb{Z}/p^n\mathbb{Z}[F,V]/(FV-p) \text{加群})$$
がある. $\mathbb{F}_p$ 上の有限 $\mathbb{Z}/p^n\mathbb{Z}$ 加群スキーム G に対し,$\deg G = \operatorname{Card} D(G)$ である.

2. G が $\mathbb{F}_p$ 上エタールであるためには,$F: G \to G$ が同型であることが必要十分であり,$F: D(G) \to D(G)$ が同型であることが必要十分である. G がエタールならば,$D(G)$ は絶対 Galois 群 $G_{\mathbb{F}_p}$ の対角作用に関する不変部分 $(G(\overline{\mathbb{F}}_p) \otimes \mathbb{Z}_p^{\mathrm{ur}})^{G_{\mathbb{F}_p}}$ であり,F の $D(G) = (G(\overline{\mathbb{F}}_p) \otimes \mathbb{Z}_p^{\mathrm{ur}})^{G_{\mathbb{F}_p}}$ への作用は $\varphi_p \otimes 1$ の制限である.

3. G^* を G の Cartier 双対とすると,$D(G^*) = \operatorname{Hom}(D(G), \mathbb{Q}_p/\mathbb{Z}_p)$ であり,$F = V^*, V = F^*$ である.

4. A を $\mathbb{F}_p$ 上の g 次元 Abel 多様体とする. $\mathbb{Z}/p^n\mathbb{Z}[F,V]$ 加群 $D(A[p^n])$ は $\mathbb{Z}/p^n\mathbb{Z}$ 加群として階数 $2g$ の自由加群である. $D(A) = \varprojlim_n D(A[p^n]) \otimes_{\mathbb{Z}_p} \mathbb{Q}_p$ は $2g$ 次元の $\mathbb{Q}_p$ 線型空間である. 自己準同型 $f: A \to A$ に対し,$\deg f = \det(f: D(A))$ である. □

この定理は証明しない. ここでの $D(G)$ は,G の Cartier 双対 G^* の反変

Dieudonné 加群(Dieudonné module)とよばれるもの $D^*(G^*)$ である. G の Frobenius 自己準同型 F_G は G^* にその転置 V_{G^*} をひきおこし, したがって $D(G) = D^*(G^*)$ には $D^*(V_{G^*})$ として作用する. この本では, F で $(F_G)_* = D^*(V_{G^*})$ を表わすことにする. R が可換環で G が R 加群の構造をもつならば, $D(G)$ もそうである.

$G = \mathbb{Z}/p^n\mathbb{Z}$ のときは, $D(G) = \mathbb{Z}/p^n\mathbb{Z}$ であり, $F = 1, V = p$ である. $G = \mu_{p^n}$ のときは, $D(G) = \mathbb{Z}/p^n\mathbb{Z}$ であり, $F = p, V = 1$ である.

定理 C.1 は, 標数 $p > 0$ の一般の完全体 k に対し, 次のように拡張される. $W_n(k)$ で k 係数で長さ n の Witt ベクトルの環を表わし, $F: W_n(k) \to W_n(k)$ を Frobenius 準同型とする. $W_n(k)$ 上 F, V で生成される非可換環 $W_n(k)\langle F, V \rangle$ を, 関係式 $FV = VF = p$, $Fa = F(a)F$, $aV = VF(a)$ $(a \in W_n(k))$ で定める. このとき, 次がなりたつ.

定理 C.2 p を素数, $n \geq 1$ を自然数とする. k を標数 p の完全体とすると, Abel 圏の同値

$$D: (k \text{ 上の有限 } \mathbb{Z}/p^n\mathbb{Z} \text{ 加群スキーム}) \to \begin{pmatrix} W_n(k)\langle F,V \rangle \text{ 加群で, } W_n(k) \\ \text{加群として長さ有限のもの} \end{pmatrix}$$

がある. k' を k の有限次拡大体とすると, 次の図式は可換である.

$$\begin{array}{ccc} (k \text{ 上の有限 } \mathbb{Z}/p^n\mathbb{Z} \text{ 加群スキーム}) & \xrightarrow{D} & \begin{pmatrix} W_n(k)\langle F,V \rangle \text{ 加群で, } W_n(k) \\ \text{加群として長さ有限のもの} \end{pmatrix} \\ {\scriptstyle \otimes_k k'}\downarrow & & \downarrow{\scriptstyle \otimes_{W_n(k)} W_n(k')} \\ (k' \text{ 上の有限 } \mathbb{Z}/p^n\mathbb{Z} \text{ 加群スキーム}) & \xrightarrow{D} & \begin{pmatrix} W_n(k')\langle F,V \rangle \text{ 加群で, } W_n(k') \\ \text{加群として長さ有限のもの} \end{pmatrix} \end{array}$$ □

§C.2 $\mathbb{Z}_p$ 上の有限平坦可換群スキーム

$\mathbb{Z}_p$ 上の有限平坦可換群スキームは, 次に定義する線型代数的な対象によって記述される.

定義 C.3 p を素数，$n \geq 1$ を自然数とする．

1. $\mathbb{Z}/p^n\mathbb{Z}$ 加群 M が**フィルターつき φ 加群**(filtered φ-module)であるとは，M の部分加群 M' と，線型写像 $\varphi' \colon M' \to M$, $\varphi \colon M \to M$ で $\varphi|_{M'} = p\varphi'$ をみたすものが与えられていることをいう．

2. フィルターつき有限 φ 加群 M が**強可除**(strongly divisible)であるとは，$M = \varphi(M) + \varphi'(M')$ がなりたつことをいう．

3. M, N をフィルターつき φ-R 加群とする．R 線型写像 $f \colon M \to N$ が，フィルターつき φ-R 加群の準同型であるとは，$f(M') \subset N'$ かつ，$\varphi \circ f = f \circ \varphi$, $\varphi' \circ f|_{M'} = f \circ \varphi'$ がなりたつことをいう．

4. 強可除フィルターつき有限 φ 加群 (M, M') が**エタール**であるとは，$M = M'$ がなりたつことをいう．$M' = 0$ であるとき強可除フィルターつき φ 加群 (M, M') は**乗法的**(multiplicative)であるという． □

補題 C.4 フィルターつき有限 φ 加群 M が強可除であるためには，

$$\text{(C.1)} \qquad 0 \longrightarrow M' \xrightarrow{(p, -\mathrm{can})} M' \oplus M \xrightarrow{(\varphi', \varphi)} M \longrightarrow 0$$

が完全系列であることが必要十分である．

[証明] 合成 $M' \to M' \oplus M \to M$ は 0 写像である．定義 C.3.2. より，M が強可除であるとは，$M' \oplus M \to M$ が全射ということである．よって，位数を考えれば明らかである． ∎

系 C.5 1. 強可除フィルターつき有限 φ 加群の圏は Abel 圏をなす．

2. M を強可除フィルターつき有限 φ 加群とすると，線型写像 $F \colon M \to M$ で $F \circ \varphi = p$, $F \circ \varphi' = \mathrm{id}_{M'}$ をみたすものがただ 1 つ存在する．

3. O を $\mathbb{Q}_p$ の有限次拡大の整数環とする．$n \geq 1$ を自然数とし，$R = O/m_O^n$ とする．(M, M') が強可除フィルターつき有限 φ-R 加群なら，M' は M の R 加群としての直和因子である．

4. 強可除フィルターつき φ 加群 (M, M') がエタールであるためには，$F \colon M \to M$ が同型であることが必要十分である．

[証明] 1. 補題 C.4 より明らか．

2. 完全系列 (C.1) より，$M = \mathrm{Coker}((p, -\mathrm{can}) \colon M' \to M' \oplus M)$ である．これより明らか．

3. F を O の剰余体とする．完全系列(C.1)は $\otimes_O F$ しても完全である．よって，$M' \to M$ は $\otimes_O F$ しても単射である．

4. F が同型ならば，$\varphi = p \circ F^{-1}$ となるから，$M = \varphi(M) + \varphi'(M') \subset pM + \varphi'(M')$ である．よって，中山の補題より，$\varphi' : M' \to M$ は全射であり，$M = M'$ である．逆は明らかである．

系 C.5.2. より，$V = \varphi$ とおくことで，加法的関手

$$(\text{強可除フィルターつき有限 } \varphi\text{-}\mathbb{Z}/p^n\mathbb{Z} \text{ 加群})$$
$$\to (\text{有限 } \mathbb{Z}/p^n\mathbb{Z}[F, V]/(FV - p) \text{ 加群})$$

が定まる．

定理 C.6 p を 3 以上の素数，$n \geq 1$ を自然数とする．

1. Abel 圏の同値

$$(\text{C.2}) \quad D : \begin{pmatrix} \mathbb{Z}_p \text{ 上の有限平坦} \\ \mathbb{Z}/p^n\mathbb{Z} \text{ 加群スキーム} \end{pmatrix} \longrightarrow \begin{pmatrix} \text{強可除フィルターつき} \\ \text{有限 } \varphi\text{-}\mathbb{Z}/p^n\mathbb{Z} \text{ 加群} \end{pmatrix}$$

がある．図式

$$\begin{array}{ccc} \begin{pmatrix} \mathbb{Z}_p \text{ 上の有限平坦} \\ \mathbb{Z}/p^n\mathbb{Z} \text{ 加群スキーム} \end{pmatrix} & \xrightarrow{D} & \begin{pmatrix} \text{強可除フィルターつき} \\ \text{有限 } \varphi\text{-}\mathbb{Z}/p^n\mathbb{Z} \text{ 加群} \end{pmatrix} \\ {\scriptstyle \otimes_{\mathbb{Z}_p} \mathbb{F}_p} \downarrow & & \downarrow \\ \begin{pmatrix} \mathbb{F}_p \text{ 上の有限平坦} \\ \mathbb{Z}/p^n\mathbb{Z} \text{ 加群スキーム} \end{pmatrix} & \xrightarrow{D} & (\text{有限 } \mathbb{Z}/p^n\mathbb{Z}[F, V]/(FV - p) \text{ 加群}) \end{array}$$

は可換である．

2. $\mathbb{Z}_p$ 上の有限平坦 $\mathbb{Z}/p^n\mathbb{Z}$ 加群スキーム G に対し，G がエタールであるためには，対応する強可除フィルターつき φ 加群 $D(G)$ がエタールであることが必要十分であり，G が乗法的であるためには，$D(G)$ が乗法的なことが必要十分である．

3. A を $\mathbb{Z}_p$ 上相対次元 g の Abel スキームとし，$D(A) = \varprojlim_n D(A[p^n]) \otimes_{\mathbb{Z}_p} \mathbb{Q}_p$ とおく．部分空間 $D(A)' = \varprojlim_n D(A[p^n])' \otimes_{\mathbb{Z}_p} \mathbb{Q}_p \subset D(A)$ は g 次元であり，

$(\text{End }A)\otimes_{\mathbb{Q}}\mathbb{Q}_p$ 加群の標準同型 $D(A)' \to \varGamma(A_{\mathbb{Q}_p}, \varOmega^1_{A_{\mathbb{Q}_p}/\mathbb{Q}_p})$ と $D(A)/D(A)' \to$ $\text{Hom}(\varGamma(A_{\mathbb{Q}_p}, \varOmega^1_{A_{\mathbb{Q}_p}/\mathbb{Q}_p}), \mathbb{Q}_p)$ がある. □

この定理も証明しない. $G=\mathbb{Z}/p^n\mathbb{Z}$ のときは, $D(G)=D(G)'=\mathbb{Z}/p^n\mathbb{Z}$ であり, $\varphi=p, \varphi'=1$ である. $G=\mu_{p^n}$ のときは, $D(G)=\mathbb{Z}/p^n\mathbb{Z}, D(G)'=0$ であり, $\varphi=1$ である. R が可換環で G が R 加群の構造をもつならば, $D(G)$ もそうである.

V を $G_{\mathbb{Q}_p}$ のよい p 進表現とする. フィルターつき $\mathbb{Q}_p[F]$ 加群 $D(V)$ が次のように定義される. T を $G_{\mathbb{Q}_p}$ で安定な V の $\mathbb{Z}_p$ 格子とする. 自然数 $n \geq 1$ に対し, Galois 表現 T/p^nT が定める $\mathbb{Q}_p$ 上の有限平坦可換群スキーム G_n は $\mathbb{Z}_p$ 上の有限平坦可換群スキーム $G_{n,\mathbb{Z}_p}$ に一意的に延長される. よって定理 C.6 より, 強可除フィルターつき加群 $D(G_{n,\mathbb{Z}_p})$ が定義される. これらは自然に逆系をなす. $D(V)=\varprojlim_n D(G_{n,\mathbb{Z}_p})\otimes_{\mathbb{Z}_p}\mathbb{Q}_p$ はフィルターつき $\mathbb{Q}_p$-φ 加群であり, これは $\mathbb{Z}_p$ 格子 T のとり方によらない. $F=\varphi^{-1}\circ p$ とおくことにより, $D(V)$ は $\mathbb{Q}_p[F]$ 加群となる. これは $\varprojlim_n D(G_{n,\mathbb{F}_p})\otimes_{\mathbb{Z}_p}\mathbb{Q}_p$ と一致する. A を $\mathbb{Z}_p$ 上の Abel スキームとし, p 進表現 $V_pA_{\mathbb{Q}_p}$ を Tate 加群 $T_pA_{\mathbb{Q}_p}$ により $V_pA_{\mathbb{Q}_p}=T_pA_{\mathbb{Q}_p}\otimes_{\mathbb{Z}_p}\mathbb{Q}_p$ で定めると, $D(V_pA_{\mathbb{Q}_p})=D(A)$ である.

同様に $G_{\mathbb{Q}_p}$ のよい法 p 表現 V に対し, 強可除フィルターつき $\mathbb{F}_p$-φ 加群 $D(V)$ が定義され, $\mathbb{F}_p[F,V]/(FV-p)$ 加群 $D(V)$ が定義される.

$G_{\mathbb{Q}_p}$ のよい 2 次元表現が通常であるための条件を与える.

命題 C.7 p を 3 以上の素数とし, G を $\mathbb{Z}_p$ 上の有限平坦可換群スキームとする. $\overline{G}=G/pG$ とおき, $D(\overline{G})$ を対応する強可除フィルターつき φ 加群, n を $\varphi: D(\overline{G}) \to D(\overline{G})$ の固有値 0 の重複度, $h=\dim D(\overline{G})'$ とする.

1. 次の条件は同値である.
(1) G の乗法的閉部分群スキーム H で, G/H がエタールなものが存在する.
(2) $n=h$ である.

2. 1. の同値な条件がなりたっているとする. このとき, $D(H)$ は φ の制限が同型であるような $D(G)$ の最大部分加群であり, $D(G)/D(H)$ は φ が巾

零準同型をひきおこすような最大の商加群である.

[証明] 1. (1)⇒(2) $G=\overline{G}$ かつ, $\overline{G}$ がエタールかまたは乗法的であるとして示せばよい. $\overline{G}$ がエタールならば, 定理 C.6.2. と系 C.5.4. より $n=h=\dim D(\overline{G})$ である. 同様に, $\overline{G}$ が乗法的ならば, $n=h=0$ である.

(2)⇒(1) 部分環 $\mathbb{Z}_p[\varphi] \subset \operatorname{End} D(G)$ は, φ が可逆な成分と, φ が巾零な成分の直積だから, $D(G)$ も φ が同型である成分 $D(G)^o$ と, φ が巾零な成分の直和に分解する. $D(G)^o \cap D(G)'=0$ を示す. $0 \neq x \in D(G)^o \cap D(G)'$ として矛盾を導く. $px=0$ と仮定してよい. $0 \neq x \in D(G)^o$ より, $\varphi(x) \neq 0$ であるが, $x \in D(G)', px=0$ より, $\varphi(x)=p\varphi'(x)=\varphi'(px)=0$ で矛盾である. したがって, 標準写像 $D(G)^o \oplus D(G)' \to D(G)$ は単射である.

$\dim D(\overline{G})=\dim D(\overline{G})^o+n$ かつ $\dim D(\overline{G})'=h$ だから, $n=h$ ならば, 単射 $D(\overline{G})^o \oplus D(\overline{G})' \to D(\overline{G})$ は同型である. したがって, 中山の補題より $D(G)^o \oplus D(G)' \to D(G)$ は全射であり, 同型である. これより, 強可除フィルターつき φ 加群の完全系列

$$0 \longrightarrow (D(G)^o, 0) \longrightarrow (D(G), D(G)') \longrightarrow (D(G)', D(G)') \longrightarrow 0$$

が得られる. よって, 主張は定理 C.6.2. より従う.

2. 1.(2)⇒(1)の証明より明らか. ∎

系 C.8 p を 3 以上の素数, K を $\mathbb{Q}_p$ の有限次拡大, O をその整数環とする. V を $G_{\mathbb{Q}_p}$ のよい 2 次元 K 線型空間への表現とし, $D=D(V)$ を対応するフィルターつき $K[F]$ 加群とする. $\dim D(V)'=1$ と仮定する. このとき, V が通常であるためには, $\det(1-Ft: D)=(1-\alpha t)(1-p\beta t)$ となるような p 進単数 α, β が存在することが必要十分である.

この条件がなりたつとし, $G_{\mathbb{Q}_p}$ の不分岐指標で, φ_p の値が α, β であるものもそれぞれ α, β で表わし, χ を p 進円分指標とする. V は, α の $\beta \cdot \chi$ による拡大である.

[証明] 必要なことは明らかである. 十分なことを示す. $\det(1-Ft: D)=(1-\alpha t)(1-p\beta t)$ かつ α, β が p 進単数であるとする. $D^o \subset D$ を F の固有値 $p\beta$ に属する固有空間とし, $T \subset V$ を $G_{\mathbb{Q}_p}$ の作用で安定な O 上の格子とする. $D(T)^o=D(T) \cap D^o$ は階数 1 の自由 O 加群で, $D(T)^o$ への φ の作用は $1/\beta$

倍，$D(T)/D(T)^o$ への φ の作用は p/α 倍である．

自然数 $m \geq 1$ に対し，G_m を $G_m(\overline{\mathbb{Q}}_p) = T/p^m T$ で定まる $\mathbb{Z}_p$ 上の有限平坦可換群スキームとすると，命題 C.7 の n と h はどちらも，$[K : \mathbb{Q}_p]$ である．したがって，命題 C.7 より，T の部分表現 T^o で，$D(T^o) = D(T)^o$ をみたし，かつ $T/T^o, T^o(-1)$ がともに不分岐であるようなものが存在する．$D(T/T^o) = D(T)/D(T)^o$ への φ の作用は p/α だから，F の作用は α であり，定理 C.1.2. より T/T^o への φ_p の作用も α である．同様に $T^o(-1)$ への φ_p の作用は β 倍である． ∎

強可除フィルターつき φ-R 加群の拡大の群の記述を与える．R を $\mathbb{Z}_p$ 上の有限可換環とし，M, N を強可除フィルターつき φ-R 加群とする．§11.1 と同様に，強可除フィルターつき φ-R 加群の完全系列 $(E): 0 \to N \to E \to M \to 0$ を M の N による**拡大**(extension) といい，完全系列の可換図式

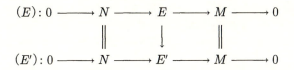

があるとき，拡大 (E) と (E') は同型であるという．拡大の同型類の集合 $\mathrm{Ext}_R^\varphi(M, N)$ は自然に R 加群の構造をもつ．圏の同値(C.2)により，$\mathbb{Z}_p$ 上の有限平坦 R 加群スキーム G, H に対し，G の H による拡大の同型類のなす群 $\mathrm{Ext}_R(G, H)$ は，$\mathrm{Ext}_R^\varphi(D(G), D(H))$ と自然に同一視される．

フィルターつき φ-R 加群 M, N に対し，

$\mathbf{Hom}_R(M, N) = \{(f, g) \in \mathrm{Hom}_R(M, N) \times \mathrm{Hom}_R(M', N) \mid f|_{M'} = pg\}$,

$\mathbf{Hom}_R(M, N)' = \{f \in \mathrm{Hom}_R(M, N) \mid f(M') \subset N'\}$

とおき，準同型 $\delta : \mathbf{Hom}_R(M, N)' \to \mathbf{Hom}_R(M, N)$ を $\delta(f) = (\varphi \circ f - f \circ \varphi, \varphi' \circ f|_{M'} - f \circ \varphi')$ で定める．フィルターつき φ-R 加群の準同型 $M \to N$ の集合を $\mathrm{Hom}_R^\varphi(M, N)$ で表わす．$(f, g) \in \mathbf{Hom}_R(M, N)$ に対し，M の N による拡大 $E = E_{f,g}$ を $E = M \oplus N$, $E' = M' \oplus N'$, $\varphi(x, y) = (\varphi(x), \varphi(y) + f(x))$, $\varphi'(x, y) = (\varphi'(x), \varphi'(y) + g(x))$ とおいて定める．(f, g) に対し $E_{f,g}$ の同型類を対応させることで準同型 $\mathbf{Hom}_R(M, N) \to \mathrm{Ext}_R^\varphi(M, N)$ が定まる．

命題 C.9 p を 3 以上の素数とする．R を $\mathbb{Z}_p$ 上の可換環とする．G, H を $\mathbb{Z}_p$ 上の有限平坦 R 加群スキームとし，$M = D(G), N = D(H)$ を対応する強可除フィルターつき φ-R 加群とする．このとき R 加群の完全系列

(C.3)
$$0 \to \mathrm{Hom}_R(G, H) \to \mathrm{Hom}_R(M, N)' \xrightarrow{\delta} \mathrm{Hom}_R(M, N) \to \mathrm{Ext}_R(G, H)$$

がある．さらに M が R 加群として自由加群ならば，完全系列

(C.4)
$$0 \to \mathrm{Hom}_R(G, H) \to \mathrm{Hom}_R(M, N)' \xrightarrow{\delta} \mathrm{Hom}_R(M, N) \to \mathrm{Ext}_R(G, H) \to 0$$

がある．

[証明] まず完全系列 (C.3) を示す．定理 C.6.1. より，$\mathrm{Hom}_R(G, H) = \mathrm{Hom}_R^\varphi(M, N)$，$\mathrm{Ext}_R(G, H) = \mathrm{Ext}_R^\varphi(M, N)$ と同一視される．$\mathrm{Hom}_R^\varphi(M, N)$ が $\delta: \mathrm{Hom}_R(M, N)' \to \mathrm{Hom}_R(M, N)$ の核であることは，定義より明らかである．$\mathrm{Hom}_R(M, N)$ での完全性を示す．$(f, g) \in \mathrm{Hom}_R(M, N)$ とし，$E_{f,g}$ の類が 0 とすると，同型 $E_{f,g} \to E_{0,0}$ がある．同型の成分 $h: M \to N$ は $(f, g) = \delta(h)$ をみたす $\mathrm{Hom}_R(M, N)'$ の元を与える．よって，$\mathrm{Hom}_R(M, N)$ でも完全である．

M が自由加群であると仮定して，$\mathrm{Hom}_R(M, N) \to \mathrm{Ext}_R^\varphi(M, N)$ が全射であることを示す．E を M の N による拡大とする．M' が M の直和因子だから，M が自由加群ならば，M' も射影 R 加群である．よって，R 加群としての直和分解 $E = M \oplus N$ で，R 加群としての直和分解 $E' = M' \oplus N'$ を延長するものが存在する．このことと定義より $\mathrm{Hom}_R(M, N) \to \mathrm{Ext}_R^\varphi(M, N)$ は全射である． ∎

系 C.10 $p \geq 3$ とし，O を $\mathbb{Q}_p$ の有限次拡大の整数環とする．$n \geq 1$ を自然数とし，$R = O/m_O^n$ とする．G, H を $\mathbb{Z}_p$ 上の有限平坦 R 加群スキームとし，$G(\overline{\mathbb{Q}}_p)$ が R 加群として自由加群であると仮定する．M, N をそれぞれ G, H に対応する強可除フィルターつき φ-R 加群とする．このとき，

$$\frac{\operatorname{Card}\operatorname{Ext}_R(G,H)}{\operatorname{Card}\operatorname{Hom}_R(G,H)} = \operatorname{Card}\operatorname{Hom}_R(M', N/N')$$

がなりたつ.

[証明] M が自由 R 加群であることを示す.中山の補題より,M が自由であるためには,$\sharp M = \sharp(M/m_O M)^n$ であることが必要十分である.よって,M が自由加群であるためには,$G(\overline{\mathbb{Q}}_p)$ が自由加群であることが必要十分である.

命題 C.9 より,左辺は $\dfrac{\operatorname{Card}\mathbf{Hom}_R(M,N)}{\operatorname{Card}\mathbf{Hom}'_R(M,N)}$ である.系 C.5.3. より,M' は M の直和因子である.よって,$\mathbf{Hom}_R(M,N)$,$\mathbf{Hom}_R(M,N)'$ はそれぞれ,全射

$$\operatorname{Hom}_R(M,N)\oplus\operatorname{Hom}_R(M',N) \to \operatorname{Hom}_R(M',N): (f,g) \mapsto f|_{M'} - pg$$

$$\operatorname{Hom}_R(M,N)\oplus\operatorname{Hom}_R(M',N') \to \operatorname{Hom}_R(M',N): (f,g) \mapsto f|_{M'} - g$$

の核である.したがって,左辺はさらに $\dfrac{\operatorname{Card}\operatorname{Hom}_R(M',N)}{\operatorname{Card}\operatorname{Hom}_R(M',N')}$ と等しく,右辺と一致する.

付録 D
代数曲線のヤコビアンと Néron モデル

　複素数体上の代数曲線の次数 0 の因子類群は，コンパクト複素トーラスとしての構造をもつ．一般の体さらにはスキーム上の代数曲線に対しても，次数 0 の因子類群に代数幾何的な構造を与えることができる．これを代数曲線のヤコビアンとよぶ．第 9 章では，この代数幾何的な構造を使って，モジュラー曲線から保型形式にともなう Galois 表現を構成した．代数曲線がよい還元をもたない素数では，そのヤコビアンもよい還元をもたないことがあるが，このような素数でも，Néron モデルを使って，その性質を調べることができる．

§D.1　代数曲線の因子類群

　X を体 k 上の固有正規連結代数曲線とする．K を X の関数体とする．X の閉点の形式的な $\mathbb{Z}$ 係数の線型結合を X の**因子**(divisor)とよぶ．X の因子全体がなす自由 Abel 群

$$(\mathrm{D}.1) \qquad \mathrm{Div}(X) = \bigoplus_{x : X \text{ の閉点}} \mathbb{Z} \cdot [x]$$

を X の**因子群**(divisor group)とよぶ．X 上の有理関数 $f \in K^\times$ に対し，f の因子 $\mathrm{div}\, f$ を $\sum_x \mathrm{ord}_x f \cdot [x] \in \mathrm{Div}(X)$ と定める．関数 $f \in K^\times$ に対し，その因子 $\mathrm{div}\, f \in \mathrm{Div}(X)$ を対応させることで，Abel 群の準同型 $\mathrm{div} \colon K^\times \to \mathrm{Div}(X)$ が定まる．これの像の元を X の**主因子**(principal divisor)とよび，余核

$$(\mathrm{D}.2) \qquad \mathrm{Pic}(X) = \mathrm{Div}(X)/\mathrm{div}\, K^\times$$

を X の**因子類群**(divisor class group)とよぶ.

X の因子類群 $\mathrm{Pic}(X)$ は次のようなコホモロジー表示をもつ. $K^\times$ で X 上の定数層を表わし,X の閉点 x に対し $\mathbb{Z}_x$ で,x 上の定数層 $\mathbb{Z}$ の X への延長を表わす. X の各閉点での局所環は離散付値環だから,X 上の層の完全系列

$$(\mathrm{D}.3) \qquad 0 \longrightarrow \mathbb{G}_m \longrightarrow K^\times \xrightarrow{\oplus_x \mathrm{ord}_x} \bigoplus_{x\,:\,X\text{の閉点}} \mathbb{Z}_x \longrightarrow 0$$

が得られる. これから得られる長完全系列により,同型

$$(\mathrm{D}.4) \qquad \mathrm{Pic}(X) \to H^1(X, \mathbb{G}_m)$$

がひきおこされる. 以下,この同型により,$\mathrm{Pic}(X) = H^1(X, \mathbb{G}_m)$ と同一視する.

X の因子 $D = \sum_x n_x [x]$ に対し,$\deg D = \sum_x n_x [\kappa(x) : k]$ を D の**次数**とよぶ. 因子 $D \in \mathrm{Div}(X)$ に対し,その次数 $\deg D \in \mathbb{Z}$ を対応させることで,Abel 群の準同型 $\deg : \mathrm{Div}(X) \to \mathbb{Z}$ を定める. 主因子の次数は 0 なので,これは準同型 $\deg : \mathrm{Pic}(X) \to \mathbb{Z}$ をひきおこす. 核 $\mathrm{Ker}(\deg : \mathrm{Pic}(X) \to \mathbb{Z})$ を $\mathrm{Pic}^0(X)$ で表わし,**次数 0 の因子類群**とよぶ.

$f : X \to Y$ を k 上の固有正規連結代数曲線の有限平坦射とする. $f^* : \mathrm{Div}(Y) \to \mathrm{Div}(X)$ が,Y の閉点 y に対し $f^*([y]) = [X \times_Y y] = \sum_{x \mapsto y} e_{x/y}[x]$ とおくことで定まる. ここで,$e_{x/y}$ は x での分岐指数を表わす. $f^* : \mathrm{Div}(Y) \to \mathrm{Div}(X)$ は,$f^* : \mathrm{Pic}(Y) \to \mathrm{Pic}(X), f^* : \mathrm{Pic}^0(Y) \to \mathrm{Pic}^0(X)$ をひきおこす. $f_* : \mathrm{Div}(X) \to \mathrm{Div}(Y)$ が,X の閉点 x に対し $f_*([x]) = f_{x/f(x)}[f(x)]$ とおくことで定まる. ここで,$f_{x/f(x)}$ は剰余体の拡大次数 $[\kappa(x) : \kappa(f(x))]$ を表わす. $f_* : \mathrm{Div}(X) \to \mathrm{Div}(Y)$ は,$f_* : \mathrm{Pic}(X) \to \mathrm{Pic}(Y), f_* : \mathrm{Pic}^0(X) \to \mathrm{Pic}^0(Y)$ をひきおこす.

代数曲線 X の次数 0 の因子類群 $\mathrm{Pic}^0(X)$ に,幾何的構造を与えたものを,X の**ヤコビアン**とよぶ. 次節で,X のヤコビアンを,Picard 関手のモジュライとして定義する. この節の残りでは,k が複素数体の場合に解析的な表示を与える.

X を $\mathbb{C}$ 上の種数 g の固有スムーズ連結代数曲線とする. X^{an} で X にともなうコンパクト Riemann 面を表わす. $(C_q(X^{\mathrm{an}}, \mathbb{Z}), d_q)_{q \in \mathbb{Z}}$ を,X^{an} の特異鎖

複体とする．$H_0(X^{\mathrm{an}},\mathbb{Z}) = \mathbb{Z}$ だから，
$$\mathrm{Div}^0(X) = \mathrm{Ker}(C_0(X^{\mathrm{an}},\mathbb{Z}) \to H_0(X^{\mathrm{an}},\mathbb{Z})) = \mathrm{Im}(C_1(X^{\mathrm{an}},\mathbb{Z}) \to C_0(X^{\mathrm{an}},\mathbb{Z}))$$
であり，全射 $C_1(X^{\mathrm{an}},\mathbb{Z}) \to \mathrm{Div}^0(X)$ が得られる．準同型

(D.5) $\qquad C_1(X^{\mathrm{an}},\mathbb{Z}) \longrightarrow H^0(X,\Omega_X^1)^* = \mathrm{Hom}(H^0(X,\Omega_X^1),\mathbb{C})$

を，1 鎖 γ に線型形式 $\omega \mapsto \int_\gamma \omega$ を対応させることで定める．(D.5)は準同型

(D.6) $\qquad\qquad \mathrm{Div}^0(X) \longrightarrow H^0(X,\Omega_X^1)^*/\mathrm{Im}\, H_1(X^{\mathrm{an}},\mathbb{Z})$

をひきおこす．

(D.5)がひきおこす写像

(D.7) $\qquad\qquad\qquad H_1(X^{\mathrm{an}},\mathbb{Z}) \longrightarrow H^0(X,\Omega_X^1)^*$

は，$\mathbb{R}$ 線型空間の同型

(D.8) $\qquad\qquad\qquad H_1(X^{\mathrm{an}},\mathbb{Z}) \otimes_{\mathbb{Z}} \mathbb{R} \longrightarrow H^0(X,\Omega_X^1)^*$

をひきおこす．すなわち，階数 $2g$ の自由 $\mathbb{Z}$ 加群 $H_1(X^{\mathrm{an}},\mathbb{Z})$ は，g 次元 $\mathbb{C}$ 線型空間 $H^0(X,\Omega_X^1)^*$ の格子である．よって，$H^0(X,\Omega_X^1)^*/\mathrm{Im}\, H_1(X^{\mathrm{an}},\mathbb{Z})$ は g 次元コンパクト複素トーラスである．

Abel の定理により，(D.6)は同型

(D.9) $\qquad\qquad \mathrm{Pic}^0(X) \longrightarrow H^0(X,\Omega_X^1)^*/\mathrm{Im}\, H_1(X^{\mathrm{an}},\mathbb{Z})$

をひきおこす．このように，$\mathrm{Pic}^0(X)$ は g 次元コンパクト複素トーラスとしての構造をもつ．

X^{an} 上の定数層 $2\pi\sqrt{-1}\mathbb{Z}$ を $\mathbb{Z}(1)$ で表わす．トレース写像 $H^2(X^{\mathrm{an}},\mathbb{Z}(1)) \to \mathbb{Z}$ は同型である．Poincaré 双対性により，$H^1(X^{\mathrm{an}},\mathbb{Z}(1))$ は $H^1(X^{\mathrm{an}},\mathbb{Z})$ の双対 $H_1(X^{\mathrm{an}},\mathbb{Z})$ と同一視される．

§D.2 代数曲線のヤコビアン

Picard 関手を定義し，それを使って，代数曲線の次数 0 の因子類群に代数幾何的な構造を与える．

X をスキームとする．$\mathrm{Pic}(X)$ で X 上の可逆層の同型類全体の集合を表わす．可逆層 $\mathcal{L},\mathcal{L}'$ の類の積を $[\mathcal{L}]\cdot[\mathcal{L}'] = [\mathcal{L} \otimes_{O_X} \mathcal{L}']$ で定義することにより，$\mathrm{Pic}(X)$ は可換群となる．これを X の **Picard** 群(Picard group)とよぶ．X

が体 k 上の正規連結代数曲線のときは，$\mathrm{Pic}(X)$ は X の因子類群と一致する．

$\mathcal{L}$ を X 上の可逆層とすると，$\mathrm{Isom}_{O_X}(O_X, \mathcal{L})$ は X 上の $\mathbb{G}_m$ 捻子を定める．よって，標準準同型

(D.10) $\qquad\qquad\qquad \mathrm{Pic}(X) \longrightarrow H^1(X, \mathbb{G}_m)$

が得られる．逆に X 上の $\mathbb{G}_m$ 捻子が与えられれば，はりあわせにより X 上の可逆層が定まるから，(D.10)は可換群の同型である．同型(D.10)により，以下 $\mathrm{Pic}(X) = H^1(X, \mathbb{G}_m)$ と同一視する．

S をスキームとし，X を S 上のスキームとする．S 上の関手 $P_{X/S}$ を，S 上のスキーム T に対し可換群 $\mathrm{Pic}(X \times_S T)$ を対応させることで定める．関手 $P_{X/S}$ は定義が素朴すぎて，このままでは表現可能となることが一般には期待できない．そこで次のように定義する．

定義 D.1 S をスキームとし，X を S 上のスキームとする．

(D.11) $\qquad\qquad\qquad P_{X/S}(T) = \mathrm{Pic}(X \times_S T)$

で定まる S 上の関手 $P_{X/S}$ の平坦層化 $P^a_{X/S}$ を，X の **Picard** 関手(Picard functor)とよび，$\mathrm{Pic}_{X/S}$ で表わす．k が体で $S = \mathrm{Spec}\, k$ のときは，$\mathrm{Pic}_{X/S}$ を $\mathrm{Pic}_{X/k}$ とも表わす． $\square$

S の幾何的点 $\bar{s}$ に対し，標準写像 $P_{X/S}(\bar{s}) = \mathrm{Pic}(X_{\bar{s}}) \to \mathrm{Pic}_{X/S}(\bar{s})$ は同型である．X が体 k 上のスムーズ2次曲線なら，次数写像は同型 $\mathrm{Pic}_{X/k}(k) \to \mathbb{Z}$ を定め，標準写像 $\mathrm{Pic}(X) \to \mathrm{Pic}_{X/k}(k)$ は単射である．X が有理点をもてばこれは同型であり，もたなければその像は $2\mathbb{Z}$ である．

S をスキームとし，$f: X \to Y$ を S 上のスキームの射とする．このとき f による可逆層のひきもどしは，関手の射 $f^*: \mathrm{Pic}_{Y/S} \to \mathrm{Pic}_{X/S}$ を定める．$f: X \to Y$ が有限平坦有限表示ならば，可逆層のノルムが，関手の射 $f_*: \mathrm{Pic}_{X/S} \to \mathrm{Pic}_{Y/S}$ を定める．$\mathcal{L}$ を X 上の可逆層とすると，ノルム $N_f \mathcal{L}$ は次のように Y 上の可逆層として定義される．Y の各点 y に対し，y の開近傍 V と $O_{f^{-1}(V)}$ 加群 $\mathcal{L}|_{f^{-1}(V)}$ の基底 ℓ_V がある．$N_f \mathcal{L}$ は V 上基底 $N(\ell_V)$ をもつ可逆層であり，基底の変換 $\ell' = a\ell$ に対しては，$N(\ell') = N_{X/Y} a \cdot N(\ell)$ をみたすという条件で特徴づけられる．

定義 D.2 S をスキームとし，X を S 上の固有代数曲線とする．

1. k を体とし,$S = \mathrm{Spec}\, k$ とする.$\overline{X}$ を X の正規化とし,$X_1, \cdots, X_n$ をその連結成分とする.

(D.12) $$\mathrm{Pic}^0(X) = \bigcap_{i=1}^n \mathrm{Ker}(\mathrm{Pic}(X) \to \mathrm{Pic}(X_i) \overset{\deg}{\to} \mathbb{Z})$$

とおく.

2. $\mathrm{Pic}_{X/S}$ の部分関手 $\mathrm{Pic}^0_{X/S}$ を,S 上のスキーム T に対し,

(D.13) $$\mathrm{Pic}^0_{X/S}(T) = \bigcap_{\bar{t}\,:\,T\,\text{の幾何的点}} \begin{pmatrix} \mathrm{Pic}_{X/S}(T) \to \mathrm{Pic}_{X/S}(\bar{t}) = \mathrm{Pic}(X_{\bar{t}}) \\ \text{による } \mathrm{Pic}^0(X_{\bar{t}}) \text{ の逆像} \end{pmatrix}$$

と定義する. □

次の定理は基本的である.

定理 D.3 S をスキームとし,$f: X \to S$ 上を,固有スムーズな代数曲線で各幾何的ファイバーは連結なものとし,種数を g とする.

1. $\mathrm{Pic}^0_{X/S}$ は S 上の相対次元 g の Abel スキーム $j: J \to S$ で表現される.
2. 標準同型

(D.14) $$j_* \Omega_{J/S} \to f_* \Omega_{X/S}$$

がある.

3. $n \geq 1$ を自然数とする.Weil ペアリングは双線型形式 $J[n] \times J[n] \to \mu_n$ を定め,Cartier 双対への同型

(D.15) $$J[n] \longrightarrow J[n]^*$$

を定める. □

関手 $\mathrm{Pic}^0_{X/S}$ のモジュライ J を,X のヤコビアン (Jacobian) という.

例 D.4 S をスキームとし,E を S 上の楕円曲線とする.S 上のスキーム T と T 上の切断 $P: T \to E$ に対し可逆層 $O_{E_T}([P]-[O])$ を対応させることで定まる関手の射 $E \to \mathrm{Pic}^0_{E/S}$ は同型である.この同型により,E のヤコビアンは E 自身である. □

系 D.5 k を体とし,X を k 上の固有スムーズな代数曲線で幾何的ファイバー $X_{\bar{k}}$ は連結なものとする.

1. X のヤコビアン $J = \mathrm{Pic}^0_{X/k}$ は k 上の次元 g の Abel 多様体である.

2. 標準同型
(D.16) $$\Gamma(J, \Omega_{J/k}) \to \Gamma(X, \Omega_{X/k})$$
がある.

3. $n \geq 1$ を自然数とする. Weil ペアリングは双線型形式 $J[n] \times J[n] \to \mu_n$ を定め, Cartier 双対への同型 $J[n] \to J[n]^*$ を定める. □

X のヤコビアンを $\operatorname{Jac} X$ で表わすこともある.

$k = \mathbb{C}$ とする. $J[n] = H_1(X^{\mathrm{an}}, \mathbb{Z}/n\mathbb{Z}) = H^1(X^{\mathrm{an}}, \mathbb{Z}/n\mathbb{Z}(1))$ と同一視する. Weil ペアリング $J[n] \times J[n] \to \mu_n$ は, カップ積 $H^1(X^{\mathrm{an}}, \mathbb{Z}(1)) \times H^1(X^{\mathrm{an}}, \mathbb{Z}(1)) \to H^2(X^{\mathrm{an}}, \mathbb{Z}(2))$ とトレース写像 $H^2(X^{\mathrm{an}}, \mathbb{Z}(2)) \to \mathbb{Z}(1)$ の合成によってひきおこされる写像 $H_1(X^{\mathrm{an}}, \mathbb{Z}/n\mathbb{Z}) \times H_1(X^{\mathrm{an}}, \mathbb{Z}/n\mathbb{Z}) \to \mathbb{Z}/n\mathbb{Z}(1)$ と同一視される.

$f: X \to Y$ を k 上の固有スムーズ代数曲線の有限平坦射とすると, 関手の射 $f_*: \operatorname{Pic}_{X/k} \to \operatorname{Pic}_{Y/k}$, $f^*: \operatorname{Pic}_{Y/k} \to \operatorname{Pic}_{X/k}$ はヤコビアンの射 $f_*: J_X \to J_Y$, $f^*: J_Y \to J_X$ をひきおこす.

補題 D.6 $f: X \to Y$ を k 上の固有スムーズ代数曲線の有限平坦射とする.

1. $f^*: J_Y \to J_X$ の核は k 上有限である.

2. X が Y の Galois 被覆であるとし, G を Galois 群とする. ℓ を k で可逆な素数とすると, $f^*: V_\ell J_Y \to V_\ell J_X$ は, G 不変部分 $(V_\ell J_X)^G$ への同型 $f^*: V_\ell J_Y \to (V_\ell J_X)^G$ を定める.

[証明] 1. $f_* \circ f^*: J_Y \to J_Y$ は次数 $[X:Y]$ 倍だから, $\operatorname{Ker} f^*$ は有限である.

2. $f^* \circ f_*: J_X \to J_X$ は $\sum_{g \in G} g^*$ だから, これより明らか. ∎

定理 D.7 k を体とし, X を k 上の固有代数曲線とする.

1. $\operatorname{Pic}^0_{X/k}$ は k 上のスムーズ連結可換群スキーム J で表現される.

2. X がスムーズとし, $X = \coprod_{i=1}^n X_i$ を連結成分への分解, $i = 1, \cdots, n$ に対し, $k_i = \Gamma(X_i, O)$ を X_i の定数体とする. このとき, J は Abel 多様体であり, k_i 上の X_i のヤコビアン $J_i = \operatorname{Pic}^0_{X_i/k_i}$ の k への Weil 制限の積 $\prod_{i=1}^n \operatorname{Res}_{k_i/k} J_i$ と同型である.

3. X が有限個の通常 2 重点をのぞきスムーズとし，$\overline{X}$ をその正規化とする．このとき，J は $\overline{X}$ のヤコビアン $\overline{J}$ の，トーラスによる拡大である．

4. k を完全体と仮定する．$\overline{X}$ を X の被約化の正規化，$\overline{J}$ を $\overline{X}$ のヤコビアンとし，Γ を X の双対鎖複体とする．このとき，標準射 $\overline{X} \to X$ がひきおこす射 $J \to \overline{J}$ は，J の Abel 多様体部分 J^a からの同型

(D.17) $$J^a \longrightarrow \overline{J}$$

を与える．J のトーラス部分 J^t の指標群は $H_1(\Gamma)$ と標準同型である． □

§D.3 Abel 多様体の Néron モデル

定理 D.8 O を離散付値環とし，K をその分数体とする．A_K を K 上の Abel 多様体とする．このとき，整数環 O 上のスムーズ可換群スキーム A で，次の性質をもつものが存在する．

O 上の任意のスムーズスキーム X に対し，制限写像

$\{O$ 上のスキームの射 $X \to A\} \to \{K$ 上のスキームの射 $X_K \to A_K\}$

は全単射である． □

定理 D.8 の条件をみたす O 上のスムーズ可換群スキーム A は，標準同型を除き一意的である．

定義 D.9 O を離散付値環とし，K をその分数体，F を剰余体とする．A_K を K 上の Abel 多様体とする．定理 D.8 の条件をみたす整数環 O 上のスムーズ可換群スキーム A を，A_K の **Néron** モデル(Néron model)とよぶ．

A の開部分スキーム A^0 で，$A^0 \otimes_O K = A \otimes_O K$ かつ $A^0 \otimes_O F$ が $A \otimes_O F$ の単位元を含む連結成分 A_F^0 であるという条件で定まるものを Néron モデル A の**連結成分**とよぶ． □

定義 D.10 O を離散付値環とし，K をその分数体，F を剰余体とする．A_K を K 上の Abel 多様体とし，A を A_K の Néron モデルとする．

1. A が O 上の Abel スキームであるとき，A_K は**よい還元**(good reduction)をもつという．

2. A の閉ファイバー A_F の連結成分 A_F^0 が，Abel 多様体のトーラスに

よる拡大であるとき，A_K は**準安定還元**(semistable reduction)をもつという． □

補題 D.11 O を離散付値環とし，K をその分数体，F を剰余体とする．A_K をよい還元をもつ K 上の Abel 多様体とし，A を A_K の Néron モデルとし，$A_F = A \otimes_O F$ をその還元とする．ℓ を F の標数と異なる素数とする．

1. Tate 加群 $T_\ell A_K$ は G_K の不分岐表現であり，標準同型 $T_\ell A_K \to T_\ell A_F$ は，標準全射 $G_K \to G_F$ と両立する．
2. 標準準同型 $\operatorname{End} A_K \to \operatorname{End} A_F$ は単射であり，標準同型 $T_\ell A_K \to T_\ell A_F$ と両立する．

［証明］ 1. 補題 A.47.1. より明らか．

2. 命題 A.51.2. より明らか． ∎

命題 D.12 O を離散付値環とし，K をその分数体，F を剰余体とする．A_K を K 上の Abel 多様体，G を O 上の有限平坦可換群スキームとする．A を A_K の Néron モデルとし，$G_K \to A_K$ を K 上の可換群スキームの準同型とする．このとき次がなりたつ．

1. 次の(1)と(2)のどちらかがみたされれば，$G_K \to A_K$ を延長する O 上の可換群スキームの準同型 $G \to A$ が存在する．

   (1) G は O_K 上エタールである．

   (2) p を K の剰余体 F の標数とすると，p の K での付値 $e = \operatorname{ord}_K p$ は $p-1$ より小さい．さらに $A_F = A \otimes_O F$ の連結成分は Abel 多様体のトーラスによる拡大である．

2. $G_K \to A_K$ が閉埋め込みで，1. の条件(2)がみたされているかまたは，$e = p-1$ かつ G の次数が p と素であるとする．このとき，$G_K \to A_K$ を延長する K 上の可換群スキームの準同型 $G \to A$ も閉埋め込みである． □

1.の(1)の場合は，Néron モデルの定義より明らかである．そのほかの証明は省略する．

系 D.13 A_K を K 上の Abel 多様体とし，A をその Néron モデルとする．$I \subset G_K$ を惰性群とする．

1. N を p と素な自然数とする．有限 Abel 群の標準同型 $A_F[N](\overline{F}) \to$

$A_K[N](\overline{K})^I$ がある.

2. ℓ を剰余体の標数と異なる素数とする.標準射 $G_K \to G_K/I = G_F$ の作用と両立する,有限次元 $\mathbb{Q}_\ell$ 線型空間の標準同型 $V_\ell A_F \to (V_\ell A_K)^I$ がある.F が完全体であるとし,A_F^a を A_F の Abel 多様体部分,A_F^t を A_F のトーラス部分とすると,完全系列 $0 \to V_\ell A_F^t \to V_\ell A_F \to V_\ell A_F^a \to 0$ が得られる.

3. L を K の有限次 Galois 拡大とし,$I_{L/K} \subset \mathrm{Gal}(L/K)$ を惰性群,E を L の剰余体とする.F が完全体であるとし,A_E^a を A_L の Néron モデルの閉ファイバー A_E の Abel 多様体部分,A_E^t をトーラス部分とすると,標準写像 $V_\ell A_F^a \to (V_\ell A_E^a)^{I_{L/K}}, V_\ell A_F^t \to (V_\ell A_E^t)^{I_{L/K}}$ は同型である.

[証明] 1. N 倍写像 $[N]: A \to A$ はエタールである.よって,$A[N]$ は O_K 上エタールである.したがって,$K^{\mathrm{ur}} = \overline{K}^I$ を K の最大不分岐拡大とすると,標準射 $A[N](O_K^{\mathrm{ur}}) \to A_F[N](\overline{F})$ は同型である.Néron モデルの定義より,$A[N](O_K^{\mathrm{ur}}) \to A_K[N](K^{\mathrm{ur}}) = A_K[N](\overline{K})^I$ も同型である.

2. 1. より,$V_\ell A_F \to (V_\ell A_K)^I$ は同型である.系 A.50 より,完全系列 $0 \to V_\ell A_F^t \to V_\ell A_F \to V_\ell A_F^a \to 0$ が従う.

3. 2. より,標準射 $A_F \otimes_F E \to A_E$ は同型 $V_\ell A_F \to (V_\ell A_E)^{I_{L/K}}$ をひきおこす.よって,完全系列 $0 \to V_\ell A_E^t \to V_\ell A_E \to V_\ell A_E^a \to 0$ の惰性群 $I_{L/K}$ 不変部分をとると,系 A.50.2. より,完全系列 $0 \to V_\ell A_F^t \to V_\ell A_F \to V_\ell A_F^a \to 0$ が得られる. ∎

系 D.14 K を離散付値体とし,剰余体 F が完全体であるとする.ℓ を剰余体の標数と異なる素数とする.

1. $A_K \to B_K$ を K 上の Abel 多様体の射とし,$A \to B$ をそれが Néron モデルにひきおこす射とする.$A_F^t \subset A_F^0, B_F^t \subset B_F^0$ をそれぞれ閉ファイバーのトーラス部分とする.$A_K \to B_K$ の核が有限と仮定する.

このとき,$V_\ell A_K \to V_\ell B_K$ は単射である.$V_\ell A_K, V_\ell B_F$ を $V_\ell B_K$ の部分空間と同一視すると,$V_\ell A_F = V_\ell A_K \cap V_\ell B_F, V_\ell A_F^t = V_\ell A_K \cap V_\ell B_F^t$ がなりたつ.

2. $X_K \to Y_K$ を K 上の固有スムーズ代数曲線の Galois 被覆とし,G を Galois 群とする.A_K, B_K を X_K, Y_K のヤコビアンとし,A_F, B_F を A_K, B_K の Néron モデルの閉ファイバー $A_F^a, B_F^a, A_F^t, B_F^t$ をそれぞれの Abel 多様体部

分，トーラス部分とする．^{G} で G 不変部分を表わすことにすると，標準写像 $V_\ell A_F^a \to (V_\ell B_F^a)^G$, $V_\ell A_F^t \to (V_\ell B_F^t)^G$ は同型である．

[証明] 1. $V_\ell A_K \to V_\ell B_K$ が単射であることは明らかである．系 D.13.2. より，$V_\ell A_F, V_\ell B_F$ はそれぞれ，惰性群 I による不変部分だから，$V_\ell A_F = V_\ell A_K \cap V_\ell B_F$ は $(V_\ell A_K)^I = V_\ell A_K \cap (V_\ell B_K)^I$ より明らかである．系 A.50.2. より，$V_\ell A_F^a = V_\ell A_F / V_\ell A_F^t \to V_\ell B_F^a = V_\ell B_F / V_\ell B_F^t$ は単射である．よって $V_\ell A_F^t = V_\ell A_K \cap V_\ell B_F^t$ が得られる．

2. 補題 D.6.2. より，$V_\ell A_K = (V_\ell B_K)^G$ と同一視される．よって，1. より，$V_\ell A_F = (V_\ell B_F)^G$, $V_\ell A_F^t = (V_\ell B_F^t)^G$ である．さらに，完全系列 $0 \to V_\ell B_F^t \to V_\ell B_F \to V_\ell B_F^a \to 0$ の G 不変部分をとって，同型 $V_\ell A_F^a \to (V_\ell B_F^a)^G$ が得られる． ∎

離散付値体 K 上の Abel 多様体 A_K が，よい還元，あるいは準安定還元をもつための条件が，G_K の ℓ 進表現 $V_\ell A$ によって与えられる．

定義 D.15 O を離散付値環とし，K をその分数体，p を剰余体 F の標数とする．ℓ を K で可逆な素数とし，V を絶対 Galois 群 G_K の ℓ 進表現とする．

1. O 上の有限平坦可換群スキームの全射の逆系 $G = (G_n)_{n \in \mathbb{N}}$ が O 上の ℓ 可除群(ℓ-divisible group)であるとは，次の条件をみたすことをいう．$\ell^n : G_n \to G_n$ は 0 射である．$[\ell] : G_n \to G_n$ は全射 $G_n \to G_{n-1}$ と閉埋め込み $i_{n-1} : G_{n-1} \to G_n$ の合成に分解する．$[\ell] : G_n \to G_n$ の核は $i_{n-1} \circ \cdots \circ i_1 : G_1 \to G_n$ である．

2. V が G_K のよい ℓ 進表現であるとは，$V = \varprojlim_n G_n(\overline{K}) \otimes_{\mathbb{Z}_\ell} \mathbb{Q}_\ell$ をみたす ℓ 可除群 $G = (G_n)_{n \in \mathbb{N}}$ が存在することをいう．

3. V が G_K の**準安定** ℓ 進表現であるとは，よい部分 ℓ 進表現 $V_0 \subset V$ で，V/V_0 が不分岐であるものが存在することをいう． ∎

$\ell \neq p$ ならば，V がよいとは，V が不分岐なことである．$\ell = p$ のときは，ここで与えたよい ℓ 進表現，準安定 ℓ 進表現の定義は，この本だけのものであり，普通用いられるものよりずっと強い条件である．

補題 D.16 p, ℓ を素数とし，K を $\mathbb{Q}_\ell$ の有限次拡大とする．ρ を 2 次元

K 線型空間 V への $G_{\mathbb{Q}_p}$ の ℓ 進表現とする．$\det V$ への $G_{\mathbb{Q}_p}$ の作用が ℓ 進円分指標ならば次は同値である．

(1) V は定義 D.15 の意味で準安定である．

(2) V は定義 3.35 の意味で準安定である．

[証明] (2)$\Rightarrow$(1) は明らかである．(1)$\Rightarrow$(2) を示す．V がよい 1 次元部分表現 V_0 をもち，V/V_0 が不分岐であるとして示せばよい．$\det V$ への $G_{\mathbb{Q}_p}$ の作用が ℓ 進円分指標という仮定より，V_0 への惰性群 I_p の作用は ℓ 進円分指標であり，V は通常である． ∎

次の定理は命題 3.46 の一般化である．

定理 D.17 K を局所体とし，A_K を K 上の Abel 多様体とする．ℓ を K の標数とは異なる素数とする．次の 1. と 2. で，条件 (1) と (2) はそれぞれ同値である．

1. (1) A_K はよい還元をもつ．
   (2) G_K の ℓ 進表現 $V_\ell A$ はよい．
2. (1) A_K は準安定還元をもつ．
   (2) G_K の ℓ 進表現 $V_\ell A$ は準安定である．

1. の (1)$\Rightarrow$(2) は，補題 D.11 より明らか．この他についての証明は省略する．

§D.4 曲線のヤコビアンと Néron モデル

O を離散付値環，X_K をその分数体 K 上の代数曲線とする．定理 D.3 より，X_K がよい還元をもてば，そのヤコビアン $J_K = \mathrm{Pic}^0 X_K$ もよい還元をもつ．よりくわしく，次がなりたつ．

補題 D.18 O を離散付値環，K をその分数体，F を剰余体とする．X を O 上の固有スムーズな代数曲線で各幾何的ファイバーは連結なものとする．

このとき関手 $\mathrm{Pic}^0_{X/O}$ は O 上の Abel スキーム J で表現される．$J_K = J \otimes_O K$ は，$X_K = X \otimes_O K$ のヤコビアンであり，J は J_K の Néron モデルである．閉ファイバー $J_F = J \otimes_O F$ は $X_F = X \otimes_O F$ のヤコビアンである．

K の標数とは異なる素数 ℓ に対し，$\mathrm{Gal}(\overline{K}/K)$ の ℓ 進表現 $V_\ell J_K$ はよい ℓ 進表現である．ℓ が F の標数でなければ，標準写像 $V_\ell J_K \to V_\ell J_F$ は有限次元 $\mathbb{Q}_\ell$ 線型空間の同型で，$\mathrm{Gal}(\overline{K}/K) \to \mathrm{Gal}(\overline{F}/F)$ と両立する．

[証明]　定理 D.3 と補題 D.11 より明らか．　　　　　　　　　　　■

よい還元をもたないときも，正則モデルについて次が成り立つ．

定理 D.19　O を離散付値環，K をその分数体，F を剰余体とする．X を O 上の固有正則連結代数曲線で，各幾何的ファイバーは連結なものとする．$X_K = X \otimes_O K$ はスムーズで，F は完全体であり，$X_F = X \otimes_O F$ の各既約成分の X_F の中での重複度の最大公約数は 1 と仮定する．このとき，

1. 関手 $\mathrm{Pic}^0_{X/O}$ は，X_K のヤコビアン J_K の Néron モデル J の連結成分 J^0 で表現される．

2. Γ を X_F の双対鎖複体とし，$\alpha_0 \colon \Gamma_0 \to \Gamma_0^*, \beta \colon \Gamma_0^* \to \mathbb{Z}$ を (B.4), (B.5) の線型写像とすると，Néron モデル J の閉ファイバー $J_F = J \otimes_O F$ の連結成分のなす群は $\mathrm{Ker}\,\beta / \mathrm{Im}\,\alpha_0$ と標準的に同型である．　　　　□

系 D.20　記号を定理 D.19 のとおりとする．$\overline{J}_F$ を X_F の被約化の正規化 $\overline{X}_F$ のヤコビアンとする．標準射 $\overline{X}_F \to X_F$ がひきおこす射 $J_F \to \overline{J}_F$ は，連結成分 J_F^0 の Abel 多様体部分 J_F^a からの同型

(D.18)　　　　　　　　　　　$J_F^a \longrightarrow \overline{J}_F$

を与える．J_F のトーラス部分 J_F^t の指標群は $H_1(\Gamma)$ と標準同型である．

[証明]　定理 D.19.1. と定理 D.7.4. より明らか．　　　　　　　　■

離散付値体上の代数曲線が準安定な還元をもつならば，そのヤコビアンも準安定な還元をもつ．よりくわしく，次がなりたつ．

系 D.21　O を離散付値環，K をその分数体，F を剰余体とする．X を O 上の固有弱準安定代数曲線で，各幾何的ファイバーが連結なものとする．J を $X_K = X \otimes_O K$ のヤコビアン J_K の Néron モデルとする．

1. $\overline{X}_F$ を X_F の正規化とし，$\Gamma = [\Gamma_1 \to \Gamma_0]$ を，閉ファイバー X_F の双対鎖複体とする．閉ファイバー $J_F = J \otimes_O F$ の連結成分 J_F^0 は，$\overline{X}_F$ のヤコビアンの，トーラス $\mathrm{Hom}(H_1(\Gamma), \mathbb{G}_m)$ による拡大である．

$C_1, \cdots, C_m$ を $\overline{X}_F$ の連結成分，Σ を X_F の特異点のなす被約閉部分スキー

ムとする．g を X_F の種数，F_i を C_i の定数体，g_i を F_i 上の代数曲線 C_i の種数とすると，

(D.19) $$g = 1 + \deg \Sigma + \sum_{i=1}^{m}[F_i : F](g_i - 1)$$

がなりたつ．

2. J_F の連結成分のなす群は，(B.8)の線型写像 $\overline{\alpha}_1 \colon H_1(\Gamma) \to H^1(\Gamma^*)$ の余核と標準同型である．

[証明] 1. X' を X の最小特異点解消とする．$X_K = X'_K$ である．例外因子はすべて種数 0 だから，X'_F の正規化のヤコビアンは，$\overline{X}_F$ のヤコビアンと等しい．命題 B.14.1. により，Γ を X'_F の双対鎖複体とすると，標準同型 $H_1(\Gamma) \to H_1(\Gamma')$ がある．よって，X を X' でおきかえて，X は準安定と仮定してよい．定理 D.19.1., 定理 D.7.3. より J_F^0 は $\overline{X}_F$ のヤコビアンのトーラスによる拡大である．系 D.21 より J_F^0 はトーラス部分の指標群は $H_1(\Gamma)$ である．

a を J_F の Abel 多様体部分の次元，t をトーラス部分の次元とすると，$g = a+t$ である．$a = \sum_{i=1}^{m}[F_i : F]g_i$ であり，$t-1 = \deg \Sigma - \sum_{i=1}^{m}[F_i : F]$ だから，等式 (D.19) が従う．

2. 1. と同様に命題 B.14.1. により，X を X' でおきかえてよい．よって，定理 D.19.2. と命題 B.14.2. より従う． ∎

系 D.22 K を離散付値体とし，X_K を K 上の固有スムーズ代数曲線，J_K を X_K のヤコビアンとする．X_K が準安定還元をもつならば，ヤコビアン J_K も準安定還元をもつ．

K の標数と異なる素数 ℓ に対し，$\mathrm{Gal}(\overline{K}/K)$ の ℓ 進表現 $V_\ell J_K$ は，準安定な ℓ 進表現である．

[証明] 系 D.21.1. と定理 D.17.2. $(1) \Rightarrow (2)$ から従う． ∎

参考文献

1. 定理 0.13 と定理 0.15 の原論文

定理 0.13:

[1] A. Wiles, *Modular elliptic curves and Fermat's Last Theorem*, Annals of Math., **141**(1995), 443-551.

[2] R. Taylor, A. Wiles, *Ring theoretic properties of certain Hecke algebras*, Annals of Math., **141**(1995), 553-572.

定理 0.15:

[3] K. Ribet, *On modular representations of* $\mathrm{Gal}(\bar{\mathbb{Q}}/\mathbb{Q})$ *arising from modular forms*, Inventiones Math., **100**(1990), 431-476.

2. 定理 0.13 の解説書

[4] G. Cornell, J. Silverman, G. Stevens (eds.), Modular Forms and Fermat's Last Theorem, Springer, 1997.

[5] H. Darmon, F. Diamond, R. Taylor, *Fermat's Last Theorem*, in [6], 2-140.

[6] J. Coates and S. T. Yau (eds.), Elliptic Curves, Modular Forms and Fermat's Last Theorem, 2nd ed. International Press, 1997.

[7] V. K. Murty (ed.), Seminar on Fermat's Last Theorem, CMS Conference Proceedings, AMS, 1995.

[8] 加藤和也, 解決! フェルマーの最終定理——現代数論の軌跡, 日本評論社, 1995.

3. 楕円曲線, モジュラー曲線, 保型形式などについての, 主なその他の参考書

・楕円曲線

[9] J. Silverman, The Arithmetic of Elliptic Curves, Graduate Texts in Math., Springer, **106**, 1986.

[10] J. Silverman, Advanced Topics in the Arithmetic of Elliptic Curves, Graduate Texts in Math., Springer, **151**, 1994.

• モジュラー曲線

[11] P. Deligne, M. Rapoport, *Les schémas de modules de courbes elliptiques*, in [12], 143-316.

[12] W. Kuyk, P. Deligne (eds.), Modular Functions of One Variable II, Lecture Notes in Math., Springer, **349**, 1973.

[13] N. Katz, B. Mazur, Arithmetic Moduli of Elliptic Curves, Annals of Math. Studies, Princeton Univ. Press, **151**, 1994.

• 保型形式

[14] G. Shimura, Introduction to the Arithmetic Theory of Automorphic Functions, Princeton Univ. Press, 1971.

[15] 土井公二, 三宅敏恒, 保型形式と整数論, 紀伊國屋書店, 1976.

[16] 清水英男, 保型関数, 岩波数学選書, 岩波書店, 1992.

• 可換環論, 代数幾何

[17] A. Grothendieck-J. Dieudonné, Eléments de Géometrie Algèbrique IV, Publ. Math. IHES, **20,24,28,32** (1964-1967).

• その他

[18] G. Cornell, J. Silverman (eds.), Arithmetic Geometry, Springer, 1986.

[19] H. Hida, Modular forms and Galois cohomology, Cambridge studies in advanced math., Cambridge Univ. Press, **69**, 2000.

[20] H. Hida, Geometric modular forms and elliptic curves, World Scientific, 2000.

[21] F. Diamond, J. Shurman, A first course in modular forms, Springer-Verlag, 2004.

4. 証明を紹介しなかった各節, 定理, 命題ごとの参考文献.

第0章

定理 0.8:

[22] F. Diamond, *On deformation rings and Hecke rings*, Annals of Math., **144** (1996), 137-166.

[23] B. Conrad, F. Diamond, R. Taylor, *Modularity of certain potentially Barsotti-Tate Galois representations*, J. of AMS, **12** (1999), 521-567.

[24] C. Breuil, B. Conrad, F. Diamond, R. Taylor, *On the modularity of elliptic curves over $\mathbb{Q}$, or wild 3-adic exercises*, J. Amer. Math. Soc. **14**, no. 4 (2001), 843-939.

定理 0.16:

[25] B. Mazur, *Rational isogenies of prime degree*, Inventiones Math., **44** (1978), 129-162.

第1章

§1.1: [9] Chapter III.

§1.2: [9] Chapter VII, Appendix A, [10] Chapter VI.

§1.3: [9] Chapters III, V.

§1.4: [11] Chapitre II, [13] Chapter 2.

§1.5: [11] Chapitre II.

命題 1.24: [9] Chapter VII Propositions 1.3, 5.1.

命題 1.30: [11] Chapitre II Proposition 2.7.

命題 1.31, 1.32: [10] Chapter IV Exercises 4.23, 4.37, [11] Chapitre IV Proposition 1.6.

第2章

[26] P. Deligne, J.-P. Serre, *Formes modulaires de poids 1*, Ann. Sci. Ec. Norm. Sup., **7** (1974), 507-530. (J.-P. Serre, Oeuvre III 101), §§1-3.

[27] F. Diamond and J. Im, *Modular forms and modular curves*, in [7], 39-133.

§2.2:

[28] 向井茂, モジュライ理論 I, II, 岩波書店, 2008.

§§2.3, 2.4: [11] Chapitre III, IV, [13] Chapter 3.

§§2.6, 2.8: [14] Chapters 3, 7.

§2.7: [11] Chapitre VII 3.

§2.11: [9] Chapter VI, [10] Chapter I, [11] Chapitre IV.5.

§2.12: [10] Chapter V §1, [11] Chapitre VII 3, 4.

定理 2.10, $Y_0(N)$: [11] Chapitre IV Construction 4.3,

$X_0(N)$: 同 Construction 4.13.

例 2.19:

[29] G. Ligozat, *Courbes modulaires de genre 1*, Bull. Soc. Math. France Mémoire, **43** (1975), 1-80.

定理 2.21, $Y(N)$: [11] Chapitre IV Theorem 2.5, Proposition 3.5,

$X(N)$: 同 Theorem 2.7, Proposition 3.5.

補題 2.25, 2.26.2.: [13] Theorem 3.7.1.

命題 2.15.2. の証明, 楕円曲線の自己同型群: [9] Chapter III Theorem 10.1.

命題 2.32, 2.34: [14] Theorem 3.35, Proposition 3.38.

命題 2.46: [14] Theorem 3.48.

定理 2.47: [14] Theorem 3.42, Theorem 7.12 と同様にして示される.

定理 2.49: [15] 系 4.6.20.

[30] S. Gelbart, Automorphic forms on adele groups, Ann. of Math. Studies, **83** Princeton UP, Princeton 1975, Theorem 5.12.

例 2.50 $a_p(f_{11})$ の表:

[31] G. Shimura, *A reciprocity law in non-solvable extensions*, J. für Reine und Angew. Math., **221** (1966), 209-220.

定理 2.63, 2.64: [9] Chapter VI, [10] Chapter I.

系 2.66, 2.67: [11] Chapitre IV.5.

補題 2.70: [10] Chapter I Theorem 6.2, Remark 6.2.1.

第 3 章

§§ 3.2, 3.7:

[32] J. Tate, *Finite flat group schemes,* in [4], 121-154.

§§ 3.3, 3.8:

[33] J.-P. Serre, Abelian ℓ-adic representations and Elliptic curves, Benjamin, 1968.

命題 3.4.1.:

[34] 岩堀長慶, 対称群と一般線型群の表現論, 岩波講座 基礎数学, 1978, 定理 1.28.

定理 3.17.1.: [33] Chapter IV Theorem 2.1.

定理 3.17.2.: [25] Theorem 1.

定理 3.18.1.: [14] Theorem 7.24.

定理 3.18.2.:

[35]　K. Ribet, *The ℓ-adic representations attached to an eigenform with Nebentypus: a survey*, in Modular Functions of One Variable V, Lecture Notes in Math., Springer, **601**, 1977, 17-51. Theorem 2.3.

予想 3.27, 定理 3.55:

[36]　J.-P. Serre, *Sur les représentations modulaires de degré 2 de* $\mathrm{Gal}(\bar{\mathbb{Q}}/\mathbb{Q})$, Duke Math. J., **54**(1987), 179–230. (J.-P. Serre, Oeuvre IV 143) (3.2. $3_?$), (3.2. $4_?$).

[37]　B. Edixhoven, *Serre's conjecture*, in [4], 209-242.

[38]　C. Khare, J.-P. Wintenberger, *Serre's modularity conjecture* (I) (II), Inventiones Mathematicae, 178, No.3(2009), 485–504, 506–586.

定理 3.28:

[39]　S. Gelbart, *Three lectures on the modularity of* $\bar{\rho}_{E,3}$ *and the Langlands reciprocity conjecture*, in [4], 155-207.

[37] Section 4

定理 3.29: [24] Theorem B.

命題 3.33: [32] Theorem 4.5.2.

予想 3.37:

[40]　J.-M. Fontaine, B. Mazur, *Geometric Galois representations*, in [6], 41-78.

[41]　M. Kisin, *The Fontaine-Mazur conjecture for* GL_2, J. of AMS, 22, No.3(2009), 641–690.

命題 3.40: [32] Proposition 4.1.1.

定理 3.43, 系 3.44: [32] Theorem 4.5.1, Corollary.

命題 3.45: [32] (3.7)

命題 3.46(2) ⇒ (1), $p = \ell$:

[42]　A. Grothendieck, *Modèles de Néron et monodromie*, in Groupes de Monodromie en Géométrie Algèbrique, SGA 7I, Lecture Notes in Math., Springer, **288**, 1972, 313-523. Proposition 5.13.

Tate 曲線 [10] Chapter V §3, [11] Chapitre VII.

命題 3.50：

[43] B. Edixhoven, *The weights in Serre's conjectures on modular forms*, Inventiones Math., **109** (1992), 563-594. Proposition 8.2 と同様.

定理 3.51: [10] Chapter IV Theorems 6.1, 8.2.

[44] M. Artin, *Néron models*, in [18], 213-230.

定理 3.52, 命題 5.12(2) $\Rightarrow$ (1) $p \neq \ell$:

[45] H. Carayol, *Sur les représentations p-adiques associées aux formes modulaires de Hilbert*, Ann. Sci. Ec. Norm. Super., **19** (1986), 409-468.

$p = \ell$: [42] Proposition 5.13.

第 4 章

[46] K. Rubin, *Modularity of mod 5 representations*, in [4], 463-474.

定理 4.4: [25] Theorem 2.

定理 4.8:

[47] G. Faltings, *Finiteness theorems for abelian varieties over number fields*, in [18], 9-27.

第 5 章

[48] F. Diamond, *The Taylor-Wiles construction and multiplicity one*, Inv. Math., **128** (1997), 379-391.

[49] K. Fujiwara, *Deformation rings and Hecke algebras in the totally real case*, preprint.

命題 5.30, 5.33: [1] Section 2.2.

定理 5.32.1., 5.34: [5] Theorem 2.49, Proposition 3.5.

定理 5.32.2.: [48] Lemma 3.2, [49].

第 6 章

[50] B. de Smit, K. Rubin, R. Schoof, *Criteria for complete intersections*, in [4], 343-356.

命題 6.1.2.: [17] Chapitre 0 Proposition 19.3.2, Corollaire 16.5.6.

命題 6.6: 同 Proposition 16.1.5.

定理 6.7: 同 Proposition 16.5.3, Corollaire 17.3.5.
命題 6.12: [5] Lemma 5.14.
定理 6.13: [50] Criterion I.

第 7 章

[51] B. de Smit, H. W. Lenstra, *Explicit construction of universal deformation rings*, in [4], 313-326.

補題 7.13:
[52] 鈴木通夫, 群論(上), 岩波書店, 1977, 第 2 章定理 1.16.

付録 A

§ A.1: [17] § 17.

§ A.2: [32].

§ A.3:

[53] A. Grothendieck, *Le groupe fondamental : généralités*, Exposé V in A. Grothendieck et al., Revêtements étales et groupe fondamental, Lecture notes in Math., **224**, Springer, 1971, 105-144.

命題 A.3 : [17] Corollaire 17.6.2.

命題 A.4 : [17] Corollaire 17.5.2.

命題 A.5 : [17] Corollaire 11.3.1.

定理 A.8 : [17] Corollaire 18.12.13.

命題 A.13.1.: [17] Chapitre 0_{IV} Proposition (17.3.3)(i).

2: [17] Chapitre 0_{IV} Corollaire (17.3.5), Théorème (5.8.5).

3: [17] Chapitre IV Proposition (17.5.8)(iii).

定理 A.15: [17] Théorème (18.10.16)(ii).

定理 A.16:

[54] A. Grothendieck-J. Dieudonné, Eléments de Géometrie Algèbrique III, Publ. Math. IHES, **14**, **17**(1962, 1963). Corollaire (4.3.2).

Abel 多様体:
[55] D. Mumford, Abelian Varieties, Oxford UP, (reprint) 1985.
[56] J. S. Milne, *Abelian Varieties*, in [18], 103-150.

命題 A.22: [32] (3.8).

命題 A.26: [53] Proposition 1.8.
補題 A.47.1.: [56] Theorem 20.7.
2.:
[57] M. Demazure, A. Grothendieck, Schémas en Groupes (SGA 3) II, Springer LNM 152 (1970). Exp. XVIII.1.
定理 A.49.1.:
[58] M. Rosenlicht, *Some basic theorems on algebraic groups*, Amer. J. of Math., **78**(1956), 401-443. Theorem 16.
2.:
[59] A. Borel, Linear algebraic groups (2nd ed.), Springer GTM 126 (1974). Chapter I Theorem 4.7.
命題 A.51.1., 2.: [55] Chapter IV, Theorem 3, [56] Theorem 12.5.
3, 4 ($k=\mathbb{C}$): [55] Chapter IV, p.175-176. 4 ($k \supset \mathbb{Q}$): Lefschetz 原理で $k=\mathbb{C}$ に帰着.

第8章 [11], [13], [20].
補題 8.37: [11] III Corollaire 2.9, p.211, [13] Corollary 4.7.2.
補題 8.41: $p=2, 3$: [9] Appendix A Proposition 1.2 (c).
例 8.65:
[60] B. J. Birch and W. Kuyk (eds.), Modular functions of one variable IV, Springer LNM 476 (1975). p.143, Table 6.
命題 8.69: [11] VII Construction 1.15, p.297.
定理 8.77: [11] V Théorème 2.12, [13] Theorem 13.11.4.

第9章
定理 3.55.2. (2) ⇒ (1):
[61] H. Carayol, *Sur les représentations galoisiennes modulo ℓ attachées aux formes modulaires*, Duke Math. J., **59**(1989), 785-801.
定理 9.40: [15] 系 4.6.20.
定理 3.55.1. (2) ⇒ (1) $p \equiv 1 \bmod \ell$ の場合: [3].

第10章

定理 10.15.1.:

[62] J.-P. Serre, Arbres, amalgames, SL_2, Astérisque 46, Société Mathématique de France, Paris, 1977. Chapitre II 1.4 Théorème 3, p.110.

定理 10.15.2:

[63] J.-P. Serre, *Le problème des groupes de congruence pour SL_2*, Ann. of Math., **92**(1970), 489-527. (全集 86). 2.6 Corollaire 3, p.449(全集 第2巻 p.552). $K=\mathbb{Q}$, $S=\{p,\infty\}$, $\mathfrak{q}=(N)$ ととると, $\Gamma_\mathfrak{q} = \widetilde{\Gamma}(N)$, $E_\mathfrak{q} = \widetilde{E}(N)$ となる.

定理 10.28:

[64] L. E. Dickson, Linear groups with an exposition of the Galois field theory, Teubner, Leipzig, 1901. sections 255, 260.

第11章

Galois コホモロジーの一般論および双対定理: [19],

[65] J.-P. Serre, Corps Locaux, 3e éd., Hermann, Paris, 1980.

[66] ——, Cohomologie galoisienne, 5e éd., Lecture Notes in Math., 5, Springer-Verlag, Berlin, 1994.

[67] J. S. Milne, Arithmetic duality theorems, Perspectives in Math., 1, Academic Press, Boston, 1986.

命題 11.11.1.: [65] Chapitre X §3 b), 2.: 同 Proposition 9.

命題 11.18: [67] Corollary 2.3.

命題 11.20: [67] Theorem 2.8.

命題 11.25.1.: [67] Corollary 4.15.

2.: [67] Theorem 4.10.

命題 11.27: [67] Theorem 5.1.

付録 B

補題 B.4 (3) $\Rightarrow$ (2) k が一般の場合:

[68] P. Deligne, N. Katz, Groupes de Monodromie en Géométrie Algébrique (SGA 7) II, Springer LNM 340 (1973). Exp. XV Théorème 1.2.6.

補題 B.12: [68] Exp. X Corollaire 1.8.

付録 C

定理 C.1:

[69] J.-M. Fontaine, Groupes p-divisibles sur les corps locaux, Astérisque 47-48, Soc. Math. de France, (1977). Chapitre III.

定理 C.6:

[70] J.-M. Fontaine, G. Laffaille, *Construction de représentations p-adiques*, Ann. Sci. Ecole Norm. Sup. (4) 15(1982), (1983) 547-608.

[71] N. Wach, *Représentations cristallines de torsion*, Compositio Math., **108** (1997), 185-240.

付録 D

ヤコビアン, Néron モデル: [44],

[72] J. S. Milne, *Jacobian Varieties*, in [18], 167-212.

[73] S. Bosch, W. Lütkebohmert, M. Raynaud, Néron models, Springer-Verlag, 1990.

代数曲線とそのヤコビアン: [28] 第8章,

Abel の定理: [28] 定理 8.78.

定理 D.3: [73] Theorems 8.4/3 and 9.3/1.

定理 D.7: [73] Theorem 8.2/3 and Propositions 9.2/5 and 10.

定理 D.8: [73] Corollary 1.3/1.

命題 D.12:

[74] M. Raynaud, *Jacobienne des courbes modulaires et opérateurs de Hecke*, in "Courbes modulaires et courbes de Shimura", Astérisque 196-197, Soc. Math. de France, (1991), 9-25, Proposition 6.

定理 D.17. 1. $\ell \neq p$: [73] Theorem 7.4/5 (b) $\Leftrightarrow$ (d).

2. $\ell \neq p$: [73] Theorem 7.4/6.

2. $\ell = p$: [42] Proposition 5.13.

定理 D.19. 1: [73] Theorem 9.5/4, p. 267.

2.: [73] Theorem 9.6/1, p. 274.

欧文索引

1-cocycle 346
abelian part 192
abelian scheme 190
abelian variety 190
absolute Frobenius 195
absolutely irreducible 87
additive group 177
additive reduction 17
algebraic curve 383
annihilator 356
Atkin-Lehner involution 219
augmentation 135
bounded 337
Brauer group 353
Cartier divisor 187
Cartier dual 179
character 268
character group 190
closed condition 186
closed subscheme defined by $\mathcal{P}$ 186
coarse moduli 39
commutative group scheme 177
complete 136
complete intersection 134
completed group algebra 146
conductor 18
congruence relation 272
connected component 105
constant group scheme 178
cup product 352
cusp 42
cyclic group scheme 179, 204

cyclotomic character 85
deformation 127
deformation ring 127
degree 24
diamond operator 218, 265
Dieudonné module 398
discriminant 14
divisor 407
divisor class group 408
divisor group 407
dual chain complex 386
dual local condition 361
Eisenstein ideal 276
elliptic curve 13
etale 173
etale covering 181
etale local 182
etale sheaf 181
etale sheafification 181
exact order N 208
extension 350, 403
filtered φ-module 399
fine moduli 39
finite 175
finite G-module 345
finite R-G-module 345
finite etale commutative group scheme 178
finite flat commutative group scheme 178
finite G_K-module 88
Fitting ideal 158

flat covering *181*
flat local *182*
flat sheaf *181*
flat sheafification *181*
free *183*
Frobenius conjugacy class *84*
Frobenius morphism *219*
Frobenius substitution *84*
full Hecke algebra *138, 310*
full set of sections *201*
functor over O *161*
functor over S *37*
$\Gamma_0(N)$-structure *41*
G-coinvariant *346*
generalized elliptic curve *31*
generator *204*
genus *383*
geometric fiber *173*
geometric Frobenius *24*
geometric point *173*
good *98*
good reduction *16, 387, 413*
group scheme of N-th roots of 1 *178*
G-torsor *183*
Hecke algebra *58, 260, 265*
Hecke module *139, 314*
Hecke operator *58*
Igusa curve *231*
index *386*
inertia group *98, 183*
infinitesimal deformation *348*
infinitesimal lifting *348*
invertible sheaf *187*
irreducible *86*
j-invariant *36*

j-line *37*
Jacobian *411*
ℓ-adic representation *85*
L-function *23*
ℓ-divisible group *416*
lifting *125, 134*
local *182*
local condition *360*
mod ℓ representation *85*
minimal resolution of singularities *393*
modular *66*
modular curve *42*
modular form *42*
multiplication by N *23*
multiplicative *190, 399*
multiplicative group *178*
multiplicative reduction *17*
multiplier *136*
Néron n-gon *30*
Néron model *413*
node *384*
non-Eisenstein ideal *276*
old part *290*
open subscheme defined by $\mathcal{P}$ *182*
ordinary *99, 196*
pair with module *135*
perfect complex *337*
Petersson product *264, 267*
Picard functor *410*
Picard group *409*
preserve determinant *348*
primary form *63*
primitive form *65*
principal divisor *407*
pro-finitely generated complete local al-

gebra 124
profinite group 345
q-expansion 62
quasi-finite 175
quotient 180
reduced Hecke algebra 69
reducible 86
reduction at p 21
relative Frobenius 196
scheme of generators 206
Selmer group 142, 360, 362
semi-stable 18
semi-stable model 32
semistable 386
semistable reduction 387, 414
singular chain complex 338
smooth 173

smooth model 28
stable reduction 16
strongly divisible 399
supersingular 196
surjection 136
Tate curve 249
Tate module 25, 191
Tate twist 352
torus 190
torus part 192
type 163
unipotent 190
universal element 39
unramified 85
unramified part 354
weakly semistable 386

記号索引

$\sim$ 125
$\simeq$ 125
$\cup$ 352
$\langle a \rangle$ 218
$\langle a \rangle^{-1/2}$ 332
$\mathrm{ad}(P)(\rho)$ 124
A_f 311, 332
α_q 326
$a_n(f)$ 62
$A[N]$ 190
$a_p(E)$ 21
$A_{\Sigma'}$ 313
$\mathrm{Aut}(E)$ 54
$Br(F)$ 353
$B(\mathbb{Z}/N\mathbb{Z})$ 47

χ_ℓ 85
$\bar{\chi}_N$ 85
$C_N(q)$ 76
$C_{N,\tau}$ 73
$C^q(G, M)$ 351
$C(X, \mathcal{F})$ 338
$\deg f$ 24
$\det(T - \rho(\varphi_p))$ 85
$\det \rho(\varphi_p)$ 85
$D(A)$ 397
$D'(A)$ 400
$\mathrm{Def}_{R\text{-}G}(M)$ 348
$\mathrm{Def}^0_{R\text{-}G}(M)$ 349
$\mathrm{Def}_{\bar{\rho}, \mathcal{D}_\Sigma}$ 127
$\mathrm{Def}_{\bar{\rho}, \mathcal{D}_\Sigma}(O/(\pi^n)[\varepsilon])_{[V_n]}$ 367

Δ　　14, 27, 75, 142
Δ^*　　75
Δ_p　　317
Δ_Q　　327
Δ_q　　325
$\Delta(q)$　　60
$D(G)$　　397, 400
$\operatorname{div} f$　　407
$\operatorname{Div}(X)$　　407
$D(\overline{\rho})$　　308
$D(V)$　　401
e　　61
$\overline{e}$　　249
e^*　　62
e_N　　61
$E_{\mathbb{F}_p}$　　21
$E(K)$　　15
$E_k(q)$　　59
$E[\ell]$　　90
$E^{(N)}$　　33
E_N　　29
$E[N]$　　196
$E(N)$　　319
$\widetilde{E}(N)$　　319
$\operatorname{End}_R^0(M)$　　349
$E_N(\overline{K})$　　24, 90
$E^{(p^e)}$　　196
ε　　268
ε_f　　268
E_q　　249
$E(q)$　　76
$E_{q_F^{}}$　　250
E^{sm}　　31
E_τ　　73
e_x　　220
$\operatorname{Ext}_{R\text{-}G}(M, N)$　　350

$E_{\mathbb{Z}_{(p)}}$　　28
F　　196, 397, 399
$f_*(\rho)$　　124
f_{11}　　45
f_a　　263
$F_A(M)$　　158
F^e　　196
$f_Q^\natural$　　333
Fr_p　　24
F_S　　195
f_Σ　　132
$\mathcal{F}_{\Sigma', \Sigma}$　　316
$G^\times$　　206
$g(N)$　　46
$g_0(N)$　　44
$\mathbb{G}_a$　　177
$G_{(a,b)}$　　230
$\Gamma(N)$　　319
$\widetilde{\Gamma}(N)$　　319
$\Gamma_{*,0}(N, p)$　　319
$\Gamma_0(N)$　　73
$\Gamma_1(N)$　　236
$\Gamma(r)$　　225
G_F　　345
G_K　　88
$G_k(\tau)$　　77
$\mathbb{G}_m$　　177
$G[N]$　　190
G_Q　　84
$\operatorname{Grass}(O_{E[N]}, N)$　　239
G_S　　357
H　　73
$H^0(G, M)$　　346
$H^1(G, M)$　　346
$H^1_f(\mathbb{Q}_\ell, W_n)$　　365
$H^1_f(\mathbb{Q}_p, \operatorname{Hom}_R(M, N))$　　354

記号索引 —— 435

$H^1_f(\mathbb{Q}_p, M)$	354		$m^*_{\Sigma', \Sigma}$	315
$H^1_f(\mathbb{Q}_p, N)$	354		$\mathcal{M}(N)$	45
$H^1_s(\mathbb{Q}_\ell, W_n)$	365		$\overline{\mathcal{M}}(N)$	46
$H^q(F, M)$	352		$\mathcal{M}_0(N)$	41, 216
$H^q(G, M)$	351		$\overline{\mathcal{M}}_0(N)$	41
$I_0(N, n)$	260		$M_0(N)_E$	238
$\mathcal{I}_0(N, n)$	260		$\mathcal{M}_0(N)_E$	208
$I_1(N, n)$	265		$\mathcal{M}_0(N)_{\mathbb{F}_p}$	219
$\mathrm{Ig}(Mp^a, r)_{\mathbb{F}_p}$	231		$\mathcal{M}_0(N)^{ss}_{\mathbb{F}_p}$	219
$\overline{\mathrm{Ig}}(Mp^a, r)_{\mathbb{F}_p}$	255		$\mathcal{M}_0(N, n)$	56
$\mathrm{Ig}(Mp^a, r)^{P=0}_{\mathbb{F}_p}$	231		$\mathcal{M}_{0,*}(N, r)_{\mathbb{Z}[\frac{1}{r}]}$	221
I_p	98		$M(1)$	352
i_Σ	310		$\mathcal{M}_{1,*}(N, r)_{\mathbb{Z}[\frac{1}{r}]}$	221
I_x	183		$\mathcal{M}_{1,0}(M, N)$	256
j	39, 217, 225		$\mathcal{M}_1(N)$	216
$J_{0,1}(N, M)$	269		$M_1(N)_E$	210
j_0, j_1	219, 247, 257, 258, 319		$\mathcal{M}_1(N)_E$	208
$J_0(N)_\mathbb{Q}$	260		M^G	346
$J_1(N)_\mathbb{Q}$	265		M_G	346
j_a	232, 240, 253, 255		$[\mathcal{M}/G]$	184
$\mathrm{Jac}\, X$	412		$m^\natural_{\emptyset, Q}$	335
j_E	36		$M^\natural_Q$	335
K_f	71, 261		$m^\natural_Q$	331
λ	228		m'_Q	331
$L(E, s)$	23		$\widetilde{M_{\bar{\rho}}}$	348
$L(f, s)$	65		m_{R_Σ}	366
$\mathrm{Lift}^0_{R\text{-}G}(M)$	348		$\mathcal{M}(r)_{\mathbb{Z}[\frac{1}{r}]}$	222
$\mathrm{Lift}_{R\text{-}G}(M)$	348		M_Σ	139, 314
$\mathrm{Lift}_{\bar{\rho}}$	162		m_Σ	310
$\mathrm{Lift}_{\bar{\rho}, \mathcal{D}_\Sigma}(O/(\pi^n)[\varepsilon])_{V_n}$	367		m'_Σ	310
$(L_p)_{p \in S}$	360		$m_{\Sigma', \Sigma}$	316
$(L^*_p)_{p \in S}$	361		μ	222
L_Σ	365		μ_N	178
$\mathcal{M}$	217		$\mu_N(\overline{K})$	88
$\widetilde{M}$	348		$\mu_N(\overline{\mathbb{Q}})$	85
M^*	352			

$\mu_N^\times$ 207
$[N]$ 23, 29
$_nBr(F)$ 353
$N_f\mathcal{L}$ 410
$N\text{-Isog}_E$ 238
N_Σ 128
$\wp$ 72
$\langle P \rangle$ 208
$P_{f,p}(U)$ 311, 332
Φ 297
$\Phi(N)_K$ 71
$\Phi(N_\Sigma)_{K,\bar{p}}$ 129
$\varphi_4(N)$ 43
$\varphi_6(N)$ 43
φ_f 64
$\varphi_\infty(N)$ 43
$\varphi(N)$ 43
φ_p 84
$\overline{\varphi}_\Sigma$ 308
$\mathrm{Pic}^0(X)$ 411
$\mathrm{Pic}^0_{X/S}$ 411
$\mathrm{Pic}(X)$ 408, 409
$P_{n,K}$ 30
$P_p(U)$ 293, 309
$P_q(U)$ 331
p_{R_Σ} 366
$\psi(N)$ 43
$\wp(\tau, z)$ 77
$P_{X/k}$ 410
$P_{X/S}$ 410
Q 327
$\mathcal{Q}$ 327
$\widetilde{\mathcal{Q}}$ 325
$\mathbb{Q}(f)$ 70
$\mathbb{Q}_p^{\mathrm{nr}}$ 102
$\mathbb{Q}_S$ 357

$R[\varepsilon]$ 348
$\rho_{E,\ell}$ 91
$\bar{\rho}_{E,N}$ 91
$\rho_\Sigma^{\mathrm{mod}}$ 132
$\mathcal{R}_Q^\natural$ 336
R_Σ 127
$\mathcal{R}_\Sigma$ 138, 314
$S_0(N)$ 260
s_0, s_1 319
$S_1(N)$ 265
s_d 243, 258
$\mathrm{Sel}(E, n)$ 362
$\mathrm{Sel}_L(M)$ 361
$\mathrm{Sel}_\Sigma(W_n)$ 365
Σ 126
$\Sigma(\rho)$ 126
s_k 280
$s_k(q)$ 249
$S(N)$ 42
S^{ord} 197
$S_{\bar{p}}$ 126
S^{ss} 197
s, t 57
T 297
T' 303
$T_0(N)_\mathbb{Z}$ 260
$T_1(N)_\mathbb{Z}$ 265
$\widetilde{t}_{\varnothing, Q}$ 330
$T_\Sigma^\flat$ 310
$t_{\Sigma', \Sigma}^\flat$ 313
t_k 281
$T_\ell A$ 191
$T_\ell E$ 25
$T_\ell G$ 191
$T_\ell J_0(N)$ 269
$T^{(N)}$ 212

T_n 58
$T[N]$ 212
$T(N)$ 58
$T(N)^*$ 67
$T'(N)$ 69
$t_\varnothing^\natural, Q$ 331
$T_Q^\natural$ 331
$T_{N,E}$ 238
$T(N)_K$ 68
$T'(N)_K$ 69
$T'(N_\Sigma)_O$ 310
$T(N)_\mathbb{Z}$ 308
Tor 337
$\operatorname{Tr}\rho(\varphi_p)$ 85
$T_\ell^\sharp$ 313
$T_q^\sharp$ 330
$U^1 GL_n(A)$ 124
U_ℓ 315
U_p 292, 315
V 196, 271, 364, 397
V_n^0 365
V^e 196
V_f 270
$V_\ell A$ 191
$V_\ell G$ 191
$V_\ell J_0(N)$ 269
W 364
W_n^0 365
$w_{N'}$ 219
$X(N)$ 46
$X_0(11)$ 45
$X_0(N)$ 42
$X_0(N,n)$ 57
$X_0(N)_\mathbb{Z}$ 246
$X_{0,*}(N,r)_{\mathbb{Z}[\frac{1}{r}]}$ 253

$X_1(Mp)_{\mathbb{Z}[\zeta_p]}^{\mathrm{bal}}$ 257
$X_1(N)_\mathbb{Z}$ 246
$X_{1,*}(Mp,r)_{\mathbb{Z}[\frac{1}{r},\zeta_p]}^{\mathrm{bal}}$ 256
$X_{1,*}(N,r)_{\mathbb{Z}[\frac{1}{r}]}$ 253
$X_{1,0}(M,N)_\mathbb{Z}$ 256
$X_{1,0}(N,M)_\mathbb{Z}$ 256
$X(1)_\mathbb{Z}|_\infty^\wedge$ 249
$X(G)$ 190
$[X/G]$ 185
$X^{(p)}$ 196
$x(q,t)$ 60
$Y(N)$ 46
$Y_0(M)_{\mathbb{F}_p}^{\mathrm{ss}}$ 220
$Y_0(N)$ 42
$Y_0(N,n)$ 57
$Y_0(N)_\mathbb{Z}$ 219
$Y_{0,*}(N,r)_{\mathbb{Z}[\frac{1}{r}]}$ 239
$Y_1(4)$ 216, 244
$Y_1(N)^{\mathrm{an}}$ 236
$Y_1(N)_\mathbb{Z}$ 220
$Y_{1,*}(N,r)_{\mathbb{Z}[\frac{1}{r}]}$ 228
$Y_{1,0}(M,N)_\mathbb{Z}$ 256
$Y(1)$ 225
$Y(2)$ 228
$Y(3)$ 222
$y(q,t)$ 60
$Y(r)^{\mathrm{an}}$ 225
$Y(r)_{\mathbb{Z}[\frac{1}{r}]}$ 223
$Z^1(G,M)$ 346
$\widehat{\mathbb{Z}}$ 346
$\mathbb{Z}_{(p)}$ 16
$\mathbb{Z}_p^{\mathrm{nr}}$ 102
$\mathbb{Z}((q))$ 249

和文索引

1 コサイクル　346
2 分点　15
Abel スキーム　190
Abel 多様体　190
　　——部分　192
Atkin-Lehner 対合　219
Brauer 群　353
Cartier 双対　179
Cartier 因子　187
Dieudonné 加群　397
Drinfeld レベル構造　208
$\mathcal{D}_\Sigma$ 級　126
Eisenstein イデアル　276
extension　350
f にともなう ℓ 進表現　94
Fitting イデアル　158
Frobenius 共役類　84
Frobenius 置換　84
Frobenius 射　219
$\Gamma(N)$ 構造　45
$\Gamma_0(N)$ 構造　41
G 捻子　183
G 余不変商　346
Hecke 加群　139, 314, 335
Hecke 環　260, 265
　　(O 上の)　131
　　($\mathbb{Q}$ 上の)　58
Hecke 作用素　58
∞ カスプ　42
j 直線　37
j 不変量　36
L 関数

　　(楕円曲線の)　23
　　(保型形式の)　65
ℓ 進表現　85
ℓ 可除群　416
N 乗根の群スキーム　178
N 倍写像(楕円曲線の)　23, 29
Néron n 角形　30
Néron モデル　108　413
p での還元　21
Petersson 内積　264, 267
Picard 関手　410
Picard 群　409
q 展開　62, 63
q 展開原理　62
Selmer 群　142
　　($G_\mathbb{Q}$ 加群の)　360
　　(楕円曲線の)　362
Tate 加群　25, 90, 105　191
Tate 曲線　249
Tate 捻り　352

ア 行

安定な還元　16
井草曲線　231
位数がちょうど N　208
因子　407
因子群　407
因子類群　408
エタール　173
　　(強可除フィルターつき φ 加群が)　399
エタール局所的　182

エタール層　181
エタール層化　181
エタール被覆　181
円分指標　85

カ 行

解析的表示
　（楕円曲線の）　72
　（保型形式の）　75
　（モジュラー曲線の）　73
可換群スキーム　177
可逆層　187
拡大
　（強可除フィルターつき φ-R 加群の）
　　403
　（有限 R-G 加群の）　350
加群つき対　135
カスプ　42
カップ積　352
加法群　177
加法的な還元　17
可約　86
関手
　（O 上の）　161
　（S 上の）　37
関手の射　38, 161
完全　136
完全交叉　134
完全複体　337
完備群環　146
幾何的 Frobenius　24
幾何的点　173
幾何的ファイバー　173
既約　86
級（もちあげの）　163
旧部分　290

強可除　399
強重複度 1 定理　66
行列式を保つ　348
局所条件　360
局所的　182
広義楕円曲線　31
合同関係式　272

サ 行

最小特異点解消　393
指数（通常 2 重点の）　386
次数　24
指標　268
指標群　190
射影有限群　345
射影有限生成な完備局所環　124
弱準安定　386
主因子　407
自由　183
充 Hecke 環　138　310, 331
種数　383
準安定　386
　（ℓ 進表現が）　416
　（Galois 表現が）　100
　（楕円曲線が）　18
準安定還元
　（Abel 多様体の）　414
　（代数曲線の）　387
準安定モデル　32
巡回群スキーム　204　179
準素形式　63, 268
準同型（楕円曲線の）　23
準有限　175
商　180
条件 $\mathcal{P}$ が定める開部分スキーム
　182

条件 $\mathcal{P}$ が定める閉部分スキーム
　　186
乗法群　178
乗法的　190
乗法的な還元　17
乗法的(強可除フィルターつき φ 加群
　　が)　399
スムーズ　173
生成元　204
生成元のなすスキーム　206
精モジュライ　39
絶対 Galois 群　84
絶対 Frobenius 写像　195
絶対既約　87
全射(加群つき対の)　136
相対 Frobenius 写像　196
相対次元　173
双対局所条件　361
双対鎖複体(代数曲線の)　386
素形式　65
　　(K 上の)　71
粗モジュライ　39

タ 行

ダイアモンド作用素　218, 265
代数曲線　383
楕円曲線
　　(一般のスキーム上の)　26
　　(体上の)　20
　　(標数が 2 でない体上の)　13
惰性群　98, 101, 183
超特異　196
通常　99
通常(楕円曲線が)　196
通常 2 重点　384
定数群スキーム　178

導手
　　(Galois 表現の)　100
　　(楕円曲線の)　18
同値　125
特異鎖複体　338
トーラス　190
トーラス部分　192

ナ 行

ノルム(可逆層の)　410

ハ 行

倍率　136
判別式　14, 27
非 Eisenstein　324
非 Eisenstein イデアル　276
被約 Hecke 環
　　(O 上の)　131
　　($\mathbb{Q}$ 上の)　69
フィルターつき φ 加群　399
付加写像　135
部分関手　162
不分岐　85
不分岐部分　354
普遍元　39, 162
閉条件　186
平坦局所的　182
平坦層　181
平坦層化　181
平坦被覆　181
巾単　190
変形　127
変形環　127
法 ℓ 表現　85
保型形式　42
　　(K 係数の)　63

保型的
　（ℓ 進表現が）　94
　（楕円曲線が）　66
　（法 ℓ 表現が）　95

マ 行

満たす（切断の族が）　201
無限小変形　348
無限小もちあげ　348
モジュライ　37
モジュラー曲線　42
もちあげ
　（Galois 表現の）　125
　（対 (R, M) の）　134

ヤ 行

ヤコビアン　411
有界　337
有限　175

有限 G 加群　345
有限 G_K 加群　88
有限 R-G 加群　345
有限エタール可換群スキーム　178
有限平坦可換群スキーム　178
よい
　（ℓ 進表現が）　416
　（Galois 表現が）　99
　（$G_\mathbf{Q}$ 加群が）　98
よい還元　16
　（Abel 多様体の）　413
　（代数曲線の）　387
よいモデル　28

ラ 行

零化域　356
連結成分　105
　（Néron モデルの）　413

■岩波オンデマンドブックス■

フェルマー予想

2009 年 2 月 6 日　第 1 刷発行
2014 年 4 月 4 日　第 4 刷発行
2019 年 3 月12日　オンデマンド版発行

著　者　斎藤　毅
発行者　岡本　厚
発行所　株式会社　岩波書店
　　　　〒101-8002　東京都千代田区一ツ橋 2-5-5
　　　　電話案内　03-5210-4000
　　　　http://www.iwanami.co.jp/

印刷／製本・法令印刷

© Takeshi Saito 2019
ISBN 978-4-00-730858-1　Printed in Japan